LabVIEW
Das Grundlagenbuch

4. Auflage

Rahman Jamal, Andre Hagestedt

LabVIEW

Das Grundlagenbuch

4. Auflage

ADDISON-WESLEY

An imprint of Pearson Education

München • Boston • San Francisco • Harlow, England
Don Mills, Ontario • Sydney • Mexico City
Madrid • Amsterdam

Bibliografische Information Der Deutschen Bibliothek

Die Deutsche Bibliothek verzeichnet diese Publikation in der Deutschen Nationalbibliografie; detaillierte bibliografische Daten sind im Internet über http://dnb.ddb.de abrufbar.

Umwelthinweis:
Dieses Buch wurde auf chlorfrei gebleichtem Papier gedruckt.

10 9 8 7 6 5 4 3 2

07 06 05

ISBN 3-8273-2051-8

Einbandgestaltung: adesso 21, Thomas Arlt, München
Lektorat: Rainer Fuchs, rfuchs@pearson.de
Korrektorat: Marita Böhm, marita.boehm@t-online.de
Herstellung: Monika Weiher, mweiher@pearson.de
Satz: reemers publishing services gmbh, Krefeld, www.reemers.de
Druck und Verarbeitung: Bercker Graph. Betrieb, Kevelaer
Printed in Germany

Inhaltsverzeichnis

Vorwort

Die Gegenstände hielten umher den Atem an, das Licht an der Wand erstarrte zu goldenen Spitzen, … es schwieg alles und wartete und war ihretwegen da; … die Zeit, die wie ein endlos glitzernder Faden durch die Welt läuft, schien mitten durch dieses Zimmer zu gehen und schien mitten durch diese Menschen zu gehen und schien plötzlich einzuhalten und steif zu werden, ganz steif und still und glitzernd, … und die Gegenstände rückten ein wenig aneinander. Es war jenes Stillstehen und dann leise Senken, wie wenn sich plötzlich Flächen ordnen und ein Kristall sich bildet …

Robert Musil – Die Vollendung der Liebe

Der bekannte Physiker Isaac Newton sagte, ihm gehe es mit der Physik so wie einem kleinen Jungen mit den schönen Steinen und Muscheln, die es am Strand zu entdecken gebe. Auch der Maler Henri Matisse sagte einmal, wir müssten lernen, die Welt wieder mit den Augen eines Kindes zu sehen. Kinder sind noch nicht befangen von einer Menge von Annahmen oder von einer vorgegebenen Art und Weise, die Dinge zu sehen. Lange bevor sie das Lesen und Schreiben lernen, lange bevor sie die richtigen Worte finden, reagieren sie bereits auf visuelle Eindrücke und beherrschen im Allgemeinen den Umgang mit bildlichen und räumlichen Informationen. Wenn »das große Kind« in ein physikalisches Gerät blickt, kann es das Zusammenspiel der einzelnen Komponenten beobachten und die Arbeitsweise des Geräts nachvollziehen. Wer jedoch die Funktionsweise eines Anwendungsprogramms ergründen möchte, der muss die virtuelle Maschine, sprich die Software, dahinter verstehen. Eine wesentliche Grundlage aller natur- und ingenieurwissenschaftlichen Vorgehensweisen bildet das Anschauungsmaterial, damit etwas begreifbar wird, und der beste Weg, die Beobachtungen zu verifizieren, ist bekanntlich das Experiment. Aber wie kann die Maschine Software im gegenständlichen Sinne anschaulich gemacht werden, wenn sie unsichtbar ist? Und wie kann das Experiment softwaretechnisch durch »Zusammenstecken und Ausprobieren« auf einfache Weise durchgeführt werden?

Eine der zentralen Herausforderungen, die mit dem Verständnis softwaretechnischer Sachverhalte und dem sinnvollen Einsatz der vielfältigen Möglichkeiten von Rechnern zusammenhängt, ist das Bereitstellen von Softwarewerkzeugen, die sich nicht an der zugrunde liegenden Hardware, sondern an den kognitiven Fähigkeiten des Menschen orientieren. Auch die Einsicht, dass das menschliche Gehirn bildhafte Darstellungen und Eindrücke leichter erfassen kann als abstrakte, maschinennahe Beschreibungen, trug zu dieser Entwicklung maßgeblich bei. Gerade im Bereich der Natur- und Ingenieurwissenschaften wurden in den letzten Jahren unzählige Anstrengungen unternommen, softwaretechnische Zusammenhänge, im Besonderen die Beschreibung dynamischer Abläufe und Prozesse, anschaulich zu machen und softwaretechnisch abzubilden.

Traditionell verwenden Wissenschaftler und Ingenieure in der Vorphase der Realisierung von Anwendungen die ihnen vertrauten papierbasierten Visualisierungsschemata wie Signalflussdiagramme, Ablaufdiagramme, Petri-Netze, aber auch einfache Entwurfsskizzen, die in der Realisierungsphase von Softwareingenieuren in maschinennahen Code übersetzt werden. Interessanterweise basieren alle diese Beschreibungsmittel auf bildorientierten Paradigmen, da diese eine vertraute und natürliche Art der Formulierung von Gedankengängen sind. Daher ist es nahe liegend, die Problembeschreibung, die Realisierung und die Dokumentation in einem Arbeitsgang in einer integrierenden Umgebung zusammenzufassen.

Ausgehend von dieser Einsicht führte der heutige Vizepräsident für Forschung und Entwicklung der Firma National Instruments, Jeff Kodosky, Anfang der achtziger Jahre auf der Basis einer grafischen Datenflussmaschine eine völlig neue Art der Mensch-Maschinen-Kommunikation ein: LabVIEW. Diese grafische Entwicklungsumgebung verknüpft zwei bewährte Programmiermethoden miteinander, den Datenfluss und die strukturierte Programmierung, und integriert sie in eine einzige grafische Programmierumgebung, die alle Elemente einer modernen Benutzeroberfläche bereitstellt. Damit wurde es erstmals möglich, den Entwurf und die Implementierung von Mess- und Steuerungsproblemen auf der Basis der dem Ingenieur vertrauten Denkmodelle der grafischen Blockschaltbilder zu formulieren. Mit LabVIEW konnte nun Wissenschaftlern und Ingenieuren ein ähnlich leistungsfähiges Softwarewerkzeug zur Verfügung gestellt werden wie im Bürobereich die Tabellenkalkulationsprogramme.

Heute gilt LabVIEW als wegweisende Engineeringplattform und treibende Kraft im gesamten Entstehungs- und Lebenszyklus eines Produktes: Es ist von der Ideenfindung bis zum fertigen Produkt überall zu finden – angefangen beim Design und der Modellierung über die Simulation und Prototypenentwicklung bzw. Validierung bis hin zur Serienfertigung und der damit verbundenen produktbegleitenden Tests.

1986 war jedoch noch nicht abzusehen, dass LabVIEW jemals die Akzeptanz herkömmlicher textbasierter Programmiermethoden erreichen würde. LabVIEW 1 war eine sehr umfangreiche Anwendung, vielleicht die speicherintensivste Anwendung der damaligen Zeit, die dennoch nur ein Minimum an Funktionalität bot. Trotzdem tasteten sich Anwender an Applikationen heran, die bis zu dem Zeitpunkt als unmöglich angesehen worden waren. Während LabVIEW über die letzten zwei Jahrzehnte gewachsen und herangereift ist, blieben die Programmierprinzipien unverändert. So bleibt z.B. seit der Vorstellung der ersten LabVIEW-Version der inhärente Parallelismus erhalten, auch wenn Multithreading, pre-emptive Bearbeitung, Netzwerktechnologien, ActiveX-Mechanismen etc. in späteren Versionen hinzukamen. Wir glauben, dass dies den Schlüssel des Erfolgs von LabVIEW darstellt.

Das vorliegende Buch erhält entscheidende Akzente aus den in Kursen gemachten Erfahrungen und dem Anwenderfeedback und befasst sich ausführlich mit den für Einsteiger essenziellen Grundlagen, Techniken und Möglichkeiten der grafischen Programmiersprache LabVIEW. Es richtet sich an Wissenschaftler, Ingenieure und Studenten aus nahezu allen technischen Bereichen, die an modernen Softwarekonzepten interessiert sind, und ermöglicht es dem Leser, in eine einzigartige Welt der Programmierung einzutauchen. Viele der in diesem Buch behandelten Begriffe und Definitionen haben bereits Eingang in die Alltagssprache der MSR-Technik gefunden. Man denke z.B. an den Begriff der virtuellen Instrumente, der seit Jahren als ein offenes, anwenderdefiniertes Konzept aus allen Bereichen der MSR-Technik nicht wegzudenken ist – selbst Anwenderkongresse finden weltweit regelmäßig unter diesem Motto statt, ja sogar Marktsegmente werden hierüber klassifiziert.

Zahlreiche praxisbezogene Beispiele aus dem Bereich der MSR-Technik, aber auch reine LabVIEW-bezogene Programmiertechniken werden ausgewogen behandelt. Eindeutige Definitionen, zahlreiche illustrierende Abbildungen und schrittweise Einführungen vermitteln dem Leser ein Gefühl für diese neue Art der Problembeschreibung.

Danksagung

Ich möchte mich bei allen, die an der inhaltlichen Vorbereitung des Buchs mitgearbeitet und mich nach Kräften inhaltlich und organisatorisch unterstützt haben, bedanken. Besonders hervorheben möchte ich an erster Stelle meinen Mitautor Andre Hagestedt, ohne dessen unermüdlichen Einsatz die aktuelle deutsche Version von LabVIEW 7.1 und das vorliegende Grundlagenbuch undenkbar wären. Dank auch an Philipp Krauss, der maßgeblich an der Lokalisierung von LabVIEW 5 mitwirkte und auch bei der Gestaltung der LabVIEW-Grundlagenbücher vergangener Auflagen als Mitautor wichtige Impulse gab. Herausgehoben seien an dieser Stelle auch unsere Lektorin Silke Loos sowie die Lektoren von Addison-Wesley, Rolf Pakendorf und Rainer Fuchs, für die kritische Durchsicht der Manuskripte.

Insbesondere gilt mein Dank allen Anwendern, die uns durch ihre Anrufe mit technischen Fragen viel Material für unser Buchprojekt geliefert haben und darüber hinaus mit wertvollen Ratschlägen versorgten.

Große Anerkennung gilt auch den LabVIEW-Entwicklern und unseren Kollegen in der deutschen Niederlassung von National Instruments, vor allem in der Phase der Vorbereitung der deutschen LabVIEW-Version. Zu nennen sind im Besonderen die Kollegen aus der technischen Supportabteilung, die Herren Heinrich Illig, Christian Hamp, Stephan Ahrends, Jochen Klier, Ingo Knoblich, Andreas Würl, und der Leiter der deutschen Niederlassung, Herr Michael Dams. Aber auch die Herren und Damen Duncan Hudson, Gregg McKaskle, Steve Rogers, Brian Powell, Tamra Kerns, Norma Dorst und Mike Santori aus dem LabVIEW-Entwicklungsteam haben hierzu beigetragen.

Unzählige Diskussionen mit Jeff Kodosky über zukünftige Entwicklungen von LabVIEW, die weit über die in diesem Buch behandelten Grundlagen hinausgehen, gaben diesem Buch entscheidende Akzente – dafür ein herzliches und freundschaftliches Dankeschön.

Mein Dank wäre unvollständig, wenn ich darin nicht drei langjährige, über den Erdball verstreute Freunde, nämlich Norbert Dahmen, Lothar Wenzel und Lars Gustafsson, einschließen würde – für die unzähligen Diskussionen rund um das Gebiet der Bild- und Sprachphilosophie.

Wie immer nimmt meine Familie einen großen Platz in meinem Leben ein: meine Eltern, Farida und Sadrudin Jamal, und meine Schwestern, Hamida und Munira, ohne die ich heute ein ganz anderer wäre, als ich bin. Ihnen ist dieses Buch gewidmet.

In einem gewissen Sinn ist dieses Buch eine Darstellung meiner Überzeugung, dass die grafische Beschreibung von technischen und naturwissenschaftlichen Zusammenhängen viel natürlicher ist als die kryptische, auf die Hardware bezogene Notation. Ich hoffe, dass das bis zum Leser und Anwender der grafischen Programmierung durchdringt und dass der Funke meiner Begeisterung für LabVIEW und für die zugrunde liegenden Ideen und Konzepte auf Herz und Verstand einiger Leser überspringt. Mehr kann ich mir nicht wünschen.

Abschließend: Autoren und Verlag freuen sich, wenn Sie, unsere Leser, sich positiv oder auch kritisch zu diesem Buch äußern wollen. Richten Sie Ihre Mails an rfuchs@pearson.de.

München, Juni 2004

Rahman Jamal

Über die Autoren

Dipl.-Ing. Rahman Jamal wurde 1965 in Rangun/Birma geboren und ist mehrsprachig aufgewachsen. Nach dem Studium der Elektrotechnik mit Schwerpunkt Nachrichtentechnik an der Universität Paderborn begann er 1990 seine Laufbahn als Applikationsingenieur bei National Instruments in Austin und wechselte mit der Gründung der National Instruments Germany GmbH nach München, an deren Aufbau er maßgeblich beteiligt war. 1993 wurde er Applications Engineering Manager in diesem Unternehmen und 1997 technischer Leiter. Heute ist er Technical and Marketing Director für die zentraleuropäische Region. Rahman Jamal wurde einem breiten Publikum durch zahlreiche Publikationen und Bücher über grafische Programmierung und Themen der Mess- und Automatisierungstechnik bekannt. Im Verlag Prentice Hall sind zuletzt von ihm erschienen: *LabVIEW – Programmiersprache der vierten Generation* und *LabVIEW Applications and Solutions*. Darüber hinaus engagiert er sich in diversen Gremien wie beispielsweise der deutschen Elektrotechnischen Kommission im DIN und VDE (DKE) und der OPC Foundation Europe. Weiterhin ist er Vorsitzender des Kongressbeirats der virtuellen Instrumente in der Praxis – Mess- und Automatisierungstechnik (VIP). Seine Interessen sind vielschichtig und reichen von der Literatur, Musik und Kunst über die Philosophie bis hin zu empirischen Untersuchungen über die kognitiven Aspekte der Mensch-Maschine-Schnittstelle.

Dipl.-Ing. (FH) Andre Hagestedt wurde 1966 in Bremerhaven geboren. Nach dem Studium der Physiktechnik mit den Schwerpunkten Lasertechnik und Nukleartechnik an der Fachhochschule Ostfriesland in Emden arbeitete er zunächst beim Deutschen Elektronensynchrotron DESY in Hamburg im Bereich der Beschleunigerphysik, wechselte dann zum Max-Planck-Institut für strukturelle Molekularbiologie, um dort eine Experimentierstation für Synchrotronstrahlungsexperimente zu betreuen, und fand dann 1999 seinen Weg zu National Instruments, wo er als Applikationsingenieur in der deutschen Niederlassung in München tätig war. Seit 2001 arbeitet er am Stammsitz von National Instruments in Austin/Texas, wo er maßgeblich mit der deutschen Lokalisierung von LabVIEW sowie der Treibersoftware NI-DAQ beschäftigt ist.

1 LabVIEW – eine Einführung

... und im Bilde dieser Welt gibt es weder Maß noch Genauigkeit,
weder Zweck noch Ursache, gut und böse fallen einfach weg,
ohne dass man sich ihrer zu überheben braucht,
und an Stelle aller dieser Beziehungen tritt ein
geheimnisvoll schwellendes und ebbendes
Zusammenfließen unseres Wesens mit dem
der Dinge und anderen Menschen.
Robert Musil – Nachlass zu Lebzeiten

Für manche ist der PC nur ein Werkzeug wie andere auch. Doch löste dieses Werkzeug einen interdisziplinären Wandel in allen Bereichen der Technik aus, dessen Folgewirkungen und Ausmaß mit der industriellen Revolution zu vergleichen sind. Aber bekanntlich hat schon immer das Werkzeug zurückgewirkt – auf Arbeitsweise, Produkt und Mentalität von Herstellern und Benutzern. Nichts anderes ist es mit dem PC: Die breitflächige Wirkung dieses Werkzeugs verändert nicht nur die uns umgebende technische Welt, sondern auch alle seine Anwendungsgebiete.

Betrachtet man beispielsweise die Technologien rund um die Mess- und Automatisierungstechnik, so ist hier eine ebenfalls signifikant von der Computertechnologie geprägte Weiterentwicklung nicht zu übersehen. Dachte man früher in klar abgegrenzten Kategorien und Geräteklassen, so bringt dieses Werkzeug heute neue Merkmale wie Softwarearchitekturen, Connectivity, Datendurchgängigkeit etc. ins Spiel. So ist es heute wichtiger denn je, die PC-orientierte Mess- und Automatisierungstechnik, bestehend aus den unterschiedlichsten Hardware- und Softwarekomponenten, als ein zusammenhängendes Ganzes zu begreifen, das niemals statisch oder abgeschlossen ist, sondern sich ändernden Anforderungen gerecht werden muss.

Betrachtet man die Entwicklung der Programmiersprachen im Bereich der MSR-Technik (**M**ess-, **S**teuerungs- und **R**egelungstechnik), so kann man auch hier leicht feststellen, dass durch die zunehmende Verbreitung des PC als integraler Bestandteil der Mess- und Automatisierungstechnik alle technologischen Fortschritte, die der PC erfährt, zwangsläufig Einfluss auf die Betriebssysteme und Programmiersprachen nehmen. Hierbei zeichnet sich vor allem bei den Programmierwerkzeugen ein Trend ab, der von textuellen Umgebungen weg zu grafischen Systemen hinführt. Heute findet man in nahezu allen softwaretechnischen Realisierungen so genannte grafische Benutzeroberflächen (GUI), doch basieren diese Werkzeuge noch weitgehend auf textorientierten Modellen, die auf traditionelle Weise von Experten programmiert werden. Eine der zentralen Herausforderungen, die mit dem Verständnis softwaretechnischer Zusammenhänge verbunden ist, besteht darin, die Möglichkeiten von Computern mit Hilfe von Programmiermechanismen, die sich nicht an den technischen, sondern an den menschlichen Fähigkeiten orientieren, allen Menschen zugänglich zu machen, die über keine spezielle Programmiererfahrung verfügen.

Die Hauptvorteile der Verwendung von grafischen Elementen gegenüber schriftlicher Formulierung zur Konstruktion von Programmen liegen vor allem in jenen Bereichen, wo die Formulierung von komplexen technischen Abläufen, die Darstellung dynamischer Zusammenhänge und der Entwurf von Mensch-Maschine-Schnittstellen (MMI oder HMI), sprich Bedienoberflächen, im Vordergrund stehen. Dabei wirken sich Eigenschaften grafischer Repräsentationen, wie die natürliche Darstellung im Allgemeinen und von parallel arbeitenden Prozessen im Besonderen, die leichte Erlernbarkeit sowie die Möglichkeiten zur direkten Interaktion und Manipulation bis hin zu effektiver Kommunikation zwischen Programmentwicklern und Anwendern, sehr positiv aus. Die Arbeiten von [1], [15] und [16] befassen sich recht ausführlich mit verschiedenen Aspekten der grafischen Programmierung im Allgemeinen und sollen als weiterführende Literatur erwähnt werden. Das Ziel dieses Buchs ist in erster Linie die praxisbezogene Anwendbarkeit und das Arbeiten mit LabVIEW.

1.1 Die Evolution von LabVIEW

Die LabVIEW zugrunde liegende Metapher kommt aus dem Bereich der Messtechnik und verwendet ein dem Ingenieur vertrautes Denkmodell der grafischen Blockschaltbilder. Ein Programmmodul wird in LabVIEW als virtuelles Instrument (VI) bezeichnet, dessen Aussehen und Funktionalität sich an einem realen Instrument orientiert. Mit LabVIEW erhält der Anwender aus dem Bereich der MSR-Technik ein leistungsfähiges Werkzeug, mit dem technische und wissenschaftliche Applikationen erstellt werden können, ohne sich dabei mit Syntax und Semantik einer textorientierten Programmiersprache auseinander setzen zu müssen. Dabei stellt LabVIEW ein völlig neuartiges Kommunikationsmittel zwischen Anwender und Maschine dar. Die Möglichkeit, Prozesse und Algorithmen durch Diagramme darzustellen, erlaubt es dem Ingenieur bzw. Wissenschaftler, seine Ideen und Aufgaben in einer sehr natürlichen und intuitiven Art zu veranschaulichen. Diese Philosophie wurde bei der Konzeption und Weiterentwicklung von LabVIEW konsequent umgesetzt. Im Folgenden gehen wir kurz auf die geschichtliche Entwicklung von LabVIEW ein, die für das Verständnis der in LabVIEW enthaltenen Konzepte und Programmiertechniken von entscheidender Bedeutung sind.

Während im Bürobereich das Auswerten komplexer Zahlentabellen längst zum Standardrepertoire eines jeden Anwenders gehörte, war es im Bereich der Technik keineswegs selbstverständlich, ohne größeren Aufwand kleinere Messreihen mit Hilfe computergestützter Messgeräte zu erfassen. So wurde im Bereich der Ingenieur- und Naturwissenschaften nach Softwarewerkzeugen gesucht, die sich nicht wie herkömmlich an der zugrunde liegenden Hardware orientierten, sondern an den mentalen Fähigkeiten des Ingenieurs und Technikers. So begann 1983 Jeff Kodosky, der Mitbegründer von National Instruments und heutige Vizepräsident für Forschung und Entwicklung, mit einer kleinen Gruppe von Studenten nach einer Methode zu suchen, mit welcher der Zeitaufwand zur Programmierung von Messsystemen minimiert werden könne. Das Ergebnis ist heute als LabVIEW bekannt: intuitive, verständliche Benutzerschnittstellen (Frontpanel), kombiniert mit einer innovativen Programmiermethodik basierend auf dem Datenflussmodell.

Die Pionierversion von LabVIEW entstand 1986 auf dem Macintosh-Computer der Firma Apple. In der Zielgruppe war und ist bis heute der Mac für mess- und regeltechnische Anwendungen nicht sehr verbreitet, jedoch waren die grafischen Fähigkeiten des Apple-Systems für die Realisierung von LabVIEW am ehesten geeignet. Da LabVIEW ein vollständig grafisches System ist, waren die grafischen Möglichkeiten bei der Auswahl der Plattform ausschlaggebend.

Die nächste Version von LabVIEW wurde einem kompletten Redesign unterworfen, um neue Softwaretechniken und die zahlreichen Kundenwünsche und -anregungen zu berücksichtigen. Das Ergebnis war die 1990 vorgestellte Version 2, die nun auch einen grafischen Compiler enthielt, der heute noch für Aufsehen in diesem Industriezweig sorgt. Die unter LabVIEW erstellten Blockdiagramme werden von einem grafischen Compiler in optimierten Maschinencode übertragen, so dass die Ablaufgeschwindigkeit der LabVIEW-Programme vergleichbar mit der kompilierter C- oder Pascal-Programme ist. Die in LabVIEW verwendeten Techniken wurden weltweit durch unzählige Patente ausgezeichnet. Achten Sie beim Start von LabVIEW auf die Laufanzeige, in der alle Patente aufgeführt sind.

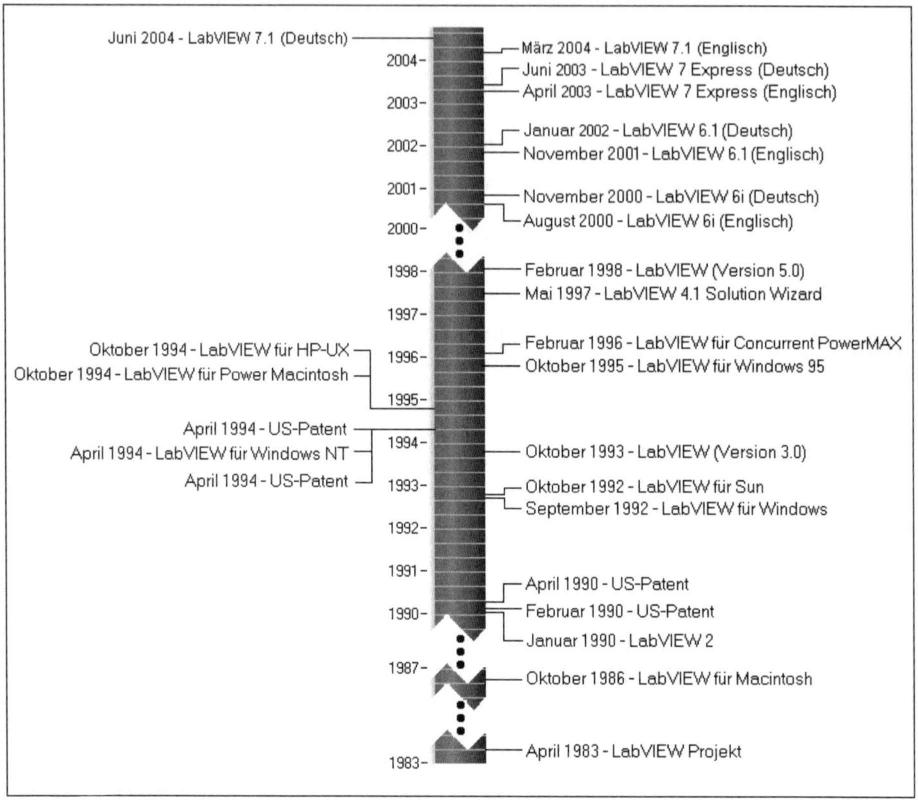

Abbildung 1.1: Die Evolution von LabVIEW

Mit der Verfügbarkeit neuer Betriebssysteme, die durch ihre grafischen Möglichkeiten wie MacOS immer anwenderfreundlicher wurden, wurde die nun ausgereifte LabVIEW-Technik auf andere Plattformen portiert: PCs und Workstations. 1992 wurden LabVIEW für Windows und LabVIEW für Sun vorgestellt.

Der nächste Schritt war 1993 LabVIEW 3 für die Betriebssysteme Macintosh, Windows und Sun, die konsequent die Plattformunabhängigkeit in die Welt der grafischen Programmierung einführte. Welche neuen Vorteile brachte dies nun für den Anwender mit sich? Erstmalig ließen sich LabVIEW-Programme, die auf einer Plattform geschrieben sind, auch auf den anderen Plattformen ausführen. Die Multiplattform-Kompatibilität bringt eine Reihe von Vorteilen mit sich: Zum einen lassen sich umfangreiche Anwendungen in Teams entwickeln, die unterschiedliche Plattformen favorisieren; zum anderen kann je nach den Anforderungen der Applikation die geeignete Plattform unabhängig von der

Entwicklungsplattform gewählt werden. Hierdurch können die vorhandenen Hardware- und Softwareressourcen abteilungsübergreifend optimal genutzt werden. Gerade im Zeitalter der immer kürzer werdenden Innovationszyklen und damit des Time-to-Market gewinnt diese Art der Flexibilität immer mehr an Bedeutung und hilft, erhebliche Kosten einzusparen.

1994 bekam die Plattformunabhängigkeit einen weiteren Impuls durch die Unterstützung von Windows NT, Power Macintosh und HP-Workstations. 1995 folgte mit dem Erscheinen von Windows 95 dann die Native-Version von LabVIEW für Windows 95. Diese Portierung brachte eine ganze Reihe von Vorteilen mit sich, die zum einen direkt aus den Verbesserungen des zugrunde liegenden Betriebssystems Windows 95 resultierten, zum anderen aber auch durch die Verwendung neuer Mechanismen, die erst ab dem Win32-API (Application Programming Interface) zur Verfügung standen. Neben größerer Zuverlässigkeit und Stabilität profitiert der Anwender von Windows-95-Eigenschaften, wie z.B. geringeren Interrupt-Verzögerungszeiten, 32-Bit-I/O-Treibern, langen Dateinamen, OLE und dem Extended-Metafile-Grafikformat. Auch die Installation von LabVIEW und Plug&Play-Hardware erfolgte weitgehend automatisch unter Windows 95.

Die vierte Generation von LabVIEW, die im Jahre 1996 den Anwendern vorgestellt wurde, stand unter dem Motto »Designed for you!« und weist somit eine größere Anpassungsfähigkeit der Entwicklungsumgebung auf, so dass Anwender ihre eigene Arbeitsumgebung aufbauen können, ihrem Industriezweig, ihrer Erfahrung und ihren Entwicklungsgewohnheiten angepasst. Hinzu kamen eine Vielzahl von erweiterten Möglichkeiten zur Fehlersuche (z.B. Haltepunkte, Sonden und Einzelschrittausführung für Unterprogramme), die für größere Applikationen unerlässlich sind. Weiterhin hat der Anwender erstmalig mit dem in dieser Version integrierten LabVIEW-Profiler die Möglichkeit, die Speicheranforderung und die Ausführungszeit zeitkritischer Anwendungen genauer zu analysieren und gegebenenfalls zu optimieren.

Mit der Version 4.1, die im Sommer 1997 präsentiert wurde, kam erstmalig die Wizard-Technologie (Wizard = Assistent) in LabVIEW zum Einsatz. Die Assistenten führen den Anwender durch eine Reihe von Dialogboxen, in denen er die Art der Applikation spezifiziert und die wichtigsten Eckdaten vorgibt. Auf Basis dieser Parameter erstellt der Assistent ein sofort lauffähiges LabVIEW-Programm, das genau den Anforderungen der geplanten Applikation genügt. Von der Parametrisierung bis zur fertigen Anwendung vergehen nur wenige Minuten. Für häufig benötigte Anwendungen (Oszilloskope, Spektrum-Analysatoren, Multimeter, Funktionsgeneratoren, Datenlogger) stehen bereits vorgefertigte Lösungen in der so genannten Lösungsgalerie zur Verfügung. Diese können, ebenso wie die individuell erstellten Lösungen, anschließend nach Belieben modifiziert oder erweitert werden, da sie vollständig in den von LabVIEW verwendeten Blockdiagrammen vorliegen.

1.2 Wegweisende Technologien in LabVIEW 5

Von den eben vorgestellten Meilensteinen in der Entwicklung von LabVIEW ausgehend stellt sich die Frage: Kann LabVIEW mit der technologischen Entwicklung rund um den Rechner Schritt halten und diese für die stetig steigenden Anforderungen messtechnischer Systeme nutzen? Die Antwort darauf ist ein eindeutiges »Ja!«. Im Folgenden soll nun auf die für den MSR-Bereich wegweisenden Softwaretechnologien, die ab der LabVIEW-Version 5 aufgenommen wurden, näher eingegangen und gezeigt werden, wie sie sich produktivitätssteigernd auswirken können. Zunächst die LabVIEW 5-Features auf einen Blick:

- Multithreading – Parallelabarbeitung unterschiedlicher Aufgaben
- ActiveX – Einbindung, Steuerung und Wiederverwendung von Softwarekomponenten
- Assistenten zur Gerätesteuerung – automatische Erstellung von Anwendungen zur Instrumentensteuerung
- Werkzeuge zur Erstellung von Dokumentationen – automatische Erstellung der Programmdokumentation via HTML- oder RTF-Format
- Übersetzungswerkzeuge – Generierung mehrsprachiger Programme
- Konfigurierbare Menüleisten – strukturierte Auswahlmöglichkeiten
- Undo-Funktion (Undo = Wiederherstellen) – komfortable Editierung von Programmierfehlern
- Werkzeuge zum grafischen Vergleich – Abstimmung unterschiedlicher Programmversionen mittels des Vergleichs grafischer LabVIEW-Diagramme

Im Laufe des Buchs finden sich alle diese technologischen Erneuerungen wieder, doch wollen wir hier schon drei wichtige Bereiche kurz vorstellen und deren unmittelbare Bedeutung für die MSR-Technik herausstellen.

1.2.1 Multithreading

Wie sieht es nun mit dem Einsatz der Multithreading-Technologie seit der Version 5 aus? Als betriebssystemseitige Voraussetzung werden – unabhängig von LabVIEW – Multitasking-Betriebssysteme wie Windows 98, Windows NT, Solaris 2 oder Concurrent PowerMAX zugrunde gelegt. In LabVIEW selbst lässt sich ohne tiefer greifendes Detailwissen bezüglich der zugrunde liegenden Betriebssysteme sowie der Multithreading-Technologie eine Multithreading-Anwendung realisieren.

Für eine einfache Datenerfassungsanwendung bedeutet dies Folgendes: Durch Multithreading wird ein Thread dazu verwendet, Daten, die von der Datenerfassungseinheit in den Arbeitsspeicher transferiert wurden, auf einer grafischen Benutzeroberfläche zu aktualisieren. Simultan dazu kontrolliert und verarbeitet ein anderer Thread die über die Benutzeroberfläche eintreffenden Ereignisse. Die Aufteilung der Anwendung in mehrere Threads sowie deren Handling wird von LabVIEW übernommen. Welche Vorteile ergeben sich hieraus? Zunächst können sich Ereignisse wie Mausklicks oder Tastatureingaben auf der Benutzeroberfläche nicht negativ auf die Ausführung rechenintensiver Programmteile auswirken. Noch entscheidender ist jedoch die Tatsache, dass durch die »Entkopplung« der eigentlichen Datenerfassung von der Visualisierung Stabilität und Zuverlässigkeit solch einer Anwendung (gegenüber einem möglichen Datenüberlauf durch äußere Beeinflussung) erheblich gesteigert werden.

1.2.2 ActiveX-Technologie

Der ActiveX-Standard hat seine Ursprünge in der Dynamic-Data-Exchange-Technologie (DDE) sowie deren Weiterentwicklung, der Object-Linking-and-Embedding-Technologie (OLE), welche von der Firma Microsoft im März 1996 in ActiveX umbenannt wurde. Sie lässt sich in drei wesentliche Bestandteile aufteilen:

- ActiveX-Dokumente
- ActiveX-Automation
- ActiveX-Controls/-Container

Bei ActiveX-Dokumenten handelt es sich um die Möglichkeit der Einbindung verschiedener Dokumente in einer Umgebung. Eine für die MSR-Technik wesentlich relevantere Erweiterung stellt ActiveX-Automation dar. Diese erlaubt die Fernsteuerung sowie den dynamischen Datenaustausch und die Steuerung unterschiedlicher MS-Windows-Anwendungen. Last but not least wird mit dem Begriff ActiveX-Controls/-Container eine Art des modernen Softwarerecyclings von Seiten der Firma Microsoft geschaffen. Dies bedeutet im Klartext, dass grafische Objekte, welche in Form von ActiveX-Controls entworfen wurden, in beliebigen ActiveX-Container-fähigen Anwendungen wiederverwendbar sind. Neben den textbasierten, ActiveX-Container-fähigen Programmierumgebungen von Microsoft oder Borland, wie z.B. Visual Basic oder Delphi, ist auch LabVIEW seit der Version 5 ein ActiveX-Container. Damit erschließt sich eine Fülle von Anwendungen, die bisher in dieser Art und Weise nur mit einem erheblich größeren Aufwand möglich waren.

1.2.3 Assistenten

Welche Vereinfachungen bringt die Wizard-Technologie für die klassische Messtechnik? Wie bereits mit der Version 4.1 von LabVIEW mit dem DAQ-Channel- und DAQ-Solution-Wizard begonnen, wird nun neben der automatischen Generierung von Programmen für Anwender im Bereich der Datenerfassung mit Multifunktionskarten auch der Bereich der klassischen Gerätesteuerung »Plug &Play«-fähig gemacht. Das heißt, in LabVIEW 5 wird das Wizard-Konzept nun auch auf die Instrumentenebene abgebildet. Hier leistet der Instrumenten-Assistent den Anwendern Unterstützung bei der Kommunikation mit Instrumenten, welche sich an der RS232-, GPIB- bzw. der VXI-Schnittstelle befinden. Die Vorgehensweise des Instrumenten-Assistenten ist hierbei folgende: Zuerst werden die Schnittstellen nach angeschlossenen Geräten abgesucht. Es können dabei alle betriebsbereiten, an die jeweiligen Bussysteme angeschlossenen Instrumente erfasst werden. Ein anschließender Identifikationstest sorgt, bei erfolgreicher Erkennung, für die automatische Installation des entsprechenden Instrumententreibers. Zu guter Letzt wird noch ein kleines Beispielprogramm mit grafischer Benutzeroberfläche erstellt, welches sich des verwendeten Instrumententreibers bedient. Auf diese Weise wird sichergestellt, dass auch unerfahrene Benutzer die Handhabung eines Instrumententreibers erkennen und verstehen können. Das vom Instrumenten-Assistenten automatisch erzeugte Beispielprogramm liegt selbstverständlich als LabVIEW-Diagramm vor, so dass nach Belieben Änderungen oder Ergänzungen im Programm oder aber auch das Kopieren und Einfügen von Teilen dieser Anwendung in eigene Programme durch den Anwender möglich sind.

Die Wizard-Technologie vereinfacht nicht nur den Einstieg in die Problematik der Datenerfassung und der Gerätesteuerung, sondern bringt zudem einen hohen didaktischen Wert mit sich. Spielerisch lernt der Anwender den Umgang mit der praktischen, rechnerbasierten Messtechnik.

1.3 LabVIEW 6*i*

Im Zeitalter der kommunikativen Möglichkeiten der IT-Technologien sind heute Hersteller wie auch Anwender bemüht, Softwarewerkzeuge zu verwenden, die unternehmensweit, von der Entwicklung über die Herstellung bis hin zu Test und Service, zum Einsatz kommen. Ausschlaggebend hierbei ist das transparente Harmonieren der unterschiedlichen Hard- und Softwarebausteine sowie eine Kontinuität in den Softwaretools und eine nahtlose Verschmelzung der unterschiedlichsten Komponenten in einem firmenübergreifenden Netzwerk. In Schlagwörtern wie »Integration«, »Internet/Intranet«, »Intelligenz« und »Information« spiegeln sich diese Anforderungen wieder. Die aktuelle Version von LabVIEW 6*i* lässt sich, wie das *i* schon andeutet, ebenfalls mit diesen Schlagwörtern charakterisieren und wurde dahingehend konzipiert, gerade in diesen Bereichen neue Maßstäbe zu setzen.

LabVIEW 6*i*-Features auf einen Blick:

- *i*nternetoptimiert
- *I*nformationen im gesamten Unternehmen
- *i*ntelligentes Messen
- *i*ntuitive neue Benutzeroberfläche
- *I*ntegration

1.3.1 Internet-optimiert

Das Internet hält immer mehr Einzug in unser tägliches Leben. Für den weltweiten Datenaustausch ist das Internet für Ingenieure und Wissenschaftler ein alltägliches Werkzeug.

Mit DataSocket erhält der Anwender in LabVIEW ein Programmierwerkzeug, welches den Datenaustausch zwischen vernetzten Rechnern wesentlich vereinfacht. Speziell bei formatierten Daten entfällt die Komplexität der TCP/IP-Programmierung. Eine schnellere Darstellung der Daten wird durch Reduzierung des Datenverkehrs erreicht. Der DataSocket-Server-Manager übernimmt die Zugriffs- und Sicherheitseinstellungen. Netzwerkprotokolle und Datenformatierungen müssen den Anwender nicht weiter kümmern.

Das DataSocket-API (Application Programming Interface) ist ein ActiveX-Steuerelement. So müssen Clientanwendungen nicht unbedingt LabVIEW-Programme sein. Auch LabWindows/CVI, Visual Basic, Standardinternetbrowser oder sonstige ActiveX-fähige Anwendungen lassen sich als Clientanwendung einbinden.

National Instruments hat erstmals mit LabVIEW 5 dieses neue Internetprogrammierwerkzeug vorgestellt. In LabVIEW 6*i* wurde dieses Tool noch einmal verbessert. Mit wenigen Mausklicks können aus jeder Anwendung bzw. Benutzeroberfläche sofort Daten ausgewertet und dargestellt werden. Die Darstellung von Prüfergebnissen und Messdaten ist mit Hilfe von LabVIEW 6*i* innerhalb eines Unternehmens weltweit möglich. Völlig ohne Programmieren können Daten publiziert und aktualisiert werden. Aus der LabVIEW-Benutzeroberfläche überträgt man durch einen einzigen Mausklick die Daten in andere Anwendungen. Nur ein Rechtsklick auf das entsprechende Diagramm und über das Popup-Menü kann der DataSocket-Server integriert werden.

Nach dem Öffnen der Verbindung zum Server ist nur noch ein Name zur Identifizierung der Daten zu vergeben. Die TCP/IP-Programmierung übernimmt LabVIEW 6*i* für den Anwender. Über Clientanwendungen können verschiedene Benutzer auf die Daten zugreifen und entsprechend ihren Zielen wieder verwenden.

1.3.2 Intelligentes Messen

In den Bereichen Messwerterfassung und -analyse steht bei LabVIEW 6*i* eine Entwicklung im Vordergrund, die sich am besten mit dem Motto »Konfigurieren statt Programmieren« umschreiben lässt. Ein spezieller neuer Datentyp namens Waveform (= Signalverlauf), der neben den eigentlichen Messwerten alle für die Analyse relevanten Daten wie Abtastrate und physikalische Einheit beinhaltet, und die enge Einbindung von Messhardware vereinfachen nochmals deutlich die Programmerstellung. Für das Konfigurieren sämtlicher Messhardware ist der neue Measurement and Automation Explorer (MAX) die zentrale Schaltstelle. Die hier getroffenen Einstellungen können in LabVIEW 6*i* ohne Umschweife übernommen werden. Ein neuer Satz an besonders praxistauglichen Analyse-, Datenspeicherungs- und Signalgenerierungsfunktionen, die in Kombination mit dem Waveform-Datentyp einen deutlich vereinfachten Datenfluss ermöglichen, vervollständigen hier das Bild.

1.3.3 Intuitive neue Benutzeroberfläche

Geht es um die Entwicklung von grafischen Bedienoberflächen für den Endverbraucher, wird heutzutage immer mehr Wert auf ein ansprechendes und intuitiv nutzbares Interface gelegt. LabVIEW 6*i* hat mit der Einführung von grafischen Frontpanelelementen im 3D-Look, Tipp-Strips und Registerkarten nun weitere Werkzeuge geschaffen, die dem Anwender helfen, eine benutzerfreundliche Oberfläche zu erstellen. Sämtliche Bedien- und Anzeigeelemente stehen nun jeweils in einer 2D- und einer 3D-Ansicht zur Verfügung. Die 3D-Elemente bieten abgerundete und hervorgehobene Kanten, Farbverläufe mit metallischen Strukturen, Schattenwürfe und erstmals auch jeden beliebigen Farbton aus RGB- und HSL-Paletten. Schattenwürfe und Kanten passen sich in ihren Farbverläufen dem jeweiligen Hintergrund an, wodurch insgesamt ein sehr fließendes und professionelles Gesamtbild entsteht.

1.3.4 Integration

Mit den vorangegangenen LabVIEW-Versionen war es zwar möglich, externen Programmcode in Form von DLLs oder Shared Libraries einzubinden, der umgekehrte Weg war dem Anwender jedoch bislang nicht zugänglich. Mit dem neuen Release können LabVIEW-VI (Virtual Instruments) zu ebensolchen DLLs oder Shared Libraries kompiliert und in Entwicklungsumgebungen wie Microsofts Visual Basic oder Visual C++, aber auch im Measurement Studio von National Instruments eingebettet werden. Dies stellt eine weitere Möglichkeit zur Wieder- und Weiterverwendung von bereits erstellten Teillösungen dar und steigert dadurch das Produktivitätspotential des Anwenders.

1.4 LabVIEW 7 *Express*

Mess- und Automatisierungstechnik ohne Software ist heute kaum noch denkbar. Wurde vor 10 Jahren der Einsatz von Windows für Mess- und Automatisierungsanwendungen noch belächelt, so spielen Werkzeuge für die grafische Applikationsentwicklung gerade unter Windows mittlerweile in allen Anwendungsbereichen eine immer wichtigere Rolle. Sie dringen mittlerweile in Bereiche ein, die in der Vergangenheit oft als Gedankenspielerei abgetan wurden.

Um ihre grafischen Tools von einer echten grafischen Entwicklungsumgebung zu unterscheiden, sind viele Hersteller dazu übergegangen, die auf den Markt geworfenen Werkzeuge zur grafischen Applikationsentwicklung auf zwei Erscheinungsformen zu reduzieren, die scheinbar miteinander nicht vereinbar sind: zum einen die Welt der grafischen Programmiersprachen, die in puncto Flexibilität und Verwendbarkeit mit den textuellen Programmiersprachen im Wettbewerb stehen; zum anderen die blockorientierten Tools, bei denen eine einfache Anwendung durch Hintereinanderschalten von Funktionsblöcken entsteht. Diese eher schwarzweiße Klassifizierung verfolgt die offensichtliche Suggestion, grafische Programmiersprachen seien zu schwierig – nach dem Motto

»Programmiersprachen sind für speziell ausgebildete Programmierer gedacht, nicht für Anwender«. Zudem hilft diese Einteilung und Distanzierung, grafische Konfigurationstools dem Anwender besser »zu verkaufen«. So wird oft plakativ argumentiert, dass diese beiden von Herstellern eingeteilten Lager miteinander unvereinbar sind.

Eine eher nüchterne Betrachtung der Situation zeigt jedoch sofort, dass diese Einteilung in der Praxis gar nicht so existiert. Genau genommen teilt sich die Gruppe der Nichtprogrammierer nämlich wiederum in weitere Anwendergruppen auf. So gibt es beispielsweise Anwender, die sich auf das reine Bedienen vorgefertigter Applikationen beschränken, aber auch solche mit geringen Programmierkenntnissen, die eher das logische Aneinanderreihen konfigurierbarer Teillösungen zur Gesamtlösung bevorzugen, und schließlich diejenigen, die eigentlich zur vorhergehenden Gruppe gehören, aber notgedrungen auf kryptische Skriptsprachen zurückgreifen müssen. Dies tritt üblicherweise immer dann auf, wenn das benutzte grafische Tool an seine Grenzen gelangt, so dass der Anwender seine gezielte Anforderung nur noch über eine nicht konfigurierbare Methodik realisieren kann. Dieser Paradigmenbruch erfordert in der Realität aber immer einen viel größeren Aufwand als die reine, einfache Handhabung eines Konfigurationstools.

Die grafischen Programmierer dagegen möchten zwar über die Offenheit einer vollwertigen Programmiersprache verfügen, sich aber keinesfalls mit den kryptischen Details einer herkömmlichen textuellen Programmiersprache auseinander setzen und sich dadurch von ihren eigentlichen Aufgaben bzw. Anwendungen wegbewegen. Klassischerweise bringt der zu dieser Gruppe zählende Anwender grundlegende Programmiererfahrung mit, die jedoch keinesfalls mit dem Spezialwissen etwa eines Programmierers vergleichbar ist.

Die scheinbar unvereinbaren grafischen Ansätze bzw. Gegensätze lassen sich unmittelbar auflösen, wenn man je nach Anwendergruppe auch entsprechend unterschiedliche Zugänge zu einer grafischen Entwicklungsumgebung ermöglicht. Mit dem Express-Gedanken in der aktuellen LabVIEW-Version wird dem Rechnung getragen. Damit wird erstmalig mit den bekannten Vorzügen der grafischen Applikationsentwicklung eine viel breitere Anwenderschicht adressiert – völlig losgelöst von deren softwaretechnischem Vorwissen. Denn entscheidend für den Anwender sind nicht die von den Herstellern geschickt gewählten Positionierungen ihrer Werkzeuge, sondern vielmehr die eigentliche Applikation. Es bedarf also auch keiner prophetischen Fähigkeit, zu behaupten, dass solch ein anwenderorientierter Ansatz immer größeren Zuspruch finden wird. Dieser Trend wird sich in der MSR-Technik unaufhaltsam fortsetzen.

Wie bereits erläutert, werden zum ersten Mal in der Geschichte der Datenflussprogrammierung die unvereinbaren Gegensätze zwischen Programmierung und Konfigurierung auf einen gemeinsamen Nenner gebracht und in einer integrierten Entwicklungsumgebung bereitgestellt. Damit erreicht *jeder* Entwickler – unabhängig von seinen Programmierkenntnissen bzw. seinem Aufgabenbereich innerhalb der Mess- und Automatisierungstechnik – ein Höchstmaß an Produktivität und Effizienz.

Hier nun ein Überblick über die vielfältigen State-of-the-Art-Technologien in LabVIEW 7 *Express*. LabVIEW 7 *Express* ist das Ergebnis von vier Jahren harter Entwicklungsarbeit. Das »Express« lässt schon erahnen, wo die Reise hingeht: mit minimalstem Aufwand das Maximum erreichen. Neuerungen, wie die so genannten Express-VI und die neue Datenerfassungsarchitektur, die Garanten für eine deutlich reduzierte Entwicklungszeit sind, gehören zu den Meilensteilen der Express-Version. So wird nicht nur dem Neuling der mühelose Einstieg ermöglicht, sondern auch dem erfahrenen Programmierer wertvolle Zeit bei der Anwendungsentwicklung gespart. Damit gelingt es erstmalig, die Vorzüge der grafischen Applikationsentwicklung sowohl dem Einsteiger, der in der Regel Konfigurationswerkzeuge bevorzugt, als auch dem versierten Programmierer in einer einzigen Entwicklungsumgebung bereitzustellen. So ist nun jeder Entwickler in der Lage, unabhängig vom Grad seiner Programmierkenntnisse bzw. seinem Aufgabengebiet ein unübertroffenes Niveau an Produktivität und Effizienz zu erreichen.

Auch in puncto Hardware wartet LabVIEW mit neuen Ausführungsplattformen auf – angefangen bei embedded FPGAs bis hin zu PDAs, wobei sowohl das Betriebssystem Palm OS als auch Pocket PC unterstützt werden. Diese beiden neuen Module (»LabVIEW FPGA« und »LabVIEW PDA«) ergänzen die bereits existierenden Module »LabVIEW Real-Time« und »LabVIEW DSC« (DSC = Datalogging and Supervisory Control), die ebenfalls mit einer ganzen Reihe von Neuerungen ausgestattet wurden.

1.4.1 Express-VI – Konfigurieren statt Programmieren

In den Express-VI steckt ein unerreichtes Maß an Innovation, das der Anwender schon beim ersten praktischen Einsatz zu schätzen lernt. Zu diesem Zweck beinhaltet jedes dieser interaktiv und einfach zu bedienenden virtuellen Instrumente eine spezifische, klar abgegrenzte Standardfunktion aus dem Bereich Mess- und Automatisierungstechnik. Für gängige Prüf- und Messanwendungen stehen Dutzende solcher vorgefertigten virtuellen Instrumente zur Verfügung, die leistungsfähige Messfunktionen in einfach und interaktiv zu bedienenden VI in sich bergen. Der Clou: Der Anwender zieht ein Express-VI per Drag&Drop in das Blockdiagramm von LabVIEW und kann mittels weniger Mausklicks die Datenerfassungs-, Datenanalyse- oder Datendarstellungsfunktion über die Eigenschaftenseiten konfigurieren, ohne sich mit den Details der grafischen Programmierung auseinander setzen zu müssen.

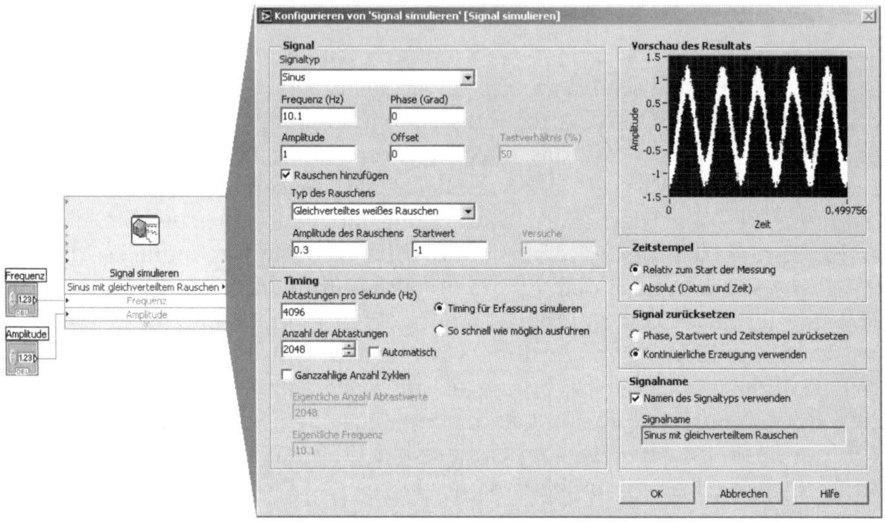

Abbildung 1.2: Express-VI – »Konfigurieren statt Programmieren«

Die zwei folgenden Abbildungen 1.3. und 1.4. zeigen die gleiche Applikation – zuerst auf herkömmliche Weise programmiert und danach über die Express-VI. Es ist deutlich zu erkennen, dass der Aufwand der Programmierung im ersten Fall wesentlich größer war und erheblich detailliertere Kenntnisse der Programmierung bzw. der Funktionalität und Wirkungsweise der LabVIEW-VI und -Basisfunktionen erfordert.

Daher wird nicht nur die Entwicklungszeit, sondern auch die Einarbeitungszeit mit Hilfe der neuen Tools wie der genannten Express-VI, aber auch Anwendungsvorlagen und einer intelligenten Entwicklungsumgebung erheblich reduziert. Mehr als 40 leistungsstarke Express-VI mit den verschiedensten Funktionalitäten – angefangen bei Datenerfassung über Gerätesteuerung bis hin zu Messwertanalyse und Datenimport/-export – tragen zu einer zügigen Anwendungsentwicklung bei.

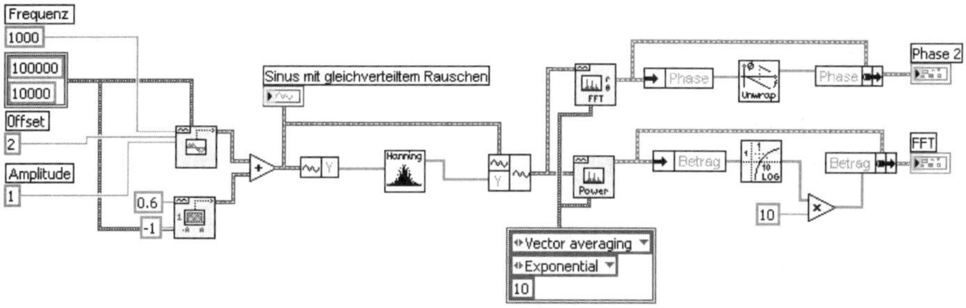

Abbildung 1.3: Eine Applikation auf herkömmliche Weise programmiert

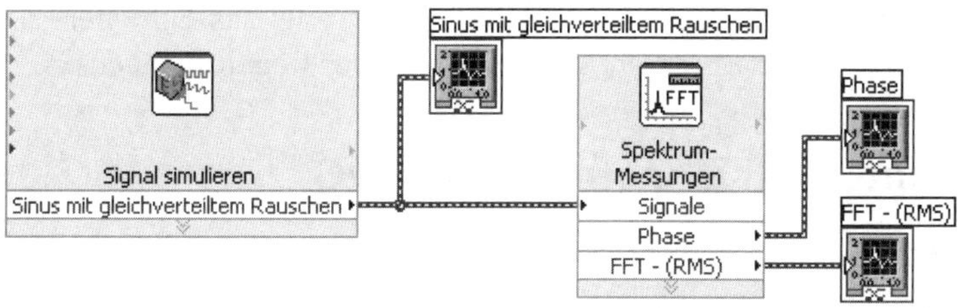

Abbildung 1.4: Die gleiche Applikation mit Express-VI programmiert

Zudem bietet LabVIEW 7 *Express* Anwendungs- und Gestaltungsvorlagen, die ideal als erster Ansatz für die Applikation genutzt werden können. Mit Hilfe der Funktion »Beispiele finden« kann der Anwender LabVIEW nach mehr als 500 enthaltenen Beispielprogrammen durchsuchen oder sich direkt auf eine Website leiten lassen, auf der Tausende weiterer Beispiel-VI zu finden sind. Es können auch Programmvorlagen entwickelt und dann anderen LabVIEW-Entwicklern zur Verfügung gestellt werden.

Das LabVIEW-Entwicklerteam hat die Programmierumgebung mit einigen grundlegenden Raffinessen ausgestattet, die sich insgesamt in einer sichtbar reduzierten Entwicklungszeit widerspiegeln. So sorgt beispielsweise die aktualisierte Version des AutoTools, das in LabVIEW 6.1 erstmals eingeführt wurde und dem Anwender automatisch das für sein Vorhaben richtige Werkzeug an die Hand gibt, für eine erheblich schnellere Erstellung sowohl von Frontpanels als auch von grafischem Code. Eine neue Funktion ist das benutzerspezifisch anpassbare Raster, welches das Ausrichten von Objekten vereinfacht. Zudem sind die Symbole für Frontpanelobjekt-Anschlüsse im Blockdiagramm nun sehr intuitiv und lassen sich aufgrund ihrer optischen Ähnlichkeit zu ihren Pendants auf dem Frontpanel diesen leicht zuordnen. Ferner lassen sich Objekte auf dem Frontpanel nun mit ebenfalls neuen Eigenschaftenfenstern benutzerspezifisch anpassen.

Zwei neue Strukturen in LabVIEW 7 *Express* schließlich erhöhen die Lesbarkeit des grafischen Steuerprogramms. Die altbekannte Ablaufstruktur – die so genannte Sequenzstruktur – mit der es möglich ist, die exakte Reihenfolge der Abarbeitung des Datenflusses festzulegen, kann nun wie ein Filmstreifen visualisiert werden und muss nicht ausschließlich wie in der Vergangenheit gestapelt dargestellt werden.

Der ebenfalls neue Feedbackknoten liefert einen zusätzlichen Mechanismus zur Übertragung von Daten zwischen Schleifendurchläufen. Dieser Feedbackknoten funktioniert auf die gleiche Art und Weise wie das Schieberegister, entspricht jedoch insbesondere den Konventionen der Regelungstechnik.

1.4.2 Interaktive Instrumenten-I/O

Bereits mit allen Vorgängerversionen von LabVIEW wurde der Datenerfassungsprozess jeweils vereinfacht – LabVIEW 7 *Express* jedoch wartet mit einigen neuen Werkzeugen auf, die sowohl die Datenerfassung als auch die Gerätesteuerung noch einfacher gestalten. Dank der neuartigen Architektur des Treibers NI-DAQ sowie zweier neuer interaktiver Assistenten für die Datenerfassung und Gerätesteuerung ist der Anwender nun in der Lage, Messungen und Analysen schneller durchzuführen, als dies bisher möglich war.

Diese Assistenten stellen eine neue Klasse von VI dar, die den Anwender schrittweise durch die Konfiguration, Prüfung und Programmierung von Messaufgaben führen und automatisch das entsprechende LabVIEW-Diagramm erstellen können, das sich je nach Programmierkenntnis des Anwenders noch weiter bis ins kleinste Detail an seine Anforderung anpassen lässt. Der DAQ-Assistent z.B. erlaubt die schnelle Konfiguration von Datenerfassungsaufgaben wie Timing, Skalierung, Triggerung – allesamt benutzerspezifisch einstellbar – u. v. m. Der I/O-Assistent wiederum ermöglicht die direkte Kommunikation mit GPIB-, Ethernet-, USB-, PXI-, VXI- und seriellen Geräten. Mit Hilfe dieser interaktiven Assistenten lassen sich Prototypen von Gerätesteuerungssystemen erstellen, Messungen im Handumdrehen vornehmen und sogar einfache Gerätetreiber entwickeln. Zusätzlich bietet LabVIEW 7 *Express* mehr als 400 integrierte Messanalysefunktionen sowie eine Vielzahl von so genannten Express-VI, mit denen sich aus jedem beliebigen Satz an erfassten Daten nützliche Informationen extrahieren lassen.

Bei LabVIEW 7 *Express* handelt es sich, wie bereits erwähnt, um die neue Version der kompletten Produktfamilie LabVIEW, also nicht nur der Entwicklungssysteme selbst (LabVIEW Base, Full sowie Professional Development System), sondern auch aller Add-On-Module für LabVIEW, auf die im Folgenden näher eingegangen werden soll.

1.4.3 LabVIEW Real-Time

Bei diesem Modul handelt es sich um die aktualisierte Version des bewährten Werkzeugs zur Erstellung von deterministischen, embedded sowie Echtzeitapplikationen. So wartet »LabVIEW Real-Time« nun ebenfalls mit neuen Funktionen und Werkzeugen auf: Mit dem Communications Wizard und dem FTP Client Support lässt sich die Entwicklungszeit für verteilte Anwendungen wesentlich verkürzen.

Bei Verwendung dieses Softwaremoduls wird eine Anwendung zuerst in LabVIEW auf einem Host-Rechner erstellt und anschließend auf ein separates, mit einem echtzeitfähigen Betriebssystem ausgestattetes Zielgerät heruntergeladen. Ausschlaggebend bei der Wahl dieses Zielgeräts sind die jeweiligen Anwendungsanforderungen. Der Ingenieur kann problemlos weitere I/Os integrieren oder seine Applikation mit nur minimalen Änderungen an der Software auf andere echtzeitfähige Zielhardware portieren.

Mit der neuen Version des Moduls »LabVIEW Real-Time« gestaltet sich dank integrierter High-Level-Werkzeuge wie etwa dem bereits erwähnten RT Communication Wizard sowie Anwendungsvorlagen die Erstellung von Echtzeitanwendungen nun noch einfacher. Auch die optimierte Datei-I/O trägt zur Beschleunigung der Anwendungsentwicklung bei, denn hierdurch lässt sich der Programmieraufwand für embedded Datenprotokollierungsanwendungen deutlich reduzieren. Das Modul »LabVIEW Real-Time« lässt sich zudem sowohl mit dem rekonfigurierbaren I/O-Modul PXI-7831R als auch der neuen echtzeitfähigen Datenerfassungskarte PCI-7041/6040E von NI eng integrieren, woraus ein hohes Maß an Performanz und Systemflexibilität resultiert.

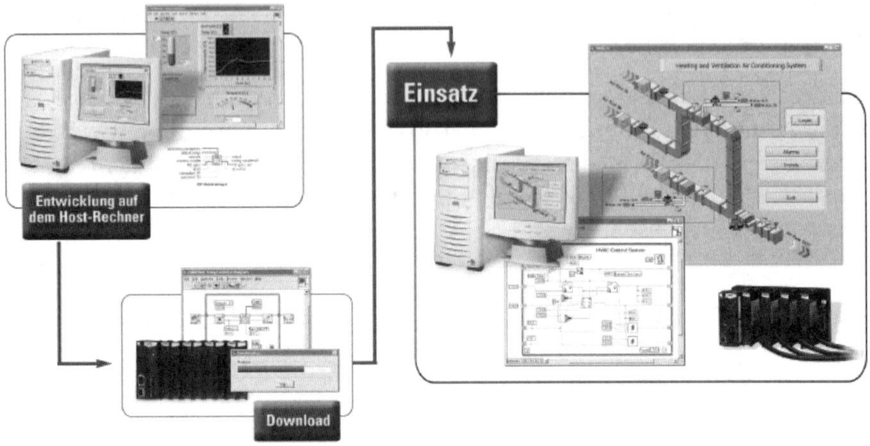

Abbildung 1.5: LabVIEW RT

1.4.4 LabVIEW Datalogging and Supervisory Control

Dies ist die gleichfalls aktualisierte Version das Softwarewerkzeugs zur unkomplizierten Entwicklung und Nutzung verteilter Regel-, Steuer- und Überwachungssysteme von National Instruments. Der neue Viewer für historische Daten, die aktualisierte Datenbank sowie die optimierte ODBC-Schnittstelle im »LabVIEW Datalogging and Supervisory Control Module« (DSC) tragen zu einer erhöhten Leistungsfähigkeit verteilter Überwachungsanwendungen bei. Mit Hilfe dieses Moduls ist es ein Leichtes, I/O-Hardware, wie beispielsweise Zielgeräte für LabVIEW Real-Time oder OPC-Hardware, einzubinden. Vom Systemüberblick bis hin zur Ausführung von Programmknoten – dieses Modul bietet Entwicklungswerkzeuge zum Protokollieren von Daten, Alarmen und Ereignissen, zur Verfolgung historischer Daten und Batches sowie zum effizienten Extrahieren von Daten aus einer vernetzten Datenbank mittels SQL-/ODBC-Standardabfragen. Ferner vereinfacht die neueste Version von LabVIEW DSC die Entwicklung verteilter Steuer-, Regel- und Überwachungsapplikationen, erhöht die Flexibilität bei der Lokalisierung und Extraktion von Daten und verbessert die Zuverlässigkeit und Sicherheit bei Datenprotokollierungsanwendungen. Überdies stehen dem Ingenieur integrierte Werkzeuge für die Benutzerverwaltung zur Verfügung.

1.4.5 LabVIEW PDA

Dieses neu entwickelte Add-On-Modul dient zur Entwicklung mobiler Mess-, Steuer- und Regelanwendungen für PDAs. Unterstützt werden dabei die Betriebssysteme Pocket PC von Microsoft sowie Palm OS.

Mit Hilfe dieses Moduls kann in der LabVIEW-Umgebung eine Applikation zur Erfassung und Darstellung von Daten sowie für Überwachungsaufgaben entwickelt und sodann auf den PDA heruntergeladen werden. Im Gegensatz zu anderen Entwicklungsumgebungen muss beim LabVIEW 7 PDA Module ein Programm nicht von Grund auf für ein bestimmtes PDA-Modell geschrieben werden, vielmehr sind die erstellten LabVIEW-VI sowohl auf Desktop-Rechnern als auch auf PDAs einsetzbar. LabVIEW kompiliert das VI automatisch so, dass es auf dem ausgewählten PDA ausgeführt werden kann, und lädt die fertige Anwendung dann auf dieses Gerät herunter. Die kompakten Abmessungen und das geringe Gewicht von PDAs prädestinieren sie geradezu für mobile Prüf- und Datenerfassungslösungen sowie Fernsteuerungs- und -überwachungssysteme.

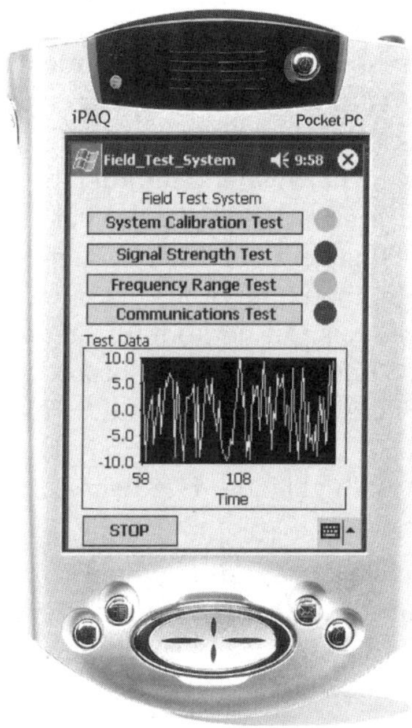

Abbildung 1.6: LabVIEW PDA

Bei Dover Technology Ltd., einem Hersteller von Produkten zur Fertigungssteuerung, kam das LabVIEW 7 PDA Module bereits bei der Entwicklung einer Präzisionsmessapplikation zum Einsatz. Diese Anwendung, die über ein serielles Protokoll mit einem Messgerät kommuniziert und dieses steuert, konnte in knapp acht Stunden erstellt werden – ein großer Fortschritt verglichen mit der Entwicklungszeit von fast einer Woche bei der zuvor verwendeten Lösung. Angesichts dieser erheblichen Zeit- und somit auch Kostenersparnis, von der das Unternehmen bei dieser Applikation profitierte, plant man bei Dover Technology den Einsatz des LabVIEW 7 PDA Module auch in einer Reihe weiterer industrieller Projekte, etwa bei der Kommunikation mit einem Breitbandfunkempfänger.

1.4.6 LabVIEW FPGA

Im Hinblick auf Parallelismus macht LabVIEW mit der Vorstellung des LabVIEW FPGA ebenfalls einen großen Schritt nach vorne: Auf einem PC mit einem Prozessor laufen unabhängige, parallele LabVIEW-VI zwar schon scheinbar gleichzeitig ab, doch können sie beim Einsatz von LabVIEW FPGA vollständig voneinander getrennt und in der Tat zeitgleich abgearbeitet werden. Dadurch ist der Anwender in der Lage, auf gewohnte Art und Weise LabVIEW-Diagramme in Schaltungen auf Gatterebene abzubilden und seine Applikation selbst zu »brennen«, muss sich dabei aber nicht mit den syntaktischen und semantischen Details streng hardwareorientierter Sprachen wie VHDL auseinander setzen. Dies führt zu Beschleunigungen bei der Programmausführung um den Faktor 10 bis 1.000 gegenüber einer reinen Softwareausführung. Am Beispiel eines Hardware-in-the-Loop-Testers konnte gezeigt werden, wie in einem geschlossenen Regelkreis mit herkömmlichen I/Os LabVIEW-Blockdiagramme im FPGA bis zu 80-mal schneller als bisher ausgeführt werden konnten. So ermöglichen die FPGA-Technologie und die darauf basierende rekonfigurierbare Hardware von NI im Gegensatz zu »festverdrahteten« Prozessoren eine äußerst hohe Leistungsfähigkeit der Hardware.

Nachdem der Desktop-Computer für Mess- und Steuerungsaufgaben bereits erobert worden ist und Echtzeitanwendungen mit LabVIEW Real-Time auch in den Bereich Regelung und Simulation gebracht wurden, gelingt National Instruments mit LabVIEW FPGA erstmals eine echte Abbildung eines LabVIEW-Diagramms in Silizium, womit die Grenze zwischen Hard- und Software endgültig verschwimmt.

Die FPGA-Technologie wird i. d. R. von Experten auf dem Gebiet der Programmierung mit VHDL bzw. anderen FPGA-spezifischen Programmiersprachen genutzt und eignet sich für Anwendungen, die spezielle Digital-I/O-Konfigurationen, anspruchsvolle Timing- und Triggerfähigkeiten sowie Entscheidungsfindung auf Hardwareebene erfordern. Mit dem neuen Softwaremodul kann der Ingenieur nun unter Verwendung des ihm bereits vertrauten Datenflussmodells und der inhärenten Parallelausführung in LabVIEW auch derartigen Anforderungen entsprechen. Ein aktuelles Anwendungsbeispiel hierfür liefert die Firma Woodward Governor Company, ein internationaler Technologieführer im Bereich des industriellen Energiemanagements. Dort stand man vor der Aufgabe, für die Prüfung einer neuen Serie von Motorensteuerungseinheiten einen Motorensimulator zu entwickeln. Da diese Anwendung den Einsatz der FPGA-Technologie erfordern würde, befürchteten die Entwickler zuerst, die einzige Möglichkeit bestünde darin, eigens eine FPGA-Platine zu kreieren, die dann in Kombination mit LabVIEW eingesetzt werden könnte. Umso größer war die Erleichterung, als man vom neuen LabVIEW 7 FPGA Module erfuhr, denn nun war es möglich, LabVIEW mit rekonfigurierbarer I/O-Hardware von NI einzusetzen. »*Das LabVIEW-gestützte System übertraf unsere Erwartungen bei weitem und kostete dabei nur ein Zehntel dessen, was die Neuentwicklung eines FPGA-Moduls verschlungen hätte*«, so Matthew Viele, Senior Software Engineer, Woodward Governor Company. Da dieses System keine speziellen VHDL-Kenntnisse voraussetzt, konnte die Firma die Abwicklung des Projekts ihren Softwareentwicklern übertragen und musste somit keine Hardwareingenieure abstellen, die mit der Entwicklung von Steuerungseinheiten und sonstigen Produkten beschäftigt waren.

1.5 LabVIEW 7.1

Mit neuen Express-VI für modulare NI-Geräte und der Treibersoftware NI-DAQmx, welche anspruchsvolle Fehlerbehebung und Low-Level-Timing der Programmausführung für das LabVIEW 7.1 Real-Time Module gestattet, erweitert LabVIEW 7.1 (oder auch LabVIEW 7.1 *Express*) die Express-Technologie auf automatisierte Mess-, Instrumentierungs- und Echtzeitanwendungen. Durch die Erweiterung der Einsatzmöglichkeiten der Express-Technologien auf das ganze Spektrum der automatisierten Messtechnik vereinfacht LabVIEW 7.1 den Entwicklungsprozess unabhängig von der verwendeten Hardwareplattform für jeden Anwender.

Mit fünf neuen Express-VI für Digitalisierer, Signalgeneratoren und Hochgeschwindigkeits-I/O-Module von NI können mit nur ein paar Mausklicks Daten erfasst und anspruchsvolle Messungen durchgeführt werden. Die neu gestaltete und stark erweiterte Treibersoftware NI-DAQmx in LabVIEW 7.1, die nun auch zum ersten Mal für Echtzeitapplikationen verfügbar ist, erhöht die Leistung einer Anwendung mit nur einer PID-Schleife um 30 Prozent und vereinfacht die Integration von Regelschleifen mit Hardware-Timing. Darüber hinaus besitzt das neue LabVIEW 7.1 PDA Module mehr Datenerfassungsfunktionen; dazu gehören z.B. schnellere Datenerfassung über mehrere Kanäle sowie analoge und digitale Triggerung. Über das PDA-Modul kann der Anwender benutzerspezifische DMM-Applikationen für PDAs erstellen und mit Geräten kommunizieren, die mit Bluetooth-Technologie ausgestattet sind.

Des Weiteren bietet LabVIEW 7.1 anspruchsvolles Timing der Programmausführung, Funktionen zur grafischen Fehlerbeseitigung für Low-Level-Steuerung und Einblick in die Echtzeit-Programmausführung. Mit der neuen so genannten »zeitgesteuerten Schleife« (eine While-Schleife mit konfigurierbarem Timing) ist es möglich, präzises Timing von Codesegmenten zu spezifizieren, mehrere zeitkritische Aktionen zu koordinieren und prioritätsbasierte Schleifen zur Erstellung von Applikationen mit mehreren Abtastraten zu definieren. Zur weiteren Optimierung der Leistungsfähigkeit von Anwendungen kann das LabVIEW Execution Trace Toolkit mit dem LabVIEW Real-Time Module eingesetzt werden, um schnell Jitter-Quellen wie z.B. Speicherzuweisung oder Laufzeitprobleme ausfindig zu machen.

Zusätzlich zur schnellen Entwicklung von Echtzeitapplikationen auf vorhandenen Plattformen ermöglicht das neue LabVIEW 7.1 die Ausführung von LabVIEW Real-Time auf zertifizierten Desktop-PCs. Es können nun Echtzeitsysteme durch die Integration der Vielzahl bereits bestehender PCI-I/O-Hardware mit Desktop-PCs erstellt werden.

Das neue LabVIEW 7.1 FPGA Module, das gleichzeitig mit LabVIEW 7.1 veröffentlicht wird, erhöht die Effizienz und Funktionaliät von embedded FPGA-Applikationen. Die aktuelle Version bietet Single-Cycle-While-Schleifen, die in der Lage sind, während eines einzigen 25 ns dauernden »Ticks« des globalen Takts von 40 MHz mehrere Funktionen auszuführen. Mit dieser Neuerung ist es möglich, FPGA-Code mit LabVIEW zu erstellen, der sich mit derselben Effizienz ausführen lässt wie von Hand programmierter VHDL-Code. Auch ist es möglich, mit Hilfe eines neuen HDL-Schnittstellenknotens bereits existierenden VHDL-Code in LabVIEW-FGPA-Applikationen wieder zu verwenden. Darüber hinaus bietet das neue LabVIEW 7.1 drei neue FPGA-Zielgeräte, darunter das NI Compact Vision System zur Erstellung von leistungsfähigen benutzerspezifischen Applikationen zur industriellen Bildverarbeitung.

Die vorangegangenen Ausführungen stellen den Stand der LabVIEW-Entwicklung bis zum heutigen Tag dar. LabVIEW blickt auf mehr als 18 Jahre Erfahrung am Markt zurück und empfiehlt sich als ausgereiftes, weltweit eingesetztes

Softwareprodukt. Für das weitere Verständnis eines LabVIEW-Programms ist die Bedeutung des Konzepts der virtuellen Instrumentierung entscheidend. Daher soll zunächst der Begriff »virtuelle Instrumente« in einem allgemeinen Kontext erläutert und darauf folgend dessen Bedeutung im LabVIEW-Kontext aufgezeigt werden.

1.6 LabVIEW und virtuelle Instrumente

Die Qualitäten von LabVIEW sowohl auf dem Gebiet der klassischen MSR-Technik als auch bei sehr komplexen Problemlösungen sind unbestritten. Die Software unterstützt insbesondere ein breites Hardwarespektrum, das in adäquater Weise durch Softwarekomponenten unterstützt wird. Dazu zählen nicht nur die in der Messtechnik geläufigen I/O-Schnittstellen, wie z.B. RS232/485, IEEE488.2, VXI/MXI, PXI und Multifunktionskarten, sondern auch Feldbussysteme (CAN, Profibus, Interbus-S, Fieldbus Foundation), Motion Control und Bildverarbeitungssysteme. Dabei beschränkt sich der Einsatz von LabVIEW nicht nur auf die Erde. Für Aufsehen sorgte die Mars-Mission der NASA: LabVIEW half dem Pathfinder Sojourner seinen Weg zu finden und seine Betriebsfunktionen auf der Erde zu visualisieren. Die Bandbreite der eingesetzten Systeme zeigt die Offenheit von LabVIEW. Diese Offenheit beinhaltet das globale Konzept der virtuellen Instrumentierung, mit der der Sprung vom konventionellen Messgerät über die PC-gesteuerte Gerätesteuerung bis hin zu anpassungsfähigen Messsystemen gelang. Damit wird der Wandel von herstellerdefinierten Messgeräten hin zu anwenderdefinierten Messsystemen vollzogen. Von besonderer Bedeutung für den Anwender hierbei ist, dass seine komplette Anwendung, bestehend aus vielen einzelnen Schnittstellen und Messkomponenten, als ein in sich geschlossenes, einheitliches Gesamtsystem erscheint. Ein virtuelles Instrument (VI) besteht aus drei Komponenten, die durch folgende Aufgaben charakterisiert sind (Übrigens findet man in nahezu allen rechnergesteuerten MSR-Anwendungen diese Struktur wieder.):

- Datenerfassung
- Datenanalyse
- Datenpräsentation

Datenerfassung: Die zu erfassenden Rohdaten müssen dem PC in digitalisierter Form bereitgestellt werden. Dabei kann es sich um analoge Spannungen, Ströme, mittels Sensoren gewandelte nicht elektrische Größen oder digitale Bitmuster handeln. Die Umsetzung in die für den Rechner verständliche digitale Form kann von externen Messgeräten oder von A/D-Wandlerkarten im PC durchgeführt werden.

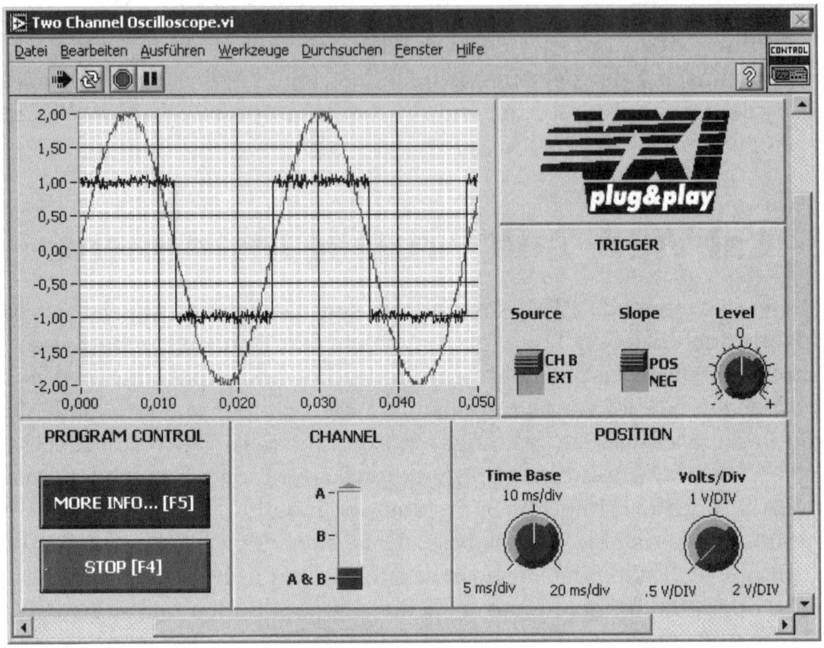

Abbildung 1.7: Virtuelles Instrument

Datenanalyse: Nachdem die Daten erfasst sind, müssen sie in der Regel analysiert und ausgewertet werden. Dazu gehören die Formatierung der Daten, die Skalierung, die Signalverarbeitung, die Statistik und weitere anspruchsvolle mathematische Analysealgorithmen.

Datenpräsentation: Für die Datenpräsentation muss eine intuitive Bedienoberfläche als Mensch-Maschine-Schnittstelle bereitgestellt werden. Auch die Archivierung und die Ausgabe gehören zu diesem Bereich.

Soweit also die rein hardwareseitige Betrachtung des Konzepts der virtuellen Instrumentierung. Die Software bildet die Basis für anwenderspezifische virtuelle Instrumente, da der Anwender seine individuellen Anforderungen und Funktionen erst mit Hilfe der Software festlegen kann. Im nächsten Abschnitt soll nicht nur in die Welt der LabVIEW-Programmierung eingeführt, sondern auch die Bedeutung des Konzepts der virtuellen Instrumentierung im Kontext von LabVIEW erläutert werden.

1.7 Einführung in die LabVIEW-Programmierung

Programmiert wird in LabVIEW in der Programmiersprache »G«. Bezeichnend für diese Programmiersprache ist die Erstellung eines Blockschaltbilds über die Auswahl von verschiedenen grafischen Elementen, welche durch »Verdrahtung« miteinander verbunden werden und dadurch den Signalfluss bestimmen. Die Stärken von LabVIEW liegen hierbei nicht allein in der sehr schnellen Erstellung der grafischen Benutzeroberfläche durch Auswahl und Platzierung unterschiedlicher Objekte, wie z.B. Graphen, Drehknöpfe, Schalter oder Leuchtdioden innerhalb eines Fensters, sondern auch in der Tatsache, dass mit der Erstellung der Benutzeroberfläche gleichzeitig der »G«-Sourcecode, d. h. die Objekte für das Blockschaltbild im Diagrammfenster, generiert wird. Hierbei bietet LabVIEW nicht nur den Vorteil der zeit- und kosteneffektiven Erstellung eines kleinen, im Laboralltag üblichen Mess- und Auswerteprogramms, sondern auch die Möglichkeit, auf komfortable, schnelle Art und Weise überschaubare, komplexe Programme zu erstellen. Dies wird durch die Strukturierung des »G«-Codes in Unterprogrammen, den so genannten SubVI, ermöglicht. Integrierte Werkzeuge wie das Hierarchiefenster erlauben dabei die schnelle Erfassung von SubVI-Verknüpfungen und der Programmstruktur.

1.7.1 Bestandteile eines LabVIEW-Programms

Ein LabVIEW-Programm wird als virtuelles Instrument (VI) bezeichnet, da sein Aussehen und die Funktionalität sich an ein reales Instrument anlehnen. In einem LabVIEW-Programm spiegelt sich die Struktur einer Hierarchie von virtuellen Instrumenten in Form von Softwaremodulen wider, deren Einzelbestandteile interaktive Benutzeroberflächen, gesteuert von Signalflussdiagrammen (Blockschaltbildern), sind. Diese Definition klingt zunächst abstrakt, doch wird ihre Bedeutung im Folgenden klarer.

Ein VI hat drei Hauptbestandteile:

- Das *Frontpanel* ist die interaktive Benutzerschnittstelle (Mensch-Maschine-Interface) des VI, so genannt, weil sie an das Aussehen eines Frontpanels eines physikalischen Messgeräts erinnert. Das Frontpanel kann grafische Steuer- und Bedienelemente wie z.B. Drehknöpfe, Schaltflächen, Graphen und viele andere Eingabeobjekte (durch welche die Benutzereingaben erfolgen) sowie Anzeigen (die Ausgaben des Programms) enthalten.

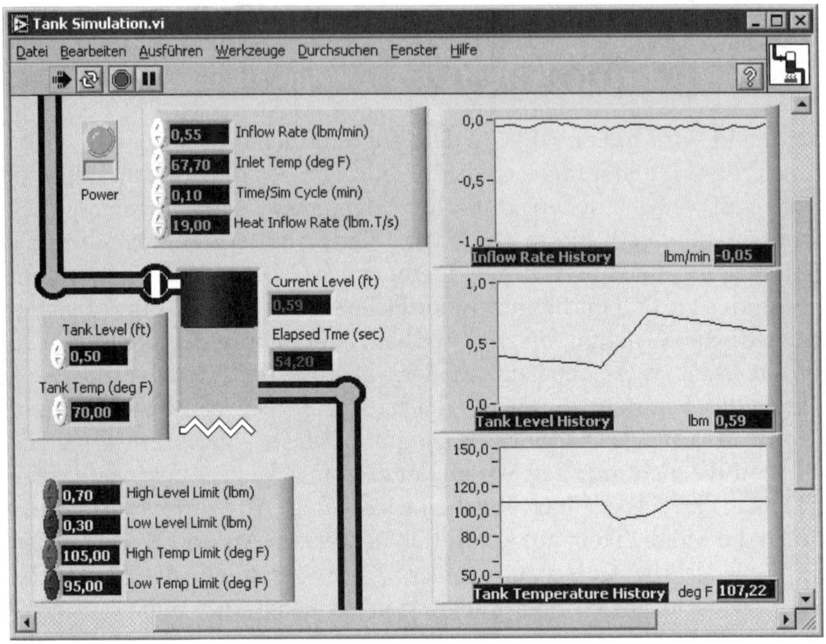

Abbildung 1.8: Frontpanel

- Das *Blockdiagramm* enthält die Programmierlogik, d. h. das Steuerprogramm des VI, entworfen in der LabVIEW-eigenen grafischen Programmiersprache. Das Blockdiagramm ist das tatsächlich ausführbare Programm. Die Bestandteile eines Blockdiagramms sind untergeordnete VI, vordefinierte Funktionen, Konstanten und Ablaufstrukturen wie z.B. Verzweigungen, Fallunterscheidungen und Schleifen. Das Steuerprogramm entsteht durch die Verbindung von VI und elementaren Operatoren. Frontpanelobjekte haben korrespondierende Anschlüsse im Blockdiagramm, so dass Daten vom Benutzer an das Programm und umgekehrt übergeben werden können.
- Um ein VI als Unterprogramm im Blockdiagramm eines anderen VI einsetzen zu können, müssen Ersterem ein *Symbol* und ein *Anschlussblock* zugeordnet sein. Ein VI, das innerhalb eines anderen VI zum Einsatz kommt, wird *SubVI* genannt und entspricht einem Unterprogramm. Das Symbol ist die bildliche Darstellung des VI und wird als Objekt im Blockdiagramm eines anderen VI verwendet. Der Anschlussblock eines VI beschreibt, wie Daten aus anderen Blockdiagrammen in das VI eingespeist werden, wenn es als SubVI verwendet wird. Ähnlich den Parametern eines Unterprogramms beschreibt der Anschlussblock die Ein- und Ausgaben des VI.

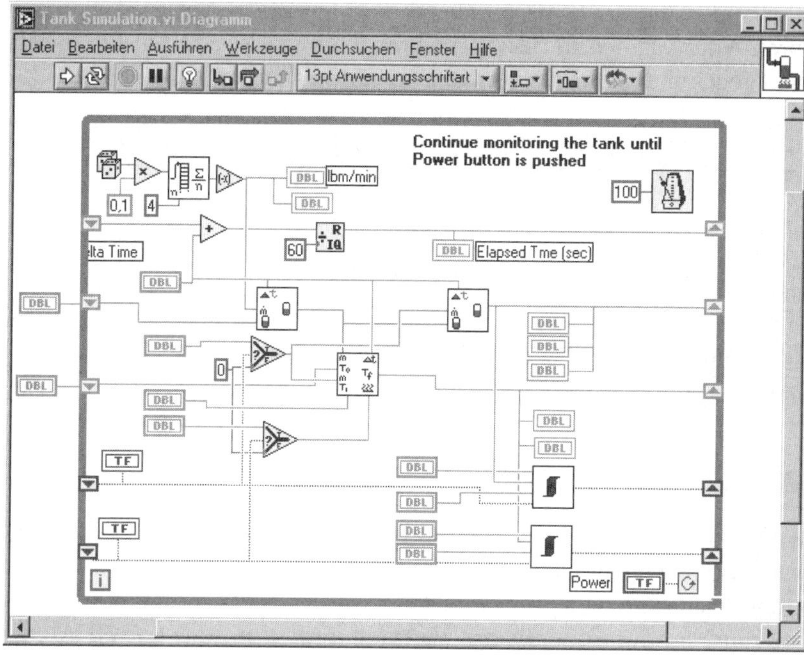

Abbildung 1.9: Blockdiagramm

Virtuelle Instrumente sind *hierarchisch* und *modular* und können als Hauptprogramme oder als Unterprogramme verwendet werden. Mit dieser Architektur unterstützt LabVIEW das Konzept der *modularen Programmierung*. Zuerst teilen Sie eine Anwendung in eine Gruppe einfacher Teilaufgaben auf.

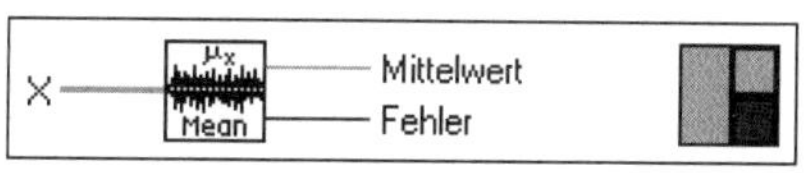

Abbildung 1.10: Symbol und Anschlussblock eines VI

Als Nächstes erstellen Sie zur Erledigung jeder dieser Teilaufgaben ein VI, anschließend kombinieren Sie diese in einem gemeinsamen Blockdiagramm, um die übergeordnete Aufgabe zu lösen.

Modulare Programmierung ist äußerst vorteilhaft, weil Sie jedes SubVI einzeln ausführen können, was die Fehlersuche (auch Debugging genannt) erleichtert. Darüber hinaus lassen sich einmal programmierte VI beliebig oft in anderen VI unabhängig von der spezifischen Anwendung einsetzen.

Abschließend seien noch einige allgemeine LabVIEW-Ausdrücke aufgelistet und ihren Äquivalenten in den herkömmlichen textorientierten Programmiersprachen gegenübergestellt.

LabVIEW	konventionelle Sprache
VI	(Haupt-)Programm
Funktion	Funktion
SubVI	Unterprogramm
Frontpanel	Benutzeroberfläche
Blockdiagramm	Sourcecode oder Quelltext

Tab. 1.1: LabVIEW-Ausdrücke und ihre konventionellen Äquivalente

1.7.2 Zwei Anwendungsbeispiele

Damit Sie ein Gefühl für die eben eingeführten Begriffe, Konzepte und Elemente bekommen, betrachten wir zwei konkrete Anwendungsbeispiele, die Ihnen den leichten Einstieg in LabVIEW ermöglichen. Ziel ist hier noch nicht die Programmierung, sondern das Vertrautwerden mit der LabVIEW-eigenen Terminologie und das Begreifen der konzeptuellen Zusammenhänge.

Übung: Temperatursystem Demo

Öffnen und starten Sie das VI mit dem Namen *Temperature System Demo.VI*, indem Sie folgende Schritte ausführen:

1. Starten Sie LabVIEW, wenn Sie dies nicht bereits getan haben. Wenn Sie die Beispielsoftware verwenden, stellen Sie sicher, dass Sie sich im Übungsbereich befinden.
2. Wählen Sie *Öffnen* aus dem Menü *Datei* (ab jetzt wird dies mit *Datei>>Öffnen* angegeben) oder klicken Sie die Schaltfläche *VI öffnen* an, falls das Startfenster von LabVIEW angezeigt wird.
3. Als Nächstes öffnen Sie das Verzeichnis bzw. den Ordner *LabVIEW-Grundlagen*, indem Sie darauf doppelklicken. Wählen Sie dann *Kapitel01.LLB*. Schließlich öffnen Sie *Temperature System Demo.VI* (wenn Sie die Vollversion von LabVIEW besitzen, können Sie dieses Beispiel auch unter *examples/apps/tempsys.llb* finden). Nach kurzer Zeit wird das Frontpanel der Temperatursystem-Demo erscheinen, wie dies in der nächsten Abbildung gezeigt ist. Das

Frontpanel enthält numerische Eingabefelder, boolesche Schalter, Schieberegler, Drehregler, Diagramme, Graphen und eine Thermometeranzeige.

4. Starten Sie das VI durch Anklicken der Schaltfläche *Start*. Die Schaltfläche ändert ihr Aussehen, um anzuzeigen, dass das VI ausgeführt wird. Die *Symbolleiste*, das ist die Reihe mit Symbolen im Balken am oberen Bildschirmrand, verändert sich ebenfalls, da Bearbeitungsfunktionen nicht notwendig sind, solange das VI ausgeführt wird.

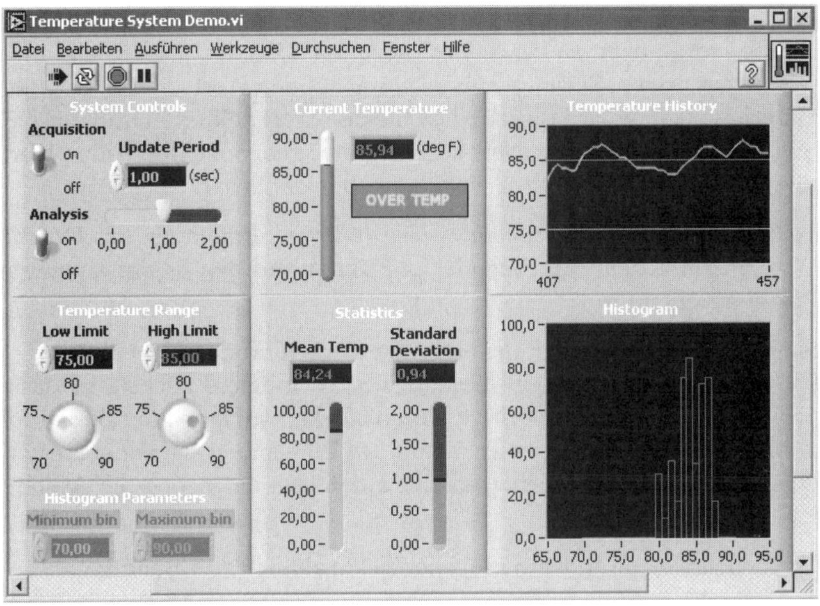

Abbildung 1.11: Das Frontpanel des Temperature System Demo.VI

Beachten Sie, dass auch die Schaltfläche *Abbruch* in der Werkzeugleiste aktiv wird. Sie können sie anklicken, um die Programmausführung abzubrechen.

Temperature System Demo.VI simuliert eine Anwendung zur Temperaturüberwachung. Das VI führt Temperaturmessungen durch und stellt diese in der Thermometeranzeige und im Diagramm dar. Obwohl die Messwerte in diesem Beispiel simuliert sind, können Sie das Programm leicht ändern, um echte Werte zu messen. Der Schieberegler *Update Period* bestimmt, wie häufig das VI neue Temperaturmesswerte ermittelt. LabVIEW plottet auch obere und untere Temperaturgrenzen in das Diagramm; Sie können diese Grenzen mit den Drehreglern *Temperature Range* verändern. Befindet sich die aktuelle Temperatur außerhalb des eingestellten Bereichs, leuchten neben dem Thermometer LEDs auf.

Dieses VI wird so lange ausgeführt, bis Sie den Schalter *Acquisition* auf *off* schalten. Sie können auch die Datenanalyse ein- und ausschalten. Der Abschnitt Statistics zeigt Ihnen eine laufende Berechnung des Mittelwerts und der Standardabweichung und das Histogramm zeigt die Häufigkeit an, mit der die einzelnen Temperaturwerte gemessen werden.

Grenzwerte

5. Verwenden Sie den Cursor, der während der Ausführung des VI die Form des Operating-Werkzeugs annimmt, um die Werte der oberen und unteren Temperaturgrenzen zu verändern. Aktivieren Sie den oberen oder unteren Grenzwert, indem Sie entweder zweimal auf den Wert klicken, den Sie verändern wollen, oder dadurch, dass Sie den Wert anklicken und das Operating-Werkzeug über den Wert ziehen. Dann geben Sie den neuen Wert ein und klicken auf die Schaltfläche *Enter* neben der Schaltfläche *Start*.

6. Verändern Sie den Schieberegler *Update Period*, indem Sie das Operating-Werkzeug auf dem Schieberegler platzieren und den Regler an eine neue Position ziehen.

   Sie können Schieberegler auch mit dem Bedien-Werkzeug bedienen, indem Sie auf einen Punkt der Schiene des Schiebereglers klicken, so dass der Schieber an diese Stelle springt. Durch Klicken auf einen der Bildlaufpfeile können Sie den Schieber langsam auf den Pfeil zubewegen oder Sie können einen Wert direkt eingeben, wenn Sie auf die Digitalanzeige am Schieberegler klicken.

7. Versuchen Sie, die anderen Eingabeobjekte ähnlich zu verändern.

8. Halten Sie das VI an, indem Sie den Schalter *Acquisition* anklicken.

Untersuchen Sie das Blockdiagramm

Das in folgender Abbildung 1.12 gezeigte Blockdiagramm stellt eine komplette LabVIEW-Anwendung dar. Sie müssen jetzt noch nicht alle Elemente dieses Blockdiagramms verstehen – wir werden später genauer auf sie eingehen. Versuchen Sie zunächst nur, ein Gefühl für das Blockdiagramm zu bekommen.

9. Öffnen Sie das Blockdiagramm des *Temperature System Demo.VI*, indem Sie *Fenster>>Diagramm* auswählen.

10. Betrachten Sie die verschiedenen Objekte im Diagrammfenster. Diese Strukturen werden später in diesem Buch Schritt für Schritt erklärt.

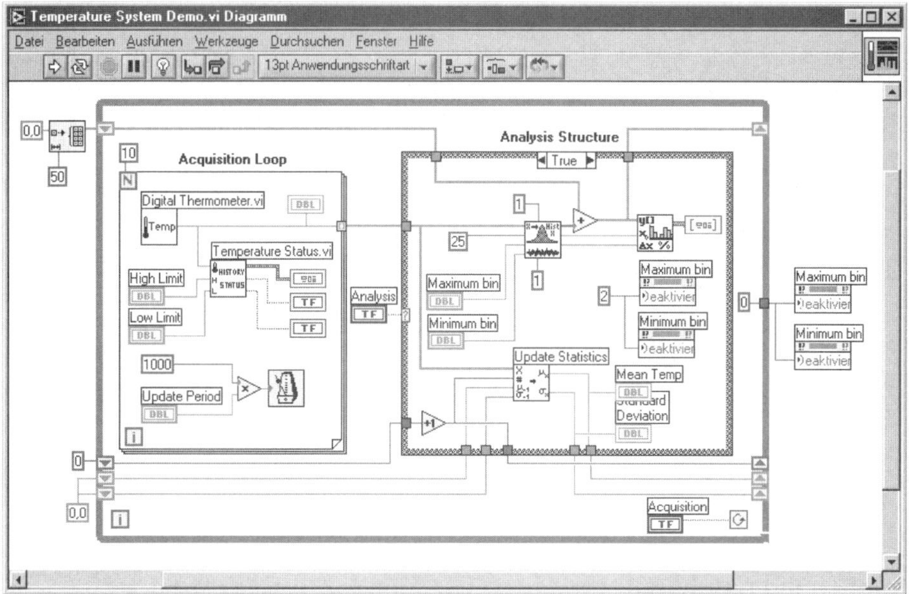

Abbildung 1.12: Das Blockdiagramm des Temperature System Demo.VI

11. Öffnen Sie das Hilfefenster durch Auswählen von *Zeige Kontext-Hilfe* im Menü *Hilfe*. Platzieren Sie den Cursor über verschiedenen Objekten im Blockdiagramm und beobachten Sie, wie sich das Hilfefenster verändert, um die Beschreibung der Objekte anzuzeigen. Wenn das Objekt eine Funktion oder ein SubVI ist, beschreibt das Hilfefenster sowohl die Eingänge als auch die Ausgänge.

Hierarchie

Die Stärke von LabVIEW liegt im hierarchischen Aufbau seiner VI. Nachdem Sie ein VI entworfen haben, können Sie es als SubVI im Blockdiagramm eines übergeordneten VI einsetzen und Sie können so viele hierarchische Ebenen aufbauen, wie Sie benötigen. Um diese nützliche Eigenschaft zu demonstrieren, betrachten wir ein SubVI des *Temperature System Demo.VI*.

12. Öffnen Sie das SubVI *Temperature Status*, indem Sie auf sein Symbol doppelklicken.

    Das in Abbildung 1.13 gezeigte Frontpanel wird nach vorne gestellt.

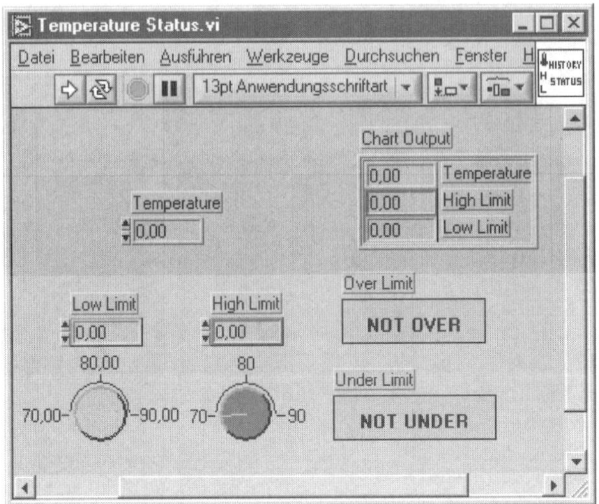

Abbildung 1.13: Das Frontpanel des SubVI Temperature Status

Symbol und Anschlussblock

Der Anschlussblock stellt die Programmschnittstelle eines VI dar. Er besteht aus einem Symbol und bis zu 28 Anschlusspunkten. Das Symbol und der Anschlussblock liefern die grafische Darstellung sowie die Parameterdefinitionen, die benötigt werden, wenn Sie ein VI als Unterprogramm oder Funktion im Blockdiagramm anderer VI verwenden wollen. Sie befinden sich in der oberen rechten Ecke des Frontpanelfensters des VI. Das Symbol bildet die grafische Darstellung des VI im Blockdiagramm anderer VI, während die Anschlüsse anzeigen, wo Eingangs- und Ausgangssignale angeklemmt werden müssen. Diese Anschlüsse entsprechen den Parametern eines Unterprogramms oder einer Funktion. Für jede Eingabe und Anzeige, durch die Sie Daten an das VI senden, wird ein Anschluss benötigt. Das Symbol befindet sich über der Darstellung des Anschlussblocks, bis Sie den Anschluss zur Ansicht auswählen.

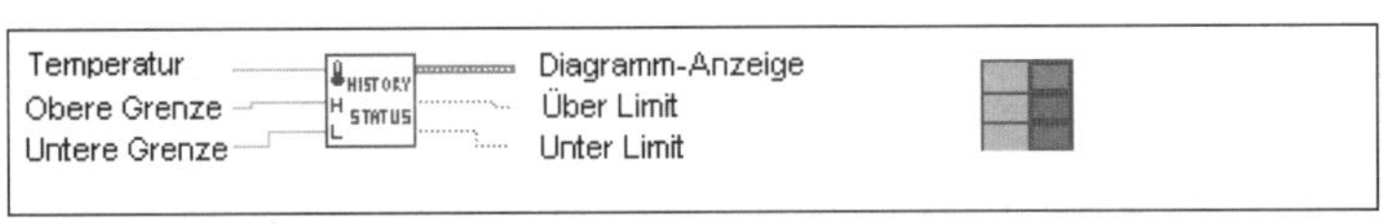

Abbildung 1.14: Symbol und Anschlussblock für den Temperaturstatus

Durch die Verwendung von SubVI werden Blockdiagramme modular, leichter lesbar und einfacher wartbar. Zusätzlich lassen sich immer wiederkehrende Funktionen zu SubVI zusammenfassen. Auch das Verbergen von

Details, Kapselung genannt, wird mit Hilfe von SubVI erreicht. Diese fundamentale Eigenschaft von LabVIEW gestattet auf der einen Seite die Wiederverwendbarkeit von VI und erhöht auf der anderen Seite die Lesbarkeit umfangreicher Anwendungen.

Starten Sie nun das obere VI, während sowohl dessen Fenster als auch das Fenster des SubVI *Temperature Status* sichtbar sind. Beachten Sie, wie die SubVI-Werte sich verändern, während es immer und immer wieder vom Hauptprogramm aufgerufen wird.

13. Wählen Sie *Datei>>Schließen* des SubVI *Temperature Status*. Speichern Sie die Änderungen nicht.

14. Wählen Sie *Datei>>Schließen* des *Temperature System Demo.VI* und speichern Sie die Änderungen nicht.

Die Auswahl von *Schließen* aus dem Menü *Datei* eines VI-Blockdiagramms schließt nur das Blockdiagrammfenster. Wählen Sie *Schließen* jedoch aus dem Frontpanel, werden sowohl das Frontpanel- als auch das Blockdiagrammfenster geschlossen.

Übung: Frequenzgang

Dieses Beispiel misst den Frequenzgang einer unbekannten »Black Box«. Ein Funktionsgenerator liefert ein sinusförmiges Eingangssignal in die Black Box. (Tipp: Sie enthält ein Bandpassfilter, welches nur bestimmte Signalanteile passieren lässt.) Ein Digitalmultimeter misst die Ausgangsspannung der Black Box. Während dieses VI mehrere SubVI verwendet, um einen Funktionsgenerator und ein Digitalmultimeter zu simulieren, könnten ohne Weiteres auch reale Geräte an eine echte Black Box angeschlossen werden, um echte Messwerte zu liefern. Sie würden dann SubVI verwenden, um die Daten zu erfassen, und GPIB-Geräte oder serielle Kommunikation einsetzen, um reale Daten zu senden oder zu empfangen, anstatt diese zu simulieren.

Sie werden in dieser Übung das VI öffnen, starten und beobachten.

1. Wählen Sie *Datei>>Öffnen* oder klicken Sie die Schaltfläche *VI öffnen* an, falls das Startfenster angezeigt wird.

2. Wählen Sie das Verzeichnis *LabVIEW-Grundlagen*, dann *Kapitel01.llb*. Schließlich doppelklicken Sie auf *Frequency Response.VI* (wenn Sie die Vollversion von LabVIEW besitzen, können Sie dieses Beispiel auch unter *examples/apps/freqresp.llb* finden). Das in folgender Abbildung 1.15 gezeigte Frontpanel sollte erscheinen.

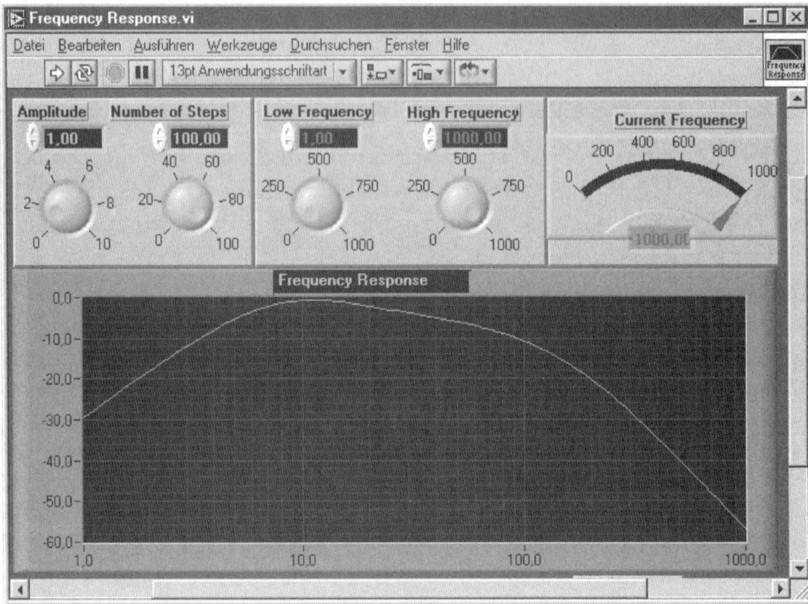

Abbildung 1.15: Das Frontpanel von Frequency Response.VI

3. Starten Sie das VI durch Anklicken der Schaltfläche *Start*. Sie können die Amplitude des Eingangssinus sowie die Anzahl der Schritte bestimmen, die das VI durchführt, um den Frequenzgang zu bestimmen, indem Sie den Amplitude- und den Number-of-Steps-Regler verändern. Danach starten Sie das VI erneut. Sie können auch die Frequenzabtastung festlegen, indem Sie die Ober- und Untergrenze mit den Drehreglern *Low Frequency* und *High Frequency* verändern. Spielen Sie mit diesen Reglern und beobachten Sie die Auswirkungen, die sie auf das Ausgangssignal der Black Box haben.
4. Öffnen und inspizieren Sie das Blockdiagramm dadurch, dass Sie *Fenster>>Diagramm* auswählen.
5. Schließen Sie das VI mit *Datei>>Schließen*. Diese Übungen sollten Ihnen ein erstes Gefühl für die LabVIEW-Programmierung vermitteln.

1.8 Zusammenfassung

Manch einer prophezeite es recht früh, einige Insider wussten es schon länger, seit einigen Jahren ist es allen bekannt: Die PC-orientierte MSR-Technik, sprich das Gebiet der virtuellen Instrumente, wächst ungleich stärker als der traditionelle Mess- und Automatisierungsmarkt rund um den Bereich der monolithisch konzipierten Stand-alone-Geräte und Steuerungseinheiten. Integraler Bestandteil dieses Wachstums ist u.a. die Software (Betriebssysteme und Entwicklungsumgebungen), die sich verstärkt in Richtung der grafischen Programmierumgebungen verlagert. Marktuntersuchungen zufolge nahm LabVIEW schon sehr früh eine wegweisende Rolle im Bereich der grafischen Programmierumgebungen ein. Mit Hilfe einfacher grafischer Verknüpfungen kann der Anwender MSR-Aufgaben mit dem PC schnell und kostengünstig lösen.

Vor 18 Jahren leistete die Gemeinschaft der LabVIEW-Anwender Pionierarbeit hinsichtlich der Entwicklung virtueller Instrumentierungssysteme. Diese ist mittlerweile längst über die bloße Integration von GPIB-Geräten oder Datenerfassungskarten hinausgewachsen. Ein typisches virtuelles Instrument ist heutzutage mehr als nur die Summe seiner Einzelteile. Es kann sich aus den unterschiedlichsten Hardwarekomponenten wie Messgeräten, Datenerfassungskarten, Bildaufnahme- und Visualisierungshardware, Schrittmotorensteuerungen etc. zusammensetzen sowie aus einer diese Komponenten integrierenden Software. Die Vorteile solcher Systeme sind offensichtlich: höhere Geschwindigkeiten, niedrigere Kosten, verbesserte Systemintegration bzw. Skalierbarkeit und eine unübertroffene Produktivität.

Im Großen und Ganzen adressiert LabVIEW 7 *Express* zwei Themenkomplexe: Zum einen geht es um die Art und Weise, wie eine Applikation in LabVIEW erstellt wird. Die Ansätze Programmieren und Konfigurieren stehen nämlich nun nicht mehr im Widerspruch, sondern können je nach Kenntnisstand des Anwenders gewählt werden. Zum anderen sind Applikationen nun auf unterschiedlichen Ziel-Hardwareplattformen wie PDAs und FPGA-basierten I/O-Karten ausführbar. Vor allem im Bereich der verteilten Anwendungen kommt diese Stärke voll zum Tragen.

Früher musste der Anwender, wenn er beispielsweise eine Datenerfassungsanwendung realisieren wollte, seine Applikation »zu Fuß« programmieren, sprich die entsprechenden Funktionsblöcke mit den grafischen Programmierkonstrukten in LabVIEW erstellen. Die Schritte Konfiguration der Messkarte, Starten der Messung, Darstellung der Messung, Analysieren und Abspeichern der Messdaten, die bisher programmiert werden mussten, lassen sich nun über die so genannten »Express-VI« (virtuelle Instrumente) on-the-fly konfigurieren. Die eigentliche Anwendung entsteht automatisch während der Konfiguration und des Testens – ohne dass sich der Anwender mit den semantischen und syntaktischen Details der grafischen Programmiersprache auseinander setzen muss.

LabVIEW-Anwendern steht eine grafische Entwicklungsumgebung zur Verfügung, welche alle typischen, einer Programmiersprache eigenen Elemente wie verschiedene Datentypen oder Kontrollstrukturen (z.B. While- und For-Schleifen), unterschiedliche Operatoren (z.B. arithmetische, logische, Vergleichs-Operatoren), Datentypumwandlungen, Bearbeitung von Vektoren und Zeichenketten sowie grafische Möglichkeiten zur Bitmanipulation enthält. Darüber hinaus bietet LabVIEW noch einen Compiler, der aus dem erstellten grafischen Blockdiagramm, welches sehr stark an ein Signalflussdiagramm erinnert, automatisch einen lauffähigen Maschinencode generiert. Die Offenheit von LabVIEW erlaubt zudem die Einbindung externer Module, bei denen es sich entweder um auf C-Code basierende Module oder um Dynamic Link Libraries handeln kann. Damit lassen sich auch bereits vorhandene Treiber oder erstellte Module benutzen, die nicht Bestandteil von LabVIEW sind.

Wie man es von einer zeitgemäßen Entwicklungsumgebung erwartet, bietet LabVIEW alle Möglichkeiten zum Debugging wie Haltepunkte, animierte Programmausführung und das gezielte Verfolgen von Variablenwerten. Zu den integralen Bestandteilen von LabVIEW gehören auch Bibliotheken, welche spezielle Funktionen, die so genannten VI (virtuelle Instrumente), für die Steuerung von Instrumenten (GPIB, VME/VXI, RS232/485) oder für die Datenerfassung (DAQ) über Multifunktionskarten zur Verfügung stellen. Für den Bereich der Instrumentensteuerung existieren für LabVIEW bereits über 1.800 Treiber für Instrumente unterschiedlichster Hersteller. Diese Instrumententreiber werden von National Instruments kostenfrei via CD bzw. über das Internet (*www.ni.com*) vertrieben.

2 Schnittstellen, Datenerfassung und Weiterverarbeitung

Es ist mir unmöglich, eine vernünftige Erklärung, einen vernünftigen Angriff oder sogar eine vernünftige Verteidigung niederzuschreiben – denn es gibt keine Wahrheit. Ich kann nur meine Sprache als geeignetste zur Erfassung der Welt anbieten. Seht, urteilt und wählt ...
Antoine de Saint-Exupéry – Carnets

Datenerfassungssysteme, bestehend aus einem Standard-PC mit eingebauten Datenerfassungs- und Gerätesteuerungskarten, sind heute aus der Mess- und Automatisierungstechnik nicht mehr wegzudenken. Welche Eigenschaften diese Datenerfassungssysteme bieten, was die verschiedenen Schnittstellen leisten und was eine moderne Signalvorverarbeitung ermöglicht, sind die Themen dieses Kapitels. Um jedoch den Rahmen und die Zielsetzung dieses Buchs nicht zu sprengen, beschränken wir uns auf fundamentale Zusammenhänge und verweisen hier auf das weiterführende LabVIEW-Buch [1] oder allgemein zur PC-Messtechnik [14] bis [29]. Diese Zusammenhänge sind für das Verständnis von LabVIEW-Programmen ausschlaggebend. Darüber hinaus sollen hier auch einige prinzipielle Anmerkungen über die Weiterverarbeitung (Datenanalyse) der Messdaten, die in einem engen Zusammenhang mit den Schnittstellen und der Datenerfassung stehen, gemacht werden.

2.1 Was bedeutet Datenerfassung?

Die Verbindung von Rechnen und Messen wurde mit der Einführung von maschineller Rechentechnik, die bereits in den vierziger Jahren begann, vorangetrieben. Seit der Standardisierung universeller Bussysteme zur Kopplung von Messeinrichtungen mit Rechnern beschleunigte sich die Verbreitung PC-gestützter Messtechnik. Beispiele solcher Schnittstellen sind die serielle RS232-Schnittstelle oder der Byte-parallele GPIB. Der letztgenannte Bus, auch als IEC-625-Bus oder IEEE488-Bus bekannt, erlangte für die Messtechnik eine weitreichende Bedeutung. Die Weiterentwicklung hat zu vielseitig einsetzbaren Einsteckkarten geführt. Unabhängig davon, welche Schnittstelle zum Einsatz kommt, ist das primäre Ziel, Daten rechnergestützt zu erfassen.

Datenerfassung, oder mit der mittlerweile gebräuchlichen englischen Abkürzung DAQ, ist der Vorgang der Messung physikalischer Phänomene wie z.B. Geschwindigkeit, Temperatur, Luftfeuchtigkeit, Druck, Durchfluss, Strom, Spannung etc. Folgende Abbildung 2.1 zeigt die Komponenten eines DAQ-Systems. Im Allgemeinen besteht ein PC-basierendes Datenerfassungssystem aus dem Rechner, bestückt mit einer Schnittstellenkarte, die je nach Anwendung eine direkte Datenerfassung über eine A/D-Wandlerkarte vornimmt oder die Daten von einem externen Gerät empfängt. Unter Datenerfassung ist in diesem Zusammenhang in erster Linie das Erfassen von Messdaten mit Hilfe von Einsteckkarten gemeint.

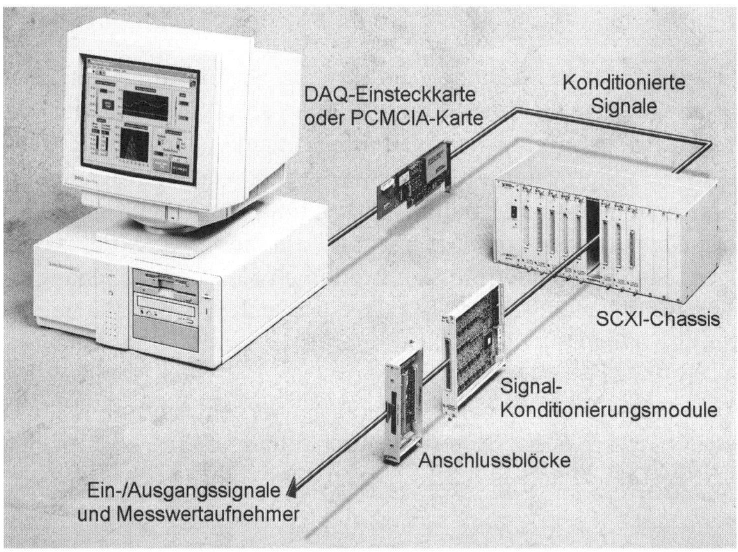

Abbildung 2.1: Datenerfassungssystem (DAQ)

LabVIEW kann Datenerfassungskarten derart steuern, dass diese analoge Eingangssignale erfassen (A/D-Wandlung), analoge Ausgangssignale generieren (D/A-Wandlung), digitale Signale lesen und schreiben, die auf Datenerfassungskarten integrierten Zähler (Counter) für Frequenzmessungen manipulieren, Impulse generieren usw. Im Fall analoger Eingangssignale werden die Spannungen des Sensors an die Einsteckkarte im Computer übergeben, welche die Daten für Speicherung, Verarbeitung oder andere Manipulationen im Arbeitsspeicher des Computers ablegt.

Vorgeschaltete Signalaufbereitungsmodule bereiten die Signale so auf, dass diese über Einsteckkarten erfasst werden können. Zum Beispiel sollten Sie eine Hochspannung, die Netzspannung, isolieren, sofern Sie nicht sowohl Ihren Computer als auch Ihre Einsteckkarte zerstören wollen. Signalaufbereitungsmodule kommen für viele unterschiedliche Arten der Signalvorverarbeitung zum Einsatz: Verstärkung, Linearisierung, Filterung, Isolierung und so weiter. Nicht alle Anwendungen bedürfen einer Signalaufbereitung, doch sollten Sie auf ihre Spezifikationen achten und gegebenenfalls in der oben erwähnten Literatur nachschlagen. Rauschen, Nichtlinearitäten, Überlast, Aliasing usw. können Ihre Daten verfälschen und auch LabVIEW kann Ihnen diese Bürde nicht abnehmen. Signalaufbereitung ist ein nicht zu vernachlässigender Bestandteil jeder Messaufgabe und bedarf einer exakten Überprüfung der Gegebenheiten.

Damit Sie in Ihrem Labor mit virtuellen Messgeräten Daten erfassen können, benötigen Sie eine Einsteckkarte, einen mit LabVIEW und DAQ-Treibersoftware konfigurierten Computer und Anschlusstechniken, um Ihr vorverarbeitetes (Sensor-)Signal mit der Einsteckkarte zu verbinden. Genannt seien hier Anschlussblöcke, Klemmenbretter, Kabel oder Leitungen. Das SCXI-System von National Instruments leistet hier gute Dienste. Es handelt sich hierbei um ein robustes Vorverarbeitungssystem, das unterschiedliche Konditionierungsmodule vom Verstärker bis zur Relaiskarte aufnehmen und mit einer Datenerfassungskarte im Rechner zusammenarbeiten kann und über LabVIEW steuerbar ist.

Sollen zum Beispiel Temperaturen gemessen werden, müssen Sie den Temperatursensor an einen analogen Eingangskanal der Datenerfassungskarte in Ihrem Computer anschließen (dies geschieht wie oben erwähnt, je nach Sensor, über Signalaufbereitungsmodule). Über die LabVIEW-DAQ-VI lässt sich der Eingangskanal auf der Karte lesen, die Temperatur auf dem Bildschirm anzeigen, in einer Datei abspeichern und auf jede gewünschte Art analysieren.

Die integrierten Datenerfassungs-VI von LabVIEW sind auf National-Instruments-DAQ-Karten abgestimmt. Wenn Sie eine Datenerfassungskarte eines anderen Herstellers verwenden, müssen Sie sich (falls verfügbar) einen Treiber von diesem Hersteller beschaffen oder Ihren eigenen Treiberquelltext schreiben und diesen von LabVIEW aus mit den Code-Interface-Knoten oder über DLLs aufrufen.

2.2 Was bedeutet GPIB?

Hewlett-Packard entwickelte den *General Purpose Interface Bus* (Schnittstelle für allgemeine Zwecke) oder *GPIB* in den späten 60er Jahren, um die Kommunikation zwischen Computern und Messgeräten zu erleichtern. Über den Bus werden Daten zwischen dem Computer und den Geräten übertragen und GPIB lieferte die notwendige Standardisierung, um eine sichere Kommunikation zu gewährleisten. Das Institute of Electrical and Electronics Engineers (IEEE) standardisierte den GPIB 1975, er wurde auch bekannt als der Standard *IEEE 488*. Der ursprüngliche Gedanke war es, dem Computer die Steuerung von Test- und Messgeräten zu ermöglichen. Allerdings hat sich seine Verwendung weit über diese Anwendungen hinaus in Bereiche wie die Kommunikation zwischen Computern und nicht messtechnische Einheiten wie z.B. Scanner und Drucker erweitert.

GPIB ist ein Byte-paralleler Bus mit 24 Leitungen. Er besteht aus acht Datenleitungen, fünf Steuerleitungen (ATN, EOI, IFC, REN und SRQ), drei Handshake-Leitungen und acht Masseleitungen. GPIB verwendet ein asynchrones Datenübertragungsformat, bei dem 8 Bit parallel Byte für Byte übertragen werden. Mit anderen Worten, ganze Bytes werden sequentiell über den Bus übertragen, wobei die Geschwindigkeit vom langsamsten Teilnehmer bestimmt wird. Da die Daten über den GPIB in Byte (ein Byte = 8 Bit) übertragen werden, sind die übertragenen Daten häufig als ASCII-Zeichenketten verschlüsselt. Ihr Computer kann nur dann eine GPIB-Kommunikation aufnehmen, wenn er mit einer GPIB-Steckkarte (oder einer externen GPIB-Box) bestückt und der entsprechende Treiber installiert ist.

Sie können viele Geräte und Computer an denselben GPIB-Bus anschließen. Jedes Gerät, einschließlich der Computer-Schnittstellenkarte, muss eine eindeutige GPIB-Adresse besitzen, so dass Datenursprung und -ziel anhand dieser Nummer angegeben werden können. Adresse 0 ist üblicherweise der GPIB-Schnittstellenkarte zugewiesen. Geräte, die an den Bus angeschlossen sind, können die Adressen 1 bis 30 verwenden. Der GPIB hat eine Steuereinheit, üblicherweise Ihr Computer, der die Busverwaltungsfunktionen übernimmt. Um Gerätebefehle und Daten auf dem Bus zu übertragen, bestimmt die Steuereinheit einen Talker und einen oder mehrere Listener. Die Datenketten werden dann vom Talker über den Bus an den/die Listener gesendet. Die GPIB-VI von LabVIEW übernehmen automatisch die Adressierung wie auch die meisten anderen Busverwaltungsfunktionen und nehmen Ihnen so den Aufwand der Low-Level-Programmierung ab. Abbildung 2.2 zeigt ein typisches GPIB-System.

Abbildung 2.2: GPIB-System

Die Verwendung von GPIB ist ein Weg, Daten in den Computer zu bringen, es ist jedoch etwas grundsätzlich anderes als Datenerfassung, obwohl für beides Einsteckkarten verwendet werden. Durch ein serielles Protokoll kommuniziert der GPIB mit einem anderen Computer oder Gerät, um Daten zu bekommen, die von diesem Gerät erfasst wurden, während Datenerfassung den direkten Anschluss eines Messsignals an eine Datenerfassungskarte im Computer enthält.

Um GPIB als Teil eines virtuellen Messsystems einsetzen zu können, benötigen Sie eine GPIB-Karte oder eine externe GPIB-Box, ein GPIB-Kabel, LabVIEW und einen Computer sowie ein IEEE-488-kompatibles Gerät, mit dem kommuniziert wird (oder einen weiteren Computer mit einer GPIB-Karte). Sie müssen auch die GPIB-Treibersoftware auf Ihrem Computer entsprechend den Anweisungen installieren, die mit der Karte oder mit LabVIEW geliefert wurden.

LabVIEWs GPIB-VI kommunizieren mit National-Instruments-GPIB-Karten, nicht jedoch mit denen anderer Hersteller. Wenn Sie eine GPIB-Karte eines anderen Herstellers verwenden, müssen Sie sich (falls verfügbar) einen Treiber von diesem Hersteller beschaffen oder Ihren eigenen Treiberquelltext schreiben und diesen in LabVIEW integrieren.

Mit DAQ und GPIB werden wir uns in den Kapiteln 10 und 11 genauer befassen.

2.3 Kommunikation über die serielle Schnittstelle

Serielle Kommunikation stellt eine weitere Schnittstelle bereit, um Daten zwischen zwei Computern oder einem Computer und einem Peripheriegerät wie einem programmierbaren Gerät zu übertragen. Sie verwendet die in Ihrem Computer eingebaute *serielle Schnittstelle* (entweder nach dem RS232- oder dem RS422-Standard). Serielle Kommunikation verwendet einen Sender, mit dem Daten in einzelnen Bits nacheinander über eine einzelne Kommunikationsleitung an den Empfänger übertragen werden. Sie können diese Methode verwenden, wenn die Datenübertragungsraten niedrig sind oder wenn Sie Daten über große Entfernungen übertragen müssen. Sie ist langsamer und weniger zuverlässig als GPIB, aber Sie benötigen keine Einsteckkarte in Ihrem Computer und das Gerät muss nicht dem IEEE-488-Standard entsprechen.

Serielle Kommunikation ist günstig, weil in den meisten Computern ein bis zwei serielle Schnittstellen eingebaut sind. Sie können Daten senden und empfangen, ohne irgendwelche speziellen Komponenten kaufen zu müssen. Viele GPIB-Geräte haben auch eine serielle Schnittstelle eingebaut. Jedoch kann eine serielle Schnittstelle, anders als GPIB, nur mit einem Gerät kommunizieren, was für einige Anwendungen eine Einschränkung darstellen kann. Außerdem ist die serielle Kommunikation langsam und sie enthält keine integrierte Fehlererkennung. Trotzdem hat die serielle Kommunikation ihre Verwendungen und die serielle Bibliothek von LabVIEW enthält einsatzbereite Funktionen zur Steuerung der seriellen Schnittstelle. Wenn Sie also ein Kabel und ein Gerät haben, mit dem Sie »sprechen« können, ist alles bereit, damit Sie die serielle Kommunikation ausprobieren können. In Zukunft wird die RS232 weitgehend durch USB und/oder FireWire abgelöst werden. Diese seriellen Schnittstellen stellen eine leistungsfähige Alternative zur RS232-Schnittstelle dar und werden durch die entsprechenden Treiberbibliotheken in LabVIEW integriert.

2.4 VXI und PXI

Der VXIbus, eine Abkürzung für VMEbus eXtensions for Instrumentation (Erweiterung des VMEbus für die Instrumentierung), ist ein Messgerätestandard für »Instrument on a card«-Systeme. Erstmals im Jahre 1987 vorgestellt und auf dem VMEbus (IEEE 1014) basierend, ist der VXIbus eine interessante Plattform für High-End-Anwendungen. VXI besteht aus einem Mainframe-Gehäuse mit Steckplätzen für modulare Messgeräte auf Steckkarten.

Wie GPIB stellt auch VXI eine ganze Reihe von leistungsfähigen Messgeräten von führenden Herstellern zur Verfügung. Genauso wie DAQ-Einsteckkarten bietet VXI Modularität, Flexibilität und wesentlich höhere Leistung. Da VXI eine hoch entwickelte Geräteumgebung mit dem Hintergrund eines modernen Computers kombiniert, haben VXI-Geräte die Fähigkeit, mit sehr hohen Geschwindigkeiten zu kommunizieren. VXI*plug&play* ist ein Name, der in Verbindung mit VXI-Produkten verwendet wird, die, über die Minimalspezifikation hinaus, zusätzliche standardisierte Eigenschaften aufweisen. VXI*plug&play*-kompatible Geräte enthalten standardisierte Software, welche Software-Frontpanels, Gerätetreiber und Installationsroutinen umfasst, um alle Vorteile der Gerätefähigkeiten ausnutzen zu können und Ihnen das Programmieren so weit wie möglich zu erleichtern. LabVIEW ist voll kompatibel mit den VXI*plug&play*-Vorgaben.

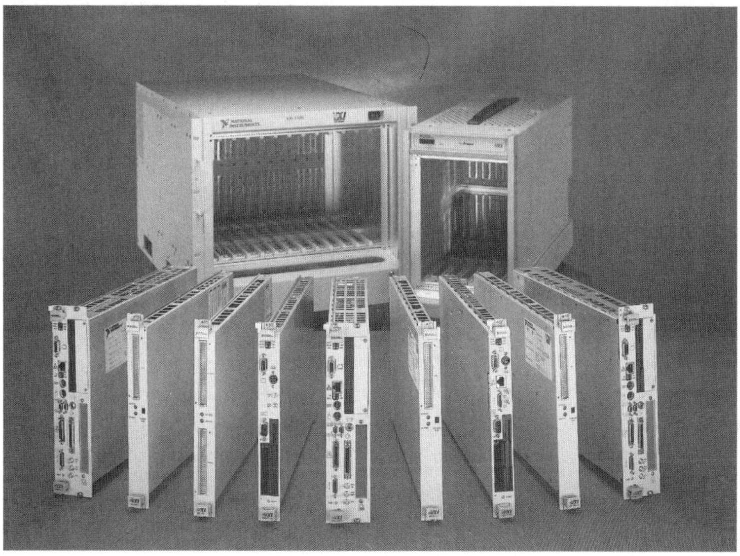

Abbildung 2.3: Ein VXI-System

Viele Jahre nach der Einführung von GPIB bzw. dem VXI-Bus im Bereich der Busarchitektur für die Belange der Mess- und Automatisierungstechnik gab es eine interessante Neuentwicklung: Hinter der Bezeichnung PXI verbirgt sich eine zukunftsweisende Technologie, welche die bestehenden PCI- bzw. CompactPCI-Standards mit den erweiterten Anforderungen an messtechnische Systeme verbindet und die Lücke zwischen der klassischen PC-Messtechnik und dem High-End-VXI-Bereich schließt. Als Erweiterung zur PCI- bzw. Compact-

PCI-Spezifikation definiert PXI zusätzliche Bereiche wie z.B. Umgebungsbedingungen (Erschütterung, Schock, Temperatur und hohe Luftfeuchtigkeit) und mechanische Erweiterung wie z.B. aktive Kühlung, die für den industriellen Einsatz von großer Bedeutung sind. Die PXI-Module sind als Einsteckkarten ausgeführt, besitzen keine Anzeigen und Bedienelemente im eigentlichen Sinne und werden in ein PXI-Chassis eingesteckt, welches in der Regel maximal acht Module aufnehmen kann.

Die Module können aus den unterschiedlichsten Anwendungsbereichen stammen. Die Bandbreite reicht von klassischen GPIB- und Multifunktionskarten über die Ankopplung von VXI-Systemen bis hin zu Bilderfassungseinheiten und CAN-Bussystemen. Dadurch wird eine modulare Busarchitektur für ein breites Spektrum PC-basierender Anwendungen verfügbar. Hierzu zählen die unterschiedlichsten Applikationen in der Mess- und Steuerungstechnik sowie Anwendungen im Bereich der Prozessüberwachung und Automation.

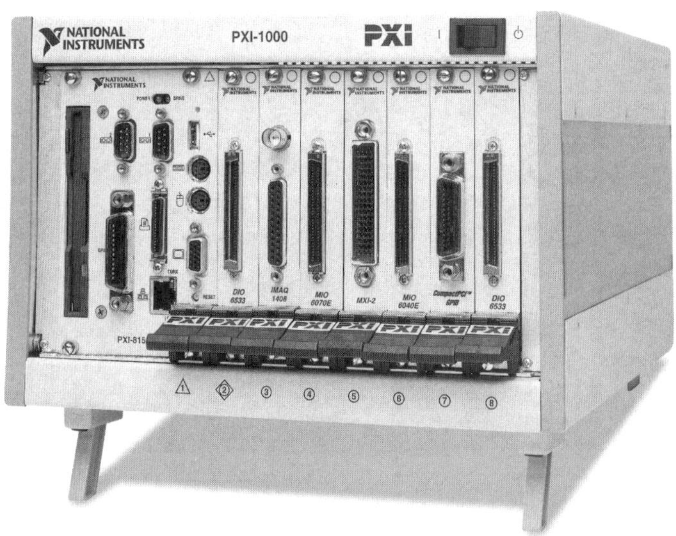

Abbildung 2.4: Ein PXI-System

2.4.1 PXI im Vergleich zu VXI und GPIB

Im High-End-Bereich hat sich der VXI-Bus einen festen Platz in der industriellen Mess- und Prüftechnik erobert. Anders sieht die Situation im mittleren Leistungsbereich aus. Gerade dieser Bereich erfährt durch die Verfügbarkeit von immer leistungsfähigeren Rechnern und Betriebssystemen, aber auch durch den stetig steigenden ökonomischen Druck (Trend zur Rationalisierung und Automation) eine dynamische Entwicklung. Mit PXI wird nun ein Schritt unternommen, die Verbreitung und Leistungsfähigkeit des PCI-Bus mit dem industriellen Formfaktor von CompactPCI für die Mehrheit der industriellen Mess- und Prüftechnik bereitzustellen.

	GPIB	VXI	PC-basierte Datenerfassung	PXI
Busbreite	8	8, 16, 32	8, 16 ISA	8, 16, 32, 64
Datendurchsatz	1 Mbyte/s	40 Mbyte/s	1–2 Mbyte/s	132–264 Mbyte/s
Timing/Synchron	–	definiert	herstellerspez.	definiert
Verfügbare Geräte	> 10.000	> 1.000	> 1.000	neu
Erweiterbarkeit	möglich	MXI-Bus	herstellerspez.	PCI-Bridge
Größe/ Abmessung	groß	mittel	klein	klein
Software	herstellerspez.	VXI-plug&play	herstellerspez.	definiert
Modularität	nein	ja	nein	ja
Kosten	hoch	mittel bis hoch	gering	gering bis mittel

Tab. 2.1: Überblick über typische Merkmale unterschiedlicher Bussysteme

Tabelle 2.1 vergleicht die typischen Parameter der unterschiedlichen Bussysteme miteinander. Dabei wird deutlich, dass PXI die Lücke zwischen der klassischen PC-Messtechnik und dem High-End-VXI-Bereich schließt.

2.5 USB und FireWire

Waren GPIB und RS232 die dominierenden Busse, so rücken heute neue, schnellere und untereinander auch konkurrierende Techniken bzw. Verbindungen zum Messgerät ins Blickfeld. Zu nennen sind USB und IEEE-1394 (FireWire). Der von Intel entwickelte und in Intel-Chipsets unterstützte USB wurde in erster Linie zur Verbindung von Peripheriegeräten mit bis zu 12 Mbit/s entwickelt. Moderne USB-Produkte übertragen Daten mit bis zu 480 Mbit/s und sind unter der Bezeichnung USB 2.0 bekannt (*www.usb.org*). Der sowohl synchron als auch asynchron zu betreibende IEEE-1394-Bus hat gegenüber anderen Architekturen vor allem Geschwindigkeitsvorteile. Die derzeitige FireWire-Technologie erreicht Übertragungsraten bis 1.600 Mbit/s und wird offiziell unter der Bezeichnung IEEE-1394b geführt – die Architektur dieser Spezifikation verspricht sogar eine weitere Verdopplung der Übertragungsrate auf 3.200 Mbit/s. Die 1394 Trade Association hat für die Messtechnikbelange eine eigene Arbeitsgruppe gebildet, die bereits Anfang Februar 2000 erste Ergebnisse vorstellte (*www.1394TA.org*).

2.6 Die Bedeutung der Datenanalyse

Wenn Sie erst einmal Daten in Ihrem Computer haben, werden Sie sie irgendwie bearbeiten wollen. Moderne digitale schnelle Fließkommasignalprozessoren sind in Echtzeit- und Analysesystemen immer wichtiger geworden. Einige der vielen möglichen Analyseanwendungen für LabVIEW umfassen biomedizinische Datenverarbeitung, Sprachsynthese und -erkennung sowie digitale Ton- und Bildverarbeitung.

Die Bedeutung, die der Integration von Analysebibliotheken in Laboren zukommt, ist offensichtlich: Die Rohdaten, die aus der Datenerfassungskarte oder dem GPIB-Gerät gelesen wurden, enthalten nicht immer sofort verwendbare Informationen. Oft muss das Signal umgewandelt werden, Rauschstörungen müssen entfernt werden, Daten, die durch fehlerhafte Ausrüstung verfälscht wurden, oder Umgebungseffekte wie Temperatur und Luftfeuchtigkeit müssen korrigiert werden. Abbildung 2.5 zeigt Daten, die den Bedarf an Analysefunktionen verdeutlichen.

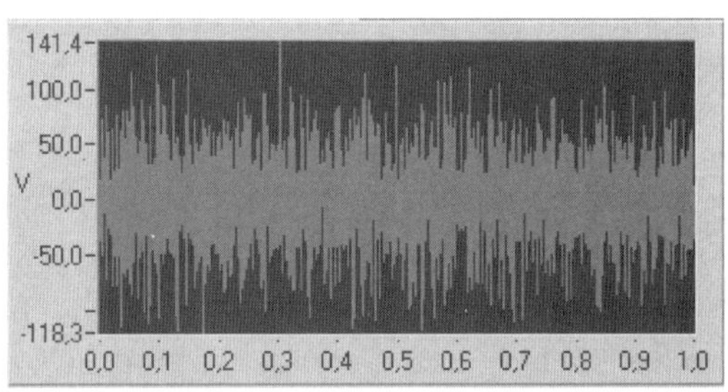

Abbildung 2.5: Die ungefilterten Daten

Durch Analyse und Verarbeitung der digitalen Daten können Sie die sinnvolle Information aus dem Rauschsignal extrahieren und sie in einer verständlicheren Form darstellen, als dies mit den Rohdaten möglich ist. Die bearbeiteten Daten sehen dann eher wie folgt aus (Abbildung 2.6).

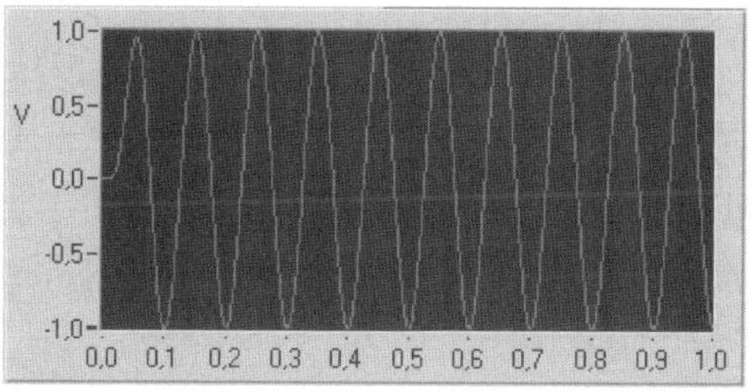

Abbildung 2.6: Die Messdaten nach einer Tiefpassfilterung

Die Blockdiagrammprogrammierung und die umfangreiche Ausstattung LabVIEWs mit Analyse-VI vereinfachen die Entwicklung von Analyseanwendungen. Das folgende Beispiel (Abbildung 2.7) eines Blockdiagramms illustriert das Programmierkonzept von LabVIEW.

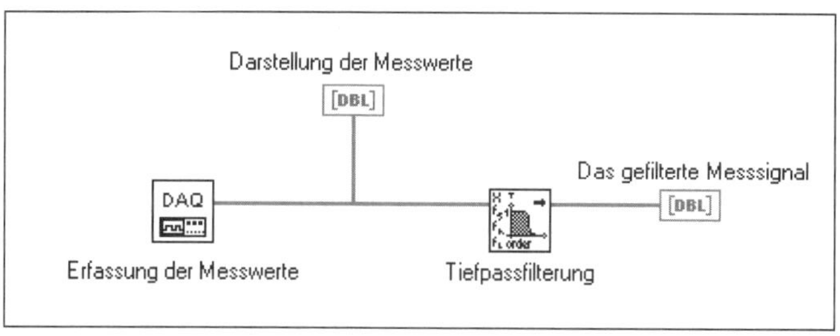

Abbildung 2.7: Das Blockdiagramm zu dem oben angezeigten Frontpanel

Da die LabVIEW-Analysefunktionen Ihnen verbreitete Datenanalysemethoden in eigenständigen VI anbieten, können Sie diese zur Datenanalyse miteinander verbinden, wie in Abbildung 2.7 gezeigt wird. Anstatt sich für Ihre Analysefunktionen über Implementierungsdetails den Kopf zerbrechen zu müssen, wie dies in den meisten Programmiersprachen der Fall ist, können Sie sich auf die Lösung Ihrer Analyseprobleme konzentrieren. LabVIEWs Analyse-VI sind so leistungsfähig, dass Experten hoch entwickelte Analyseanwendungen unter Verwendung von digitaler Signalverarbeitung (DSP), digitalen Filtern, Statistik oder numerischer Analyse aufbauen können. Gleichzeitig sind die Funktionen einfach genug, dass Anfänger damit anspruchsvolle Berechnungen durchführen können.

Die Analyse-VI von LabVIEW verarbeiten auf effiziente Weise Blöcke von digital gespeicherter Information. Sie decken die folgenden Hauptanwendungsgebiete ab:

- Digitale Signalverarbeitung
- Digitale Filterung
- Fensterung
- Statistische Analyse
- Kurvenanpassung
- Lineare Algebra
- Numerische Analyse

2.7 Verbindungsmöglichkeiten

In einigen Anwendungen werden Sie die Daten mit anderen Programmen oder Computern teilen können. LabVIEW verfügt über eingebaute Funktionen, die diesen Vorgang vereinfachen. Diese VI erleichtern die Kommunikation über ein Netzwerk, rufen *dynamic link libraries* (DLLs) oder externen Quelltext auf und unterstützen *ActiveX*. Wird das SQL-Erweiterungs-Toolkit verwendet, kann LabVIEW auch mit den meisten SQL(structured query language)-Datenbanken kommunizieren.

2.7.1 Arbeiten mit einem Netzwerk

Für unsere Zwecke bezieht sich die *Arbeit mit einem Netzwerk* auf die Kommunikation zwischen mehreren Prozessen, die, optional, auf mehreren Computern ablaufen können. Diese Kommunikation geschieht üblicherweise über ein Hardwarenetzwerk wie etwa Ethernet oder LocalTalk. Eine der Hauptverwendungen für ein Netzwerk in Softwareanwendungen ist es, einer oder mehreren Anwendungen die Verwendung der Dienste einer anderen Anwendung zu ermöglichen.

Damit die Kommunikation zwischen Prozessen funktioniert, müssen die Prozesse eine gemeinsame Kommunikationssprache verwenden, die als Protokoll bezeichnet wird. Es haben sich mehrere Protokolle als Standards etabliert, die im Allgemeinen nicht miteinander kompatibel sind:

- TCP – auf allen Computern verfügbar
- UDP – auf allen Computern verfügbar

- DDE – verfügbar auf PC, zur Kommunikation zwischen Windows-Anwendungen
- ActiveX – verfügbar auf PC zur Kommunikation und Steuerung zwischen Windows-Anwendungen und um Dokumente oder Code in andere Anwendungen zu integrieren
- AppleEvents – verfügbar auf Macintosh zum Austausch von Nachrichten zwischen Mac-Anwendungen
- PPC – verfügbar auf Macintosh zum Senden und Empfangen von Daten zwischen Mac-Anwendungen

Dieses Buch wird sich in Kapitel 15 ausführlicher mit der Arbeit mit Netzwerken befassen.

2.7.2 DLLs und CINs

Um größere Flexibilität zu ermöglichen, kann LabVIEW externe, textbasierte Programmroutinen oder *dynamic link libraries* (DLL) aufrufen und diese in seine eigene Programmausführung einbinden. Eine DLL ist eine Bibliothek gemeinsamer Funktionen, die eine Anwendung während der Ausführung einbinden kann, nicht während der Kompilierung. LabVIEW verwendet ein spezielles Blockdiagrammelement, den Code-Interface-Knoten (CIN = code interface node), um konventionellen, textbasierten Quelltext an ein VI anzubinden. Der ausführbare Quelltext wird aufgerufen, wenn der Knoten ausgeführt wird, wobei Eingabedaten des Blockdiagramms an den externen Quelltext übergeben werden, und von der externen Routine zurückgegebene Daten werden an das Blockdiagramm übergeben. Entsprechend können Sie den Aufruf *Aufruf ext. Bibliotheken* verwenden, um eine DLL aufzurufen, wenn Sie unter Windows arbeiten. Die meisten Anwendungen kommen ohne die Verwendung von CIN oder DLL aus. Sie sind für Aufgaben sinnvoll, die sich direkt vom Blockdiagramm aus nicht ausführen lassen, wie der Aufruf von Systemroutinen, für die es keine LabVIEW-Funktionen gibt. Seit der Version 6*i* von LabVIEW haben Sie auch die Möglichkeit, eine beliebige LabVIEW-Applikation in eine DLL zu konvertieren, um die Funktionen, die Sie in Ihrer LabVIEW-Applikation programmiert haben, auch anderen Programmen, die zum Beispiel mit Visual C++ oder Delphi entwickelt wurden, zur Verfügung zu stellen.

2.7.3 ActiveX

Eine der Neuerungen von LabVIEW in der Version 5.0 ist die vollständige Unterstützung der ActiveX-Technologie von Microsoft. Ein Teil dieser Technologie ist schon seit längerem unter dem Begriff OLE (Object Linking and Embedding) bekannt, wurde aber mit Vorstellung der 32-Bit-Windows-Betriebssysteme erweitert. ActiveX basiert auf dem Component Object Model (COM), ein Standard, der Entwicklern die Möglichkeit gibt, unabhängig von der Programmiersprache eine Schnittstelle zu schaffen, auf die leicht von anderen Anwendungen zugegriffen werden kann. ActiveX ist der Sammelbegriff für eine Reihe verschiedener Möglichkeiten, wie Anwendungen untereinander kommunizieren können: ActiveX-Automation, ActiveX-Container, ActiveX-Controls und ActiveX-Dokumente. Im Folgenden sollen diese verschiedenen Untermengen näher vorgestellt werden.

ActiveX-Controls

ActiveX wird oft nur mit ActiveX-Controls gleichgesetzt. Die ActiveX-Controls sind unabhängige kleine Softwaremodule mit Methoden und Eigenschaften, die in einer Containerumgebung, wie z.B. Visual BASIC, Delphi oder LabVIEW, eingesetzt werden können. Ein Beispiel für ein solches ActiveX-Control ist der Webbrowser, der mit der Installation des Microsoft Internet Explorer verfügbar ist. LabVIEW kann als ActiveX-Container den Webbrowser in die Benutzeroberfläche integrieren, und mittels der Methoden und Eigenschaften, die dem Browsersteuerelement eigen sind, kann dann programmatisch bestimmt werden, welche HTML-Seiten zur Anzeige kommen. In unserem Beispiel werden verschiedene Testergebnisse in Form von HTML-Seiten abgelegt und innerhalb der Oberfläche von LabVIEW dargestellt.

Verwendung von ActiveX-Containern

In einen ActiveX-Container können jedoch nicht nur Controls eingefügt werden. Vielmehr lassen sich auch so genannte ActiveX-Dokumente integrieren. Solche Dokumente haben nicht die Möglichkeit der aktiven Steuerung; in der Regel zeigen die Dokumente nur passiv Daten an. Der Vorteil dieser Dokumente ist jedoch, dass sie auf eine existierende Datei verweisen können und automatisch aktualisiert werden, sobald die Originaldatei verändert wird. Beispiele für solche Dokumente sind Microsoft-Word-Dateien, Excel-Tabellen oder ein mit HiQ erstelltes Dokument zur Lösung numerischer Problemstellungen. Wie diese Dokumente bearbeitet werden können, hängt sowohl von der Containeranwendung als auch von der eingebetteten Anwendung ab. Einige Container stellen die Symbolleiste und die Menüs der Originalanwendung dar, wenn das Dokument bearbeitet werden soll – andere starten zur Bearbeitung die Originalanwendung mit dem Dokument. Darüber hinaus gibt es in LabVIEW, Visual BASIC und anderen Containeranwendungen die Möglichkeit, die Dokumente auch programmatisch zu bearbeiten. Durch den Einsatz von ActiveX-Containern können alle benötigten Module in eine Umgebung integriert werden, womit für den Benutzer das Wechseln der Anwendungen und damit die Einarbeitung in andere Benutzeroberflächen entfällt. Für den Entwickler bedeutet dies gleichzeitig, dass er immer das für einen speziellen Bereich geeignetste Werkzeug verwenden kann und nicht versuchen muss, dessen Funktionalität mühsam nachzubilden.

ActiveX-Automatisierung

ActiveX-Automatisierung definiert ein Kommunikationsprotokoll zwischen zwei Anwendungen. Die Serveranwendung wird dabei von der Clientanwendung gesteuert. Der Client kann Methoden des Servers ausführen und Eigenschaften von diesem lesen oder einstellen. Anschaulicher wird dies anhand eines Beispiels, bei dem in LabVIEW erfasste Daten in Excel weiterverarbeitet werden sollen. LabVIEW kann nun als Client in Excel, dem ActiveX-Automationsserver, eine bestehende Arbeitsmappe öffnen, eine Tabelle darin einfügen, die erfassten Daten in der Tabelle darstellen und die Daten mit einem Makro weiterverarbeiten, z.B. um verschiedene Diagramme in einer Excel-Arbeitsmappe darzustellen.

Um die Vorteile von ActiveX in textbasierten Entwicklungsumgebungen wie C++ zu nutzen, sind in der Regel umfangreiche Online-Hilfen erforderlich, um die Funktionen für ActiveX-Automation korrekt zu verwenden. Eine Anwendung, die als Automationsserver fungiert, hat einen Satz Methoden, welche vom Client ausgelöst werden können, und einen Satz beeinflussbarer Eigenschaften. Dazu muss der Entwickler in der Regel die Objektbibliothek der zu steuernden Software durchsuchen, um alle Methoden und Eigenschaften herauszufinden. Mit LabVIEW wird die Verwendung von ActiveX erheblich vereinfacht, denn es ist kein mühsames Abtippen der Methoden und Eigenschaften mehr nötig. Es muss lediglich nach der Anwendung, auf die zugegriffen werden soll, auf dem Computer gesucht und dann die Applikationsreferenz mit einem Methoden- oder Eigenschaftenknoten verbunden werden. Der Knoten zeigt dann automatisch alle für die gewählte Anwendung gültigen Methoden und Eigenschaften an. Daraus wählt der Anwender nur noch die zutreffenden aus. Werden noch erläuternde Informationen über die jeweiligen Eigenschaften benötigt, so ist über das Popup-Menü die Online-Hilfe für jeden Knoten verfügbar.

Auch wenn die ActiveX-Technologie eine für 32-Bit-Windows-Plattformen proprietäre Technologie darstellt, so haben auch andere Plattformen Code oder Pläne für eine Kompatibilität mit dem geschaffenen Standard. Zusätzlich können mit dem DCOM-Modell (Distributed COM) die ActiveX-Client-Server-Fähigkeiten transparent über das Netzwerk genutzt werden. Hierdurch wird die Entwicklung verteilter Systeme noch weiter vereinfacht.

2.8 Zusammenfassung

LabVIEWs eingebaute Funktionen erleichtern Hardwarekommunikation mit externen Geräten, so dass Sie keine komplizierten Programme dafür zu schreiben brauchen. Virtuelle Geräte können mit einer Vielzahl von Hardwarekomponenten arbeiten: DAQ-Einsteckkarten, GPIB-Karten, die in Ihren Computer eingebaute serielle Schnittstelle, PXI oder VXI-Hardware.

LabVIEWs Analyse-VI machen es einfach, Daten, die Sie einmal in Ihren Computer eingelesen haben, zu bearbeiten und zu manipulieren. Anstatt sich per Hand durch aufwendige Algorithmen zu arbeiten oder Ihren eigenen Low-Level-Code zu schreiben, können Sie einfach die eingebauten LabVIEW-Funktionen, die Ihren Bedürfnissen entsprechen, zur Datenanalyse verwenden.

Sie können LabVIEWs eingebaute Verbindungsfunktionen zur Kommunikation mit anderen, über ein Netzwerk verbundenen Computern oder mit anderen Anwendungen auf demselben Computer verwenden. LabVIEW enthält VI zur Unterstützung etlicher Netzwerkprotokolle, ActiveX-Kompatibilität und zum Aufruf von DLL sowie zum Aufruf externen, textbasierten Quelltextes.

Auch ist es möglich, aus beliebigen LabVIEW-Applikationen so genannte Dynamic Link Libraries (DLL) zu erzeugen. Diese ermöglichen es, die Funktionen Ihrer LabVIEW-Applikationen anderen Programmen, die unter anderen Entwicklungsumgebungen erstellt wurden, zugänglich zu machen.

3 Die LabVIEW-Entwicklungsumgebung

Wachende Seele,
Gestehe mit mir,
Die Nacht ist leer
Und in Flammen der Tag.
Von den irdischen Wünschen
Vom Streben der Menge
Löst Du Dich dann
Fliegst nach eigenem Gesetz.
Arthur Rimbaud – Sämtliche Dichtungen

Das Ziel dieses Kapitels ist das Kennenlernen der LabVIEW-Umgebung im Allgemeinen und das Zusammenwirken der drei Bestandteile eines LabVIEW-Programms – Frontpanel, Blockdiagramm und Symbol/Anschlussblock – im Besonderen. Wenn alle drei Komponenten sinnvoll entworfen wurden, kann das entstandene VI einzeln oder als SubVI in einem anderen Programm zum Einsatz kommen. Darüber hinaus werden wir uns mit den einzelnen Menükomponenten der LabVIEW-Umgebung befassen. Dazu zählen Pulldown-Menüs und Popup-Menüs, »schwebende« Paletten und Unterpaletten, die Symbolleiste und die verschiedenen Arten der Hilfe. Zum Abschluss werden wir die Leistungsfähigkeit von SubVI diskutieren und verdeutlichen, welche Vorteile sie gerade hinsichtlich der modular-hierarchischen Programmentwicklung und der Übersichtlichkeit mit sich bringen.

Als besonderer Hinweis sei hier vermerkt, dass mit dem Wechsel von LabVIEW 6.1 auf LabVIEW 7 *Express* auch einige der optischen Merkmale verändert wurden (Ausrichtungsgitter auf dem Frontpanel, veränderte Darstellung der Terminals auf dem Blockdiagramm, um nur zwei zu nennen). Diese Änderungen werden an geeigneter Stelle näher erläutert werden.

3.1 Das Frontpanel

Der Benutzer tritt über das Frontpanel mit dem Programm in Interaktion. Wenn Sie so wollen, öffnet das Frontpanel Ihnen die Tür zur LabVIEW-Welt und damit sind Sie nicht mehr weit entfernt von Ihrer eigenen Anwendung. In

Anlehnung an ein reales Messgerät dient das Frontpanel zum Einstellen (= Eingabe der Daten) und zur Anzeige der Messwerte und sonstiger Statusanzeigen. Zur Veranschaulichung der Bestandteile eines Frontpanels soll nachfolgende Abbildung 3.1 dienen, auf die wir nun näher eingehen.

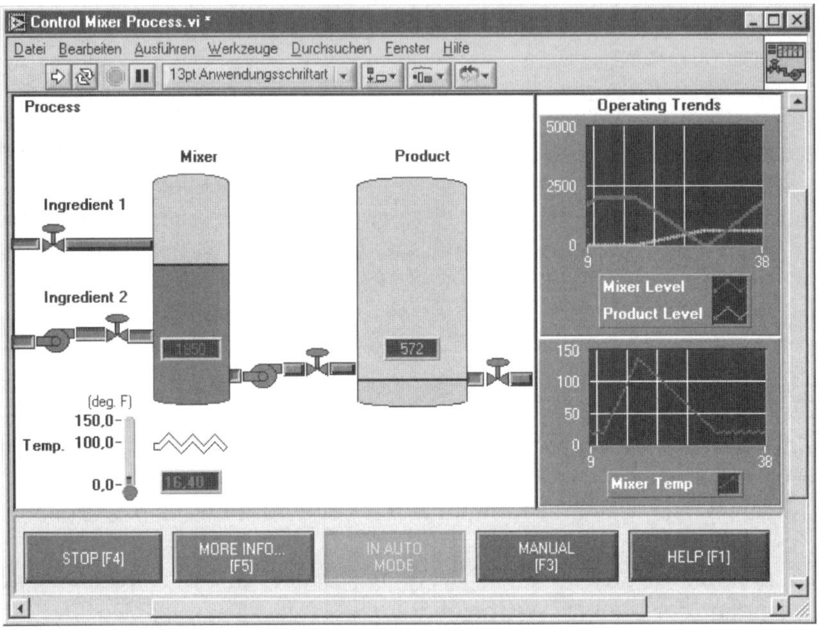

Abbildung 3.1: LabVIEW-Frontpanel

3.1.1 Elemente des Frontpanels

Das Frontpanel besteht aus den unterschiedlichsten *Bedien-* und *Anzeigeelementen*. In Analogie zu einem konventionellen Messgerät stellen *Bedienelemente* typische Eingabeobjekte wie Drehknöpfe, Schalter und dergleichen dar. Bedienelemente dienen der Dateneingabe; sie übermitteln Daten an das Blockdiagramm des VI. *Anzeigeelemente* zeigen vom Programm erzeugte Werte an. Das folgende Merkschema leistet gute Dienste, um sich Eingaben und Anzeigen zu merken und die Unterschiede vor Augen zu führen:

- Bedienelemente = Eingaben des Anwenders = Datenquelle
- Anzeigeelemente = Ausgaben an den Anwender = Datensenke

Bitte achten Sie darauf, dass diese beiden im Allgemeinen nicht austauschbar sind. Sie platzieren Bedien- und Anzeigeelemente auf dem Frontpanel, indem Sie sie aus einer *Unterpalette* (Numerisch) der Palette *Elemente* auswählen und sie dann am gewünschten Platz positionieren. Ist ein Objekt erst einmal auf dem Frontpanel, können Sie seine Größe, Form, Position, Farbe und andere Attribute nach eigenen Anforderungen ändern.

3.2 Das Blockdiagramm

Das *Blockdiagrammfenster* stellt das Steuerprogramm eines LabVIEW-VI dar, geschrieben in der grafischen Programmiersprache G. Das Blockdiagramm ist nicht nur als bloße Illustration eines technischen Sachverhalts anzusehen, wie z.B. ein Ablaufdiagramm, es stellt vielmehr das unmittelbar ausführbare Programm dar. Sie erstellen das Blockdiagramm, indem Sie Objekte miteinander verbinden, im wahrsten Sinne mit einer Drahtspule »verdrahten«. In diesem Abschnitt werden wir die verschiedenen Bestandteile oder Objekte eines Blockdiagramms erläutern: *Anschlüsse*, *Knoten* und *Verbindungen*.

Zur Illustration dient das folgende einfache VI, das die Summe zweier Zahlen berechnet (Abbildung 3.2). Das dazugehörige Diagramm enthält Beispiele für Anschlüsse, Knoten und Verbindungen. Zudem wurde dieses Beispiel mit LabVIEW 7 *Express* erstellt, um zwei der neuen optischen Merkmale dieser Version zu veranschaulichen: Zum einen ist auf dem Frontpanel das Ausrichtungsgitter zu erkennen, welches es dem Benutzer erlaubt, Elemente einfacher und genauer zu positionieren, und zum anderen ist auf dem Blockdiagramm die neue Darstellung der Anschlüsse der Frontpanel-Bedienelemente zu erkennen.

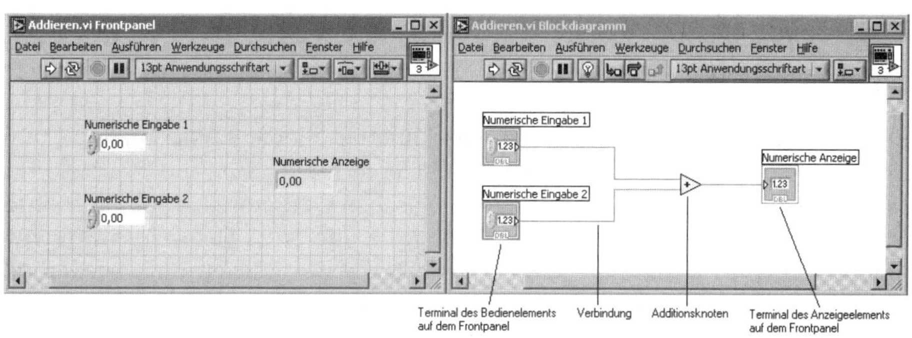

Abbildung 3.2: Ein einfaches LabVIEW-Programm zur Addition zweier Zahlen

3.2.1 Anschlüsse

Sobald Sie ein Bedien- oder Anzeigeelement auf dem Frontpanel platzieren, erstellt LabVIEW parallel dazu automatisch einen korrespondierenden *Anschluss* im Blockdiagramm. Sie können einen Anschluss normalerweise (dieser Sicherheitsmechanismus kann auch abgeschaltet werden) nicht aus dem Blockdiagramm löschen, wenn er zu einem Bedien- oder einem Anzeigeelement gehört. Der Anschluss wird nur dann entfernt, wenn Sie das zugehörige Bedien- oder Anzeigeelement vom Frontpanel löschen. Es sei hier betont, dass Anschlüsse von Bedienelementen mit dicken Rahmen angezeigt werden, während Anzeigeanschlüsse dünne Rahmen haben. Es ist von entscheidender Bedeutung, zwischen diesen beiden zu differenzieren, da sie nicht funktionsgleich sind.

Sie können sich Anschlüsse als Eingangs- und Ausgangsschnittstellen im Blockdiagramm oder als Datenquellen und Datensenken vorstellen. Daten, die Sie in *Numerische Eingabe 1* (Abbildung 3.2) eingeben, verlassen das Frontpanel und erreichen das Blockdiagramm durch den Anschluss von *Numerische Eingabe 1* des Diagramms. Die Daten von *Numerische Eingabe 1* folgen der Verbindung und erreichen den Eingangsanschluss der *Addieren*-Funktion. Sobald auch die Werte von *Numerische Eingabe 2* an der *Addieren*-Funktion anliegen, kann diese ausgeführt werden. Wenn die *Addieren*-Funktion ihre internen Berechnungen beendet hat, legt sie die neuen Datenwerte an ihrem Ausgangsanschluss an. Die Daten fließen in den Anschluss von *Numerische Anzeige* und kehren zum Frontpanel zurück, wo sie für den Benutzer dargestellt werden.

3.2.2 Knoten

Ein *Knoten* ist definiert als programmausführendes Element. Was heißt das nun im Klartext? Addition, Subtraktion, Wurzelberechnung etc. sind Beispiele für Knoten. Sie entsprechen Anweisungen, logischen Operatoren, Funktionen und SubVI (Unterprogramme). Eine Ablaufstruktur, oder kurz Struktur, ist ein weiterer Knotentyp. Strukturen können Teile eines Blockdiagramms wiederholt oder bedingt ausführen, ähnlich wie Schleifen- und Case-Anweisungen, bekannt aus herkömmlichen Programmiersprachen. LabVIEW kennt auch spezielle Formelknoten, die es erlauben, mathematische Zusammenhänge in einer textuellen Notation einfach in das grafische Blockdiagramm zu integrieren. Die eben eingeführten Begriffe, die zunächst für den Einsteiger eher theoretisch und trocken klingen, werden im Laufe des Buchs recht systematisch eingeführt und anhand praxisbezogener Beispiele erläutert.

3.2.3 Verbindungen

Die Funktionalität des Blockdiagramms eines LabVIEW-VI wird durch die *Verbindungen* bestimmt, die Knoten und Anschlüsse miteinander verbinden. Verbindungen sind Datenpfade zwischen Datenquellen und -senken und liefern somit Daten von einer Datenquelle an eine oder mehrere Datensenken. Wenn Sie mehr als eine Quelle oder gar keine Quelle an eine Verbindung anschließen, wird LabVIEW die Verbindung nur unterbrochen anzeigen, um anzudeuten, dass diese Verbindung nicht korrekt ist. Jetzt verstehen Sie, weshalb Bedien- und Anzeigeelemente nicht austauschbar sind.

Jede Verbindung ist entsprechend ihrem Datentyp eingefärbt, der auf dieser Verbindung übertragen wird. Das weiter oben gezeigte Blockdiagramm stellt den Verbindungstyp für einen skalaren numerischen Wert dar – eine dünne, durchgezogene Linie. Abbildung 3.3 zeigt einige Verbindungen und die dazugehörigen Datentypen.

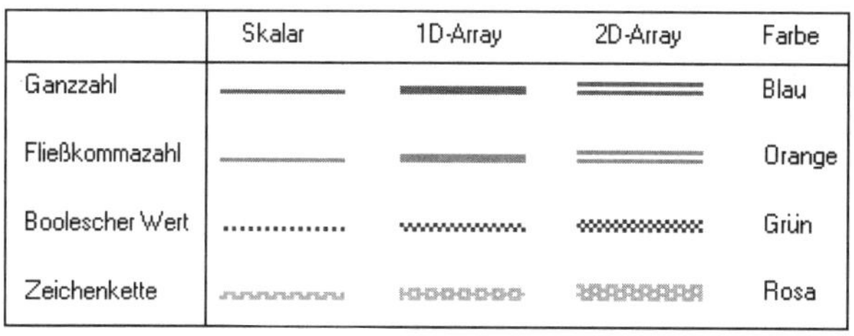

Abbildung 3.3: Grundlegende in Blockdiagrammen verwendete Verbindungsarten

Damit Sie Ihre Datentypen nicht verwechseln, achten Sie einfach auf Übereinstimmung in Farbe und Linientyp.

3.3 Datenflussprogrammierung

Dieser Abschnitt befasst sich mit der praktischen Implementierung der Datenflussphilosophie in LabVIEW und damit, welche Implikationen diese auf die Ausführung eines LabVIEW-Programms hat.

Wie eingangs erwähnt, ist LabVIEW eine grafische, strukturierte Programmiersprache, obwohl im strengeren Sinne LabVIEW eine Implementierung der Programmiersprache G darstellt, die in LabVIEW eingebettet ist. Die Ausführung des LabVIEW-Diagramms basiert streng auf der strukturierten Datenflusstheorie. Der LabVIEW-Compiler führt dann und nur dann eine Anweisung aus, wenn alle seine Eingangsparameter vorliegen. Im Vergleich hierzu sei ein C-Compiler angeführt, der nur dann eine Anweisung ausführt, wenn die zuvor im Code geschriebene Anweisung ausgeführt wurde. Einfach ausgedrückt führt ein C-Compiler seinen Quelltext Zeile für Zeile aus. Ein versierter C-Programmierer benötigt in der Anfangsphase eine gewisse Umgewöhnung, da sich die Datenflussphilosophie erheblich von der prozeduralen Ausführung unterscheidet.

Zur Veranschaulichung sei ein weiteres Beispiel angeführt. Eine prozedurale (textbasierte) Sprache basiert ausschließlich auf der vom Programmierer festgelegten Ablaufsteuerung. In C heißt es: »Ich führe eine Anweisung nur dann aus, wenn ich dazu aufgefordert werde!« In LabVIEW heißt es hingegen: »Ich führe eine Anweisung nur dann aus, wenn alle Eingangsparameter vorliegen!«

Der LabVIEW-Anwender arbeitet auf einer anderen Abstraktionsebene, die relativ applikationsnah ist, ohne sich um die syntaktischen Details einer Programmiersprache zu kümmern. Dies wirkt sich natürlich produktivitätssteigernd aus, weil der Anwender sich vollständig auf seine Applikation konzentrieren kann. Bei der Konzeption eines LabVIEW-Programms besteht eine gewisse Ähnlichkeit mit symbolischer Programmierung, die hauptsächlich im Bereich der künstlichen Intelligenz (KI) zum Einsatz kommt, aber auch bei objektorientierten Programmiersprachen, wie z.B. Smalltalk. Diese Ähnlichkeit beruht auf der Tatsache, dass die Programmiersprache mehr ist als nur eine Aneinanderreihung von Befehlen in der vom Programm geforderten Reihenfolge. Daher ist die bildhafte Darstellung von Zusammenhängen der Anforderungen wesentlich anschaulicher als herkömmliche Beschreibungen.

Nach diesen Grundsatzbemerkungen sollte eines deutlich unterstrichen werden: Während traditionelle Programmiersprachen befehlsgesteuert arbeiten, erfolgt die Ausführung des Datenflussmodells von LabVIEW datengesteuert oder *datenabhängig*.

3.4 Der Anschlussblock

Kommt ein VI als *SubVI* zum Einsatz, können seine Daten an das aufrufende VI über den Anschlussblock transferiert bzw. empfangen werden. Symbolisch wird ein VI als SubVI im Blockdiagramm eines anderen VI mittels eines Anschlussblocks, der mit einem Symbol charakterisiert wird, dargestellt (Abbildung 3.4). Dabei kann das Symbol eine bildliche Darstellung oder eine kleine Textbeschreibung des VI enthalten oder eine Kombination aus beidem. Jeder Anschluss des Anschlussblocks entspricht einer Eingabe oder einer Anzeige auf dem Frontpanel. Während des SubVI-Aufrufs werden die Werte der Eingabeparameteranschlüsse auf die angeschlossenen Eingaben übertragen und das SubVI wird ausgeführt. Nach der Ausführung werden die Ergebnisse über den Anschlussblock an das aufrufende VI zurückgegeben.

Abbildung 3.4: Ein Symbol und der darunter liegende Anschlussblock

Wenn Sie ein neues VI erstellen, haben Sie standardmäßig ein von LabVIEW vorgegebenes Symbol, das im Symbolfeld in der rechten oberen Ecke des Frontpanel- und Diagrammfensters angezeigt wird. Das Vorgabesymbol ist in Abbildung 3.5 angezeigt.

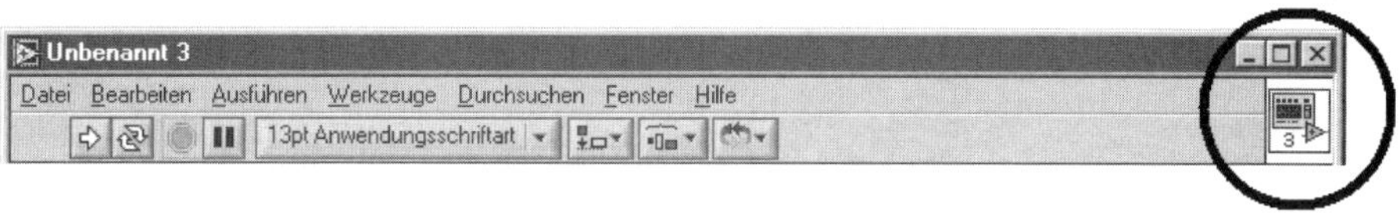

Abbildung 3.5: Das vordefinierte Symbol für VI

Der Anschlussblock eines VI ist unter dem Symbol versteckt. Greifen Sie darauf zu, indem Sie *Anschluss anzeigen* aus dem Popup-Menü des Symbolfelds auf dem Frontpanel wählen (Popup-Menüs werden später noch detaillierter beschrieben). Wenn Sie einen Anschlussblock zum ersten Mal anschauen, gibt LabVIEW ein Anschlussmuster vor, das je einen Anschluss für jede Eingabe und jede Anzeige hat, die sich zurzeit auf dem Frontpanel befinden. Je nach Anforderung können Sie eine andere Anschlussbelegung wählen und haben die Möglichkeit, bis zu 28 Anschlüsse zu definieren.

3.5 Übung: Erstellen eines einfachen LabVIEW-Programms

Starten Sie LabVIEW. Sie werden sich schrittweise durch die Erstellung eines einfachen LabVIEW-VI arbeiten, das eine Zufallszahl generiert, deren Wert in einem Streifenschreiber, auch unter dem Namen Y/T-Schreiber geläufig, dargestellt wird. Sie werden im nächsten Kapitel mehr über die einzelnen Schritte lernen, die Sie durchführen, aber hier geht es primär um das Zurechtfinden in der LabVIEW-Programmierumgebung.

Wenn Sie die Vollversion von LabVIEW besitzen, starten Sie diese. Wenn Sie die LabVIEW-Evaluierungsversion verwenden, starten Sie die Anwendung.

1. Wählen Sie *Neues VI* im Dialogfeld, um mit einem neuen VI anzufangen. Sie bekommen nun ein Frontpanel »Unbenannt 1« auf Ihren Bildschirm.

2. Gehen Sie zur Palette *Elemente* und klicken Sie auf die Schaltfläche *Graph*, um auf die Unterpalette *Graph* zuzugreifen. Wenn die Palette *Elemente* nicht sichtbar ist, wählen Sie *Fenster>>Elementepalette*. Stellen Sie außerdem sicher, dass das Frontpanel aktiv ist, sonst werden Sie die Palette *Funktionen* statt der Palette *Elemente* sehen. Während Sie die Maustaste weiter festhalten, ziehen Sie die Maus über die *Graph*-Unterpalette und wählen *Kurvendiagramm*, indem Sie die Maustaste loslassen. Sie werden feststellen, dass, während Sie den Cursor über die Symbole in der Palette *Elemente* und Unterpaletten bewegen, der Name der ausgewählten Schaltfläche oder des Symbols oben an der Palette erscheint, wie es in Abbildung 3.6. zu sehen ist.

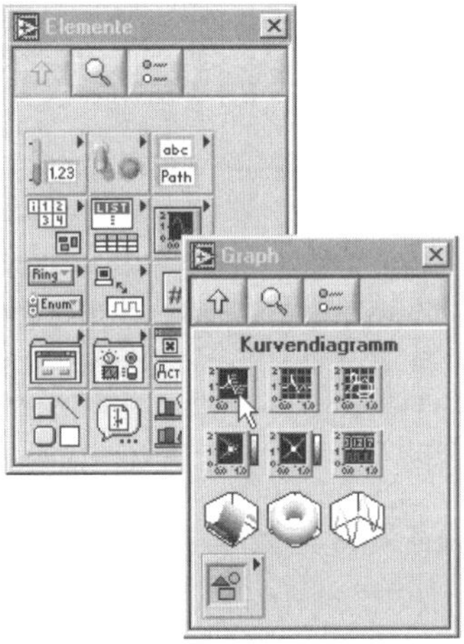

Abbildung 3.6: Die Elementepalette mit der Unterpalette Graph

   Sie werden einen Umriss eines Diagramms sehen, der vom Cursor »festgehalten« wird. Bringen Sie den Cursor in die gewünschte Position, und klicken Sie. Das Diagramm erscheint genau dort, wo Sie es platziert haben. Wenn Sie es bewegen wollen, wählen Sie das *Positionier*-Werkzeug aus der Palette *Werkzeuge*, dann ziehen Sie das Diagramm auf seine neue Position. Wenn die Palette *Werkzeuge* nicht sichtbar ist, wählen Sie *Fenster>>Werkzeugpalette*.

3. Gehen Sie zurück zur Palette *Elemente* und wählen Sie *Vert. Umschalter* aus der *Boolesch*-Unterpalette.

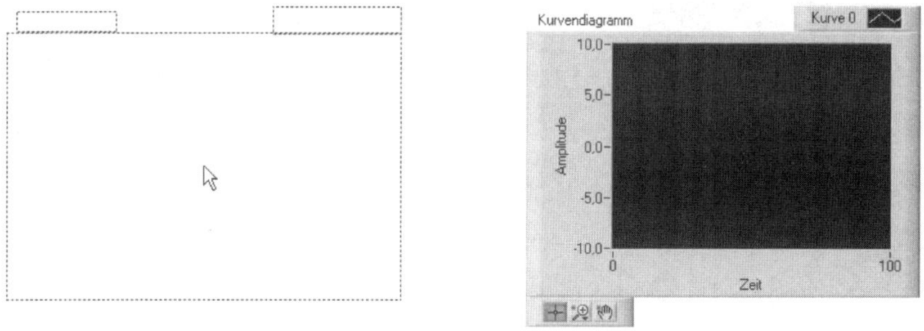

Abbildung 3.7: Platzieren des Kurvendiagramms

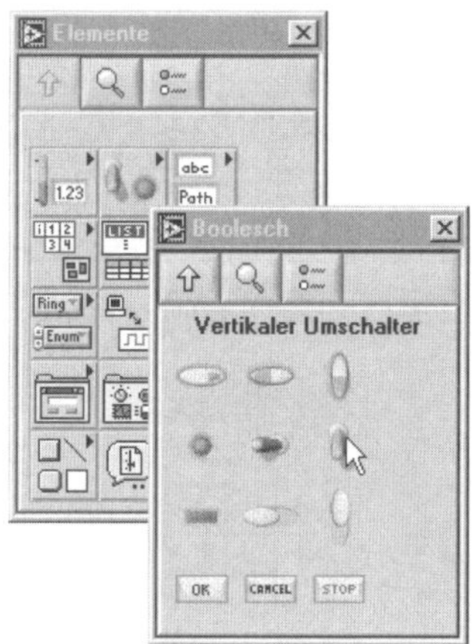

Abbildung 3.8: Auswahl des vertikalen Umschalters

Platzieren Sie den Schalter neben dem Diagramm, wie in Abbildung 3.9 gezeigt.

4. Wählen Sie das *Bedien*-Werkzeug aus der schwebenden Palette *Werkzeuge.*

   Jetzt ändern Sie die Skala im Diagramm. Markieren Sie die Zahl »10« durch Doppelklicken mit dem *Bedien*-Werkzeug. Jetzt geben Sie 1.0 ein und klicken auf die *Enter*-Schaltfläche, die in der Symbolleiste an der oberen Fensterkante erscheint.

5. Wechseln Sie zum Blockdiagramm, indem Sie *Fenster>>Diagramm* wählen. Hier sollten Sie bereits zwei Anschlüsse vorfinden.

6. Jetzt werden Sie die beiden Anschlüsse in eine While-Schleife einbauen, um die Ausführung eines Programmsegments zu wiederholen. Gehen Sie in die

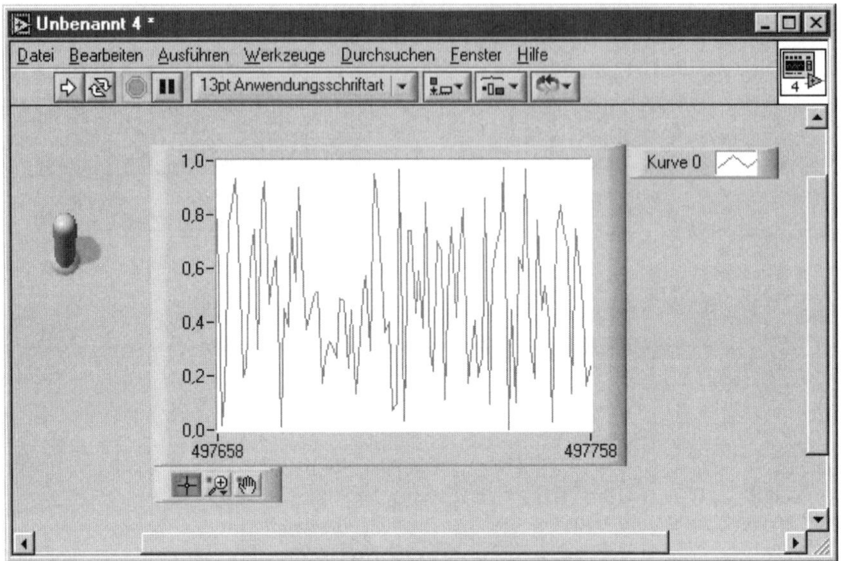

Abbildung 3.9: Gestaltung des Frontpanels

Abbildung 3.10: Die Werkzeugpalette

Unterpalette *Strukturen* der schwebenden Palette *Funktionen* und wählen Sie *While-Schleife*. Stellen Sie sicher, dass das Blockdiagramm aktiv ist, sonst werden Sie die Palette *Elemente* statt der Palette *Funktionen* sehen.

Ihr Cursor wird sich in ein kleines Schleifensymbol verwandeln. Umschließen Sie jetzt die DBL- und TF-Anschlüsse: Drücken Sie die Maustaste und halten Sie sie gedrückt, während Sie mit dem Cursor um die Objekte, die Sie umschließen wollen, einen Rahmen aufziehen (Abbildung 3.12).

Wenn Sie die Maustaste loslassen, wird sich die gepunktete Linie, die gezeichnet wird, während Sie ziehen, in den Rand einer While-Schleife verändern. Stellen Sie sicher, dass Sie noch freien Raum in der Schleife übrig behalten (Abbildung 3.13).

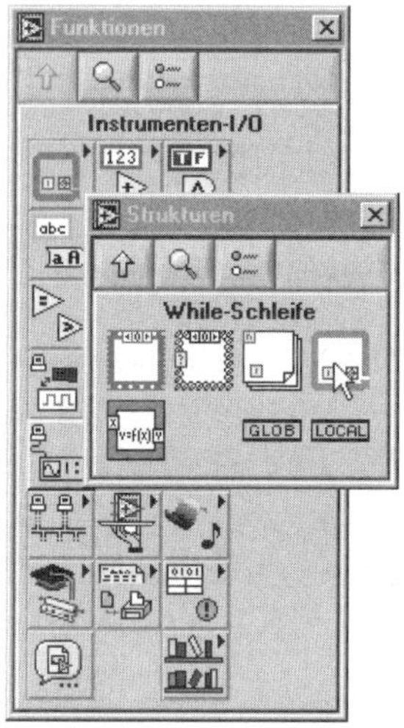

Abbildung 3.11: Funktionenpalette mit der Unterpalette Strukturen

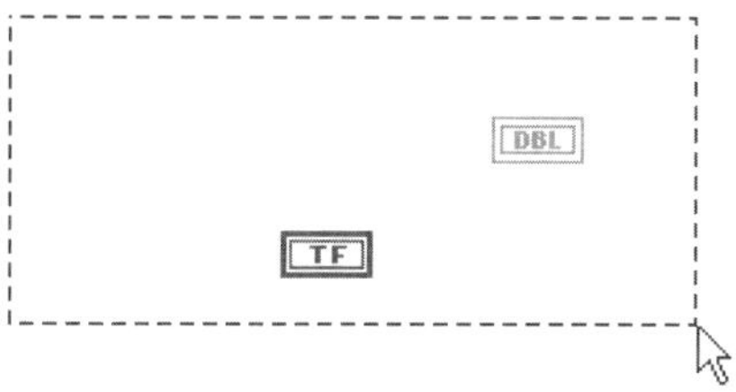

Abbildung 3.12: Platzierung der While-Schleife um die beiden bestehenden Anschlüsse

Abbildung 3.13: Die While-Schleife mit den beiden Anschlüssen

7. Gehen Sie zur Palette *Funktionen* und wählen Sie *Zufallszahl (0 bis 1)* aus der *Numerisch*-Unterpalette. Platzieren Sie das Objekt innerhalb der While-Schleife (Abbildung 3.14).

   Die While-Schleife ist eine spezielle LabVIEW-Struktur, die den Diagrammteil innerhalb ihrer Grenzen so lange wiederholt, bis sie einen FALSE-Wert liest. Dies ist das Äquivalent einer Do-While-Schleife in konventionellen Sprachen. Über Schleifen werden Sie in Kapitel 7, Ablaufstrukturen, mehr erfahren.

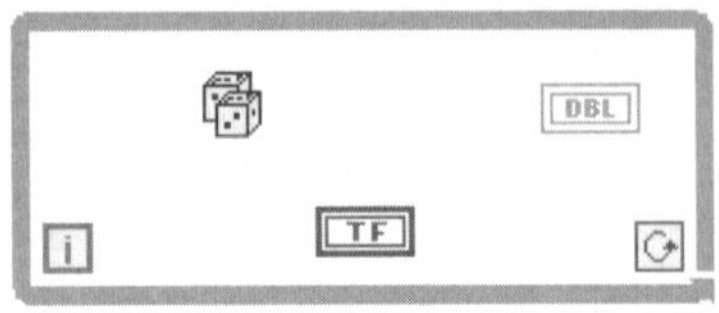

Abbildung 3.14: Die While-Schleife mit der Zufallszahlenfunktion und den beiden Anschlüssen

8. Wählen Sie das *Positionier*-Werkzeug aus der Palette *Werkzeuge* und ordnen Sie die Objekte in Ihrem Blockdiagramm so an, dass sie aussehen wie in dem oben gezeigten Blockdiagramm (Abbildung 3.14).
9. Wählen Sie jetzt das *Verbindungs*-Werkzeug aus der Palette *Werkzeuge*. Klicken Sie einmal auf das Symbol *Zufallszahl (0 bis 1)*, ziehen Sie die Maus hinüber auf den DBL-Anschluss und klicken Sie erneut.

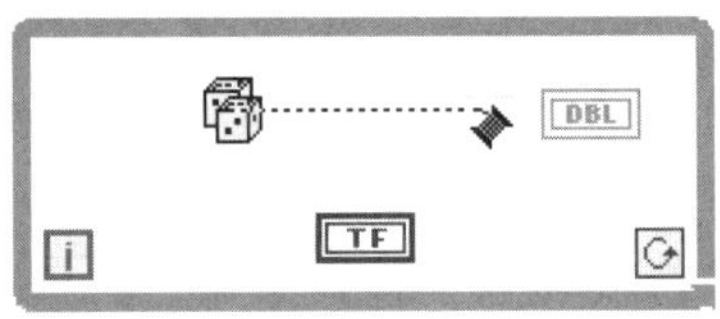

Abbildung 3.15: Verbindung der Zufallszahlfunktion mit dem DBL-Anschluss

Sie sollten jetzt eine durchgezogene orange Verbindung haben, die beide Symbole miteinander verbindet. Wenn Sie etwas falsch gemacht haben, können Sie die Verbindung oder das Verbindungsfragment mit dem *Positionier*-Werkzeug auswählen und die ↵-Taste drücken, um es zu löschen. Jetzt verbinden Sie den booleschen TF-Anschluss mit dem Bedingungsanschluss der While-Schleife. Die Schleife wird ausgeführt, solange der Schalter im Frontpanel TRUE (in der oberen Position) ist. Sie wird angehalten, wenn der Schalter FALSE ist (Abbildung 3.16).

Abbildung 3.16: Das fertig verbundene Blockdiagramm

10. Sie müssten jetzt so weit sein, dass Sie Ihr VI starten können. Zuerst wechseln Sie zurück zum Frontpanel, indem Sie *Fenster>>Frontpanel* wählen. Schalten Sie mit Hilfe des *Bedien*-Werkzeugs den Schalter »nach oben«. Jetzt klicken Sie auf die Start-Schaltfläche, um Ihr VI zu starten. Sie werden sehen, wie eine Folge zufälliger Zahlen fortlaufend im Diagramm geplottet wird. Wenn Sie das Programm anhalten möchten, klicken Sie den Schalter an, um ihn nach unten umzulegen (Abbildung 3.17).

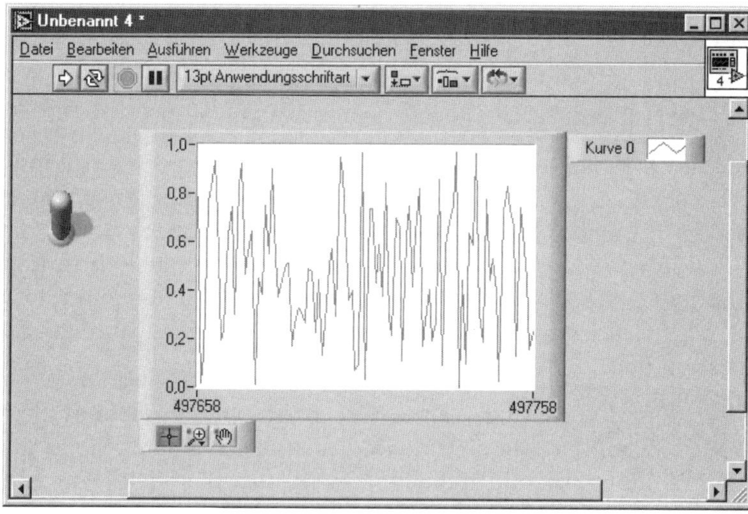

Abbildung 3.17: Das fertige Frontpanel mit den aufgezeichneten Daten nach der Programmausführung

11. Erstellen Sie ein Verzeichnis oder einen Ordner mit dem Namen *EIGENE PROGRAMME* in Ihrem LabVIEW-Verzeichnis. Speichern Sie Ihr VI im *EIGENE PROGRAMME*-Verzeichnis oder -Ordner, indem Sie *Speichern* aus dem Menü *Datei* und dann den entsprechenden Ort zum Speichern auswählen. Nennen Sie es *Zufallszahl.vi.*

    So weit also Ihr erstes LabVIEW-Programm. Es leistet noch nicht sehr viel, doch das Programm wird im Laufe der Kapitel sukzessive erweitert. Bedenken Sie den Aufwand, wenn Sie diese gleiche Anwendung mit grafischer Benutzeroberfläche in einer konventionellen Programmiersprache realisieren müssten. Sie werden sicherlich mit uns übereinstimmen, dass dieses einfache Programm in der Realisierung mit anderen Umgebungen einige Hürden mit sich bringt.

3.6 Effektives Arbeiten mit Pulldown-Menüs

Berücksichtigen Sie, dass Sie mit LabVIEW auf sehr vielen unterschiedlichen Ebenen arbeiten können. Daher kann dieses Buch niemals eine erschöpfende Darstellung aller In- und Externa von LabVIEW bieten; stattdessen haben wir uns als Ziel gesetzt, Ihre Lernkurve stetig zu steigern und Ihnen einen möglichst globalen Überblick zu geben, so dass Sie Ihre Anwendung selbständig erstellen können. Wenn Sie sich darüber hinaus in spezifische Fragestellungen oder Anwendungsgebiete vertiefen wollen, empfehlen wir einiges an weiterführender Literatur und Anlaufstellen, die im Anhang aufgeführt sind.

LabVIEW bietet Ihnen im Wesentlichen zwei Menütypen: Pulldown und Popup. Sie haben einige von ihnen in der letzten Übung verwendet und Sie werden beide in Ihren zukünftigen Programmentwicklungen ausführlich nutzen. Die Pulldown-Menüs werden in diesem Abschnitt nur sehr kurz behandelt. Sie finden es vielleicht hilfreich, die Menüs auf Ihrem Computer durchzusehen und sich eventuell damit vertraut zu machen, während sie näher beschrieben werden.

Die Menüleiste am oberen Rand eines VI-Fensters enthält mehrere Pulldown-Menüs. Wenn Sie auf ein Menüelement klicken, erscheint ein Menü unter der Leiste. Die Pulldown-Menüs enthalten Elemente, die viele Anwendungen gemein haben, wie etwa *Öffnen*, *Speichern*, *Kopieren* und *Einfügen* sowie viele andere Funktionen, die Sie nur in LabVIEW finden. Wir werden hier einige der grundlegenden Pulldown-Menüfunktionen beschreiben.

Viele Menüs sind auch über Hot-Keys (Tastenkombinationen) zugänglich, z.B. lässt sich der Menüpunkt *Datei>>Neu* auch über die Tastenkombination [Strg]+[N] aufrufen. Um Tastenkürzel zu verwenden, drücken Sie die entsprechende Taste gleichzeitig mit der [Strg]-Taste bei PCs, der [⌘]-Taste am Macintosh, der [Meta]-Taste der Sun oder der [Alt]-Taste bei HP-Rechnern.

3.6.1 Der Menüpunkt Datei

Unter dem Menüpunkt *Datei* befinden sich Befehle, die viele Anwendungen gemeinsam haben, wie etwa *Speichern* und *Drucken*. Sie können vom Menü *Datei* aus auch neue VI erstellen oder bestehende öffnen. Im Untermenü *VI-Einstellungen* finden Sie diverse Möglichkeiten, Einstellungen hinsichtlich Fenstererscheinungsbild, Dokumentation, Sicherheit etc. vorzunehmen (Abbildung 3.18).

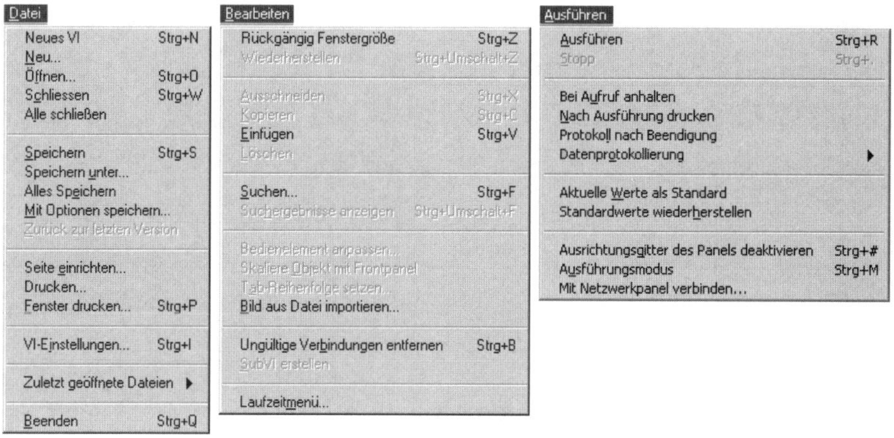

Abbildung 3.18: Die Menüpunkte Datei, Bearbeiten und Ausführen

3.6.2 Der Menüpunkt Bearbeiten

Der Menüpunkt *Bearbeiten* enthält die bekannten Befehle zum Editieren, wie *Ausschneiden*, *Kopieren* und *Einfügen*, mit denen Sie Ihr Fenster bearbeiten können. Sie können vom Menü *Bearbeiten* aus falsche Verbindungen entfernen sowie Laufzeitmenüs erstellen, nach Objekten oder Texten suchen lassen, Frontpanelobjekte Ihren Bedürfnissen anpassen etc. Auch können Sie Bearbeitungsschritte rückgängig machen oder auch wiederherstellen. Letztere Funktionen sind seit der Version LabVIEW 5 verfügbar (Abbildung 3.18).

3.6.3 Der Menüpunkt Ausführen

Sie können Ihr Programm vom Menü *Ausführen* aus starten oder anhalten (meist verwendet man jedoch die Tasten der Symbolleiste). Sie können die voreingestellten Werte der Bedien- und Anzeigeelemente Ihres VI wiederherstellen oder die aktuellen Werte dieser Elemente als Voreinstellungen speichern, das Frontpanel kann automatisch nach der Ausführung gedruckt werden und es kann zwischen Ausführungs- und Bearbeitungsmodus gewechselt werden. Des Weiteren haben Sie hier die Möglichkeit, eine Datenprotokollierung für Ihr VI zu konfigurieren, das Ausrichtungsgitter (seit LabVIEW 7) zu aktivieren oder eine Verbindung zu einem im Internet zur Verfügung gestellten VI herzustellen (Abbildung 3.18).

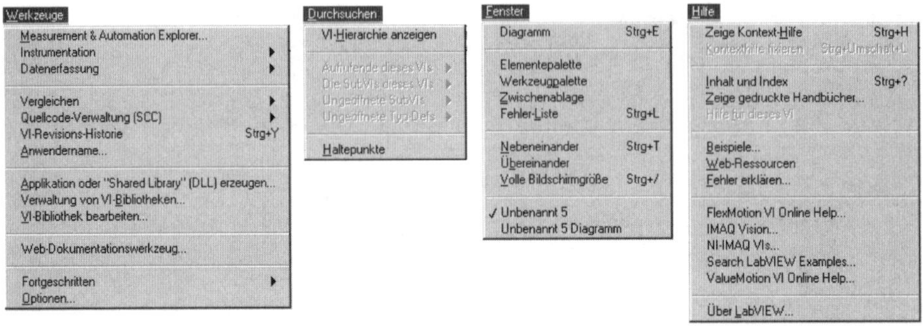

Abbildung 3.19: Die Menüpunkte Werkzeuge, Durchsuchen, Fenster und Hilfe

3.6.4 Der Menüpunkt Werkzeuge

Dieses Menü enthält Optionen zum Vergleichen von VI oder VI-Hierarchien, die Möglichkeit, VI-Bibliotheken zu verwalten, sowie diverse Assistenten, wie zum Beispiel den *DAQ-Kanalmonitor*, den *DAQ-Lösungsassistenten* (beide im Untermenü *Datenerfassung* – ab der Version 7.1 von LabVIEW stehen diese beiden Assistenten nicht mehr zur Verfügung, da ein neuer, weitaus mächtigerer Assistent entwickelt wurde, der die Generierung von LabVIEW-Code ermöglicht) und das *Web-Dokumentationswerkzeug*. Unter *Optionen* können Sie diverse Einstellungen für die LabVIEW-Entwicklungsumgebung vornehmen. Besitzen Sie das Professional Development System (PDS) von LabVIEW, befindet sich auch die Option *Applikation oder »Shared Library« (DLL) erstellen...* in diesem Menü (Abbildung 3.19).

3.6.5 Der Menüpunkt Durchsuchen

In diesem Menü befinden sich Werkzeuge, die Ihnen helfen, auch bei größeren Projekten noch den Überblick zu behalten. Die Option *VI-Hierarchie anzeigen* stellt Ihnen Ihr HauptVI inklusive aller SubVI in einer Art Baumstruktur dar. Weitere Optionen versetzen Sie in die Lage, alle nicht sichtbaren VI (Aufrufende VI, SubVI, ungeöffnete SubVI, ungeöffnete Typ-Defs) aufzurufen und zu bearbeiten. Die Option *Haltepunkte* findet alle Haltepunkte der im Speicher befindlichen VI.

3.6.6 Der Menüpunkt Fenster

Hier können Sie zwischen den Frontpanel- und den Diagrammfenstern umschalten, die Fehlerliste und die Zwischenablage anzeigen, die Fenster nebeneinander anordnen, damit Sie beide gleichzeitig sehen können, und zwischen geöffneten VI umschalten. Sie können auch Paletten hervorholen, wenn Sie diese geschlossen haben (Abbildung 3.19).

3.6.7 Das Menü Hilfe

Sie können das Hilfefenster mit dem Menü *Hilfe* anzeigen, verbergen oder seinen Inhalt festhalten. Sie können auch auf LabVIEWs Online-Referenzinformationen zugreifen und das Informationsfenster *Über LabVIEW* anzeigen lassen (Abbildung 3.19).

3.7 Die verschiedenen Paletten

LabVIEW hat drei häufig benutzte Paletten, die Sie an angemessener Stelle auf dem Bildschirm platzieren können: die Palette *Werkzeuge*, die Palette *Elemente* und die Palette *Funktionen*. Sie können sie verschieben, indem Sie auf ihre Titelzeile klicken und ziehen. Schließen Sie sie, wie Sie unter Ihrem Betriebssystem jedes Fenster schließen würden. Sobald Sie sie wiederhaben wollen, wählen Sie *...-palette* aus dem Menü *Fenster*.

3.7.1 Die Elemente- und Funktionenpaletten

Die Paletten *Elemente* und *Funktionen* sind die am häufigsten eingesetzten Paletten in LabVIEW, denn über diese Paletten lassen sich Eingabeobjekte und Anzeigen, die Sie auf Ihrem Frontpanel haben wollen, bzw. Funktionen und Strukturen, die Sie für das Erstellen eines Blockdiagramms verwenden, auswählen. Ab LabVIEW 7 *Express* ist diesen Paletten noch eine Palette vorgeschaltet worden, die die am häufigsten verwendeten Elemente sowie neue Elemente (auch kurz Express-Elemente genannt) enthält.

Die *Elemente-* und die *Funktionenpalette* sind in vielerlei Hinsicht einzigartig. Äußerst wichtig ist, dass die Palette *Elemente* nur dann sichtbar ist, wenn das Frontpanel aktiv ist, während die Palette *Funktionen* nur dann sichtbar ist, wenn das Blockdiagrammfenster aktiv ist. Beide Paletten enthalten *Unterpaletten*, welche wiederum unterschiedliche Objekte enthalten, die Sie auf Ihrem Frontpanel oder dem Blockdiagramm ablegen können. Während Sie den Cursor über die Schaltflächen der *Elemente-* und *Funktionenpalette* bewegen, werden Sie feststellen, dass jeweils der Name der Unterpalette am oberen Rand des Fensters erscheint.

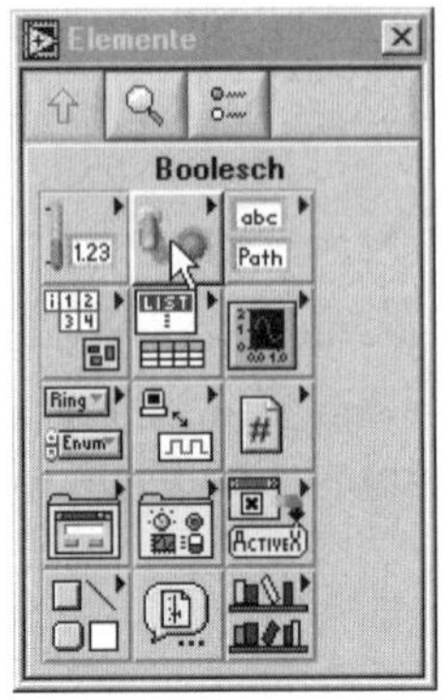

Abbildung 3.20: Die Elementepalette

Wenn Sie eine Schaltfläche anklicken und die Maustaste gedrückt halten, erscheint die zugehörige Unterpalette. Um ein Objekt der Unterpalette auszuwählen, lassen Sie die Maustaste los, wenn sich der Cursor über dem Objekt befindet. Dann klicken Sie auf dem Frontpanel oder im Blockdiagramm an die Stelle, an der Sie das Objekt ablegen wollen. So, wie die Schaltflächennamen der Hauptpaletten angezeigt werden, erscheinen auch die Objektnamen über der Unterpalette, wenn Sie den Cursor über die Schaltflächen bewegen.

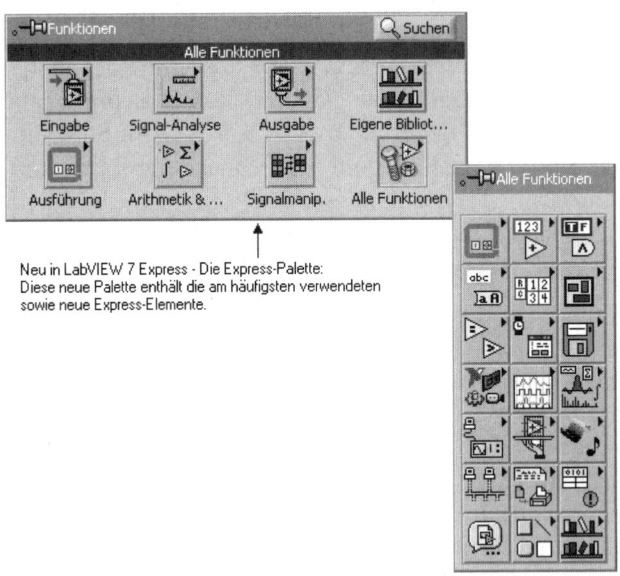

Abbildung 3.21: Die Palette Funktionen unter der Express-Palette

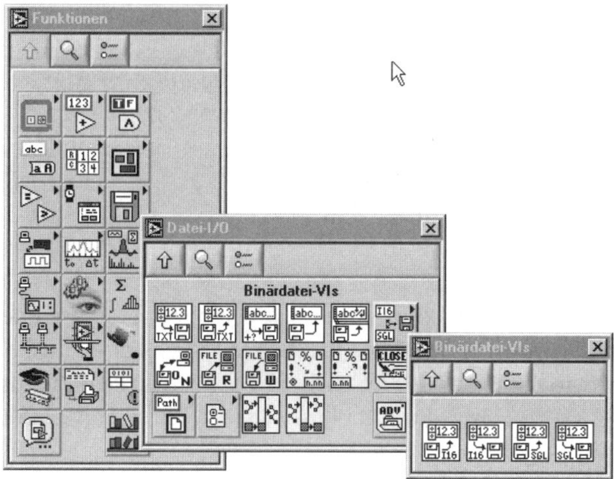

Abbildung 3.22: Die Palette Funktionen mit den Unterpaletten Datei-I/O und Binärdatei VI

Beachten Sie, dass einige Unterpaletten wiederum Unterpaletten enthalten, in der weitere Objekte enthalten sind. Diese sind durch ein kleines Dreieck in der rechten oberen Ecke des Symbols sowie eine erhobene Darstellung gekennzeichnet. Die einzelnen Unterpaletten und ihre Objekte sind Thema des nächsten Kapitels.

Es gibt auch eine elegantere Möglichkeit, um die *Elemente-* und *Funktionenpalette* aufzurufen, nämlich über die Popup-Methode. Sie brauchen nur in einen leeren Bereich des Frontpanels oder Blockdiagramms ein Popup mit der rechten Maustaste durchzuführen und prompt erscheint die passende Palette.

Die Pinnadel

Wenn Sie eine Unterpalette öfter einsetzen, möchten Sie diese vielleicht dauerhaft am Bildschirm anzeigen; dazu lassen Sie die Maustaste über der Pinnadel in der linken oberen Ecke der Palette los. Sie haben jetzt ein freistehendes Fenster, das Sie irgendwo ablegen und schließen können, wenn Sie es nicht mehr benötigen. LabVIEW verwendet die Pinnadel statt einer regulären Abreißpalette, um versehentliche Ausreißer zu vermeiden, wenn mehrere Ebenen in Unterpaletten verschachtelt sind.

Editieren von Paletten

Falls Sie für Ihre Arbeit eine andere als die von LabVIEW vorgegebene Einteilung der *Elemente-* und *Funktionenpalette* wünschen, können Sie diese problemlos anpassen. Sie erreichen den Menü-Editor, indem Sie eine Palette mit Hilfe der Pinnadel fixieren und die Schaltfläche *Optionen* anklicken. Von hier aus können Sie Ihre eigenen Paletten erstellen und bestehende Ansichten verändern, indem Sie neue Unterpaletten zufügen, Elemente verstecken oder sie von einer Palette in eine andere verschieben. Wenn Sie zum Beispiel ein VI erstellen, das trigonometrische Funktionen verwendet, können Sie es in der bestehenden Palette *Trigonometrie* platzieren, um den Zugriff zu vereinfachen. Die Bearbeitung der Paletten ist sinnvoll, um oft wiederkehrende Funktionen für schnellen Zugriff auf der obersten Ebene zu platzieren und um all die Funktionen, die Sie selten benötigen, zu verbergen. Über die Anpassung von Paletten werden Sie in Kapitel 4 mehr lernen. Sie können auch die eingebauten Paletten *DAQ* oder *T&M* (eine Abkürzung für Testen und Messen) verwenden, wenn Ihnen diese Konfigurationen mehr zusagen. Wählen Sie einfach aus dem Pulldown-Menü *Palettensatz* des Menü-Editors die Palette aus, die Ihnen am besten gefällt. Voreingestellt ist der Palettensatz *default*.

3.7.2 Palettenansicht

Ab der Version LabVIEW 5.0 lassen sich die Paletten in drei unterschiedlichen Modi visualisieren: *Standard*, *Symbole* oder *Text*. Dies bedeutet, dass der Anwender nun frei entscheiden kann, in welcher Art und Weise er die Paletten angezeigt haben möchte. Zur Änderung des eingestellten Modus fixieren Sie wieder eine Palette mit Hilfe der Pinnadel, klicken auf die Schaltfläche *Optionen* und wählen aus dem Menü *Format* die gewünschte Darstellungsart.

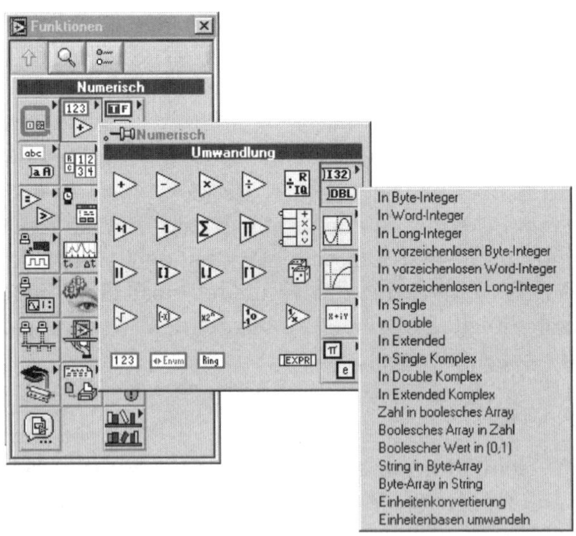

Abbildung 3.23: Die gemischte Ansicht einer Palette

Sie können jetzt auch das Aussehen der Paletten Ihren speziellen Bedürfnissen anpassen, z.B. *Funktionen>>Numerisch* hierarchisch in Textdarstellung anzeigen lassen und alle anderen als Symbole etc. (Abbildung 3.23). Diese Einstellungen lassen sich während des Bearbeitens der Palettensätze vornehmen.

3.7.3 Die Werkzeugpalette

Unter *Werkzeug* verstehen wir einen speziellen Ausführungsmodus des Mauscursors. Diese Werkzeuge sind vergleichbar mit den Werkzeugen eines Zeichenprogramms und dienen der Bearbeitung von Frontpanel und Blockdiagramm.

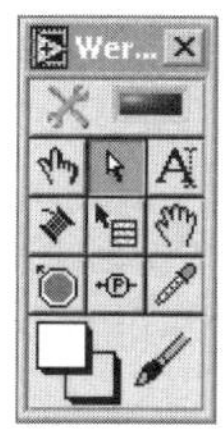

Abbildung 3.24: Die Werkzeugpalette

Wie die Paletten *Elemente* und *Funktionen* kann das Fenster der Palette *Werkzeug* verschoben oder geschlossen werden. Um ein Werkzeug auszuwählen, klicken Sie die entsprechende Schaltfläche in der Palette *Werkzeug* an und Ihr Mauszeiger wird sich dementsprechend ändern. Wenn Sie sich der Bedeutung eines Werkzeugs nicht sicher sind, halten Sie Ihren Mauszeiger über der Schaltfläche, bis ein *Hinweisstreifen (Tipp-Strip)* erscheint, der das Werkzeug beschreibt.

- Das *Bedien*-Werkzeug ermöglicht Ihnen die Änderung der Werte der Eingaben und Anzeigen auf dem Frontpanel. Sie können mit dem *Bedien*-Werkzeug Drehknöpfe, Schalter und andere Objekte bedienen. Es ist das einzige *Frontpanel*-Werkzeug, das während der Ausführung des VI oder im Ausführungsmodus (wird in Kürze beschrieben) zur Verfügung steht.
- Das *Positionier*-Werkzeug wählt Objekte, verschiebt sie und ändert ihre Größe.
- Das *Beschriftungs*-Werkzeug erstellt und bearbeitet Textfelder.
- Das *Verbindungs*-Werkzeug (»Drahtspule«) zieht Verbindungen zwischen Objekten im Blockdiagramm. Es wird auch verwendet, um Eingaben und Anzeigen auf dem Frontpanel den Anschlüssen des VI-Anschlussblocks zuzuordnen.

- Das *Farb*-Werkzeug färbt Objekte und Hintergründe ein, indem es Ihnen die Auswahl aus einer Vielzahl von Farbtönen ermöglicht. Sie können sowohl die Vorder- als auch die Hintergrundfarben ändern, indem Sie auf den entsprechenden Farbbereich der Palette *Werkzeug* klicken. Wenn Sie auf einem Objekt ein Popup-Menü öffnen, während das *Farb*-Werkzeug aktiv ist, können Sie einen Farbton aus der erscheinenden Farbpalette wählen.
- Das *Popup*-Werkzeug öffnet das Popup-Menü des Objekts, das Sie angeklickt haben. Sie können es statt der herkömmlichen Methode zum Öffnen eines Popup-Menüs (Klicken mit der rechten Maustaste unter Windows und Unix und Klicken bei gedrückter [⌘]-Taste bei Macintosh) verwenden.
- Das *Scroll*-Werkzeug lässt Sie im aktiven Fenster den sichtbaren Bildbereich verschieben (scrollen).
- Das *Haltepunkt*-Werkzeug setzt Haltepunkte in einem VI-Diagramm, um Ihnen bei der Fehlersuche Ihrer Programme zu helfen. Es hält die Ausführung an, damit Sie sich ansehen können, was passiert, und bei Bedarf die Eingabewerte ändern können.
- Das *Probe*-Werkzeug erstellt Sonden in den Verbindungen, damit Sie die Daten beobachten können, die durch die Verbindung fließen, während das VI ausgeführt wird.
- Verwenden Sie das *Farbe-übernehmen*-Werkzeug, um eine Farbe eines bestehenden Objekts herauszufinden und sie dann mittels des *Farb*-Werkzeugs auf ein anderes Objekt zu übertragen. Diese Technik ist sehr hilfreich, wenn Sie einen genauen Farbton kopieren müssen, sich aber nicht erinnern können, welcher es war. Sie können das *Farbe-übernehmen*-Werkzeug auch erreichen, während das *Farb*-Werkzeug aktiv ist, wenn Sie die [Strg]-Taste unter Windows, die [±]-Taste am Macintosh, [Meta] bei der Sun und [Alt] am HP drücken.

Statt ein Symbol anzuklicken, können Sie auch die [⭾]-Taste verwenden, um ein Werkzeug aus der Palette zu wählen. Oder drücken Sie die Leertaste, um zwischen dem *Bedien*-Werkzeug und dem *Positionier*-Werkzeug zu wechseln, solange das Frontpanelfenster aktiv ist, oder zwischen dem *Verbindungs*-Werkzeug und dem *Positionier*-Werkzeug, wenn das Diagrammfenster aktiv ist. Die Abkürzungen mit [⭾]- und Leertaste bilden einen Umlauf um die am häufigsten verwendeten Werkzeuge.

Sie können mit der rechten Maustaste auch eine kurzzeitige Kopie der Palette *Werkzeug* eröffnen (Klicken mit der rechten Maustaste bei gedrückter [⇧]-Taste unter Windows und Unix, Klicken bei gedrückter [⌘]- und [⇧]-Taste auf dem Macintosh).

3.8 Die Symbolleiste

Die Symbolleiste befindet sich am oberen Rand der LabVIEW-Fenster (Abbildung 3.25). Sie enthält sowohl Schaltflächen zur Steuerung der Ausführung Ihrer VI als auch Optionen zur Texteinstellung sowie Befehle zur Ausrichtung und Verteilung von Objekten. Sie werden bemerken, dass die Symbolleiste des Blockdiagramms mehr Optionen als die des Frontpanels enthält und dass einige der bearbeitungsbezogenen Optionen ausgeblendet werden, wenn Sie Ihr VI starten. Wenn Sie sich nicht sicher sind, was eine Schaltfläche bewirkt, halten Sie den Cursor über diese Fläche, bis ein Hinweisstreifen (Tipp-Strip) erscheint, der die Funktion beschreibt.

Abbildung 3.25: Die Symbolleiste

Die Schaltfläche *Ausführen* oder *Start*, die das Aussehen eines Pfeils hat, startet nach dem Anklicken die Ausführung eines VI. Wenn ein VI tatsächlich ausgeführt wird, wechselt sie ihr Aussehen. Wenn ein VI sich nicht fehlerfrei kompilieren lässt, erscheint die *Start*-Schaltfläche gebrochen.

Die Schaltfläche *Dauerausführung* lässt die Ausführung des VI immer wieder von neuem beginnen, bis Sie die Schaltfläche *Stopp* anklicken.

Die Schaltfläche *Abbruch* ist leicht zu erkennen, denn sie sieht aus wie ein kleines Stoppschild. Sie wird aktiv, wenn ein VI die Ausführung beginnt; ansonsten ist die Schaltfläche *Abbruch* nicht aktiv. Sie können auf diese Schaltfläche klicken, um das VI anzuhalten.

Die Verwendung der Schaltfläche *Abbruch* entspricht der Tastenkombination `Strg`+`Untbr`. Ihr Programm wird sofort anhalten und die Datenintegrität kann auf diese Art verloren gehen. Sie sollten immer eine geeignetere Möglichkeit zum Anhalten in Ihre Programme einbauen, wie wir später demonstrieren werden.

Die Schaltfläche *Pause* hält das VI an, so dass Sie die Möglichkeiten des *Einzelschritt*-Debugging, *Hineinspringen*, *Überspringen* und *Beenden* ausnutzen können. Klicken Sie die Schaltfläche *Pause* erneut an, um die Ausführung fortzusetzen.

Die Einzelschrittschaltflächen, *Hineinspringen*, *Überspringen* und *Beenden*, zwingen Ihr VI, jeweils einen einzelnen Ausführungsschritt zu machen, damit Sie Fehler erkennen können. Kapitel 5 befasst sich mit ihrer Verwendung.

Die Schaltfläche *Highlight-Funktion* (Visualisierung des Programmablaufs) bewirkt eine Illustration des Datenflusses, während er ein Diagramm durchläuft. Wenn diese Option eingeschaltet ist, können Sie den Datentransfer in Ihrem Diagramm beobachten.

Die Schaltfläche *Warnung* erscheint nur, wenn Sie dies wünschen. Sie können die Warnungen anzeigen lassen, indem Sie die Schaltfläche anklicken.

Sie können Schriftart, -grad, -schnitt, Ausrichtung und Farbe der LabVIEW-Texte mit dem *Schrift*-Ring in der Symbolleiste verändern.

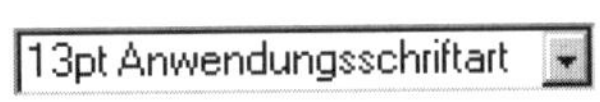

Abbildung 3.26: Einstellen von Schriftart, -grad, -schnitt

LabVIEW stellt Tools zur automatischen Ausrichtung von LabVIEW-Elementen bereit. Wählen Sie die auszurichtenden Objekte, indem Sie mit dem *Positionier*-Werkzeug einen Rahmen um diese ziehen. Als Nächstes wählen Sie aus *Objekte ausrichten* in der Symbolleiste die Option aus (an Oberkanten ausgerichtet, linker Rand ausgerichtet, senkrecht zentriert usw.). Wenn Sie gleichmäßige Zwischenräume zwischen Objekten haben wollen, verwenden Sie die Option *Objekte einteilen* in ähnlicher Form.

Abbildung 3.27: Objekte ausrichten, Objekte einteilen, Neuordnen

3.8.1 Ausführungsmodus versus Bearbeitungsmodus

VI werden immer im *Bearbeitungsmodus* geöffnet und können in diesem Modus beliebig editiert werden. Sobald ein VI gestartet wird, findet ein automatischer Wechsel in den *Ausführungsmodus* statt, eine Bearbeitung ist in diesem Modus nicht möglich. Nur das Bedienwerkzeug ist im *Ausführungsmodus* auf dem Frontpanel verfügbar. Nach dem Beenden Ihres VI wechselt dieses wieder in den Bearbeitungsmodus (sofern es vor dem Start nicht von Hand in den *Ausführungsmodus* geschaltet wurde – dann verbleibt es im *Ausführungsmodus*). Ein Klick auf *Ausführen>>Ausführungsmodus* schaltet in den Bearbeitungsmodus um, während ein Klick auf *Ausführen>>Bearbeitungsmodus* in den Ausführungsmodus zurückschaltet. Um eine Parallele zu den textbasierten Sprachen zu ziehen: Wenn ein VI im *Ausführungsmodus* ist, ist es erfolgreich kompiliert worden und erwartet Ihren Befehl zur Ausführung.

Wenn Sie es vorziehen, VI im *Ausführungsmodus* zu öffnen, wählen Sie *Werkzeuge>>Optionen...* Wählen Sie die Option *Verschiedenes* und aktivieren Sie *VI im Ausführungsmodus öffnen*.

3.9 Das richtige Menü immer zur Hand: Popup-Menüs

Im Folgenden wird nun eine andere Form der LabVIEW-Menüs vorgestellt: die Popup-Menüs, auch als kontextsensitive Menüs (oder kurz: Kontextmenüs) bekannt. Zum Öffnen eines Popup-Menüs bringen Sie den Cursor über das Objekt, dessen Menü Sie sehen wollen. Dann klicken Sie die rechte Maustaste, wenn Sie mit einem Windows- oder Unix-Rechner arbeiten. Bei einem Macintosh halten Sie die [⌘]-Taste gedrückt, während Sie klicken. Sie können auch mit dem Popup-Werkzeug auf das Objekt klicken. Daraufhin wird ein Popup-Menü erscheinen (Abbildung 3.28).

Praktisch jedes LabVIEW-Objekt hat ein Popup-Menü mit Optionen und Befehlen. Welche Optionen verfügbar sind, hängt vom Objekt ab, und sie unterscheiden sich je nachdem, ob das VI im Ausführungsmodus oder im Bearbeitungsmodus ist. Zum Beispiel unterscheiden sich die Popup-Menüs einer numerischen Eingabe und einer grafischen Anzeige. Wenn Sie auf dem Frontpanel oder im Blockdiagramm in einem freien Bereich ein Popup-Menü aufrufen, erhalten Sie entsprechend die Palette *Elemente* oder *Funktionen*.

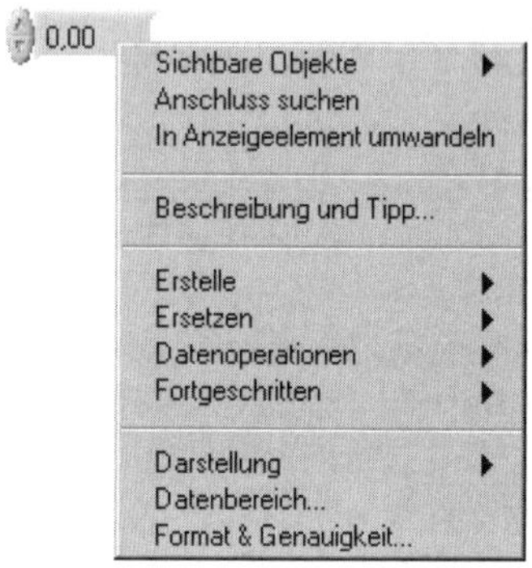

Abbildung 3.28: Das Popup-Menü der numerischen Eingabe

Ein wichtiger Hinweis in diesem Zusammenhang: Wenn das *Farb*-Werkzeug aktiv ist, erscheint anstelle des Popup-Menüs die Farbpalette.

Viele Popup-Menüelemente öffnen weitere Untermenüs, hierarchische Menüs, die durch eine Pfeilspitze nach rechts angezeigt werden (Abbildung 3.29).

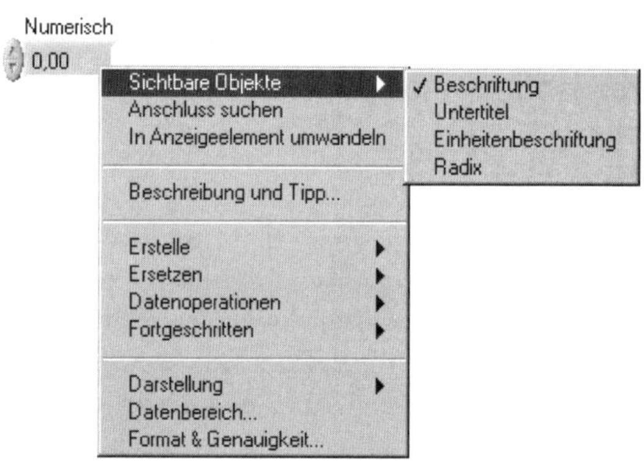

Abbildung 3.29: Ein Popup-Menü mit Untermenüs

Hierarchische Menüs enthalten manchmal eine Auswahl sich gegenseitig ausschließender Optionen. Die zurzeit ausgewählte Option wird bei Optionen, die als Text dargestellt werden, in Form eines Häkchens angezeigt, bei grafischen Optionen wird sie hervorgehoben.

Einige Menüelemente öffnen Dialogfelder, die veränderbare Optionen enthalten. Derartige Menüelemente werden durch Auslassungen (...) angezeigt.

Menüelemente ohne Pfeilspitzen nach rechts oder Auslassungen sind üblicherweise Anweisungen, die bei ihrer Auswahl sofort ausgeführt werden. Wenn die Anweisung ausgewählt wird, wird in einigen Fällen die Anweisung durch ihre Umkehrung ersetzt. Zum Beispiel wird aus der Anweisung *In Anzeigeelement ändern,* nachdem sie ausgewählt wurde, *In Bedienelement ändern* (Abbildung 3.30).

Manchmal haben verschiedene Teile eines Objekts unterschiedliche Popup-Menüs. Wenn Sie zum Beispiel das Popup-Menü der Beschriftung eines Objekts aufrufen, enthält das Menü nur die Option *Größenanpassung an Text.* Wenn Sie das Popup-Menü jedoch an anderer Stelle des Objekts öffnen, bekommen Sie ein komplettes Menü aller Optionen.

3.9.1 Beschreibung der Merkmale der Popup-Menüs

Popup-Menüs ermöglichen es Ihnen, viele Merkmale eines Objekts anzugeben. Die folgenden Optionen sind vielen Popup-Menüs gemeinsam, so dass wir sie hier exemplarisch vorstellen möchten.

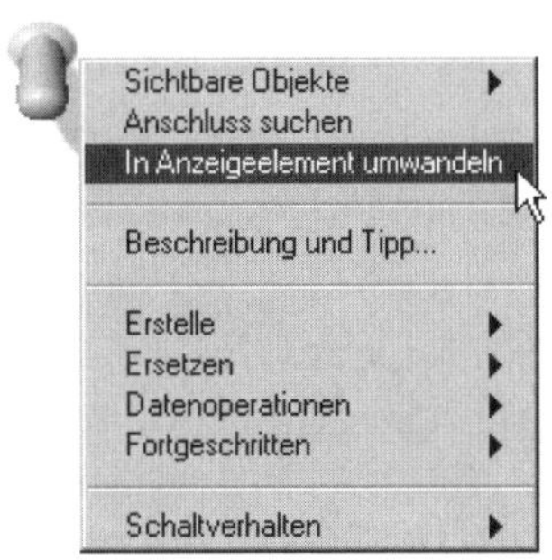

Abbildung 3.30: Die Auswahl zwischen Anzeige- und Bedienelement

In Bedienelement umwandeln und In Anzeigeelement umwandeln

Durch Auswählen von *In Bedienelement umwandeln* können Sie eine vorhandene Eingabe (ein Eingabeobjekt) in eine Anzeige ändern (ein Ausgabeobjekt). Umgekehrtes gilt, wenn Sie *In Anzeigeelement umwandeln* wählen. Wenn ein Objekt eine Eingabe ist, enthält sein Popup-Menü *In Anzeigeelement umwandeln.* Wenn das Objekt eine Anzeige ist, enthält das Popup-Menü *In Bedienelement umwandeln.*

Anschluss suchen und Bedien-/Anzeigeelement suchen

Wenn Sie *Anschluss suchen* aus dem Popup-Menü eines Frontpanels wählen, wird LabVIEW den entsprechenden Anschluss (Terminal) im Blockdiagramm suchen und hervorheben. Wenn Sie *Anzeige-/Bedienelement suchen* aus dem Popup-Menü eines Blockdiagramms wählen, wird LabVIEW Ihnen das entsprechende Objekt auf dem Frontpanel zeigen.

Sichtbare Objekte

Viele Objekte haben ein Menü *Sichtbare Objekte*, mit welchem Sie bestimmte kosmetische Eigenschaften wie etwa Beschriftungen, Rollbalken oder Verbindungsanschlüsse anzeigen oder verstecken können. Wenn Sie *Sichtbare Objekte* wählen, wird seitlich ein weiteres Menü gezeigt, in dem Optionen darüber angezeigt werden, welche Teile des Objekts sichtbar sind (diese Liste variiert je nach Objekt). Wird eine Option mit einem Häkchen versehen, so ist sie aktiv und somit sichtbar. Im Falle des Fehlens eines Häkchens ist dieses Objekt verborgen.

Datenoperationen

Das Menü *Datenoperationen* enthält eine Reihe praktischer Optionen, mit denen Sie die Daten in einer Eingabe oder einer Anzeige verändern können. Beachten Sie, dass diese Popup-Elemente nur im Ausführungsmodus verfügbar sind.

Neuinitialisierung auf Standardwert weist einem Objekt seinen Vorgabewert zu, während *Aktuellen Wert als Standard* den aktuellen Wert zum Vorgabewert macht.

Verwenden Sie *Daten ausschneiden, Daten kopieren* und *Daten einfügen,* um Daten aus einer Anzeige oder einer Eingabe zu übernehmen oder dort einzugeben.

Anzeige-/Bedienelement anzeigen oder verbergen

Sie können mit dieser Option wählen, ob Sie das Frontpanelobjekt anzeigen oder verbergen wollen. Diese Option ist praktisch, wenn der Benutzer ein Frontpanelobjekt nicht sehen soll, Sie es im Blockdiagramm jedoch trotzdem benötigen. Sie finden diese Option im Untermenü *Fortgeschritten.*

Erstelle...

Die Option *Erstelle...* bietet Ihnen eine einfache Möglichkeit, einen Eigenschaftenknoten, einen Methodenknoten oder eine lokale Variable für ein gegebenes Objekt zu erstellen. (Diese Themen werden in Kapitel 13 ausführlich behandelt.)

Tastenbelegung

Verwenden Sie *Tastenbelegung...*, um eine Tastenkombination der Tastatur mit einem Frontpanelobjekt zu verbinden. Wenn ein Benutzer diese Tastenkombination eingibt, während ein VI ausgeführt wird, verhält sich LabVIEW, als ob der Benutzer das Objekt angeklickt hätte, und das Objekt erhält den Eingabefokus (Eingabefokus heißt, der aktive Cursor befindet sich in diesem Feld).

Beschreibung und Tipp...

Beschreibung und Tipp... öffnet ein Dialogfeld, in das Sie einen Text eingeben können, der die Verwendung dieses speziellen Objekts beschreibt. Wenn Sie im Ausführungsmodus sind, können Sie die Beschreibung einsehen, sie aber nicht bearbeiten. Dieser Text ist über das Hilfefenster sichtbar.

Ersetzen

Die Option *Ersetzen* gibt Ihnen Zugriff auf die Palette *Elemente* oder *Funktionen* (abhängig davon, ob Sie auf dem Frontpanel oder im Blockdiagramm sind) und lässt Sie das Objekt, von dem aus Sie das Menü aufgerufen haben, durch ein anderes ersetzen. Soweit dies möglich ist, bleiben die Verbindungen erhalten.

Eigenschaften

Die Option *Eigenschaften* werden Sie nur sehen, wenn Sie mindestens LabVIEW 7 *Express* verwenden. Sie ruft die Eigenschaftenseite des entsprechenden Objekts auf und gibt Ihnen die Möglichkeit, dieses Objekt in vielfältiger Hinsicht (zum Beispiel Erscheinungsbild, Funktionsweise, Dokumentation) zu konfigurieren.

3.10 Hilfemöglichkeiten

3.10.1 Das Hilfefenster

Das LabVIEW-*Hilfefenster* bietet unerlässliche Hilfsinformationen für Funktionen, Konstanten, SubVI sowie Eingaben und Anzeigen. Um das Fenster zu aktivieren, wählen Sie *Hilfe>>Zeige Kontext-Hilfe*; oder wählen Sie die Tastenkürzel [Strg]-[H] unter Windows, [⌘]-[H] auf dem Mac, [Meta]-[H] auf der Sun oder [Alt]-[H] am HP-UX (Abbildung 3.31). Wenn Ihre Tastatur eine Hilfetaste hat, können Sie stattdessen diese drücken. Sie können die Größe des Hilfefensters verändern und es an eine beliebige Stelle des Bildschirms schieben.

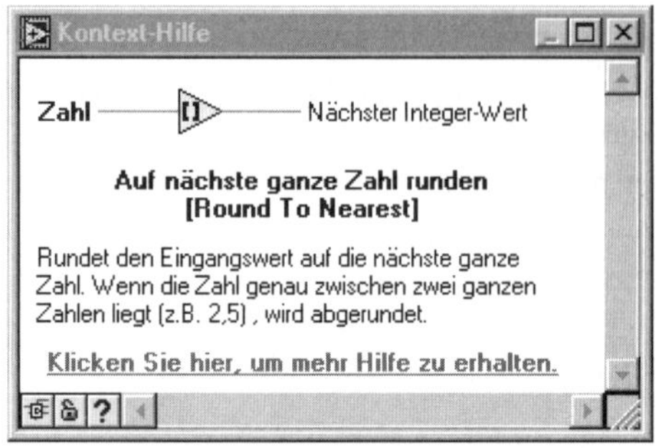

Abbildung 3.31: Hilfefenster

Wenn Sie den Cursor über eine Funktion, einen SubVI-Knoten oder ein VI-Symbol führen (einschließlich des Symbols des VI, das Sie geöffnet haben, in der rechten oberen Ecke des VI-Fensters), zeigt das Hilfefenster das Symbol der Funktion oder des SubVI mit den Verbindungen des passenden Datentyps an jedem Anschluss. *Eingangsverbindungen zeigen nach links und Ausgangsverbindungen nach rechts.* Die Anschlussnamen erscheinen neben jeder Verbindung. Wenn dem VI eine Beschreibung zugeordnet ist, wird diese Beschreibung angezeigt.

Für einige SubVI oder Funktionen wird das Hilfefenster die Namen der erforderlichen Eingangssignale in Fettdruck mit in Klammern angezeigten Vorgabewerten darstellen. Wenn Sie diesen Vorgabewert nicht verändern wollen, müssen Sie diesen Eingang nicht verbinden. Sie können das Hilfefenster »einfrieren«, damit dessen Inhalt sich nicht verändert, wenn Sie die Maus bewegen. Wählen Sie dazu *Hilfe>>Kontext-Hilfe fixieren* oder klicken Sie die Schaltfläche *Fixieren* (durch ein Schloss symbolisiert) im Hilfefenster an.

Wenn Sie das *Verbindungs*-Werkzeug über einem Knoten, einer Funktion oder einem SubVI platzieren, zeigt das Hilfefenster den entsprechenden Anschluss blinkend an, so dass Sie sicherstellen können, dass die Verbindung an der richtigen Stelle angeschlossen ist. Es kann vorkommen, dass Sie den Rollbalken verwenden müssen, um den gesamten Text im Hilfefenster lesen zu können.

Für VI und Funktionen mit vielen Ein- und Ausgängen kann das Hilfefenster überladen wirken. Deshalb bietet LabVIEW Ihnen die Möglichkeit, zwischen kurzer oder ausführlicher Anzeige zu wählen. Sie können die Kurzanzeige verwenden, um die wichtigen Anschlüsse hervorzuheben und weniger häufig verwendete Anschlüsse zurückzustellen.

Wechseln Sie zwischen den Ansichten, indem Sie die Schaltfläche *einfache/ausführliche Kontexthilfe* in der unteren linken Ecke des Hilfefensters anklicken. In der einfachen Hilfeansicht erscheinen erforderliche Anschlüsse in Fettdruck;

empfohlene Anschlüsse erscheinen in normaler Textdarstellung und optionale Anschlüsse werden nicht angezeigt. Anstatt der nicht angezeigten Ein- und Ausgänge werden kurze Verbindungsstümpfe angezeigt, um anzudeuten, dass noch weitere Anschlüsse vorhanden sind (die Sie in der ausführlichen Hilfedarstellung sehen können).

In der ausführlichen Hilfeansicht erscheinen erforderliche Anschlüsse in Fettdruck, empfohlene Anschlüsse werden als normaler Text und optionale Anschlüsse als grauer Text angezeigt.

Wenn ein Eingang einer Funktion nicht angeschlossen werden muss, erscheint der Vorgabewert häufig in Klammern neben dem Namen des Eingangs. Wenn die Funktion unterschiedliche Datentypen akzeptiert, zeigt das Hilfefenster den allgemeinsten Typ an.

3.10.2 Online-Hilfe

LabVIEWs Hilfefenster ermöglicht Ihnen schnelles Nachschlagen von Funktionen, VI, Eingaben und Anzeigen. Es gibt jedoch Momente, in denen Sie eine ausführliche und mit Indexeinträgen versehene Beschreibung darüber benötigen, wie ein VI oder eine Funktion zu verwenden ist.

LabVIEW bietet dafür ausführliche Online-Hilfe, die Sie erreichen können, indem Sie *Hilfe>>Inhalt und Index...* wählen oder im Hilfefenster die Schaltfläche *Mehr Hilfe* (symbolisiert durch das Fragezeichen) anklicken oder auf den blau dargestellten Link *Klicken Sie hier, um mehr Hilfe zu erhalten* klicken. Die Online-Hilfe enthält alle Informationen, die Sie auch in den Handbüchern nachlesen können; teilweise geht die Online-Hilfe noch über die gedruckten Handbücher hinaus (Abbildung 3.32).

Sie können ein Schlüsselwort eingeben, eine ausführliche Liste der Schlüsselwörter ansehen oder aus einer Auswahl von Themen eines auswählen. Sie können auch Ihre eigenen Verknüpfungen zu Hilfedokumenten aufbauen. Darüber werden wir später sprechen.

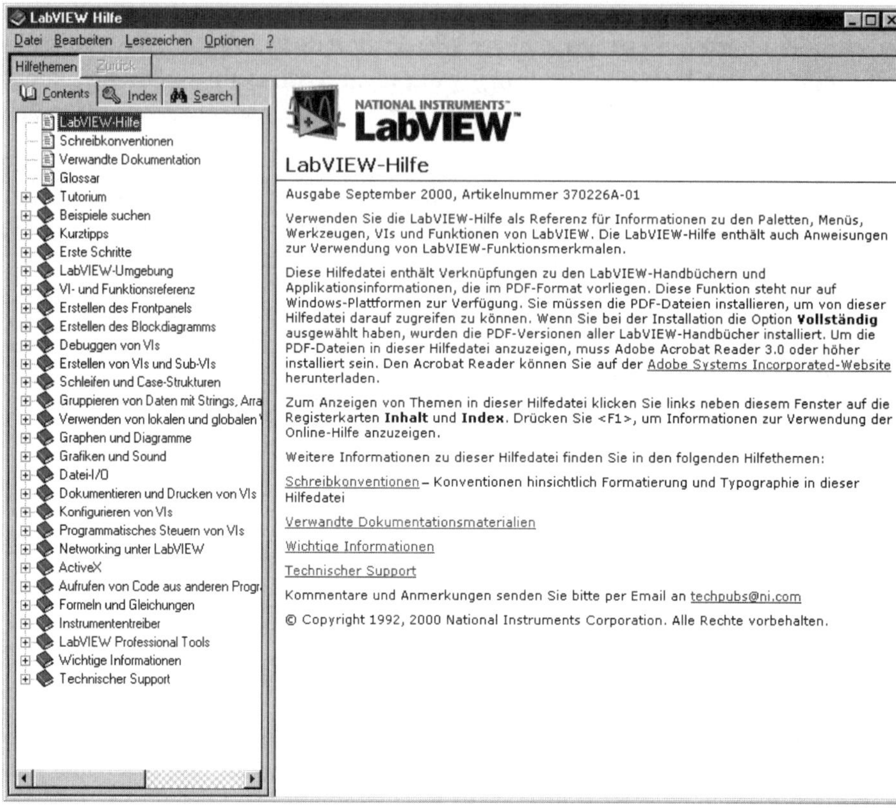

Abbildung 3.32: Die Online-Hilfe von LabVIEW

3.11 Nützliche Hinweise zu SubVI

Wie eingangs erwähnt, ist der sinnvolle Einsatz von Unterprogrammen, sprich SubVI, ein Hauptmerkmal der grafischen Programmierung. Diese bringt Ihnen eine Übersicht, wie das bei den textorientierten Sprachen durch Prozeduren bzw. Funktionsaufrufe der Fall ist. Ein *SubVI* ist einfach ein eigenständiges Programm, das von einem übergeordneten Programm verwendet wird. Wenn Sie ein VI erstellt haben, können Sie es als SubVI im Blockdiagramm eines übergeordneten VI einsetzen, sofern Sie ihm ein Symbol zuordnen und seinen Anschlussblock definieren. Bezüglich der Tiefe und Verschachtelung dieser Hierarchiebildung sind in LabVIEW keine Grenzen gesetzt, so dass auch in Unterprogrammen weitere Unterprogramme verwendet werden können.

Wenn ein Blockdiagramm eine große Anzahl von Funktionen enthält, können Sie diese zu einem SubVI zusammenfassen, um die Übersichtlichkeit des Blockdiagramms zu erhalten. Wir kommen später darauf zurück, wie LabVIEW Sie hierbei mit der Funktion, ein SubVI aus einer Auswahl automatisch zu erstellen, unterstützt. Es sei hier nochmals die Wichtigkeit der hierarchischen, modularen Programmierung betont, auch wenn wir uns zunächst nur mit den elementaren Grundlagen beschäftigen.

3.12 Übung: Vertrautwerden mit den vorgestellten Werkzeugen

In dieser Übung werden Sie einige einfache Übungen erarbeiten, um ein Gefühl für die LabVIEW-Umgebung zu bekommen. Versuchen Sie, die folgenden grundlegenden Aktionen selbständig zu bewältigen. Falls Sie auf Probleme stoßen, blättern Sie einfach ein paar Seiten zurück.

1. Öffnen Sie ein neues VI und wechseln Sie zwischen Frontpanel und Blockdiagramm hin und her.

   Verwenden Sie die Tastenkürzel, die in den Pulldown-Menüs angezeigt werden.

2. Ändern Sie die Fenstergröße so, dass Frontpanel und Blockdiagramm gleichzeitig sichtbar sind. Unter Umständen müssen Sie die Elemente auch verschieben.

   Verwenden Sie dabei die für Ihre Plattform üblichen Methoden zur Größenänderung.

   Ein weiterer Hinweis: Probieren Sie die Funktion *Nebeneinander/Übereinander.*

3. Setzen Sie eine digitale Eingabe, ein Texteingabefeld und eine boolesche Anzeige auf das Frontpanel, indem Sie diese aus der Palette *Elemente* auswählen.

   Um die digitale Eingabe zu erhalten, klicken Sie die Schaltfläche der *Numerisch*-Unterpalette auf der Palette *Elemente* an und wählen Sie *Digitales Bedienelement* aus der erscheinenden Unterpalette (Abbildung 3.33).

   Klicken Sie mit der Maus nun die Stelle des Frontpanels an, an welcher die digitale Eingabe erscheinen soll. Jetzt erstellen Sie das Texteingabefeld und die boolesche Anzeige auf ähnliche Art.

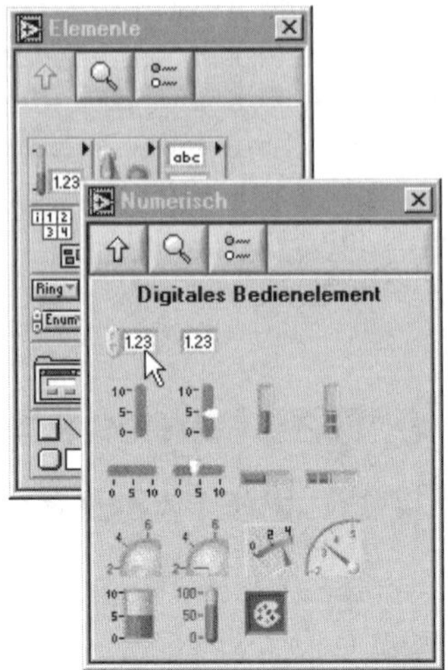

Abbildung 3.33: Die Elementepalette mit der Unterpalette Numerisch

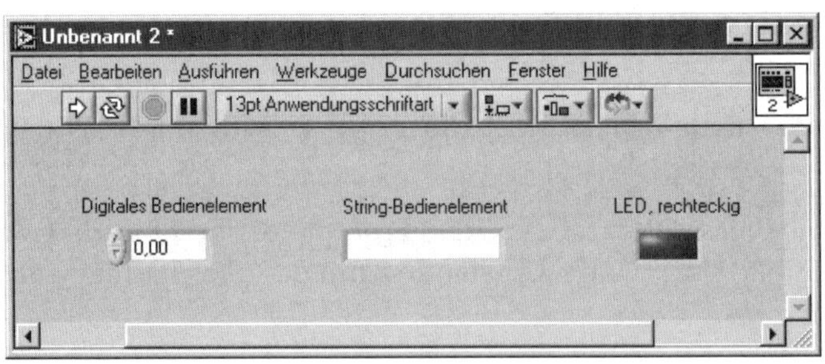

Abbildung 3.34: Das erstellte Frontpanel mit numerischer Eingabe, Texteingabe und boolescher Anzeige

Beachten Sie, wie LabVIEW parallel im Blockdiagramm die entsprechenden Anschlüsse erstellt, wenn Sie ein Objekt auf dem Frontpanel platzieren. Beachten Sie auch, dass die Anschlüsse der numerischen Fließkommaanschlüsse orange (ganze Zahlen sind blau), Strings pink und boolesche Zahlen grün dargestellt werden. Diese Farbkodierung vereinfacht die Unterscheidung zwischen den Datentypen.

4. Öffnen Sie nun ein Popup-Menü für die digitale Eingabe und wählen Sie *In Anzeigeelement umwandeln*. Beobachten Sie, wie sich das Aussehen des numerischen Objekts auf dem Frontpanel ändert. Beobachten Sie auch, wie sich der Anschluss im Blockdiagramm ändert. Schalten Sie für das Objekt mehrfach zwischen Eingabe und Anzeige um, bis Sie die Unterschiede sowohl auf

dem Frontpanel als auch im Blockdiagramm gut erkennen können. Beachten Sie, dass für manche Objekte (wie einige boolesche) Eingabe und Anzeige auf dem Frontpanel identisch sind, im Blockdiagramm werden sie sich jedoch immer unterscheiden.

5. Wählen Sie das *Positionier*-Werkzeug aus der *Werkzeugpalette* und markieren Sie ein Objekt auf dem Frontpanel. Drücken Sie die [↵]-Taste, um es zu löschen. Löschen Sie alle Frontpanelobjekte, so dass sowohl Frontpanel als auch Blockdiagramm leer sind.

6. Setzen Sie eine weitere digitale Eingabe aus der *Numerisch*-Unterpalette der Palette *Elemente* auf das Frontpanel. Wenn Sie zunächst auf nichts anderes klicken, werden Sie einen kleinen Kasten über der Eingabe sehen. Geben Sie Nummer 1 ein und Sie werden sehen, wie der Text in diesem Kasten erscheint. Klicken Sie auf die *Enter*-Schaltfläche in der Symbolleiste, um den Text zu bestätigen. Sie haben gerade eine Beschriftung erstellt. Jetzt erstellen Sie eine weitere digitale Eingabe mit der Beschriftung Nummer 2, eine digitale Anzeige beschriftet mit N1 + N2 und eine Digitalanzeige mit der Beschriftung N1 – N2 (Abbildung 3.35).

   Verwenden Sie das *Bedien*-Werkzeug, um auf den Inkrement-Pfeil von Nummer 1 zu klicken, bis das Kästchen den Wert »4.00« enthält. Setzen Sie den Wert von Nummer 2 auf »3.00.«

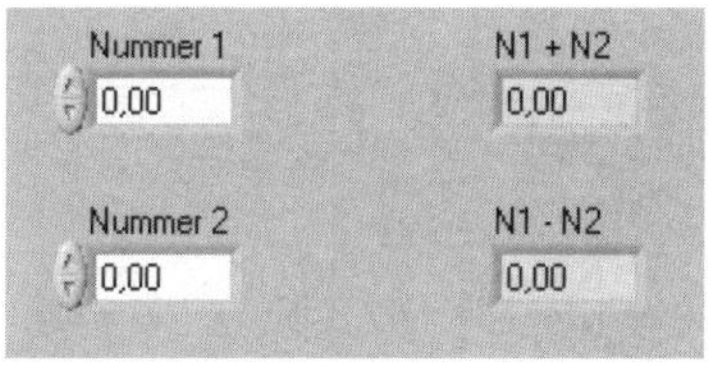

Abbildung 3.35: Das erstellte Frontpanel

7. Schalten Sie zurück zum Blockdiagramm. Platzieren Sie eine *Addieren*-Funktion aus der *Numerisch*-Unterpalette der Palette *Funktionen* im Blockdiagramm. Wiederholen Sie den Vorgang und setzen Sie eine *Subtrahieren*-Funktion ein.

8. Öffnen Sie ein Popup-Menü auf der *Addieren*-Funktion und wählen Sie *Sichtbare Objekte>>Anschlüsse*. Nachdem Sie die Anzeige eingeschaltet haben, beobachten Sie, wie Ein- und Ausgabeanschlüsse verteilt sind. Zeigen Sie wieder das Standardsymbol, indem Sie erneut *Sichtbare Objekte>>Anschlüsse* auswählen.

9. Öffnen Sie entweder mit den Tastenkürzeln oder mit dem Befehl *Zeige Kontext-Hilfe* aus dem Menü *Hilfe* das Hilfefenster. Bringen Sie den Cursor über die *Addieren*-Funktion. Das Hilfefenster bietet wertvolle Informationen über die Verwendung der Funktion und ihr Anschlussmuster. Bewegen Sie jetzt den Cursor über die *Subtrahieren*-Funktion und beobachten Sie, wie sich das Hilfefenster verändert.

10. Eventuell müssen Sie das *Positionier*-Werkzeug verwenden, um einige der Objekte so zu verschieben, dass sie mit folgender Abbildung 3.36 übereinstimmen. Anschließend verwenden Sie das *Verbindungs*-Werkzeug, um die Anschlüsse zu verbinden. Wählen Sie es aus der *Werkzeugpalette*, klicken Sie dann einmal auf den DBL-Anschluss und anschließend auf den passenden Anschluss der *Addieren*-Funktion, um eine Verbindung zu ziehen. Eine durchgezogene orange Linie müsste erscheinen. Wenn Sie einen Fehler machen und stattdessen eine gepunktete schwarze Linie erhalten, wählen Sie das Verbindungssegment mit dem Positionier-Werkzeug, drücken die [↵]-Taste und versuchen es noch einmal. Klicken Sie einmal auf ein Objekt, um eine Verbindung anzufangen. Klicken Sie an beliebiger Stelle, um ein neues Verbindungssegment zu beginnen (wenn die Verbindung um die Ecke geht), und klicken Sie auf das Ziel, um die Verbindung fertig zu stellen.

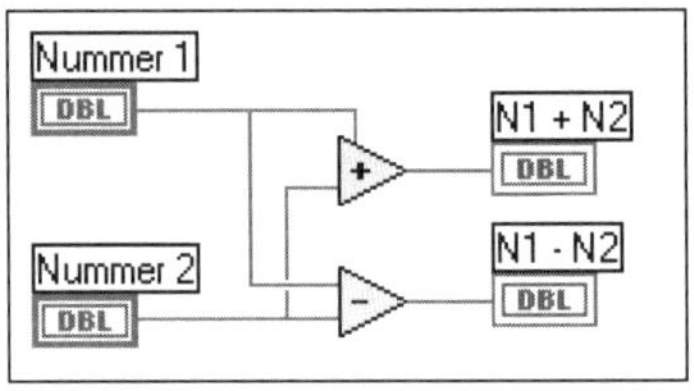

Abbildung 3.36: Das dazugehörige Blockdiagramm

Achten Sie darauf, dass an den *Addieren*- und *Subtrahieren*-Funktionen kurze Verbindungsenden erscheinen, wenn Sie das *Verbindungs*-Werkzeug über diese Objekte bewegen. Diese Verbindungsenden zeigen Ihnen, wo die Anschlüsse sind. Zusätzlich wird der Name eines Anschlusses in einem Hinweisstreifen gezeigt, wenn Sie den Cursor über den Anschluss bewegen.

11. Wechseln Sie zurück zum Frontpanel und öffnen Sie das Popup-Menü des Symbolfelds (das kleine Fenster in der rechten oberen Ecke). Wählen Sie *Anschluss anzeigen* aus dem Menü (Abbildung 3.37). Betrachten Sie den erscheinenden Anschlussblock.

Abbildung 3.37: Das Popup-Menü Anschluss anzeigen

Öffnen Sie nun das Popup-Menü des Anschlussblocks und sehen Sie sich an, welche Konfigurationsoptionen Sie nun haben. Der Anschlussblock definiert die Ein- und Ausgabeparameter eines VI, so dass Sie es als SubVI einsetzen und ihm Daten übergeben können. Sie können für Ihre Anschlussblöcke unterschiedliche Muster auswählen, je nachdem, wie viele Parameter Sie übergeben müssen. Lassen Sie sich wieder das Symbol anzeigen, indem Sie *Symbol anzeigen* wählen.

Denken Sie daran: Das Symbol (Icon) ist lediglich die bildliche Darstellung eines VI; wenn Sie ein VI als SubVI verwenden, werden Sie dessen Symbol im Blockdiagramm des Haupt-VI genauso verbinden, wie Sie es vorhin mit der *Addieren*-Funktion getan haben.

12. Starten Sie das VI durch Anklicken der Schaltfläche *Start*. Die Anzeige *N1 + N2* müsste »7.00« anzeigen und die Anzeige *N1 – N2* sollte »1.00« lauten. Versuchen Sie, die Eingabewerte zu verändern und das VI immer wieder neu zu starten.
13. Speichern Sie das VI durch die Auswahl von *Datei>>Speichern*. Nennen Sie es *Addieren.vi* und legen Sie es im Verzeichnis oder in der VI-Bibliothek *EIGENE PROGRAMME* ab.

3.13 Zusammenfassung

Die LabVIEW-Umgebung enthält drei Hauptteile: das Frontpanel, das *Blockdiagramm* und die Kombination *Symbol/Anschlussblock*. Das Frontpanel ist die Benutzeroberfläche des Programms – Sie können über *Eingaben* Daten eingeben und die Ausgaben in *Anzeigen* ablesen. Wenn Sie ein Objekt aus dem Menü *Elemente* auf dem Frontpanel platzieren, erscheint ein entsprechender Anschluss im Blockdiagramm, durch den die Daten des Frontpanels im Programm verfügbar werden. Verbindungen übertragen die Daten zwischen den *Knoten*, den programmausführenden Elementen in LabVIEW. Ein Knoten wird nur dann ausgeführt, wenn ihm alle Eingangsdaten zur Verfügung stehen. Dieses Prinzip wird *Datenfluss* genannt.

Einem VI sollten auch ein *Symbol* und ein *Anschlussblock* zugeordnet werden. Wenn Sie ein VI als SubVI einsetzen, bildet das Symbol die Entsprechung des SubVI im Blockdiagramm des VI, in dem es eingesetzt wird. Der Anschlussblock, der im Allgemeinen vom Symbol verdeckt wird, bestimmt die Ein- und Ausgabeparameter des SubVI.

LabVIEW verwendet zwei Menütypen: Pulldown-Menü und Popup-Menü. *Pulldown-Menüs* sind dort zu finden, wo Menüs üblicherweise stehen, am oberen Rand Ihres Fensters oder Bildschirms, während Popup-Menüs zu jedem Objekt aufgerufen werden können. Dazu müssen Sie das Objekt mit der rechten Maustaste anklicken, wenn Sie einen Windows- oder Unix-Rechner verwenden. Bei einem Mac müssen Sie auf das Objekt bei gedrückter [⌘]-Taste klicken. Alternativ dazu können Sie auf allen Rechnern das Objekt mit dem *Popup*-Werkzeug anklicken. Pulldown-Menüs enthalten eher allgemeinere Befehle, während Popup-Menüs nur das Objekt betreffen, über dem Sie das Menü geöffnet haben.

Mit der *Werkzeugpalette* können Sie bestimmte Betriebsmodi für den Mauscursor einstellen. Diese Werkzeuge führen spezielle Bearbeitungs- und Bedienungsfunktionen aus, ähnlich, wie sie in einem Standardmalprogramm verwendet werden. In der Palette *Elemente* finden Sie Bedien- und Anzeigeelemente für das Frontpanel. Blockdiagramm-Konstanten, -Funktionen und -Strukturen stehen in der Palette *Funktionen*. In diesen Paletten sind die einzelnen Objekte häufig in mehreren Ebenen von Unterpaletten versteckt.

Das Hilfefenster bietet sehr nützliche Informationen über Funktionen und ihre Anschlüsse. Sie können es über das Menü *Hilfe* erreichen. LabVIEW enthält auch eine ausführliche Online-Hilfe, die Sie durch *Hilfe>>Inhalt und Index* oder durch Anklicken der Schaltfläche *Mehr Hilfe*, symbolisiert durch das Fragezeichen, im Hilfefenster erreichen können.

Sie können aus jedem VI leicht ein SubVI machen, wenn Sie ein Symbol und einen Anschlussblock dafür erstellen und es im Blockdiagramm eines anderen VI einsetzen. Wegen ihrer völligen Unabhängigkeit und Modularität bieten SubVI viele Vorteile: Sie vereinfachen die Fehlersuche und ermöglichen es vielen VI, dieselbe Funktion aufzurufen.

4 Bearbeitungstechniken

Mag man faseln von Technik, was man will, mit
pharisäischen, hohlen, scheinheiligen Worten.
Die wahren Maler lassen sich von ihrem Gewissen,
das man Gefühl nennt, ihrer Seele, ihrem Gehirn leiten.
Vincent van Gogh – Feuer der Seele

In den vorangegangenen Kapiteln wurde ein allgemeiner Überblick der Bedienmöglichkeiten von LabVIEW vermittelt. Nun soll dieses globale Wissen anhand von Beispielen weiter vertieft werden. Sie lernen, wie unterschiedliche Datentypen eingesetzt werden und wie Sie Ihre eigenen VI erstellen, ändern und einsetzen können. Auch werden Sie einige hilfreiche Abkürzungen kennen lernen, mit denen Sie die Entwicklung Ihrer VI beschleunigen können.

4.1 Erstellen von VI

Es empfiehlt sich, die nachfolgenden Übungen und Tipps direkt auf Ihrem Rechner nachzuvollziehen, während Sie diese durchlesen. Sie werden zunächst die Voraussetzungen für das Erstellen eines VI Schritt für Schritt kennen lernen und anschließend dieses Wissen anhand mehrerer praxisbezogener VI auch einsetzen.

4.1.1 Elemente in das Frontpanel einsetzen

Meist wird damit begonnen, Eingaben und Anzeigen auf dem Frontpanel zu platzieren, um so die Anwendereingaben und Programmausgaben festzulegen. Während Sie den Cursor über die Palette *Elemente* bewegen, werden Sie sehen, wie die Namen der Unterpaletten am oberen Rand der Palette angezeigt werden. Drücken und halten Sie die Maustaste auf einer dieser Schaltflächen gedrückt, um das Untermenü zu öffnen (Abbildung 4.1). Wählen Sie das gewünschte Objekt aus der Unterpalette, indem Sie die Maustaste wieder loslassen. Auch hier werden Sie feststellen, dass der Name des jeweiligen Objekts in der Zeile am oberen Rand der Unterpalette erscheint, wenn Sie den Mauszeiger über die Schaltfläche bewegen.

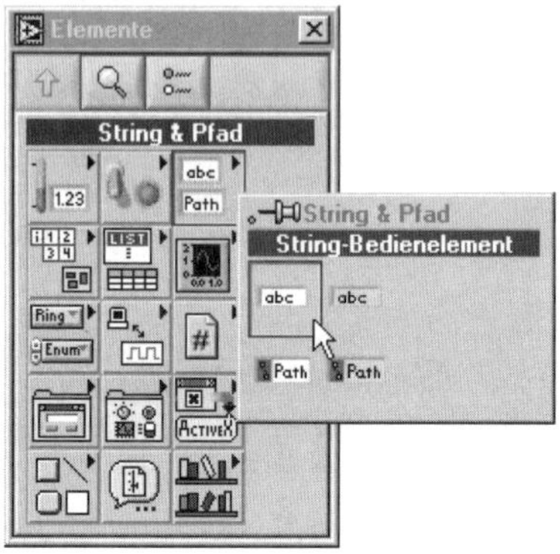

Abbildung 4.1: Die Elementepalette mit der Unterpalette String & Pfad

Klicken Sie jetzt an die Stelle des Frontpanels, an der Sie das gewählte Objekt platzieren wollen (Abbildung 4.2).

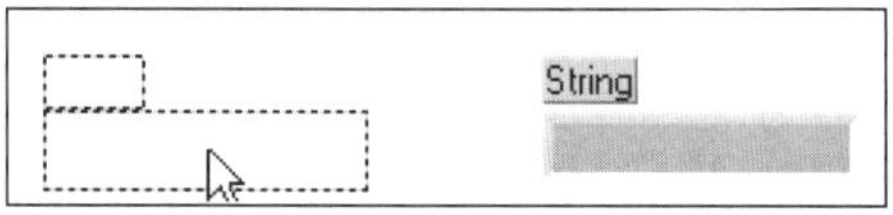

Abbildung 4.2: Das String-Bedienelement links während und rechts nach dem Platzieren

Erstellen Sie nun ein neues VI und platzieren Sie eine digitale Eingabe auf dem Frontpanel.

Erinnern Sie sich: Wenn Sie ein Element auf dem Frontpanel ablegen, erscheint der dazugehörige Anschluss im Blockdiagramm. Es kann sich als hilfreich erweisen, *Fenster>>Nebeneinander* auszuwählen, so dass Sie Frontpanel und Blockdiagramm gleichzeitig sehen können.

4.1.2 Beschriftung der Elemente

Beschriftungen dienen als Beschreibungen für die mit ihnen assoziierten Elemente auf dem Frontpanel und dem Blockdiagramm. Ein Objekt, das in das Frontpanel eingesetzt wird, erscheint zunächst mit einem kleinen Rechteck als Platzhalter für die Beschriftung. Wenn Sie eine Beschriftung eingeben wollen, geben Sie jetzt einen Text über die Tastatur ein. Wenn Sie vorher mit der Maus an eine andere Stelle klicken, verschwindet die Beschriftung.

Die Texteingabe wird durch eine der folgenden Aktionen abgeschlossen:

- Drücken Sie die [Enter]-Taste neben dem Zahlenblock.
- Klicken Sie die Schaltfläche *Enter* in der Symbolleiste.
- Klicken Sie an eine Stelle außerhalb der gerade eingegebenen Beschriftung.
- Drücken Sie auf der alphanumerischen Tastatur [⇧]-[Enter] auf Windows- und HP-Rechnern, [⇧]-[↵] auf Mac und Sun.

Die Beschriftung erscheint sowohl am Anschluss im Blockdiagramm als auch am Objekt auf dem Frontpanel.

LabVIEW kennt zwei Arten von Beschriftungen: abhängige und freie Beschriftung. Abhängige Beschriftungen sind einem Objekt zugeordnet und werden auch mit diesem verschoben, sie erläutern ausschließlich dieses eine Objekt. Wenn Sie eine Eingabe oder eine Anzeige in das Frontpanel einbauen, wird diesem Objekt ein leeres Beschriftungsfeld zugeordnet, in das Sie Text eingeben können. Ein Frontpanelobjekt und der dazugehörige Anschluss im Blockdiagramm haben dieselbe abhängige Beschriftung. Eine freie Beschriftung ist keinem speziellen Objekt zugeordnet und kann mit dem *Beschriftungs*-Werkzeug beliebig erstellt und gelöscht werden.

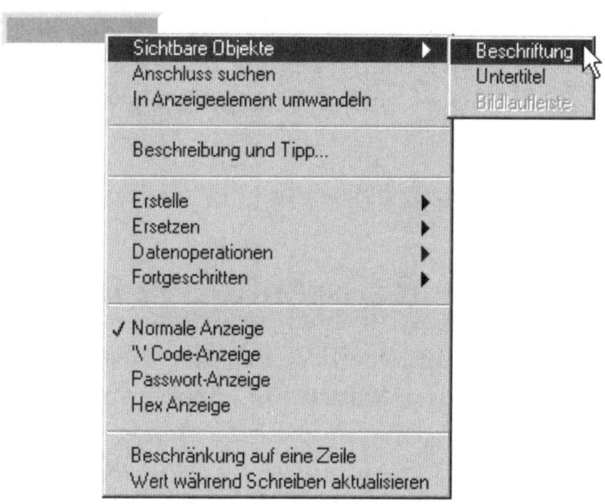

Abbildung 4.3: Das Popup-Menü des String-Bedienelements und die Auswahl zum Anzeigen der Beschriftung

Sie können *Sichtbare Objekte>>Beschriftung* aus dem Popup-Menü des Objekts wählen, um eine Beschriftung zu erstellen oder zu ändern, die zurzeit nicht sichtbar ist (Abbildung 4.3). Sie können abhängige Beschriftungen verbergen, aber Sie können sie nicht unabhängig von ihren »Besitzern« kopieren oder löschen. Strukturen und Funktionen werden immer mit einer vorgegebenen Beschriftung eingefügt, die jedoch verborgen ist, bis Sie deren Anzeige einschalten. Sie können deren Beschriftung bearbeiten, um die Funktion des Objekts in Ihrem Programm anzuzeigen. Auch die Beschriftung von SubVI lässt sich anzeigen (deren Namen), aber Sie können sie nicht bearbeiten.

Beschriften Sie nun die digitale Eingabe, die Sie gerade erstellt haben, als Nummer 1. Falls Sie nach der Erstellung der Eingabe bereits an eine andere Stelle geklickt haben, müssen Sie zuerst *Sichtbare Objekte>>Beschriftung* wählen.

4.1.3 Weitere Beschriftungsmöglichkeiten

Zusätzlich zu der Beschriftung von Objekten können freie Beschriftungen, die keinem Objekt zugeordnet sind, vorgenommen werden. Diese lassen sich frei erstellen, bewegen oder löschen. Verwenden Sie diese, um Ihre Frontpanels und Blockdiagramme zu erläutern.

Um eine freie Beschriftung zu erstellen, wählen Sie das *Beschriftungs*-Werkzeug aus der Palette *Werkzeug* und klicken an eine beliebige freie Stelle. Ein kleiner umrahmter Kasten mit einem Textcursor am linken Rand erscheint, bereit, eine Texteingabe anzunehmen. Geben Sie den Text ein, den Sie in der Beschriftung wünschen, und bestätigen Sie die Eingabe auf eine der oben beschriebenen Arten. Wenn Sie an der Markierung keinen Text eingeben, verschwindet das Beschriftungsfeld, sobald Sie an eine andere Stelle klicken.

Erstellen Sie eine freie Beschriftung auf dem Frontpanel mit dem Text »Ich werde *immer* Beschriftungen zur Dokumentation verwenden!«.

4.1.4 Schriftgrad, -art, -schnitt und Farbe des Textes

Sie können die Textattribute in LabVIEW mit dem *Schrift*-Ring (Abbildung 4.4) in der Symbolleiste verändern. Wählen Sie Objekte mit dem *Positionier*-Werkzeug oder markieren Sie Text mit dem *Beschriftungs*- bzw. dem *Bedien*-Werkzeug. Dann wählen Sie eine Option aus dem *Schrift*-Ring. Die Veränderungen beziehen sich auf alles, was markiert oder ausgewählt ist. Wenn nichts ausgewählt ist, beziehen sich die Änderungen auf die Vorgabeschriftart und werden alle zukünftigen Texteingaben beeinflussen.

Abbildung 4.4: Der Schrift-Ring zur Auswahl der Schriftart etc.

Ändern Sie Ihre Beschriftung »Ich werde *immer* Beschriftungen zur Dokumentation verwenden!« so, dass sie mit einem Schriftgrad von 18 Punkt angezeigt wird.

Wenn Sie *Schriftsatzdialog...* aus dem Menü wählen, erscheint ein Dialogfeld, mit dem Sie gleichzeitig eine Vielzahl von Schriftattributen verändern können.

LabVIEW verwendet für unterschiedliche Bereiche seiner Oberfläche die Schriftarten *Systemschriftart*, *Anwendungsschriftart* und *Dialogschriftart*. Diese Schriftarten sind von LabVIEW vordefiniert und Änderungen an diesen Schriftarten beziehen sich auf alle Steuerelemente, die Sie verwenden.

- Die Anwendungsschriftart ist die vorgegebene Schriftart für die Paletten *Elemente* und *Funktionen* sowie für Text in neuen Eingabeobjekten.
- Die Systemschriftart wird für Menüs verwendet.
- Die Dialogschriftart wird von LabVIEW für die Textdarstellung in Dialogfeldern verwendet.

4.1.5 Objekte in das Blockdiagramm einfügen

Im Gegensatz zu vielen anderen Programmierumgebungen ist die Bedienoberfläche bei LabVIEW streng gekoppelt mit dem Steuerprogramm, sprich Blockdiagramm. Das heißt, mit dem Entwurf der Bedienoberfläche entsteht gleichzeitig auch ein Gerüst für das Blockdiagramm. Es enthält schon alle Ein- und Ausgabewerte und muss nur noch um Funktionen, SubVI und Strukturen je nach Programmanforderung ergänzt werden. Öffnen Sie dazu die Palette *Funktionen* auf die gleiche Art, wie Sie vorher die Palette *Elemente* geöffnet haben. Wählen Sie dann das gewünschte Element aus einer der Unterpaletten und klicken Sie auf das Blockdiagramm, um das Element dort abzulegen.

Legen Sie eine *Addieren*-Funktion aus der *Numerisch*-Unterpalette der Palette *Funktionen* im Blockdiagramm ab.

4.1.6 Die vielfältigen Bearbeitungstechniken

Sobald Sie Objekte in Ihrem Fenster platziert haben, werden Sie nach Möglichkeiten suchen, diese zu bearbeiten, d. h. sie zu verschieben, zu kopieren, zu löschen usw. Die nächsten Abschnitte beschäftigen sich mit diesen Themen.

Auswahl von Objekten

Zunächst erfolgt eine Auswahl des Objekts, bevor Sie es verschieben können. Um ein Objekt auszuwählen, klicken Sie es mit dem *Positionier*-Werkzeug an. Wenn Sie ein Objekt auswählen, umgibt LabVIEW es mit einer sich bewegenden, gepunkteten Umrandung, wie sie in Abbildung 4.5 dargestellt ist.

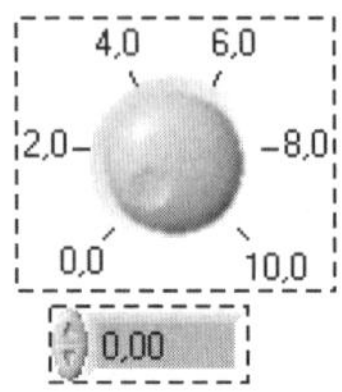

Abbildung 4.5: Ein ausgewähltes Bedienelement

Um mehr als ein Objekt auszuwählen, halten Sie bei der Auswahl jedes weiteren Objekts die [⇧]-Taste gedrückt. Entsprechend können Sie ein ausgewähltes Objekt aus einer Auswahl nehmen, indem Sie bei gedrückter [⇧]-Taste erneut darauf klicken.

Eine andere Methode, ein oder mehrere Objekte auszuwählen, besteht darin, ein Auswahlrechteck um die Objekte zu ziehen. Klicken Sie dazu mit dem *Positionier*-Werkzeug in einen freien Bereich und ziehen Sie den Mauscursor diagonal, bis alle Objekte, die Sie auswählen wollen, innerhalb des erscheinenden Auswahlrahmens liegen oder von diesem berührt werden. Wenn Sie die Maustaste loslassen, verschwindet das globale Auswahlrechteck und jedes ausgewählte Objekt ist nun einzeln mit der sich bewegenden, gepunkteten Umrandung markiert. Wenn Sie die gewünschten Objekte markiert haben, können Sie diese nach Bedarf verschieben, kopieren oder löschen.

Sie können zwar nicht gleichzeitig Frontpanel- und Blockdiagrammobjekte auswählen, dafür lassen sich aber mehrere Objekte auf einem Frontpanel oder in einem Blockdiagramm markieren.

Wenn Sie auf ein nicht ausgewähltes Objekt oder in einen freien Bereich klicken, wird die Auswahl aller gewählten Objekte aufgehoben. Das [⇧]-Klicken auf ein Objekt wählt dieses unabhängig von den anderen ausgewählten Objekten aus oder hebt die Auswahl für dieses Objekt auf.

Wählen Sie nun die digitale Eingabe aus, die Sie vorhin erstellt haben.

Bewegen von Objekten

Sie können ein Objekt verschieben, indem Sie es auswählen und an die gewünschte Position verschieben. Wenn Sie während des Ziehens die [⇧]-Taste gedrückt halten, schränkt LabVIEW die Bewegungen auf rein waagrechte oder rein senkrechte Bewegungen ein (je nachdem, in welche Richtung Sie das Objekt zuerst bewegen). Sie können ausgewählte Objekte auch in kleinen, präzisen Schritten bewegen, wenn Sie statt der Maus die Cursortasten verwenden. Halten Sie während der Verschiebung mit den Cursortasten die [⇧]-Taste gedrückt, werden die Objekte in größeren Schritten verschoben.

Verschieben Sie das digitale Bedienelement z.B. auf die andere Seite des Frontpanels.

Kopieren von Objekten

Sie können ausgewählte LabVIEW-Objekte jederzeit kopieren. Wählen Sie *Bearbeiten>>Kopieren*, klicken Sie mit dem Cursor an die Stelle, an der das neue Objekt stehen soll, und wählen Sie *Bearbeiten>>Einfügen*. Um ein Objekt mit Hilfe des *Positionier*-Werkzeugs zu vervielfältigen, klicken Sie das Objekt zunächst an, während Sie unter Windows die [Strg]-Taste drücken (auf dem Mac die [±]-Taste, die [Meta]-Taste auf einer Sun und [Alt] auf HP-Rechnern). Ziehen Sie dann den Cursor vom Original weg, während Sie die Maustaste weiterhin festhalten. Sie werden die neue Kopie als gepunktete Linie verschieben, während das Original am alten Platz bleibt. Sie können auch Objekte vom Frontpanel oder aus dem Blockdiagramm eines VI in ein anderes kopieren. Wenn Sie zum Beispiel einen Ausschnitt in einem Diagramm markieren und diesen in ein anderes ziehen, werden die zugehörigen Verbindungen bestehen bleiben und alle notwendigen Frontpanelobjekte werden auf dem neuen Frontpanel erstellt.

Bitte achten Sie darauf, dass Sie keine Eingabe- oder Anzeigenanschlüsse im Blockdiagramm kopieren können. Diese lassen sich nur auf dem Frontpanel kopieren.

Kopieren Sie Ihre Digitaleingabe auf beide beschriebenen Arten. Sie müssten nun drei digitale Eingaben auf Ihrem Frontpanel sowie drei zugehörige Anschlüsse im Blockdiagramm haben, die als *Nummer 1*, *Nummer 2* und *Nummer 3* beschriftet sein müssten. Um herauszufinden, welcher Anschluss zu welcher Eingabe gehört, öffnen Sie ein Popup-Menü auf einer Eingabe oder einem Anschluss und wählen *Anschluss suchen*. LabVIEW wird das entsprechende Gegenstück finden und hervorheben.

Löschen von Objekten

Um ein Objekt zu löschen, wählen Sie es aus und wählen *Bearbeiten>>Löschen* oder drücken [↵] (Windows und HP-UX) oder [⇧] (Mac und Sun).

In diesem Zusammenhang ist es wichtig, dass Eingaben und Anzeigen nur aus dem Frontpanel gelöscht werden können. Wenn Sie versuchen, deren Anschlüsse im Blockdiagramm zu löschen, werden die Löschanweisungen ignoriert.

Die meisten Objekte können Sie löschen. Mit anderen Objekten verbundene Beschriftungen oder Zahlenwertanzeigen sind nicht löschbar. Sie können diese Komponenten jedoch verbergen, wenn Sie *Sichtbare Objekte* aus dem Popup-Menü wählen und die Auswahl für die entsprechende Option aufheben.

Löschen Sie eine Ihrer Digitalanzeigen.

Ändern der Größe von Objekten

Sie können die Größe der meisten Objekte verändern. Wenn Sie das *Positionier*-Werkzeug über ein Objekt mit variabler Größe bewegen, erscheinen Aktivpunkte für die Größenänderung an den Ecken des Objekts, wie es in Abbildung 4.6 dargestellt wird.

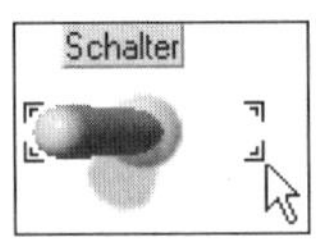

Abbildung 4.6: Ein Schalter mit Aktivpunkten in den Ecken

Wenn Sie das *Positionier*-Werkzeug über einen dieser Aktivpunkte bewegen, ändert der Cursor seine Form. Klicken und ziehen Sie diesen Cursor, bis die gepunktete Umrandung die gewünschte Größe hat (Abbildung 4.7).

Abbildung 4.7: String-Eingabeelement während des Vergrößerns

Sie können die Größenänderung abbrechen, indem Sie den Mauscursor über den Rand des Fensters hinausbewegen, bis die gepunktete Linie verschwindet. Lassen Sie dann die Maustaste los und das Objekt wird seine ursprüngliche Größe behalten.

Wenn Sie während der Größenänderung die [⇧]-Taste festhalten, wird das Objekt, abhängig von der Richtung, in die Sie zuerst ziehen, nur seine Höhe oder nur seine Breite ändern oder es wird für bestimmte Objekttypen seine Höhe und Breite im gleichen proportionalen Maßstab ändern. Einige Eingaben und Anzeigen lassen nicht alle Arten der Größenänderung zu. Digitale Bedienelemente können ihre Größe zum Beispiel nur horizontal verändern (allerdings können Sie eine größere Schrift auswählen, um das Objekt in beiden Richtungen zu vergrößern).

Ändern Sie die Größe eines Ihrer digitalen Bedienelemente.

Verändern der Lage eines Objekts

Objekte können über anderen liegen und diese dadurch verdecken. LabVIEW bietet etliche Befehle im Menüring *Neuordnen* in der Symbolleiste, um Objekte im Verhältnis zueinander zu bewegen. Diese Befehle erweisen sich immer wieder als sinnvoll, um »verlorene« Objekte in Programmen wiederzufinden. Wenn Sie ein Objekt sehen, das von einem Schatten umgeben ist, besteht die Möglichkeit, dass es über einem anderen liegt. In Abbildung 4.8 liegt das Texteingabefeld nicht wirklich in der Schleife, sondern darüber.

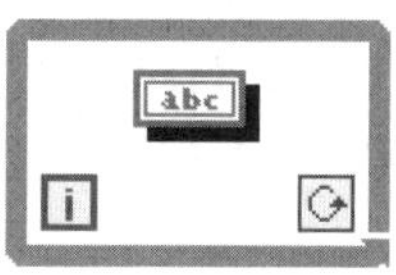

Abbildung 4.8: Die Texteingabe liegt über der Schleife

Ganz nach vorne legt das gewählte Objekt zuoberst auf einen Stapel aus Objekten.

Eins nach vorne bewegt das gewählte Objekt im Stapel um eine Position nach oben.

Ganz nach hinten und *Eins nach hinten* arbeiten entsprechend den Befehlen *Ganz nach vorne* und *Eins nach vorne*, nur dass sie das gewählte Objekt im Stapel weiter nach unten befördern.

Verändern der Objektfarbe

Abhängig von den Fähigkeiten und den Einstellungen Ihres Monitors erscheint LabVIEW auf Ihrem Bildschirm entweder schwarzweiß, in verschiedenen Grautönen oder farbig. Sie können die Farbe vieler, aber nicht aller LabVIEW-Objekte verändern. Zum Beispiel verwenden Blockdiagrammanschlüsse für

Frontpanelobjekte sowie Verbindungen bestimmte Farbkodierungen, um ihren Datentyp anzuzeigen; diese Farben lassen sich nicht ändern. Im Schwarzweißmodus können Sie auch keine Farben verändern.

Um die Farbe eines Objekts oder des Hintergrundfensters zu ändern, öffnen Sie mit dem *Farb*-Werkzeug ein Popup-Menü auf dem Objekt. Daraufhin erscheint folgende Tabelle (Abbildung 4.9).

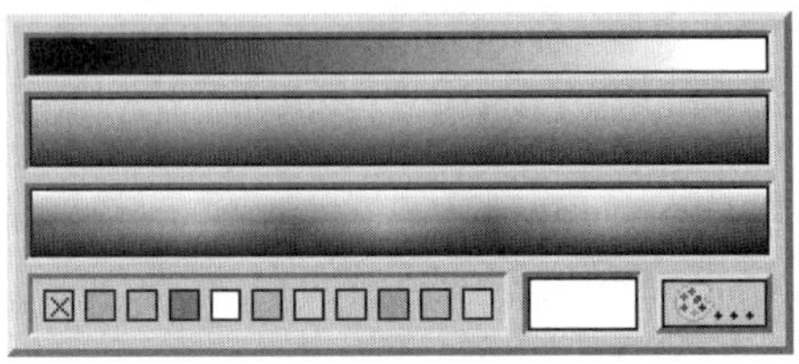

Abbildung 4.9: Die Farbpalette

Während Sie den Cursor mit gedrückter Maustaste durch die Farbpalette bewegen, wird das Objekt bzw. der Hintergrund in der Farbe neu gezeichnet, die Sie momentan mit dem Cursor berühren. Wenn Sie in einem Farbfeld die Maustaste loslassen, wird dem Objekt die gewählte Farbe zugewiesen. Um die Farbgebung abzubrechen, bewegen Sie den Mauszeiger aus der Palette hinaus, bevor Sie die Maustaste loslassen. Wenn Sie das Palettensymbol unten rechts aus der Palette wählen, wird ein Dialogfeld eingeblendet, in dem Sie individuelle Farben auswählen können.

Manche Objekte haben sowohl eine Vorder- als auch eine Hintergrundfarbe, die Sie einzeln verändern können. Zum Beispiel bezieht sich die Vordergrundfarbe eines Drehknopfs auf den Hauptskalenbereich und die Hintergrundfarbe ist die Grundfarbe des angehobenen Rands. Die Anzeige am unteren Rand der Farbpalette zeigt an, ob Sie die Farbe für Vordergrund, Hintergrund oder beides festlegen. Sie können [Y] drücken, um die Vordergrundfarbe zu wählen, [H] für den Hintergrund oder mit [A] »alle« Farben für sowohl Vorder- als auch Hintergrund gleichzeitig auswählen. Jede andere gedrückte Taste wechselt zwischen der Farbwahl für Vorder- oder Hintergrund.

Sie können die Farben auch mit Hilfe der Palette *Werkzeug* verändern, wenn Sie auf die Vordergrund- oder Hintergrundfarbfelder klicken und eine Farbe aus der erscheinenden Farbpalette auswählen. Wenn Sie von nun an ein Objekt *anklicken* (anstatt ein Popup-Menü aufzurufen und die Farben aus der Palette auszuwählen), wird dieses Objekt die eingestellten Farben übernehmen.

Färben Sie eine Ihrer Digitaleingaben durch einen Aufruf des Farb-Popup-Menüs und Farbauswahl ein. Danach färben Sie eine andere Eingabe über die Farbeinstellung mit der Palette *Werkzeug* ein.

Anpassen der Farben

Manchmal ist es schwierig, eine verwendete Farbschattierung zu reproduzieren. Deshalb können Sie die Farbe aus einem Objekt kopieren und auf ein anderes übertragen, ohne die Farbpalette verwenden zu müssen. Sie können das *Farbe-übernehmen*-Werkzeug aus der Palette *Werkzeug* verwenden, das wie eine Pipette aussieht. Klicken Sie damit einfach ein Objekt an, dessen Farbe Sie aufnehmen wollen, und wechseln Sie dann zum *Farb*-Werkzeug, um die Farbe auf andere Objekte zu übertragen.

Sie können das *Farbe-übernehmen*-Werkzeug auch vom *Farb*-Werkzeug aus einsetzen, wenn Sie unter Windows bei gedrückter [Strg]-Taste, auf dem Mac bei gedrückter [±]-Taste, auf der Sun bei gedrückter [Meta]-Taste oder am HP-Rechner bei gedrückter [Alt]-Taste klicken. Die Farbe des so angeklickten Objekts wird damit aufgenommen. Sie können danach die Taste wieder loslassen und mit der so aufgenommenen Farbe ein anderes Objekt einfärben.

Transparenz

Wenn Sie in der Farbpalette das Feld mit dem »T« markieren und dann ein Objekt einfärben, wird das Objekt transparent. Sie können diese Eigenschaft nutzen, um Objekte in Ebenen anzuordnen. So können Sie zum Beispiel über einer Anzeige eine unsichtbare Eingabe platzieren oder Sie können numerische Eingaben ohne den üblichen dreidimensionalen Rahmen darstellen. Transparenz beeinflusst nur die Erscheinung eines Objekts. Das Objekt reagiert auf Maus- und Tastatureingaben wie gewohnt.

Ausrichtung und Verteilung von Objekten

Manchmal, wenn ein VI einfach perfekt aussehen soll, benötigen Sie etwas, um die Ausrichtung und Verteilung Ihrer Objekte einstellen zu können. Mit LabVIEWs Ausrichtungs- und Verteilungsfunktionen ist dies ganz einfach. Um Objekte auszurichten, wählen Sie diese zunächst mit dem *Positionier*-Werkzeug aus (meist ist es am einfachsten, einen Rahmen um die gewünschten Objekte zu ziehen, anstatt jedes einzeln bei gedrückter [⇧]-Taste auszuwählen). Anschließend bewegen Sie die Maus zum *Objekte-ausrichten*-Ring, er befindet sich in der Symbolleiste rechts neben dem *Schriftarten*-Ring, und wählen eine Ausrichtung. Mit dem *Objekte-einteilen*-Ring können Sie auf ähnliche Weise eine gleichmäßige Verteilung der Objekte erreichen.

Abbildung 4.10: Objekte ausrichten, Objekte einteilen, Objekte anordnen

Vorsicht bei der Benutzung dieser Funktionen, denn wenn Sie nicht Acht geben, kann es passieren, dass hinterher alle Objekte übereinander liegen und Sie sich fragen, wie das passieren konnte. Wenn Sie zum Beispiel drei nebeneinander liegende Taster auswählen und diese linksbündig ausrichten, werden alle linken Kanten auf eine Linie gebracht und die drei Taster werden sich gegenseitig verdecken. Wenn dies geschieht, verwenden Sie das *Positionier*-Werkzeug, um die Objekte einzeln vom Stapel zu nehmen, oder wählen Sie *Bearbeiten>>Rückgängig*.

4.2 Übung: Vertiefen der Bearbeitungstechniken

In dieser Übung werden Sie einige Bearbeitungstechniken üben, die Sie gerade kennen gelernt haben. Achten Sie darauf: Ebenso wie die Palette *Elemente* nur sichtbar ist, wenn das Frontpanel aktiv ist, erscheint die Palette *Funktionen* nur dann, wenn das Blockdiagrammfenster aktiv ist.

1. Öffnen Sie *Editing Exercise.VI* in *Kapitel04.LLB* aus dem Verzeichnis/Ordner *LABVIEW-GRUNDLAGEN*. Das Frontpanel des VI *Editing Exercise* enthält einige LabVIEW-Objekte. Ihr Ziel ist es, das gezeigte Frontpanel zu ändern.

2. Zunächst werden Sie die digitale Eingabe verschieben. Wählen Sie das *Positionier*-Werkzeug aus der Palette *Werkzeug*. Klicken Sie die digitale Eingabe an und ziehen Sie sie an eine andere Stelle. Beachten Sie, dass die Beschriftung der Eingabe folgt. Klicken Sie jetzt in einen leeren Bereich des Frontpanels, um die Auswahl der Eingabe aufzuheben. Danach klicken Sie auf die Beschriftung, um sie an eine andere Stelle zu ziehen. Wie Ihnen sicher auffällt, folgt die Eingabe nicht der Bewegung. Eine abhängige Beschriftung kann, bezogen auf ihr Objekt, an jede beliebige Stelle gezogen werden. Wenn aber das Objekt verschoben wird, folgt die Beschriftung.

3. Verschieben Sie die drei Schiebeschalter als Gruppe. Klicken Sie dazu mit dem *Positionier*-Werkzeug in einen freien Bereich nahe der Schaltergruppe, halten Sie die Maustaste gedrückt und ziehen Sie die Maus, bis sich alle drei Schalter innerhalb des Auswahlrechtecks befinden. Klicken Sie auf einen der gewählten Schalter und ziehen Sie ihn an eine andere Stelle.

4. Löschen Sie das Texteingabefeld dadurch, dass Sie es mit dem *Positionier*-Werkzeug auswählen und anschließend die [↵]-Taste drücken oder *Bearbeiten>>Löschen* wählen.

5. Kopieren Sie die freie Beschriftung. Halten Sie die [Strg]-Taste auf einem Computer mit Windows, die [±]-Taste an einem Mac, die [Meta]-Taste der Sun oder die [Alt]-Taste unter HP-UX gedrückt, dann klicken Sie auf die freie Beschriftung und ziehen das Duplikat an eine andere Position.

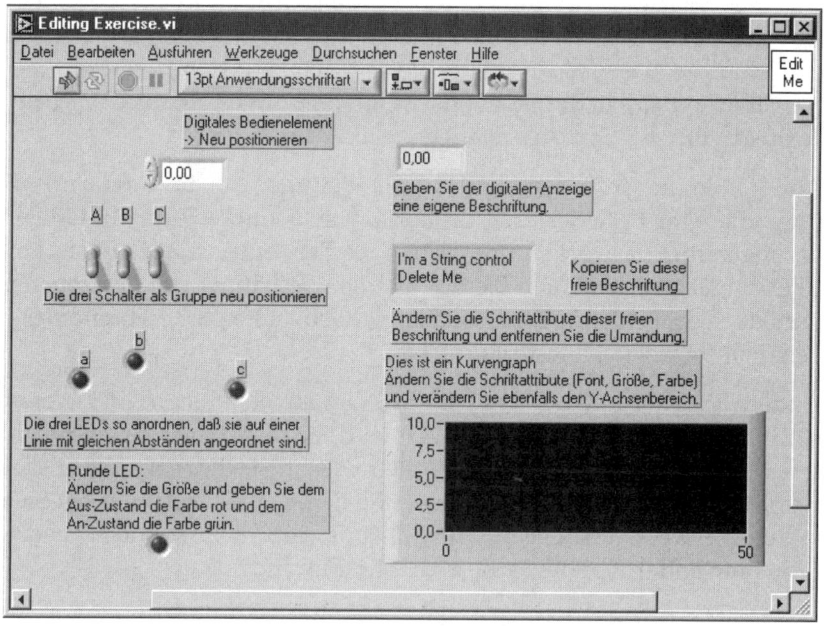

Abbildung 4.11: Das Frontpanel des Editing Exercise.VI

6. Ändern Sie die Schriftart der freien Beschriftung. Wählen Sie den Text mit dem *Beschriftungs*-Werkzeug. Sie können auf den Text doppelklicken oder ihn anklicken und dann den Cursor über den Text ziehen, um ihn zu markieren. Verändern Sie die Darstellung des gewählten Textes mit den Optionen aus dem *Schriftart*-Ring. Danach verbergen Sie den Rahmen, der die Beschriftung umgibt. Öffnen Sie dazu auf dem Feld ein Popup-Menü, nachdem Sie das *Farb*-Werkzeug ausgewählt haben, und wählen Sie in der Palette *T* (für transparent).

Merken Sie sich: Verwenden Sie die rechte Maustaste in Windows-, Sun- oder HP-Systemen bzw. klicken Sie bei gedrückter Befehlstaste auf einem Macintosh, um ein Popup-Menü aufzurufen. Sie können dazu auch das Popup-

Werkzeug aus der Palette *Werkzeug* auswählen und das Objekt, dessen Popup-Menü Sie sehen wollen, damit anklicken.

7. Verwenden Sie nun wieder den *Schriftart*-Ring, um den Schriftschnitt, den Schriftgrad und die Farbe an der y-Achse des Graphen zu ändern.

8. Erstellen Sie eine abhängige Beschriftung für die Digitalanzeige. Öffnen Sie auf der Digitalanzeige ein Popup-Menü, indem Sie mit der rechten Maustaste in Windows-, Sun- oder HP-Systemen und bei gedrückter Befehlstaste auf einem Macintosh darauf klicken. Wählen Sie *Sichtbare Objekte>>Beschriftung* aus dem Menü. Geben Sie in dem umrahmten Kasten *Digitale Anzeige* ein. Drücken Sie [Enter] auf der numerischen Tastatur. Klicken Sie die Schaltfläche *Enter* in der Symbolleiste an oder mit der Maus außerhalb des Textfelds, um den Text zu bestätigen.

9. Ändern Sie die Größe der runden LED. Bewegen Sie das *Positionier*-Werkzeug über eine Ecke der LED, bis der Mauscursor die Form zur Größenänderung annimmt. Klicken und ziehen Sie den Cursor nach außen, um die LED zu vergrößern. Wenn Sie das aktuelle Verhältnis von horizontaler zu vertikaler Größe der LED beibehalten wollen, halten Sie während der Größenänderung die [⇧]-Taste gedrückt.

10. Ändern Sie die Farbe der runden LED. Öffnen Sie mit dem *Farb*-Werkzeug ein Popup-Menü über der LED. Während Sie die Maustaste gedrückt halten, wählen Sie eine Farbe aus der Palette. Wenn Sie die Maustaste loslassen, wird das Objekt die zuletzt ausgewählte Farbe annehmen. Klicken Sie nun mit dem *Bedien*-Werkzeug auf die LED und ändern Sie so ihren Zustand in ON, dann ändern Sie die Farbe in diesem Zustand.

11. Ordnen Sie die drei LED-Anzeigen so an, dass sie in einer horizontalen Linie stehen und gleichmäßig verteilt sind. Verwenden Sie das *Positionier*-Werkzeug, klicken Sie in einem leeren Bereich nahe den LEDs und ziehen Sie ein Rechteck um diese. Richten Sie sie in der Waagerechten aus, indem Sie *Vertikal gemittelt* aus dem *Objekte-ausrichten*-Ring in der Symbolleiste wählen. Dann verteilen Sie die LEDs gleichmäßig mit der Option *Horizontal gemittelt* aus dem *Objekte-einteilen*-Ring.

12. Ihr Frontpanel müsste jetzt etwa wie in Abbildung 4.12 aussehen.

13. Schließen Sie das VI, indem Sie *Datei>>Schließen* wählen. Speichern Sie keine Änderungen.

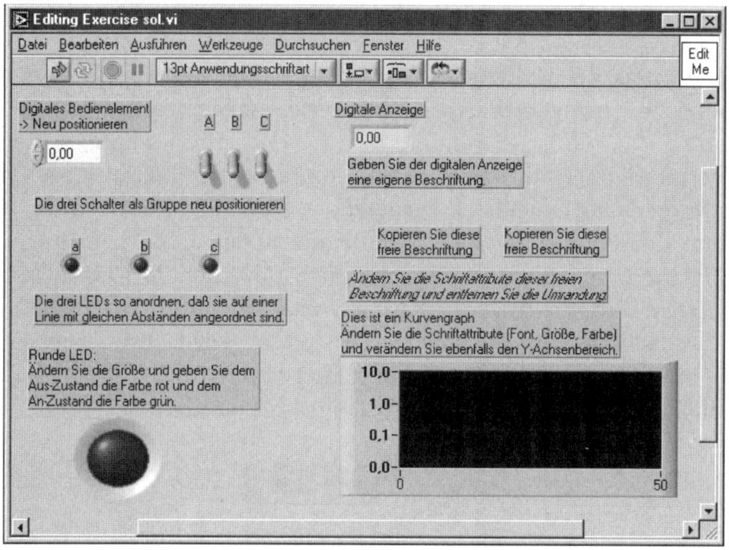

Abbildung 4.12: Das Frontpanel nach dem Bearbeiten

4.3 Eingaben/Anzeigen und deren Eigenschaften

LabVIEW unterscheidet zwischen vier einfachen Typen für Eingaben und Anzeigen: *numerisch, Boolesch, String* und den seltener verwendeten Typ *Pfad*. Später lernen Sie auch die komplexeren Datentypen kennen, wie Array, Cluster, Tabelle, Diagramm und Graph, die ausführlich behandelt werden.

Wenn Sie numerische oder Textwerte in Eingaben oder Anzeigen eingeben müssen, können Sie das *Bedien-* oder das *Beschriftungs-*Werkzeug verwenden. Neuer oder geänderter Text wird erst übernommen, wenn Sie die [Enter]-Taste auf der numerischen Tastatur drücken, die *Enter*-Schaltfläche in der Symbolleiste anklicken oder außerhalb des Objekts klicken, um die Bearbeitung abzuschließen.

Wenn Sie die Eingabetaste (Windows oder HP-UX) oder die [↵]-Taste (Macintosh und Sun) auf der alphanumerischen Tastatur drücken (nicht die der numerischen Tastatur), geben Sie einen Zeilenumbruch ein. Ihre Änderungen werden dadurch nicht registriert (wenn Sie Ihr System nicht zuvor umkonfiguriert haben).

Sie müssen die [Enter]-Taste der numerischen Tastatur verwenden, um einen Text an LabVIEW zu übergeben. Wenn Sie die alphanumerische Tastatur verwenden müssen, benutzen Sie [⇧]-[↵] oder [⇧]-[↵], um einen Text zu bestätigen.

4.3.1 Numerische Eingaben und Anzeigen

Numerische Eingaben ermöglichen es Ihnen, Zahlenwerte in Ihre VI einzugeben; numerische Anzeigen zeigen Zahlenwerte, die Sie beobachten möchten. Es gibt in LabVIEW viele Arten numerischer Objekte: Drehknöpfe, Schieberegler, Tanks, Thermometer und, natürlich, die einfache Digitalanzeige (Abbildung 4.13). Um numerische Objekte einzusetzen, wählen Sie diese aus der *Numerisch*-Unterpalette der Palette *Elemente*. Alle numerischen Objekte können sowohl Eingabe als auch Anzeige sein, wobei jedoch für jeden Typ eines von beiden vorgegeben ist. Ein Thermometer ist zum Beispiel per Voreinstellung eine Anzeige, da es meistens als solche verwendet wird. Im Gegensatz dazu erscheint ein Drehknopf auf dem Frontpanel zunächst als Eingabe, da Drehknöpfe üblicherweise als Eingabeobjekt eingesetzt werden.

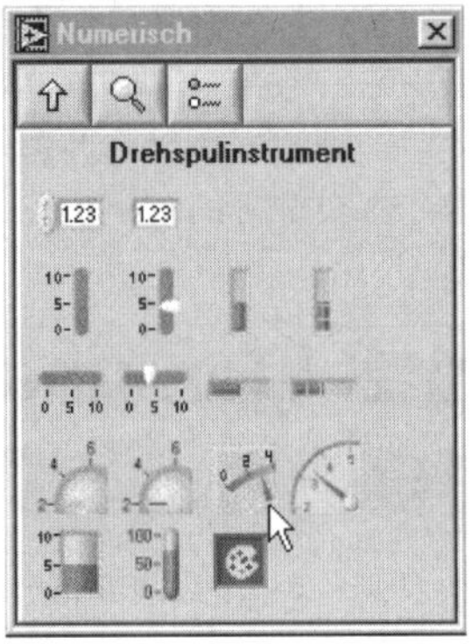

Abbildung 4.13: Die Numerisch-Palette

Datentypen und ihre Darstellung

Die Erscheinung numerischer Anschlüsse im Blockdiagramm hängt von der *Darstellung* der Daten ab. Die unterschiedlichen Darstellungen bieten alternative Methoden der Datenspeicherung, um so den Speicher effektiver nutzen zu können. Unterschiedliche numerische Darstellungen können eine unterschiedliche Anzahl Bytes im Speicher belegen oder Daten als *vorzeichenbehaftet* (mit der Möglichkeit, negative Werte zu speichern) oder *vorzeichenlos* (nur für Werte größer oder gleich 0) darstellen. Blockdiagrammanschlüsse sind blau für ganze Zahlen und orange für Fließkommazahlen (ganze Zahlen enthalten keine Ziffern rechts von der Dezimalstelle). Die Anschlüsse enthalten einige Buchstaben zur Beschreibung des Datentyps, wie etwa »DBL« für Fließkommazahlen doppelter Genauigkeit.

Die numerischen Datendarstellungen, die in LabVIEW zur Verfügung stehen, sind zusammen mit ihrer Größe (in Bytes) sowie einer Abbildung eines digitalen Eingabeanschlusses mit der jeweiligen Darstellung in der folgenden Tabelle zusammengefasst (Tabelle 4.1).

Sie können die Darstellung numerischer Konstanten, Eingaben und Anzeigen ändern, indem Sie das Popup-Menü des Objekts öffnen und *Darstellung* wählen. Denken Sie daran, ein Popup-Menü wird durch Klicken mit der rechten Maustaste auf Windows- oder Unix-Rechnern oder durch Klicken bei gedrückter Maustaste unter MacOS geöffnet. Sie können dann aus der folgenden Palette auswählen (Abbildung 4.14).

Darstellung	**Abkürzung**	**Anschluss**	**Größe**
Byte	I8	I8	1
Vorzeichenloses Byte	U8	U8	1
Word	I16	I16	2
Vorzeichenloses Word	U16	U16	2
Long	I32	I32	4
Vorzeichenloses Long	U32	U32	4
Single precision	SGL	SGL	4
Double precision	DBL	DBL	8
Extended precision	EXT	EXT	10 (a)/12 (b)/ 16 (c)
Complex single	CSG	CSG	8
Complex double	CDB	CDB	16
Complex extended	CXT	CXT	20 (a)/24 (b)/ 32 (c)

(a) Windows (b) Macintosh (c) Sun und HP-UX

Tab. 4.1: Darstellung der Datentypen in LabVIEW und ihre Speicherbelegung

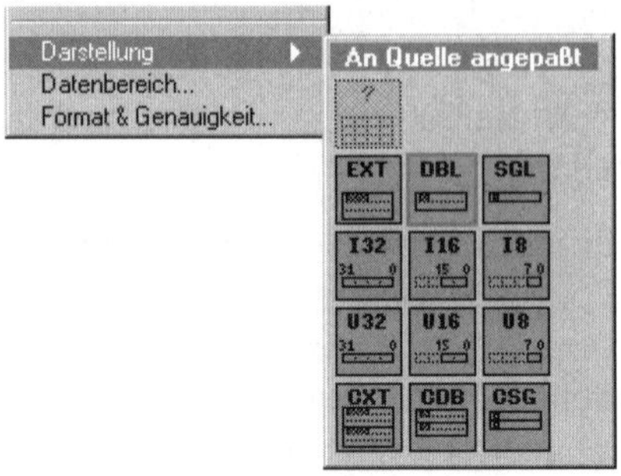

Abbildung 4.14: Auswahl der Darstellung numerischer Werte

Hinsichtlich des Speicherbedarfs sollten Sie bei der Verwendung des Datentyps darauf achten, die Darstellung zu wählen, die den geringsten Speicherbedarf hat und Ihre Daten noch ohne Informationsverlust darstellen kann. *An Quelle angepaßt* weist der Anzeige automatisch die Darstellung der für diese Anzeige bestimmten Ursprungsdaten zu – eine Angewohnheit, die Sie sich aneignen sollten.

Format und Genauigkeit

Grundsätzlich können Sie Digitalanzeigen für Zahlenwerte oder für Uhrzeit und Datum formatieren. Bei numerischen Werten können Sie wählen, ob Sie die Fließkomma-, wissenschaftliche oder technische Notation oder relative Zeit in Sekunden wünschen. Sie können auch die *Genauigkeit* der Darstellung wählen. Dies bezieht sich auf die Anzahl der angezeigten Nachkommastellen, die zwischen 0 und 20 liegen kann. Die Genauigkeit betrifft ausschließlich die Anzeige des Werts; die interne Genauigkeit hängt weiterhin vom verwendeten Datenformat ab.

Sie können das Format und die Genauigkeit über *Format & Genauigkeit...* aus dem Popup-Menü angeben. Das vorherige Dialogfeld (Abbildung 4.15) erscheint.

Wenn Sie lieber Uhrzeit und Datum anzeigen wollen, wählen Sie *Zeit & Datum* aus dem *Format*-Ring und Ihr Dialogfeld wird sich entsprechend verändern (Abbildung 4.16).

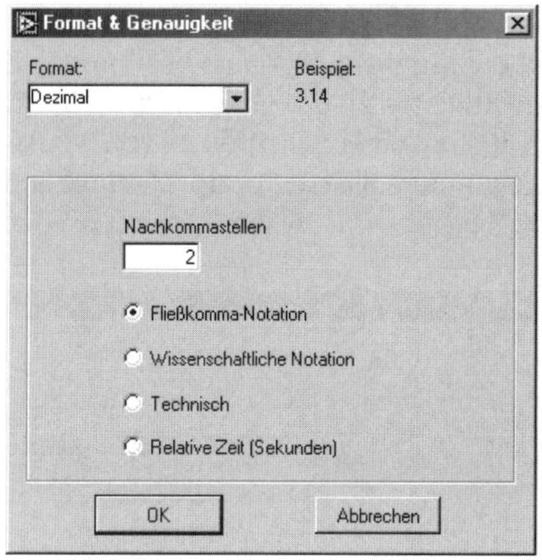

Abbildung 4.15: Das Dialogfeld Format & Genauigkeit

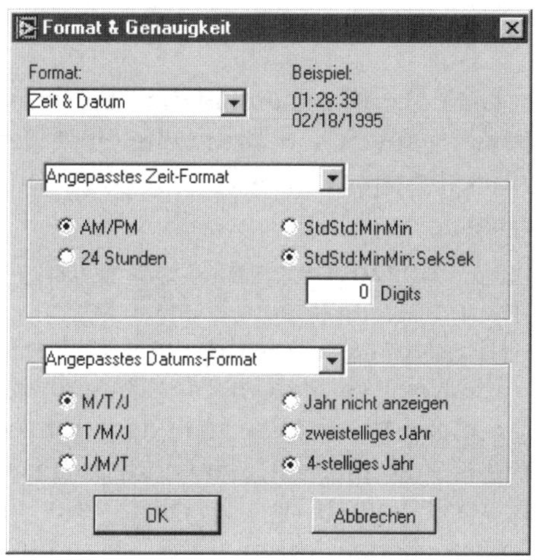

Abbildung 4.16: Das Dialogfeld Format & Genauigkeit für Zeit und Datum

Manchmal ist es schwierig, genaue Zahlen aus grafischen Eingaben und Anzeigen wie Graphen und Thermometern abzulesen. Verwenden Sie die Option des Popup-Menüs *Sichtbare Objekte>>Zahlenwertanzeige*, um eine Digitalanzeige neben dem Objekt zu öffnen, die den genauen Zahlenwert anzeigt. Diese Digitalanzeige ist ein Teil des Objekts und hat daher keinen eigenen Anschluss im Blockdiagramm.

Festlegung des Wertebereichs

LabVIEW bietet Ihnen die Möglichkeit, einen bestimmten gültigen Bereich von Zahlenwerten und Schrittweiten zu erzwingen. Wenn Sie zum Beispiel nur Eingaben zwischen 0 und 100 mit einer Schrittweite von 2 zulassen wollen, können Sie den Bereich festlegen, indem Sie ein Popup-Menü über dem entsprechenden Digitalwert öffnen und *Datenbereich...* wählen (Abbildung 4.17).

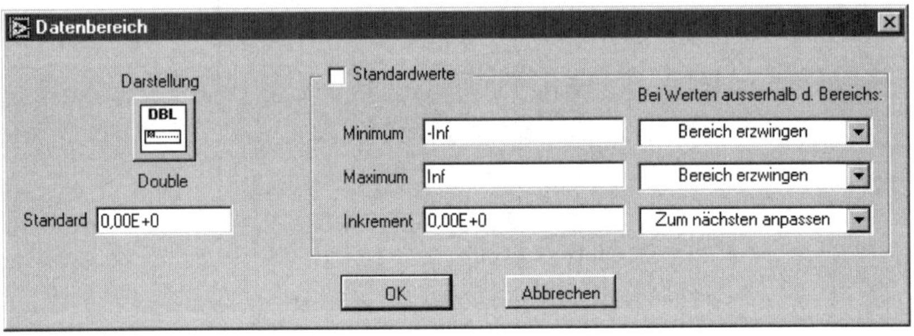

Abbildung 4.17: Das Dialogfeld Datenbereich

In dem erscheinenden Dialogfeld können Sie die Zahlendarstellung, maximale und minimale Eingabewerte und die Schrittweite einstellen, den Vorgabewert des Objekts ändern und festlegen, wie bei Werten vorgegangen werden soll, die den Bereich überschreiten.

- Falls Sie unzulässige Werte ignorieren möchten (*Werte ignorieren*), wird LabVIEW sie weder ändern noch anzeigen. Das Klicken auf die Inkrement- oder Dekrement-Pfeile wird den Wert um die eingestellte Schrittweite bis zum Maximal- oder Minimalwert verändern. Sie können jedoch immer über die Tastatur oder als Parameter Werte außerhalb der Grenzen eingeben.
- Wenn Sie sich für das erzwungene Umwandeln (*Bereich erzwingen*) Ihrer Daten entscheiden, wird LabVIEW alle Werte, die das Minimum unterschreiten, auf den angegebenen Minimalwert setzen und alle Werte größer als das Maximum werden auf Maximum gesetzt. Werte in unpassenden Schrittweiten werden gerundet.

4.3.2 Ringe

Ringe sind spezielle numerische Objekte, die vorzeichenlose 16-Bit-Ganzzahlen mit Zeichenketten, Bildern oder beidem assoziieren. Sie finden diese in der Unterpalette *Ring & Enum* der Palette *Elemente*. Sie sind besonders sinnvoll, um sich gegenseitig ausschließende Optionen auszuwählen, wie etwa Betriebsmodi, Berechnungsfunktionen usw.

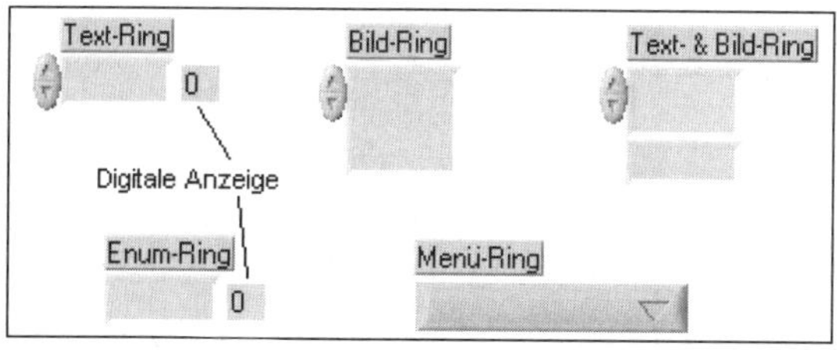

Abbildung 4.18: Übersicht über die verschiedenen Ring-Elemente

Wenn Sie einen Ring erstellen, geben Sie einen Text oder ein Bild in den Ring ein. Jeder Text bzw. jedes Bild wird mit einer bestimmten Zahl verbunden (Null für die erste Textnachricht, Eins für die zweite und so weiter). Sie können diese Zahl sehen, indem Sie *Sichtbare Objekte>>Zahlenwertanzeige* aus dem Popup-Menü des Rings auswählen.

Ein neuer Ring enthält ein Element mit dem Wert Null und eine leere Anzeige. Wenn Sie eine weitere Zahl mit dazugehöriger Nachricht hinzufügen wollen, wählen Sie *Objekt danach einfügen* oder *Objekt davor einfügen* aus dem Popup-Menü und ein leeres Eingabefenster wird erscheinen. Sie können dann Text mit dem *Beschriftungs*-Werkzeug eingeben oder ein Bild importieren.

Wenn Sie mit dem *Bedien*-Werkzeug auf einen Ring klicken, erhalten Sie eine Liste aller möglichen Texte oder Bilder, von denen das aktuelle ausgewählt ist. Ringe sind sinnvoll, wenn der Anwender eine Option auswählen soll, die dann einem Zahlenwert im Blockdiagramm entspricht. Versuchen Sie, einen Ring auf dem Frontpanel abzulegen, schalten Sie dann die Digitalanzeige ein und fügen Sie einige Elemente hinzu.

4.3.3 Boolesche Werte

Boolesche Werte sind nach dem berühmten englischen Logiker und Mathematiker George Boole benannt, dessen Arbeiten die Grundlage der heutigen booleschen Algebra bilden. Die elementaren Zustände der booleschen Algebra sind Ein/Aus bzw. wahr/falsch. Entsprechend können boolesche Daten in LabVIEW einen von zwei Zuständen annehmen: wahr (TRUE) oder falsch (FALSE). LabVIEW stellt eine Reihe von Schaltern, LEDs und Tastern für Eingaben und Anzeigen, die nach der booleschen Methode arbeiten, bereit. Sie sind über die *Boolesch*-Unterpalette der Palette *Elemente* erreichbar (Abbildung 4.19). Sie können den Zustand eines booleschen Objekts ändern, indem Sie es mit dem *Bedien*-Werkzeug anklicken.

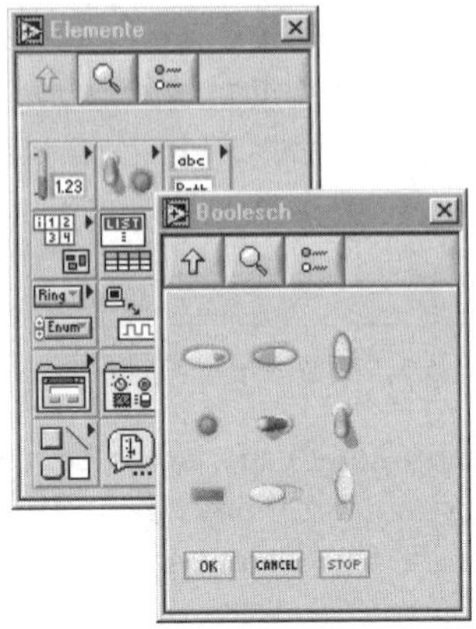

Abbildung 4.19: Die Palette der booleschen Elemente

Boolesche Anschlüsse erscheinen in grüner Farbe im Blockdiagramm und enthalten die Buchstaben »TF« (True/False).

In der Unterpalette *Boolesch* finden Sie eine ganze Reihe von beschrifteten Schaltflächen mit eingebauten Textmeldungen. Dieser Text ist nichts weiter als Information für den Anwender. Jede beschriftete Schaltfläche kann zwei Textmeldungen enthalten: eine für den Zustand WAHR und eine für den Zustand FALSCH.

Wenn Sie die Schaltfläche einbauen, sind die Meldungen zunächst »ON« für den Zustand WAHR und »OFF« für den Zustand FALSCH. Sie können dann das *Beschriftungs*-Werkzeug verwenden, um die Meldungen zu ändern.

Alle booleschen Objekte haben die Option *Sichtbare Objekte>>Boolescher Text*, die den Zustand des Objekts mit den Worten »ON« und »OFF« darstellt.

Schaltverhalten von booleschen Eingaben

Eine boolesche Eingabe verfügt über die praktische Popup-Option *Schaltverhalten*, mit der Sie bestimmen können, wie die Eingabe sich verhält, wenn Sie sie anklicken (z.B, ob der Wert umschaltet, wenn Sie die Maustaste drücken, wenn Sie sie loslassen, oder ob er nur so lange umspringt, bis er einmal abgelesen werden kann, um dann wieder in den vorherigen Zustand zurückzuspringen).

Boolesche Werte mit Bildern illustrieren

Je nach Anforderung können Sie Ihre eigene boolesche Darstellung entwerfen, indem Sie Bilder für die Zustände WAHR und FALSCH einer beliebigen booleschen Eingabe oder einer Anzeige importieren.

4.3.4 Zeichenketten (String)

Zeichenketteneingaben und -anzeigen stellen Textdaten dar. Zeichenketten enthalten meistens Daten im ASCII-Format, dem Standardformat zur Speicherung von alphanumerischen Zeichen. Zeichenkettenanschlüsse und Verbindungen, die Zeichenkettendaten übertragen, erscheinen im Blockdiagramm in Rosa. Der Anschluss enthält die Buchstaben »abc«. Sie finden Bedien- und Anzeigeelemente für Zeichenketten in der Unterpalette *String & Pfad* der Palette *Elemente* (Abbildung 4.20).

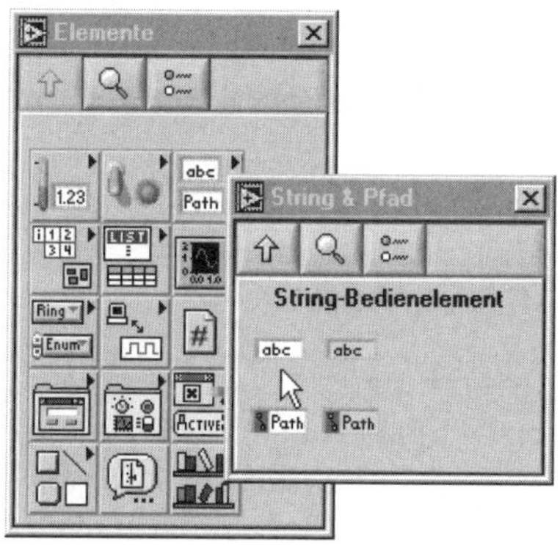

Abbildung 4.20: Die Palette String & Pfad

Obwohl Zeichenketteneingaben und -anzeigen numerische Zeichen enthalten können, enthalten sie *keine* numerischen Daten. Sie können mit Zeichenketten keine numerischen Operationen ausführen, das heißt, Sie können eine ASCII-»9« genauso wenig wie ein »A« addieren. Wenn Sie eine numerische Information, die im Zeichenkettenformat gespeichert ist, nutzen müssen (zum Beispiel, um Berechnungen durchzuführen), müssen Sie diese erst mit den passenden Funktionen in ein numerisches Format umwandeln (siehe Kapitel 10).

String-Eingaben und -Anzeigen sind ziemlich einfach. Ihre Popup-Menüs enthalten wenige besondere Optionen. Kapitel 10 wird sich mit Zeichenketten und ihren komplexeren Verwandten näher befassen.

4.3.5 Pfade

Sie verwenden *Pfadeingaben* und *-anzeigen*, um Pfade zu Dateien, Ordnern oder Verzeichnissen anzuzeigen. Wenn eine Funktion, die einen Pfad zurückgeben soll, einen Fehler verursacht, wird sie *<Kein Pfad>* im Pfadanzeiger zurückgeben. Pfade sind ein eigenständiger, plattformunabhängiger Datentyp, speziell für Dateipfade. Ihre Anschlüsse und Verbindungen erscheinen in blaugrüner Farbe im Blockdiagramm. Ein Pfad ist bestimmt durch den Laufwerksnamen, gefolgt von Verzeichnis- oder Ordnernamen und schließlich dem Dateinamen selbst. Auf einem Computer mit Windows werden Verzeichnis und Dateiname durch einen Gegenschrägstrich (\ – Backslash) getrennt. Auf einem Mac erfolgt die Trennung von Ordner und Dateiname durch einen Doppelpunkt (:), auf Unix-Rechnern übernimmt der Schrägstrich (/) diese Funktion. Sie werden in Kapitel 10 mehr darüber erfahren.

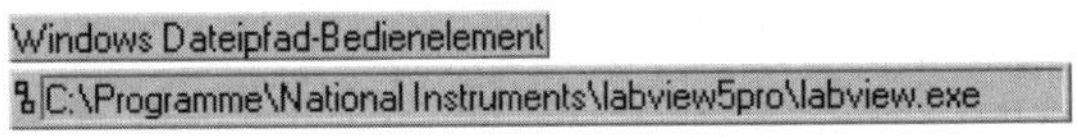

Abbildung 4.21: Die Pfadanzeige bei Windows

4.3.6 Gestaltungselemente

In vielen praktischen Anwendungen besteht die Notwendigkeit, die Bedienoberfläche nach speziellen Vorgaben zu gestalten. Dazu stellt LabVIEW eine spezielle Unterpalette zur Verfügung, die *Gestaltungselemente*-Unterpalette der Palette *Elemente*. Wichtig in diesem Zusammenhang ist, dass es sich bei den Dekorationselementen um Objekte handelt, die keinen zugehörigen Anschluss im Blockdiagramm aufweisen.

4.3.7 Zusammenfassung über Eingaben, Anzeigen und Datentypen

Hier seien noch einmal die vier Typen einfacher Eingabe- und Anzeigeelemente zusammengefasst:

- *Numerische Objekte* enthalten einfache Zahlenwerte.
- *Boolesche Objekte* können einen von zwei Zuständen annehmen: an oder aus (wahr oder falsch, TRUE oder FALSE, eins oder null).
- *Zeichenketten* enthalten Textdaten. Obwohl sie numerische Zeichen enthalten können (die Ziffern Null bis Neun), müssen Sie String-Daten in Zahlenwerte umwandeln, bevor Sie Berechnungen damit durchführen können.
- *Pfade* bieten Ihnen einen plattformunabhängigen Datentyp speziell für Dateipfade.

4.4 Verbindungstechniken

Die logische Verbindung der unterschiedlichsten Elemente im Blockdiagramm wird mit dem *Verbindungs*-Werkzeug, welches die Form einer Drahtspule besitzt, hergestellt. Die folgenden Abschnitte führen all das aus, was Sie über Verbindungstechniken wissen müssen.

Um Anschlüsse miteinander zu verbinden, verwenden Sie das *Verbindungs*-Werkzeug. Der Cursorpunkt des Werkzeugs ist die Spitze des abgerollten Leitungsendes der Drahtspule (Abbildung 4.22).

Abbildung 4.22: Das Verbindungs-Werkzeug und dessen Cursorpunkt

Um eine Verbindung von einem Anschluss zum anderen zu ziehen, klicken Sie mit dem *Verbindungs*-Werkzeug zuerst auf den einen Anschluss und dann auf den anderen. Es ist unerheblich, welchen Anschluss Sie zuerst anklicken. Der Anschlussbereich blinkt, wenn der Cursorpunkt des *Verbindungs*-Werkzeugs richtig positioniert ist. Wenn Sie nun klicken, schließen Sie eine Verbindung an diesem Anschluss an.

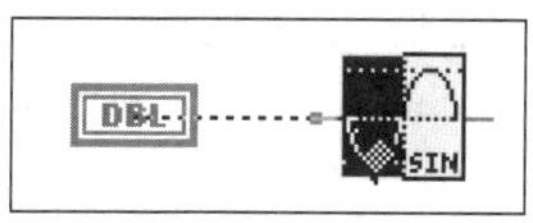

Abbildung 4.23: Verbinden von zwei Anschlüssen auf dem Blockdiagramm

Wenn Sie den ersten Anschluss hergestellt haben, zeichnet LabVIEW eine Verbindung, während Sie den Cursor über das Blockdiagramm ziehen. Sie müssen die Maustaste dabei nicht festhalten. Falls Sie mit LabVIEW 7 *Express* oder einer aktuelleren Version arbeiten, werden Sie feststellen, dass LabVIEW versucht, einen optimalen Verbindungsweg für die gezogene Leitung zu finden. Diese Funktionalität wird Autorouting genannt. Als optimaler Verbindungsweg gilt dabei der kürzestmögliche Weg mit der geringsten Anzahl von Überschneidungen mit anderen Verbindungen oder Blockdiagrammobjekten. Das Autorouting kann natürlich auch abgeschaltet werden.

Um von einer bestehenden Verbindung aus weiterzuverbinden, führen Sie die oben beschriebenen Aktionen aus und starten oder enden dabei an der bestehenden Verbindung. Die Verbindung blinkt, wenn das *Verbindungs*-Werkzeug korrekt positioniert ist, um eine neue Verbindung zu befestigen.

Sie können Verbindungen von einem Anschluss außerhalb einer Struktur direkt zu Anschlüssen innerhalb dieser ziehen. (Über Strukturen lernen Sie mehr in Kapitel 7.) LabVIEW erstellt dort einen Tunnel, wo die Verbindung die Grenze der Struktur kreuzt, wie in Abbildung 4.24 dargestellt ist. Das erste Bild zeigt, wie der Tunnel aussieht, während Sie die Verbindung ziehen, das zweite Bild zeigt einen fertigen Tunnel.

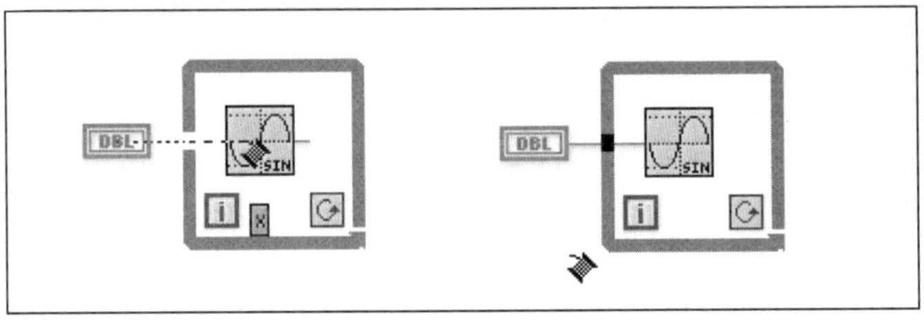

Abbildung 4.24: Das Verbinden von Objekten in einer Struktur (hier eine While-Schleife)

4.4.1 Verbinden komplizierter Objekte

Wenn Sie einen komplizierten Knoten oder ein SubVI verbinden, ist es hilfreich, wenn Sie auf die Verbindungs-»Stoppeln« und Hinweisstreifen (Tipp-Strips) achten, die erscheinen, wenn Sie das *Verbindungs*-Werkzeug dem Symbol nähern. Verbindungsstoppeln, die abgeschnittenen Verbindungen, die rund um das abgebildete VI-Symbol gezeigt werden, zeigen durch ihre Art, Dicke und Farbe an, welcher Datentyp am jeweiligen Anschluss benötigt wird. Punkte an den Verbindungsenden bezeichnen Eingänge, während Ausgänge ohne Punkte gezeichnet werden. Die Stoppeln sind in die Richtungen gezeichnet, in die die Verbindungen gezeichnet werden sollten, wenn Sie saubere Diagramme zeichnen wollen (Abbildung 4.25).

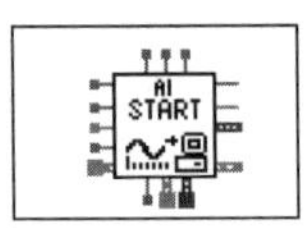

Abbildung 4.25: Beispiel für ein VI mit angezeigten Verbindungspunkten

Sie können auch die Vorteile der Funktion des Hilfefensters nutzen, die jeden Anschluss des Anschlussplans hervorhebt. Wenn Sie mit dem *Verbindungs*-Werkzeug über einen Anschluss gehen, wird das entsprechende Hilfefenster blinken, damit Sie sicher sein können, dass Sie den richtigen Punkt anschließen. Sie können das Hilfefenster auch verwenden, um zu ermitteln, welche Anschlüsse empfohlen, erforderlich oder optional sind.

4.4.2 Fehlerhafte Verbindungen

Wenn Sie einen Verbindungsfehler machen, erscheint eine gebrochene Verbindung – eine schwarze, gepunktete Linie – anstatt des üblichen farbigen Verbindungsmusters. Wenn nicht alle defekten Verbindungen entfernt sind, wird Ihre Start-Schaltfläche zerbrochen aussehen und das VI wird nicht kompiliert. Sie können eine falsche Verbindung entfernen, indem Sie sie auswählen und löschen. Eine bessere Methode ist es, alle defekten Verbindungen in einem Zuge zu entfernen, indem Sie *Bearbeiten>>Ungültige Verbindungen entfernen* wählen oder indem Sie das Tastenkürzel [Strg]-[B] unter Windows, [⌘]-[B] auf dem Mac, [Meta]-[B] auf der Sun und [Alt]-[B] auf HP-Rechnern verwenden.

Manchmal sind defekte Verbindungen so unter anderen Elementen verborgen, dass Sie sie noch nicht einmal sehen können. In einigen Fällen ist das Einzige, was Sie tun müssen, um den zerbrochenen Start-Pfeil zu reparieren, die Ausführung des Befehls *Ungültige Verbindungen entfernen*.

Wenn Sie nicht wissen, warum eine Verbindung defekt ist, klicken Sie den zerbrochenen Start-Pfeil an oder öffnen Sie ein Popup-Menü über der defekten Verbindung und wählen Sie *Fehler anzeigen*. Es wird eine Dialogbox erscheinen, die Ihr Problem beschreibt.

4.4.3 Tipps für die Verbindung

Die folgenden Tipps werden Ihnen das Verbinden etwas erleichtern:

- Klicken Sie mit der Maus, um die Verbindung anzuheften und die Richtung zu ändern.
- Ändern Sie die Richtung, in welche die Verbindung einen Befestigungspunkt verlässt, durch Drücken der Leertaste.
- Doppelklicken Sie mit dem *Verbindungs*-Werkzeug, um eine Verbindung in einem freien Bereich zu beginnen oder abzuschließen.
- Wenn sich Verbindungen kreuzen, erscheint in der ersten Verbindung eine kleine Lücke, als läge sie unter der zweiten Linie (siehe Abbildung 4.26). Sie können auch das Menü *Werkzeuge>>Optionen...>>Blockdiagramm* öffnen und dort mit *Verbindungspunkte an Kreuzungen* die Einstellungen so verändern, dass stattdessen an Abzweigungen von einer Verbindung Verbindungspunkte angezeigt werden.
- Klicken Sie mit der rechten Maustaste bzw. auf dem Macintosh bei gedrückter Befehlstaste, um eine Verbindung zu löschen, während Sie verbinden.

- Verwenden Sie das Hilfefenster, um zusätzliche Informationen über ein Objekt zu erhalten und um die Verbindung an den richtigen Anschluss zu legen.

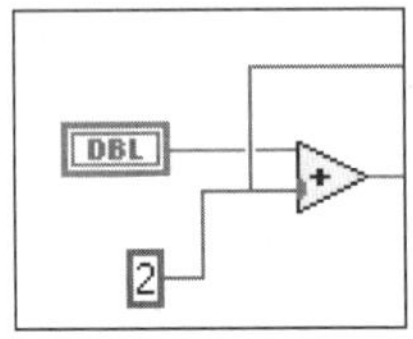

Abbildung 4.26: Zwei sich kreuzende Verbindungen

4.4.4 Automatisches Einfügen von Konstanten, Eingaben und Anzeigen

Anstatt eine Konstante, eine Eingabe oder eine Anzeige aus der Palette auszuwählen und das Ganze mit einem Anschluss zu verbinden, können Sie ein Popup-Menü über dem Anschluss öffnen und unter der Option *Erstelle* zwischen *Konstante, Bedienelement* oder *Anzeigeelement* wählen, um automatisch ein Objekt mit dem passenden Datenformat für den Anschluss zu erstellen. Das neue Objekt wird automatisch angeschlossen, sofern Sie nicht zwei Datenquellen oder -senken miteinander verbinden.

Erstellen Sie eine Anzeige für das Ergebnis Ihrer *Addieren*-Funktion, indem Sie ein Popup-Menü über der Funktion öffnen und *Erstelle>>Anzeigeelement* wählen. LabVIEW wird sowohl den Anzeigeanschluss erstellen, der an den *Addieren*-Ausgang angeschlossen wird, als auch die entsprechende Anzeige auf Ihrem Frontpanel platzieren.

4.5 Ausführen Ihrer VI

Mit dem *Ausführen*-Befehl aus dem Menü *Ausführen* können Sie Ihr VI starten. Alternativ dazu können Sie das entsprechende Tastenkürzel oder die *Start*-Schaltfläche in der Symbolleiste verwenden. Während das VI ausgeführt wird, ändert die *Start*- oder *Ausführen*-Schaltfläche ihr Aussehen. Das VI wird auf der obersten Ausführungsebene ausgeführt, wenn die *Start*-Schaltfläche schwarz ist und aussieht, als würde sie sich »bewegen«. Wenn die *Start*-Schaltfläche einen kleinen Pfeil innerhalb eines größeren Pfeils darstellt, wird das VI als SubVI eines übergeordneten VI ausgeführt.

Mit der Schaltfläche *Dauerausführung* haben Sie die Möglichkeit, ein Programm im »Dauerlauf« zu betreiben. Allerdings sollten Sie sich dies nicht zur Gewohnheit werden lassen, weil Sie dadurch unter Umständen Ihr Programm in eine Endlosschleife versetzen könnten, die sich dann nur durch den Neustart des Rechners beenden lässt. Sollte diese Situation tatsächlich eintreten, versuchen Sie zunächst die Tastenkürzel für den *Abbruch*-Befehl zu drücken: [Strg]-[.] unter Windows, [⌘]-[.] auf dem Mac, [Meta]-[.] auf der Sun und [Alt]-[.] unter HP-UX.

Klicken Sie die Schaltfläche *Abbruch* an, um die Ausführung des auf oberster Ebene ausgeführten VI abzubrechen. Wenn ein VI von mehr als einem VI verwendet wird, ist die Taste nicht aktiv und grau dargestellt. Die Verwendung der *Abbruch*-Schaltfläche führt zu einem sofortigen Programmabbruch und ist daher keine gute Programmiergewohnheit, da Ihre Daten dadurch verfälscht werden können. Sie sollten einen »weichen Abbruch« in Ihre Programme einbauen, durch den die Programme ordentlich abgeschlossen werden.

Die Schaltfläche *Pause* hält die Ausführung an, wenn Sie sie einmal anklicken, und setzt die Ausführung bei nochmaligem Anklicken fort.

Sie können gleichzeitig mehrere VI ausführen. Nachdem Sie das erste gestartet haben, wechseln Sie zum Frontpanel oder Diagrammfenster des nächsten und starten es, wie oben beschrieben. Beachten Sie, dass die Ausführung eines SubVI als Haupt-VI alle VI, die es als SubVI aufrufen, unterbricht, bis die Ausführung als Haupt-VI beendet ist. Sie können ein VI nicht gleichzeitig als Haupt-VI und als SubVI ausführen lassen.

4.6 Übung: Temperaturerfassung

Dieses Programm soll einen Spannungswert über eine Datenerfassungskarte erfassen, sofern Sie eine in Ihrem Rechner installiert haben. Ansonsten wird der Wert simuliert und auf dem Frontpanel angezeigt. Sie sollten Kanal 0 Ihrer Datenerfassungskarte an einen Temperatursensor oder eine ähnliche Spannungsquelle (vorzugsweise mit einer Spannung zwischen 0 und 1 Volt) anschließen.

Achten Sie darauf, diese Übung zu speichern, wenn Sie nicht die Beispielversion verwenden, da Sie sie später erweitern werden. Wenn Sie die Evaluierungsversion verwenden oder sie nicht gespeichert haben, finden Sie unsere Version von *Thermometer.VI* in *LABVIEW-GRUNDLAGEN\Kapitel04.LLB*.

1. Öffnen Sie ein neues Frontpanel.
2. Setzen Sie ein Thermometer auf das Frontpanel, indem Sie es aus der Palette *Numerisch* des Menüs *Elemente* auswählen. Beschriften Sie es mit *Temperatur,* indem Sie den Text in das abhängige Beschriftungsfeld eingeben, sobald das Thermometer auf dem Frontpanel erscheint. Ändern Sie den Skalenbereich, indem Sie die »10.0« der Skala markieren und *100* eingeben.

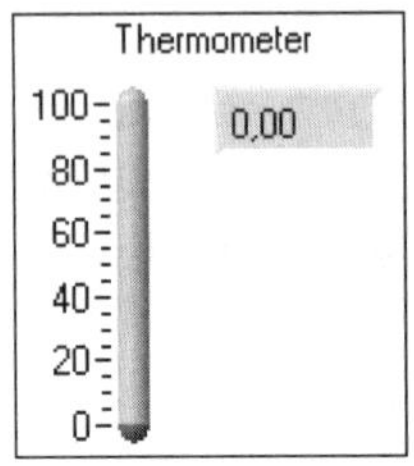

Abbildung 4.27: Die numerische Anzeige Thermometer

3. Erstellen Sie eines der folgenden Blockdiagramme (Abbildung 4.28). Es empfiehlt sich, *Fenster>>Nebeneinander* zu wählen, so dass Sie sowohl das Frontpanel als auch das Blockdiagramm sehen können. Erstellen Sie Diagramm A, wenn Sie eine Datenerfassungskarte verwenden, bzw. Diagramm B, wenn Sie die Messwerte simulieren wollen.

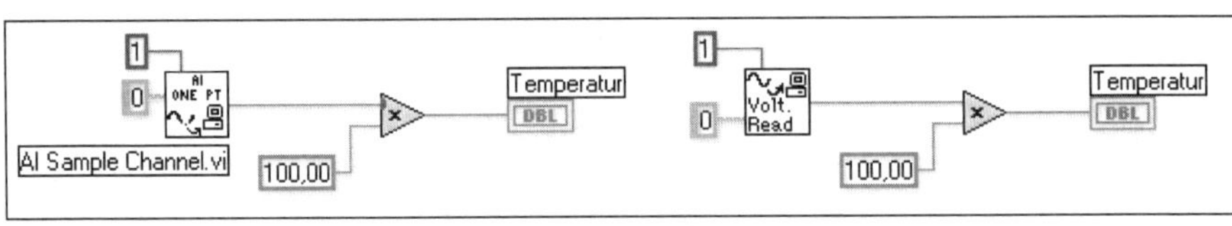

Abbildung 4.28: Das zu erstellende Blockdiagramm:
(A) links bei Verwendung einer Datenerfassungskarte,
(B) rechts bei Verwendung simulierter Daten

Das *AI-Kanal abtasten.VI,* das in (A) verwendet wird, finden Sie unter *Funktionen>>Datenerfassung>>Analogeingang*. Wenn Sie keine Datenerfassungskarte einsetzen, verwenden Sie das in (B) gezeigte *Spannungsmesswerte lesen (Demonstration),* das Sie unter *Funktionen>>Tutorium* finden. Denken Sie daran, das Hilfefenster zur Unterstützung bei der Verbindung zu verwenden, um Ihre Verbindungen korrekt anzuschließen! Achten Sie darauf, wie ein Anschluss im Hilfefenster aufblinkt, um Ihnen anzuzeigen, dass Sie die richtige Stelle anschließen, sobald Sie das *Verbindungs*-Werkzeug über dem Knoten einer Funktion bewegen.

Sie können eine Konstante erstellen, indem Sie über dem entsprechenden Anschluss von *Spannungsmesswerte lesen (Demonstration)* oder *AI-Kanal abtasten* ein Popup-Menü öffnen und *Erstelle>>Konstante* wählen. Achten Sie nur darauf, dass Sie das Popup-Menü über dem richtigen Anschluss öffnen, sonst ordnen Sie die Konstante dem falschen Anschluss zu.

Weitere Blockdiagrammkomponenten werden in der folgenden Liste beschrieben:

Sie werden eine String-Konstante benötigen, die Sie in der *String*-Unterpalette der Palette *Funktionen* finden, um den analogen Eingangskanal anzugeben, den Sie auf der Datenerfassungskarte verwenden wollen und der 0 sein kann, wie angezeigt wird. In *Spannungsmesswerte lesen (Demonstration)* wird dieser Wert ignoriert, aber wir haben ihn eingebaut, um die echte Schaltung zu simulieren.

Wenn Sie eine Zeichenkettenkonstante im Blockdiagramm einsetzen, enthält diese keine Daten. Sie können die Zeichenkette sofort eingeben (wenn Sie vorher nicht an eine andere Stelle klicken) und dann die Eingabe bestätigen, indem Sie die [Enter]-Taste auf der numerischen Tastatur drücken, an einer anderen Stelle im Diagramm klicken oder die *Enter*-Schaltfläche anklicken. Sie können den Konstantenwert jederzeit mit dem *Bedien-* oder dem *Beschriftungs*-Werkzeug verändern.

Die numerische Konstante am SubVI (Sie erhalten diese aus der *Numerisch*-Unterpalette der Palette *Funktionen*) bestimmt die Gerätenummer Ihrer Einsteckkarte, welche 1, aber auch eine andere sein kann. In *Spannungsmesswerte lesen (Demonstration)* wird dieser Wert ignoriert.

Wenn Sie eine numerische Konstante im Blockdiagramm einsetzen, zeigt sie zunächst den markierten Wert »0«. Sie können einen neuen Wert sofort eingeben (wenn Sie vorher nicht an eine andere Stelle klicken). Die zweite numerische Konstante skaliert die gemessene Spannung (ein wenig künstlich) in eine »gültige« Temperatur. Wenn Ihr Spannungseingang nicht zwischen 0 und 1 Volt liegt, können Sie diesen Wert ändern, um die Ausgabe Ihrer »Temperatur« anzupassen.

Sie fragen sich sicherlich, was die Gerätenummer ist. Unter Windows wird die Gerätenummer mit dem *Measurement & Automation Explorer* eingestellt (sie ist in der Regel 1, wenn Sie nicht mehrere Datenerfassungskarten haben). Zusätzliche Informationen zur Konfiguration Ihrer Datenerfassungskarten finden Sie in den Bedienungsanleitungen.

Diagramm A setzt voraus, dass Sie einen Temperatursensor an Kanal 0 Ihrer Datenerfassungskarte angeschlossen haben (eine andere Spannungsquelle funktioniert auch, wird aber vermutlich keine besonders genaue »Temperatur« liefern, sofern sie nicht um die 0,8 Volt beträgt).

4. Verwenden Sie das Hilfefenster aus dem Menü *Hilfe*, um sich die Anschlussbelegung der Funktionen anzeigen zu lassen. Achten Sie besonders auf die Farbkodierung, um unterbrochene Verbindungen zu vermeiden. Denken Sie daran: Numerische Datentypen sind blau oder orange, Zeichenketten sind rosa und boolesche Anschlüsse sind grün.
5. Starten Sie das VI durch Anklicken der Schaltfläche *Start*. Sie werden auf dem Thermometer die Spannung ablesen können, die die Datenerfassungskarte oder die Simulationsfunktion Ihnen liefert. Wenn das VI sich nicht ausführen lässt, lesen Sie das übernächste Kapitel, in dem Techniken zur Fehlersuche beschrieben werden. Versuchen Sie es dann noch einmal. Wenn Sie Schwierigkeiten mit der Datenerfassung haben, versuchen Sie, die Simulationsfunktion zu verwenden. Dazu verwenden Sie die *Ersetzen*-Funktion, um *Spannungsmesswerte lesen (Demonstration)* einzusetzen. Wir wollen Ihnen nur ein Beispiel zur LabVIEW-Programmierung zeigen und nicht Ihre Aufmerksamkeit auf die Fehlersuche in Datenerfassungsanwendungen lenken.
6. Wenn Sie die Vollversion von LabVIEW verwenden, speichern Sie das VI in Ihrem *Eigene Programme*-Verzeichnis, indem Sie *Datei>>Speichern* wählen. Nennen Sie die Datei *Thermometer.VI*. Sie werden dieses VI später in diesem Buch als SubVI verwenden.

4.7 Nützliche Tipps

Während Sie mehr und mehr in LabVIEW programmieren, werden Sie einige der folgenden Tipps sehr hilfreich finden, um Ihre VI schneller zusammenzustellen. Sehen Sie sich alle Hinweise an und verwenden Sie den Abschnitt später zum Nachschlagen.

4.7.1 Tastenkürzel

Für viele LabVIEW-Menüoptionen gibt es Tastenkürzel. Zum Beispiel können Sie ein neues Frontpanel mit der *Neu*-Option des *Datei*-Menüs erstellen oder Sie verwenden die äquivalente Tastenkombination [Strg]-[N] (unter Windows) oder [⌘]-[N] (für MacOS). Folgende Tabelle 4.2 enthält häufig verwendete Tastaturkürzel für Windows und MacOS.

Windows	MacOS	Befehl
Strg-B	⌘-B	Alle fehlerhaften Verbindungen aus dem Diagramm entfernen
Strg-E	⌘-E	Umschalten zwischen Frontpanel und Blockdiagramm
Strg-F	⌘-F	Ein LabVIEW-Objekt oder einen Text finden
Strg-G	⌘-G	Das nächste Auftreten des Objekts oder Textes finden
Strg-H	⌘-H	Das Hilfefenster anzeigen/verbergen
Strg-N	⌘-N	Ein neues VI erstellen
Strg-Q	⌘-Q	Die aktuelle LabVIEW-Sitzung beenden
Strg-R	⌘-R	Das aktuelle VI ausführen
Strg-W	⌘-W	Das aktuelle VI schließen
Strg-.	⌘-.	Das aktuelle VI anhalten

Tab. 4.2: Häufig verwendete Tastenkürzel

4.7.2 Wechseln der Werkzeuge

Seit LabVIEW 7 *Express* ist standardmäßig die Option der automatischen Werkzeugauswahl eingeschaltet, bei der LabVIEW automatisch auf das gerade benötigte Werkzeug wechselt, wenn der Cursor sich über einen bestimmten Bereich eines Objekts bewegt. Zum Beispiel wechselt der Cursor im Blockdiagramm automatisch auf das *Verbindungs*-Werkzeug (erkennbar über seine Darstellung als Drahtrolle), wenn der Cursor sich über einem Terminalanschluss oder einem VI-Anschluss befindet. Wird die Option der automatischen Werkzeugauswahl abgeschaltet, verhält sich LabVIEW 7 *Express* wie seine Vorgängerversionen, d. h. wie im Folgenden geschildert.

Wenn LabVIEW im Bearbeitungsmodus ist, wechselt das Drücken der ⭾-Taste zwischen den Werkzeugen. Wenn das Frontpanel aktiv ist, wechselt LabVIEW vom *Bedien*-Werkzeug zum *Positionier*-Werkzeug, dann zum *Beschriftungs*-Werkzeug und zum *Farb*-Werkzeug. Wenn das Blockdiagramm aktiv ist, werden die Werkzeuge in derselben Reihenfolge mit der Ausnahme durchgegangen, dass statt des *Farb*- das *Verbindungs*-Werkzeug ausgewählt wird.

Sie können auch die Leertaste drücken, um zwischen dem *Bedien*- und dem *Positionier*-Werkzeug auf dem Frontpanel bzw. zwischen *Verbindungs*- und dem *Positionier*-Werkzeug im Blockdiagramm zu wechseln.

4.7.3 Ändern der Richtung einer Verbindung

Durch Drücken der Leertaste können Sie während der Verbindung die Richtung ändern, in welcher der aktuelle Verbindungszweig den letzten Befestigungspunkt verlässt. Wenn Sie die Verbindung von einem Befestigungspunkt versehentlich in waagrechter Richtung fortsetzen, jedoch möchten, dass die Verbindung zunächst nach unten führt, können Sie durch Drücken der Leertaste die Anfangsrichtung von horizontal nach vertikal ändern.

4.7.4 Das Verlegen einer Verbindung abbrechen

Um eine Verbindung zu löschen, während Sie sie verlegen, klicken Sie unter Windows oder Unix mit der rechten Maustaste. Auf einem Mac verlegen Sie die Verbindung aus dem Bildbereich und klicken.

4.7.5 Entfernen des letzten Befestigungspunkts

Das Klicken während des Verlegens einer Verbindung befestigt die Verbindung an dieser Stelle. Strg-Klicken (Windows) oder Befehlstaste-Mausklick (MacOS) während der Verbindung entfernt den letzten Befestigungspunkt. Jedes weitere Strg-Klicken bzw. Befehlstaste-Mausklick entfernt einen weiteren Befestigungspunkt. Ist der nächste Befestigungspunkt der Anschluss, entfernt das nächste Strg-Klicken bzw. Befehlstaste-Mausklick die gesamte Verbindung.

4.7.6 Ein Objekt in eine bestehende Verbindung einfügen

Sie können ein Objekt wie eine arithmetische oder logische Funktion in eine bestehende Verbindung einfügen, ohne die Verbindungen löschen und neu verlegen zu müssen. Öffnen Sie ein Popup-Menü über der Verbindung, in die Sie das Objekt einfügen wollen, und wählen Sie *Einfügen*. Dann wählen Sie das Objekt, das Sie einfügen wollen, aus der Palette *Funktionen*, die daraufhin erscheint.

4.7.7 Exaktes Bewegen eines Objekts

Sie können gewählte Objekte um sehr kleine Entfernungen verschieben, indem Sie die Pfeiltasten für jedes Pixel drücken, um das Sie die Objekte verschieben wollen. Halten Sie die Pfeiltasten gedrückt, um die Verschiebung zu wiederholen. Um die Objekte in größeren Schritten zu verschieben, drücken Sie gleichzeitig mit den Pfeiltasten die ⇧-Taste.

4.7.8 Schnelleres Ändern der Schrittweite digitaler Eingaben

Wenn Sie die ⇧-Taste gedrückt halten, während Sie auf die Inkrement- oder Dekrement-Tasten der Digitaleingabe klicken, verändert sich der Anzeigewert sehr schnell. Die Schrittweite wächst mit den Größenordnungen des Anzeigewerts, zum Beispiel um Einer, Zehner, Hunderter und so weiter. Mit Annäherung an die Bereichsgrenzen wird sie wieder geringer, bis sie bei Erreichen des Grenzwerts den normalen Wert erreicht.

4.7.9 Elemente in eine Ringeingabe einfügen

Zur schnellen Eingabe von Elementen in eine Ringsteuerung drücken Sie nach der Eingabe des Elementnamens ⇧-Enter oder ⇧-↵, um das Element zu bestätigen und den Cursor auf das nächste Element zu setzen.

4.7.10 Gruppieren von Objekten

Manchmal ist es sinnvoll, Objekte zu einer Gruppe zusammenzufassen, um Aktionen (Verschieben, Vergrößern, Kopieren, Löschen etc.) auf die gesamte Gruppe anzuwenden anstatt auf jedes einzelne Objekt. Auch logische Zusammenhänge können auf diese Weise fixiert werden. Das Gruppieren ist nur auf Frontpanelobjekte anwendbar.

4.7.11 Kopieren eines Objekts

Um ein Objekt zu kopieren, wählen Sie die Objekte aus, die kopiert werden sollen, drücken die Strg-Taste (Windows) oder die ±-Taste (MacOS) und ziehen die Duplikate an die neue Position. Die Originalobjekte bleiben an ihrer alten Position. Sie können Objekte auch in ein anderes VI-Fenster kopieren.

4.7.12 Bewegen eines Objekts in nur einer Richtung

Wenn Sie während des Verschiebens oder Kopierens eines Objekts die ⇧-Taste gedrückt halten, beschränkt LabVIEW die Bewegungsrichtungen auf die rein horizontale oder rein vertikale Verschiebung, abhängig davon, in welche Richtung Sie die Maus zuerst bewegen.

4.7.13 Anpassen der Farbe

Um eine Farbe von einem Objekt aufzunehmen, klicken Sie das Objekt mit dem *Farbe-übernehmen*-Werkzeug an. Färben Sie dann die gewünschten Objekte durch Anklicken mit dem *Farb*-Werkzeug ein.

4.7.14 Objekte ersetzen

Sie können auf einfache Weise ein Objekt des Frontpanels oder des Blockdiagramms ersetzen, indem Sie darüber ein Popup-Menü öffnen und *Ersetzen* wählen. Eine Palette *Elemente* oder *Funktionen* wird erscheinen (abhängig davon, in welchem Fenster Sie sich befinden) und Sie können ein neues Objekt oder eine neue Funktion wählen. Das neue Objekt wird das alte ersetzen und alle weiterhin zulässigen Verbindungen bleiben erhalten.

4.7.15 Platz schaffen

Um für Ihr Frontpanel oder Blockdiagramm einen größeren Fensterbereich zu erhalten, ziehen Sie einen Rahmen mit dem *Positionier*-Werkzeug, der über die bisherigen Fenstergrenzen hinausragt. Das Frontpanel oder das Blockdiagramm wird verschoben und Sie sehen ein von einer gepunkteten Linie umgebenes Rechteck, das Ihren neuen Arbeitsbereich markiert.

4.7.16 Anpassen der Paletten an Ihre Wünsche

Wenn Sie ein bestimmtes Frontpanelobjekt oder eine bestimmte Funktion in Ihrer Anwendung besonders oft verwenden, nutzen Sie die Vorteile, Paletten dauerhaft auf dem Bildschirm zu platzieren. »Fixieren« Sie die Palette einfach, indem Sie die Maustaste über der Pinnadel loslassen oder auf diese klicken. LabVIEW bietet Ihnen auch die Möglichkeit, VI oder Ihre individuelle Eingaben zu den Standardpaletten hinzuzufügen. Um eine individuelle Palette zu erstellen, gehen Sie folgendermaßen vor:

1. Fixieren Sie die Elemente- oder Funktionenpalette mit Hilfe der Pinnadel und klicken Sie dann auf die neu erschienene Schaltfläche *Optionen*. Wählen Sie dann den zu verändernden Palettensatz aus und klicken Sie auf *Paletten bearbeiten...*

2. Die Paletten *Elemente* und *Funktionen* werden erscheinen. Öffnen Sie die Palette, die Sie bearbeiten bzw. der Sie ein Objekt hinzufügen wollen.

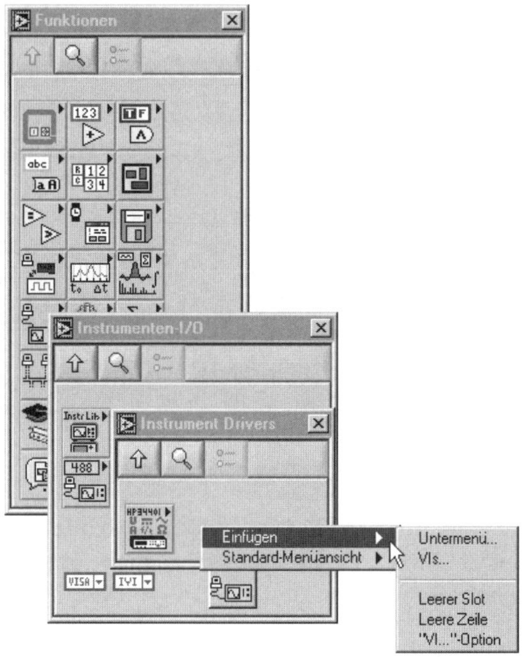

Abbildung 4.29: Anpassen der Paletten

3. Öffnen Sie auf der Palette ein Popup-Menü und wählen Sie die gewünschte Option aus dem *Einfügen*-Menü (Abbildung 4.29).

4. In einem Dialogfeld können Sie Ihr VI oder Ihre selbst definierte Eingabe auswählen.

5. Wenn Sie fertig sind, speichern Sie die neuen Paletten, indem Sie ihnen einen Namen geben. Später können Sie zwischen Ihren selbst definierten Paletten und den Standardpaletten umschalten, wenn Sie wieder eine Palette mit der Pinnadel fixieren und durch Klicken auf die Schaltfläche *Optionen d*en Dialog zur Auswahl der Palettensätze öffnen.

4.7.17 Konfiguration Ihrer Vorgaben

LabVIEW hat viele Voreinstellungen, die Sie entsprechend Ihren Wünschen und Ihren Arbeitsgewohnheiten anpassen können, wenn Sie *Optionen...* aus dem Menü *Werkzeuge* wählen. Sie können aus dem Menüring am oberen Rand des Dialogfensters die *Optionen* auswählen, deren Vorgaben Sie ansehen/ändern wollen.

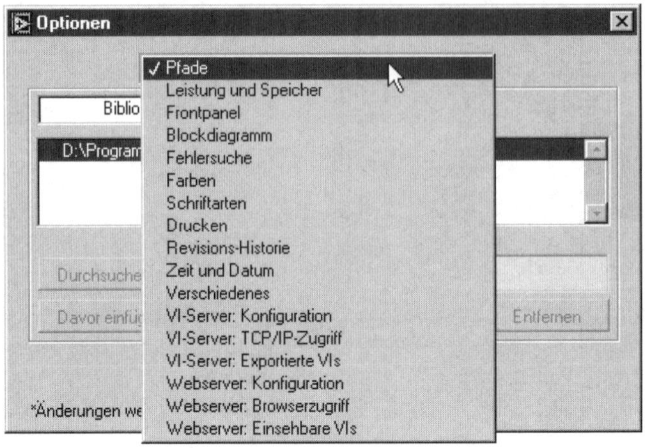

Abbildung 4.30: Die Dialogbox Optionen

Wählen Sie *Optionen* aus dem Menü *Werkzeuge* und blättern Sie durch die verschiedenen angezeigten Möglichkeiten. Wenn Sie mehr über Voreinstellungsoptionen wissen wollen, sehen Sie in die LabVIEW-Handbücher oder die Online-Hilfe.

4.8 Zusammenfassung

Nachdem in den letzten Kapiteln G, die in LabVIEW eingebettete grafische Programmiersprache, vorgestellt wurde, ging es in diesem Kapitel um die Bearbeitungswerkzeuge und Techniken, die die LabVIEW-Umgebung bereitstellt.

Darüber hinaus haben Sie vier Grundtypen einfacher Eingaben und Anzeigen kennen gelernt: *numerisch, Boolesch, String* und *Pfad*. Jeder Typ enthält einen anderen Datentyp und hat spezielle Popup-Optionen. Eingabe- und Anzeigenanschlüsse sowie Verbindungen im Blockdiagramm sind ihren Datentypen entsprechend farbkodiert: Orange für Fließkommazahlen, Blau für ganze Zahlen, Grün für boolesche Werte, Rosa für Strings (Zeichenketten) und Blaugrün für Pfade.

Den Abschluss bildete eine Reihe nützlicher Tipps und Tricks, die Sie in die Lage versetzen, Ihre VI schneller zu entwickeln.

5 Grundlagen der LabVIEW-Programmierung

Um etwas zu erfinden, sind zwei nötig.
Der eine stellt Kombinationen her;
der andere wählt aus, erkennt, was er wünscht und
was für ihn wichtig ist in der Masse der Dinge,
die der erste ihm überlassen hat. Was wir Genie nennen,
ist nicht so sehr das Werk des ersteren
als vielmehr die Bereitschaft des letzteren,
den Wert dessen, was ihm vorgelegt wurde,
zu erfassen und daraus auszuwählen.
Paul Valéry in J. Hadamard –
The psychology of invention in the mathematical field

Dieses Kapitel befasst sich mit den Grundlagen des Ladens und Speicherns, beschreibt die Vorteile von Bibliotheken und behandelt den Einsatz von SubVI.

5.1 Laden und Speichern von VI

Sie können ein VI laden, indem Sie *Datei>>Öffnen* wählen und dann das VI mit dem erscheinenden Dialogfeld aussuchen. Während das VI geladen wird, sehen Sie ein Statusfenster, das die VI beschreibt, die zurzeit geladen werden, und das es Ihnen erlaubt, den Ladevorgang abzubrechen. Sie können LabVIEW starten und gleichzeitig ein bestimmtes VI laden, wenn Sie auf das Symbol des VI doppelklicken oder indem Sie es bei Windows- oder Macintosh-Rechnern mit der Maus auf das LabVIEW-Symbol ziehen.

Speichern Sie Ihr VI durch die Auswahl von *Speichern* (oder einer entsprechenden Auswahl) aus dem Menü *Datei*. LabVIEW öffnet dann ein Dialogfeld, in dem Sie den Ablageort der Datei festlegen können. Wenn Sie VI als einzelne Dateien speichern wollen, unterliegen die Namen des VI den Beschränkungen für Dateinamen in Ihrem Betriebssystem (wie zum Beispiel die Dateinamen mit einer Länge von acht Zeichen unter Windows 3.1). Um diese Beschränkungen zu vermeiden, können Sie VI in einem speziellen komprimierten Format einer speziellen LabVIEW-Datei, *VI-Bibliothek* genannt, speichern. Diese Bibliotheken werden später in diesem Kapitel beschrieben.

Behalten Sie immer im Hinterkopf, dass LabVIEW das VI mit dem Namen auswählt. Sie können keine zwei VI mit demselben Namen gleichzeitig im Speicher halten. Wenn LabVIEW nach einem VI eines bestimmten Namens sucht, wird es immer das VI laden, das es zuerst findet und das unter Umständen nicht das ist, welches Sie laden wollten.

Beachten Sie, dass ein Stern (*) die Titel der VI markiert, die verändert, aber noch nicht gespeichert wurden. Speichern Sie Ihre VI jedoch nie im Verzeichnis *vi.lib*. Dieses Verzeichnis wird von National Instruments durch neue Versionen von LabVIEW verändert und wenn Sie darin irgendetwas speichern, könnten Sie Ihre Arbeiten verlieren.

Abbildung 5.1: Ein noch nicht gespeichertes VI

5.1.1 Speicheroptionen

Das Menü *Datei* stellt Ihnen vier Optionen zum Speichern Ihrer VI bereit.

Wählen Sie *Speichern*, um ein neues VI unter Angabe eines VI-Namens und eines Zielorts in der Verzeichnishierarchie zu speichern. Wenn das VI schon einmal abgespeichert wurde, wird es unter dem gleichen Namen und am gleichen Ort wieder abgespeichert, d. h., es ersetzt das zuvor gespeicherte VI.

Wählen Sie *Speichern unter...*, um ein VI im Speicher umzubenennen und eine Kopie des VI unter einem neuen Namen oder an einem anderen Ort in der Verzeichnisstruktur zu speichern. Wenn Sie einen neuen Namen für ein VI eingeben, überschreibt LabVIEW die gespeicherte Version des ursprünglichen VI nicht. Zusätzlich werden alle im Speicher stehenden VI so umgewandelt, dass sie nicht mehr das alte VI, sondern das neue VI enthalten.

Die Option *Alles speichern* speichert alle veränderten VI unter ihrem alten Namen an ihre alten Positionen, d. h. die auf dem Datenträger befindlichen VI werden ersetzt.

Mit Optionen speichern... öffnet ein Dialogfeld, in dem Sie einstellen können, ob Sie das VI für die Anwendungs- oder Entwicklungsdistribution speichern, die gesamte Hierarchie speichern oder eine individuelle Speicherung durchführen wollen (Abbildung 5.2). Außerdem haben Sie die Möglichkeit, VI ohne Blockdiagramme zu speichern. Achten Sie aber in diesem Fall darauf, immer eine weitere Kopie an anderer Stelle zu behalten, in der das Blockdiagramm erhalten bleibt, falls Sie es jemals wieder ändern wollen oder müssen! Um ein angegebenes VI oder eine Gruppe von VI an einem für alle gültigen neuen Ort zu speichern, ohne dass Sie eine Vielzahl von Bestätigungen eingeben müssen, wählen Sie *An neuen Speicherplatz – einmalige Abfrage*. Seit der Version 5.1 von LabVIEW haben Sie außerdem die Möglichkeit, VI für ältere LabVIEW-Versionen abzuspeichern. Mit dieser Option abgespeicherte VI können von allen LabVIEW-5.0.x-Versionen gelesen werden.

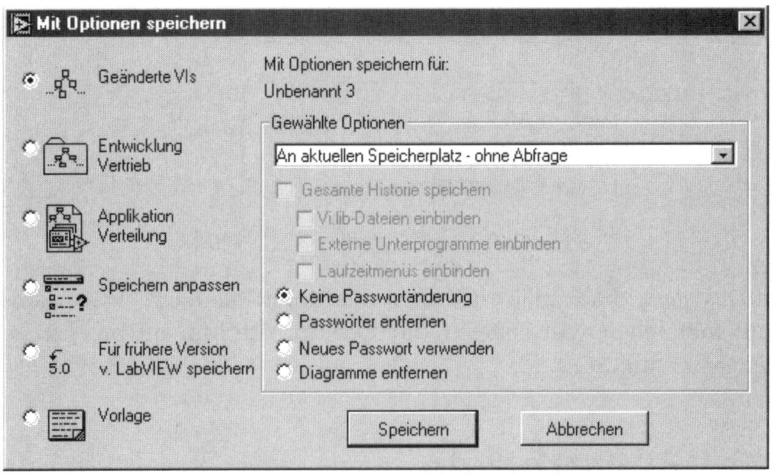

Abbildung 5.2: Dialogbox Mit Optionen speichern

5.1.2 Zurück zur letzten Version

Sie können die Option *Datei>>Zurück zur letzten Version* verwenden, um zu Ihrer zuletzt gespeicherten Version des VI zurückzukehren, das Sie gerade bearbeiten. Ein Dialogfeld erscheint, in dem Sie bestätigen, dass alle an dem VI gemachten Änderungen verworfen werden sollen.

5.1.3 Filterringe

Am unteren Rand Ihres Dialogfelds zum Speichern oder Laden werden Sie einen Filterring sehen, mit dem Sie einstellen können, welche Dateiauswahl Sie sehen möchten.

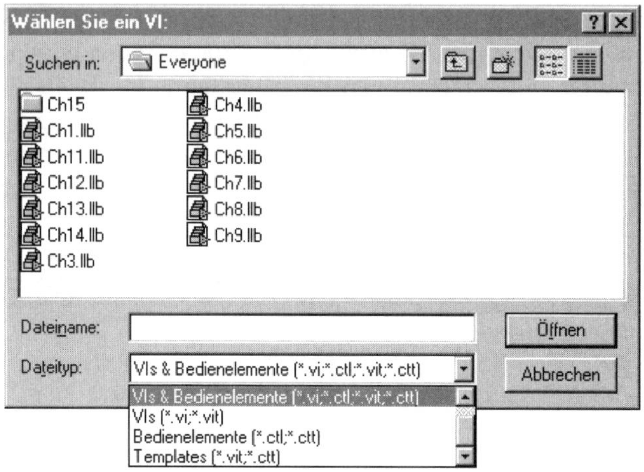

Abbildung 5.3: Dialogfeld zur Auswahl von VI

Im Feld *Dateiname:* haben Sie außerdem die Möglichkeit, ein eigenes Auswahlkriterium anzugeben. Nur Dateien, die diesem Kriterium entsprechen, werden im Dateifenster angezeigt.

5.2 VI-Bibliotheken

VI-Bibliotheken sind spezielle LabVIEW-Strukturen, die in der LabVIEW-Umgebung dieselben Möglichkeiten bieten, VI zu laden, zu speichern und zu öffnen, wie Verzeichnisse und Ordner. Sie können mehrere VI gruppieren und als VI-Bibliothek speichern. VI-Bibliotheken haben Vor- und Nachteile, so dass Sie von Fall zu Fall entscheiden müssen, ob sie für Ihren Einsatz sinnvoll sind.

5.2.1 Vorteile von VI-Bibliotheken

- Dateinamen in VI-Bibliotheken können bis zu 255 Zeichen lang sein und auch Zeichen enthalten, die im Windows-Dateisystem nicht erlaubt sind (zum Beispiel die Zeichen »?/<>«). Allerdings sollte man von der Verwendung zu langer Namen absehen. Kurze Namen sind einprägsamer und machen die Bibliothek übersichtlicher. Auch sollte man auf die Verwendung von Sonderzeichen verzichten, um sich die Option, ein VI aus einer VI-Bibliothek in einen Windows-Ordner zu kopieren, nicht zu verwehren.

- Wenn Sie VI auf andere Plattformen übertragen wollen, ist es oft einfacher, VI-Bibliotheken zu übertragen als viele einzelne Dateien.
- VI-Bibliotheken komprimieren ihren Inhalt, so dass der Speicherbedarf auf der Festplatte reduziert wird.

5.2.2 Vorteile des Speicherns in Einzeldateien

- Sie können das Dateisystem Ihres Computers verwenden, um die einzelnen Dateien zu verwalten (z.B. Kopieren, Verschieben, Umbenennen, Sicherheitskopien erstellen), ohne dazu LabVIEW verwenden zu müssen.
- Sie können innerhalb der VI-Bibliotheken keine Hierarchie aufbauen – VI-Bibliotheken können keine weiteren Verzeichnisse enthalten.
- Das Laden und Speichern der Dateien erfolgt vom Dateisystem aus schneller als bei VI-Bibliotheken.
- VI und andere Elemente in einzelnen Dateien zu speichern ist weniger fehleranfällig als das Speichern aller Komponenten eines gesamten Projekts in derselben Datei.

Wie Ihnen aufgefallen sein wird, sind viele der VI, die mit LabVIEW geliefert werden, in VI-Bibliotheken gespeichert, damit sie für alle Plattformen an übereinstimmenden Orten zu finden sind.

5.2.3 Verwenden von VI-Bibliotheken

Erstellen Sie eine VI-Bibliothek aus einem der Dialogfelder *Speichern* oder *Speichern unter...*, indem Sie unter Windows auf die Schaltfläche *Neue VI-Bibliothek* oder unter MacOS auf die Schaltfläche *Neu...* klicken. Wenn Sie mit einem Mac arbeiten, der die Dialogfelder des Betriebssystems verwendet, müssen Sie auf die Schaltfläche *LLBs verwenden* im *Speichern*-Dialogfeld klicken. Dann wählen Sie *Neu...* aus dem daraufhin erscheinenden Dialogfeld.

Geben Sie den Namen der neuen Bibliothek in das erscheinende Dialogfeld ein und schreiben Sie *.llb* als Erweiterung dahinter. Dann klicken Sie die Schaltfläche *VI-Bibliothek* an und die VI-Bibliothek wird erstellt. Wenn Sie die *.llb*-Erweiterung nicht eingeben, wird sie von LabVIEW automatisch angehängt.

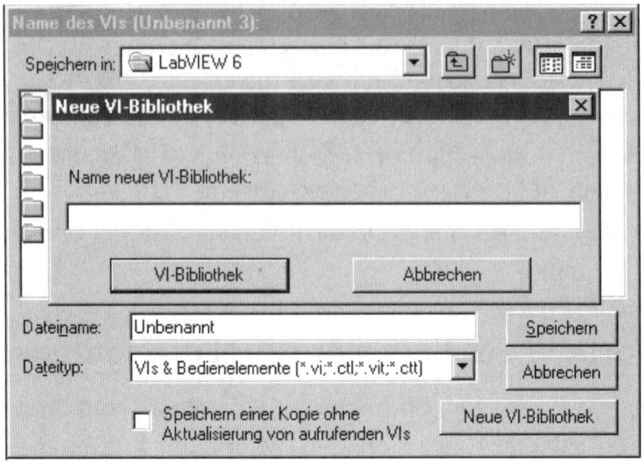

Abbildung 5.4: Dialogfeld zum Erstellen einer neuen VI-Bibliothek

Üblicherweise werden Sie eine VI-Bibliothek erstellen, wenn Sie ein VI speichern. Deshalb erscheint nach dem Erstellen der Bibliothek ein Dialogfeld, in dem Sie Ihr VI benennen und in der neuen Bibliothek speichern können.

Wenn die Bibliothek erst einmal erstellt ist, können Sie darin VI speichern und auf diese mit LabVIEW fast so zugreifen wie auf ein Verzeichnis oder einen Ordner, aber Sie können die einzelnen VI nicht von Ihrem Betriebssystem aus sehen. Denken Sie daran, dass Sie auf einem Mac, der die Dialoge des Betriebssystems verwendet, *LLBs verwenden* wählen müssen, wenn Sie aus dem *Speichern*-Dialog auf Bibliotheken zugreifen wollen.

5.2.4 VI-Bibliothek bearbeiten

Da Sie den Inhalt einer VI-Bibliothek nicht von Ihrem Betriebssystem aus bearbeiten können, müssen Sie dazu das Dialogfeld *VI-Bibliothek bearbeiten...* aus dem Menü *Werkzeuge* verwenden (Abbildung 5.5) oder mit *Werkzeuge>>Verwaltung von VI-Bibliotheken...* den VI-Library-Manager aufrufen, der wie ein komfortabler Dateimanager arbeitet und mit allen Verzeichnissen und Dateitypen umgehen kann. Das Dialogfeld *VI-Bibliothek bearbeiten...*, das in folgenden Abbildung 5.5. gezeigt wird, zeigt zunächst eine Liste aller Dateien in der VI-Bibliothek. Während Sie den Cursor durch die Liste bewegen, werden im unteren Bereich des Dialogfelds die Daten der Erstellung und der letzten Änderung der Datei gezeigt.

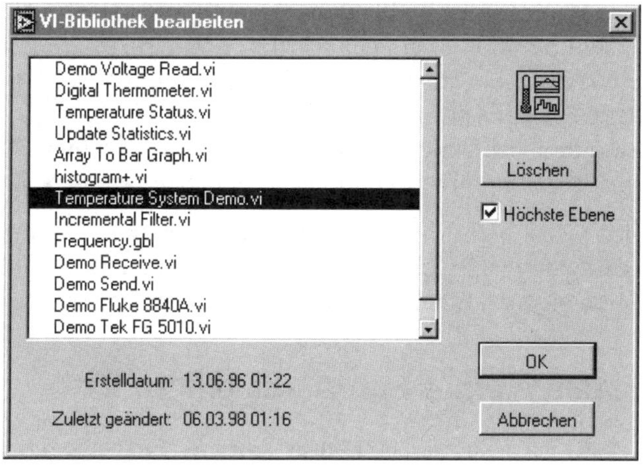

Abbildung 5.5: VI-Bibliothek bearbeiten

Wenn Sie ein VI als *Höchste Ebene* markieren, wird es automatisch geladen, wenn Sie die VI-Bibliothek laden. Die Namen von Top-Level-VI werden außerdem in einem separaten Abschnitt am oberen Rand des *Laden*-Dialogfelds angezeigt, so dass es für Sie einfacher zu erkennen ist, welche VI Haupt-VI und welche SubVI sind.

5.3 Erstellen von SubVI

Gerade für eine grafische Programmiersprache, in der in einer bildhaften Art und Weise programmiert wird, ist die Verfügbarkeit von Abstraktionsmechanismen, die die Übersichtlichkeit und Verwaltbarkeit von Programmen ermöglichen, unerlässlich. In LabVIEW wird diese Anforderung durch das Korrespondieren von einem Diagramm (Blockdiagramm) mit einem Symbol (Anschlussblock) erfüllt. Ein solches vom Anwender frei definierbares Symbol hält Anschlüsse bereit, die den Datenquellen und -senken zugewiesen werden. Auf ein derartiges Modul kann von einem übergeordneten Programm über sein Symbol beliebig oft zugegriffen werden. Die Realisierung dieses Abstraktionsprinzips wird in LabVIEW mit einem SubVI erfüllt.

Sie können Teile Ihres Programms Modul für Modul aufbauen, indem Sie SubVI erstellen. Ein SubVI ist einfach ein VI, das in einem anderen VI eingesetzt (bzw. von diesem aufgerufen) wird. Ein SubVI (aufgebaut aus Symbol/Anschlussblock im aufrufenden Blockdiagramm) entspricht einem Unterprogrammaufruf in einer textbasierten Programmiersprache. Ein Blockdiagramm kann etliche identische SubVI enthalten, die alle dasselbe SubVI aufrufen.

Sie können jedes VI als SubVI im Blockdiagramm eines anderen VI verwenden, vorausgesetzt, sein Symbol ist erstellt worden und ein Anschlussblock wurde zugewiesen. Sie können ein bestehendes VI in einem Blockdiagramm als SubVI einbauen, indem Sie *Wählen Sie ein VI...* aus der *Funktionenpalette* anklicken. Diese Auswahl öffnet ein Dialogfeld, aus dem Sie ein beliebiges VI im System wählen können. Sein Symbol wird dann in Ihrem Diagramm erscheinen.

Ein VI kann sich selbst nicht direkt oder indirekt aufrufen. Diese Fähigkeit der rekursiven Ausführung ist in LabVIEW nicht vorgesehen. Daher können Sie ein VI nicht in seinem eigenen Blockdiagramm oder einem seiner SubVI einsetzen.

5.3.1 Erstellen eines SubVI aus einem VI

Bevor Sie ein VI als SubVI einsetzen können, müssen Sie festlegen, wie es Daten vom aufrufenden VI erhalten und an dieses zurückgeben kann. Um dies zu gewährleisten, müssen Sie die Eingaben und Anzeigen des VI den Anschlüssen im Anschlussblock zuweisen und ein Symbol erstellen, welches das VI darstellt.

5.3.2 Gestaltung des Symbols

Jedes SubVI muss ein Symbol besitzen, das es in einem übergeordneten VI darstellt. Das Symbol ist seine grafische Darstellung. Sie können ein Symbol erstellen, indem Sie *Symbol bearbeiten* aus dem Popup-Menü des Symbolfelds in der rechten oberen Ecke des Frontpanels auswählen (Abbildung 5.6). Sie müssen sich dazu im Bearbeitungsmodus befinden.

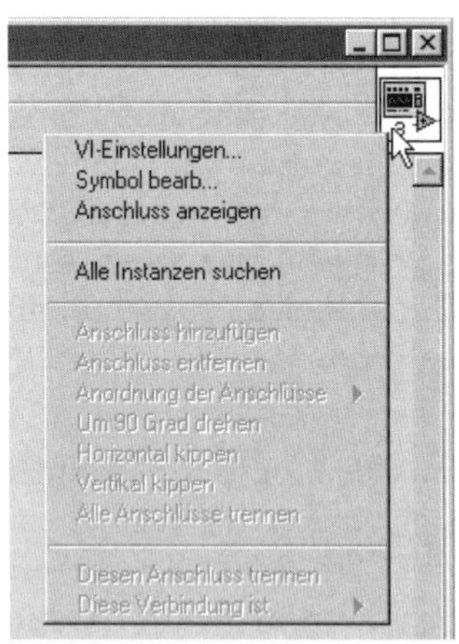

Abbildung 5.6: Das Popup-Menü zum Aufruf des Symbol-Editors

Sie können den *Symbol-Editor* (= *Icon Editor*) auch öffnen, indem Sie auf das Symbol im Symbolfeld doppelklicken. Das Fenster des Symbol-Editors, das in Abbildung 5.7 zu sehen ist, wird erscheinen. Verwenden Sie dessen Werkzeuge, um das Symbol Ihrer Wahl zu entwerfen.

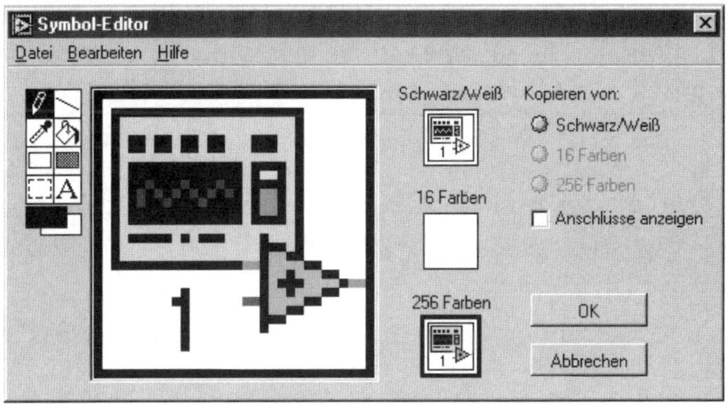

Abbildung 5.7: Der Symbol-Editor

	Bleistift	Zeichnet und löscht Pixel für Pixel.
	Linie	Zeichnet Geraden. Drücken Sie die ⇧-Taste, um die Zeichenrichtung auf waagrechte, diagonale oder senkrechte Geraden zu beschränken.
	Pipette	Kopiert die Vordergrundfarbe eines Elements im Symbol. Verwenden Sie die ⇧-Taste, um die Hintergrundfarbe zu kopieren.
	Fülleimer	Füllt einen eingegrenzten Bereich mit der Vordergrundfarbe.
	Rechteck	Zeichnet ein Rechteck in der Vordergrundfarbe. Doppelklicken Sie auf dieses Symbol, um das Symbol mit der Vordergrundfarbe einzurahmen. Verwenden Sie die ⇧-Taste, um die Bewegung so zu beschränken, dass ein Quadrat entsteht.
	gefülltes Rechteck	Zeichnet ein Rechteck, dessen Rahmen die Vordergrundfarbe erhält, ausgefüllt mit der Hintergrundfarbe. Doppelklicken Sie hier, um das Symbol mit der Vordergrundfarbe zu umrahmen und mit der Hintergrundfarbe auszufüllen.

Tab. 5.1: Die einzelnen Elemente des Symbol-Editors

	Auswählen	Wählt einen Bereich des Symbols zum Verschieben, Kopieren oder für andere Veränderungen aus.
	Text	Gibt Text in den Symbolentwurf. Doppelklicken Sie auf dieses Werkzeug, um die Schriftattribute zu ändern.
	Vorder-grund/Hin-tergrund	Zeigt die aktuelle Vorder- und Hintergrundfarbe. Klicken Sie auf eines der beiden Symbole, um eine Palette zu öffnen, aus der Sie neue Farben auswählen können.

Tab. 5.1: Die einzelnen Elemente des Symbol-Editors (Forts.)

Die Schaltflächen an der rechten Seite des Bearbeitungsbildschirms haben die folgenden Funktionen:

- *OK*
  Speichert Ihre Zeichnung als Symbol des VI und bringt Sie zurück zum Frontpanel.
- *Abbrechen*
  Geht zurück zum Frontpanel, ohne die Änderungen zu speichern.

Abhängig von Ihrem Monitor können Sie unterschiedliche Symbole für die Darstellung in den Modi monochrom, 16 Farben und 256 Farben erstellen. Sie können jedes dieser Symbole einzeln entwerfen und speichern oder mit den *Kopieren-von...*-Schaltflächen ein farbiges Symbol in das monochrome Symbol (oder umgekehrt) kopieren. Ihre VI sollten immer wenigstens ein schwarzweißes Symbol enthalten, denn farbige Symbole werden in einer Palettenauswahl nicht angezeigt und sind auf Schwarzweißmonitoren nicht sichtbar. Wenn kein schwarzweißes Symbol vorliegt, wird LabVIEW statt dessen ein leeres Symbol anzeigen.

Um sich die Arbeit beim Erstellen des Symbols zu vereinfachen, können Sie jede beliebige Bitmap über Drag&Drop in den Symbol-Editor bringen. Hierzu müssen Sie noch nicht einmal den Symbol-Editor aufrufen. Nehmen Sie mit der Maus das Bild, welches Sie als Symbol verwenden wollen, und halten Sie die Maustaste gedrückt, bis der Mauszeiger sich über dem Symbol im Frontpanel befindet.

5.3.3 Zuweisen des Anschlussblocks

Bevor Sie ein VI als SubVI verwenden können, müssen Sie dem Anschlussblock die notwendigen Anschlüsse zuweisen. Der Anschlussblock ist LabVIEWs Art, Daten an ein SubVI zu übergeben und Daten von einem SubVI zu erhalten, so, wie Sie Parameter für ein Unterprogramm einer konventionellen Sprache definieren müssen. Der Anschlussblock eines VI weist die Eingaben und Anzeigen des VI den Ein- und Ausgabeanschlüssen zu. Um den Anschlussblock zu definieren, öffnen Sie ein Popup-Menü auf dem Symbolfeld und wählen *Anschluss anzeigen* (wenn Sie das Symbol wieder sehen wollen, öffnen Sie das Popup-Menü des Anschlussblocks und wählen *Symbol anzeigen*). LabVIEW bietet Ihnen einen vordefinierten Anschlussblock auf Grundlage der Anzahl der Eingaben und Anzeigen auf dem Frontpanel. Wenn Sie einen anderen Anschlussblock wünschen, wählen Sie einen aus dem Menü *Anordnung der Anschlüsse*, das Sie erhalten, wenn Sie auf dem Anschlussblock ein Popup-Menü öffnen. Sie können den Anschlussblock auch mit den Befehlen des Popup-Menüs drehen und spiegeln, wenn er ungünstig ausgerichtet ist.

Befolgen Sie diese Schritte, um einem Bedien- oder Anzeigeelement einen Anschluss zuzuweisen:

1. Klicken Sie einen Anschluss des Anschlussblocks an. Der Cursor wird automatisch zum *Verbindungs*-Werkzeug und der Anschluss wird, wie gezeigt, schwarz.

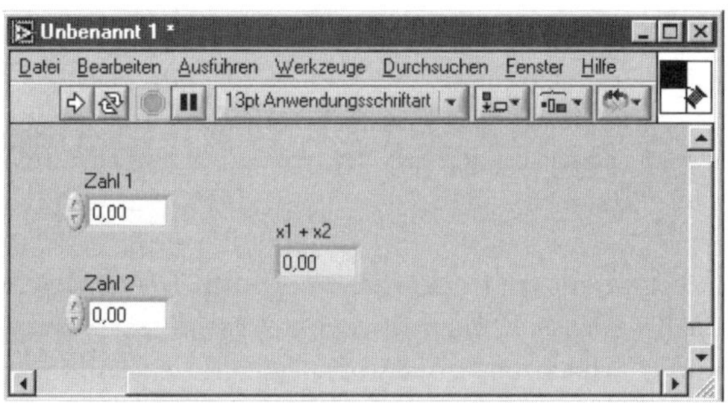

Abbildung 5.8: Das Erstellen des Anschlussblocks und Zuweisen der Ein- und Ausgaben

2. Klicken Sie ein Bedien- oder Anzeigeelement an, das mit dem Anschluss verknüpft werden soll. Ein wandernder gepunkteter Rahmen umgibt das Bedien- oder Anzeigeelement.

3. Klicken Sie in einen freien Bereich des Frontpanels. Die gepunktete Linie verschwindet und der gewählte Anschluss wird deaktiviert und erhält die Farbe des zugehörigen Datentyps, um anzuzeigen, dass die Zuweisung des Bedien- oder Anzeigeelements zu dem Anschluss erfolgreich war.

Wenn der Anschluss schwarz oder weiß erscheint, haben Sie die Verbindung nicht korrekt hergestellt. Wiederholen Sie nötigenfalls die vorigen Schritte. Sie können einem VI bis zu 28 Anschlüsse zuweisen.

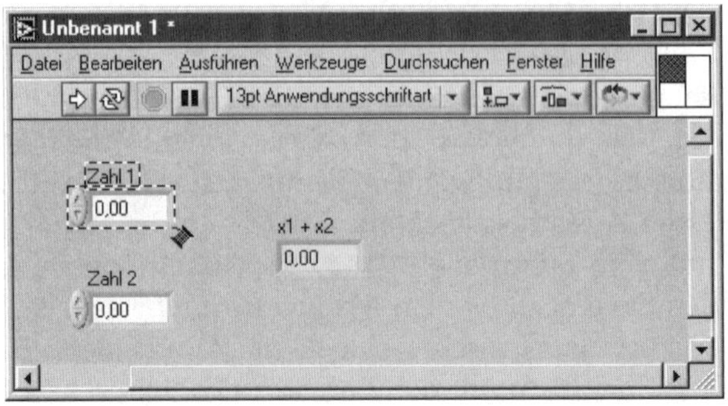

Abbildung 5.9: Die Eingabe ist mit einer gepunkteten Linie umgeben

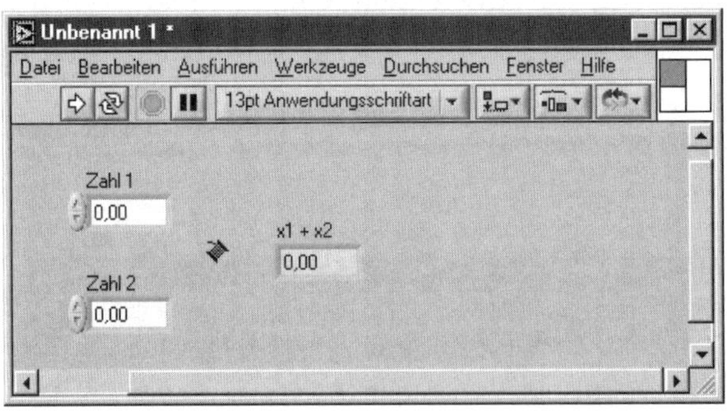

Abbildung 5.10: Eine Eingabe wurde erfolgreich dem Anschlussblock zugewiesen.

Wenn Sie einen Fehler machen, finden Sie im Popup-Menü des Anschlussblocks die Befehle *Diesen Anschluss trennen* und *Alle Anschlüsse trennen*, mit denen Sie die Verbindung eines Anschlusses bzw. die Verbindung aller Anschlüsse lösen können.

5.3.4 SubVI nachträglich definieren

Die Funktion *SubVI erstellen* ermöglicht es, einen beliebigen Teil eines Blockdiagramms in ein SubVI zu abstrahieren. Dieses so entstandene SubVI wird nicht nur automatisch verbunden, sondern die bei dem Vorgang entstehenden Frontpanelobjekte werden sogar beschriftet. Verwenden Sie das *Positionier*-Werkzeug, um den Abschnitt des VI auszuwählen, den Sie durch ein SubVI ersetzen wollen. Wählen Sie *SubVI erstellen* aus dem Menü *Bearbeiten* und beobachten Sie, wie LabVIEW den Ausschnitt durch ein SubVI ersetzt – komplett mit korrekter Verbindung und einem Symbol. Sie können auf das neue SubVI doppelklicken, um dessen Frontpanel anzusehen, sein Symbol zu bearbeiten, seinen

Anschlussblock anzusehen und es unter seinem neuen Namen zu speichern. Verwenden Sie *SubVI erstellen* mit Vorsicht, da Sie damit leicht unerwartete Resultate erhalten.

5.3.5 Empfohlene, erforderliche und optionale Eingänge

Wenn Sie das Hilfefenster für einen SubVI-Knoten in einem Blockdiagramm öffnen, werden dessen Beschreibung und Anschlussmuster angezeigt. Die Beschreibungen der Eingänge werden links angezeigt, während die Ausgänge rechts angezeigt werden. Sie können auch das Hilfefenster des aktuellen VI anzeigen lassen, wenn Sie es auf dem Symbolfeld aufrufen. Im nächsten Abschnitt werden Sie lernen, wie Sie die Beschreibung ändern können.

Integrierte LabVIEW-Funktionen erkennen automatisch, ob Sie einen erforderlichen Eingang nicht verbunden haben, und melden das VI als fehlerhaft, solange diese Eingänge nicht angeschlossen sind. Sie können Ihre SubVI ebenfalls so konfigurieren, dass sie erforderliche, empfohlene und optionale Eingänge enthalten. Sollte ein Eingang *erforderlich* sein, können Sie das VI nicht als SubVI starten, wenn dieser Eingang nicht korrekt angeschlossen ist. Wenn ein Ein- oder Ausgang empfohlen ist, wird in der Fehlerliste eine Warnung angezeigt (sofern Sie die Warnungen aktiviert haben), die Ihnen mitteilt, dass ein empfohlener Ein- oder Ausgang nicht verbunden ist. Wird ein optionaler Eingang nicht verdrahtet, gibt es weder Fehler- noch Warnhinweise – bei der Ausführung des SubVI werden in diesem Fall Standardwerte (Default-Werte) verwendet.

Um einen Anschluss als erforderlich, empfohlen oder optional einzustufen (oder um seine aktuelle Einstufung zu sehen), öffnen Sie ein Popup-Menü auf dem zugewiesenen Anschluss des Anschlussblockfelds und sehen sich die Menüerweiterung *Diese Verbindung ist* an. Ein Häkchen neben einer der Optionen *Erforderlich, Empfohlen* oder *Optional* zeigt die aktuelle Einstufung an (Abbildung 5.11).

Im Hilfefenster werden erforderliche Anschlüsse fett gedruckt, empfohlene Anschlüsse mit normalem Text und optionale Anschlüsse in deaktiviertem (grauem) Text dargestellt, wenn Sie die ausführliche Hilfeansicht aktiviert haben. Wenn Sie das Hilfefenster auf einfache Hilfeansicht eingestellt haben, werden die optionalen Anschlüsse verborgen.

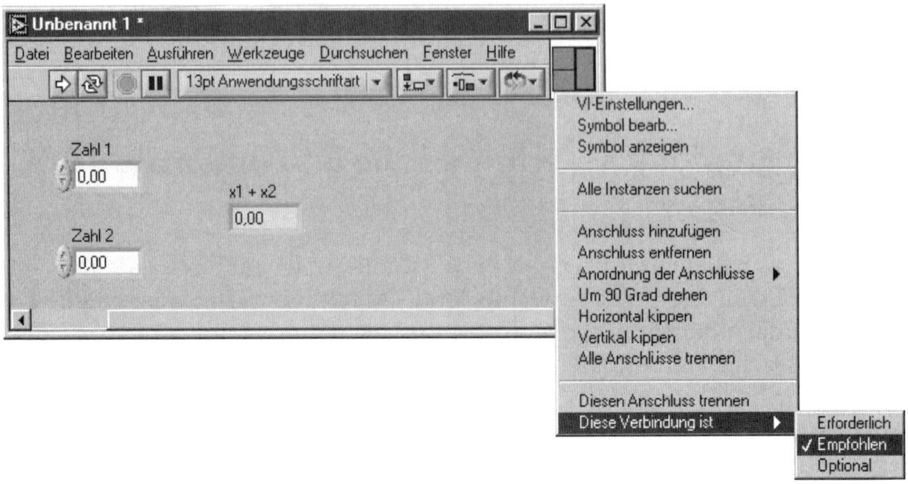

Abbildung 5.11: Die Einstufung von Eingängen

5.4 Übung: Erstellen von SubVI

In dieser Übung werden Sie das *Thermometer-VI*, das Sie im letzten Kapitel erstellt haben, in ein SubVI umwandeln, so dass Sie es im Diagramm eines anderen VI einsetzen können.

1. Öffnen Sie das *Thermometer.VI*, das Sie in Kapitel 4 erstellt haben. Wenn Sie es im Verzeichnis *EIGENE PROGRAMME* gespeichert haben (oder der entsprechenden VI-Bibliothek), wie wir es Ihnen empfohlen haben, sollte es leicht zu finden sein. Wenn Sie es nicht finden können, verwenden Sie das *Thermometer.VI*, das Sie in *LABVIEW-GRUNDLAGEN\KAPITEL04.LLB* finden.

2. Erstellen Sie ein Symbol für das VI. Öffnen Sie das Popup-Menü auf dem Symbolfeld auf dem Frontpanel und wählen Sie *Symbol bearbeiten...* aus dem Menü, um den Symbol-Editor zu öffnen. Verwenden Sie die Werkzeuge, die weiter oben in diesem Kapitel beschrieben wurden, um das Symbol zu erstellen. Dann klicken Sie die Schaltfläche *OK* an, um zum übergeordneten VI zurückzukehren. Ihr Symbol müsste nun, wie in Abbildung 5.12 dargestellt, im Symbolfeld erscheinen.

3. Erstellen Sie den Anschlussblock, indem Sie auf dem Popup-Menü des Symbolfelds *Anschluss anzeigen* wählen. Da Ihr Frontpanel nur aus einer Anzeige besteht, zeigt auch der Anschlussblock nur einen Anschluss und sollte wie gezeigt als weißer Kasten erscheinen.

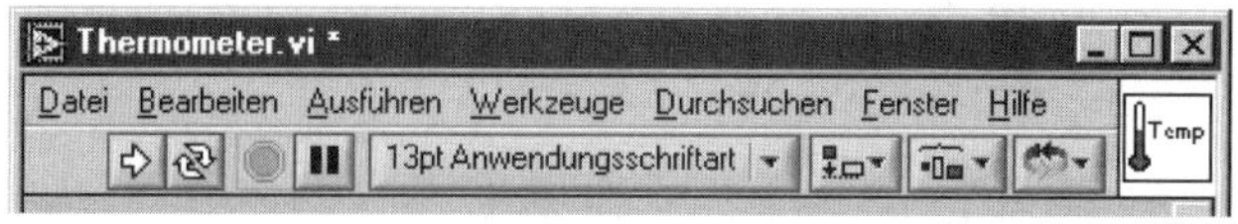

Abbildung 5.12: Das Aussehen des von Ihnen bearbeiteten Icons

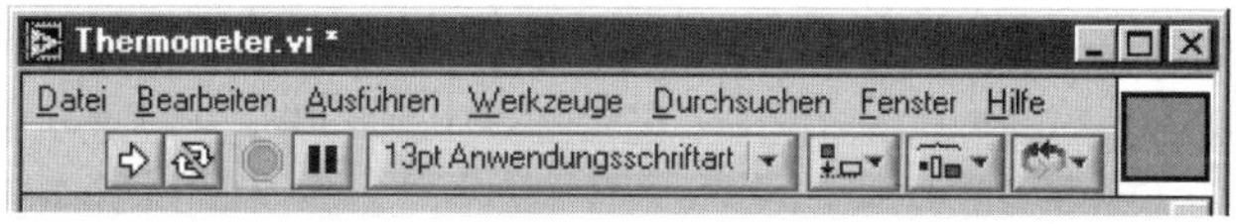

Abbildung 5.13: Der Anschlussblock des Thermometer-VI

4. Weisen Sie den Anschluss der Thermometeranzeige zu. Verwenden Sie das *Verbindungs*-Werkzeug und klicken Sie auf den Anschluss im Anschlussblock. Der Anschluss wird daraufhin schwarz. Klicken Sie nun auf die Thermometeranzeige. Eine wandernde gepunktete Linie wird die Anzeige umrahmen. Zum Schluss klicken Sie in einen freien Bereich des Frontpanels. Die gepunktete Linie wird verschwinden und der gewählte Anschluss wird sich orange einfärben, um anzuzeigen, dass dieser Anschluss der Anzeige zugewiesen ist. Die Farbe ist abhängig vom gewählten Datentyp. Wählen Sie aus dem Popup-Menü *Symbol anzeigen*, um zum Symbol zurückzukehren.

5. Speichern Sie die Änderungen mit *Speichern* aus dem Menü *Datei*, sofern Sie nicht die Evaluierungsversion von LabVIEW verwenden. Wenn Sie mit dieser arbeiten, finden Sie eine aktuelle Version von *Thermometer.VI* in *KAPITEL05.LLB*, mit der Sie in späteren Übungen weitermachen können. Sie werden dieses VI im nächsten Kapitel als SubVI verwenden, sorgen Sie also dafür, dass es in *EIGENE PROGRAMME* gespeichert wird, damit Sie es wiederfinden!

6. Verwenden Sie das *Positionier*-Werkzeug, um einen Bereich des Blockdiagramms zu markieren, wie in Abbildung 5.14 gezeigt. Dann wählen Sie den Befehl *Bearbeiten>>SubVI erstellen*, um das SubVI automatisch zu erstellen. Beachten Sie, dass die Temperaturanzeige Teil des aufrufenden VI bleibt. Doppelklicken Sie auf das neue SubVI, um dessen Frontpanel zu sehen.

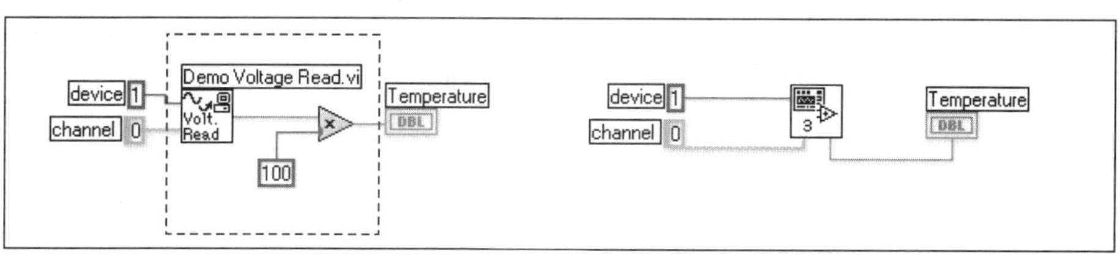

Abbildung 5.14: Links: ausgewählter Teil des Blockdiagramms, rechts: erstelltes SubVI

7. Schließen Sie sowohl das neue SubVI als auch *Thermometer.VI*. Diesmal speichern Sie die Änderungen nicht!

5.5 Zusammenfassung

LabVIEW bietet verschiedene Möglichkeiten, um Ihre VI zu speichern. Sie werden sie vielleicht in *VI-Bibliotheken* speichern wollen, besondere LabVIEW-Strukturen, die Gruppen von VI enthalten. Ihr Betriebssystem sieht VI-Bibliotheken als einzelne Dateien. Nur mit LabVIEW können Sie auf die enthaltenen VI zugreifen. VI-Bibliotheken erlauben Ihnen, bis zu 255 Zeichen lange Dateinamen zu verwenden. Sie sollten die Vor- und Nachteile der Verwendung von VI-Bibliotheken sorgfältig abwägen, bevor Sie sich entscheiden, wie Sie Ihre Arbeiten speichern wollen.

Die Mächtigkeit von LabVIEW beruht darauf, dass es die Möglichkeit bietet, modular hierarchische Programme zu entwickeln. So lassen sich z.B. mehrere Funktionseinheiten aus einem Blockdiagramm zu einem einzigen anwenderdefinierten VI zusammenfassen und als SubVI von übergeordneten VI aus beliebig oft aufrufen. Ein solches VI entspricht einem Unterprogramm in einer konventionellen Programmiersprache. Komplexe Diagramme können durch eine solche hierarchische Strukturierung bzw. Abstrahierung nicht nur wesentlich übersichtlicher gestaltet, sondern als fertige SubVI in anderen Programmen eingesetzt werden. Es sei bemerkt, dass durch die hierarchische Verschachtelung von SubVI ein LabVIEW-Programm auch bei der Lösung von komplexen Abläufen immer noch leicht lesbar und verständlich bleibt. Dabei gibt es keine Grenze bei der Verschachtelungstiefe.

Zum Abschluss noch ein nützlicher Hinweis: Ein fertiges VI lässt sich durch Ziehen (Drag&Drop) seines Symbols in das Blockdiagramm eines beliebigen anderen VI platzieren. So spart man sich das manuelle Einfügen über die *Funktionenpalette* mit *Wählen Sie ein VI...* Diese Option kann noch mit [⇧]-Ziehen, d. h. gleichzeitigem Drücken der [⇧]-Taste, während Sie das Drag& Drop ausführen, erweitert werden. Wenn Sie ein SubVI interaktiv austesten und dabei die Standardwerte verändern, erzeugt LabVIEW für die geänderten Eingaben automatisch Konstanten auf dem Blockdiagramm, in das Sie das VI einfügen. Sie sollten dies als Übung gleich mal ausprobieren.

6 Techniken zur Fehlerbeseitigung

Der Tausendfüßler lief einher
Ganz unbeschwert, bis ihn im Scherz
Die Kröte fragte: Sag, mein Herz,
welch' Bein kommt erst und welches dann?
Da fing er schwer zu grübeln an:
Wie war das mit den Füßen bloß?
Er denkt noch immer, regungslos.
W. H. Calvin – Die Symphonie des Denkens

Der Programmierprozess stellt eine aufwendige geistige Tätigkeit dar. Der Anwender muss das Problem verstehen, einen Algorithmus oder ein Steuerprogramm entwerfen, dieses mit den Werkzeugen seiner Softwareumgebung formulieren und die Anwendung schließlich durch Beseitigen von Fehlern »zum Laufen bringen«. Betrachtet man die Aufteilung des Zeitaufwands beim Programmieren, so nimmt die letzte Phase, die Fehlerbeseitigung (engl. »Debugging«), die eindeutig dominierende Aktivität des Programmierens ein. Gerade für eine grafische Programmiersprache sind gute Werkzeuge zur Fehlerbeseitigung unerlässlich. LabVIEW enthält eine Vielzahl von leistungsfähigen Funktionen, welche die Fehlersuche besonders in umfangreichen Anwendungen erheblich vereinfachen. In diesem Abschnitt wird erläutert, wie Sie diese Funktionen optimal nutzen.

6.1 Fehlerbeseitigung

Sobald Sie sehen, dass die *Start*-Schaltfläche gebrochen dargestellt wird, wissen Sie, dass sich Ihr Programm nicht kompilieren oder ausführen lässt. Im einfachsten Fall kann mit *Ungültige Verbindungen entfernen* (im Menü *Bearbeiten*) das Problem behoben sein. Jedoch sollten Sie darauf achten, dass keine Verbindungen entfernt werden, die Sie noch brauchen!

Als Nächstes sollten Sie auf die zerbrochene *Start*-Schaltfläche klicken oder *Fenster>>Fehlerliste* aus dem Menü auswählen. Die Fehlerliste zeigt Ihnen daraufhin alle Fehler des VI an (Abbildung 6.1). Im ersten Feld haben Sie die

Möglichkeit, die Fehlerliste anderer geöffneter VI zur Anzeige auszuwählen. Um mehr über einen bestimmten Fehler herauszufinden, klicken Sie ihn an. Die Fehlerliste wird dann weitere Informationen anzeigen. Um einen bestimmten Fehler in Ihrem VI aufzufinden, doppelklicken Sie in der Liste auf den Fehler oder markieren Sie diesen und klicken Sie auf die Schaltfläche *Fehler anzeigen*. LabVIEW bringt das Fenster nach vorne und markiert das den Fehler verursachende Objekt.

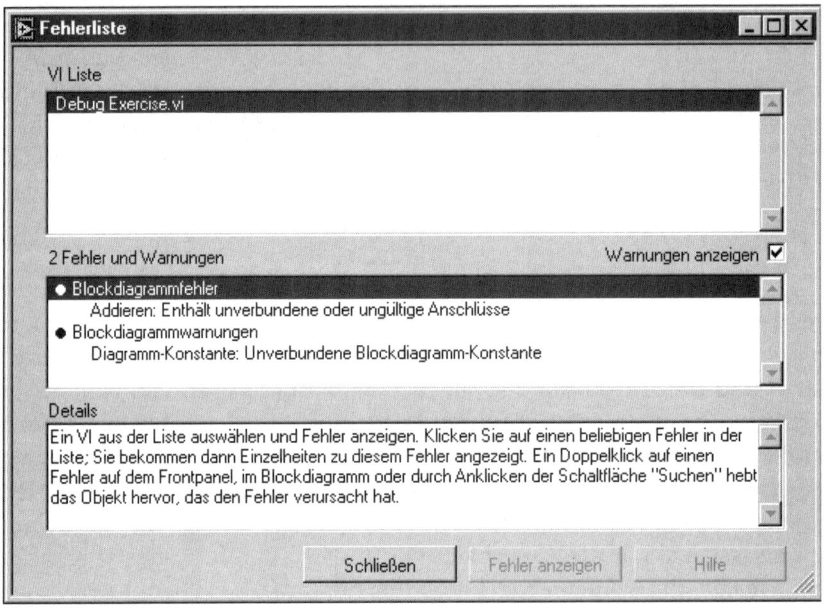

Abbildung 6.1: Das Dialogfeld Fehlerliste

6.2 Warnungen

Wenn Sie zusätzliche Hilfe zur Fehlersuche wünschen, können Sie in der Fehlerliste *Warnungen anzeigen* einschalten, indem Sie das Feld aktivieren. Eine Warnung bezieht sich auf etwas, das nicht unzulässig ist und daher keinen zerbrochenen Pfeil verursacht, was LabVIEW aber nicht sinnvoll erscheint, wie zum Beispiel ein Eingabeanschluss, der mit nichts verbunden ist. Wenn Sie *Warnungen anzeigen* eingeschaltet haben und ausstehende Warnungen entstanden sind, werden Sie die *Warnung*-Schaltfläche in der Symbolleiste sehen. Sie können dann die *Warnung*-Schaltfläche anklicken, um sich die Fehlerliste anzeigen zu lassen, in der die Warnung beschrieben wird.

Sie können LabVIEWs Voreinstellungen auch so konfigurieren, dass Warnungen üblicherweise angezeigt werden. Wählen Sie aus dem Dialogfenster *Optionen* (erreichbar über *Werkzeuge>>Optionen...*) das Menü *Fehlersuche* und aktivieren Sie das Feld *Standardmäßig Warnungen im Fehlerfenster anzeigen*.

6.3 Die häufigsten Fehlerquellen

Bestimmte Fehler treten häufiger auf, daher erscheint es uns sinnvoll, diese näher zu beleuchten. Wenn Ihre *Start*-Schaltfläche zerbrochen dargestellt ist, könnte einer der Fehler in dieser Liste Ihr Problem beschreiben.

- Ein erforderlicher Eingangsanschluss an einer Funktion ist unverbunden.
- Das Blockdiagramm enthält eine fehlerhafte Verbindung aufgrund einer Datentypunverträglichkeit oder ein loses, unverbundenes Ende. Mit dem Befehl *Bearbeiten>>Ungültige Verbindungen entfernen* lassen sich fehlerhafte Verbindungen oder lose Enden ganz leicht entfernen. Trotzdem sollten Sie sich die fehlerhaften Verbindungen vor der Entfernung ansehen, um herauszufinden, warum die Verbindung fehlerhaft ist.
- Ein SubVI ist fehlerhaft oder Sie haben dessen Anschlussblock verändert, nachdem Sie das Symbol im Blockdiagramm eingebaut haben. Verwenden Sie eine der Optionen *Ersetzen* oder *Mit SubVI neu verbinden* aus dem Popup-Menü, um die Verbindung zum SubVI zu aktualisieren.
- Sie haben unabsichtlich zwei Eingaben miteinander verbunden oder an eine Anzeige angeschlossen. Die Fehlerliste wird in diesem Fall die Meldung »...mehr als eine Datenquelle« enthalten. Meist lässt sich dieser Fehler beheben, indem Sie eines dieser Bedienelemente in eine Anzeige umwandeln.

6.4 Fehlersuche im Einzelschrittmodus

Zur Fehlersuche werden Sie ein Blockdiagramm häufig Schritt für Schritt ausführen wollen. Um den Einzelschrittmodus zu starten, können Sie ein VI durch eine der *Einzelschritt*-Schaltflächen starten (anstatt der *Start*-Schaltfläche), ein VI mittels eines Haltepunkts anhalten oder die *Pause*-Schaltfläche anklicken.

Eventuell werden Sie die Visualisierung des Programmablaufs (*Highlight-Funktion*, wird als Nächstes beschrieben) verwenden wollen, während Sie Ihr Programm in Einzelschritten ausführen lassen, damit Sie dem Datenfluss folgen können.

Während Sie im *Einzelschrittmodus* arbeiten, klicken Sie eine der drei aktiven *Einzelschritt*-Schaltflächen an, um den nächsten Programmschritt auszuführen. Die Schaltfläche bestimmt dabei, wie der nächste Schritt ausgeführt wird.

- Klicken Sie auf die *Hineinspringen*-Schaltfläche, um den ersten Schritt eines SubVI oder einer Struktur auszuführen. Sie können stattdessen auch das Tastenkürzel verwenden: Drücken Sie die Pfeiltaste nach unten zusammen mit [Strg] unter Windows, [⌘] auf dem Mac, [Meta] auf der Sun und [Alt] auf HP Workstations.
- Klicken Sie die *Überspringen*-Schaltfläche an, um eine Struktur (eine Sequenz, eine Schleife) oder ein SubVI auszuführen und am nächsten Knoten anzuhalten. Sie können stattdessen wieder das Tastenkürzel verwenden: Drücken Sie die Pfeiltaste nach rechts zusammen mit [Strg] unter Windows und [⌘] auf dem Mac etc.
- Klicken Sie die *Hinausspringen*-Schaltfläche an, um die Ausführung des aktuellen Blockdiagramms, des VI oder der aktuellen Struktur zu beenden und anschließend anzuhalten oder verwenden Sie das Tastaturkürzel: Drücken Sie die Pfeiltaste nach oben gleichzeitig mit [Strg] unter Windows und [⌘] auf dem Mac.

6.5 Programmablauf visualisieren

In LabVIEW können Sie die Ausführung Ihres Blockdiagramms visualisieren. Um diesen Modus zu aktivieren, klicken Sie auf die Schaltfläche *Highlight-Funktion* in der Symbolleiste.

Während Daten von einem Knoten zum nächsten laufen, wird die Bewegung der Daten durch Blasen (engl. »Bubbles«) angezeigt, die die Verbindungen entlanglaufen. Es wird Ihnen auffallen, dass diese Visualisierung die Ablaufgeschwindigkeit Ihres VI erheblich reduziert. Klicken Sie die Schaltfläche *Highlight-Funktion* erneut an, um zum normalen Betrieb zurückzukehren. Abbildung 6.2 zeigt die Ausführung eines VI mit aktivierter *Highlight-Funktion*.

Knotenwerte werden während der Visualisierung des Programmablaufs, wie oben dargestellt, automatisch angezeigt, wenn Sie *Auto-Probe während Highlight-Funktion* im Menü *Fehlersuche* in *Werkzeuge>>Optionen...* aktivieren.

Im Allgemeinen verwendet man die Visualisierung des Programmablaufs zusammen mit dem Einzelschrittmodus, um ein Verständnis dafür zu bekommen, wie die Daten durch das Programm fließen. Wenn diese beiden Modi gemeinsam eingesetzt werden, zeigen Reliefdarstellungen in den Symbolen der SubVI, welche VI zurzeit ausgeführt werden und welche auf die Ausführung warten.

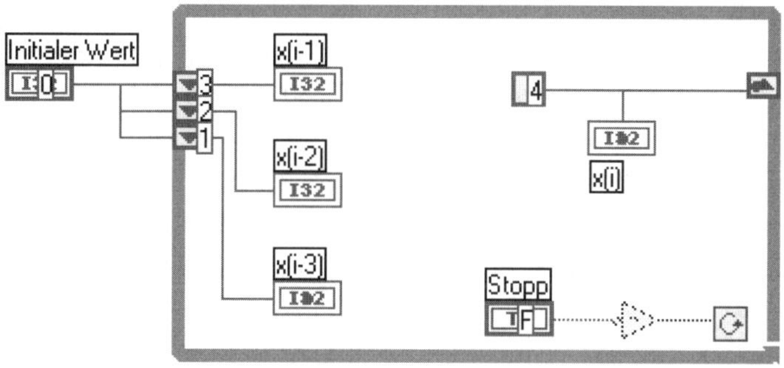

Abbildung 6.2: Die Ausführung eines VI mit aktivierter Highlight-Funktion

6.6 Zwischenergebnisse visualisieren

Verwenden Sie eine Sonde (engl. »Probe«), um Zwischenergebnisse in einem VI zu überprüfen, das sich ausführen lässt, aber nicht nachvollziehbare Resultate liefert. Angenommen, Sie haben ein Diagramm mit einer Folge von Operationen, von denen jede die potentielle Fehlerquelle sein könnte. Um den Fehler zu finden, könnten Sie eine Anzeige erstellen, mit der die Zwischenergebnisse dargestellt werden, die über eine Verbindung übertragen werden. Sie können auch das VI weiterlaufen lassen und einfach eine Sonde einsetzen. Um die Sonde einzusetzen, wählen Sie das *Probe-Daten*-Werkzeug aus der *Werkzeugpalette* und klicken mit diesem Cursor auf eine Verbindung oder Sie öffnen ein Popup-Menü über der Verbindung, aus dem Sie *Sonde* wählen. Die Sondenanzeige ist leer, solange Ihr VI nicht ausgeführt wird. Wenn Sie das VI starten, wird die Sondenanzeige den Wert anzeigen, der über die angeschlossene Verbindung übertragen wird.

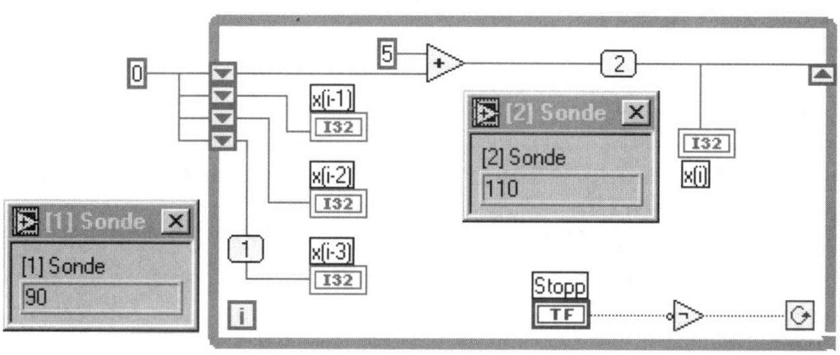

Abbildung 6.3: Ein Blockdiagramm mit dem Einsatz von Sonden

Sie können die Sonde zusammen mit der Visualisierung des Programmablaufs und dem Einzelschrittmodus verwenden, um die Werte besser ablesen zu können. Jede Sonde bekommt den Namen der Datenquelle oder, falls ein solcher nicht vorhanden ist, den Namen »Sonde«. Des Weiteren wird der Ort, an dem die Sonde im Blockdiagramm platziert wurde, mit einer Nummer gekennzeichnet, die auch in der Titelleiste der Sonde erscheint.

Der Name einer Sonde ist nicht sichtbar, wenn der Name des überwachten Objekts länger als das Sondenfenster breit ist. Wenn Sie den Überblick darüber verlieren, welche Sonde zu welcher Verbindung gehört, können Sie ein Popup-Menü über einer Sondennummer öffnen, aus dem Sie dann *Sonde suchen* auswählen, um die Sonde hervorzuheben. Sie können mit einer Sonde keine Daten verändern.

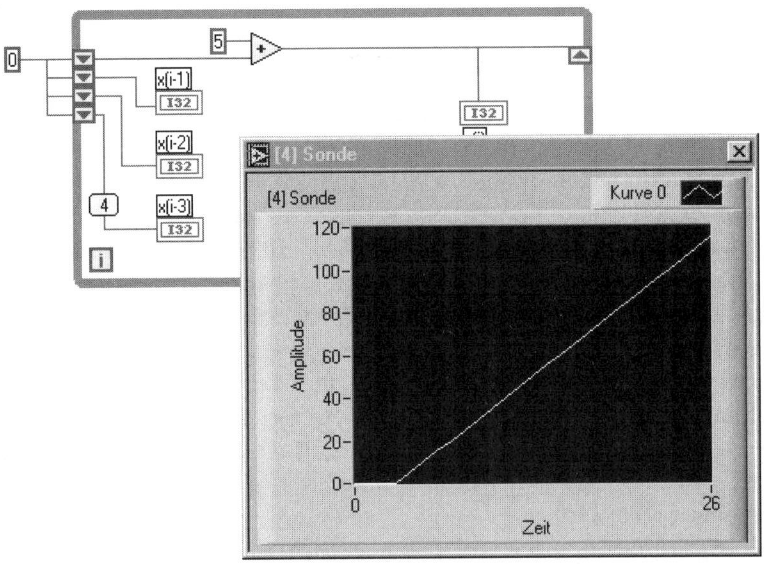

Abbildung 6.4: Der Einsatz von angepassten Probeanzeigen

Sie können auch eine konventionelle Anzeige als Sonde verwenden, indem Sie erst *Probe anpassen* aus dem Popup-Menü einer Verbindung und dann die gewünschte Anzeige für die Überwachung auswählen (Abbildung 6.4). Zum Beispiel können Sie ein Diagramm verwenden, um das Fortschreiten eines Variablenwerts in einer Schleife zu überwachen, da Sie auf die Art sowohl alte als auch neue Werte ansehen können. LabVIEW achtet darauf, dass Sie keine Anzeige auswählen können, die einen anderen Datentyp als die Verbindung aufweist.

6.7 Fehlersuche mit Haltepunkten

Haltepunkte sind nützlich, wenn Sie die Eingänge eines VI, Knotens oder einer Verbindung während der Ausführung überprüfen wollen. Wenn das Diagramm einen Haltepunkt erreicht, aktiviert es die *Pause*-Schaltfläche. Sie können das Programm dann im Einzelschrittmodus ablaufen lassen, Verbindungen mit einer Sonde abtasten, um Ihre Daten zu überprüfen, Werte von Frontpanelobjekten ändern oder die Ausführung einfach durch Anklicken der *Pause*- oder der *Start*-Schaltfläche fortsetzen.

Um einen Haltepunkt zu setzen, klicken Sie ein Objekt des Blockdiagramms mit dem *Haltepunkt*-Werkzeug an, das Sie in der *Werkzeugpalette* finden. Klicken Sie das Objekt erneut an, um den Haltepunkt wieder zu löschen. Die Darstellung des Haltepunktcursors zeigt an, ob durch das Klicken ein Haltepunkt gelöscht oder gesetzt wird.

Abbildung 6.5: Cursor für Haltepunkt setzen und Cursor für Haltepunkt löschen

Abhängig davon, wo sie gesetzt werden, unterbrechen Haltepunkte die Ausführung auf unterschiedliche Art.

- Wenn der Haltepunkt auf ein *Blockdiagramm* gesetzt wird, erscheint ein roter Rand um das Diagramm und die Programmausführung wird angehalten, nachdem das Diagramm die Ausführung beendet hat.
- Wenn der Haltepunkt auf einem Knoten gesetzt wird, wird der Knoten rot umrandet und die Programmausführung wird direkt vor der Ausführung des Knotens angehalten.
- Wenn der Haltepunkt auf eine Verbindung gesetzt wird, erscheint eine rote Markierung in der Verbindung, und jede angeschlossene Sonde wird mit einem roten Rahmen umgeben. Die Programmausführung wird angehalten, nachdem das auslösende Signal die Verbindung passiert hat.

Wenn ein VI aufgrund eines Haltepunkts anhält, wird das Blockdiagramm in den Vordergrund gestellt und das Objekt, das die Unterbrechung verursacht hat, wird von einem Rechteck umgeben.

Haltepunkte werden mit dem VI gespeichert, aber erst bei dessen Ausführung aktiv.

6.7.1 Ausführung unterbrechen

Sie können Haltepunkte auch ein- und ausschalten, wenn Sie die Option *Bei Aufruf unterbrechen* des Menüs *Ausführung* unter *Datei>>VI-Einstellungen...* auswählen. *Bei Aufruf unterbrechen* bewirkt die Ausführung eines Haltepunkts bei jedem Aufruf des VI, in dem diese Option gesetzt ist. Wenn ein SubVI an zwei Stellen eines Hauptdiagramms aufgerufen wird, unterbricht dieser SubVI-Haltepunkt die Ausführung beider Aufrufe.

Wenn Sie wollen, dass der Haltepunkt die Ausführung nur bei einem bestimmten Aufruf des SubVI anhält, setzen Sie den Haltepunkt wie folgt: Öffnen Sie ein Popup-Menü über dem Symbol des SubVI (im Blockdiagramm des aufrufenden VI) und wählen Sie *SubVI-Einstellungen...>>Bei Aufruf unterbrechen*.

6.8 Übung: Fehlersuche

Ziel dieser Übung ist es, ein fehlerhaftes VI zu debuggen. Auch werden Sie die Verwendung von Besonderheiten der Fehlersuche einschließlich der Visualisierung des Programmablaufs, des Einzelschrittmodus und der Sonde üben.

1. Öffnen Sie das VI mit dem Namen *Debug Exercise.VI*, das Sie in *LABVIEW-GUNDLAGEN\KAPITEL05.LLB* finden.
2. Wechseln Sie in das Blockdiagramm. Sie werden feststellen, dass die *Start*-Schaltfläche zerbrochen ist. Sie müssen herausfinden, warum dies so ist, und den Fehler beheben, so dass das VI ausführbar wird.

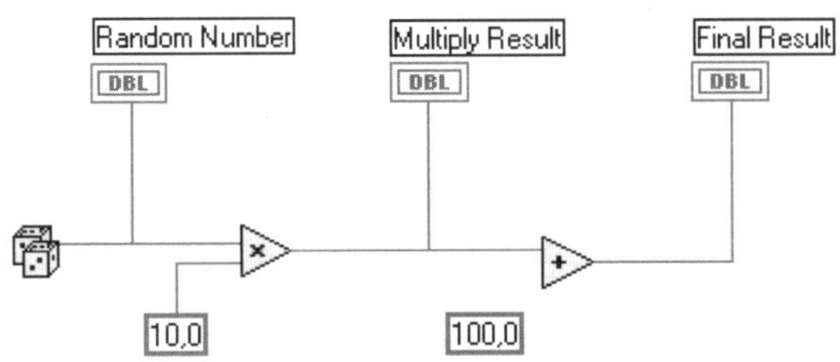

Abbildung 6.6: Das Blockdiagramm mit dem zu suchenden Fehler

3. Klicken Sie den zerbrochenen *Start*-Pfeil an. Ein Dialogfeld mit der Fehlerliste erscheint und beschreibt die Fehler in dem VI (Abbildung 6.7).

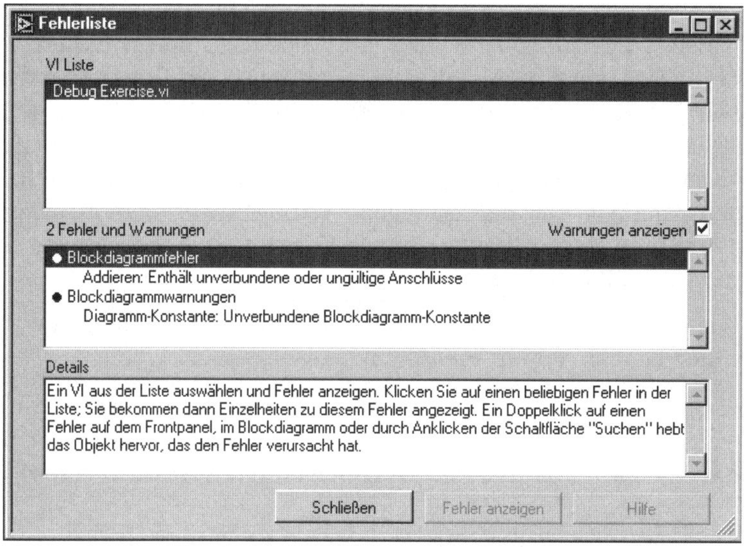

Abbildung 6.7: Die Fehlerliste

4. Klicken Sie auf den Fehler »Addieren: Enthält unverbundene oder ungültige Anschlüsse«. Das Fehlerlistenfenster wird Ihnen eine ausführlichere Beschreibung des Fehlers anzeigen. Nun doppelklicken Sie auf den Fehler oder klicken Sie auf die *Suchen*-Schaltfläche. LabVIEW wird die verursachende Funktion im Blockdiagramm hervorheben, damit Sie die Fehlerquelle lokalisieren können.
5. Erstellen Sie die fehlende Verbindung. Nun sollte die *Start*-Schaltfläche wieder fehlerfrei sein. Ist dies nicht der Fall, versuchen Sie den Befehl *Ungültige Verbindungen entfernen*.
6. Wechseln Sie zurück zum Frontpanel und führen Sie das VI einige Male aus.
7. Ordnen Sie Frontpanel und Blockdiagramm nebeneinander an (verwenden Sie dazu den Befehl *Fenster>>Nebeneinander*), so dass Sie beide Fenster gleichzeitig sehen können. Aktivieren Sie die *Highlight*-Funktion und führen Sie das VI im Einzelschrittmodus aus, indem Sie die entsprechenden Schaltflächen in der Symbolleiste des Blockdiagramms anklicken.
8. Klicken Sie die Schaltfläche *Schritt hinüber* jedes Mal an, wenn ein Knoten ausgeführt werden soll (oder klicken Sie *Einzelschritt beenden* an, um das Blockdiagramm zu beenden). Achten Sie darauf, wie die Daten auf dem Frontpanel erscheinen, während Sie einzelne Programmschritte ausführen. Zunächst generiert das Programm eine Zufallszahl, die es dann mit 10.0 multipliziert. Schließlich addiert das VI 100.0 zu dem Multiplikationsergebnis.

Beachten Sie, wie jede der Anzeigen auf dem Frontpanel aktualisiert wird, wenn neue Daten deren Anschlüsse im Blockdiagramm erreichen – ein sehr illustratives Beispiel für Datenflussprogrammierung. Denken Sie daran, Sie können den Einzelschrittmodus verlassen und die Ausführung des VI abschließen, indem Sie die *Pause*-Schaltfläche anklicken. Beachten Sie auch, wie sich die Hinweisstreifen zur Beschreibung der *Einzelschritt*-Schaltflächen abhängig von der aktuellen Position im Programmablauf verändern, um Ihnen eine genaue Beschreibung dessen zu geben, was ein Klick auf diese Schaltfläche bewirkt.

9. Aktivieren Sie jetzt eine Sonde, indem Sie auf einem beliebigen Verbindungssegment ein Popup-Menü öffnen und *Sonde* auswählen.

10. Führen Sie das Programm jetzt wieder schrittweise aus und achten Sie darauf, wie sich die Anzeige der Sonde mit den Daten verändert, die über die angeschlossene Verbindung übertragen werden (Abbildung 6.8).

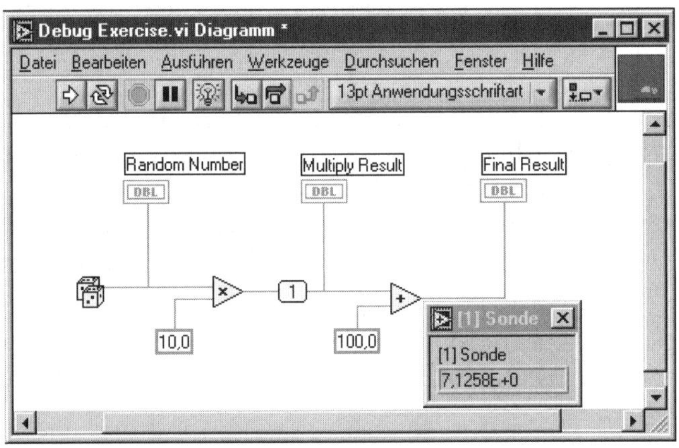

Abbildung 6.8: Das Debugging-Beispiel mit einer angezeigten Sonde

11. Schalten Sie die *Highlight*-Funktion aus, indem Sie die entsprechende Schaltfläche anklicken.

12. Wenn Sie die Vollversion von LabVIEW verwenden, speichern Sie das fertig gestellte VI im Verzeichnis *EIGENE PROGRAMME*, indem Sie *Speichern unter...* aus dem Menü *Datei* wählen, damit Sie das Original nicht überschreiben. Nennen Sie es *Debugging Exercise.VI.*

13. Schließen Sie das VI durch Auswahl von *Schließen* aus dem Menü *Datei.*

6.9 Verwaltung von Projekten

LabVIEW bietet eine Auswahl von Funktionen, die für die Fehlersuche und für die Organisation großer komplexer VI hilfreich sind. Mit diesen Funktionen können Sie den hierarchischen Aufbau eines VI und dessen SubVI grafisch darstellen (*Hierarchiefenster*), ein VI oder eine Gruppe von VI nach Eingaben, Anzeigen, Funktionen, Text und anderem durchsuchen (Befehl *Suchen*) oder während der Ausführung von SubVI Informationen über deren Funktionsaufrufe, Timing und Speicherbedarf anzeigen lassen (*Profilfenster*). In der Professional-Version stehen Ihnen eine Reihe weiterer Funktionalitäten zur Verfügung, wie die VI-Metrik, Source Code Control und die Werkzeuge zum grafischen Vergleich.

6.9.1 Das Hierarchiefenster

Meist werden Sie das Hierarchiefenster dann hilfreich finden, wenn Sie an einem VI mit mittlerer bis hoher Komplexität arbeiten – einem VI, das zehn oder mehr SubVI enthält. Das Hierarchiefenster kann Ihnen helfen, einen Überblick über den Aufruf von SubVI zu bekommen.

Wählen Sie bei geöffneter Frontblende eines VI *Durchsuchen>>VI-Hierarchie anzeigen*, um das Hierarchiefenster für das VI zu öffnen. Das Hierarchiefenster zeigt eine grafische Darstellung der Aufrufhierarchie aller im Speicher befindlichen VI einschließlich der Typdefinitionen und globaler Variablen (Abbildung 6.9).

Mit den Schaltflächen in der Werkzeugleiste des Hierarchiefensters verändern Sie einige Einstellungen der Anzeige. Beispielsweise können Sie die Baumstruktur horizontal oder vertikal ausrichten. Sie können beliebig viele Ebenen der Hierarchie und globale Variablen und Typdefinitionen ein- oder ausblenden. Eine angenehme Eigenschaft dieses Fensters ist, dass sich durch Doppelklicken auf ein SubVI-Symbol dessen Frontblende öffnen lässt.

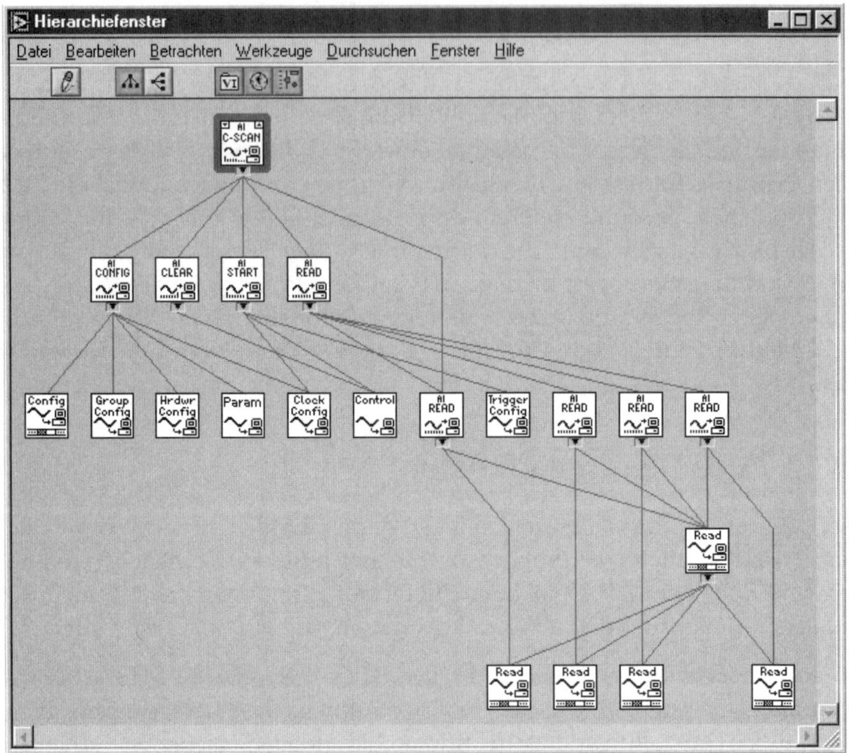

Abbildung 6.9: Das Hierarchiefenster

6.9.2 Suchen nach Objekten

Mit der Version 4 von LabVIEW wurde eine umfangreiche Suchfunktion vorgestellt. Mit LabVIEWs Funktion *Bearbeiten>>Suchen...* können beliebige LabVIEW-Funktionen, SubVI, globale Variablen, Eigenschaftenknoten, Frontpanelanschlüsse oder Texte in Ihren Blockdiagrammen gefunden werden (Abbildung 6.10). Sie können den Suchbereich auf ein einzelnes VI beschränken und eine Gruppe von VI bzw. alle im Speicher befindlichen VI durchsuchen lassen.

Sie können nach Text oder Objekten suchen lassen, indem Sie eine der Optionen *Suchen nach* auswählen. Wenn Sie Objekte auswählen, klicken Sie die Schaltfläche *Objekt wählen* an, um ein Popup-Menü zu öffnen, aus dem Sie den Objekttyp wählen können, nach dem gesucht werden soll. Wenn Sie Text auswählen, können Sie den Suchtext eingeben und weitere Optionen einstellen, um die Suche auf bestimmte Abschnitte von VI und Objektbeschriftungen zu beschränken. Findet LabVIEW nur eine Übereinstimmung, wird das entsprechende VI geöffnet und die gefundene Übereinstimmung markiert. Wenn LabVIEW mehrere

Übereinstimmungen findet, öffnet es das dargestellte Fenster *Suchergebnisse*. Sie können auf eines der im Fenster *Suchergebnisse* angezeigten Elemente doppelklicken, um sich den Ort der Übereinstimmung anzeigen zu lassen.

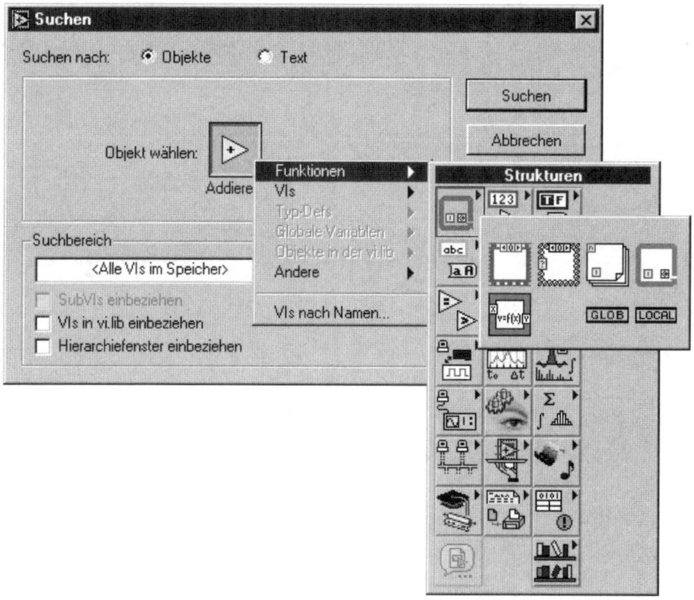

Abbildung 6.10: Suche nach Objekten

6.9.3 Werkzeuge zum grafischen Vergleich

In den früheren Versionen von LabVIEW war bereits eine Vielzahl von Werkzeugen implementiert, die für die Entwicklung umfangreicher Anwendungen benötigt wurden, darunter beispielsweise die Überwachung des Quellcodes und umfangreiche Funktionen zur Fehlersuche. Dieser Funktionsumfang wurde durch ein wichtiges Codemanagement-Werkzeug in der LabVIEW Version 5.0 noch ergänzt – es ist ein patentiertes Werkzeug zum grafischen Vergleich zweier LabVIEW-Programme. Das Werkzeug stellt die Unterschiede zwischen zwei Versionen eines Programms fest und vereinfacht somit die Erstellung von Revisionen für Entwicklungsteams und die Entwicklung umfangreicher Projekte. Der erste Teil dieses Tools ist der Vergleich zweier VI-Hierarchien (Abbildung 6.11).

Ein ähnlicher Mechanismus unterstützt Sie bei der Kontrolle der verschiedenen VI-Versionen. Sie können alle x-beliebigen VI, die sich im Speicher befinden, miteinander vergleichen. Dies wird in Abbildung 6.12 dargestellt. Sie können den Vergleich im ersten Schritt z.B. nur auf Änderungen im Blockdiagramm beschränken oder selbst kleine kosmetische Änderungen an der Benutzeroberfläche anzeigen lassen – je nach Anwendungsfall wählen Sie aus den zur Verfügung stehenden Optionen die für Sie passenden aus.

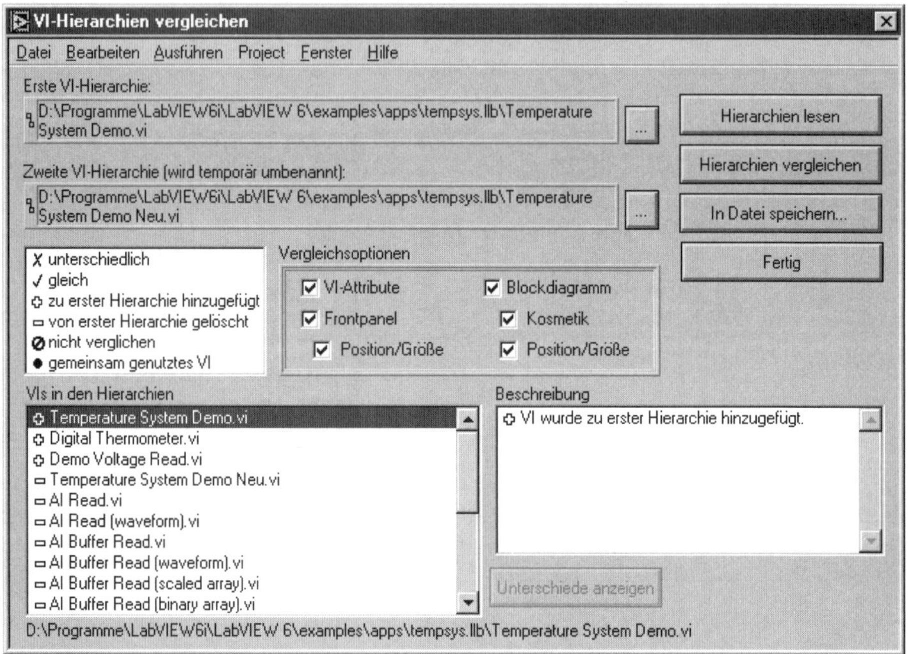

Abbildung 6.11: Der Vergleich zweier VI-Hierarchien

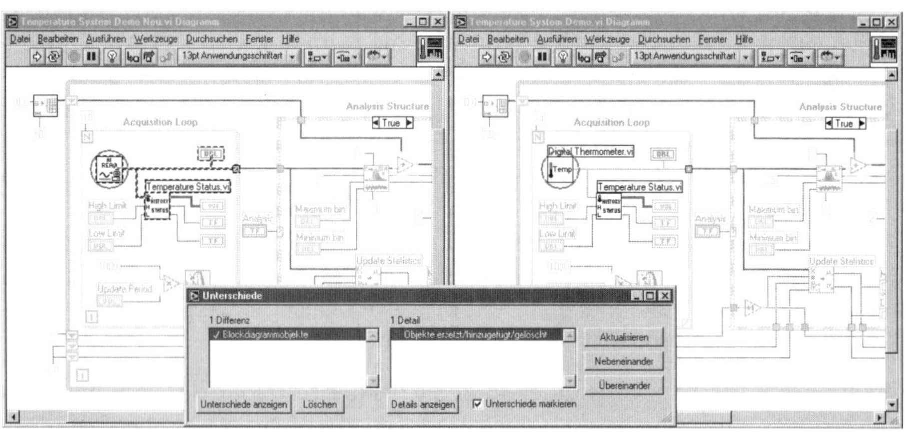

Abbildung 6.12: Der Vergleich zweier VI

6.9.4 Das Profilfenster

LabVIEW enthält ein fortgeschrittenes Entwicklungswerkzeug, das als Profilfenster bezeichnet wird. Das Profilfenster zeigt Ihnen, an welchen Stellen Ihres VI die meiste Rechenzeit benötigt und wie der Speicher verwendet wird. Diese Informationen können bei der Arbeit an großen Projekten sehr nützlich sein, bei denen Bedarf nach Timing- und/oder Speicheroptimierung besteht.

Sie öffnen das Profilfenster, indem Sie bei geöffnetem Frontpanel *Werkzeuge>> Fortgeschritten>>VI-Profiler* wählen. Das Fenster enthält Spalten mit Titeln wie VI-Zeit, Zeit des SubVI, #Durchläufe usw. Jede Spalte stellt die Statistik der jeweils angegebenen Kategorie dar. Beispielsweise wird der Speicherbedarf in minimalen, maximalen und mittleren Speicherbedarf eines jeden VI aufgeteilt. Jeder Zeile entspricht ein SubVI im aufrufenden VI. Das Haupt-VI ist in Fettdruck dargestellt.

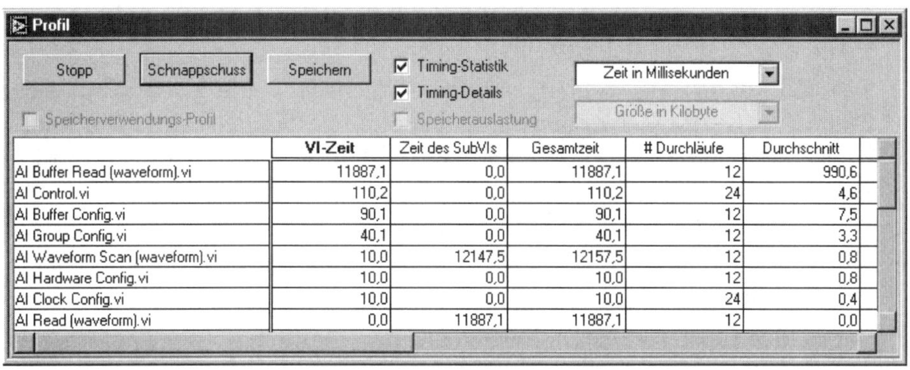

Abbildung 6.13: Das Profilfenster

Um das Profilfenster anzuwenden, führen Sie folgende Schritte durch:

1. Wählen Sie die Speicher- und Timing-Statistiken aus, die Sie sehen wollen, indem Sie die entsprechenden Felder aktivieren. Insbesondere die Speicheranalyse verlangsamt die Ausführung Ihrer VI erheblich.

2. Klicken Sie die Schaltfläche *Start* an.

3. Starten Sie Ihr VI (sofern es noch nicht ausgeführt wird).

4. Klicken Sie zu einem beliebigen Zeitpunkt der Ausführung Ihres VI die Schaltfläche *Schnappschuss* an, um die verfügbaren Statistikdaten abzulesen. Sie können die Schaltfläche *Schnappschuss* beliebig oft anklicken und beobachten, wie sich die Statistiken verändern.

5. Durch die Schaltfläche *Speichern* haben Sie die Möglichkeit, die Daten des Profilfensters in einer Textdatei zu speichern.

Die Verwendung der Informationen des Profilfensters gehört zu den fortgeschrittenen Themen bezüglich der Verbesserung von Ausführungsgeschwindigkeit und Speicherbedarf.

6.10 Tipps für die Fehlersuche

Die bisher vorgestellten Techniken zur Fehlersuche sollen im folgenden Abschnitt noch einmal in Form von Tipps & Tricks zusammengefasst werden.

6.10.1 Die häufigsten Gründe für defekte VI

- Es sind nicht alle erforderlichen Verbindungen zu einer Funktion oder zu einem VI bzw. SubVI verdrahtet worden.
- Das Blockdiagramm enthält eine unterbrochene Leitung aufgrund einer Datentypunverträglichkeit oder ein offenes, unverbundenes Ende, das unter Umständen von anderen Objekten verdeckt oder so klein ist, dass es nicht erkennbar ist. Diese Leitungsenden können Sie mit dem Befehl *Ungültige Verbindungen entfernen* aus dem Menü *Bearbeiten* entfernen.
- Ein SubVI ist defekt oder Sie haben dessen Anschlussblock verändert, nachdem das SubVI in das Diagramm eingebaut wurde.
- Der Fehler rührt von einem Objekt her, das deaktiviert oder verborgen ist oder mit einem Eigenschaftenknoten verändert wurde.

6.10.2 Methoden zur Fehlersuche in ausführbaren VI

Wenn Ihr Programm sich ausführen lässt, jedoch nicht die erwarteten Ergebnisse liefert, versuchen Sie, den Fehler mit den folgenden Hinweisen zu lokalisieren.

- Schalten Sie alle Gründe für Warnungen aus, die auftreten. Sie können sich die aufgetretenen Warnungen ansehen, indem Sie im Fenster *Fehlerliste* die Option *Warnungen anzeigen* aktivieren.
- Überprüfen Sie die Verbindungswege, um sicherzustellen, dass die Verbindungen mit den richtigen Anschlüssen verbunden sind. Durch dreifaches Klicken auf eine Verbindung wird der gesamte Verbindungszweig markiert.

Eine Verbindung, die scheinbar aus dem einen Anschluss hervorgeht, könnte tatsächlich mit einem anderen Anschluss verbunden sein. Sehen Sie sich also ganz genau an, an welcher Stelle Verbindung und Knoten miteinander verbunden sind.

- Verwenden Sie das Hilfefenster (aus dem Menü *Hilfe*), um sicherzustellen, dass alle Funktionen korrekt verbunden sind.
- Überprüfen Sie, ob der Vorgabewert Ihren Erwartungen entspricht, wenn Sie Funktionen oder SubVI mit unverbundenen Eingangsanschlüssen verwenden.
- Verwenden Sie Haltepunkte, Visualisierung des Programmablaufs und Einzelschrittmodus, um zu überprüfen, ob Ihr VI wie geplant ausgeführt wird. Stellen Sie sicher, dass diese Modi deaktiviert sind, wenn Sie verhindern wollen, dass die Leistung des Programms beeinträchtigt wird.
- Verwenden Sie die Sonde zur Überwachung von Datenwerten. Überprüfen Sie auch die Fehlerausgänge von Funktionen und SubVI, insbesondere an den Funktionen, die sich mit der Ein- und Ausgabe befassen.
- Beobachten Sie das Verhalten des VI oder seiner SubVI bei verschiedenen Eingangswerten. Bei numerischen Eingaben mit Fließkommaeingabe können Sie zusätzlich zu normalen Werten auch NaN (not a number = keine gültige Zahl) und ±Inf (infinity = unendlich) eingeben.
- Stellen Sie sicher, dass die Visualisierung des Programmablaufs ausgeschaltet ist, wenn SubVI oder das ganze VI langsamer als erwartet ausgeführt werden. Schließen Sie außerdem alle nicht benötigten Fenster von SubVI.
- Überprüfen Sie die Zahlendarstellung der verwendeten Eingaben und Anzeigen und achten Sie auf einen möglichen Speicherüberlauf. Bei der Umwandlung einer Fließkommazahl in eine Ganzzahl oder von einer Ganzzahl in ein kleineres Format können Stellen verloren gehen.
- Überprüfen Sie den Wertebereich und die Fehlerbehandlung bei Bereichsüberschreitungen an den Eingaben und Anzeigen. Stellen Sie sicher, dass die gewünschten Fehlerbehandlungen ausgeführt werden.
- Stellen Sie sicher, dass Ihre For-Schleifen nicht unbeabsichtigt nach null Schleifendurchgängen beendet werden (nicht ausgeführt werden) und dadurch leere Arrays hervorbringen.
- Überprüfen Sie die korrekte Initialisierung verwendeter Shift-Register, sofern diese nicht bewusst uninitialisiert bleiben sollen, um Daten zwischenzuspeichern.

- Überprüfen Sie die Reihenfolge der Cluster-Elemente an Quelle und Ziel. Obwohl LabVIEW Unverträglichkeiten in Datentyp und Cluster-Größe während der Bearbeitung erkennt, werden keine Fehler in der Übereinstimmung von Elementen eines Typs erkannt. Verwenden Sie die Option *Cluster-Reihenfolge...* im Popup-Menü des Clusters, um die Sortierordnung zu überprüfen.
- Überprüfen Sie die Ausführungsreihenfolge der Knoten. Knoten, die nicht durch Leitungen miteinander verknüpft sind, können in unvorhersehbarer Reihenfolge ausgeführt werden. Die räumliche Anordnung dieser Knoten hat keinen Einfluss auf die Abfolge bei der Ausführung. Das heißt, unverbundene Knoten werden nicht von links nach rechts oder von oben nach unten ausgeführt, wie dies bei den Anweisungen in textgesteuerten Sprachen der Fall ist.
- Stellen Sie sicher, dass Ihr Diagramm keine überflüssigen SubVI enthält, die zu unerwartetem Verhalten führen könnten. Anders als dies bei Funktionen der Fall ist, werden von unverbundenen SubVI nicht immer Fehler erzeugt (sofern Sie die Eingänge nicht als erforderlich oder empfohlen konfiguriert haben).
- Stellen Sie sicher, dass keine verborgenen VI oder andere verborgene Objekte in Ihrem Diagramm stehen. Objekte können unbeabsichtigt verborgen werden, indem ein Objekt direkt auf einem bestehenden Knoten platziert wird, die Größe einer Struktur verringert wird, ohne dass diese im Sichtbereich bleibt, oder ein Objekt außerhalb des sichtbaren Bildbereichs des Blockdiagramms platziert wird.

6.11 Zusammenfassung

Fehlersuche, dieser sehr oft in der Literatur vernachlässigte Teil der Softwareentwicklung, der einen nicht unerheblichen Abschnitt in der Programmentwicklung in Anspruch nimmt, war der Gegenstand dieses Kapitels. Für eine grafische Programmiersprache sind leistungsfähige Funktionen zur Fehlererkennung unerlässlich. Hier stellt LabVIEW eine Fülle von komfortablen Funktionen wie Sonden, *Highlight*-Funktion, Einzelschrittausführung, den Profiler etc. bereit, welche die Fehlersuche gerade in größeren Anwendungen erheblich vereinfachen.

Nutzen Sie diese Funktionen beim Erstellen und Ausprobieren der in diesem Buch verwendeten Beispiele, auch wenn wir auf sie nicht immer explizit hinweisen. Gerade die Ausführung der Programme in den unterschiedlichen Fehlersuchmodi gibt einen tieferen Einblick in die elegante Datenflussabarbeitung.

7 Ablaufstrukturen

Ich denke, dass alle Strukturen konstruiert werden
und dass der Ablauf der Konstruktion die entscheidende Tatsache ist.
Anfangs ist nichts gegeben außer einigen Grenzpunkten,
auf denen alles beruht. Doch die Strukturen sind nicht von vornherein gegeben,
weder im menschlichen Geist, noch in der Außenwelt,
so wie wir sie wahrnehmen und organisieren.
Sie werden durch eine Wechselwirkung zwischen den
Aktivitäten des Subjekts und den Reaktionen des Objekts konstruiert.
Jean-Claude Bringuier – Conversations libres avec Jean Piaget

Dieses Kapitel befasst sich mit den Ablaufstrukturen in LabVIEW. Doch zuvor sollen einige prinzipielle Anmerkungen über die Darstellung solcher Ablaufstrukturen in LabVIEW im Vergleich zu herkömmlichen Techniken gemacht und deren Vorteile gegenüber der sequentiellen Programmierung aufgezeigt werden. Bekanntlich wird in einer textbasierten Programmiersprache wie C die prinzipielle Eigenschaft einer Struktur durch eine Klammerung eines »Textausschnitts« vorgenommen. Man denke hierbei an eine For-Schleife oder die Case-Anweisung in C. Dabei bleibt der Zugriff auf die Anweisungen innerhalb der Schleife auf die lineare Übergabe von Daten über den Kopf der Struktur beschränkt. Hingegen wird die Abgrenzung zwischen der Schleife und den restlichen Programmteilen in LabVIEW durch einen Rahmen, der Teile des Blockdiagramms umgibt, realisiert. Diese echte zweidimensionale Art der Darstellung macht die Schleife (Struktur) von allen Seiten zugänglich und erhöht gleichzeitig die Lesbarkeit des LabVIEW-Programms.

In LabVIEW wird unterschiedliches Verhalten des Rahmens durch unterschiedliches Aussehen bestimmt. So gibt es vier verschiedene Ablaufstrukturen: die While-Schleife, die For-Schleife, die Case-Anweisung und die Sequenz-Struktur. Dies ist das Thema des vorliegenden Kapitels.

Weiterhin werden Sie eine Möglichkeit kennen lernen, wie Sie umfangreiche Formeln mit dem Formelknoten in Ihr VI integrieren können. Im Übrigen ist der Formelknoten auch nichts anderes als ein besonderer Rahmen, der nur ein anderes Verhalten als die vier erstgenannten Kontrollstrukturen darstellt.

7.1 Schleifenstrukturen

Um sich wiederholende Vorgänge realisieren zu können, stehen in LabVIEW zwei Schleifenstrukturen zur Verfügung. Zum einen ist das die While-Schleife, die eine wiederholte Ausführung der in ihr enthaltenen Teilprogramme bis zum Erreichen einer Abbruchbedingung durchführt; zum anderen die mit der While-Schleife verwandte For-Schleife, die zwar auch Teilprogramme wiederholt ausführen kann, doch bei der die Anzahl der Iterationen vom Anwender im Voraus festgelegt ist. Beide Schleifen finden Sie unter der Unterpalette *Strukturen* in der Palette *Funktionen*.

7.1.1 Die While-Schleife

Eine While-Schleife in LabVIEW besteht aus einem Rahmen, dessen Größe veränderlich ist. Sie wird dazu eingesetzt, das gesamte Blockdiagramm, welches von ihr umrahmt wird, einmal auszuführen. Danach wird die Schleifenbedingung, die im Rahmen unten rechts einen booleschen Wert als Eingang erwartet (Abbildung 7.1), überprüft. Ist die an sie angeschlossene boolesche Variable wahr (engl. TRUE), so wird die Schleife erneut ausgeführt; bei einem logischen *falsch* (engl. FALSE) jedoch ist die Ausführung der Schleife beendet und der Datenfluss wird außerhalb der Schleife fortgesetzt. Da die Schleifenbedingung erst am Ende einer Iteration überprüft wird, wird eine While-Schleife wenigstens einmal durchlaufen. Ab der Version LabVIEW 6*i* kann das Wiederholungsterminal (Standardeinstellung) über ein Popup-Menü auch in ein Abbruchterminal umgewandelt werden (das Schleifensymbol ändert sich dann in ein Stoppsymbol). In diesem Fall führt ein logisches *wahr* zu einem Abbruch der Schleife, während ein logisches *falsch* zu einem weiteren Schleifendurchlauf führt.

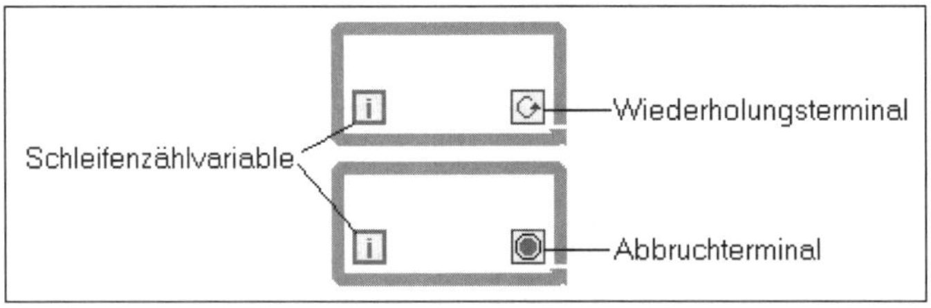

Abbildung 7.1: While-Schleife

Der zweite Anschluss innerhalb der While-Schleife, der sich links unten im Rahmen befindet (Abbildung 7.1), ist der Iterationszähler i, der einen ganzzahligen Wert enthält, der der bisherigen Anzahl der Iterationen entspricht. Der Iterationszähler fängt bei 0 an zu zählen und wird danach immer um eins inkrementiert. Somit zeigt sein Wert am Ende der Schleifenumläufe N-1 Schleifendurchläufe an, wobei N einen ganzzahligen Wert darstellt.

7.1.2 Die zeitgesteuerte (While-)Schleife

Mit LabVIEW 7.1 wurde eine spezielle While-Schleife eingeführt, die so genannte »zeitgesteuerte Schleife« (Timed Loop). Die zeitgesteuerte Schleife führt eine Iteration der Schleife mit der angegebenen Periode aus. Sie ermöglicht die Entwicklung von VI, deren einzelne funktionelle Abschnitte mit unterschiedlicher Geschwindigkeit ausgeführt werden. Weitere Vorteile dieser Schleifenart sind das präzise Timing, das Feedback bezüglich der Schleifenausführung, die Möglichkeit der dynamischen Änderung der Timing-Charakteristiken sowie die Einstellung der Ausführungspriorität. Abbildung 7.2 zeigt die zeitgesteuerte Schleife und ihre Eingangs- bzw. Ausgabeknoten.

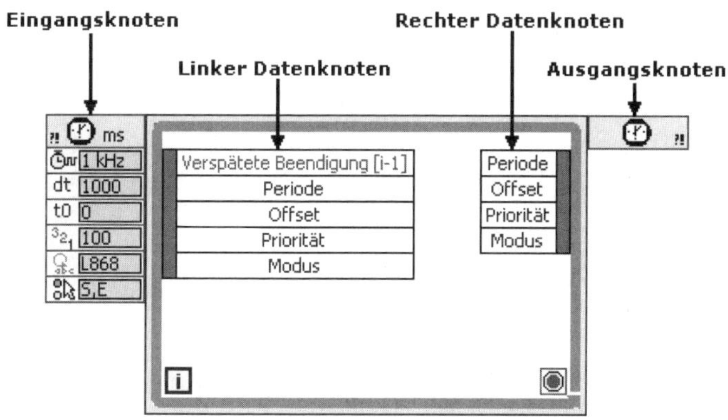

Abbildung 7.2: Zeitgesteuerte Schleife

Die Konfiguration der Schleife erfolgt entweder über den Konfigurationsdialog, der über einen Doppelklick auf den Eingangsknoten oder per Rechtsklick über das Kontextmenü geöffnet wird, oder durch das Anschließen entsprechender Werte an den Eingangsknoten.

Der linke Datenknoten liefert Timing- und Statusinformationen über den vorhergehenden Schleifendurchlauf. Der rechte Datenknoten dient der programmatischen Rekonfiguration der Schleife und ist standardmäßig nicht sichtbar. Er kann über einen Rechtsklick auf den Rahmen der Struktur und die Auswahl von *Rechten Datenknoten anzeigen* aus dem Kontextmenü sichtbar gemacht werden. Der Ausgabeknoten schließlich dient der Fehlerausgabe.

Einer der wesentlichen Vorteile dieser neuen Schleifenstruktur ist die Möglichkeit, die Timing-Quelle auszuwählen. Die Timing-Quelle legt fest, wann die zeitgesteuerte Schleife eine Schleifeniteration ausführt. Als Standardeinstellung wird die 1kHz-Quelle des Betriebssystems verwendet, d. h. die Schleife kann nur einmal pro Millisekunde (ms) ausgeführt werden, da dies die maximale Ausführungsgeschwindigkeit des Betriebssystems ist. Wenn das System keine unterstützte Hardware verwendet, ist die 1kHz-Quelle die einzig verfügbare Timing-Quelle. Sollte die entsprechende Hardware vorhanden sein, können auch andere Timing-Quellen verwendet werden, wie zum Beispiel der 1µs-Zyklus, der auf einigen Echtzeitkarten zur Verfügung steht, oder Ereignisse, wie die steigende Flanke eines DAQ-STC-Counterein- bzw. -ausgangs.

Ein weiterer wichtiger Punkt für die Verwendung der zeitgesteuerten Schleife ist die Möglichkeit, Prioritäten zu vergeben. Die Priorität einer Schleife gibt an, wann sie relativ zu den anderen zeitgesteuerten Schleifen ausgeführt wird. Sollten zum Beispiel zwei Schleifen am Zeitpunkt 100ms ausgeführt werden, so wird diejenige Schleife mit der höheren Priorität zuerst ausgeführt.

Ausführlichere Informationen über die zeitgesteuerte Schleife, inklusive einiger Anwendungsbeispiele, erhalten Sie in den Applikationshinweisen mit dem Titel »Using the Timed Loop to Write Multirate Applications in LabVIEW«. Dieser Text wird mit der LabVIEW 7.1-Software als PDF-Dokument installiert und kann über die LabVIEW-Bibliothek (im *Hilfe*-Menü) aufgerufen werden.

7.1.3 Die For-Schleife

Eine For-Schleife führt alle Anweisungen, die innerhalb ihrer Grenzen (Rahmen) enthalten sind, so oft aus, wie das Zählerterminal N bestimmt, das von außen mit einer Zahl versorgt wird (Abbildung 7.3). Wie die While-Schleife verfügt auch die For-Schleife über einen Iterationszähler, der die aktuelle Anzahl der Schleifenwiederholungen bereitstellt. Wird eine 0 an das Zählerterminal angelegt, wird die Schleife nicht ausgeführt.

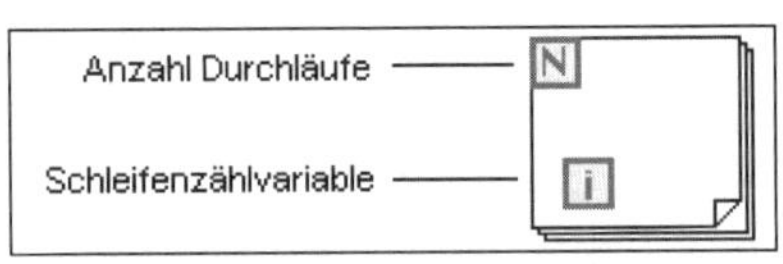

Abbildung 7.3: For-Schleife

Beide Konstrukte sind harmonisch in das Datenflussmodell integriert und nehmen nur zu Beginn der Schleifeniterationen Daten über definierte Eingänge entgegen und leiten diese nach innen weiter. Erst am Ende der Schleifeniterationen werden die resultierenden Daten über Ausgänge nach außen übermittelt. Die Schleifen entsprechen der Methodik der strukturierten textuellen Programmierung, die gleichfalls ein streng definiertes Interface zwischen dem Gesamtprogramm und dem Schleifenrumpf vorsieht.

7.1.4 Einfügen von Objekten

Wählen Sie zuerst eine Ablaufstruktur aus der Unterpalette *Strukturen* in der Palette *Funktionen*, so erscheint der Cursor als eine Miniatur der Ablaufstruktur, die Sie gewählt haben; z.B. die For-Schleife oder die While-Schleife. Sie können dann dort klicken, wo eine Ecke ihrer Ablaufstruktur sein soll, und durch Ziehen legen Sie dann die Grenzen ihrer Ablaufstruktur fest. Wenn Sie dann die Maustaste loslassen, erscheint die Ablaufstruktur mit allen Objekten, die Sie innerhalb der Begrenzungen eingefangen haben.

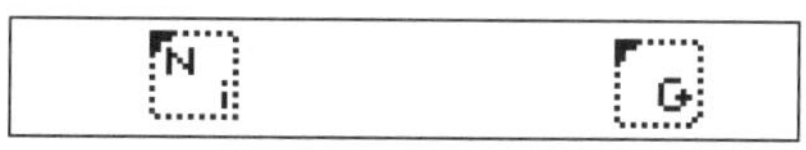

Abbildung 7.4: Links der Cursor der For-Schleife und rechts der While-Schleife

Haben Sie erst einmal die Ablaufstruktur im Diagramm, können Sie noch weitere Objekte einfügen, entweder durch Hineinziehen oder durch Platzierung, wenn Sie sie aus der Palette *Funktionen* auswählen. Um Ihnen sichtbar zu machen, dass Sie etwas in die Ablaufstruktur einfügen, wird die Begrenzung der *Struktur* hervorgehoben, wenn das Objekt hineinbewegt wird. Ziehen Sie ein Objekt aus einer Ablaufstruktur *heraus*, wird die Begrenzung des *Blockdiagramms* (oder das einer äußeren Ablaufstruktur) hervorgehoben, wenn das Objekt herausbewegt wird.

Sie können die Größe einer Ablaufstruktur verändern, indem Sie mit dem *Positionier*-Werkzeug eine Ecke greifen und dann ziehen.

Bewegen Sie eine bestehende Ablaufstruktur, so dass sie sich mit einem anderen Objekt überschneidet, bleibt das überschneidende Objekt über den Rand der Ablaufstruktur hinaus sichtbar. Ziehen Sie ein bestehendes Objekt komplett über ein anderes Objekt, wirft das Objekt einen dicken Schatten, um Sie zu warnen, dass sich ein Objekt *über* oder *unter* anstatt innerhalb einer Ablaufstruktur befindet. Beide Situationen werden in Abbildung 7.5 gezeigt.

Abbildung 7.5: Das SubVI Temp liegt nicht in der Schleife. Der schwarze Schatten deutet dies an.

7.1.5 Schleifenanschlüsse

Daten können in eine oder aus einer Schleife mittels eines Tunnels übergeben werden. Wie bereits erwähnt, müssen natürlich erst die Daten an eine Schleife übergeben werden, bevor diese ausgeführt wird. Abbildung 7.6 illustriert diesen Sachverhalt. Die linke While-Schleife prüft Ihre boolesche Eingabe bei jedem Schleifendurchgang. Wird ein FALSE-Wert gelesen, so wird die Schleife abgebrochen. Wird dagegen der Anschluss der booleschen Eingabe außerhalb der Schleife platziert, wie rechts in Abbildung 7.6 gezeigt, erzeugen Sie eine unendliche Schleife oder eine Schleife, die nur einmal ausgeführt wird, abhängig vom booleschen Eingangswert.

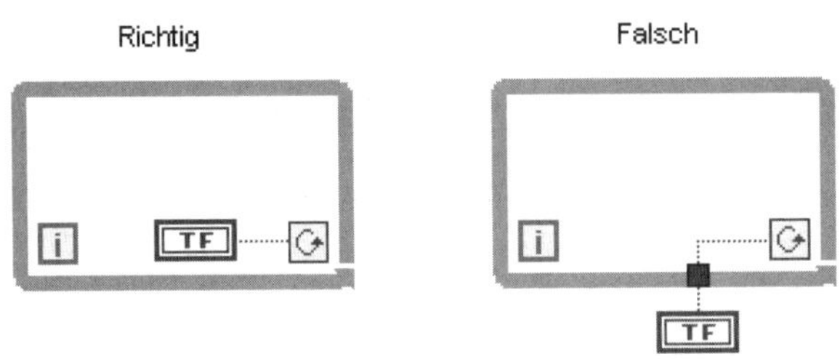

Abbildung 7.6: Zwei verschiedene Implementationen einer While-Schleife

Abbildung 7.7 zeigt einen ähnlichen Sachverhalt. Die numerische Anzeige in der linken Schleife wird während jeder Schleifenwiederholung aktualisiert. Die numerische Anzeige in der rechten Schleife wird nur einmal nach Abschluss der Schleife aktualisiert. Sie enthält den letzten Zufallswert der letzten Schleifenwiederholung.

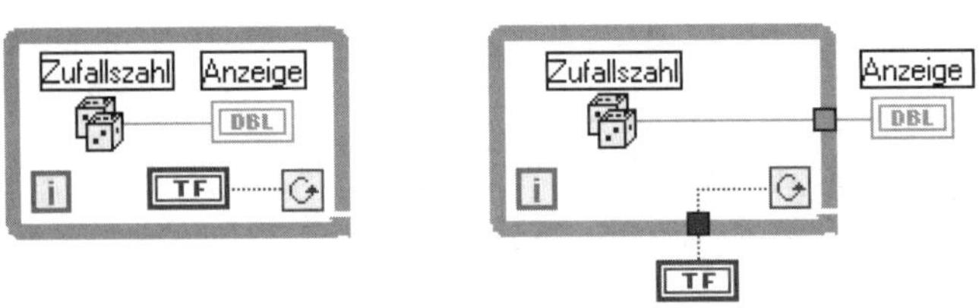

Abbildung 7.7: Eine in und eine außerhalb der Schleife platzierte numerische Anzeige: Links wird die Anzeige bei jedem Schleifendurchlauf aktualisiert, rechts nur ein Wert am Ende angezeigt.

Wollen Sie eine Schleife löschen, ohne deren Inhalt zu löschen, klicken Sie deren Begrenzung an und wählen Sie *While-Schleife entfernen* bzw. *For-Schleife entfernen*. Wenn Sie einfach die Schleife mit dem *Positionier*-Werkzeug hervorheben und sie dann löschen, werden auch alle sich darin befindlichen Objekte entfernt.

Sie können in einer Schleife Daten-Arrays erzeugen und sie an den Schleifengrenzen speichern, indem Sie die Autoindizierungsfähigkeit von LabVIEW anwenden. Auf diesen Themenbereich wird das folgende Kapitel näher eingehen.

7.2 Übung: Eine Schleife als Zählwerk

In dieser Übung verwenden Sie eine For-Schleife, die ihren Zählerstand in einem Diagramm im Frontpanel anzeigt. Sie wählen die Anzahl der Iterationen und die Schleife zählt von null bis zu dieser Anzahl minus 1 (alles basiert auf null). Als Nächstes erstellen Sie eine While-Schleife, die so lange zählt, bis Sie diese mit einem booleschen Schalter anhalten.

1. Erzeugen Sie ein neues Fenster durch Wahl von *Datei>>Neues VI* oder durch Anklicken der Schaltfläche *Neues VI* im Startfenster.

2. Erstellen Sie das Frontpanel und das Blockdiagramm wie in Abbildung 7.8 dargestellt. Die For-Schleife befindet sich in der Unterpalette *Funktionen>>Strukturen*. Sie können den Befehl *Fenster>>Nebeneinander* oder *Fenster>>Übereinander* verwenden, so dass das Frontpanel und das Blockdiagramm gleichzeitig dargestellt werden.

   Legen Sie ein *Kurvendiagramm* aus der Unterpalette *Graph* in der Palette *Elemente* in Ihr Frontpanel. Bezeichnen Sie es mit *For-Schleifenzähler*. Kapitel 9 befasst sich mehr mit Diagrammen und Graphen. Nehmen Sie ein digitales Bedienelement aus der Unterpalette *Numerisch* für Ihre Steuerung der Anzahl der Iterationen.

3. Mit einem Rechtsklick auf das Kurvendiagramm öffnen Sie ein Popup-Menü. Aus diesem wählen Sie *Autom. Skalierung Y* aus dem Pulldown-Menü *Y-Achse*, so dass Ihr Diagramm die Zählweite Ihrer For-Schleife abdeckt. Klicken Sie dann auf Ihr Diagramm und auf *Sichtbare Objekte>>Zahlenwertanzeige*. Geben Sie eine Zahl in das Feld *Anzahl der Iterationen* ein und starten Sie das VI. Beachten Sie, dass die Digitalanzeige von 0 bis N-1 zählt (wobei N die Zahl ist, die Sie festgelegt haben)! Jedes Mal, wenn die Schleife ausgeführt wird, wird das Zählen der For-Schleife auf der Y-Achse, gegenüber der Zeit auf der X-Achse, dargestellt. Jede Zeiteinheit entspricht einer Schleifenwiederholung.

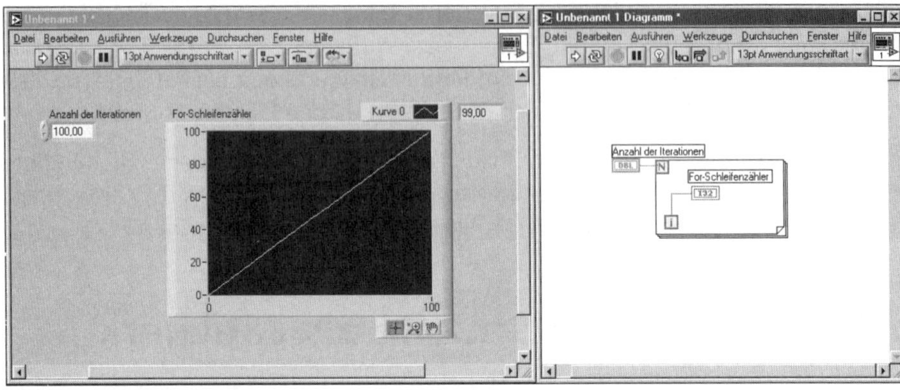

Abbildung 7.8: Das Frontpanel und das Blockdiagramm Ihres VI

4. Beachten Sie den kleinen grauen Punkt an der Verbindung des Zählanschlusses und der Verbindung *Anzahl der Iterationen*. Er wird als Formatumwandlungspunkt bezeichnet und wir sprechen darüber nach dieser Übung. Klicken Sie auf das Bedienelement *Anzahl der Iterationen* und wählen Sie *I32 Long* aus der Unterpalette *Darstellung*.

5. Sie können das VI speichern, wenn Sie es möchten, aber wir werden es nicht wieder benutzen. Öffnen Sie ein anderes neues Fenster, um die While-Schleife auszuprobieren.

6. Erstellen Sie das VI, wie es in Abbildung 7.9 gezeigt wird. Denken Sie daran, dass boolesche Werte im Frontpanel mit ihrem Vorgabewert FALSE erscheinen.

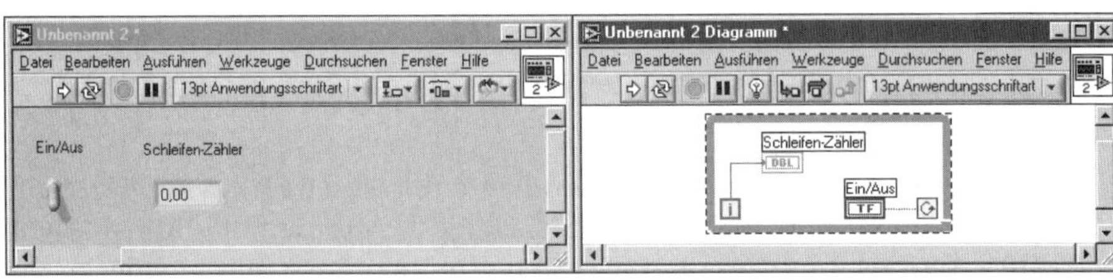

Abbildung 7.9: Die While-Schleife und das User-Interface

7. Legen Sie den Schalter auf die Position TRUE, indem Sie mit dem *Bedien-Werkzeug* auf ihn klicken, und starten Sie das VI. Wollen Sie es anhalten, klicken Sie auf den Schalter, um ihn auf FALSE umzulegen. Der Schleifenzähler wird während jeder Schleifenwiederholung aktualisiert.

8. Mit dem Schalter in der Position FALSE starten Sie das VI nochmals. Beachten Sie, dass die While-Schleife ein einziges Mal ausgeführt wird. Denken Sie daran, die Schleife prüft den Bedingungsanschluss am Ende einer Wiederholung, sie wird also wenigstens einmal ausgeführt, auch dann, wenn nichts an sie angeschlossen wurde.

9. Gehen Sie nun zum Blockdiagramm und platzieren Sie die Anzeige *Schleifen-Zähler* außerhalb der Schleife, wie in Abbildung 7.10 dargestellt. Sie müssen die Anzeige umverbinden, der Tunnel wird automatisch erzeugt, sobald die Verbindung die Schleife verlässt.

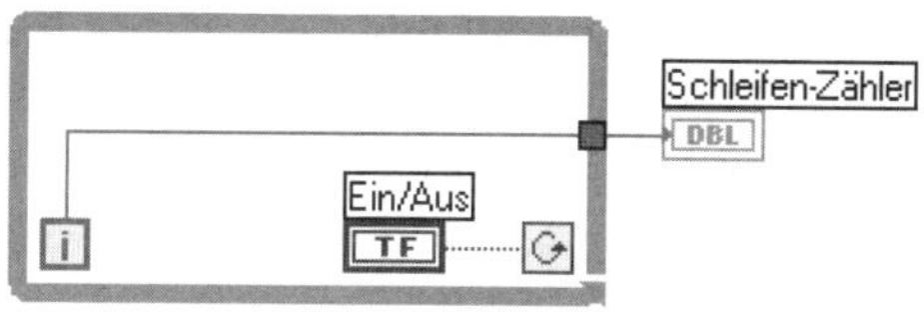

Abbildung 7.10: Die While-Schleife mit der Anzeige nach der Beendigung der Schleife

10. Stellen Sie sicher, dass der Schalter auf TRUE steht, und starten Sie das VI. Beachten Sie, dass die Anzeige nur aktualisiert wird, nachdem die Ausführung der Schleife beendet wurde; sie enthält den Endwert des Iterationszählers, der übergeben wird, nachdem die Schleife abgeschlossen wurde. Sie erfahren mehr über die Übergabe von Daten aus Schleifen in Kapitel 8.

11. Speichern Sie das VI. Speichern Sie es im Verzeichnis EIGENE PROGRAMME und nennen Sie es *Loop Count.VI.*

12. Nur um zu demonstrieren, was man *nicht* machen sollte, ziehen Sie jetzt den Schalter aus der Schleife heraus (aber lassen Sie ihn verbunden). Stellen Sie sicher, dass der Schalter auf TRUE steht, starten Sie das VI und betätigen Sie den Schalter, um es anzuhalten. Es hält nicht an! Ist LabVIEW erst einmal in die Schleife gegangen, werden die äußeren Bedienelemente der Schleife nicht mehr überprüft (ebenso wird die Anzeige *Schleifen-Zähler* so lange nicht aktualisiert, bis die Schleife abgeschlossen ist). Machen Sie weiter und betätigen Sie die *Abbruch*-Schaltfläche in der Symbolleiste, um die Ausführung anzuhalten. Stand der Schalter auf FALSE, als Sie die Schleife gestartet haben, wurde die Schleife nur einmal ausgeführt. Schließen Sie das VI, ohne die Änderungen zu speichern.

7.3 Der Formatumwandlungspunkt

Sie haben sich sicherlich gefragt, was der kleine graue Punkt am Terminal des Schleifenzählers in der letzten Übung zu bedeuten hat. Es handelt sich dabei nicht um einen Schönheitsfehler, sondern um den so genannten Formatumwandlungspunkt, bei dem eine Anpassung der numerischen Darstellung der Eingangsdaten durchgeführt wird. Werden zwei unterschiedliche numerische Darstellungen in LabVIEW verknüpft, so nimmt LabVIEW automatisch eine Datentypanpassung vor. In der vorherigen Übung wurde das Zählerterminal N als 32-Bit-Integer dargestellt, während die Eingabe *Anzahl der Iterationen* durch Vorgabe eine Fließkommazahl mit doppelter Genauigkeit (DBL) ist. LabVIEW wandelt die Fließkommazahl mit doppelter Genauigkeit in einen Long-Integer um. In diesem Fall kopiert LabVIEW diese Zahl mit der richtigen Darstellung in den Speicher. Diese Kopie benötigt Platz, also überstrapazieren Sie diese Funktionalität nicht.

Wandelt ein VI Fließkommazahlen in eine Ganzzahl um, wird auf die nächste Ganzzahl gerundet. Eine Zahl mit dem dezimalen Wert von »0,5« wird auf die nächste *ganze Zahl* gerundet.

Damit Sie sich nicht mit solchen Detailüberlegungen beschäftigen müssen, sollten Sie die *Konstante-erstellen*-Funktion verwenden bzw. Anzeige- oder Bedienelemente erstellen.

7.4 Schieberegister

Sie werden sicherlich fragen, wie man in dem Diagrammteil, der sich innerhalb einer Schleife befindet, jene Daten verwendet, die im vorangegangenen Schleifendurchlauf erzeugt wurden. Wäre diese Einschränkung in LabVIEW vorhanden, so ließe sich eine große Klasse von Anwendungen nicht implementieren. LabVIEWs Antwort hierauf lautet: Schieberegister. Diese spezielle Konstruktion für Schleifen löst das eben genannte Problem. Schieberegister stehen für While-Schleifen und für For-Schleifen zur Verfügung. Ein Schieberegister lässt sich mit einer Variablen vergleichen, die innerhalb der Schleife aktualisiert wird. Sie erzeugen ein Schieberegister, indem Sie auf der rechten oder linken Begrenzung des Rahmens das Popup-Menüaufrufenund*Schieberegisterhinzufügen*auswählen.

Ein Schieberegister besteht aus einem Anschlusspaar, das sich direkt gegenüber, an den senkrechten Seiten einer Schleifenbegrenzung, befindet. Der rechte Anschluss speichert die Daten, nachdem der Durchlauf vollendet ist. Diese Daten werden dann zum linken Schieberegisteranschluss »geschoben«, um beim nächsten Schleifendurchlauf wieder zur Verfügung zu stehen, wie es Abbildung 7.11 zeigt. Ein Schieberegister kann jeden Datentyp enthalten – numerisch, boolesche Werte, String, Array usw. Ein Schieberegister passt sich automatisch an den Datentyp des ersten Objekts an, das Sie anschließen. Es erscheint schwarz, wenn Sie es erzeugen, aber das Schieberegister nimmt die Farbe des Datentyps an, den Sie an ihn anschließen.

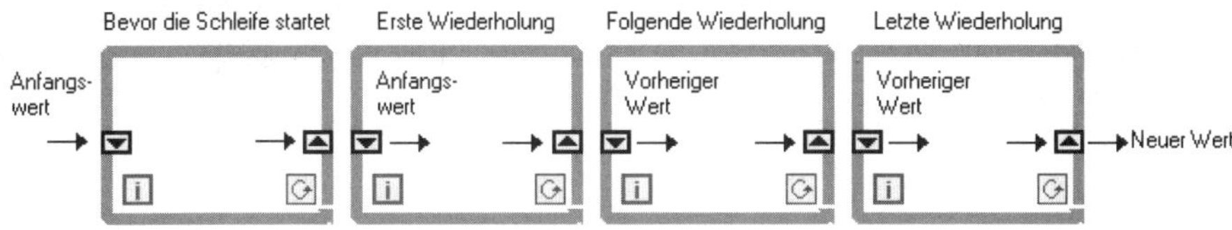

Abbildung 7.11: Schieberegister

Sie können Schieberegister modifizieren, um sich an die Werte einiger vorheriger Durchläufe zu erinnern, wie es in Abbildung 7.12 gezeigt wird. Dies ist eine nützliche Einrichtung, wenn Sie den Durchschnittswert der Daten aus unterschiedlichen Durchläufen ermitteln wollen. Um auf Daten von vorherigen Durchläufen zuzugreifen, erzeugen Sie zusätzliche Anschlüsse, indem Sie den *linken* Anschluss anklicken und *Element hinzufügen* aus dem Popup-Menü auswählen. Oder Sie packen mit dem *Positionier*-Werkzeug eine der Ecken des vorhandenen Schieberegisters und ziehen so lange, bis Sie die erforderliche Anzahl an Schieberegistern erhalten haben. Der erste nach dem Schleifendurchlauf berechnete Wert x(i), der rechts in das Schieberegister eingeleitet wird, wird am Ende der Iteration geschoben und erscheint am linken Terminal am Beginn der nächsten Iteration, d. h., er steht im nächsten Schleifendurchlauf links als x(i-1) für nachfolgende Berechnungen zur Verfügung. Sie können die Anzahl der Elemente des Schieberegisters entsprechend erhöhen, um auch die Werte x(i-2), x(i-3) etc. für Ihre Berechnungen in der Schleife verwenden zu können.

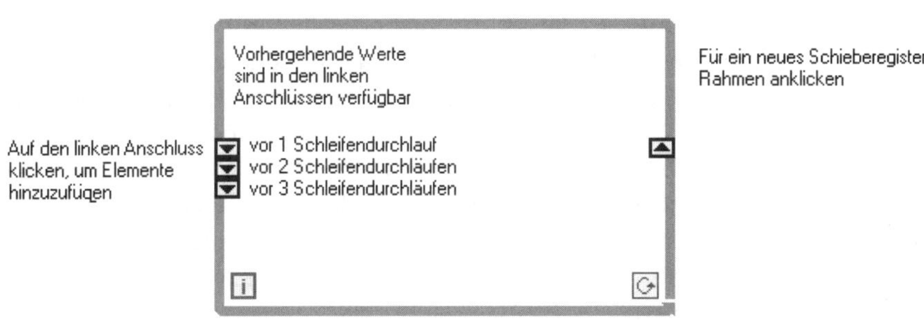

Abbildung 7.12: Hinzufügen von Schieberegistern in einer While-Schleife

7.4.1 Einsatzgebiete der Schieberegister

Betrachten Sie das folgende Beispiel (Abbildung 7.13): In der linken Schleife wird die Summe des Iterationszählers gebildet. Nach jedem Durchlauf durch die Schleife wird die neue Summe im Schieberegister gespeichert. Am Ende der Schleife wird die Gesamtsumme von 45 an die numerische Anzeige ausgegeben. In der rechten Schleife wird kein Schieberegister verwendet. Somit können keine Werte zwischen den Wiederholungen gespeichert werden. Stattdessen wird jedes Mal null zum aktuellen »i« addiert und nur der letzte Wert von 9 aus der Schleife ausgegeben.

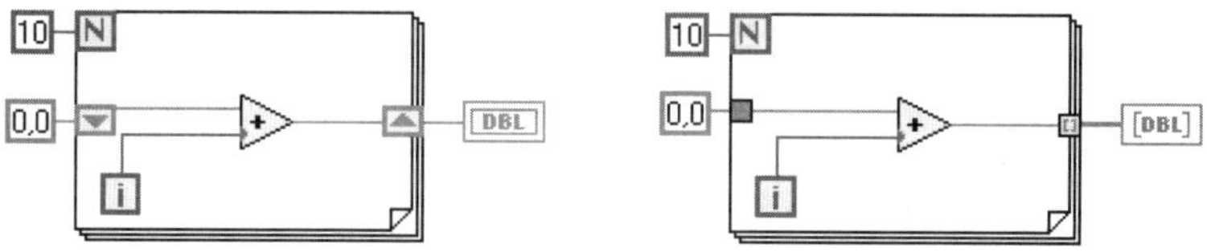

Abbildung 7.13: Eine For-Schleife mit und ohne Schieberegister

Als Beispiel könnte man sich eine Temperaturerfassungsanwendung denken, bei der eine Temperatur alle x Sekunden abgelesen wird und dann die Durchschnittstemperatur über eine Stunde gebildet wird. Dies ist ein klassisches Anwendungsgebiet für Schieberegister. Aber auch in vielen iterativen Verfahren, die in numerischen Algorithmen zum Einsatz kommen, lassen sich Schieberegister sehr elegant einsetzen. Man denke zum Beispiel an das newtonsche Näherungsverfahren oder andere rekursiv definierte Probleme, die sich mit iterativen Verfahren mit Hilfe von Schieberegistern lösen lassen.

7.4.2 Schieberegister initialisieren

Es empfiehlt sich in den meisten Fällen, vor dem Schleifendurchlauf explizit das Schieberegister zu initialisieren. Im eben erwähnten Beispiel wurde das Schieberegister mit null initialisiert. Um ein Schieberegister mit einem bestimmten Wert zu initialisieren, legen Sie diesen Wert an den linken Anschluss des Schieberegisters von außen an die Schleife, wie es in den zwei linken Schleifen der folgenden Abbildung 7.14 gezeigt wird. Werden sie nicht initialisiert, so ist der Anfangswert der Vorgabewert für den verwendeten Datentyp des Schieberegisters beim Start des Programms. In den folgenden Durchläufen enthält das Schieberegister den Wert, der vom letzten Durchlauf erhalten geblieben ist.

Ist der Datentyp des Schieberegisters z.B. ein boolescher Wert, dann ist der Anfangswert beim ersten Durchlauf FALSE. Ist der Datentyp des Schieberegisters numerisch, wird der Anfangswert dementsprechend null sein. Starten Sie

Ihr VI das zweite Mal, wird ein nicht initialisiertes Schieberegister den Wert haben, der vom ersten Lauf erhalten geblieben ist! Schauen Sie sich Abbildung 7.14 an, um zu verstehen, was Initialisierung bedeutet. Die zwei Schleifen in der linken Spalte zeigen Ihnen, was passiert, wenn Sie ein Programm zweimal mit initialisiertem Schieberegister neu starten. Die rechte Spalte zeigt Ihnen, was passiert, wenn Sie ein Programm zweimal mit einem nicht initialisierten Schieberegister ablaufen lassen. Beachten Sie die Anfangswerte der Schieberegister in den beiden unteren Schleifen.

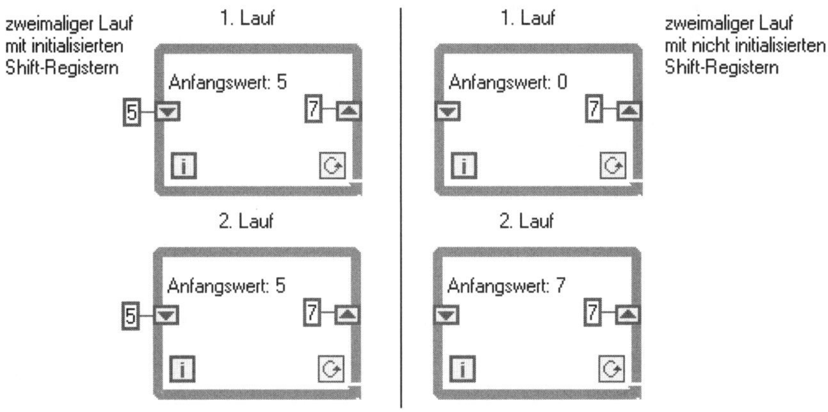

Abbildung 7.14: Schieberegister mit und ohne Initialisierung

Bitte beachten Sie, dass LabVIEW keine Werte zurücksetzt, die im Schieberegister gespeichert sind, bis Sie das VI schließen und es aus dem Speicher löschen. Wenn Sie also ein VI mit nicht initialisierten Schieberegistern starten, werden die Anfangswerte für den folgenden Lauf die von dem vorherigen Lauf verbliebenen sein. Dieses Verhalten kann man sich zunutze machen, wenn es aber nicht erwünscht ist, kann das fehlende Initialisieren der Schieberegister zu schweren Fehlern in Ihrem VI führen.

7.5 Übung: Beispiel mit Schieberegistern

Um Ihnen eine Vorstellung davon zu geben, wie Schieberegister arbeiten, werden Sie im Folgenden ein VI erzeugen, in dem Sie auf die Werte aus vorherigen Schleifendurchläufen zugreifen.

1. Öffnen Sie das Beispiel *Example.VI* im Verzeichnis *LABVIEW-GRUNDLAGEN\KAPITEL07.LLB*.

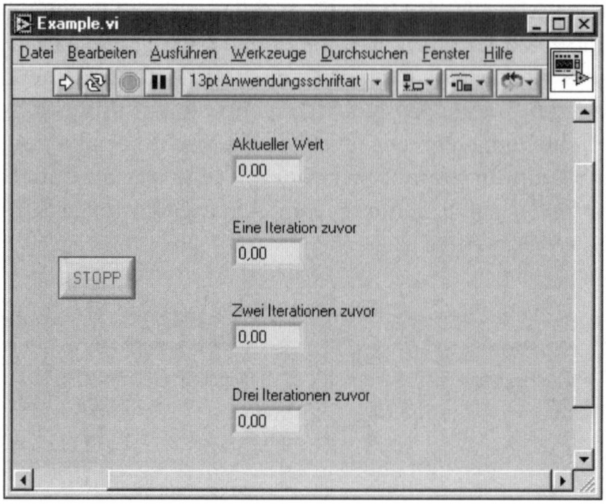

Abbildung 7.15: Das Frontpanel

Das Frontpanel hat vier Digitalanzeigen. Die Anzeige *Aktueller Wert* zeigt den aktuellen Wert der Schleifenzählung an (sie ist an den Schleifenzähler angeschlossen). Die Anzeige *Eine Iteration zuvor* zeigt den Wert der vorherigen Schleifenzählung an. Die Anzeige *Zwei Iterationen zuvor* zeigt den Wert von zwei Durchläufen zuvor an usw.

2. Öffnen Sie das Blockdiagrammfenster, indem Sie *Diagramm* aus dem Menü *Fenster* wählen (Abbildung 7.16).

   Die an die linken Anschlüsse des Schieberegisters angeschlossene Null setzt alle Elemente des Schieberegisters auf null. Zu Beginn der nächsten Wiederholung wird der aktuelle Wert in den oberen Anschluss geschoben, er wird zu *Eine Iteration zuvor. Eine Iteration zuvor* wird hinunter in *Zwei Iterationen zuvor* geschoben usw.

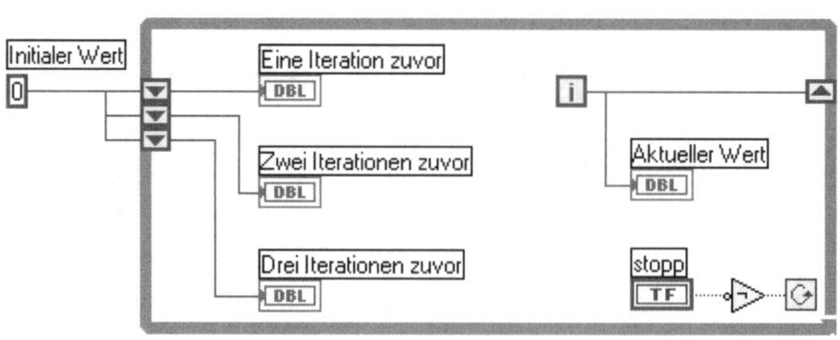

Abbildung 7.16: Das Blockdiagramm

3. Nach der Überprüfung des Blockdiagramms lassen Sie sich das Frontpanel und das Diagramm durch Wahl von *Fenster>>Nebeneinander* anzeigen.

4. Aktivieren Sie die *Highlight*-Funktion.

5. Starten Sie das VI und beobachten Sie den Datenfluss sorgfältig. Bewegen sich die Bubbles zu schnell, halten Sie das VI an und klicken auf die Schaltfläche *Einzelschritt*, um das VI in den Einzelschrittmodus zu bringen. Klicken Sie wieder auf die Schaltfläche, um den nächsten Schritt des VI auszuführen. Beobachten Sie, wie sich in den Anzeigen des Frontpanels die Werte ändern.

   Beachten Sie, dass bei jeder Wiederholung der While-Schleife das VI die vorherigen Werte durch die linken Anschlüsse des Schieberegisters »trichtert« und dabei den Algorithmus »First in, First out« (FIFO) anwendet. Jede Wiederholung der Schleife erhöht das Zählerterminal, das an dem rechten Anschluss des Schieberegisters angeschlossen ist, dem *Aktuellen Wert* des Schieberegisters. Dieser Wert wird mit dem Beginn der nächsten Wiederholung an den linken Anschluss, den Anschluss *Eine Iteration zuvor*, geschoben. Der Rest der Schieberegisterwerte am linken Anschluss wird abwärts durch die Anschlüsse getrichtert. In diesem Beispiel hält das VI nur die letzten drei Werte. Um mehr Werte zu halten, fügen Sie mehr Elemente an den linken Anschluss des Schieberegisters hinzu, indem Sie auf ihn klicken und *Element hinzufügen* wählen.

   Um das VI anzuhalten, drücken Sie die Schaltfläche *Stopp* im Frontpanel. Befinden Sie sich im Einzelschrittmodus, halten Sie die Schaltfläche gedrückt, bis es abgeschlossen ist.

6. Schließen Sie das VI. Speichern Sie die Änderungen nicht.

7.6 Case-Struktur

Die Case-Anweisung gehört zur Gruppe der Ablaufstrukturen und ermöglicht, wie der Name schon sagt, die Ausführung des Datenflusses in Abhängigkeit vom Ergebnis einer Berechnung oder vom Zustand eines Eingangswerts. Zum Beispiel kann bei Unterschreiten eines bestimmten Zustandswerts eine Meldung ausgegeben oder ein spezieller Regelvorgang initiiert werden. Die Case-Struktur stellt sich als ein Rahmen im Blockdiagramm von LabVIEW mit einem Auswahlmenü am oberen Rahmen dar, mit dem zwischen den Zweigen gewechselt werden kann. Ein Auswahlanschluss am Rahmeneingang, gekennzeichnet mit dem Fragezeichensymbol, bestimmt, welcher Zweig ausgeführt wird. Bei der Case-Struktur ist es möglich, zwischen unterschiedlichen Arten von Fallunterscheidungen zu wählen (Abbildung 7.17). Im Falle einer einfachen Verzweigung wird ein boolescher Wert am Auswahlanschluss erwartet, bei einer komplexeren Fallunterscheidung entweder eine Zahl oder ein String (Zeichenkette).

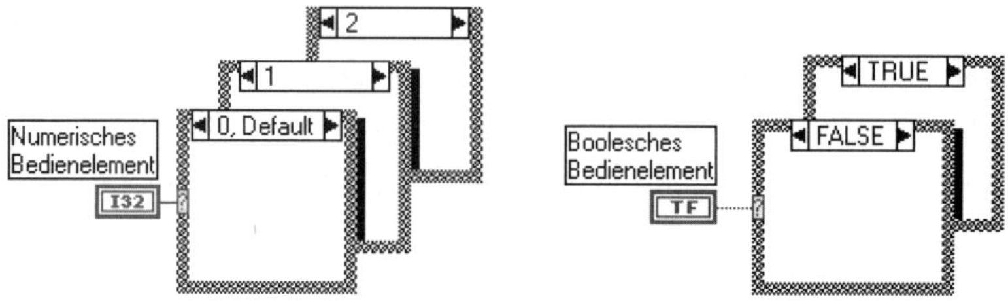

Abbildung 7.17: Case-Anweisungen

Wird ein boolescher Wert an den Auswahlanschluss gelegt, dann hat die Komponente zwei Fallunterscheidungen, FALSE und TRUE. Wird ein numerischer Datentyp angelegt, kann die Komponente 0 bis 2^{15}-1 Fallunterscheidungen haben. Anfangs stehen nur die Möglichkeiten 0 und 1 zur Verfügung, aber Sie können noch leicht weitere hinzufügen. Beim Platzieren der Case-Struktur im Blockdiagramm erscheint diese in der booleschen Form. Sie nimmt jedoch sofort numerische Werte an, sobald Sie einen numerischen Datentyp an den Auswahlanschluss anlegen. Dies gilt ebenso für die Auswahl von Strings. Auf die Strings werden wir später ausführlich eingehen.

Die unterschiedlichen Case-Verzweigungen liegen übereinander, so dass Sie immer nur eine sehen können. Das Klicken auf den Abwärts- (links) oder den Aufwärts-Pfeil (rechts) oben auf der Struktur zeigt die entsprechende vorherige oder nachfolgende Auswahl. Sie können auch auf die Anzeige oben auf der Komponente klicken, um ein Pulldown-Menü zu öffnen, in dem alle Fallunterscheidungen aufgelistet werden, dann können Sie das Gewünschte hervorheben. Eine andere Möglichkeit besteht darin, auf die Strukturbegrenzung zu klicken und *Case anzeigen* zu wählen.

Wird eine Fließkommazahl an die Auswahl gelegt, rundet LabVIEW diese Zahl auf den nächsten Integerwert. Werte außerhalb des definierten Bereichs werden automatisch auf den Standard-Case (Default) umgeleitet.

Sie können den Auswahlanschluss irgendwo an die linke Begrenzung legen. Der Auswahlanschluss muss immer verdrahtet werden und erhält automatisch den angeschlossenen Datentyp. Ändern Sie den angelegten Datentyp von numerisch auf boolesch, ändert sich der Case von 0 und 1 auf FALSE und

TRUE. Existieren noch andere Cases (2 bis n), nimmt LabVIEW sie nicht zurück, für den Fall, dass die Änderung des Datentyps zufällig ist. Wie auch immer, Sie müssen diese Extra-Cases löschen, bevor die Struktur ausgeführt werden kann.

Sie können auch Strings oder so genannte Enums als Eingang für den Bedingungsanschluss der Case-Struktur verwenden. Diese werden immer mit Anführungsstrichen versehen, wie z.B. »*Zeit*« oder »*Raum*«, jedoch müssen Sie die Anführungszeichen nicht selbst eingeben, es sei denn, Ihr Auswahl-String beinhaltet ein Komma oder das Symbol »..«. Wenn Sie z.B. bei der Auswahl »*Zeit, die vergeht*« keine Anführungszeichen mit eingeben, interpretiert LabVIEW dies als »*Zeit*«, »*die vergeht*«, also als zwei voneinander getrennte Strings.

7.6.1 Verbinden von Ein- und Ausgabe

Werte, die von außen in die Case-Struktur »hineinkommen«, müssen nicht zwangsläufig in allen Case-Verzweigungen eingesetzt werden. Wenn jedoch irgendeine Case-Verzweigung einen Wert ausgibt, müssen alle Verzweigungen einen Wert ausgeben. Führen Sie Daten von einem Objekt innerhalb der Case-Struktur an ein Objekt außerhalb der Case-Struktur, erscheint ein kleiner weißer Tunnel an der gleichen Position an allen Cases. Der Laufpfeil erscheint unterbrochen, so lange, bis Sie Daten von jedem Case an den entsprechenden Ausgangstunnel anlegen. Dann wird der Tunnel schwarz und der Laufpfeil wird wiederhergestellt (vorausgesetzt, Sie haben keine anderen Fehler). Achten Sie bitte darauf, dass Sie direkt zum vorhandenen Ausgangstunnel verbinden, sonst erzeugen Sie zufällig mehr Tunnel.

7.6.2 Hinzufügen von Case-Verzweigungen

Wenn Sie auf dem Rand der Case-Struktur ein Popup-Menü öffnen (Abbildung 7.18), werden Ihnen unterschiedliche Möglichkeiten zum Hinzufügen von Cases (Fallunterscheidungen) angeboten. Sie können auch den aktuellen Case kopieren, indem Sie *Case duplizieren* auswählen. Sie können den aktuellen Case (mit seinem gesamten Inhalt) auch löschen, indem Sie *Dieses Case löschen* auswählen. Des Weiteren haben Sie die Möglichkeit, Ihre *Cases neu anordnen* zu lassen oder einen der Cases als Standard zu definieren. Letzterer wird, wie bereits erwähnt, verwendet, wenn Sie einen Wert außerhalb des definierten Bereichs an den Auswahlanschluss leiten.

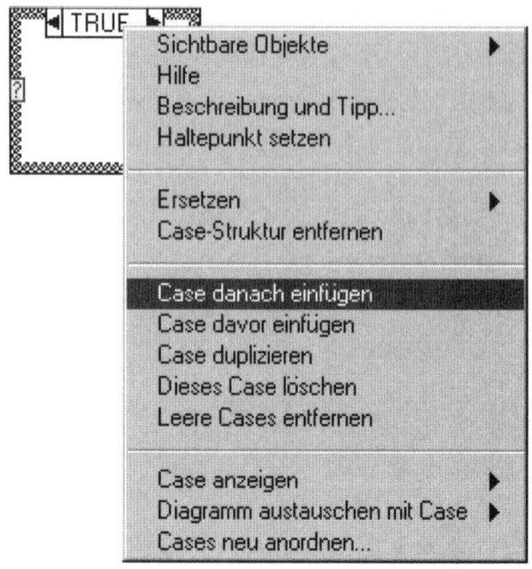

Abbildung 7.18: Das Popup-Menü der Case-Struktur

7.6.3 Übung: Beispiel zur Case-Struktur

In diesem Beispiel wird Ihnen der Umgang mit der Case-Struktur näher gebracht und darüber hinaus werden einfache Dialogboxen eingeführt. Wir werden ein VI aufbauen, das die Quadratwurzel einer positiven Eingangszahl ausgibt. Handelt es sich um eine negative Zahl, öffnet das VI ein Dialogfeld und gibt einen Fehler zurück.

1. Zunächst öffnen Sie ein neues VI.
2. Platzieren Sie die in Abbildung 7.19 gezeigten Ein- und Ausgabeelemente auf dem Frontpanel.

   Hierbei liefert die digitale Eingabe *Zahl* den vom Anwender spezifizierten Wert. Als Resultat gibt die Anzeige die Quadratwurzel des Eingangswerts aus.

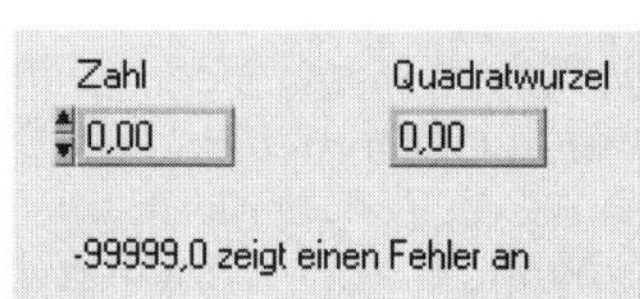

Abbildung 7.19: Illustration des zu erstellenden Frontpanels

3. Nachdem Sie das Frontpanel entworfen haben, wechseln Sie in das Blockdiagramm und erstellen das folgende Diagramm.

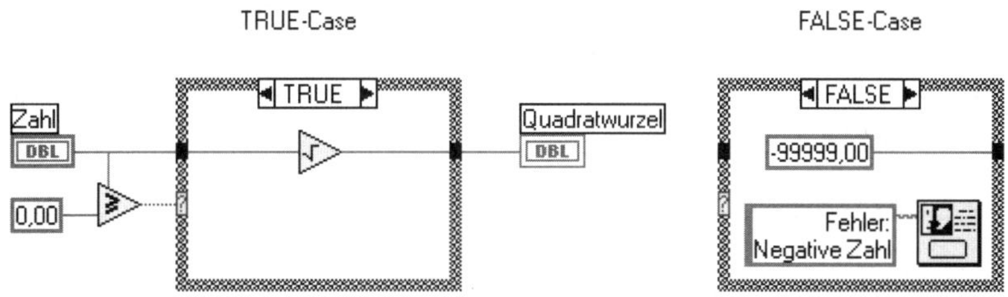

Abbildung 7.20: Das Blockdiagramm mit Case-Struktur

4. Als Erstes platzieren Sie die Case-Struktur (Unterpalette *Strukturen*) im Blockdiagramm. Entsprechend der Vorgehensweise bei der For-Schleife und der While-Schleife klicken Sie mit dem Cursor und ziehen die Begrenzungen auf die benötigte Größe.

   Hierbei gibt die vor der Struktur platzierte Funktion *Größer oder gleich?* einen booleschen Wert zurück; damit wird auch gleichzeitig festgelegt, welcher Case-Typ zum Einsatz kommt. Im vorliegenden Fall heißt das, dass die Case-Struktur entweder den TRUE- oder den FALSE-Zustand einnehmen kann.

   Denken Sie daran, Sie können nur einen Case zur selben Zeit anzeigen. Um den Case zu wechseln, klicken Sie auf die Pfeile an der oberen Begrenzung der Case-Struktur. Sie sollten jetzt nicht zwei unterschiedliche Case-Strukturen für diese Übung erzeugen!

5. Vervollständigen Sie das Blockdiagramm entsprechend Abbildung 7.20. Die folgende Liste enthält eine Kurzbeschreibung der einzelnen Objekte sowie die Unterpalette, in der Sie sie finden:

   Funktion *Größer oder gleich?* (Unterpalette *Vergleich*). In dieser Übung wird geprüft, ob die Eingangszahl negativ ist. Die Funktion gibt TRUE zurück, wenn die Eingangszahl größer als oder gleich Null ist.

   Funktion *Quadratwurzel* (Unterpalette *Numerisch*). Gibt die Quadratwurzel der Eingangszahl zurück.

   Numerische Konstante (Unterpalette *Numerisch*). »–99999.0« stellt die Ausgabe im Fehlerfall dar. Eine »0« liefert die Basis für die Überprüfung, ob es sich bei der eingegebenen Zahl um eine negative Zahl handelt.

   String-Konstante (Unterpalette *String*). Fügen Sie in das Feld mit einem *Bedien-* oder *Text*-Werkzeug Text ein. (Sie werden in Kapitel 10 mehr über Zeichenketten erfahren.)

6. Nun wählen Sie eine für die Kommunikation zwischen dem Programmbediener und dem Programm sehr hilfreiche Funktion von LabVIEW, die sich unter der Bezeichnung *Dialogbox mit einer Schaltfläche* in der Unterpalette *Zeit & Dialog* verbirgt.

   Wir wollen an dieser Stelle diese Funktion kurz einführen. Die Funktion *Dialogbox mit einer Schaltfläche,* gezeigt in Abbildung 7.21, öffnet ein *Dialogfeld,* das eine Meldung Ihrer Wahl enthält. Sie finden diese Funktion in der Unterpalette *Zeit & Dialog* in der Palette *Funktionen.* Die *Dialogbox mit einer Schaltfläche* bleibt geöffnet, bis Sie auf die *OK*-Schaltfläche klicken. Sie können die Schaltfläche durch die Eingabe einer Zeichenkette »Name der Schaltfläche« in die Funktion auch umbenennen.

Abbildung 7.21: Die Dialogbox mit einer Schaltfläche

   Der Vollständigkeit halber sei auch die erweiterte *Dialogbox mit zwei Schaltflächen* erwähnt. Das Besondere an dieser Dialogbox ist die zusätzliche Taste *Abbrechen.* Hierüber kann der Anwender beispielsweise auf eine Frage mit einer Ja/Nein-Antwort reagieren.

Abbildung 7.22: Die Dialogbox mit zwei Schaltflächen

   In unserer Übung wird ein Dialogfeld mit dem Text »Fehler...Negative Zahl« eingeblendet.

   Das VI führt entweder den TRUE-Case oder den FALSE-Case der Case-Struktur aus. Ist die Eingangszahl größer oder gleich null, führt das VI den TRUE-Case aus, wobei dann die Quadratwurzel der Zahl ausgegeben wird. Ist die Zahl kleiner als Null, gibt der FALSE-Case »–99999.00« aus und zeigt ein Dialogfeld mit der Meldung »Fehler...Negative Zahl«.

7. Kehren Sie zum Frontpanel zurück und starten Sie das VI. Versuchen Sie es mit einer Zahl größer als Null und einer kleiner als Null.

8. Speichern und schließen Sie das VI. Bezeichnen Sie es mit *Square Root.VI* und speichern Sie es im Verzeichnis *EIGENE PROGRAMME* oder in der VI-Bibliothek.

7.6.4 Die Funktion Select oder Wählen

Eine Alternative für die einfache Case-Anweisung mit zwei Unterscheidungen stellt die so genannte *Select-* oder *Wählen*-Funktion dar, die je nach Anwendung eine etwas kompaktere Darstellung im Blockdiagramm ermöglicht (Abbildung 7.23).

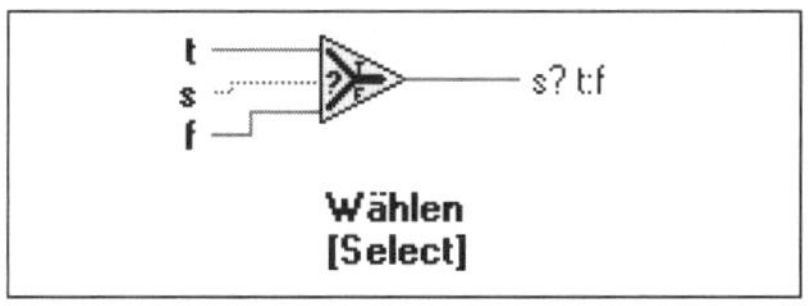

Abbildung 7.23: Die Wählen- oder Select-Funktion

Die Funktion *Wählen (Select)* finden Sie in der Unterpalette *Vergleich* in der Palette *Funktionen*. Sie gibt den Wert *t* zurück, wenn der Eingangswert *s* TRUE ist, und den Wert *f*, wenn der Eingangswert *s* FALSE ist. In Abbildung 7.24 wird dargestellt, wie Sie mit Hilfe dieser Funktion die gleiche Funktionalität wie in Übung 7.3 erstellen können. Doch hat die Kompaktheit auch ihren Preis, denn der Aufruf der Dialogbox lässt sich nicht so elegant mit dieser Funktion verknüpfen – es wurde deshalb hier auf diesen Aufruf verzichtet.

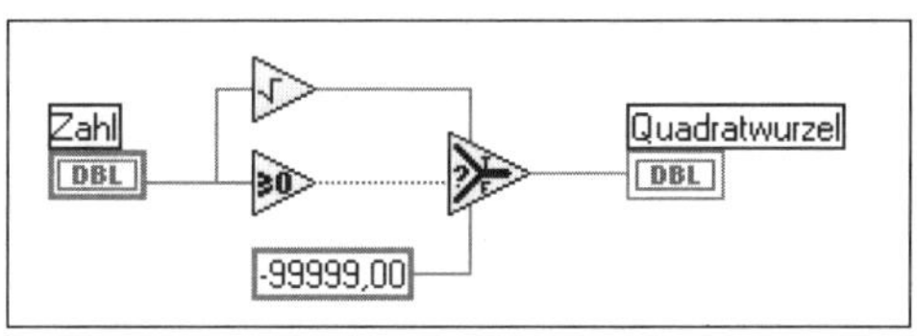

Abbildung 7.24: Das Blockdiagramm mit der gleichen Funktionalität wie in Übung 7.3, gelöst mit der Wählen-Funktion

7.7 Ereignis-Struktur

Seit der Entwicklung von LabVIEW sind Benutzerschnittstellen prinzipiell auf die gleiche Weise erstellt worden – mit einer Technik, die als »*Polling*« bekannt ist. Das VI mit der Benutzerschnittstelle liest hierbei alle Steuerelemente eines Frontpanels in einer Schleife aus und prüft, ob irgendeines der Steuerelemente seinen Wert seit der letzten Iteration verändert hat. Über die Jahre sind eine

Reihe von fortschrittlicheren Möglichkeiten entwickelt worden, wie zum Beispiel Zustandsmaschinen (»*State Machines*«), die mit Hilfe einer Queue die auf dem Frontpanel auftretenden Ereignisse (Änderungen der Werte der Steuerelemente) speichern und nacheinander verarbeiten. Der zugrunde liegende Mechanismus hat sich aber seit der Entwicklung von LabVIEW nicht geändert. Unglücklicherweise beinhaltet dieser Mechanismus einige Probleme – Polling ist sehr ineffektiv, da jedes Steuerelement kontinuierlich überprüft werden muss, egal, ob sich sein Wert nun geändert hat oder nicht. Wird zu schnell gepollt, dominiert dieser Prozess die CPU, wird zu langsam gepollt, werden Ereignisse möglicherweise nicht registriert oder die korrekte Reihenfolge von Ereignissen (z.B. wenn der Benutzer mehrere Schaltflächen in kurzer Zeit betätigt) kann nicht ermittelt werden.

Mit LabVIEW 6.1 wurde eine neue Struktur eingeführt, die die Programmierung von Benutzerschnittstellen nicht nur sehr viel effektiver, sondern auch sehr viel einfacher gestaltet: die Ereignis-Struktur.

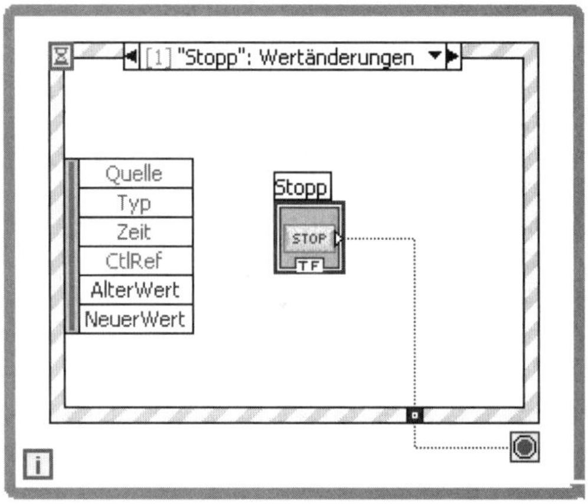

Abbildung 7.25: Einfache Ereignis-Struktur

7.7.1 Was ist eine Ereignis-Struktur?

Die Ereignis-Struktur, die der erste neue Strukturknoten seit LabVIEW 1.0 ist, macht die ereignisgesteuerte Programmierung erst möglich. Diese ereignisgesteuerte Programmierung ist ein populäres Paradigma zum Management von Benutzerschnittstellen in anderen Programmierumgebungen, wie zum Beispiel LabWindows/CVI und Visual Basic. Sie ermöglicht einer Applikation, sich so lange in einem Wartezustand aufzuhalten, bis etwas »Interessantes« auf dem Frontpanel passiert, anstatt kontinuierlich abzufragen, ob eine solche Aktion stattgefunden hat. LabVIEW nutzt dabei Funktionen des Betriebssystems, um von diesem benachrichtigt zu werden, wenn es Aktivitäten auf der Benutzerschnittstelle registriert. Werden solche Aktivitäten nicht registriert, übergibt das Betriebssystem die CPU an andere Applikationen und die LabVIEW-Applikation verbleibt im Wartezustand. Es bleibt natürlich dem Benutzer überlassen, welches die »interessanten« Frontpanelaktionen sind, d. h. auf welche Aktionen die ereignisgesteuerte LabVIEW-Applikation reagieren soll.

Wie eine Case-Struktur enthält die Ereignis-Struktur mehrere Unterdiagramme, wobei jedes so konfiguriert werden kann, dass es ein oder mehrere Ereignisse behandelt. Ein Ereignis kann dabei ein Druck auf eine Taste der Tastatur, eine Mausbewegung, ein Mausklick, eine Wertänderung in einem Bedienelement usw. sein.

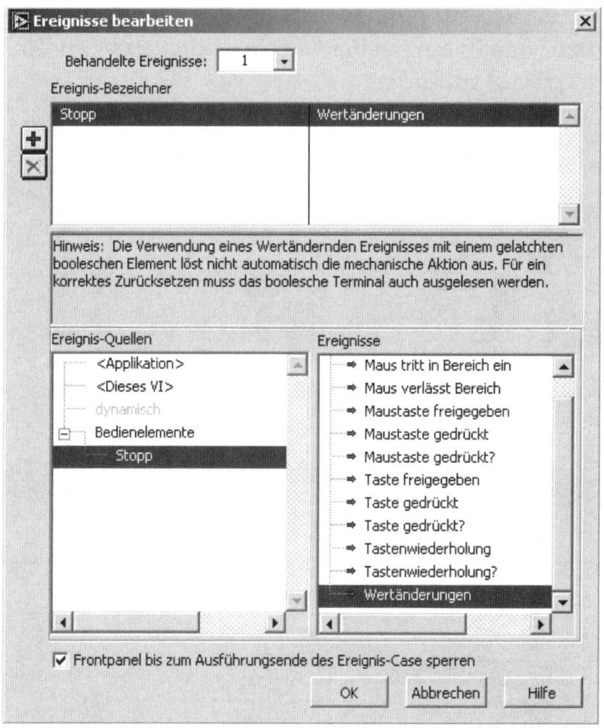

Abbildung 7.26: Bearbeiten von Ereignissen

Genau wie jedes andere G-Objekt wird auch die Ereignis-Struktur einfach auf dem Blockdiagramm abgelegt und unterliegt den gleichen Datenflussregeln. Wird eine Ereignis-Struktur ausgeführt, wird das VI in den Wartezustand versetzt, bis ein konfiguriertes Ereignis eintritt. Tritt das Ereignis auf, erwacht die Applikation aus ihrem Wartezustand und führt das entsprechende Unterdiagramm aus, um das Ereignis zu behandeln. Jedes Unterdiagramm enthält an seiner linken Seite einen Ereignisdatenknoten, der den Zugriff auf spezifische Informationen des auftretenden Ereignisses enthält. Der Knoten sieht aus und funktioniert wie die Cluster-Funktion *Nach Namen aufschlüsseln*, d. h. er kann in seiner Größe verändert werden, um nur die Datenfelder anzuzeigen, die der Benutzer benötigt.

7.7.2 Ein einfaches Beispiel

In Abbildung 7.27 ist das Blockdiagramm eines einfachen VI dargestellt. Das Blockdiagramm enthält eine Ereignis-Struktur, die die Schaltflächen *OK* und *Abbrechen* sowie die *Panel schließen*-Funktion des Frontpanels überwacht. Versucht der Benutzer das Frontpanelfenster zu schließen, wird ein Dialog geöffnet, der zur Bestätigung auffordert.

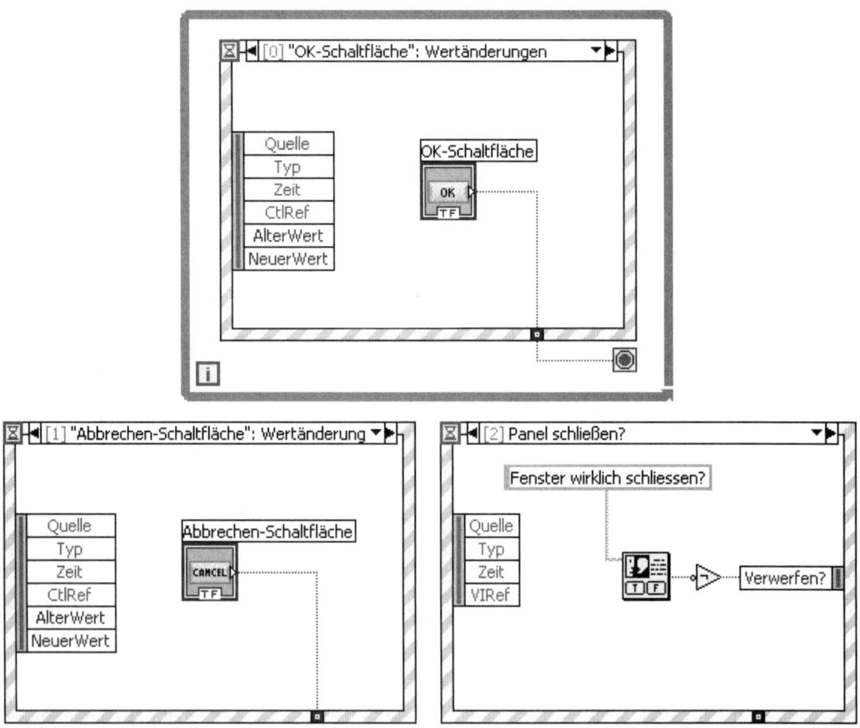

Abbildung 7.27: Einfaches Beispiel zur Ereignis-Struktur

Beachten Sie, dass die Ereignis-Struktur in einer While-Schleife untergebracht ist. Dies ist notwendig, da bei der Ausführung einer Ereignis-Struktur nur ein einziges Ereignis behandelt wird, so, wie auch bei der Case-Struktur immer nur eines der Unterdiagramme ausgeführt wird. Plazieren Sie die Ereignis-Struktur daher bitte immer in einer Schleife, damit die konfigurierten Ereignisse kontinuierlich verarbeitet werden können. Wird diese Vorgehensweise nicht eingehalten, kann es vorkommen, dass das Frontpanel des VI »hängt«, wenn ein Ereignis ein zweites Mal während der Ausführung des VI auftritt, die Ereignis-Struktur aber schon ausgeführt wurde und nicht noch einmal aufgerufen wird. Der Grund für dieses Verhalten ist einfach zu erklären: Sobald ein in irgendeiner Ereignis-Struktur konfiguriertes Ereignis auftritt, sperrt LabVIEW das Frontpanel des VI, bis die entsprechende Ereignis-Struktur das Ereignis behandelt hat. Auf diese Weise wird sichergestellt, dass Ereignisse niemals verloren gehen und immer in der Reihenfolge ihres Auftretens verarbeitet werden. Durch Deaktivieren der Option *Frontpanel bis zum Ausführungsende des Ereignis-Case sperren* kann das »Hängen« des Frontpanels zwar vermieden werden, doch kann dies zu anderen unerwünschten Verhaltensweisen führen – dies ist also nicht empfehlenswert. Der Schlüssel zur »sauberen« Programmierung ist die Positionierung der Ereignis-Struktur in einer While-Schleife.

Die Aktionen des Anwenders, die Ereignisse auslösen können, umfassen das Drücken oder Loslassen von Maustasten oder Tasten der Tastatur, Wertänderungen von Frontpanelbedienelementen, die Menüauswahl, die Auswahl des Fenster-schließen-Symbols auf dem VI-Frontpanel usw. Welche Ereignisse durch die Ereignis-Struktur behandelt werden sollen, legt der Anwender in einem Konfigurationsdialog fest. Dabei kann jeder Ereignis-Case (jedes Unterdiagramm) für ein oder mehrere Ereignisse konfiguriert werden. Die Ereignisse werden in zwei Klassen unterteilt: die *Melder-Ereignisse* und die *Filter-Ereignisse*. Ein Melder-Ereignis ist die simple Benachrichtigung über das Auftreten des Ereignisses. Zum Beispiel sind die Ereignisse *Wertänderung* für die Schaltflächen *OK* und *Abbrechen* in unserem Beispiel solche Melder-Ereignisse. Filter-Ereignisse hingegen erlauben die programmatische Beeinflussung der Rückgabedaten des durch eine Aktion ausgelösten Ereignisses. Dadurch haben Sie die Möglichkeit, ein Ereignis entweder einfach zu verwerfen oder die Daten des Ereignisses zu modifizieren, bevor LabVIEW deren Verarbeitung abgeschlossen hat. Das Ereignis *Panel schließen* in unserem Beispiel ist ein solches Filter-Ereignis. Sie erkennen ein Filter-Ereignis an dem Ereignisfilterknoten (*Verwerfen?*) innen rechts im Unterdiagramm. Bei einem Klick auf die Schaltfläche *Abbrechen* des Dialogfelds *Fenster wirklich schließen?* gibt der Dialog den Wert *FALSE* zurück. Der Anschluss *Verwerfen?* erhält dann durch die Negationsfunktion den Wert *TRUE*, woraufhin LabVIEW das Ereignis verwirft, ohne das Fenster zu schließen. Alle Filter-Ereignisse beinhalten den Anschluss *Verwerfen?*; einige enthalten jedoch weitere Felder, die zusätzliche Möglichkeiten der Modifikation bieten. So könnte zum Beispiel mit dem Filter-Ereignis *Taste gedrückt?* ein String-Bedienelement so gesteuert werden, dass es nur Großbuchstaben akzeptiert, indem alle Kleinbuchstaben sofort bei der Eingabe in Großbuchstaben umgewandelt werden. Wenn die Felder des Ereignisfilterknotens nicht verbunden werden, werden die Ereignisdaten unverändert übergeben.

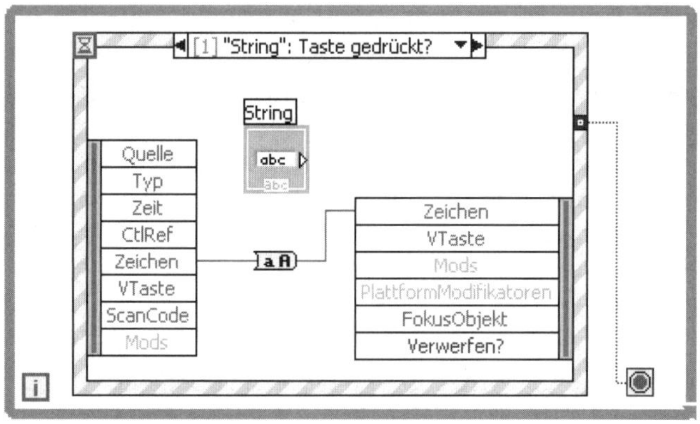

Abbildung 7.28: Filter-Ereignis zur Umwandlung von Text

Bevor wir dieses Kapitel abschließen, sollen noch ein paar wichtige Dinge erläutert werden. Wenn Sie unser einfaches Beispiel aufmerksam betrachten, werden Sie feststellen, dass wir in den Ereignis-Cases für die Schaltflächen *OK* und *Abbrechen* die Werte der Bedienelemente aus den Frontpanelterminals auslesen, obwohl uns diese doch auch als Ereignisdaten über die Felder *AlterWert* und *NeuerWert* zur Verfügung stehen. Hierfür gibt es einen guten Grund: Die Schaltflächen *OK* und *Abbrechen* sind boolesche Schaltelemente, die ihren Schaltzustand so lange beibehalten, bis sie ausgelesen werden. Wenn aber nur die Ereignisdaten aus den Feldern *AlterWert* und *NeuerWert* verarbeitet werden, werden die Schaltelemente nicht zurückgesetzt, verbleiben also in ihrem gedrückten Zustand. Im Allgemeinen sollten die Frontpanelterminals, falls nicht anderweitig benötigt, daher immer in dem zugehörigen Ereignis-Case für Wertänderungen untergebracht werden. Besondere Aufmerksamkeit sollten Sie dieser Regel widmen, wenn Sie eine *Stopp*-Schaltfläche zum Abbruch der ereignisbehandelnden Schleife verwenden; wird der Wert außerhalb des Ereignis-Case gelesen, kann und wird LabVIEW dieses Terminal lesen, bevor die Ereignis-Struktur ausgeführt wird, und geht dann in den Wartezustand, so dass die Schleife möglicherweise einmal mehr durchlaufen wird, als Sie erwarten.

Ein weiterer Punkt, der Beachtung verdient, ist die neue Art der Ausgangstunnel, die aus den Ereignis-Strukturen herausführen. Diese mit der LabVIEW-Version 6.1 eingeführten Tunnel enthalten in ihrer Mitte eine kleine weiße Box, falls irgendeiner der Ereignis-Cases von seiner Innenseite keine Verbindung mit dem Tunnel herstellt. Es wird dann für diesen unverbundenen Ereignis-Case ein Standardwert verwendet. Dieses neue Verhalten der Ausgangstunnel kann über einen Rechtsklick auf den Tunnel und Deaktivierung der Option *Standard verwenden, wenn nicht verbunden* abgeschaltet werden (auch die Tunnel der Case-Strukturen enthalten diese Option, sie ist aber standardmäßig deaktiviert).

Zum Abschluss nun noch ein paar Worte zu dem blauen Stundenglas in der oberen linken Ecke der Ereignis-Struktur. Dies ist das Timeout-Terminal; wird ein Wert in Millisekunden mit diesem Terminal verbunden, erwacht die Ereignis-Struktur nach dieser vorgegebenen Zeit aus ihrem Wartezustand und führt einen speziellen Timeout-Case aus, falls in der Zwischenzeit keines der konfigurierten Ereignisse auftritt. Wenn das Terminal nicht verbunden wird (oder den Wert –1 erhält), »schläft« die Struktur so lange, bis ein konfiguriertes Ereignis eintritt. Bleibt ein solches Ereignis aus, würde die Struktur also bis in alle Ewigkeit warten. Soll eine Applikation periodische Prozesse im Hintergrund ausführen, muss also demnach auch ein entsprechender Wert mit dem Timeout-Terminal verbunden werden.

7.8 Die Sequenz-Struktur

Eine weitere Ablaufstruktur in LabVIEW ist die Sequenz (Abbildung 7.29). Mit ihr ist es möglich, die exakte Reihenfolge der Abarbeitung der Programmteile festzulegen. Die Sequenz-Struktur besitzt das Aussehen eines Filmstreifens und sie ist in der Tat aus einer Folge von solchen »Bildern«, die nacheinander ausgeführt werden, zusammengesetzt. Eine Sequenz-Struktur führt zuerst Rahmen 0 aus, gefolgt von Rahmen 1, dann Rahmen 2, bis der letzte Rahmen ausgeführt wird. Erst wenn der letzte Rahmen ausgeführt wurde, verlassen die Daten die Struktur.

Die Sequenz befindet sich in der Unterpalette *Funktionen>>Strukturen.* Wie bei der Case-Struktur wird nur ein Rahmen zur selben Zeit angezeigt. Sie müssen den Pfeil oben an der Struktur anklicken, um weitere Rahmen sehen zu können, oder Sie klicken auf die obere Anzeige, um sich eine Liste der anderen Rahmen anzeigen zu lassen. Sie können auch auf die Strukturbegrenzung klicken und *Rahmen anzeigen...* wählen. Wenn Sie zum ersten Mal eine Sequenz-Struktur in das Blockdiagramm einfügen, so hat sie nur einen Rahmen und keine Pfeile oder Zahlen oben auf der Struktur, um zu kennzeichnen, welcher Rahmen gezeigt wird. Erzeugen Sie neue Rahmen durch Anklicken der Strukturbegrenzung und wählen Sie *Rahmen danach einfügen* oder *Rahmen davor einfügen*.

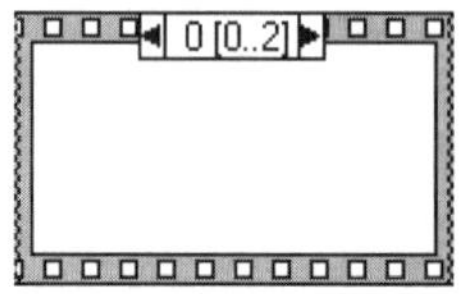

Abbildung 7.29: Die Sequenz-Struktur

Die Sequenz wird verwendet, um eine sequentielle Abarbeitung von Knoten zu erzwingen, deren Daten nicht voneinander abhängig sind. Innerhalb eines Rahmens, wie in dem Rest des Blockdiagramms, bestimmt die Datenabhängigkeit die Reihenfolge der Ausführung der Knoten. Im Laufe des Buchs werden Sie noch weitere Möglichkeiten der Ausführungsreihenfolge des Datenflusses kennen lernen.

Im Gegensatz zur Case-Struktur müssen Sie bei der Sequenz nur aus einem Rahmen Daten nach außen weiterleiten, ohne dass am selben Tunnel auch aus anderen Rahmen Datenquellen angeschlossen werden müssen, aber denken Sie daran, dass Daten nur dann aus einer Struktur weitergegeben werden, wenn die Struktur die Ausführung vollständig abgeschlossen hat, und nicht, wenn der einzelne Rahmen abgeschlossen ist. Daten am Eingangstunnel stehen, wie auch bei allen anderen Strukturen, allen Rahmen zur Verfügung.

7.8.1 Die lokale Sequenz-Variable

Nun stellt sich die Frage, wie man Daten von einem Sequenz-Rahmen in einen der darauf folgenden weiterleiten kann. Hierfür stellt LabVIEW einen eleganten Mechanismus zur Verfügung: die lokale Sequenz-Variable. Um den Anschluss *Lokale Sequenz-Variable* zu erhalten, wählen Sie *Lokale Sequenz-Variable hinzufügen* aus dem Popup-Menü der Sequenz-Struktur. Daraufhin erscheint eine lokale Sequenz-Variable in Form eines gelben Quadrats am Rahmen der aktuellen Sequenz. Sie können den Anschluss *Lokale Sequenz-Variable* auf jede unbesetzte Position der Begrenzung ziehen. Verwenden Sie den Befehl *Entfernen* aus dem Popup-Menü der lokalen Sequenz-Variablen, um einen Anschluss zu entfernen, oder wählen Sie ihn an und löschen Sie ihn.

Erscheint ein Anschluss *Lokale Sequenz-Variable* zum ersten Mal im Diagramm, so ist es nur ein kleines gelbes Feld. Abbildung 7.30 zeigt den Anschluss *Lokale Sequenz-Variable* in seinen verschiedenen Formen. Schließen Sie Quelldaten an die lokale Sequenz-Variable an, erscheint ein auswärts gerichteter Pfeil in dem Rahmenanschluss, der die Datenquelle enthält. Die Anschlüsse der folgenden Rahmen enthalten einen nach innen gerichteten Pfeil, um zu zeigen, dass der Anschluss eine Datenquelle für diesen Rahmen ist. In Rahmen vor dem Quellrahmen können Sie die lokale Sequenz-Variable nicht anwenden (es wurde noch kein Wert festgelegt) und es erscheint ein blasses Rechteck.

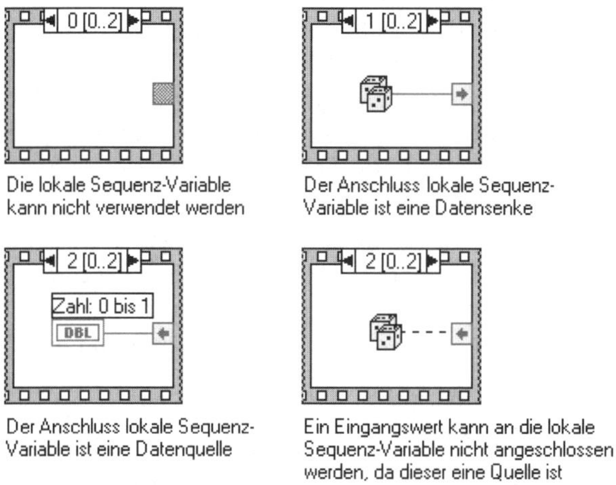

Abbildung 7.30: Anschlüsse der lokalen Sequenz-Variablen

7.8.2 Timing

Die Steuerung und das Überwachen des Timings von VI ist ein nicht zu unterschätzender Faktor bei der Entwicklung von Anwendungen. Sollten Sie zum Beispiel ein VI programmieren, in dem Aktionen in einer Schleife abgearbeitet werden, sollten Sie unbedingt eine der im Folgenden beschriebenen Funktionen verwenden, damit es nicht zu unerwünschten Nebenwirkungen bei der Ausführung des VI kommt. Ein VI, dessen kontinuierlich ausgeführte Schleife keine Timing-Funktion enthält, kann dazu führen, dass Ihr System scheinbar »hängt«, da LabVIEW versucht, für das VI so viel Systemressourcen abzuzweigen wie möglich. Das VI kann also unter Umständen das System zu fast 100 % auslasten. Mit den Funktionen *Warten (ms)*, *Timer-Wert auslesen (ms)* und *Bis zum nächsten Vielfachen von ms warten* aus der Unterpalette *Zeit & Dialog* in der Palette *Funktionen* können Sie das Timing steuern und das beschriebene Verhalten vermeiden. *Warten (ms)* veranlasst Ihr VI, eine festgelegte Anzahl von Millisekunden zu warten, bevor mit der Ausführung fortgefahren wird (Abbildung 7.31).

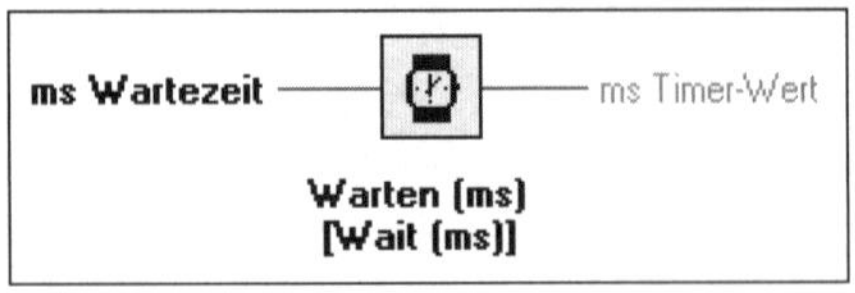

Abbildung 7.31: Die Funktion Warten (ms)

Bis zum nächsten Vielfachen von ms warten veranlasst LabVIEW zu warten, bis der interne Timer-Wert gleich dem Vielfachen des Eingabewerts ist, bevor das VI die Ausführung fortsetzt. Es ist nützlich für die Ausführung von Schleifen in festgelegten Intervallen und für die Synchronisierung von Tätigkeiten. Diese zwei Funktionen sind ähnlich, aber nicht gleich. *Bis zum nächsten Vielfachen von ms warten* z.B. wartet je nach Anfangswert des Timers im ersten Schleifendurchlauf auch weniger Millisekunden als angegeben. Danach wird jeweils bis zum nächsten Vielfachen gewartet. Benötigt der Inhalt einer Schleife zur Abarbeitung jedoch länger als die angegebene Anzahl an Millisekunden, so gerät das VI aus dem Takt und wird langsamer. Stellen Sie sicher, dass Sie alle Möglichkeiten in Erwägung ziehen, wenn Sie diese Komponenten anwenden.

Abbildung 7.32: Die Funktion Bis zum nächsten Vielfachen von ms warten

Timer-Wert auslesen (ms) gibt den Wert der internen Uhr Ihres Betriebssystems in Millisekunden zurück und wird gewöhnlich benutzt, die verstrichene Zeit zu ermitteln, wie in der nächsten Übung. Seien Sie darauf hingewiesen: Der interne Takt hat nicht immer eine große Auflösung – ein Tick des Takts kann bis zu 55 Millisekunden (ms) bei Windows 3.1 lang sein, 10ms bei Windows NT und Windows 95, 17ms auf einem Mac und 1ms auf Unix-Rechnern. LabVIEW kann diese Einschränkungen des Betriebssystems nicht umgehen.

Abbildung 7.33: Die Funktion Timer-Wert auslesen (ms)

7.8.3 Übung: Zeitmessung mit der Sequenz-Struktur

Nachdem Sie nun eine Menge Theorie über die Sequenz-Struktur und die Möglichkeiten der Zeitdarstellung in LabVIEW kennen gelernt haben, soll dieses Wissen an einem Beispiel praktisch angewendet werden. Wir werden ein VI erstellen, das die Zeit berechnet, die vergeht, bis eine eingegebene Zahl mit einer zufällig erzeugten Zahl übereinstimmt. Genaue Zeitmessungen sind oft wichtig, um die Wiederholrate von Messvorgängen, aber auch das Zeitverhalten einer Operation genau abschätzen zu können. Das folgende Beispiel kann stellvertretend für alle VI verwendet werden, wo es um eine exakte Messung des Zeitverhaltens oder der Zeit geht.

1. Öffnen Sie zunächst ein neues VI.
2. Dann erstellen Sie das in Abbildung 7.34 dargestellte Frontpanel.

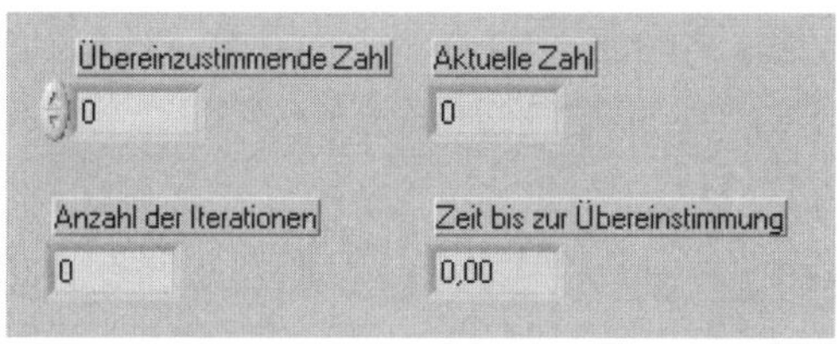

Abbildung 7.34: Das zu erstellende Frontpanel

3. Wechseln Sie die Genauigkeit von *Übereinzustimmende Zahl*, *Aktuelle Zahl* und *Anzahl der Iterationen* auf null durch Auswahl von *Format & Genauigkeit...* aus deren Popup-Menüs. Geben Sie eine »0« für die *Nachkommastellen* ein, so dass keine Zahlen neben dem Dezimalpunkt angezeigt werden.
4. Öffnen Sie das Diagramm und bauen Sie das in den Abbildungen 7.35 bis 7.37 zu sehende Blockdiagramm auf.
5. Platzieren Sie die Sequenz (Palette *Strukturen*) im Diagrammfenster, wie Sie auch schon For- und While-Schleifen im Blockdiagramm platziert haben; klicken Sie mit dem Cursor und ziehen Sie, um die gewünschten Begrenzungen festzulegen.

   Sie müssen drei getrennte Rahmen der Ablaufkomponente aufbauen. Um einen neuen Rahmen zu erzeugen, klicken Sie die Rahmenbegrenzung an und wählen aus dem Popup-Menü *Rahmen danach einfügen*.

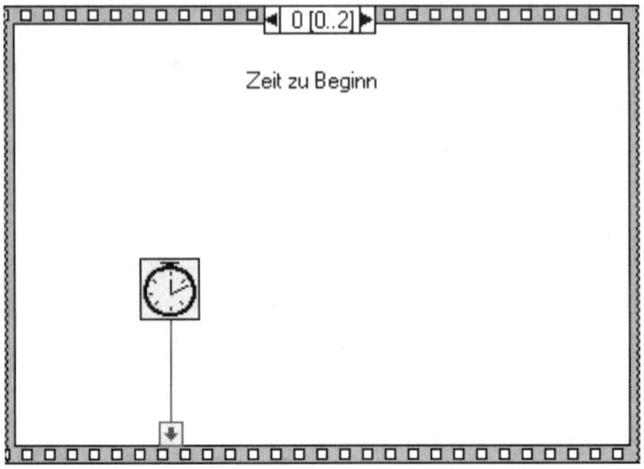

Abbildung 7.35: Der Sequenz-Rahmen 0

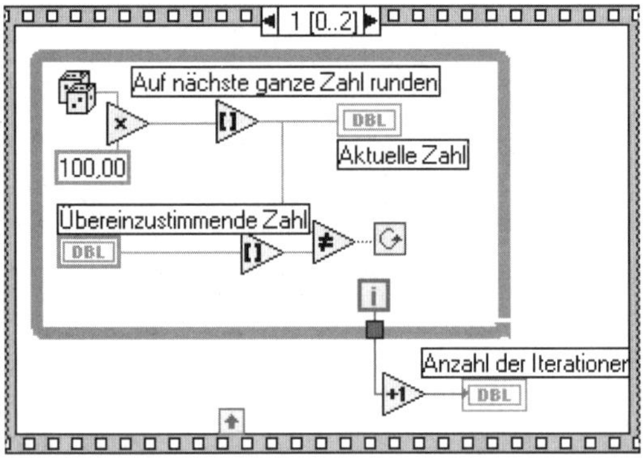

Abbildung 7.36: Der Sequenz-Rahmen 1

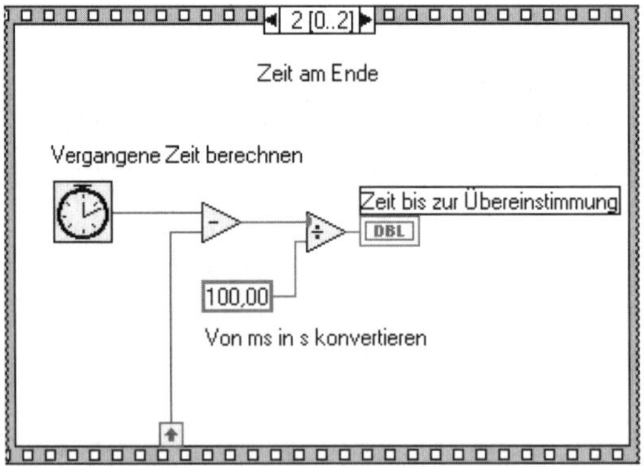

Abbildung 7.37: Der Sequenz-Rahmen 2

6. Erzeugen Sie den Anschluss *Lokale Sequenz-Variable* durch Anklicken der unteren Begrenzung des Rahmens 0 und wählen Sie aus dem Popup-Menü *Lokale Sequenz-Variable hinzufügen*. Der Anschluss *Lokale Sequenz-Variable* erscheint als ein leeres Quadrat. Der Pfeil innerhalb des Quadrats erscheint automatisch, wenn Sie den Anschluss *Lokale Sequenz-Variable* verbinden.

7. Bauen Sie den Rest des Diagramms auf. Einige neue Funktionen werden jetzt beschrieben. Verwenden Sie das Hilfefenster, damit die Eingangs- und Ausgangsanschlüsse angezeigt werden, wenn Sie sie verdrahten!

   - Die Funktion *Timer-Wert auslesen (ms)* (Palette *Zeit & Dialog*) gibt den Wert des internen Takts zurück.
   - Die Funktion *Zufallszahl (0–1)* (Palette *Numerisch*) gibt eine Zufallszahl zwischen 0 und 1 zurück.
   - Die *Multiplikations*-Funktion (*Numerisch*-Palette) multipliziert die Zufallszahl mit 100, so dass die Funktion eine Zahl zwischen 0,0 und 100,0 zurückgibt.
   - Die Funktion *Auf nächste ganze Zahl runden* (Palette *Vergleich*) rundet die Zufallszahl auf die nächste ganze Zahl.
   - Die Funktion *Ungleich?* (Palette *Vergleich*) vergleicht die Zufallszahl mit der im Frontpanel festgelegten Zahl und gibt TRUE zurück, wenn die Zahl nicht gleich ist, anderenfalls gibt die Funktion FALSE zurück.
   - Die Funktion *Inkrement* (Palette *Numerisch*) addiert 1 zur Schleifenzahl, um den Wert der Anzahl der Iterationen zu erzeugen (um den bei null beginnenden Index zu kompensieren).
   - Im Rahmen 0 gibt die Funktion *Timer-Wert auslesen* den Wert des internen Timers in Millisekunden zurück. Dieser Wert wird an den Anschluss *Lokale Sequenz-Variable* angeschlossen, womit er dem nachfolgenden Rahmen zur Verfügung steht. Im Rahmen 1 führt das VI die While-Schleife so lange aus, wie die festgelegte Zahl nicht mit der zurückkommenden Zahl der Funktion *Zufallszahl (0–1)* übereinstimmt. Im Rahmen 2 gibt die Funktion *Timer-Wert auslesen (ms)* eine neue Zeit in Millisekunden zurück. Das VI subtrahiert die alte Zeit (durchgegeben vom Rahmen 0 über den Anschluss *Lokale Sequenz-Variable*) von der neuen Zeit, um die verstrichene Zeit zu berechnen, und dividiert sie durch 1.000, um Millisekunden in Sekunden umzuwandeln.

Hinweis: Die gerade vorgestellte Lösung des Problems sollte Ihnen die Verwendung der Sequenz-Struktur einschließlich der lokalen Sequenz-Variablen näher bringen. Es gibt jedoch auch eine elegantere Lösung, die ohne lokale Sequenz-Variablen auskommt. Diese Lösung ist in Abbildung 7.38 dargestellt.

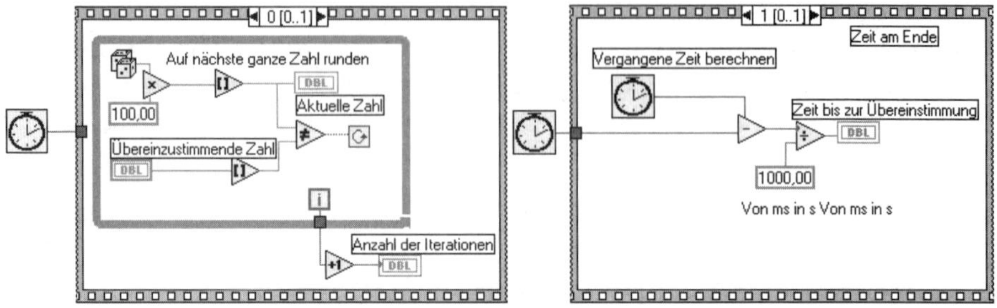

Abbildung 7.38: Die Sequenz mit nur zwei Rahmen

8. Schalten Sie die Visualisierung des Programmablaufs ein, wodurch das VI ausreichend verlangsamt wird, um die aktuell erzeugte Zahl im Frontpanel sehen zu können.
9. Geben Sie eine Zahl innerhalb der Steuerung *Übereinzustimmende Zahl* ein und starten Sie das VI. Wenn Sie die Sache beschleunigen wollen, schalten Sie die Visualisierung des Programmablaufs aus.
10. Verwenden Sie den Befehl *Speichern*, um das VI im Verzeichnis *EIGENE PROGRAMME* als *Time to Match.VI* zu speichern, und schließen Sie es dann.

7.9 Der Formelknoten

Sie haben bisher vier unterschiedliche Kontrollstrukturen in LabVIEW kennen gelernt. Charakteristisch für die Strukturen war der Rahmen, der je nach Funktionalität ein geringfügig anderes Aussehen besitzt. Eine Gemeinsamkeit war jedoch ihr Einfluss auf den Datenfluss. Nun wollen wir einen weiteren Rahmen einführen, der aber auf den Programmfluss keinen Einfluss nimmt. Es handelt sich hierbei auch nicht um eine Kontrollstruktur, sondern um eine vereinfachende Darstellung von mathematischen Beziehungen, bei der der Anwender auf seine gewohnte Notation der zeichenorientierten Schreibweise von mathematischen Zusammenhängen nicht verzichten muss – und das, obwohl er in einer grafischen Umgebung arbeitet.

In Analogie zu den gezeigten Kontrollstrukturen stellt auch diese neue Struktur, Formelknoten genannt, die Möglichkeit des Einbringens von Dateneingängen und -ausgängen bereit. Der Formelknoten ist ein in der Größe veränderbarer Rahmen, der verwendet wird, um algebraische Formeln direkt in das Blockdiagramm einzugeben. Es ist nicht immer sinnvoll, Gleichungen mit Hilfe der von LabVIEW bereitgestellten Operatoren grafisch darzustellen, obwohl dies prinzipiell immer möglich ist. Betrachten Sie z.B. die ziemlich einfache Gleichung $y = x^2 + x + 1$. Wenn Sie diese einfache Gleichung mit Hilfe der LabVIEW-Funktionen grafisch abbilden, werden Sie sicherlich feststellen, dass das Blockdiagramm auch in diesem einfachen Beispiel nicht ohne Weiteres auf einen Blick erfassbar ist (Abbildung 7.39).

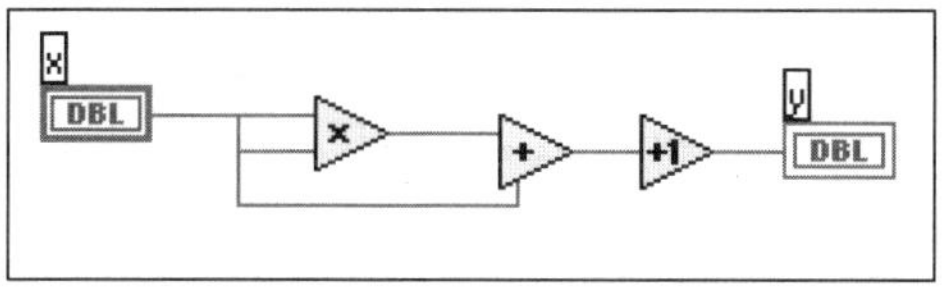

Abbildung 7.39: Grafische Darstellung mathematischer Zusammenhänge

Sie können dieselbe Gleichung unter Einbehaltung der Ihnen gewohnten Notation in einem Formelknoten übersichtlicher einfügen, wie es in Abbildung 7.40 gezeigt wird.

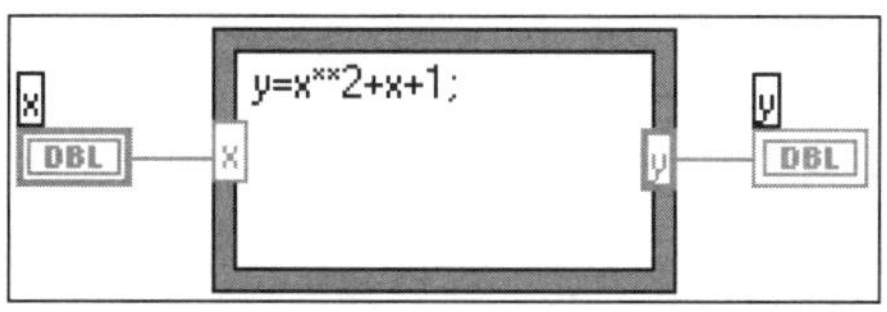

Abbildung 7.40: Zeichenorientierte Darstellung mathematischer Zusammenhänge mit dem Formelknoten

Mit dem Formelknoten können Sie anstelle von komplexen Diagrammverschachtelungen direkt eine oder mehrere Formeln eingeben. Geben Sie einfach die Formel in das Feld ein. Sie erzeugen die Eingangs- und Ausgangsanschlüsse des Formelknotens, indem Sie die Begrenzung des Knotens anklicken und *Eingang hinzufügen* oder *Ausgang hinzufügen* aus dem Popup-Menü auswählen. Geben Sie dann Namen für die Variablen in das Eingabe- und Ausgabefeld ein. Bei den Namen wird Groß- und Kleinschreibung unterschieden und jede Formelanweisung muss mit einem Semikolon (;) abgeschlossen werden.

Sie finden den Formelknoten in der Unterpalette *Strukturen* in der Palette *Funktionen*.

Abbildung 7.41 zeigt die innerhalb des Formelknotens zur Verfügung stehenden Operationen.

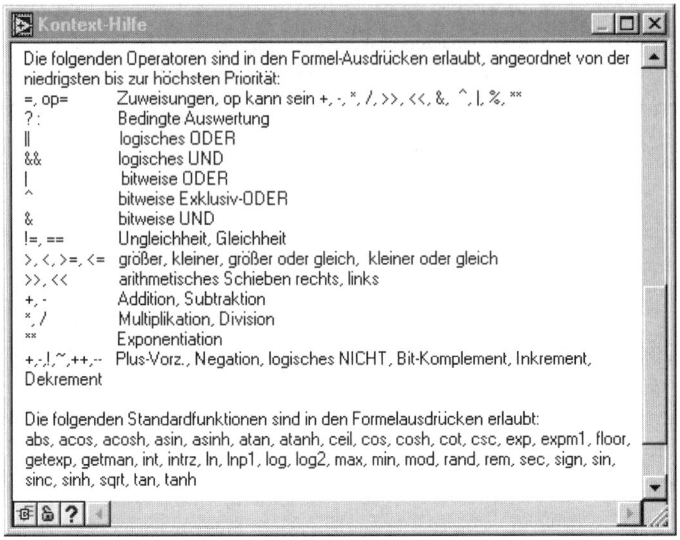

Abbildung 7.41: Das Hilfefenster des Formelknotens mit den verfügbaren Operationen

7.10 Übung: Der Formelknoten im Einsatz

Das Ziel dieser Übung ist es, anhand einer einfachen Gleichung das Arbeiten mit dem Formelknoten zu erlernen. Sie bauen ein VI auf, das den Formelknoten anwendet, um eine Gleichung zu berechnen und das Ergebnis grafisch darzustellen.

1. Öffnen Sie ein neues Fenster. Wählen Sie *Kurvengraph* aus der Unterpalette *Elemente>>Graph*. Bezeichnen Sie diesen mit *Graph*. Die Diagrammanzeige zeichnet die Gleichung

   $$y = a + b * \cos(x * \sin(x)) + c * zufall * x * x$$

   Zur besseren Veranschaulichung wurde bewusst eine etwas komplizierte Modellgleichung gewählt, die auch eine stochastische Komponente, symbolisiert durch die Variable *Zufall*, berücksichtigt. Die stochastische Komponente stellt hierbei die Schwankung bei der Erfassung realer Messwerte dar. Wenn man die stochastische Komponente weglässt, erhält man die direkte Modellgleichung. Ein Vergleich z.B. dieser beiden Gleichungen macht eine Aussage, inwieweit die erwarteten Parameter mit den realen Parametern übereinstimmen.

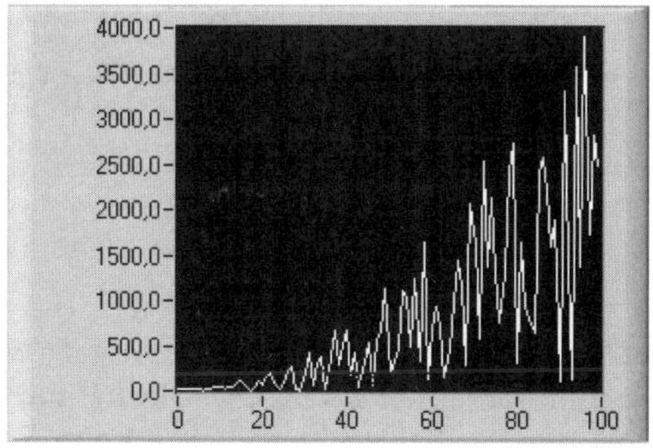

Abbildung 7.42: Der Kurvengraph mit der erzeugten Kurve

2. Bauen Sie das Blockdiagramm wie in Abbildung 7.43 gezeigt auf.

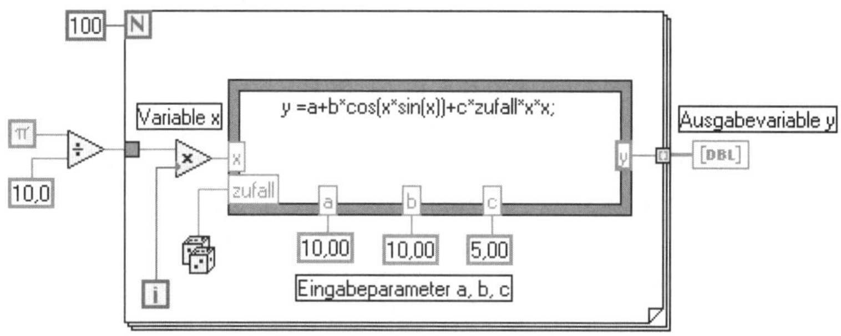

Abbildung 7.43: Das Blockdiagramm für die Modellgleichung

Erzeugen Sie den Eingangsanschluss, indem Sie den Rahmen anklicken, und wählen Sie *Eingabe hinzufügen* aus dem Popup-Menü. Erzeugen Sie dann den Ausgangsanschluss, indem Sie *Ausgabe hinzufügen* aus dem Popup-Menü auswählen. Bei der Erzeugung eines Eingangs- oder Ausgangsanschlusses müssen Sie einen Variablennamen vergeben. Der Variablenname muss genau mit dem in der Formel verwendeten übereinstimmen. Denken Sie daran, dass bei Variablennamen nach Groß- und Kleinschreibung unterschieden wird. Beachten Sie, dass ein Semikolon (;) die Formelanweisung abschließen muss.

Die Konstante π finden Sie in der Palette *Funktionen>>Numerisch>>Zusätzliche numerische Konstanten.*

Während jeder Wiederholung multipliziert das VI den Wert des Wiederholungsanschlusses mit $\pi/10$. Das Multiplikationsergebnis wird an den Formelknoten angeschlossen, der damit die Modellgleichung berechnet. Das VI speichert dann das Ergebnis in einem Array an der Begrenzung der For-Schleife. Nachdem die For-Schleife ausgeführt wurde, zeichnet das VI das Array.

3. Kehren Sie zum Frontpanel zurück und starten Sie das VI.
4. Speichern Sie das VI im Verzeichnis *EIGENE PROGRAMME* und nennen Sie es *Formula Node Exercise.VI*. Schließen Sie das VI.

7.11 Zusammenfassung

LabVIEW stellt zwei Strukturen zur Verfügung, um sich wiederholende Vorgänge in einem Diagramm ablaufen zu lassen. Dies ist zum einen die While-Schleife und zum anderen die For-Schleife. Beide Komponenten sind in der Größe veränderbare Rahmen. Platzieren Sie das »Unterdiagramm«, das wiederholt werden soll, innerhalb der Begrenzung der Schleifen. Die While-Schleife wird so lange ausgeführt, wie der Wert am Wiederholungsanschluss TRUE ist. Die For-Schleife wird für eine festgelegte Anzahl von Wiederholungen ausgeführt.

Schieberegister gibt es für While-Schleifen und für For-Schleifen. Sie transportieren Werte vom Ende einer Schleifenwiederholung zum Anfang der nächsten. Sie können Schieberegister so gestalten, dass Sie auf Werte von vielen vorherigen Wiederholungen zugreifen können. Für jede Wiederholung, auf die Sie zugreifen möchten, müssen Sie ein neues Element an den linken Anschluss des Schieberegisters hinzufügen. Sie können auch mehrere Schieberegister in eine Schleife einfügen, um mehrere Variablen zu speichern.

LabVIEW hat zwei Komponenten, um dem Datenfluss eine Steuerung hinzuzufügen, die Case-Struktur und die Sequenz. Nur ein Case oder ein Rahmen dieser Strukturen sind zur selben Zeit sichtbar. Sie können zwischen ihnen hin- und herschalten, indem Sie die kleinen Pfeile oben auf der Komponente benutzen, über das Popup-Menü oder indem Sie mit dem *Bedien*-Werkzeug im Fenster oben auf die Komponente klicken.

Sie verwenden die Case-Komponente, um zu verschiedenen Unterdiagrammen zu verzweigen, abhängig von ihrem Eingangswert am Auswahlanschluss. Platzieren Sie einfach das gewünschte Unterdiagramm, das Sie ausführen möchten, innerhalb der Begrenzung eines jeden Case der Case-Struktur und verbinden Sie einen Eingang mit dem Auswahlanschluss des Case. Case-Strukturen sind entweder boolesch (mit zwei Cases) oder besitzen als Auswahlkriterium einen numerischen Wert, eine Zeichenkette (String) oder den so genannten Enum-Typ (mit bis zu 2^{15}-1 Cases) – LabVIEW bestimmt automatisch den Typ, wenn Sie den entsprechenden Wert an den Auswahlanschluss anschließen.

Mit der Ereignis-Struktur wird das klassische Polling zur Feststellung von Wertänderungen der Bedienelemente auf dem Frontpanel vermieden. Die Struktur erlaubt es, Ereignisse zu konfigurieren, auf die die Applikation reagieren soll. Nach dem Start der Applikation wird diese in den Wartezustand versetzt und erwacht erst wieder, wenn eines der konfigurierten Ereignisse eintritt. Solange dies nicht der Fall ist, wird die CPU vom Betriebssystem anderen Applikationen zur Verfügung gestellt.

Die Sequenz ermöglicht es Ihnen, eine bestimmte Ablaufreihenfolge für Ihre Diagrammfunktionen festzulegen. Platzieren Sie den Bereich Ihres Diagramms, der zuerst ausgeführt werden soll, im ersten Rahmen (Rahmen 0) der Sequenz. Das Unterdiagramm, das als Zweites ausgeführt werden soll, wird im zweiten Rahmen platziert usw.

Der Anschluss *Lokale Sequenz-Variable* wird verwendet, um Werte zwischen den Rahmen der Sequenz zu übertragen. Haben Sie für einen Rahmen eine lokale Sequenz-Variable erzeugt, so stehen die in diese Variablen übergebenen Daten nur für die nachfolgenden Rahmen zur Verfügung, jedoch nicht für die vorhergehenden.

Mit dem Formelknoten können Sie direkt Formeln in ein Blockdiagramm eingeben, eine sehr nützliche Einrichtung für komplexe Funktionsgleichungen. Denken Sie daran, dass bei Variablennamen nach Groß- und Kleinschreibung unterschieden wird und jede Formelanweisung mit einem Semikolon (;) beendet werden muss.

8 Arrays und Cluster

»Im Anfang war das Wort.« Mit dem Worte stehen
die Menschen am Anfang der Welterkenntnis und
sie bleiben stehen, wenn sie beim Wort bleiben.
Wer weiter schreiten will, auch nur um den kleinwinzigen Schritt,
um welchen die Denkarbeit eines ganzen Lebens weiterbringen kann,
der muß sich vom Worte befreien und vom Wortaberglauben,
der muß seine Welt von der Tyrannei der Sprache zu erlösen versuchen.
Fritz Mauthner – Beiträge zu einer Kritik der Sprache, Band 1

Bevor Sie sich mit »Real World«-Anwendungen von LabVIEW beschäftigen, müssen Sie sich mit komplexeren Datentypen, den so genannten Arrays und Clustern, auseinander setzen. Diese Datentypen sind für eine Reihe von MSR-Aufgaben unabdingbar, man denke z.B. an die Erfassung von Kurvenzügen von einem Messgerät oder das Übertragen von Kommandos an eine serielle oder GPIB-Schnittstelle usw. Des Weiteren werden Sie eine Reihe von LabVIEW-Funktionen zur Bearbeitung von Arrays und Clustern kennen lernen und diese auch anhand von Beispielen einsetzen.

8.1 Arrays

LabVIEW stellt neben den grundlegenden Datentypen, wie Strings, Ganz- und Gleitkommazahl, die zusammengesetzten Datentypen zur Verfügung. Hier unterscheidet man zwischen zwei Klassen: die ein- bzw. mehrdimensionalen Felder, in LabVIEW Arrays genannt, und die Cluster, die eine Zusammenstellung verschiedener Datentypen darstellen. Zunächst behandeln wir die Arrays.

Bis jetzt haben Sie nur mit skalaren Daten gearbeitet (skalar ist einfach ein Datentyp, der nur einen einzelnen Wert enthält, oder ein »Non-Array«). Ein LabVIEW-*Array* ist eine Sammlung von Daten, die alle gleichen Typs sind. Ein Array kann eine oder mehrere Dimensionen und bis zu 2^{31} Elemente pro Dimension aufweisen, wobei dies natürlich speicherabhängig ist. Ein Array kann aus jedem Typ bestehen, außer einem anderen Array, einem Diagramm oder einem Graphen.

Auf Array-Elemente hat man nur über ihre Indizes Zugriff; jeder Index eines Elements liegt im Bereich von 0 bis *N-1*, wobei *N* die Gesamtanzahl der Elemente in einem Array ist. Das eindimensionale (1D) Array, das hier gezeigt wird (Abbildung 8.1), illustriert die Struktur. Beachten Sie, dass das *erste* Element den Index 0 hat, das zweite Element den Index 1 usw.

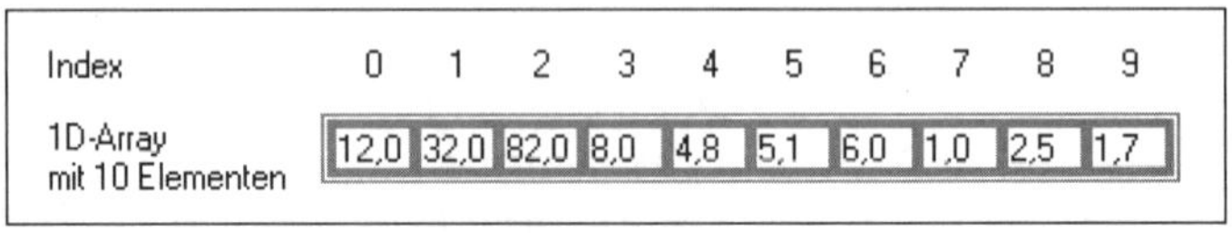

Abbildung 8.1: Ein einfaches Array mit seinen Indizes

Oft werden Kurvenformen in Arrays gespeichert, wobei jeder Punkt der Kurve einem Element des Arrays entspricht. Für die Speicherung von Daten, die in Schleifen erzeugt werden, sind Arrays sehr praktisch. Jede Schleifenwiederholung erzeugt ein Array-Element.

8.1.1 Das Erstellen von Arrays als Bedien- und Anzeigeelement

Arrays lassen sich in zwei Schritten erstellen. Durch die Verbindung einer *Array-Shell* mit einem *Datenobjekt* werden die Array-Eingabe oder -Anzeige erzeugt. Dabei kann das Datenobjekt vom Typ numerisch, boolesch, Pfad, Zeichenkette oder Cluster sein. Sie finden die Array-Shell in der Unterpalette *Array & Cluster* in der Palette *Elemente*.

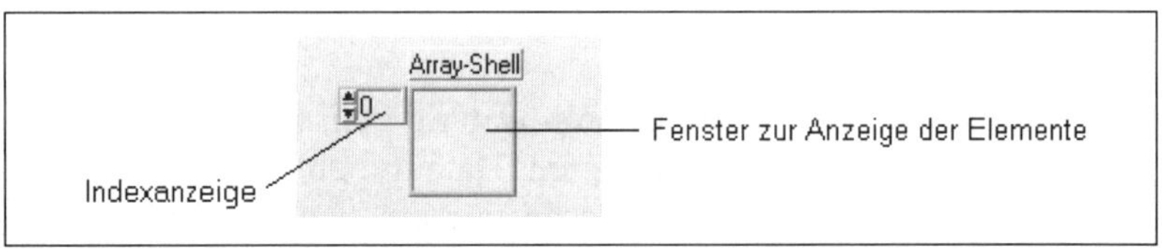

Abbildung 8.2: Die – noch leere – Array-Shell

Um ein Array zu erzeugen, ziehen Sie ein Datenobjekt in das Anzeigefenster der Elemente. Wählen Sie zum ersten Mal ein Objekt aus der Palette *Elemente*, können Sie das Objekt direkt ablegen, indem Sie in das Fenster klicken (Abbildung 8.2). Das Anzeigefenster des Elements ändert seine Größe, um sich an den neuen Datentyp anzupassen, wie es in Abbildung 8.3 gezeigt wird, aber es bleibt grau dargestellt, bis Sie Daten eingeben. Beachten Sie, dass alle Elemente eines Arrays entweder Eingaben oder Anzeigen sein müssen, keine Kombination aus diesen.

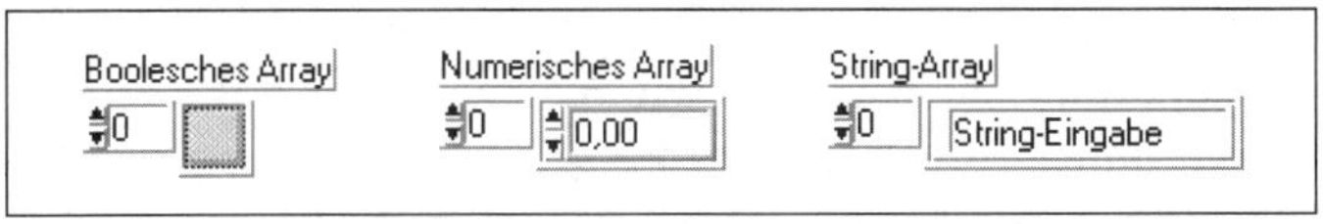

Abbildung 8.3: Verschiedene Arrays

Platzieren Sie das erste Mal eine Array-Shell in ein Frontpanel, so ist der Anschluss des Blockdiagramms schwarz, was einen undefinierten Datentyp anzeigt. Der Anschluss enthält auch Klammern, wie im linken Teil von Abbildung 8.4 gezeigt wird. So kennzeichnet LabVIEW eine Array-Struktur. Legen Sie einen Datentyp für ein Array fest (durch Platzieren einer Eingabe oder einer Anzeige in der Array-Shell), dann nimmt das Blockdiagramm des Arrays die Farbe und Beschriftung des neuen Typs an (obgleich es seine Klammern behält), wie im rechten Teil. Sie werden bemerken, dass die Array-Verbindungen dicker sind als Verbindungen, die nur einen Einzelwert transportieren.

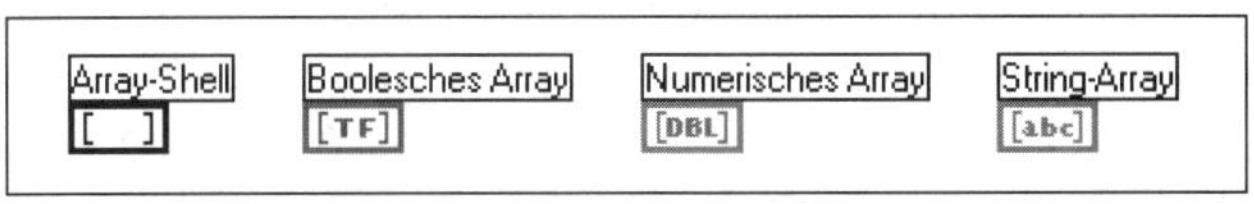

Abbildung 8.4: Die Arrays aus Abbildung 8.3 in der Darstellung im Blockdiagramm und links davon eine leere Array-Shell im Blockdiagramm

Sie können Daten in Ihr Array eingeben, sobald Sie einen Datentyp dafür festgelegt haben. Verwenden Sie das *Beschriftungs-* oder *Bedien-*Werkzeug, um einen Wert einzugeben. Wenn Ihre Daten numerisch sind, klicken Sie auf die Pfeile der Indexanzeige, um sie zu erhöhen oder zu vermindern.

Verwenden Sie das *Positionier-*Werkzeug, wenn Sie das Objekt im Anzeigefenster verändern wollen, und achten Sie darauf, dass es sich in die normale Änderungsklammer umwandelt, wenn Sie es an der Ecke des Fensters platzieren (um die richtigen Klammern zu erhalten, müssen Sie es vorsichtig in das Feld hinein- und ein wenig hin und her bewegen). Möchten Sie mehrere Elemente zur gleichen Zeit zeigen, bewegen Sie das *Positionier-*Werkzeug um die Fensterecke herum, bis Sie den Gittercursor erhalten. Dann vergrößern Sie es, entweder horizontal oder vertikal (das Aussehen des Arrays hat keinen Einfluss auf Ihre Daten). Nun sind mehrere Elemente sichtbar. Das Element, das am dichtesten zur Indexanzeige liegt, gehört immer zu der Elementnummer, die dort angezeigt wird.

Sie können Array-Konstanten in einem Blockdiagramm so erzeugen, wie Sie numerische, boolesche oder Zeichenkettenkonstanten erzeugen können. Wählen Sie *Array-Konstante* aus der Unterpalette *Array* in der Palette *Funktionen* und

Sie erhalten eine Array-Shell. Geben Sie dann den entsprechenden Datentyp ein (gewöhnlich eine andere Konstante), wie Sie es schon im Bedienfeld gemacht haben. Für die Initialisierung eines Shift-Registers oder um einen Datentyp für eine Datei- oder für eine Netzwerkfunktion zur Verfügung zu stellen, ist diese Einrichtung sehr nützlich.

Soll eine Array-Eingabe, -Anzeige oder eine Datenkonstante gelöscht werden, dann klicken Sie auf die *Indexanzeige* (*nicht* auf das Element selbst oder Sie erhalten das falsche Menü) und wählen *Datenoperationen>>Leeres Array.*

8.1.2 Verwenden der automatischen Indizierung

Die For-Schleife und die While-Schleife können Arrays innerhalb ihrer Begrenzungen automatisch mit einem Index versehen und ansammeln – ein neues Element für jede Schleifenwiederholung. Diese Fähigkeit nennt man Autoindizierung. Sie sollten allerdings beachten, dass die Standardeinstellung von Autoindizierung in For-Schleifen aktiv ist, aber in While-Schleifen deaktiviert ist. Abbildung 8.5 zeigt die Autoindizierung eines Arrays an der Begrenzung einer For-Schleife. Jede Wiederholung erzeugt das nächste Array-Element. Nach Beenden der Schleife werden die Daten aus der Schleife heraus an die Anzeige weitergegeben. Solange die Schleife nicht beendet ist, stehen keine Array-Daten zur Verfügung. Beachten Sie, dass die Verbindungen dicker werden, wenn sie an der Begrenzung der Schleife zum Typ »Array-Verbindung« werden.

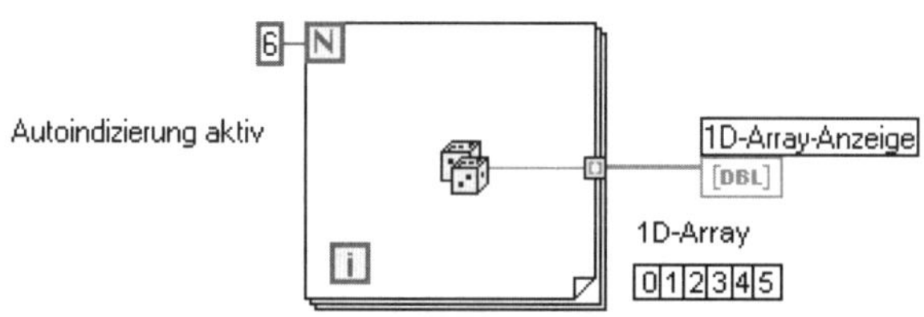

Abbildung 8.5: Eine For-Schleife mit aktivierter Autoindizierung

Wollen Sie skalare Daten aus einer For-Schleife heraus verbinden, ohne ein Array zu erzeugen, müssen Sie die Autoindizierung deaktivieren, indem Sie den Tunnel anklicken (das schwarze Quadrat) und *Indizierung deaktivieren* (Abbildung 8.6) aus dem Popup-Menü des Tunnels wählen.

Da die Autoindizierung in der While-Schleife als Standard deaktiviert ist, müssen Sie den Tunnel anklicken und *Indizierung aktivieren* auswählen, wenn Sie in einer While-Schleife Array-Daten erzeugen wollen.

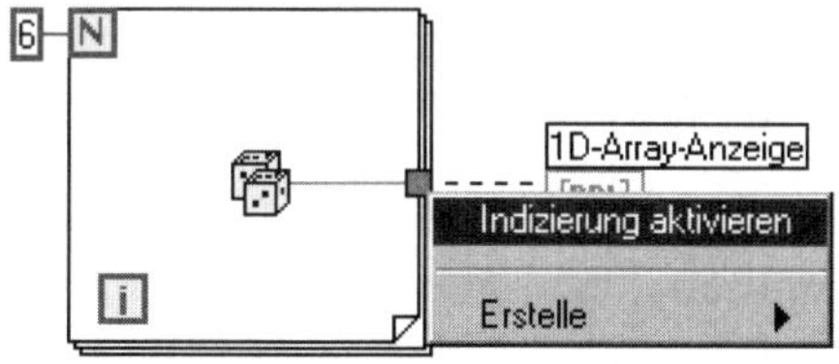

Abbildung 8.6: Das Popup-Menü einer For-Schleife zur Auswahl der Indizierungsfunktionalität

In Abbildung 8.7 ist die Autoindizierung gesperrt und nur der letzte zurückgegebene Wert der Funktion *Zufallszahl (0–1)* wird aus der Schleife ausgegeben. Beachten Sie, dass die Verbindung ihre Stärke nach Verlassen der Schleife behält. Bitte achten Sie sehr genau auf die Stärke dieser Verbindung, da wir aus Erfahrung wissen, dass gerade die Autoindizierungsfunktion bei Einsteigern immer wieder zu unerwarteten Ergebnissen führt: Sie erzeugen häufig Arrays, wenn Sie es gar nicht wollen, oder Sie erzeugen sie nicht, wenn Sie es wollen.

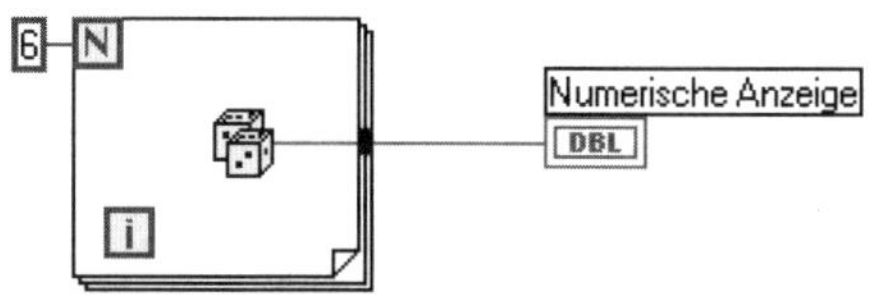

Abbildung 8.7: Die For-Schleife mit deaktivierter Autoindizierungsfunktion gibt ein Skalar am Ende aus.

Autoindizierung wird auch verwendet, wenn Sie Arrays in Schleifen hinein anschließen. Ist die Indizierung wie in der linken Schleife aktiviert, nimmt die Schleife bei jeder Wiederholung vom Array ein Element weg (beobachten Sie, wie die Verbindung bei Eintritt in die Schleife dünner wird). Ist die Indizierung wie in der rechten Schleife deaktiviert, wird das gesamte Array auf einmal in die Schleife übertragen.

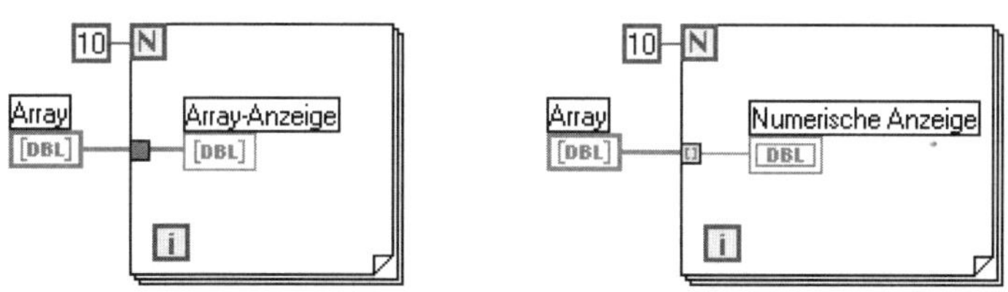

Abbildung 8.8: Ein Array wird an die For-Schleife übergeben, links ist die Autoindizierung aktiv, rechts deaktiviert.

8.1.3 Autoindizierung anstelle des Zähleranschlusses in For-Schleifen

Wird die Autoindizierung an einem Array, das in eine For-Schleife *eintritt*, aktiviert, setzt LabVIEW automatisch den *Zähler* auf die Array-Größe. Dadurch spart man sich das Anlegen eines Werts an den Zähleranschluss. Stehen unterschiedliche Zählerwerte an der For-Schleife an, so setzt LabVIEW den Zähler auf den kleinsten der vorgegebenen Werte. In Abbildung 8.9 bestimmt die Array-Größe die Anzahl der Wiederholungen der For-Schleife und nicht der Wert, der an den Zähleranschluss gelegt wurde, weil die Array-Größe der kleinere der beiden angegebenen Werte ist.

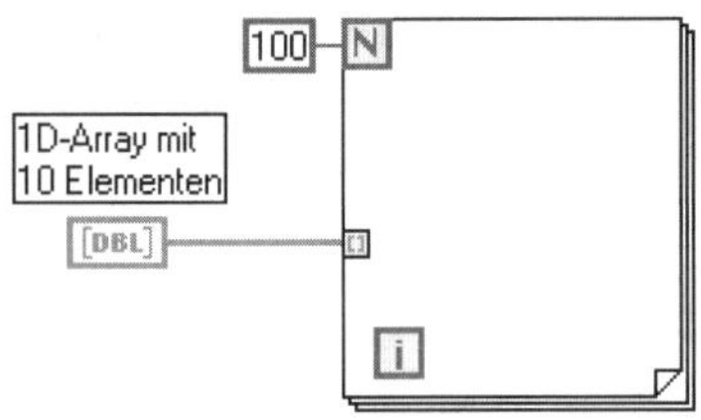

Abbildung 8.9: Die Array-Größe bestimmt die Anzahl der Schleifen-Iterationen.

8.1.4 Zweidimensionale Arrays

Ein zweidimensionales oder 2D-Array lässt sich mit einer Matrix vergleichen. Der Zugriff auf ein Element wird eindeutig über zwei Indizes ermöglicht: einen Spaltenindex und einen Zeilenindex. Wie jeder Index in LabVIEW beginnen auch diese bei null. Abbildung 8.10 zeigt ein Array, das aus sechs Spalten mal vier Reihen besteht und sechs mal vier Elemente (24) speichern kann.

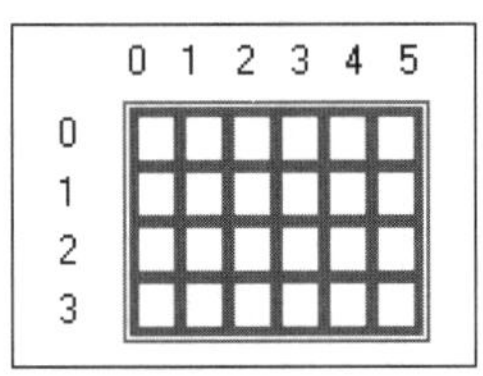

Abbildung 8.10: Ein 6 x 4-Array mit 24 Elementen

Sie können einer Array-Eingabe oder -Anzeige Dimensionen hinzufügen, indem Sie ihre *Indexanzeige* (nicht die Elementanzeige) anklicken und *Dimension hinzufügen* aus dem Popup-Menü wählen. Abbildung 8.11 zeigt eine digitale Eingabe aus einem 2D-Array. Bitte beachten Sie, dass Sie jetzt zwei Indizes haben, über die Sie auf jedes Element eindeutig zugreifen. Sie können den Gittercursor des *Positionier*-Werkzeugs verwenden, um die Elementanzeige auf zwei Dimensionen zu erweitern, damit Sie mehr Elemente sehen können. Durch Wahl von *Dimension entfernen* aus dem Popup-Menü der Indexanzeige können Sie ungewollte Dimensionen entfernen.

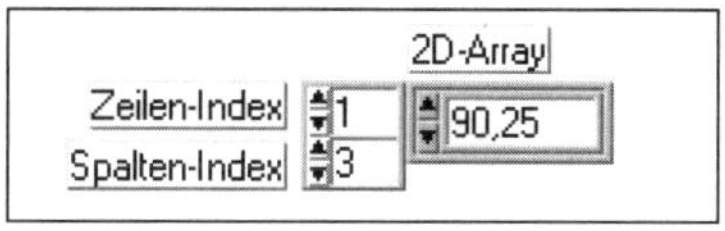

Abbildung 8.11: Ein zweidimensionales Array in LabVIEW

Kurvenformen, die von mehreren Kanälen einer Datenerfassungskarte ausgelesen wurden, werden in einem zweidimensionalen (2D) Array gespeichert, wobei jede Spalte im 2D-Array den Daten eines Kanals entspricht.

8.1.5 Erstellen von zweidimensionalen Arrays

Ein 2D-Array lässt sich mit Hilfe zweier ineinander verschachtelter For-Schleifen realisieren (Abbildung 8.12). Die innere For-Schleife erzeugt die Zeilen-Elemente und die äußere For-Schleife »stapelt« diese Zeilen, um die Spalten der Matrix aufzufüllen. In unserem Beispiel in Abbildung 8.12 wird ein 2D-Array mit Zufallszahlen erzeugt und am Rand der Schleifen die Autoindizierung angewendet.

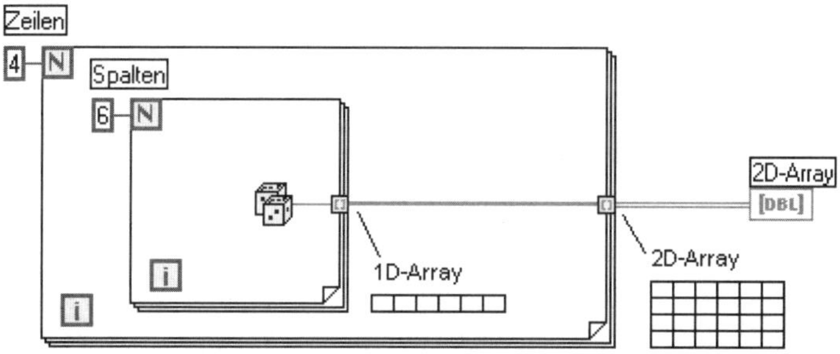

Abbildung 8.12: Ein zweidimensionales Array wird über zwei For-Schleifen erzeugt

Achten Sie hierbei darauf, dass die Verbindung eines 2D-Arrays dicker ist als die Verbindung eines 1D-Arrays.

8.1.6 Übung: Arrays mittels Autoindizierung erzeugen

In dieser Übung öffnen und beobachten Sie ein VI, das sowohl eine For-Schleife als auch eine While-Schleife verwendet, um Daten-Arrays zu erzeugen.

1. Öffnen Sie das Beispiel *Building Arrays.VI* im Verzeichnis *LABVIEW-GRUNDLAGEN\KAPITEL08.LLB*. Diese Übung erzeugt zwei Arrays im Frontpanel. Zwei ineinander verschachtelte For-Schleifen erstellen ein 2D-Array und eine While-Schleife generiert ein 1D-Array. Die For-Schleife führt eine festgelegte Anzahl von Zählerdurchläufen durch. Bei der While-Schleife müssen Sie die *Stopp*-Schaltfläche drücken, um diese anzuhalten (oder sie stoppt erst nach 101 Iterationen).
2. Werfen Sie einen Blick auf das Frontpanel und schalten Sie dann zum Blockdiagramm um. Beachten Sie, wie die verschachtelten For-Schleifen die Zeilen und Spalten eines 2D-Arrays an ihren Begrenzungen erzeugen oder entsprechend die Autoindizierung anwenden. Beachten Sie ebenso, wie die Verbindungen des Arrays dicker werden, wenn sie die Begrenzung der Schleife verlassen.

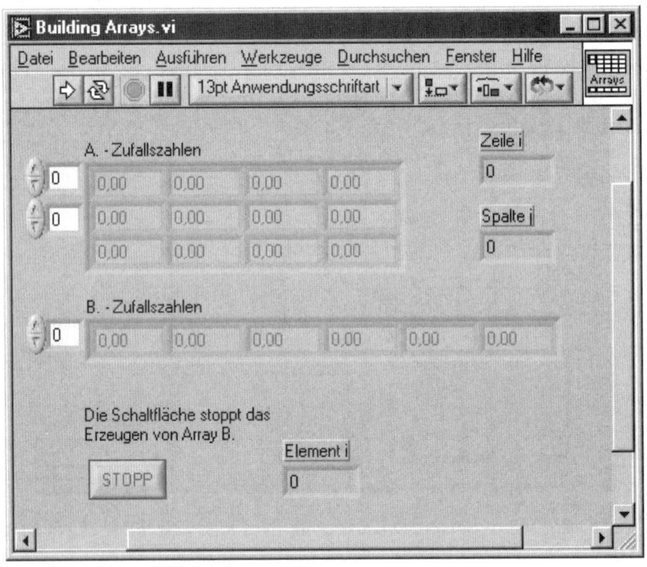

Abbildung 8.13: Das Frontpanel des Building Arrays.VI

3. Bevor Sie Array-Daten aus einer While-Schleife erhalten, müssen Sie erst ein Popup auf den Tunnel durchführen, der die Zufallszahl enthält, und dann *Indizierung aktivieren* auswählen. Dies wird noch anschaulicher, wenn Sie ein

Popup auf den Tunnel durchführen und dann *Indizierung deaktivieren* wählen. Sie sehen, wie die Verbindung, welche die Schleifenunterbrechung verlässt, als ungültig markiert wird. Führen Sie erneut ein Popup durch und wählen Sie *Indizierung aktivieren*, um den Fehler wieder zu beheben.

Die Schleife verwendet einen kleinen Logik-Algorithmus, um sicherzustellen, dass sie anhält, wenn der Anwender die *Stopp*-Schaltfläche nicht nach einem vernünftigen Zeitablauf anklickt (101 Wiederholungen). Hat der Anwender die *Stopp*-Schaltfläche nicht gedrückt *und* die Schleife hat weniger als 100 Mal gezählt, wird die Schleife fortgesetzt. Ändert sich eine der beiden Bedingungen, wird die Schleife angehalten.

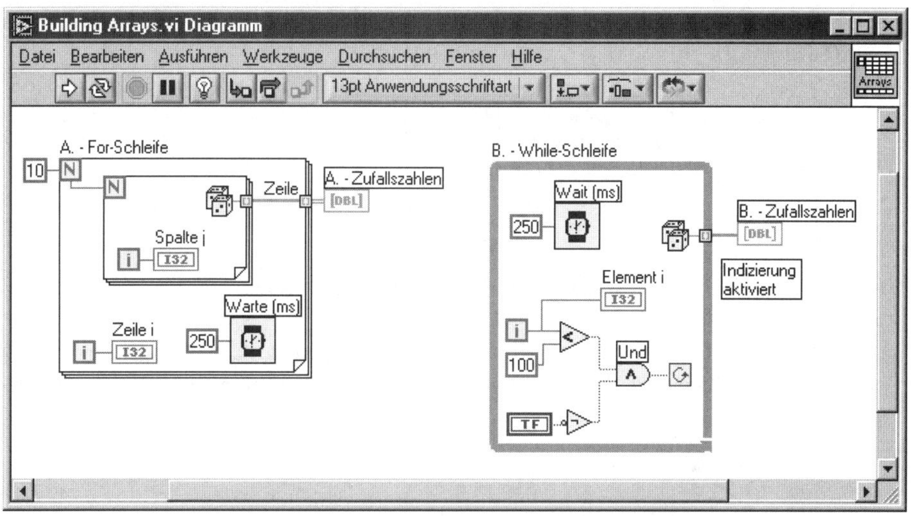

Abbildung 8.14: Das Blockdiagramm des Building Arrays.VI

Warum wird die While-Schleife 101 Mal ausgeführt und nicht genau 100 Mal? Denken Sie daran, dass die While-Schleife den bedingten Anschluss am Ende einer jeden Wiederholung überprüft. Am Ende der 100. Wiederholung ist i = 99, da i bei null anfängt zu zählen. Am Ende der 101. Wiederholung ist der Zähler nicht mehr länger kleiner als 100 und die Schleife hält an, vorausgesetzt, die *Stopp*-Schaltfläche wurde nicht bereits angeklickt.

4. Starten Sie das VI. Erinnern Sie sich daran, dass Sie die *Stopp*-Schaltfläche drücken müssen, um die While-Schleife anzuhalten, weil die Anzeigen im Frontpanel so lange nicht aktualisiert werden, bis das gesamte Array aufgebaut ist.

5. Schließen Sie das VI und speichern Sie die Änderungen nicht.

8.1.7 Funktionen zur Bearbeitung von Arrays

Nachdem wir uns mit den Grundlagen von Arrays beschäftigt haben, wollen wir nun auf die vielen Funktionen zur Bearbeitung von Arrays eingehen und einige davon direkt in Anwendungen einsetzen. In der Unterpalette *Array* der Palette *Funktionen* finden Sie die Funktionen, mit denen Sie Arrays manipulieren können. Hier die wichtigsten Funktionen im Überblick:

- *Array initialisieren* erzeugt und initialisiert ein n-dimensionales Array mit dem Wert Ihrer Wahl (Abbildung 8.15). Sie können es für größere Dimensionen gestalten, indem Sie es mit dem *Positionier*-Werkzeug nach unten ziehen, um mehr Eingänge zu bekommen. Diese Funktion ist für die Belegung des Speichers, für Arrays bestimmter Größe oder für die Initialisierung von Shift-Registern mit Array-Datentyp nützlich.

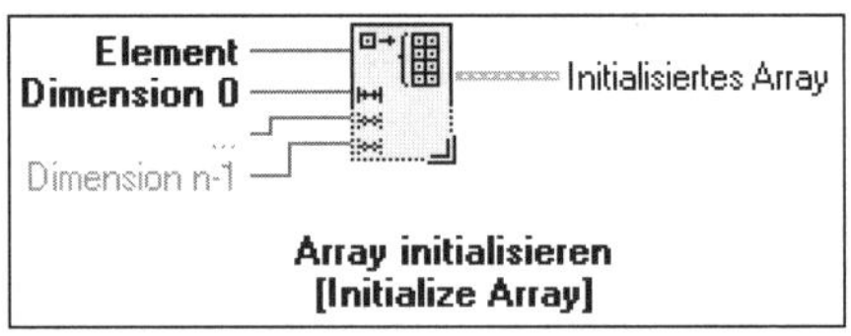

Abbildung 8.15: Die Funktion Array initialisieren

In Abbildung 8.16 zeigt *Array initialisieren*, wie ein eindimensionales Array mit zehn Elementen initialisiert wird, wobei jedes Element eine Null zum Inhalt hat.

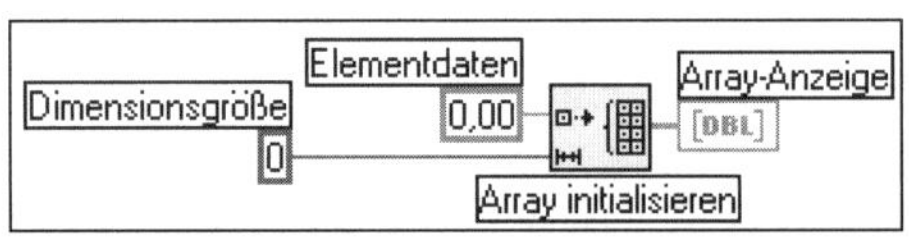

Abbildung 8.16: Der Einsatz der Funktion Array initialisieren

- *Array-Größe* liefert Ihnen die Anzahl der Elemente in einem Eingangs-Array zurück (Abbildung 8.17). Ist das Eingangs-Array n-dimensional, gibt *Array-Größe* ein eindimensionales Array mit n Elementen zurück, wobei jedes Element die Größe einer der Dimensionen des Arrays enthält.

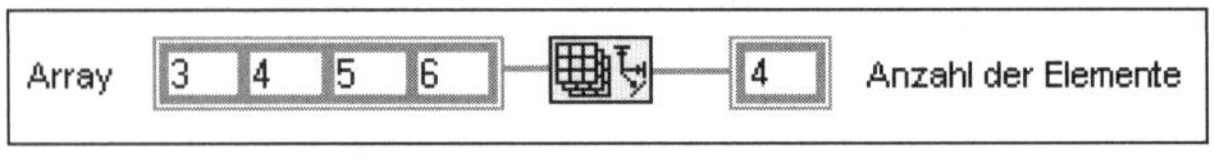

Abbildung 8.17: Die Funktion Array-Größe

- *Array erstellen* führt abhängig davon, wie Sie die Funktion konfigurieren, Arrays und Elemente zu einem neuen Array zusammen. Sie können die Funktion nach unten vergrößern, um die Anzahl der Eingänge zu erhöhen.

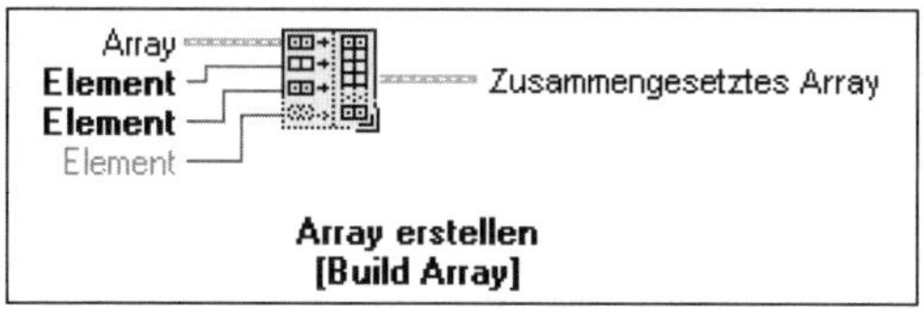

Abbildung 8.18: Die Funktion Array erstellen

Im folgenden Beispiel wurde die Funktion *Array erstellen* so konfiguriert, dass zwei Arrays und ein einfaches Element in einem neuen Array zusammengefügt werden.

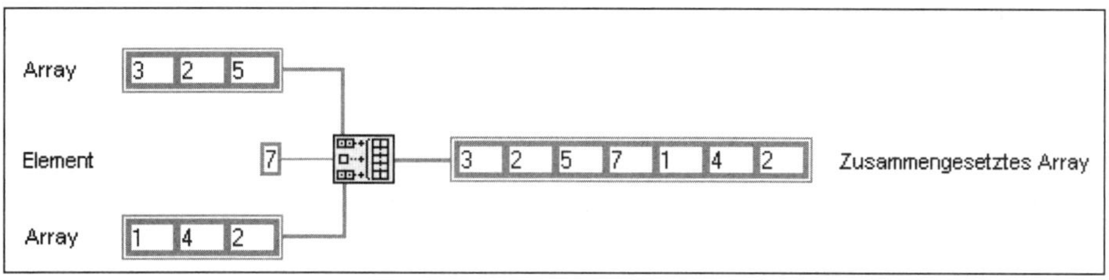

Abbildung 8.19: Der Einsatz der Funktion Array erstellen

Achten Sie besonders auf die Eingänge der Funktion *Array erstellen*. Array- und Elementeingänge sind unterschiedlich dargestellt und nicht austauschbar.

Um den Eingangstyp zu wechseln, klicken Sie ihn an und wählen *Eingänge verknüpfen* (Abbildung 8.20).

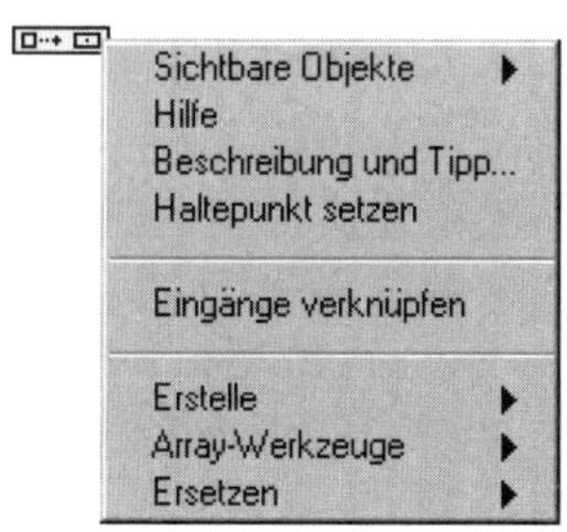

Abbildung 8.20: Das Popup-Menü der Funktion Array erstellen

Haben Sie erst einmal mehr Erfahrung im Umgang mit eindimensionalen Arrays, so werden Sie feststellen, dass die Bearbeitung von multidimensionalen Arrays nur eine Erweiterung der eben erlernten Prinzipien darstellt. Wenn Sie einem multidimensionalen Array ein Element hinzufügen möchten, muss das hinzuzufügende Element ein Array kleinerer Dimension sein. (Sie können z.B. ein 1D-Element einem 2D-Array hinzufügen.)

- *Array-Teilmenge* gibt einen Teil eines Arrays zurück, der bei *Index* beginnend eine Anzahl von Elementen zurückgibt. Beachten Sie, dass der Index des dritten Elements zwei ist, weil der Index bei null beginnt.

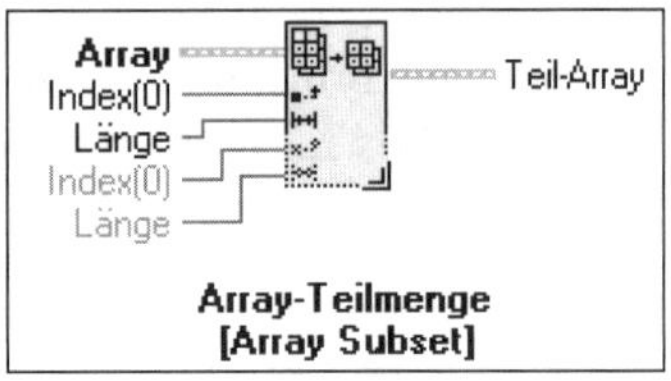

Abbildung 8.21: Die Funktion Array-Teilmenge

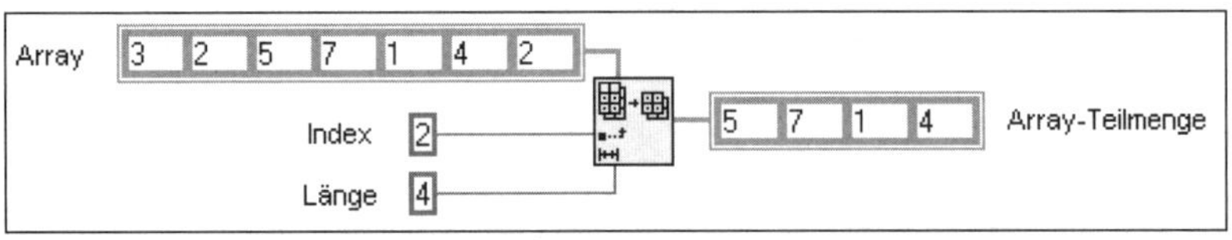

Abbildung 8.22: Der Einsatz der Funktion Array-Teilmenge

- *Array indizieren* greift auf ein bestimmtes Element des Arrays zu. Ein Beispiel der Funktion *Array indizieren* zeigt den Zugriff auf das dritte Element eines Arrays und wird in Abbildung 8.23 dargestellt.

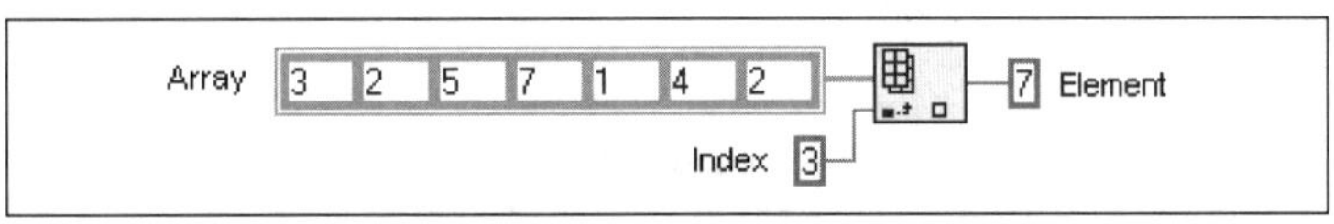

Abbildung 8.23: Die Funktion Array indizieren

Hier extrahiert die Funktion *Array indizieren* ein skalares Element aus einem Array. Sie können die Funktion auch dazu benutzen, eine Reihe, eine Spalte oder ein skalares Element eines 2D-Arrays zu extrahieren. Dazu vergrößern Sie die Funktion *Array indizieren* so weit, dass zwei Indexeingänge abgedeckt werden. Um ein einzelnes skalares Element herauszuziehen, verbinden Sie den Zeilenindex des gewünschten Elements mit dem oberen Eingang und den Spaltenindex mit dem unteren Eingang. Um eine Zeile oder eine Spalte von einem 2D-Array zu extrahieren, wählen Sie den entsprechenden Index, wie hier gezeigt wird.

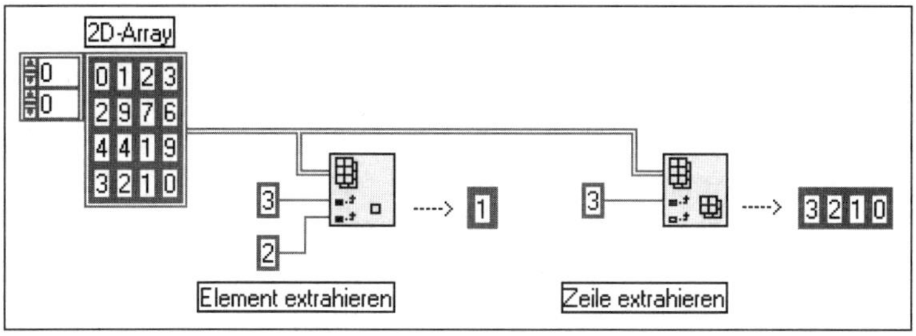

Abbildung 8.24: Auswahl einzelner Elemente oder ganzer Spalten/Zeilen

Beachten Sie, dass sich das Symbol des Indexeingangs von einem massiven in ein leeres Feld wandelt, wenn Sie einen Indexeingang unverdrahtet lassen (Abbildung 8.24). Sie können Subarrays aus allen möglichen Kombinationen von Dimensionen herausziehen. Abbildung 8.25 zeigt Ihnen, wie eine Zeile oder Spalte eines 1D-Arrays aus einem 2D-Array herausgezogen wird. Um eine Spalte herauszuziehen, lassen Sie den Zeilenindex unverdrahtet (der oberste) und schließen den entsprechenden Spaltenindex an den Spalteneingang an (der untere). Um eine Zeile herauszuziehen, lassen Sie den Spaltenindex unverdrahtet und schließen den entsprechenden Zeilenindex an den Zeileneingang an.

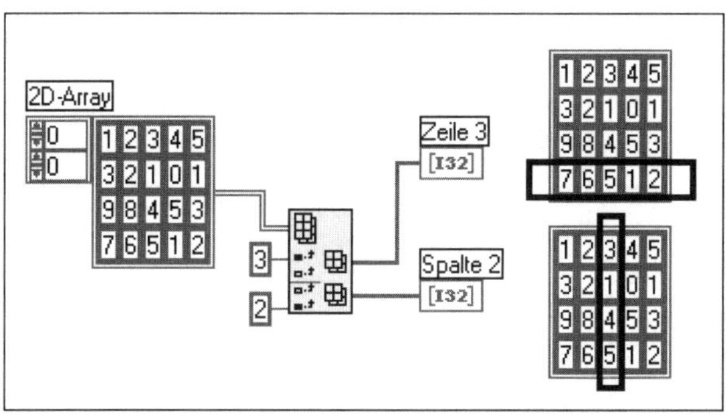

Abbildung 8.25: Der Einsatz der Funktion Array indizieren

8.1.8 Übung: Array-Bearbeitung

In dieser Übung werden Sie den Aufbau eines VI vervollständigen, das zwei Arrays verknüpft und dann den Index des Elements in der Mitte des neuen verknüpften Arrays ausgibt.

1. Öffnen Sie das *Array Exercise.VI* im Verzeichnis *LABVIEW-GRUNDLAGEN\KAPITEL08.LLB*.

   Das Frontpanel enthält zwei Eingangs-Arrays (jedes zeigt drei Elemente), zwei digitale Eingaben und ein Ausgangs-Array (mit acht Elementen). Das VI verknüpft die Arrays und die Steuerwerte in der folgenden Reihenfolge und erzeugt ein neues Array (Abbildung 8.26).

   Ursprungsarray + Element 1 + Element 2 + Abschließendes Array

   Das Frontpanel ist bereits aufgebaut. Sie werden den Aufbau des Blockdiagramms vervollständigen. Beachten Sie, dass eine Array-Eingabe oder -Anzeige so lange grau dargestellt wird, bis Sie oder das Programm ihr Daten zuweist.

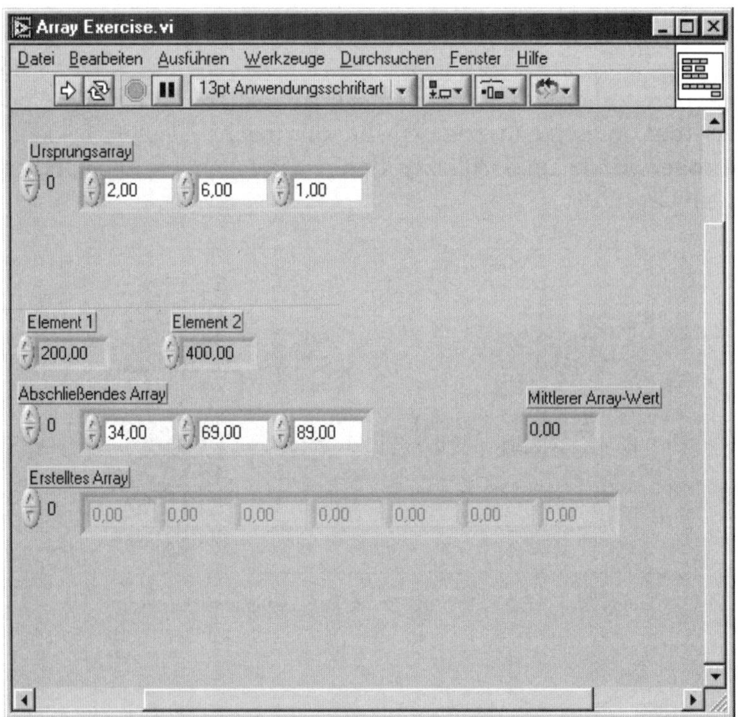

Abbildung 8.26: Das Frontpanel des Array Exercise.VI

2. Erstellen Sie das Blockdiagramm, wie es in Abbildung 8.27 gezeigt wird. Verwenden Sie das Hilfefenster, um die richtigen Anschlüsse der Funktion zu finden.

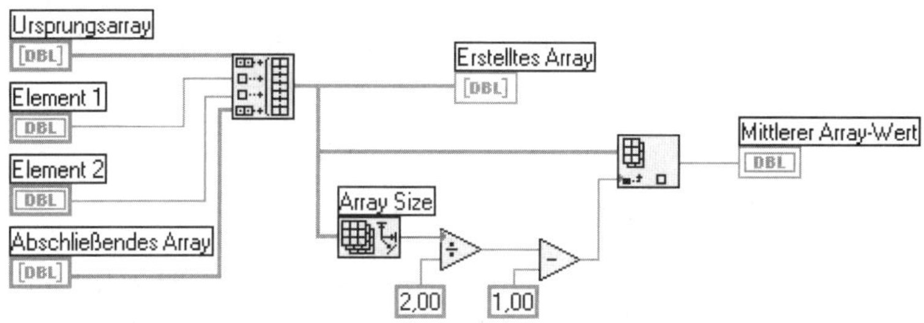

Abbildung 8.27: Das Blockdiagramm des Array Exercise.VI

Die Funktion *Array erstellen* (Palette *Array*) verknüpft in dieser Übung die Eingangsdaten, um ein neues Array in der folgenden Reihenfolge zu erzeugen: *Ursprungsarray + Element 1 + Element 2 + Abschließendes Array.*

Vergrößern Sie die Funktion *Array erstellen*, so dass diese vier Eingänge aufweist. Hierzu platzieren Sie das *Positionier*-Werkzeug in der rechten unteren Ecke und verändern die Funktion, bis in ihr vier Eingänge vorhanden sind.

Verbinden Sie die entsprechenden Elemente und Arrays, wie in Abbildung 8.27 dargestellt, mit den Eingängen der Funktionen. Das Symbol zur Linken zeigt an, ob es sich um einen Array- oder Elementeingang handelt.

Die Funktion *Array-Größe* (Palette *Array*) gibt die Anzahl der Elemente des verknüpften Arrays zurück.

Die Funktion *Array indizieren* (Palette *Array*) gibt in dieser Übung das Element aus der Mitte des Arrays aus.

LabVIEW fügt das Array mit der Funktion *Array erstellen* zusammen und berechnet dann den Index für das mittlere Element des Arrays, indem die Länge des Arrays durch zwei dividiert und eine Eins subtrahiert wird (um den auf Null bezogenen Array-Index zu berücksichtigen). Hat das Array eine gerade Elementanzahl, so wird eines der beiden mittleren Elemente das Mittelelement.

3. Kehren Sie zum Frontpanel zurück und starten Sie das VI. Versuchen Sie einige unterschiedliche Zahlenkombinationen.

4. Sind Sie im Besitz der Vollversion von LabVIEW, speichern Sie das fertige VI im Verzeichnis *EIGENE PROGRAMME* und schließen das VI.

   Es existiert eine ganze Reihe von Beispielprogrammen, die mit der Vollversion von LabVIEW unter *EXAMPLES/GENERAL/ARRAYS.LLB* abgelegt sind. Hier bekommen Sie weitere Anregungen zu den Möglichkeiten des Einsatzes von Arrays.

8.2 Polymorphie

Das Verständnis des Begriffs der Polymorphie ist von entscheidender Bedeutung für das Verständnis der elementaren Funktionen in LabVIEW. *Polymorphie* ist zwar ein zunächst etwas abstrakt klingender Begriff, doch steht er für ein einfaches Prinzip: Polymorphe Funktionen akzeptieren Argumente unterschiedlichen Typs und verhalten sich für jede Typvariante gleich. Anders ausgedrückt können die Eingänge polymorpher Funktionen von unterschiedlicher Größe, Typ oder Darstellung sein. Sie können z.B. skalare Daten zu einem Array addieren oder zwei Arrays addieren und hierfür dieselbe Funktion anwenden. Abbildung 8.28 zeigt einige der polymorphen Kombinationen der Funktion *Addieren*.

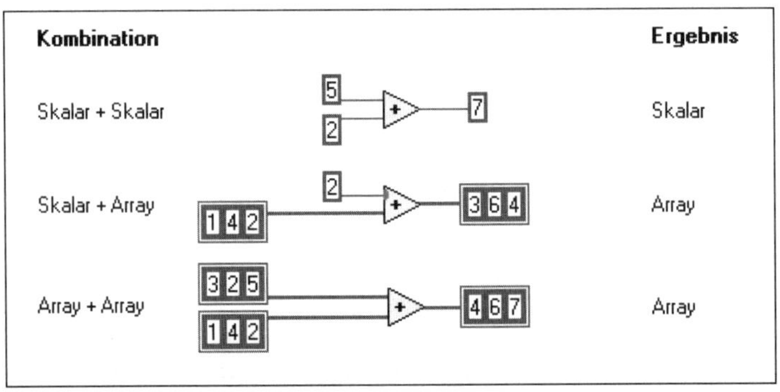

Abbildung 8.28: Die polymorphen Funktionen in LabVIEW

In der obersten Variante ist das Ergebnis eine skalare Zahl. In der zweiten Variante wird die skalare Zahl zu *jedem* Element des Arrays hinzuaddiert. In der dritten Variante wird jedes Element des einen Arrays zu dem entsprechenden Element des zweiten Arrays hinzuaddiert. In allen Fällen wird die gleiche Funktion *Addieren* verwendet, aber die Art der Operation ist unterschiedlich.

Abbildung 8.29 zeigt eine For-Schleife, die für jede Wiederholung eine Zufallszahl (Wert zwischen 0 und 1) erzeugt, die im Array gespeichert wird. Nachdem die Schleife die Ausführung beendet hat, multipliziert die Funktion *Multiplizieren* jedes Element im Array mit dem von Ihnen gesetzten Skalierungsfaktor. Die Array-Anzeige im Frontpanel zeigt dann das skalierte Array an.

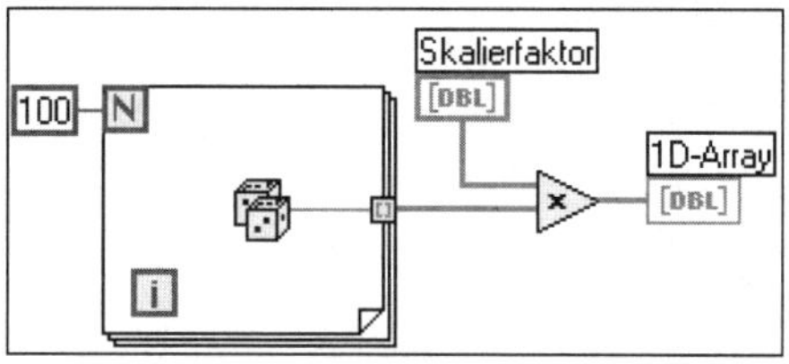

Abbildung 8.29: Polymorphie am Beispiel der Multiplikation

Noch ein wichtiger Hinweis: Werden an zwei Arrays mit unterschiedlicher Anzahl von Elementen arithmetische Operationen ausgeführt, so hat das resultierende Array die Größe des kleineren von beiden. Mit anderen Worten, LabVIEW arbeitet mit den korrespondierenden Elementen der zwei Arrays so lange, bis ein Array keine Elemente mehr hat. Die verbliebenen Elemente des längeren Arrays werden ignoriert.

8.3 Übung: Polymorphie im Einsatz

Ziel dieser Übung ist das Erstellen eines VI, mit dem die Polymorphie an Arrays veranschaulicht wird.

1. Als Erstes erzeugen Sie in einem neuen VI Arrays. Denken Sie daran: Um ein Array zu erzeugen, müssen Sie erst einmal die *Array*-Shell aus der Unterpalette *Array & Cluster* aus der Palette *Elemente* auswählen. Legen Sie dann eine numerische Anzeige in das Fenster der Shell. Um mehr als ein Element im Array zu sehen, müssen Sie die Ecke des Anzeigefensters mit den ausgefüllten Elementen mit dem Cursor des *Positionier*-Werkzeugs greifen und ziehen. Aus einem 1D-Array können Sie mehrere Elemente herausziehen, entweder horizontal oder vertikal.

   Alle vier Arrays in dieser Übung haben Anzeigeelemente. Geben Sie ihnen eindeutige Bezeichnungen, damit Sie nichts durcheinander bringen. Sollten Sie jemals die Übersicht verlieren, welches Objekt des Bedienfelds zu welchem Anschluss des Blockdiagramms gehört, klicken Sie eines von ihnen an und wählen *Terminal suchen* oder *Anzeige suchen*. LabVIEW wird dann das entsprechende Objekt hervorheben.

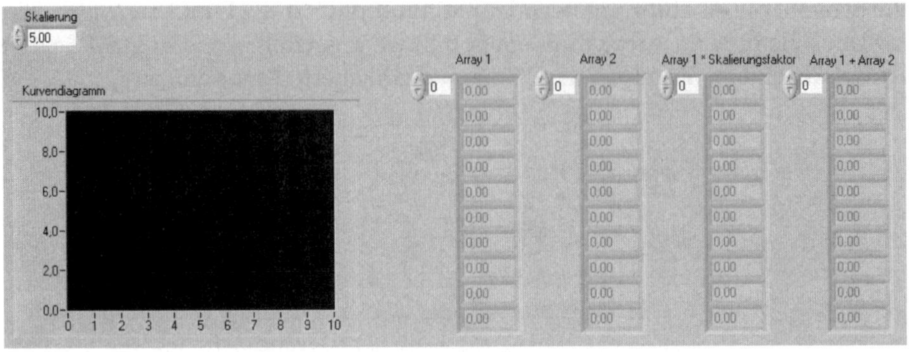

Abbildung 8.30: Das Frontpanel des in Übung 8.3 zu erstellenden VI

2. Nachdem Sie die Arrays erzeugt haben, wählen Sie einen *Kurvengraph* aus der Unterpalette *Graph* der Palette *Elemente*.
3. Vergessen Sie nicht, eine Skalier-Anzeige zu erzeugen.
4. Erstellen Sie das Blockdiagramm entsprechend Abbildung 8.31.

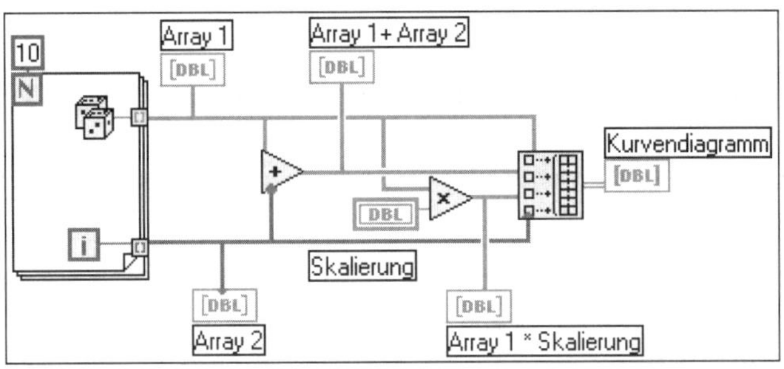

Abbildung 8.31: Das Blockdiagramm des in Übung 8.3 zu erstellenden VI

Die Autoindizierung ist schon per Vorgabe für die For-Schleife aktiviert, deshalb werden Ihre Arrays automatisch erzeugt.

5. Sie finden *Addieren, Multiplizieren* und *Zufallszahl (0–1)* in der Palette *Numerisch*.
6. Wählen Sie *Array erstellen* aus der Palette *Array*. Verwenden Sie das *Positionier*-Werkzeug, um das Array zu vergrößern, so dass es vier Eingänge hat. Im Popup-Menü sollte die Option *Eingänge verknüpfen* markiert sein. Das Ergebnis: Der Ausgang von *Array erstellen* ist ein 2D-Array. Jedes Eingangs-Array wird eine Zeile. Entsprechend besteht das 2D-Ausgangs-Array aus vier Zeilen und zehn Spalten.

7. Starten Sie das VI. Ihr Graph zeichnet jedes Array-Element gegenüber seinem Index für alle vier Arrays gleichzeitig: Array 1, Array 2, Array 1 * Skalierung und Array 1 + Array 2.

   Die Ergebnisse demonstrieren einige Anwendungen der Polymorphie in LabVIEW. Array 1 und Array 2 z.B. können hereinkommende Wellenformen sein, die Sie skalieren möchten.

8. Speichern Sie das VI als *Polymorphism Example.VI* im Verzeichnis *EIGENE PROGRAMME*. Schließen Sie das VI.

8.4 Cluster

Im weitesten Sinne ist ein Cluster eine Verallgemeinerung des Konzepts der Arrays. Ein Cluster ist eine Ansammlung eines oder mehrerer Datentypen ähnlich einer Struktur in C oder einer vergleichbaren Programmiersprache. Im Gegensatz zu Arrays kann ein Cluster Daten unterschiedlicher Arten gruppieren (z.B. numerische, boolesche usw.). Man kann sich ein Cluster wie ein *Bündel* von Drähten vorstellen. Jeder Draht im Kabel stellt ein unterschiedliches Element des Clusters dar. Da ein Cluster in einem Blockdiagramm nur aus einem »Draht« besteht (obwohl er viele unterschiedliche Datentypen transportiert), reduzieren Cluster den »Kabelwirrwarr« und die Anzahl der Anschlüsse, die das SubVI benötigt (Abbildung 8.32). Sie werden herausfinden, dass der Datentyp des Clusters häufig erscheint, wenn Sie Ihre Daten auf Graphen oder Diagramme zeichnen lassen.

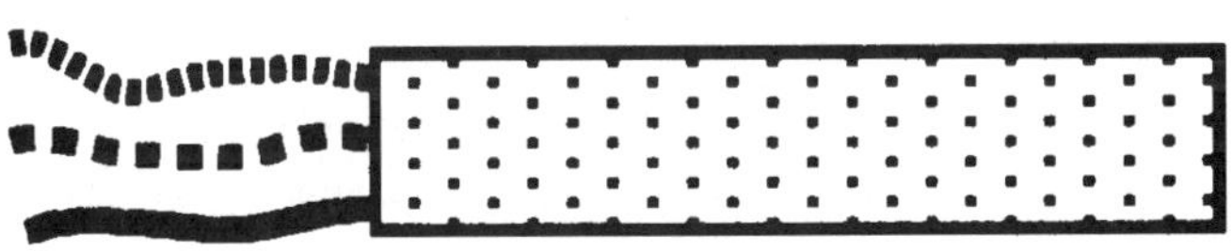

Abbildung 8.32: Daten bündeln

Für den Zugriff auf die Elemente eines Clusters stellt LabVIEW zwei unterschiedliche Funktionen zur Verfügung, auf die wir in den Kapiteln 8.4.6 und 8.4.8 noch näher eingehen werden. Die eine Funktion gibt sofort alle Elemente eines Clusters frei, die andere lässt zusätzlich eine gezielte Auswahl eines Elements zu. Sie können sich das Auflösen von Bündeln eines Clusters wie das Auspacken eines Telefonkabels vorstellen, wodurch Sie dann Zugriff auf die verschiedenen farbigen Drähte haben (Abbildung 8.33). Im Unterschied zu Arrays, die dynamisch die Größe ändern können, haben Cluster eine feste Größe oder in sich eine feste Anzahl von Drähten.

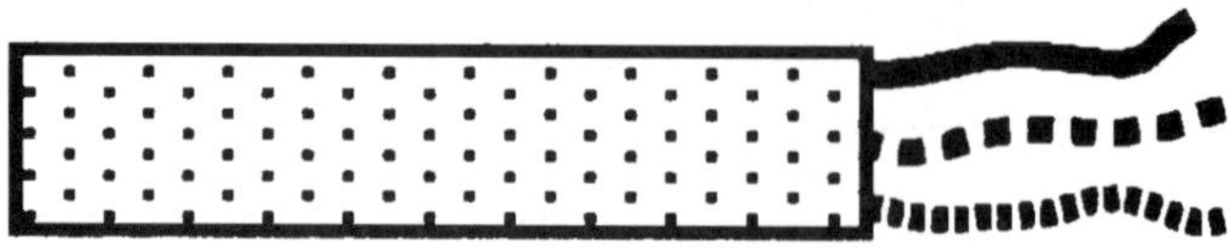

Abbildung 8.33: Auflösen von Datenbündeln

Sie können Cluster-Anschlüsse *nur* dann verbinden, wenn der Typ exakt übereinstimmt; mit anderen Worten, beide Cluster müssen die gleiche Anzahl von Elementen haben und die korrespondierenden Elemente müssen im Datentyp und in der Reihenfolge übereinstimmen. Das Prinzip der Polymorphie wird für Cluster ebenso verwendet wie für Arrays, solange die Datentypen übereinstimmen.

Sie werden oft sehen, dass Cluster in der Fehlerbehandlung eingesetzt werden. Abbildung 8.34 zeigt die Fehler-Cluster *Fehlereingang.ctl* und *Fehlerausgang.ctl*, die in LabVIEW verwendet werden, um einen Satz von Fehlern zwischen mehreren VI in einem Blockdiagramm weiterzugeben (z.B. haben viele VI mit Datenerfassungen und Datei-E/A eingebaute Fehler-Cluster). Diese Fehler-Cluster werden so häufig verwendet, dass sie in der Unterpalette *Array & Cluster* der Palette *Elemente* für den leichten Zugriff zu finden sind.

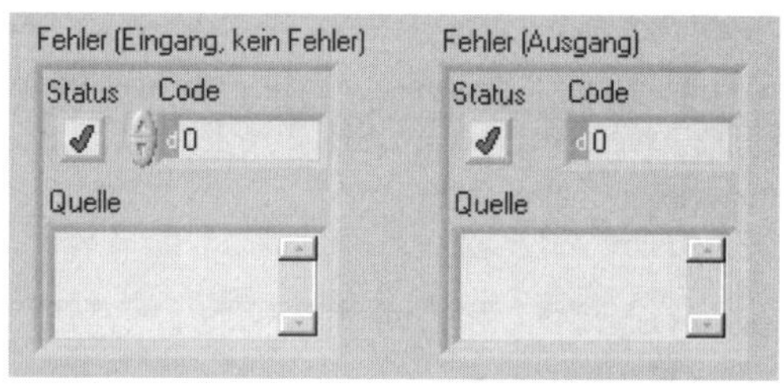

Abbildung 8.34: Die Cluster Fehlereingang.ctl und Fehlerausgang.ctl

8.4.1 Erstellen von Eingabe- und Anzeigeelementen für Cluster

Ein Cluster wird erzeugt, indem eine *Cluster*-Shell (Unterpalette *Array & Cluster* der Palette *Elemente*) in dem Frontpanel platziert wird. Sie können dann innerhalb des Clusters jedes Objekt des Frontpanels platzieren. Wie bei den Arrays können Sie direkt Objekte innerhalb eines Clusters ablegen, wenn Sie sie aus der Palette *Elemente* herausziehen, oder Sie ziehen ein bereits existierendes Objekt in den Cluster. *Cluster können entweder nur Eingabe- oder nur Anzeigeele-*

mente enthalten. Sie können innerhalb desselben Clusters nicht beides, Eingaben und Anzeigen, kombinieren, weil der Cluster das eine oder andere sein muss. Der Cluster ist entweder eine Eingabe oder eine Anzeige, basierend auf dem Status (Ein- oder Ausgabeelement) des ersten Objekts, das innerhalb des Clusters platziert wurde. Falls erforderlich, verändern Sie den Cluster mit dem *Positionier*-Werkzeug. Abbildung 8.35 zeigt ein Cluster mit vier Eingaben.

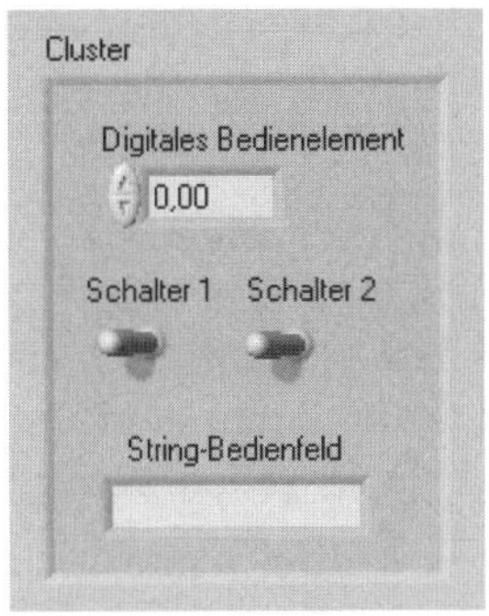

Abbildung 8.35: Typisches Beispiel für einen Cluster in LabVIEW auf dem Frontpanel

Auf ähnliche Weise können Sie Cluster-Konstanten für Blockdiagramme in zwei Schritten erzeugen.

Soll Ihr Cluster in der Größe exakt mit der Größe der darin befindlichen Objekte übereinstimmen, klicken Sie die *Begrenzung* bzw. den Rahmen an (*nicht* innerhalb des Clusters) und wählen *Automatische Anordnung>>Größe anpassen.*

8.4.2 Logische Reihenfolge der Cluster-Elemente

Cluster-Elemente haben eine logische Reihenfolge, die unabhängig von ihrer Position innerhalb der Shell ist. Das erste Objekt, das im Cluster platziert wird, ist das Element Null, das zweite ist das Element Eins usw. Löschen Sie ein Element, stellt sich die neue Reihenfolge automatisch ein. Beachten Sie besonders *die Reihenfolge Ihrer Cluster-Elemente, wenn Sie Ihren Cluster mit einem anderen Cluster verbinden wollen – die Reihenfolge und der Datentyp müssen identisch sein.* Sie müssen ebenfalls wissen, welcher Wert mit welchem Ausgang der Cluster-Funktion korrespondiert, wenn Sie die Funktion *Aufschlüsseln* verwenden wollen.

Sie wechseln die Reihenfolge der Elemente innerhalb des Clusters, indem Sie die *Begrenzung* des Clusters anklicken und *Neuanordnung der Elemente in Cluster...* aus dem Popup-Menü wählen. In der Symbolleiste erscheint ein neuer Satz von Schaltflächen und das Erscheinungsbild der Cluster ändert sich, wie es in Abbildung 8.36 gezeigt wird.

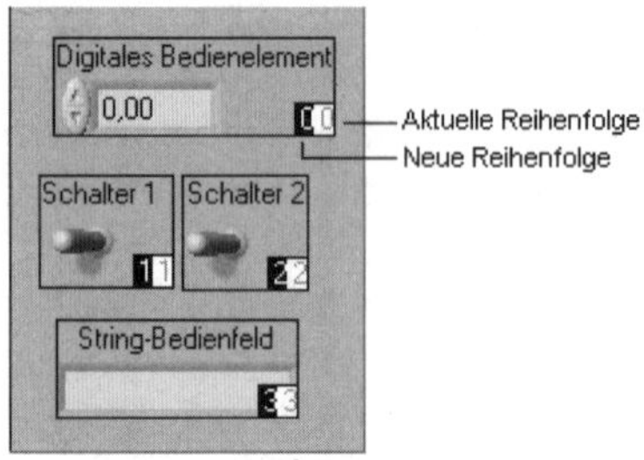

Abbildung 8.36: Die Reihenfolge der Elemente in einem Cluster

Die weißen Felder an den Elementen zeigen den augenblicklichen Platz in der Reihenfolge des Clusters. Die schwarzen Felder zeigen den neuen Platz. Das Anklicken eines Elements mit dem Cursor »Cluster-Reihenfolge« setzt den Platz des Elements in der Reihenfolge auf die im Werkzeugbalken angezeigte Zahl. Sie können eine neue Zahl in das Feld eingeben, bevor Sie das Objekt anklicken.

Wenn Sie sich bei den durchgeführten Änderungen geirrt haben, können Sie durch Klicken auf die Schaltfläche *Rückgängig* zur alten Reihenfolge zurückkehren. Entspricht die Reihenfolge Ihren Wünschen, können Sie sie durch Anklicken der *OK*-Schaltfläche übernehmen und zu Ihrem regulären Frontpanel zurückkehren, bevor Sie den Modus zur Veränderung der Elemente-Reihenfolge verlassen.

8.4.3 Daten mit Hilfe von Clustern zwischen VI und SubVI übertragen

Das Anschlussfeld eines VI kann maximal 28 Anschlüsse aufweisen. Wahrscheinlich möchten Sie gar nicht über alle 28 Anschlüsse Informationen übertragen, wenn Sie ein SubVI aufrufen. Durch Bündeln einer Anzahl von Eingaben oder Anzeigen in einem Cluster können Sie einen einzelnen Anschluss verwenden und somit mehrere Werte in ein oder aus einem SubVI heraus übertragen.

8.4.4 Daten bündeln

Die Funktion *Elemente bündeln* (Palette *Cluster*) erstellt individuelle Komponenten in einem einzelnen neuen Cluster oder ermöglicht es Ihnen, Elemente in einem existierenden Cluster zu ersetzen. Die Funktion erscheint als ein Symbol, wenn Sie es im Diagrammfenster platzieren. Sie können die Anzahl der Eingänge anheben, indem Sie mit dem *Positionier*-Werkzeug an einer Ecke der Funktion ziehen. Bei der Verbindung eines jeden Eingangsanschlusses erscheint ein Symbol am leeren Anschluss, das den angeschlossenen Datentyp darstellt. Die Reihenfolge der angeschlossenen Elemente (von oben nach unten) entspricht der Elemente-Reihenfolge im Cluster. Das heißt, der erste (oberste) Anschluss erhält im Cluster die Ordnungszahl 0, der zweite Anschluss erhält die Ordnungszahl 1 usw. (Abbildung 8.37).

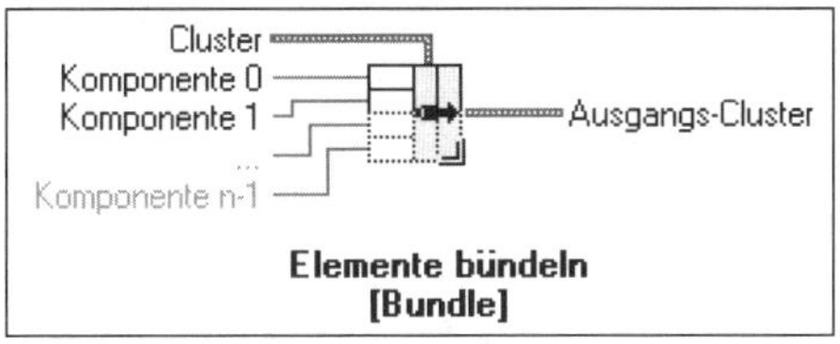

Abbildung 8.37: Die Funktion Elemente bündeln

Möchten Sie einen neuen Cluster erzeugen, dann brauchen Sie keinen Eingang an den mittleren Eingang des Clusters der Funktion *Elemente bündeln* anzuschließen. Nur wenn Sie ein Element im Cluster ersetzen wollen, müssen Sie diesen Eingang anschließen.

Seien Sie mit dieser Funktion vorsichtig – wenn Sie Ihrem Cluster ein Element hinzufügen, ohne im Blockdiagramm der Funktion *Elemente bündeln* ein Element mit passendem Datentyp hinzuzufügen, wird Ihr Programm abgebrochen!

8.4.5 Ein Cluster-Element ersetzen

Wollen Sie ein Element in einem Cluster *ersetzen*, passen Sie zuerst die Funktion *Elemente bündeln* an, damit sie die gleiche Anzahl von Eingangsanschlüssen hat, wie Elemente im Cluster vorhanden sind (sie müssen dieselbe Größe haben, ansonsten erhalten Sie fehlerhafte Verbindungen). Schließen Sie dann den Cluster an den mittleren Anschluss der Funktion *Elemente bündeln* an (Symbole für den Datentyp innerhalb des Clusters erscheinen in den Eingängen *Elemente bündeln*) und schließen Sie die neuen Werte der Elemente, die Sie ersetzen möchten, an die entsprechenden Eingänge an. Sie müssen nur die Anschlüsse anschließen, deren Werte Sie ändern möchten (Abbildung 8.38).

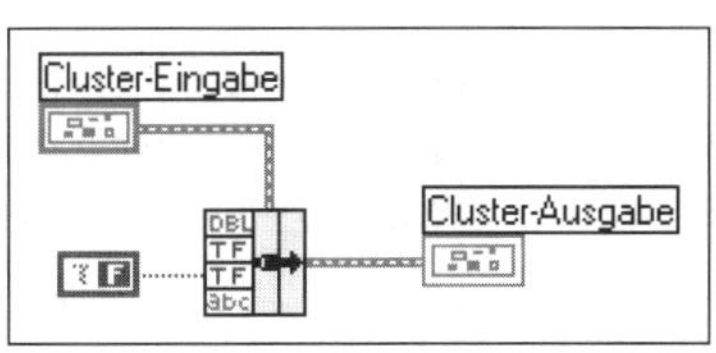

Abbildung 8.38: Ersetzen von Elementen in einem Cluster mit Hilfe der Funktion Elemente bündeln

8.4.6 Cluster aufschlüsseln

Die Funktion *Aufschlüsseln* (Palette *Cluster*) zerlegt einen Cluster in jede seiner individuellen Komponenten. *Die Ausgangskomponenten werden von oben nach unten in derselben Reihenfolge angeordnet, die sie auch im Cluster hatten.* Bestehen sie aus demselben Datentyp, ist die Reihenfolge der Elemente im Cluster die einzige Möglichkeit, sie zu unterscheiden. Die Funktion sieht wie das Symbol an der linken Seite aus, wenn Sie sie im Diagrammfenster platzieren. Sie können die Anzahl der Ausgänge erhöhen, indem Sie mit dem *Positionier*-Werkzeug an einer Ecke der Funktion ziehen. Die Funktion *Aufschlüsseln* muss angepasst werden, damit sie die gleiche Anzahl von Ausgängen hat, wie Elemente im Eingangs-Cluster vorhanden sind, oder Sie erzeugen fehlerhafte Verbindungen. Verbinden Sie einen Eingangs-Cluster mit der Funktion *Aufschlüsseln*, nehmen die vorher leeren Ausgangsanschlüsse die Symbole des verwendeten Datentyps im Cluster an.

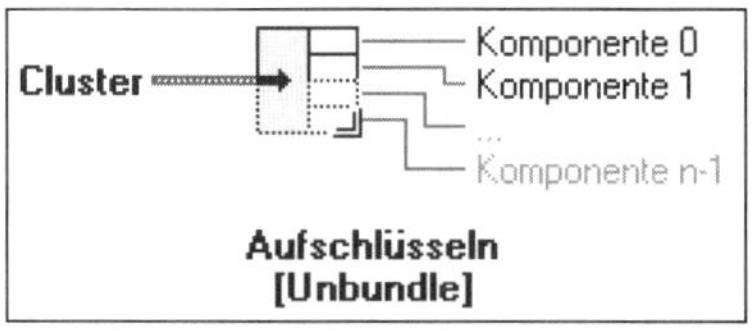

Abbildung 8.39: Die Funktion Aufschlüsseln

Sie wissen, dass die Reihenfolge der Cluster wesentlich ist, wenn Sie mit *Bündeln* und *Aufschlüsseln* auf Cluster-Daten zugreifen. Haben Sie z.B. zwei boolesche Werte im selben Cluster, so ist es leicht, versehentlich auf Schalter 2 anstatt auf Schalter 1 zuzugreifen, da sie in der Funktion *Aufschlüsseln* auf die Reihenfolge bezogen sind und *nicht* auf den Namen. Ihr VI ist zwar ohne Fehler verbunden worden, aber das Ergebnis ist falsch.

8.4.7 Übung: Arbeiten mit Clustern

In diesem Beispiel werden Sie einen Cluster erzeugen, ihn wieder aufschlüsseln und wieder bündeln und die Werte in einem anderen Cluster anzeigen.

1. Öffnen Sie ein neues Fenster und bringen Sie darin eine *Cluster*-Shell (Palette *Cluster & Array*) ein. Bezeichnen Sie diese mit *Eingabe-Cluster.* Vergrößern Sie die Shell, indem Sie die Begrenzung des Clusters nach unten ziehen.

2. Platzieren Sie eine digitale Eingabe, zwei boolesche Schalter und eine Eingabe für eine Zeichenkette innerhalb der Shell des *Eingabe-Clusters.*

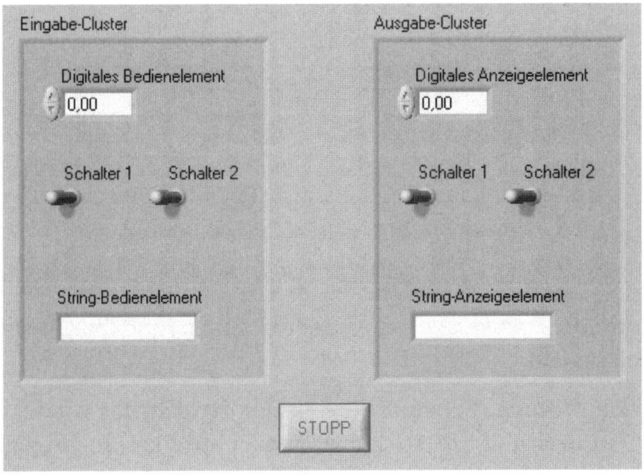

Abbildung 8.40: Das in der Übung zur Arbeit mit Clustern zu erstellende Frontpanel

3. Erzeugen Sie nun einen Ausgabe-Cluster, indem Sie den Eingabe-Cluster kopieren. Klicken Sie dann ein Objekt im Cluster an (oder auf die Cluster-Begrenzung) und wählen Sie *In Anzeigeelement ändern*. Ändern Sie auch die Beschriftung des neuen Clusters.

   Sie können aber auch Ausgabe-Cluster auf die gleiche Art erzeugen wie Eingabe-Cluster, indem Sie anstelle von Eingaben Anzeigen verwenden (stellen Sie sicher, dass die Elemente in derselben Reihenfolge in den Cluster eingegeben werden).

4. Überprüfen Sie, ob Eingabe-Cluster und Ausgabe-Cluster dieselbe Cluster-Reihenfolge haben, indem Sie jede Cluster-Begrenzung anklicken und *Cluster-Anordnung...* auswählen. Ist die Reihenfolge der Cluster unterschiedlich, so wechseln Sie sie in einem der beiden Cluster.

5. Platzieren Sie schließlich eine *Stopptast*e (Palette *Boolesch*) im Frontpanel. Beachten Sie, dass diese Schaltfläche per Vorgabe mit FALSE belegt ist. Ändern Sie diesen Zustand nicht.

6. Bauen Sie das in Abbildung 8.41 abgebildete Blockdiagramm auf. Beachten Sie, dass Sie nur einen Anschluss pro Cluster im Blockdiagramm sehen, obwohl jeder Cluster vier Objekte enthält.

   Die Funktion *Aufschlüsseln* (Palette *Cluster*) bricht den Cluster auf, so dass Sie Zugriff auf die individuellen Elemente haben. Verändern Sie ihn, so dass er wieder vier Ausgänge hat. Die Bezeichnungen für den Datentyp erscheinen

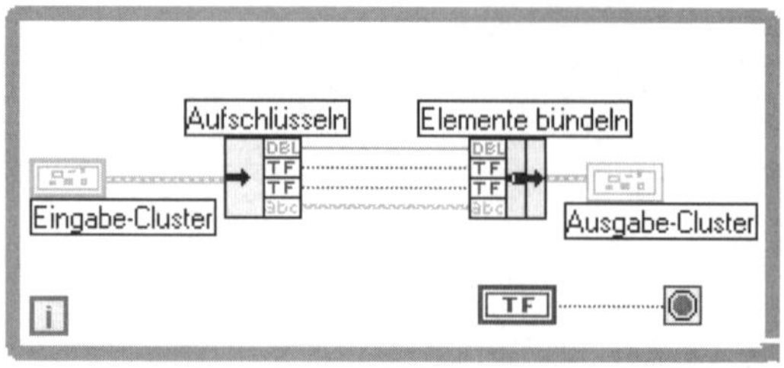

Abbildung 8.41: Das in Übung 8.4 zu erstellende Blockdiagramm

bei der Funktion *Aufschlüsseln*, nachdem Sie einen Eingabe-Cluster an ihn angeschlossen haben.

Die Funktion *Bündeln* (Palette *Cluster*) stellt den Cluster wieder zusammen. Wandeln Sie ihn erneut um, so dass er wieder aus vier Eingängen besteht.

Erinnern Sie sich daran, dass boolesche Werte per Vorgabe FALSE sind. Wenn Sie also, wie in diesem Fall, das Abbruchterminal der While-Schleife verwenden (statt des voreingestellten Wiederholungsterminals), brauchen Sie die Stopptaste nicht vor dem Programmstart auf den TRUE-Fall umzuschalten, damit das VI weiterläuft. Das VI wird hier durch den TRUE-Fall beendet, also wenn Sie den Schalter betätigen.

7. Kehren Sie zum Frontpanel zurück und starten Sie das VI. Geben Sie unterschiedliche Werte für die Steuer-Cluster ein und beobachten Sie, wie die Anzeige-Cluster die Werte widerspiegeln. Klicken Sie auf die Schaltfläche *Stopp*, um die Ausführung anzuhalten.

   Sie werden vielleicht bemerkt haben, dass Sie direkt vom Eingabe-Cluster zum Ausgabe-Cluster verbinden können, und das VI macht das Gleiche, aber wir wollten, dass Sie etwas mit *Bündeln* und *Aufschlüsseln* üben.

8. Schließen und speichern Sie das VI als *Cluster Exercise.VI* im Verzeichnis *EIGENE PROGRAMME*.

8.4.8 Erstellen und Aufschlüsseln von Bündeln nach Namen

Es gibt Anwendungsfälle, bei denen Sie nur auf ein Element oder auch zwei zugreifen wollen. Dazu können Sie die Funktionen *Nach Namen bündeln* oder *Nach Namen aufschlüsseln* verwenden. *Nach Namen bündeln* finden Sie in der Palette *Cluster.* Dieser Befehl bezieht sich auf den Namen eines Elements und nicht auf seine Position (wie *Bündeln*). Im Unterschied zu *Bündeln* können Sie auf einzelne Elemente zugreifen, die Sie benötigen. Dennoch kann *Nach Namen bündeln* keine neuen Cluster erzeugen, es kann nur ein Element in einem bestehenden Cluster austauschen. Im Gegensatz zu *Bündeln* müssen Sie immer den mittleren Eingangsanschluss anschließen, um der Funktion mitzuteilen, in welchem Cluster das Element ausgetauscht werden soll.

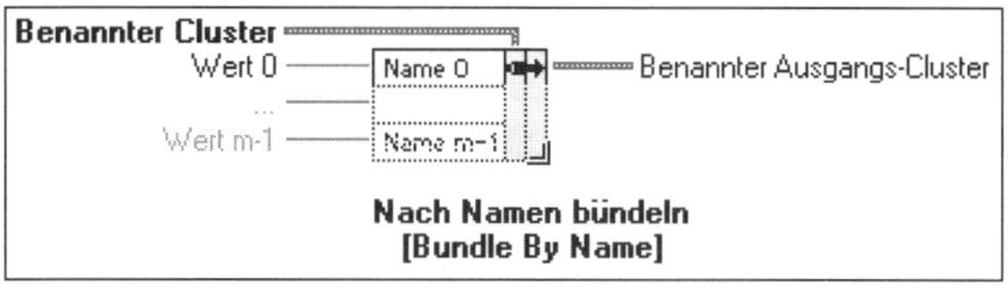

Abbildung 8.42: Die Funktion Nach Namen bündeln

Nach Namen aufschlüsseln, ebenfalls in der Palette *Cluster*, gibt die Cluster-Elemente zurück, deren Name(n) Sie festlegen. Sie brauchen sich keine Gedanken über die Reihenfolge der Elemente im Cluster oder über die korrekte Größe der Funktion *Nach Namen aufschlüsseln* zu machen.

Abbildung 8.43: Die Funktion Nach Namen aufschlüsseln

Wollten Sie z.B. in der letzten Übung den Wert von Boolesch 2 ersetzen, können Sie die Funktion *Nach Namen bündeln* anwenden und Sie brauchen sich keine Sorgen mehr über Reihenfolge oder Größe zu machen.

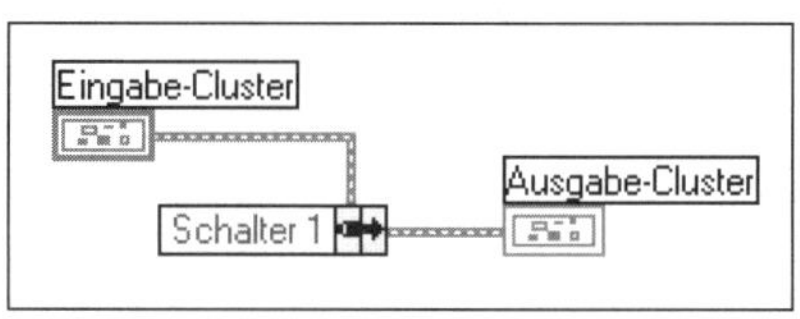

Abbildung 8.44: Ersetzen der Variablen Schalter 1 mit Hilfe der Funktion Nach Namen bündeln

Ähnlich verhält es sich, wenn Sie auf den Wert von *String* zugreifen möchten. Dann verwenden Sie die Funktion *Nach Namen aufschlüsseln.*

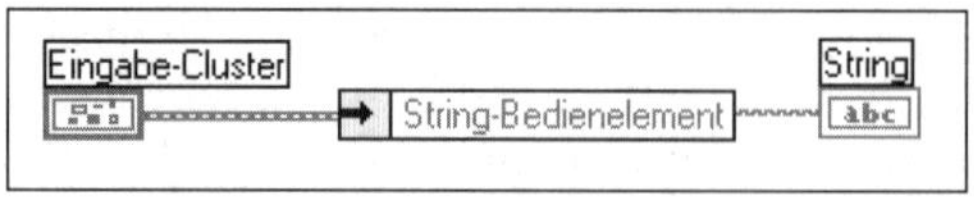

Abbildung 8.45: Auslesen der Variablen String-Bedienelement mit Hilfe der Funktion Nach Namen aufschlüsseln

Sobald Sie den Eingang des *Clusters* von *Nach Namen bündeln* oder *Nach Namen aufschlüsseln* anschließen, erscheint der Name des ersten Elements im Cluster in der *Bezeichnung* des Eingangs oder Ausgangs. Um auf ein anderes Element zuzugreifen, klicken Sie mit dem *Bedien-* oder *Beschriftungs*-Werkzeug auf die Bezeichnung des Eingangs oder Ausgangs. Sie erhalten eine Liste mit allen bereits bezeichneten Elementen des Clusters. Wählen Sie Ihr Element aus der Liste aus, und die Bezeichnung erscheint im Namensfeld des Anschlusses. Sie erhalten auch Zugriff, wenn Sie das Namensfeld anklicken und *Objekt wählen* auswählen (Abbildung 8.46).

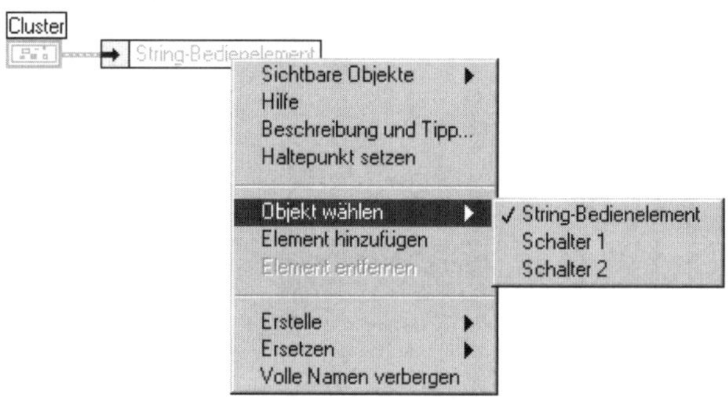

Abbildung 8.46: Das Popup-Menü der Funktion Nach Namen aufschlüsseln

Um so viele Elemente unterzubringen, wie Sie benötigen, können beide Funktionen vergrößert werden. Wählen Sie jede *Komponente* individuell aus, auf die Sie zugreifen möchten. Es ist ein weiteres Plus, dass Sie bei einer Veränderung der Cluster nicht mehr befürchten müssen, dass Ihr Programm abbricht. Die Funktion *Nach Name...* bricht nicht ab, solange Sie nicht den Bezug eines Elements entfernen.

8.4.9 Austauschbare Arrays und Cluster

Hin und wieder kann es von Nutzen sein, Arrays in Cluster umzuwandeln und umgekehrt. Nehmen wir an, Sie haben einen Cluster mit Schaltflächen in Ihrem Frontpanel und Sie möchten die Reihenfolge ihrer Werte vertauschen. Man könnte jetzt die Funktion *1D-Array umkehren* verwenden, doch funktioniert diese nur bei Arrays. Hier empfiehlt es sich, die Funktion *Cluster in Array* anzuwenden, um ein Cluster in ein Array umzuwandeln. Und jetzt können Sie die Funktion *1D-Array umkehren* anwenden, um die Werte umzukehren, anschließend wenden Sie *Array in Cluster* an, um wieder einen Cluster zu bekommen.

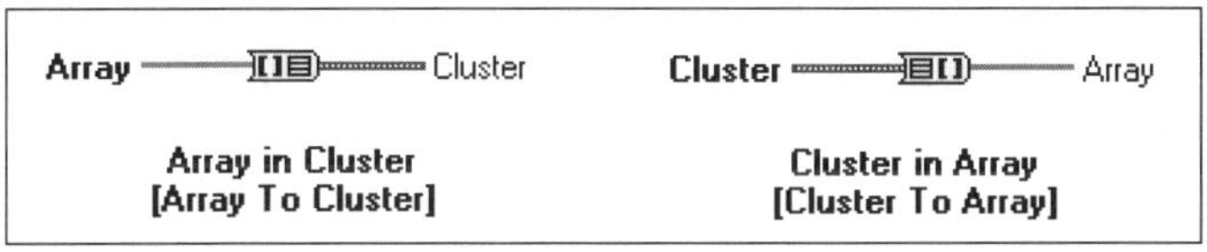

Abbildung 8.47: Die Funktionen Array in Cluster und Cluster in Array

Cluster in Array wandelt ein Cluster mit n Elementen des gleichen Datentyps in ein Array mit n Elementen dieses Typs um. Der Index des Arrays stimmt mit der Reihenfolge des Clusters überein (z.B. wird aus dem Cluster-Element 0 der Wert im Index 0 des Arrays).

Sie können diese Funktion nicht auf Cluster anwenden, die *Arrays* als Elemente zum Inhalt haben, weil LabVIEW Sie kein Array von Arrays erzeugen lässt. Beachten Sie, dass alle Elemente im Cluster denselben Datentyp haben müssen, um diese Funktion zu verwenden.

Array in Cluster konvertiert ein 1D-Array mit n Elementen in ein Cluster mit n Elementen des gleichen Datentyps. Sie müssen auf den Anschluss, momentan noch *Array in Cluster*, klicken und *Cluster-Größe* wählen, um die Größe des Ausgangs-Clusters zu bestimmen, da Cluster ihre Größe nicht automatisch festlegen, wie es Arrays tun. Die Größe eines Clusters ist per Vorgabe 9. Hat Ihr Array weniger Elemente, als in der Cluster-Größe festgelegt ist, füllt LabVIEW automatisch die zusätzlichen Cluster-Werte mit dem Vorgabewert des für den Cluster verwendeten Datentyps auf. Hat das Eingangs-Array jedoch eine größere Anzahl von Elementen als der festgelegte Wert im Fenster der Cluster-Größe, dann wird die Verbindung unterbrochen, die zum Ausgangs-Cluster geht, bis Sie die Größe anpassen.

Beide Funktionen sind leicht zu handhaben, wenn Sie die Elemente einer Eingabe oder Anzeige im Frontpanel anzeigen, aber die Elemente durch Manipulation der Indexwerte im Blockdiagramm verändern wollen. Sie finden diese beiden Funktionen sowohl in der Unterpalette *Array* als auch in der Unterpalette *Cluster* der Palette *Funktionen*.

8.5 Zusammenfassung

Dieses Kapitel beschrieb zwei zusammengesetzte Datentypen, nämlich Array und Cluster, und deren sinnvollen Einsatz. Zur Erinnerung:

- Ein *Array* ist eine Sammlung geordneter Datenelemente des gleichen Typs. In LabVIEW können Arrays aus jedem Datentyp bestehen, außer aus Diagrammen, Graphen oder anderen Arrays. LabVIEW stellt eine Reihe von Bearbeitungswerkzeugen für Arrays wie *Array erstellen* und *Array indizieren* aus der Unterpalette *Array* der Palette *Funktionen* zur Verfügung. Diese Funktionen beschränken sich nicht auf das Bearbeiten von eindimensionalen Arrays. Sie lassen sich auch auf multidimensionale Arrays genauso transparent anwenden. Um Arrays zu erzeugen und zu verarbeiten, können Sie von Schleifen Gebrauch machen. Diese sind in der Lage, an ihren Rahmen bei aktivierter Autoindizierungsfunktion Arrays mit Werten zu füllen.
- Des Weiteren wurde der Begriff der Polymorphie eingeführt; polymorphe Funktionen sind in der Lage, Daten unterschiedlichen Typs zu verarbeiten. Wir haben exemplarisch anhand von arithmetischen Funktionen die unterschiedlichen Möglichkeiten der polymorphen Verarbeitung dargestellt; doch Polymorphie beschränkt sich in LabVIEW nicht nur auf arithmetische Funktionen, sondern es existiert eine Vielzahl von Funktionen, die sich polymorph verhalten.
- *Cluster* gruppieren ähnlich den Arrays Daten, aber ganz im Gegensatz zu Arrays akzeptieren sie unterschiedliche Datentypen. Wichtig ist hier die Tatsache, dass alle Objekte innerhalb eines Clusters entweder Eingaben oder Anzeigen sein müssen. Sie können Eingaben und Anzeigen innerhalb eines Clusters nicht kombinieren. LabVIEW bietet eine Reihe von Bearbeitungswerkzeugen für Cluster wie die Funktionen *Aufschlüsseln* oder *Nach Namen aufschlüsseln*.

Im nächsten Kapitel werden Sie dieses Wissen bei der Visualisierung von Messwerten über die unterschiedlichen Graphen und Kurvendiagramme anwenden.

9 Visualisierung von Daten

Wir bedürfen eines Ganzen von Zeichen,
aus dem jede Vieldeutigkeit verbannt ist,
dessen strenger logischer Form und
Inhalt nichts entschlüpfen kann.
Gottlob Frege – Begriffsschrift

In den vorangegangenen Kapiteln haben Sie eine Reihe von GUI-Elementen (Graphical User Interface) wie Schalter, Anzeigeelemente etc. zur Bedienung virtueller Instrumente kennen gelernt. Eine weitere Klasse der Anzeigeelemente stellen die so genannten Graphen und Diagramme dar. In der MSR-Technik fallen durch Automatisierung von Messanwendungen häufig größere Datenmengen an, die aber zunächst als meist wenig anschauliche Zahlenwerte vorliegen. So ist es nahe liegend, diese in eine Form zu bringen, die dem Menschen die größtmögliche Anschaulichkeit, aber auch leichteste Interpretation gibt. Hier bietet sich wiederum für den Betrachter die Präsentation in Form von Bildern als die geeignetste Darstellung an. »Das Ziel der Berechnung ist die Einsicht, nicht die Zahlen.« Diesen Satz schrieb der berühmte Nachrichtentechniker Hemming in seinem bekannten Werk *Numerical Methods for Scientists and Engineers*. Er sprach damit eines der großen Probleme an, das mit der Interpretierbarkeit numerischer Daten in der Alltagswelt des Wissenschaftlers, Ingenieurs oder Technikers in der Messtechnik anfällt.

Die grafischen Hilfsmittel reichen von einfachen Kurvendarstellungen bis hin zu komplexen, farbkodierten Intensitätsdarstellungen. Letzten Endes kann auch die grafische Visualisierung von in der MSR-Technik vorkommenden Anzeigeelementen wie Zeigerinstrumenten, Thermometern, aber auch Prozessschaubildern durch die Abbildung realer Messgeräte und Prozesselemente, d. h. durch eine realistische Darstellung, die Handhabung eines virtuellen Instruments wesentlich unterstützen und entscheidend zur Veranschaulichung beitragen.

In diesem Kapitel möchten wir auf die vielfältigen von LabVIEW bereitgestellten Methoden zur Visualisierung eingehen. Hierbei liegt unser Augenmerk auf Graphen und Diagrammen. Diese unterscheiden sich in LabVIEW folgendermaßen: Diagramme zeichnen Daten über einer kontinuierlich weiterlaufenden Zeitachse auf. Über die Angabe einer Historienlänge kann eine Anzahl von

Datenpunkten zwischengespeichert werden, um alte Daten mit den neu aufgenommenen vergleichen zu können. Graphen zeichnen bereits erzeugte Arrays mit Werten in einer mehr traditionellen Weise, ohne vorher erzeugte Daten zu behalten. In diesem Kapitel erfahren Sie etwas über Diagramme und Graphen, ihre passenden Datentypen, einige Wege, sie anzuwenden, und einige ihrer besonderen Möglichkeiten. Sie lernen etwas über spezielle Intensitätsdiagramme und -graphen, die die einmalige Fähigkeit haben, dreidimensionale Daten zweidimensional zu zeichnen, indem Farbe für die Darstellung der dritten Dimension verwendet wird.

9.1 Kurvendiagramme

Die Darstellung von Messwerten in Abhängigkeit von einer Variablen lässt sich auf unterschiedliche Weise erreichen. Die bevorzugte Art der Darstellung ist die Liniengrafik mit einer unabhängigen Variablen, dargestellt auf der Abszisse, und einer abhängigen Variablen, dargestellt auf der Ordinate, über die die Messwerte als eine Funktion abgebildet werden. Dabei sind die Messwerte meist eine Funktion der Zeit *y(t)*, wie z.B. bei einem Oszilloskop. Diese Form der Darstellung wird in LabVIEW als Kurvendiagramm bezeichnet, sie befindet sich in der Unterpalette *Graph* der Palette *Elemente.*

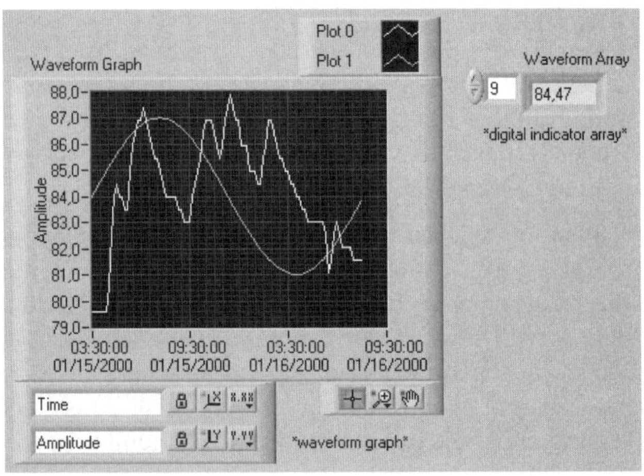

Abbildung 9.1: Ein Kurvendiagramm mit der Darstellung mehrerer Kurven zur gleichen Zeit

Die Darstellung der Daten im Diagramm geschieht interaktiv. Dabei wird eine Historie behalten. Anschaulich bedeutet dies, dass die neuen Daten an die schon vorhandenen Daten angefügt werden. In einem Diagramm stellen die

Y-Werte die neuen Daten und die X-Werte die Zeit dar (oft wird der Y-Wert in einer Schleifenwiederholung erzeugt oder von einer Datenerfassungskarte gelesen und der X-Wert stellt die Zeit für einen Schleifendurchlauf dar). LabVIEW kennt nur eine Art von Kurvendiagramm, aber das Diagramm hat drei verschiedene Aktualisierungsmodi für die interaktive Datenanzeige. Abbildung 9.1 zeigt das Beispiel eines Kurvendiagramms mit mehreren Kurven.

9.1.1 Modi zur Aktualisierung von Diagrammen

Das Kurvendiagramm hat drei Modi der Aktualisierung – den *Modus für Streifenschreiber*, den *Modus für Oszilloskopdiagramme* und den *Modus für Laufdiagramme*, die in Abbildung 9.2 gezeigt werden. Der Modus der Aktualisierung kann geändert werden, indem Sie das Kurvendiagramm anklicken (Rechtsklick) und eine der Optionen aus dem Menü *Fortgeschritten>>Aktualisierungsmodus* wählen. Möchten Sie die Modi ändern, während das VI läuft, wählen Sie direkt aus dem Popup-Menü *Aktualisierungsmodus*.

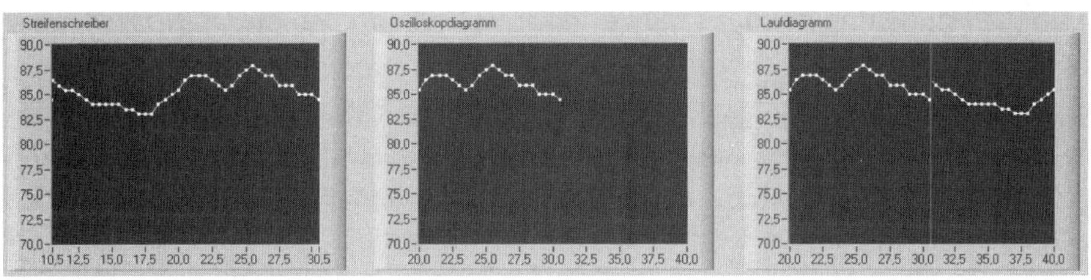

Abbildung 9.2: Aktualisierungsmodi der Kurvendiagramme

Ähnlich wie bei einem Papierstreifenschreiber hat das Streifendiagramm eine Rollanzeige. Das Oszilloskopdiagramm und das Laufdiagramm haben eine rückführende Anzeige, ähnlich wie bei einem Oszilloskop. Erreicht die Kurve beim Oszilloskopdiagramm den rechten Rand der Zeichenfläche, wird die Kurve »abgedunkelt«, bevor sie wieder vom linken Rand startet. Das Laufdiagramm arbeitet ähnlich wie das Oszilloskopdiagramm, nur dass die Anzeige nicht abgedunkelt wird, wenn die Daten den rechten Rand erreichen. Stattdessen zeigt eine bewegliche vertikale Linie den Beginn von neuen Daten an und bewegt sich über die Anzeige, wenn neue Daten hinzugefügt werden. Diese Unterscheidungen sind viel leichter zu verstehen, wenn Sie die unterschiedlichen Modi im Betrieb sehen. Das Oszilloskopdiagramm und das Laufdiagramm arbeiten aus offensichtlichem Grund bedeutend schneller als der Streifenschreiber; dies lässt sich mit einem kleinen Programm leicht verifizieren.

9.1.2 Eine oder mehrere Kurven in einem Diagramm

Die einfachste Art, wie man Diagramme über eine While-Schleife generiert, wird in Abbildung 9.3 gezeigt. Jede Schleifenwiederholung erzeugt einen Punkt, und dieser wird im Diagramm dargestellt.

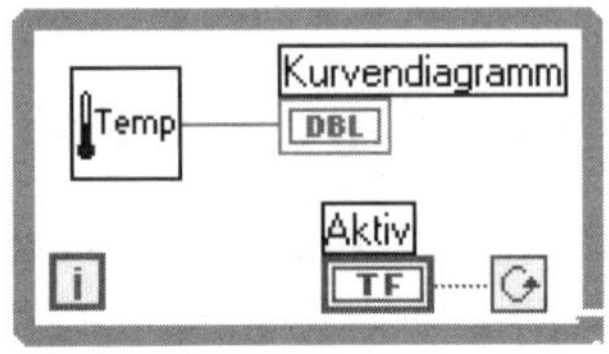

Abbildung 9.3: Ein einfaches Blockdiagramm für ein Kurvendiagramm

Eine Verallgemeinerung des obigen Beispiels wäre die Darstellung von n Kurven in einem einzigen Diagramm. Dazu brauchen Sie mehrere Signalquellen, die gebündelt an das Kurvendiagramm übergeben werden (Abbildung 9.4). Hierbei wird die Bündelung mit der Funktion *Elemente bündeln* (Palette *Cluster*) erreicht.

In unserem Beispiel wurde als Signalquelle das VI *Temp.VI* dreifach aufgerufen und über die Bündelungsfunktion verbunden, d. h., die Temperaturen werden in einem Cluster zusammengefasst, so dass sie in einem Kurvendiagramm aufgezeichnet werden können. Beachten Sie die Veränderung des Erscheinungsbilds der Anschlüsse im Kurvendiagramm, wenn sie an die Funktion *Elemente bündeln* angeschlossen werden. Um mehr Kurven hinzuzufügen, erhöhen Sie einfach die Anzahl der Eingangsanschlüsse von *Elemente bündeln* durch Veränderung der Größe mit dem *Positionier*-Werkzeug.

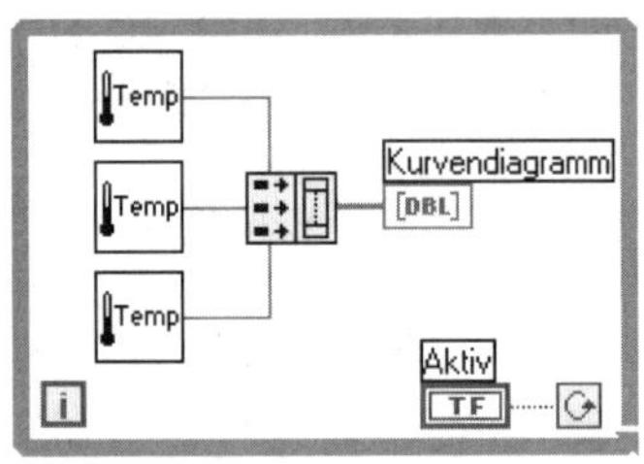

Abbildung 9.4: Drei Signalquellen werden gebündelt und in einem Kurvendiagramm dargestellt.

Um sich ein Online-Beispiel der Diagramme, ihrer Modi und der erwarteten Datentypen ansehen zu können, öffnen und starten Sie *Charts.vi* aus *KAPITEL09 .LLB* im Verzeichnis *LABVIEW-GRUNDLAGEN.*

9.1.3 Gestalten von Diagrammen

Ohne zu weit in Details einzusteigen, sollen einige nützliche Hilfsfunktionen zum Gestalten von Diagrammen aufgezeigt werden.

Bildlaufleisten

Diagramme haben Bildlaufleisten, die Sie anzeigen oder verstecken können (*Sichtbare Objekte>>Bildlaufleiste*). Sie können die Bildlaufleiste dazu verwenden, ältere Daten anzuzeigen, die sonst nicht mehr dargestellt würden.

Löschen des Diagramms

Manchmal wäre es sehr praktisch, alle vorherigen Daten aus der Diagrammanzeige zu entfernen. Wählen Sie *Datenoperationen>>Diagramm löschen* aus dem Popup-Menü des Diagramms, um Ihr Diagramm im Bearbeitungsmodus zu löschen. Um zwischen den Modi hin- und herzuschalten, wählen Sie *Ausführen>>Bearbeitungsmodus/Ausführungsmodus.* Im Ausführungsmodus ist *Diagramm löschen* eine Option des Popup-Menüs.

Getrennte und gemeinsame Darstellung

Bei einem Diagramm in der Mehrfachdarstellung können Sie wählen, ob Sie alle Plots auf derselben Y-Achse anzeigen wollen, was als *gemeinsame* Darstellung bezeichnet wird, oder ob Sie jeder Kurve ihre eigene Y-Achse geben wollen, was als *getrennte* Darstellung bezeichnet wird. Sie können *Stapelplot* oder *Überlagerte Plots* aus dem Popup-Menü des Diagramms auswählen, um zwischen den beiden Anzeigen hin- und herzuschalten. Abbildung 9.5 demonstriert Ihnen den Unterschied zwischen einer getrennten und einer gemeinsamen Darstellung.

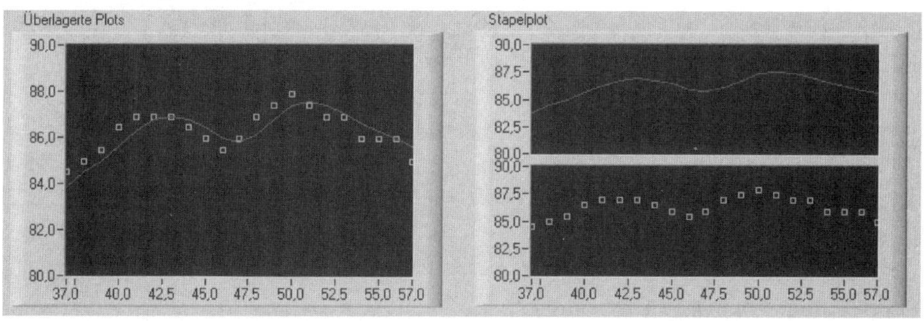

Abbildung 9.5: Stapelplot und Überlagerte Plots

Veränderung der Puffergröße eines Diagramms

Durch Vorgabe kann ein Diagramm 1.024 Datenpunkte speichern. Möchten Sie, dass mehr oder weniger Daten gespeichert werden, wählen Sie *Historienlänge...* aus dem Popup-Menü und legen einen neuen Wert bis zu 100.000 Punkten fest. Eine Änderung der Puffergröße ändert nichts an der Datenmenge, die auf dem Bildschirm angezeigt wird. Verändern Sie das Diagramm, um mehr oder weniger Daten anzuzeigen. Eine Vergrößerung des Puffers vergrößert auch die Datenmenge, die Sie »zurückrollen« können.

9.1.4 Übung: Temperaturanzeige

Sie werden ein VI zur Temperaturmessung aufbauen und diese in einem Kurvendiagramm anzeigen. Dieses VI verwendet *Thermometer.vi* der letzten Übung als SubVI.

1. Öffnen Sie ein neues Frontpanel. Bauen Sie das abgebildete Fenster nach (die Bemerkungen müssen Sie nicht übernehmen; sie sollen Ihnen nur beim Aufbau etwas helfen).

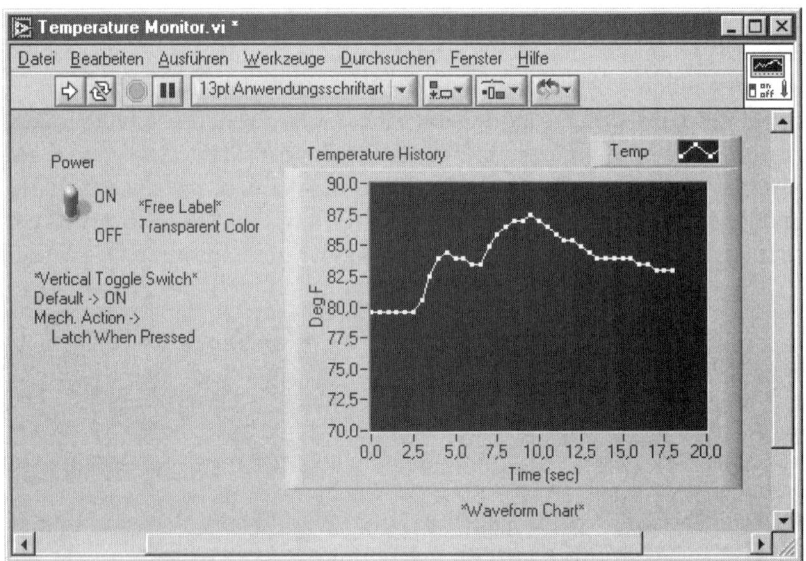

Abbildung 9.6: Frontpanel des neuen VI zur Temperaturmessung

2. Platzieren Sie einen vertikalen Schalter (Palette *Boolesch*) im Frontpanel. Bezeichnen Sie den Schalter mit *Aktivieren*. Sie verwenden den Schalter, um die Temperaturerfassung anzuhalten.

3. Platzieren Sie ein Kurvendiagramm (Palette *Graph*) im Frontpanel. Bezeichnen Sie die Kurve mit *Temp.-Historie*. Das Kurvendiagramm wird die Temperatur in »Echtzeit« anzeigen.

4. Das Kurvendiagramm hat eine Digitalanzeige, die den letzten Wert anzeigt. Klicken Sie auf das Kurvendiagramm und wählen Sie aus dem Popup-Menü *Sichtbare Objekte>>Zahlenwertanzeige*.

5. Da der Temperatursensor die Raumtemperatur misst, passen Sie das Kurvendiagramm an, damit Sie die Temperatur auch ablesen können (anderenfalls befinden Sie sich »außerhalb« des Diagramms). Benutzen Sie das *Beschriftungs*-Werkzeug und klicken Sie in der Skala des Kurvendiagramms doppelt auf die »10«. Geben Sie 90 ein und klicken Sie dann außerhalb des Textbereichs. Durch das Anklicken wird der Wert übernommen. Sie können aber auch die *Enter*-Taste drücken, um die Änderung der Skala zu übernehmen. Ändern Sie den Wert »0.0« auf die gleiche Art in 70.

6. Öffnen Sie das Fenster des Blockdiagramms und bauen Sie das in Abbildung 9.7 gezeigte Diagramm auf.

7. Platzieren Sie die While-Schleife (Palette *Strukturen*) im Fenster des Blockdiagramms und bringen Sie diese auf die richtige Größe.

8. Platzieren Sie die Anschlüsse innerhalb der While-Schleife, falls sie nicht schon dort vorhanden sind.

9. Importieren Sie das SubVI *Thermometer*.

   Dieses VI gibt eine Temperaturmessung des Temperatursensors zurück (oder einer Simulation, je nach Setup). Sie haben es in Kapitel 4 geschrieben und in Kapitel 5 modifiziert. Sie können es über die Schaltfläche *Wählen Sie ein VI...* aus der Palette *Funktionen* einfügen. Wahrscheinlich befindet es sich im Verzeichnis *EIGENE PROGRAMME*. Befindet es sich nicht in diesem Verzeichnis oder wenn Sie die Beispielversion von LabVIEW verwenden, können Sie das *Thermometer.vi* aus dem *KAPITEL05.LLB* oder das *Digital-Thermometer.vi* aus der Unterpalette *Tutorium* der Palette *Funktionen* verwenden.

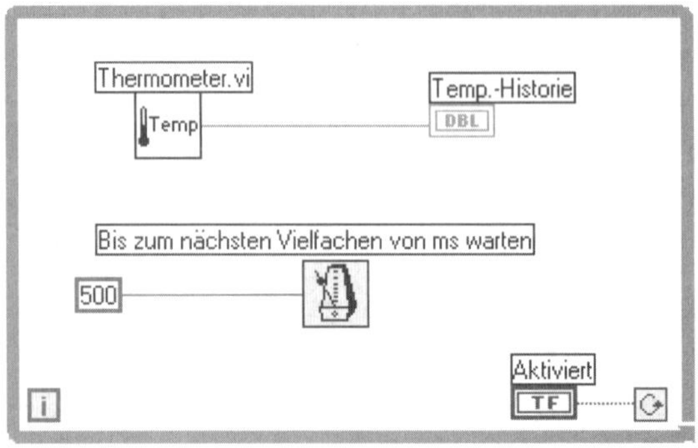

Abbildung 9.7: Blockdiagramm zur Temperaturmessung

10. Verbinden Sie das Blockdiagramm, wie es in der vorherigen Illustration gezeigt wurde.

11. Kehren Sie zum Frontpanel zurück und schalten Sie den vertikalen Schalter an, indem Sie mit dem *Bedien*-Werkzeug darauf klicken. Starten Sie das VI.

    Denken Sie daran, dass der Programmteil innerhalb der While-Schleife so lange ausgeführt wird, wie die festgelegte Bedingung TRUE ist. Solange der Schalter in diesem Beispiel *An* (TRUE) ist, gibt das SubVI *Thermometer* eine neue Messung zurück und zeigt sie im Kurvendiagramm an.

12. Klicken Sie auf den vertikalen Schalter, um die Erfassung anzuhalten. Diese Aktion legt ein FALSE an den bedingten Anschluss der Schleife und die Schleife wird beendet.

13. Das Kurvendiagramm hat einen Puffer für die Anzeige, in dem eine Anzahl von Punkten festgehalten wird, nachdem sie aus der Anzeige herausgelaufen sind. Sie können sich diese Bildlaufleiste anzeigen lassen, indem Sie das Kurvendiagramm anklicken und *Sichtbare Objekte>>Bildlaufleiste* aus dem Popup-Menü auswählen. Mit dem *Positionier*-Werkzeug können Sie die Größe und Position der Bildlaufleiste anpassen.

    Klicken Sie auf beide Pfeile in der Bildlaufleiste, um sich durch das Kurvendiagramm zu bewegen.

    Klicken Sie auf das Kurvendiagramm, um den Puffer der Anzeige zu löschen und das Kurvendiagramm zurückzusetzen, und wählen Sie *Datenoperationen>>Diagramm löschen* aus dem Popup-Menü.

14. Stellen Sie sicher, dass der Schalter auf TRUE steht, und starten Sie das VI erneut. Versuchen Sie dieses Mal, den Aktualisierungsmodus des Diagramms zu ändern. Öffnen und wählen Sie *Aktualisierungsmodus>>Oszillos-*

kopdiagramm. Beachten Sie den Unterschied im Verhalten der Diagrammanzeige. Wählen Sie nun *Laufdiagramm.*

15. Modifizieren Sie den vertikalen Schalter in Ihrem VI so, dass Sie den Schalter nicht jedes Mal auf TRUE schalten müssen, wenn Sie Ihr VI starten.
    - Schalten Sie den vertikalen Schalter auf *An* (TRUE).
    - Klicken Sie auf den Schalter und wählen Sie aus dem Popup-Menü *Datenoperationen>>Aktuellen Wert als Standard,* um die Position *An* zum Vorgabewert zu machen.
    - Klicken Sie auf den Schalter und wählen Sie aus dem Popup-Menü *Schaltverhalten>>Latch während gedrückt.*
16. Starten Sie das VI. Klicken Sie auf den vertikalen Schalter, um die Erfassung anzuhalten. Der Schalter wird sich kurz auf die Position *Aus* bewegen und dann automatisch zurück auf *An* gehen, nachdem der bedingte Anschluss der While-Schleife den Wert FALSE gelesen hat.

    Sie können keine mechanische Aktion auf ein Objekt mit einem booleschen Wert anwenden, wenn Sie das Objekt dahingehend modifizieren, lokale Variablen zu verwenden. Warum das so ist, erzählen wir Ihnen, wenn wir über lokale Variablen sprechen.
17. Starten Sie das VI in dieser Übung, wird die While-Schleife so schnell wie möglich ausgeführt. Vielleicht möchten Sie in bestimmten Intervallen Daten entnehmen, eventuell jede Sekunde einmal oder einmal pro Minute. Sie können den Zeitablauf einer Schleife beeinflussen, indem Sie die Funktion *Bis zum nächsten Vielfachen von ms warten* (Palette *Zeit & Dialog*) anwenden. Modifizieren Sie das VI so, dass die Temperaturmessung einmal alle halbe Sekunde ausgeführt wird, indem Sie die hier gezeigte Funktion innerhalb der While-Schleife platzieren.

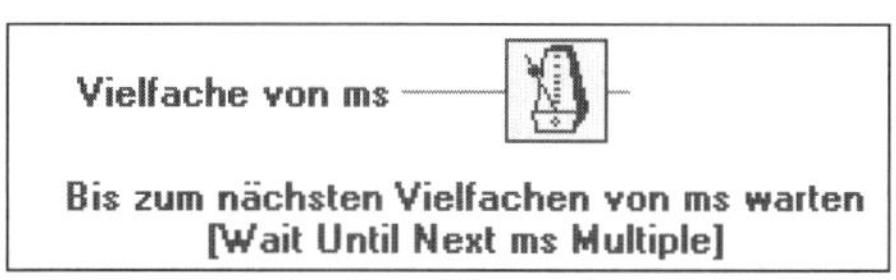

Abbildung 9.8: Die Funktion Bis zum nächsten Vielfachen von ms warten

Die Funktion *Bis zum nächsten Vielfachen von ms warten* (Palette *Zeit & Dialog*) stellt sicher, dass jede Wiederholung die festgelegte Zeit (in diesem Fall eine halbe Sekunde oder 500 Millisekunden) wartet, bevor fortgefahren wird.

18. Starten Sie das VI. Starten Sie es mehrmals und probieren Sie unterschiedliche Werte der Verzögerung in Millisekunden aus.

19. Speichern und schließen Sie das VI. Bezeichnen Sie es mit *Temperature Monitor.vi* und speichern Sie es im Verzeichnis *EIGENE PROGRAMME* oder in der VI-Bibliothek. Hervorragende Arbeit!

9.1.5 Anwendung von mechanischen Aktionen mit booleschen Schaltern

Sie werden sicher bemerkt haben, dass Sie jedes Mal, wenn Sie das VI starten, zuerst immer den Schalter *Aktivieren* einschalten müssen, bevor Sie auf die Schaltfläche *Start* klicken können, oder die Schleife wird nur einmal ausgeführt. Sie können die *mechanische Aktion* (Schaltverhalten) einer booleschen Eingabe modifizieren, um ihr Verhalten zu ändern und diese Unbequemlichkeit zu umgehen. LabVIEW bietet Ihnen für die mechanische Aktion von booleschen Eingaben sechs Auswahlmöglichkeiten an (Abbildung 9.9).

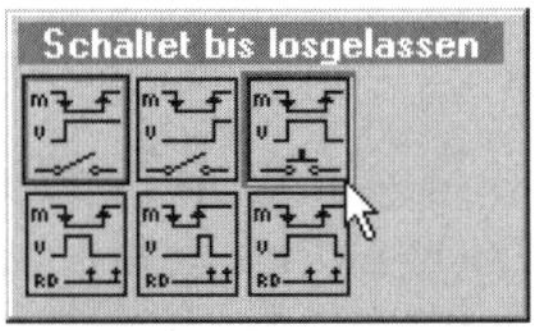

Abbildung 9.9: Die verschiedenen Schaltverhalten

Die Aktion *Schaltet wenn gedrückt* ändert den Steuerwert jedes Mal, wenn Sie mit dem *Bedien*-Werkzeug auf die Eingabe klicken. Diese Aktion ist die Vorgabe für boolesche Werte und lässt sich mit dem Schalter einer Lampe vergleichen. Sie wird nicht durch die Häufigkeit der Abfrage der Eingabe durch das VI beeinflusst.

Die Aktion *Schaltet wenn losgelassen* ändert den Steuerwert nur, wenn Sie die Maustaste während eines Mausklicks innerhalb der grafischen Begrenzung einer Eingabe loslassen. Diese Aktion wird nicht durch die Häufigkeit beeinflusst, mit der das VI die Eingabe ausliest. Dieser Modus ist mit dem Anklicken einer Prüfmarke in einem Dialogfeld zu vergleichen; sie wird hervorgehoben, aber solange Sie die Maustaste nicht loslassen, ändert sich nichts.

Die Aktion *Schaltet bis losgelassen* ändert den Steuerwert, wenn Sie auf die Eingabe klicken. Sie hält den neuen Wert, bis Sie die Maustaste loslassen und die Eingabe zum Originalwert zurückkehrt. Sie können diese Aktion mit einer Türklingel vergleichen, und sie wird nicht durch die Häufigkeit beeinflusst, mit der das VI die Eingabe ausliest.

Die Aktion *Latch während gedrückt* ändert den Steuerwert, wenn Sie die Eingabe anklicken. Sie hält den neuen Wert, bis das VI ihn einmal ausgelesen hat, wobei die Eingabe dann zu ihrem Vorgabewert zurückkehrt. Diese Aktion geschieht, egal ob Sie damit fortfahren, die Maustaste zu drücken. *Latch während gedrückt* ist mit der Funktion eines Trennschalters zu vergleichen. Sie ist immer dann nützlich, wenn Sie möchten, dass Ihr VI etwas nur einmal erledigt, wenn Sie die Eingabe setzen, z.B. das Anhalten einer While-Schleife beim Betätigen der *Stopp*-Schaltfläche.

Die Aktion *Latch wenn losgelassen* ändert den Steuerwert nur, wenn Sie die Maustaste loslassen. Ihr VI liest den Wert einmal und die Eingabe kehrt dann auf den alten Wert zurück. Mit dieser Funktion erhalten Sie wenigstens einen neuen Wert. Wie bei *Schaltet wenn losgelassen* verhält sich dieser Modus ähnlich wie Schaltflächen in Dialogfeldern. Die Schaltfläche wird hervorgehoben, wenn Sie sie anklicken, und der gelesene Wert wird auch nach dem Loslassen der Maustaste gehalten.

Die Aktion *Latch bis zum Loslassen* ändert den Steuerwert, wenn Sie auf die Eingabe klicken. Sie hält den Wert, bis das VI den Wert einmal ausgelesen hat oder Sie die Maustaste loslassen, was auch immer zuerst passiert.

Betrachten Sie z.B. einen vertikalen Schalter. Der Vorgabewert ist *Aus* (FALSE).

9.2 Graphen

Im Gegensatz zu Diagrammen, die Daten Punkt für Punkt zeichnen, stellen Graphen Daten von bereits erzeugten Arrays in einem Zug dar. LabVIEW stellt drei Typen von Graphen zur Verfügung: *Kurvengraphen, XY-Graphen* und *Intensitätsgraphen*. Kurvengraphen und XY-Graphen zeichnen sich durch eine unterschiedliche Funktionalität aus, auch wenn sie im Frontpanel Ihres VI identisch aussehen. In Abbildung 9.10 wird das Beispiel eines Graphen mit einigen aktivierten Optionen gezeigt.

Sie erhalten beide Typen der Graphanzeigen aus der Unterpalette *Graph* der Palette *Elemente*. Der *Kurvengraph* zeichnet nur Funktionen, deren X-Werte jeweils nur einen Y-Wert zulassen und äquidistant auf der X-Achse verteilt sind, wie zeitlich abgetastete, in der Amplitude variierende Kurven. Der *Kurvengraph* ist ideal für das Visualisieren von Daten-Arrays, in dem die Punkte gleichmäßig verteilt sind. Der *XY-Graph* ist ideal für das Visualisieren von Daten mit unterschiedlicher Zeitbasis oder für Daten mit mehreren Y-Werten für einen X-Wert, wie Kreise. Beide Graphentypen sehen gleich aus, setzen allerdings unterschiedliche Eingangstypen voraus.

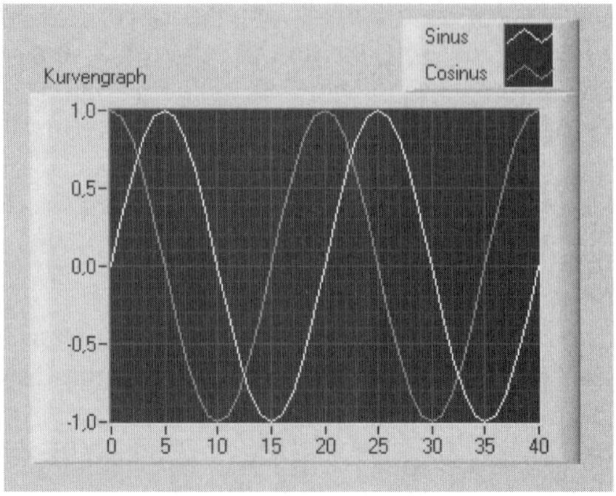

Abbildung 9.10: Ein Beispiel für einen Kurvengraphen

9.2.1 Eine oder mehrere Kurven in einem Graphen

Die einfachste Graphendarstellung ist die Darstellung einer einzelnen Kurve. Hierfür verbinden Sie ein Array mit Y-Werten direkt mit dem Anschluss eines Kurvengraphen, wie es in Abbildung 9.11 gezeigt wird. Diese Art der Verbindung geht von der Annahme aus, dass der Anfangswert von X gleich null ist und auf der X-Achse für jeden Y-Wert um eins inkrementiert wird, d. h. $\Delta x = 1$. Beachten Sie, dass das Terminal des Graphen im Blockdiagramm hier wie eine Array-Anzeige erscheint.

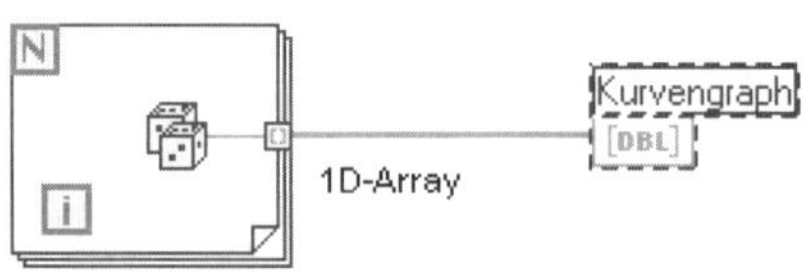

Abbildung 9.11: Ein einfacher Kurvengraph

Sie haben jedoch auch die Möglichkeit, die Zeitbasis eines Graphen individuell zu gestalten. Denken wir an eine Datenerfassungsanwendung, bei der Sie die Abtastung zu einer Zeit ungleich zum Zeitpunkt null beginnen, oder Ihre Messwerte haben nicht einen Abstand von einer Einheit. Um die Zeitbasis zu ändern, bündeln Sie den Wert X_0, den Wert ΔX und das Array in einem Cluster. Schließen Sie den Cluster an den Graphen an. Beachten Sie in Abbildung 9.12, dass der Anschluss des Graphen als Cluster-Anzeige erscheint.

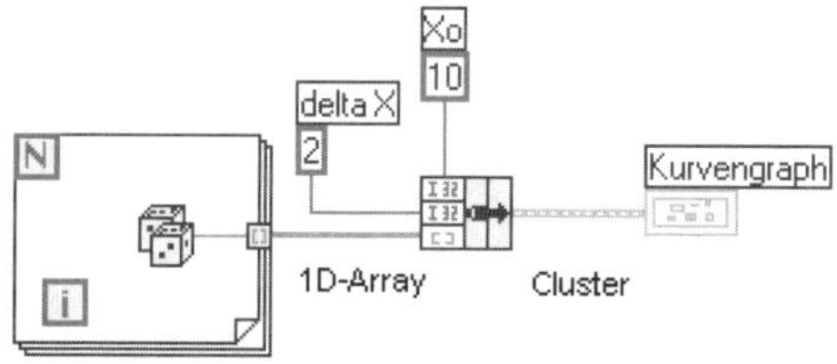

Abbildung 9.12: Kurvengraph mit definiertem Anfang und definiertem Δx

Durch die Erzeugung eines Arrays (oder eines 2D-Arrays) des Datentyps, den Sie auch im Beispiel des Einzelplots verwendet haben, können Sie in einem Kurvengraphen mehr als ein Plot anzeigen. Beachten Sie, wie sich der Anschluss des Graphen abhängig von der Struktur der Daten, die Sie an ihn anschließen (Array, Cluster, Array aus Clustern usw.), und des Datentyps (I16, DBL usw.) verändert.

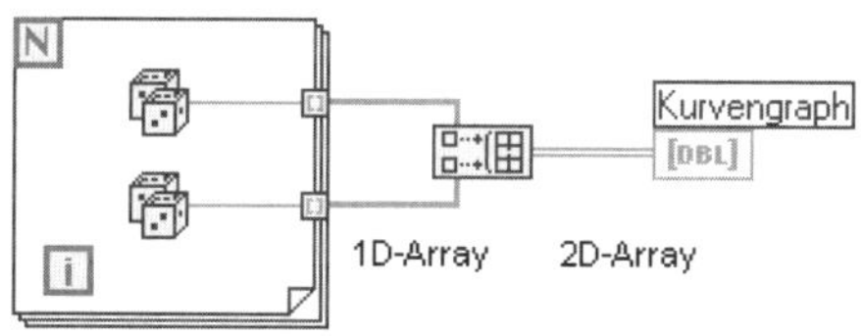

Abbildung 9.13: Darstellung zweier Kurven in einem Kurvengraphen

In Abbildung 9.13 wird angenommen, dass der Anfangswert für beide Arrays von X gleich 0 und der ΔX-Wert gleich 1 ist. Die Funktion *Array erstellen* erzeugt ein 2D-Array aus zwei 1D-Arrays.

Beachten Sie, dass dieses 2D-Array zwei Reihen mit 100 Spalten pro Reihe hat, ein 2 x 100-Array. Durch Vorgabe zeichnet der Graph jede *Reihe* eines 2D-Arrays als eine eigenständige Kurve. Sind Ihre Daten nach Spalten organisiert, müssen Sie sicherstellen, dass Ihr Array umgestellt wird, bevor Sie es zeichnen. Umstellung heißt nichts anderes, als die Werte der Reihen mit den Werten der Spalten auszutauschen. Wenn Sie z.B. ein Array mit drei Reihen und zehn Spalten umstellen, erhalten Sie am Ende ein Array mit zehn Reihen und drei Spalten. Klicken Sie einfach den Graphen an und wählen Sie *Array transponieren* (diese Option des Menüs wird grau dargestellt, wenn an den Graphen kein 2D-Array angeschlossen ist). Sie können aber auch die Funktion *2D-Array transponieren* aus der Unterpalette *Funktionen>>Array* anwenden.

In Abbildung 9.14 sind die Werte X_0 und ΔX für jedes Array festgelegt. Diese Parameter für X müssen für beide Datensätze nicht gleich sein.

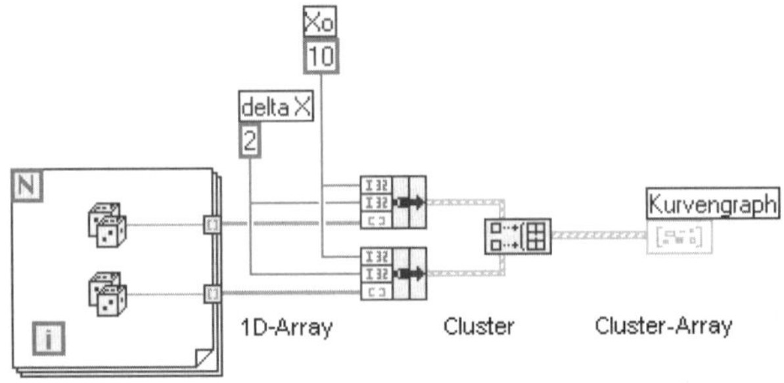

Abbildung 9.14: Darstellung zweier Kurven in einem Kurvengraphen, wobei X0 und ΔX separat festgelegt werden

In diesem Diagramm erzeugt die Funktion *Array erstellen* (Palette *Array*) ein Array aus seinen zwei Cluster-Eingängen. Jeder Eingangs-Cluster besteht aus einem Array und zwei skalaren Zahlen. Das Endergebnis ist ein Array aus Clustern, das der Graph akzeptieren und zeichnen kann. In diesem Fall ist das festgelegte X_0 und ΔX gleich dem Vorgabewert. Sie können aber ebenso andere Werte einsetzen.

9.2.2 Übung: Sinuskurve in Kurvengraphen

Ziel dieser Übung ist die Anzeige einer Sinuskurve in einem Kurvengraphen. Das zu erstellende VI erzeugt ein Array mit den Werten der Sinuskurve innerhalb einer For-Schleife und zeichnet dann das Ergebnis in einen Kurvengraphen.

1. Öffnen Sie ein neues VI und erstellen Sie das in Abbildung 9.15 abgebildete Frontpanel.

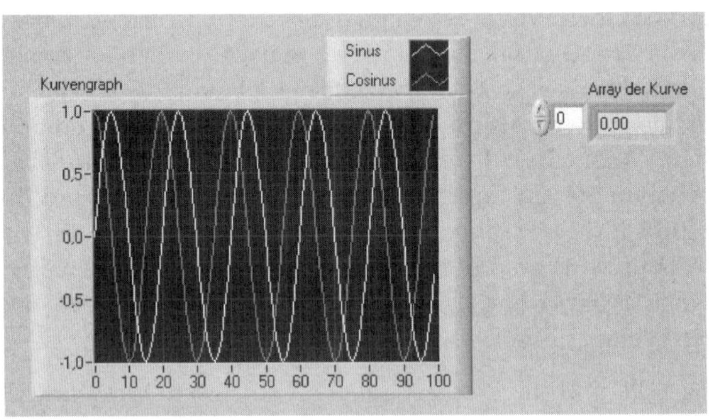

Abbildung 9.15: Frontpanel mit Kurvengraph

2. Platzieren Sie eine Array-Shell (Palette *Array & Cluster*) im Frontpanel. Bezeichnen Sie die Array-Shell mit *Array der Kurve*. Platzieren Sie eine Digitalanzeige (Palette *Numerisch*) im Fenster des Datenobjekts der Array-Shell, um den Inhalt des Arrays anzeigen zu können.

3. Platzieren Sie einen Kurvengraphen (Palette *Graph*) im Frontpanel. Bezeichnen Sie den Graphen mit Kurvengraph und vergrößern Sie ihn, indem Sie mit dem *Positionier*-Werkzeug an einer Ecke ziehen.

   Verbergen Sie die Legende, indem Sie den Graphen anklicken und *Sichtbare Objekte>>Legende der Kurve* wählen. Da diese Menüauswahl bereits aktiviert ist, wird sie durch den erneuten Aufruf deaktiviert.

   Deaktivieren Sie die automatische Skalierung durch Anklicken und Auswählen von *Y-Achse>>Autom. Skalierung Y*. Modifizieren Sie die Grenzen der Y-Achse, indem Sie die Grenzen der Skala mit dem *Beschriftungs*-Werkzeug auswählen und neue Zahlen eingeben. Ändern Sie das Minimum der Y-Achse auf –1.0 und das Maximum auf 1.0. Im nächsten Abschnitt erfahren Sie mehr über die automatische Skalierung.

4. Erstellen Sie das in Abbildung 9.16 abgebildete Blockdiagramm.

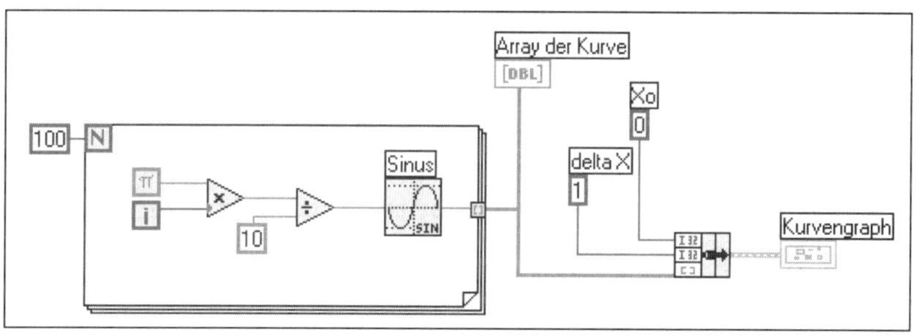

Abbildung 9.16: Das Blockdiagramm zum Berechnen der Sinuskurve

Die Funktion *Sinus* (Palette *Numerisch>>Trigonometrisch*) berechnet den sin(x) und gibt einen Punkt der Sinuskurve zurück. Das VI benötigt einen skalaren Index als Eingang und erwartet es im Bogenmaß ($\pi/180 = 1^0$). In dieser Übung ändert sich der Y-Eingang mit jeder Schleifenwiederholung und das aufgezeichnete Ergebnis ist eine Sinuskurve.

Die Konstante *Pi* befindet sich in der Palette *Numerisch>>Zusätzliche numerische Konstanten*.

Die Funktion *Elemente bündeln* (Palette *Cluster*) fügt die einzelnen Bestandteile zu einem einzelnen Cluster zusammen. Die Komponenten enthalten den Anfangswert X_0, den Wert ΔX und das Y-Array (Kurvendaten). Verwenden Sie das *Positionier*-Werkzeug, um die Funktion abzuändern, indem Sie an einer Ecke ziehen.

Jede Wiederholung der For-Schleife erzeugt einen Punkt der Kurve und speichert ihn im Kurven-Array, das an der Schleifengrenze erzeugt wird. Nachdem die Schleife ihre Ausführung beendet hat, bündelt die Funktion *Elemente bündeln* den Anfangswert von X, den Deltawert von X und das Array für die Zeichnung auf dem Graphen.

5. Kehren Sie zum Frontpanel zurück und starten Sie das VI. Der Graph sollte nur einen Plot anzeigen.
6. Ändern Sie jetzt den Wert für ΔX auf 0,5 und den Anfangswert von X auf 20, bevor Sie das VI erneut starten. Beachten Sie, dass der Graph die gleichen 100 Datenpunkte mit einem Startwert für jeden Punkt von 20 und einem ΔX von 0,5 anzeigt.
7. Platzieren Sie das *Positionier*-Werkzeug an der rechten unteren Ecke des Arrays, bis das Werkzeug zum Gitter wird, und ziehen Sie daran. Die Anzeige zeigt mehrere Elemente mit aufsteigenden Indizes, wenn Sie von links nach rechts gehen (oder von oben nach unten), beginnend bei dem Element, das mit dem festgelegten Index übereinstimmt, so, wie es in Abbildung 9.17 gezeigt wird. Vergessen Sie nicht, dass Sie sich jedes Element im Array ansehen können, indem Sie den Index des Elements in die Indexanzeige eingeben. Geben Sie eine Zahl ein, die größer als das Array ist, wird die Anzeige abgedunkelt.

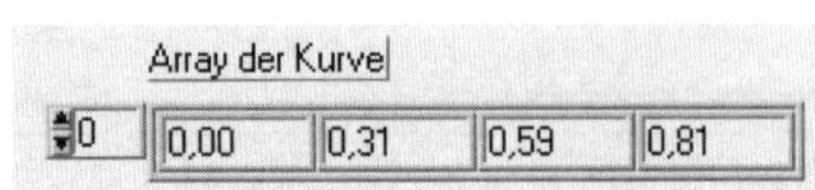

Abbildung 9.17: Vergrößern der Array-Shell, so dass mehrere Werte gleichzeitig angezeigt werden

Im vorherigen Blockdiagramm haben Sie einen Wert für X und ΔX für den Anfangswert der Kurve festgelegt. Wie in Abbildung 9.18 gezeigt, können Sie in dem Fall, wenn der Anfangswert für X gleich 0 und der Wert für ΔX gleich 1 ist, das Kurven-Array direkt an den Anschluss des Kurvengraphen anschließen. Sie nehmen dabei den Vorteil der Vorgabewerte für den Graphen, für ΔX und den Anfang von X wahr.

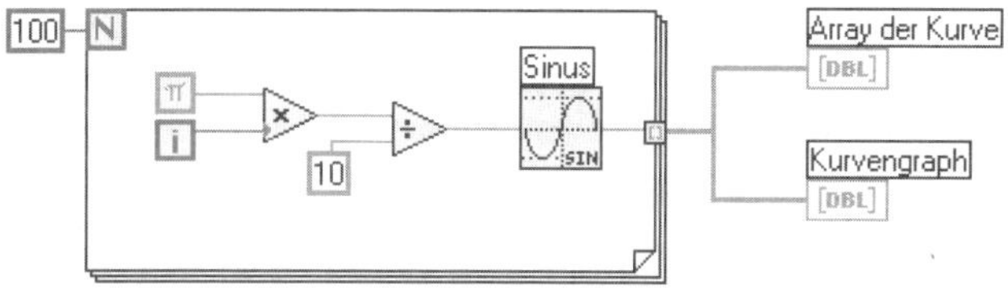

Abbildung 9.18: Darstellung der Daten in einem Kurvengraphen, ohne die Funktion Elemente bündeln zu verwenden

8. Kehren Sie zum Blockdiagramm zurück. Löschen Sie die Funktion *Elemente bündeln* und die mit ihr verbundenen numerischen Konstanten und wählen Sie dann *Bearbeiten>>Ungültige Verbindungen entfernen*. Vervollständigen Sie die Verbindungen des Blockdiagramms, wie es in Abbildung 9.18 gezeigt wird.

9. Starten Sie das VI. Beachten Sie, dass das VI die Kurve mit einem Anfangswert von 0 bei X und mit einem Wert von 1 bei ΔX zeichnet. Dieses Mal hat sich jedoch der Aufbau des VI für Sie wesentlich weniger aufwendig gestaltet.

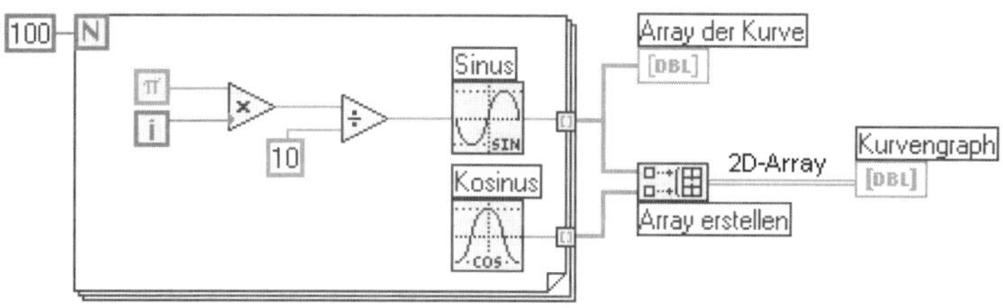

Abbildung 9.19: Darstellung von Sinus und Kosinus in einem Graphen

10. Erzeugen Sie das in Abbildung 9.19 abgebildete Blockdiagramm.

 Die Funktion *Array erstellen* (Palette *Array*) erzeugt die richtige Datenstruktur, um zwei Arrays auf einem Kurvengraphen zu zeichnen. Vergrößern Sie die Funktion *Array erstellen,* um zwei Eingänge anzuschließen, indem Sie an einer Ecke mit dem *Positionier*-Werkzeug ziehen. Sicher wollen Sie lieber Eingangselemente beim *Array erstellen* als Eingangs-Arrays verwenden (der Vorgabewert), so dass der Ausgang ein 2D-Array ergibt. Haben Sie Array-Eingänge verwendet, erzeugt die Funktion ein 1D-Array, bei dem das zweite Array an das Ende des ersten angehängt wird.

 Die Funktion *Kosinus* (Palette *Numerisch>>Trigonometrisch*) berechnet den cos(x) und gibt einen Punkt der Kosinuskurve zurück. Das VI benötigt ein Skalar als Eingang und erwartet dieses im Bogenmaß ($\pi/180 = 1^0$). In dieser Übung ändert sich der X-Eingang mit jeder Schleifenwiederholung und das aufgezeichnete Ergebnis ist eine Kosinuskurve.

11. Kehren Sie zum Frontpanel zurück. Starten Sie das VI. Beachten Sie, dass die beiden Kurven auf demselben Kurvengraphen gezeichnet werden. Der Anfangswert ist durch Vorgabe für X_0 auf 0 und für den ΔX-Wert auf 1 gesetzt worden. Das gilt für beide Datensätze.
12. Klicken Sie den Graphen an und wählen Sie *Array transponieren*. Die dargestellte Kurve ändert sich natürlich, wenn Sie die Reihen mit den Spalten austauschen. Wählen Sie wieder *Array transponieren* und stellen Sie den ursprünglichen Zustand wieder her.
13. Speichern und schließen Sie das VI. Bezeichnen Sie es mit *Graph Sine Array.vi* und speichern Sie es im Verzeichnis *EIGENE PROGRAMME* oder in der VI-Bibliothek.

9.3 XY-Graphen

Bei den bisher verwendeten Graphen kamen äquidistante X-Werte zur Anzeige. Nun ist es aber in der Praxis oft so, dass man die X-Werte teilweise in unregelmäßigen Abständen darstellen möchte. Aber auch eine Reihe von mathematischen Funktionen besitzt mehrere Y-Werte für jeden X-Wert, so dass hier auch die Notwendigkeit für den Einsatz eines speziellen Graphen besteht. Selbstverständlich lassen sich auch solche Kurven mühelos in LabVIEW visualisieren. Diese Form der Darstellung wird in LabVIEW als XY-Graph bezeichnet. Einen XY-Graphen und das entsprechende Blockdiagramm zeigt Abbildung 9.20.

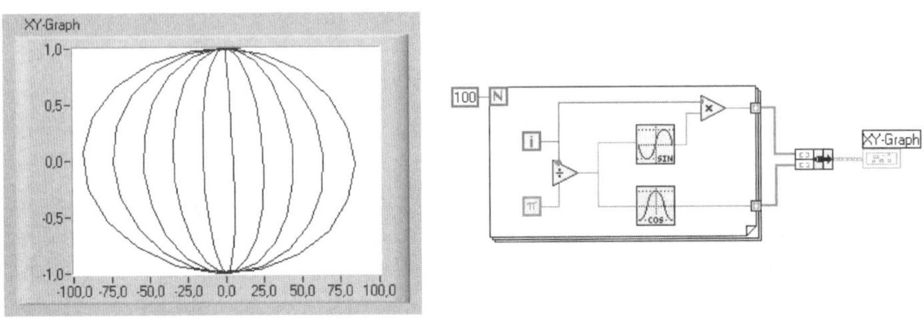

Abbildung 9.20: Ein XY-Graph und das dazugehörige Blockdiagramm

Der XY-Graph erwartet am Eingang ein gebündeltes X-Array (der obere Eingang) und ein Y-Array (der untere Eingang). Die Funktion *Elemente bündeln* (Palette *Cluster*) fasst das X- und Y-Array zu einem Cluster zusammen, der an den XY-Graphen angeschlossen wird. Für einen Graphen mit Mehrfachdarstellung erstellen Sie das in Abbildung 9.21 dargestellte Array aus dem Cluster der X- und Y-Werte.

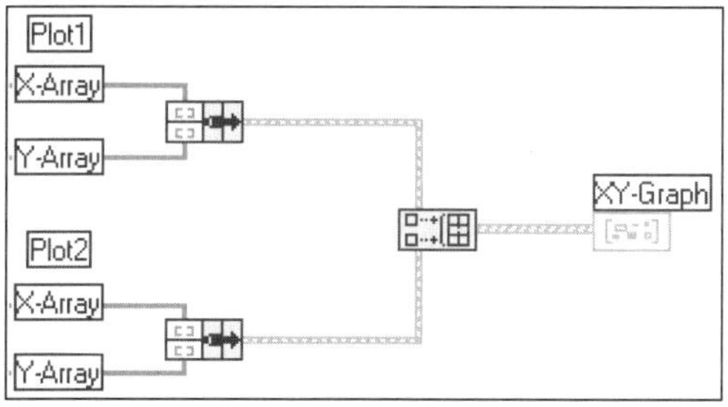

Abbildung 9.21: Zwei Kurven in einem XY-Graphen

Die verschiedenen Graphen und Diagramme ähneln sich in ihrer Funktionsweise, selbst wenn sie für unterschiedliche Zwecke konzipiert wurden. Besonders bei den Graphen und Diagrammen sieht man den Einsatz von Array- und Cluster-Funktionen und ebenso wird die Polymorphie dieser Funktionen deutlich. Alle diese Elemente fügen sich harmonisch in die LabVIEW-Entwicklungsumgebung und auch in die dahinter stehende Datenflussphilosophie ein. Sie werden uns sicherlich zustimmen, dass die in diesem Abschnitt erläuterten Beispiele ungleich schwieriger mit textbasierten Umgebungen zu realisieren sind.

9.3.1 Übung: Darstellung eines Kreises mittels eines XY-Graphen

Sie werden ein VI aufbauen, das auf einem XY-Graphen einen Kreis zeichnet und dabei unabhängige X- und Y-Arrays verwendet.

1. Öffnen Sie ein neues Frontpanel. Erstellen Sie das in Abbildung 9.22 dargestellte Frontpanel.
2. Platzieren Sie einen XY-Graphen (Palette *Graph*) im Frontpanel. Beschriften Sie den Graphen mit *Kreis in XY-Graph.*
3. Vergrößern Sie den Graphen, indem Sie mit dem *Positionier*-Werkzeug an einer Ecke ziehen. Versuchen Sie, den Zeichenbereich annähernd quadratisch anzulegen. Dabei können Sie das Seitenverhältnis erhalten, wenn Sie während des Ziehens die [⇧]-Taste gedrückt halten und diagonal ziehen.

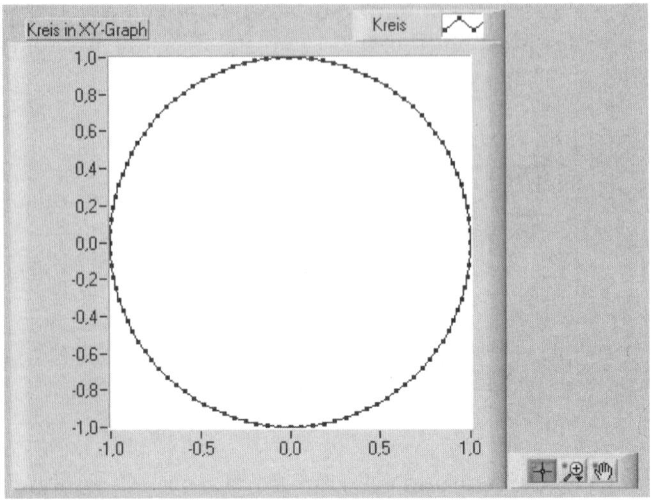

Abbildung 9.22: Frontpanel des VI zum Darstellen eines Kreises in einem XY-Graphen

4. Klicken Sie den Graphen an und wählen Sie *Sichtbare Objekte>>Legende der Kurve*. Verändern Sie die Beschriftung der Legende, indem Sie mit dem *Beschriftungs*-Werkzeug den Titel *Kreis* eingeben. Klicken Sie die Linie in der Legende an und wählen Sie das kleine Quadrat aus der Palette *Punktstil*. Wählen Sie aus der Farbpalette eine neue Farbe für den Plot.

5. Jetzt ist es an der Zeit, sich dem Blockdiagramm zuzuwenden (Abbildung 9.23).

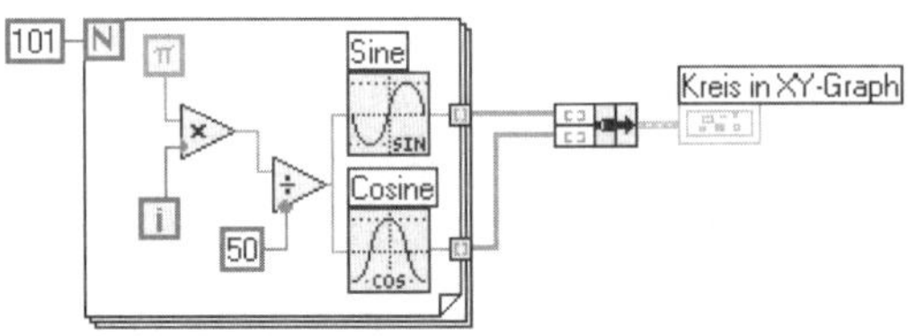

Abbildung 9.23: Das Blockdiagramm zum Zeichnen eines Kreises

Die Funktionen *Sinus* und *Kosinus* (Palette *Numerisch>>Trigonometrisch*) berechnen den entsprechenden Sinus und Kosinus aus der Eingangszahl. In dieser Übung verwenden Sie diese Funktion in einer For-Schleife, um ein Array für Punkte aufzubauen, das eine Periode einer Sinuskurve und einer Kosinuskurve darstellt.

Die Funktion *Elemente bündeln* (Palette *Cluster*) stellt das Array für den Sinus (X-Wert) und für den Kosinus (Y-Wert) zusammen, um das Array mit dem Sinus gegenüber dem Array mit dem Kosinus zu zeichnen.

Die Konstante *Pi* (Palette *Numerisch>>Zusätzliche numerische Konstanten*) wird für die Bereitstellung des Bogenmaßes an den Eingängen der Funktion *Sinus* und *Kosinus* verwendet.

Durch die Verwendung der Funktion *Elemente bündeln* können Sie das Array mit einer Periode des Sinus gegen das Array mit einer Periode des Kosinus grafisch darstellen. Das ergibt einen Kreis.

6. Kehren Sie zum Frontpanel zurück und starten Sie das VI. Speichern Sie es unter *Graph Circle.vi* im Verzeichnis *EIGENE PROGRAMME* oder in der VI-Bibliothek.

   Sie haben gerade eine Kreisgleichung in LabVIEW visuell dargestellt, ohne dabei mit komplizierten Formeln zu hantieren.

9.4 Bestandteile von Diagrammen und Graphen

Graphen und Diagramme bieten viele leistungsfähige Möglichkeiten, die Sie verwenden können, um die Darstellung Ihrer Kurven an Ihre Bedürfnisse anzupassen. Dieser Abschnitt wird Ihnen zeigen, wie Sie sich diese Optionen zunutze machen.

9.4.1 Die Achsenskalierungen

Diagramme und Graphen können ihre vertikalen und horizontalen Achsenskalierungen automatisch anpassen, um die Punkte wiederzugeben, die auf ihnen visualisiert werden sollen, d. h., dass sich die Skalen selbst anpassen, um auf dem Graphen alle Punkte in der größten Auflösung darzustellen. Sie können diese *automatische Skalierung* an- oder abschalten, indem Sie die Optionen *Autom. Skalierung X* bzw. *Autom. Skalierung Y* aus dem Menü *X-Achse bzw. Y-Achse* verwenden. Sie können diese Möglichkeit der automatischen Skalierung ebenfalls aus der Achsenlegende heraus überwachen. In LabVIEW ist die automatische Skalierung für Graphen per Voreinstellung aktiviert und für Diagramme deaktiviert. Das Wählen der automatischen Skalierung ist zwar ein sehr komfortables Feature, jedoch kann sie die Aktualisierung der Diagramme oder Graphen verlangsamen. Dies leuchtet ein, da LabVIEW vor der Anzeige von jedem Wert die Skalierung überprüfen und gegebenenfalls optimieren muss. Dies ist abhängig von dem jeweiligen eingesetzten Rechner und der Grafikkarte, da neue Skalen mit jedem Plot neu berechnet werden müssen.

Wünschen Sie keine automatische Skalierung, können Sie die horizontale oder vertikale Skala direkt ändern, indem Sie das *Bedien-* oder *Beschriftungs*-Werkzeug verwenden, um eine neue Zahl einzugeben, und die automatische Skalierung abschalten, so, wie Sie es auch mit jeder anderen Eingabe oder Anzeige von LabVIEW tun können.

Menüs von X- und Y-Skalen

Jede X- und Y-Achse hat ein Untermenü mit Optionen (Abbildung 9.24).

Verwenden Sie *Autom. Skalierung*, um die automatische Skalierung ein- oder auszuschalten. Wollen Sie die automatische Skalierung ausführen, werden die Skalen normalerweise auf den exakten Bereich der Daten gesetzt. Sie können die Option *Gerundete Anpassung* anwenden, wenn Sie möchten, dass LabVIEW die Skala auf Zahlen rundet, die am geeignetsten sind. Mit *Gerundete Anpassung* werden die Zahlen mit einem Vielfachen der Erhöhung gerundet, die für die Skala angewendet wird. Werden z.B. die Markierungen um 5 erhöht, werden das Minimum und das Maximum anstelle des genauen Bereichs der Daten auf ein Vielfaches von 5 gesetzt.

Abbildung 9.24: Das Popup-Menü eines Graphen mit der Auswahl der automatischen Skalierung

Abbildung 9.25 zeigt Ihnen ein Dialogfeld der Option *Formatieren...*, das es Ihnen ermöglicht, die folgenden Dinge einzurichten:

- Im Menü *Achsenstil* können Sie die größeren und kleineren Skalenstriche bzw. deren Fehlen festlegen. Durch das Anklicken der Symbole erhalten Sie eine Vorschau. Die größeren Marken weisen eine Beschriftung auf, während die kleineren Marken zwischen diesen Beschriftungen liegen.

- Mit *Achse* können Sie entweder eine lineare oder eine logarithmische Skala für Ihre Datenanzeige auswählen.
- Mit den *Gitteroptionen* können Sie zwischen »keine Gitterlinien«, »Nur Hauptgitterlinien« oder »Gitterlinien an allen Teilstrichen« wählen. Sie können hier auch die Farbe der Gitterlinien ändern. Klicken Sie auf die entsprechenden Schaltflächen, um die Auswahl zu erhalten.

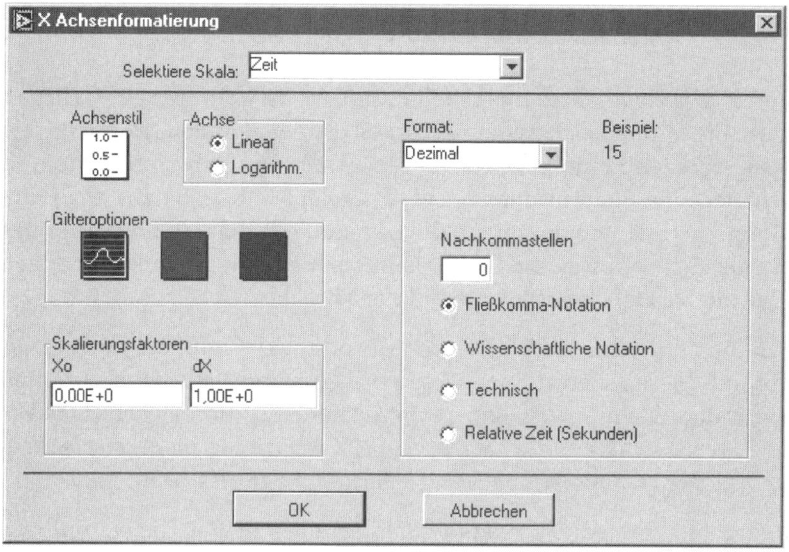

Abbildung 9.25: Der Dialog Formatieren

In dem Abschnitt *Skalierungsfaktoren* können Sie den Startwert *X0* sowie *dX* (ΔX), den Abstand zwischen zwei X-Werten (dasselbe wie ΔX), setzen. Die gleichen Einstellungen können Sie natürlich auch für die Y-Achse vornehmen.

In dem Menü *Format* können Sie verschiedene numerische Formate oder das Format *Zeit & Datum* auswählen. Wählen Sie *Numerisch*, können Sie die Nachkommastellen ebenso wie die Notation (*Fließkomma, Wissenschaftlich, Technisch* oder *Relative Zeit*) der Skalenanzeige festlegen. Mit dem Format *Zeit & Datum* können Sie bestimmen, wie die Zeit und das Datum angezeigt werden sollen.

9.4.2 Die Legende der Kurve

Diagramme und Graphen verwenden einen durch Vorgabe festgelegten Stil für jeden Plot, den Sie jedoch jederzeit verändern können. Mit der *Legende* können Sie jeden Plot beschriften, die Farbe bestimmen, den Linientyp auswählen und die Art der Punkte festlegen. Verwenden Sie das Untermenü *Sichtbare Objekte* aus dem Popup-Menü des Diagramms oder des Graphen, um die Legende anzuzeigen oder zu verstecken. In der Legende können Sie für jeden Plot auch einen Namen festlegen. Abbildung 9.26 zeigt ein Beispiel für eine Legende.

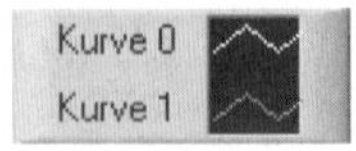

Abbildung 9.26: Die Legende der Graphen und Diagramme

Wählen Sie *Legende der Kurve*, erscheint ein Feld, in dem nur eine Kurve angezeigt wird. Sie können sich mehrere Kurven anzeigen lassen, wenn Sie mit dem *Positionier*-Werkzeug eine Ecke der Legende herunterziehen. Nachdem Sie die Eigenschaften des Plots in der *Legende* festgelegt haben, behält der Plot diese Einstellung, unabhängig davon, ob die Legende sichtbar ist. Empfängt das Diagramm oder der Graph mehr Plots, als in der Legende definiert sind, zeichnet LabVIEW die zusätzlichen Plots im Stil der Vorgabe.

Bewegen Sie den Rahmen des Diagramms oder des Graphen, bewegt sich die Legende mit. Sie können die Position der Legende relativ zum Graphen verschieben, indem Sie nur die Legende an die neue Position ziehen. *Eine Veränderung der Legende an ihrer linken Seite gibt der Beschriftung im Fenster mehr Raum. Eine Veränderung an ihrer rechten Seite gibt den Plot-Samples mehr Raum.*

Durch Vorgabe wird jede Kurve mit einer Zahl beschriftet, die bei null beginnt. Sie können diese Beschriftung ändern, wie Sie alle anderen Beschriftungen unter LabVIEW ändern können. Geben Sie einfach mit dem *Beschriftungs*-Werkzeug etwas ein. Um das Aussehen des Plots zu verändern, wie Linie, Farbe und Stil der Punkte des Plots, hat jedes Plot-Sample sein eigenes Menü. Sie bekommen mit dem *Bedien*-Werkzeug Zugriff auf dieses Menü, indem Sie auf die Legende klicken.

- Mit der Option *Allgemeine Darstellungen* können Sie leicht und schnell einen Plot durch Auswahl aus sechs verschiedenen Darstellungsarten konfigurieren. Die Darstellungsarten beinhalten z.B. einen gestreuten Plot, ein Balkendiagramm und die Möglichkeit, den Plot zur Grundlinie hin aufzufüllen. Die Optionen dieser Unterpalette konfigurieren den Punkt, die Linie und die Füllung des Diagramms in einem Schritt (anstatt diese Optionen individuell zu setzen, was als Nächstes aufgelistet wird).
- Die Optionen *Punktstil, Linienstil* und *Linienbreite* zeigen unterschiedliche Plot-Arten, aus denen Sie wählen können. Die Unterpalette *Linienbreite* hat die Option *Haarlinie*, um auf dem Bildschirm eine nur ein Pixel dicke Linie

zu zeichnen, die auf einem Drucker gedruckt werden kann, der das Drucken von Haarlinien unterstützt.

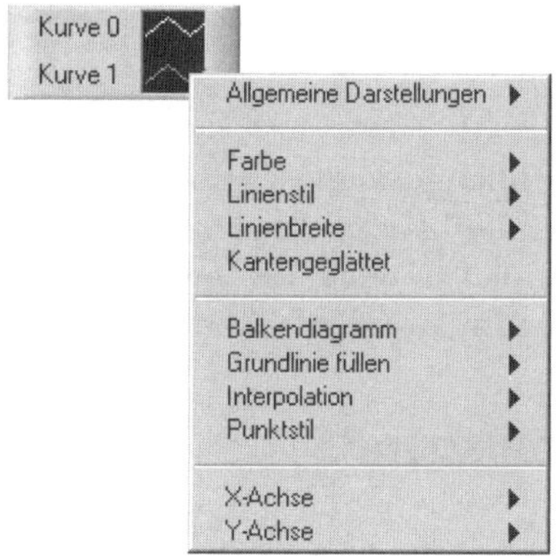

Abbildung 9.27: Das Popup-Menü der Legende

- Mit der Option *Balkendiagramme* lassen sich Balken-Plots mit einer Breite von 100 %, 75 % oder 1 % erzeugen, entweder horizontal oder vertikal. Die Option *Füllen zur Basislinie* steuert die Lage der Grundlinie der Balken. Die Balken haben entweder keine Füllung oder die Füllung geht gegen null, unendlich bzw. minus unendlich.
- Die Option *Interpolation* bestimmt, wie Linien zwischen Datenpunkten gezeichnet werden. Die erste Option zeichnet keine Linie, ist also für ein gestreutes Plot anwendbar (mit anderen Worten, Sie erhalten nur Punkte). Die Option links unten zeichnet eine gerade Linie zwischen den Punkten. Die zweistufigen Optionen verbinden Punkte mit einem rechtwinkligen Knie und sind für Histogramme sehr nützlich.
- Die Option *Farbe* zeigt die Farbpalette, aus der Sie die Farbe für das Plot aussuchen können. Sie können die Plots ebenso in der Legende mit dem Werkzeug *Farbe* einfärben. Sie können die Farben des Plots auch während der Ausführung des VI ändern.

9.4.3 Die Graphenpalette

Sie können durch das Betätigen der entsprechenden Schaltfläche der Palette den Anzeigebereich verschieben, in einen von Ihnen festgelegten Bereich zoomen oder wieder auf das Fadenkreuz (Voreinstellung) zurückschalten. Die Palette, auf die Sie über das Menü *Sichtbare Objekte* aus dem Popup-Menü *des Diagramms* oder des Graphen zugreifen können, zeigt Ihnen Abbildung 9.28.

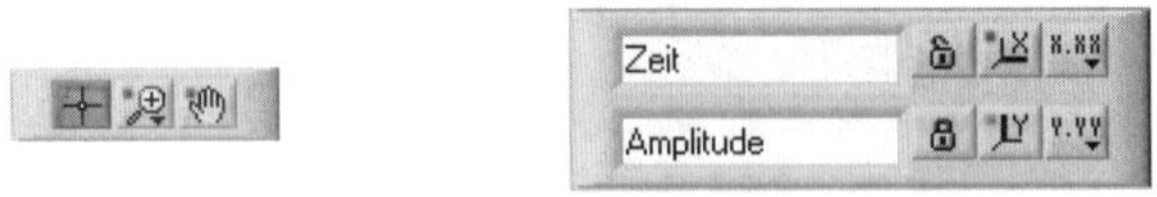

Abbildung 9.28: Links: Graphenpalette, Rechts: Achsenlegende

In Abbildung 9.29 wird Ihnen gezeigt, wie Sie durch Klicken auf die Schaltfläche *Zoom* ein Popup-Menü erhalten, aus dem Sie mehrere Methoden des Zoomens (Fokussieren auf einen festgelegten Teil des Graphen durch Vergrößern eines bestimmten Bereichs) auswählen können.

9.4.4 Die Achsenlegende

Die Achsenlegende (Abbildung 9.28) enthält eine Reihe von Manipulationsmöglichkeiten, die sich direkt auf die verschiedenen Achsen beziehen:

In den beiden Textfeldern können Sie neue Titel für die Achsenbeschriftung eingeben.

Betätigen Sie die Schaltfläche für die automatische Skalierung einer Achse, skaliert LabVIEW die Daten auf dieser Achse des Graphen automatisch einmal.

Möchten Sie, dass eine der Achsen fortwährend automatisch skaliert wird, klicken Sie auf den entsprechenden Sperrschalter (symbolisiert durch ein kleines Schloss), um das kontinuierliche automatische Skalieren einzuschalten.

Die zwei Schaltflächen zur Rechten geben Ihnen im Ausführungsmodus die Kontrolle über das Format und die Genauigkeit der Markierungen der entsprechenden X- und Y-Achsen.

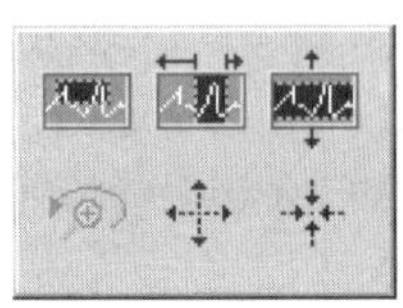

Abbildung 9.29: Die Optionen für das Zoomen

9.4.5 Der Graph-Cursor

Cursor geben den Graphen in LabVIEW die Möglichkeit, Datenpunkte hervorzuheben oder für die weitere Arbeit zu markieren. Abbildung 9.30 zeigt einen Graphen mit sichtbarer *Cursor-Anzeige.*

Sie sehen die *Cursor-Anzeige* durch Auswahl von *Sichtbare Objekte>>Cursor-Legende* aus dem Popup-Menü des Graphen. Erscheint die Anzeige zum ersten Mal, wird sie grau dargestellt. Klicken Sie auf die *Auswahl*-Schaltfläche, um den Cursor zu aktivieren (oder geben Sie mit dem *Beschriftungs*-Werkzeug Text in eines der Felder für den Namen des Cursors ein). Sie können den Cursor manuell oder programmgesteuert bewegen, wenn Sie den Eigenschaftenknoten anwenden. Um den Cursor manuell zu bewegen, ziehen Sie ihn im Graphen mit dem *Bedien*-Werkzeug. Ziehen Sie am Kreuzungspunkt, können Sie ihn in alle Richtungen bewegen. Ziehen Sie an den horizontalen oder vertikalen Linien des Cursors, können Sie nur entsprechend horizontal oder vertikal ziehen. Sie können ebenfalls die Eingabe für die Cursorbewegung verwenden, um den Cursor nach oben, unten, rechts oder links zu bewegen. Ein Graph kann beliebig viele Cursor aufweisen.

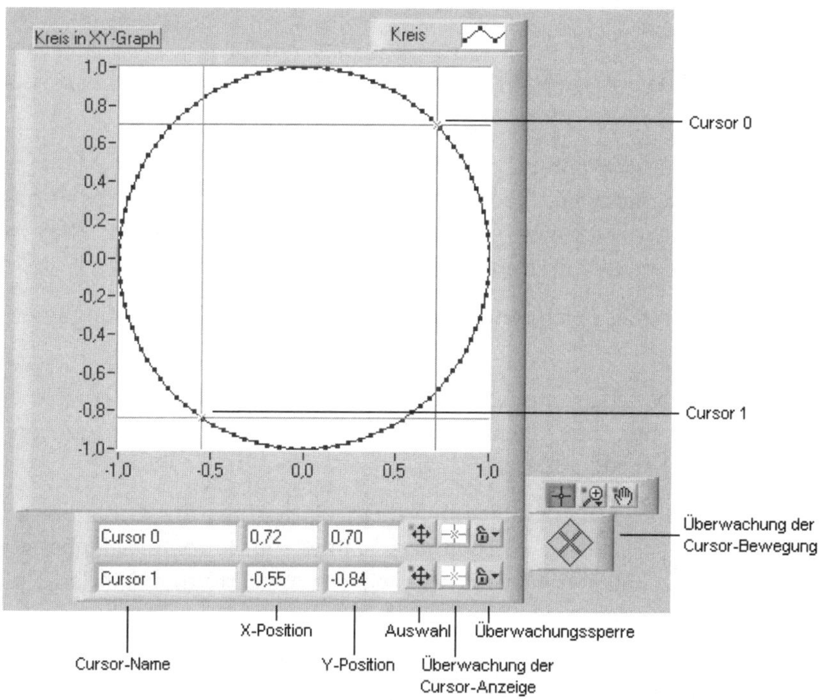

Abbildung 9.30: Ein Graph mit Cursorpalette

Wofür ist der Einsatz der *Cursor-Anzeige* sinnvoll? Sie können die Cursor im ersten Feld auf der linken Seite der *Cursor-Anzeige* beschriften. Das nächste Feld zeigt die X- und das übernächste die Y-Position. Klicken Sie auf die *Auswahl-*

Schaltfläche, um den Cursor auf dieser Linie zu aktivieren und ihn für die Bewegung auszuwählen. Klicken Sie auf eine Fläche der Bewegungssteuerung des Cursors, bewegen sich alle aktiven Cursor.

Klicken Sie mit dem *Bedien*-Werkzeug auf die Überwachungsanzeige des Cursors, um die Eigenschaften des Cursors, wie z.B. den Stil des Cursors, der Punkte und die Farbe festzulegen. Das kleine Schloss unten rechts bindet den Cursor an eine Kurve. Die Verriegelung unterbindet die Bewegung des Cursors, so dass er nur auf Punkten der Kurve sitzen kann und nicht irgendwo sonst im Diagramm. Um Zugriff auf das Menü zu erhalten, klicken Sie mit dem *Bedien*-Werkzeug auf das Schloss.

Um einen Cursor zu löschen, gehen Sie auf den entsprechenden Cursornamen und wählen Sie aus dem Popup-Menü *Datenoperationen* die Option *Element entfernen*.

9.4.6 Übung: Temperaturanalyse

Sie werden ein VI erstellen, das ungefähr alle 10 Sekunden für 0,25 Sekunden die Temperatur misst. Während dieser Erfassung zeigt das VI die Messung in einem Kurvendiagramm an. Nach Beendigung der Erfassung zeichnet das VI die Daten auf einem Graphen und berechnet das Minimum, das Maximum sowie die Durchschnittstemperaturen.

1. Öffnen Sie ein neues Frontpanel und erstellen Sie das in Abbildung 9.31 dargestellte VI.

2. Skalieren Sie das Diagramm so, dass der Bereich von 70,0 bis 90,0 geht. Stellen Sie auch sicher, dass die automatische Skalierung für beide Achsen des Graphen aktiviert ist.

3. Fügen Sie dem Graphen Gitterlinien hinzu, indem Sie die X- oder Y-Achse anklicken und *Formatieren...* auswählen. Wählen Sie Haupt- und Nebengitterlinien für die X- und Y-Achse. Färben Sie dann die Gitterlinien, indem Sie auf das Kästchen unmittelbar neben der Schaltfläche für das Gitter klicken.

4. Zeigen Sie die Legende der Kurve auf dem Graphen an. Verändern Sie sie an ihrer linken Seite, um den Textbereich zu vergrößern. Verwenden Sie das *Beschriftungs*-Werkzeug und geben Sie *Temp.* ein. Klicken Sie nun die Darstellung der Kurve *Temp.* in der Legende an (oder klicken Sie mit dem *Bedien*-Werkzeug) und ändern Sie den *Punktstil* auf kleine Quadrate. Sie sind bei der Vergabe von Farben für Ihr Plot völlig frei.

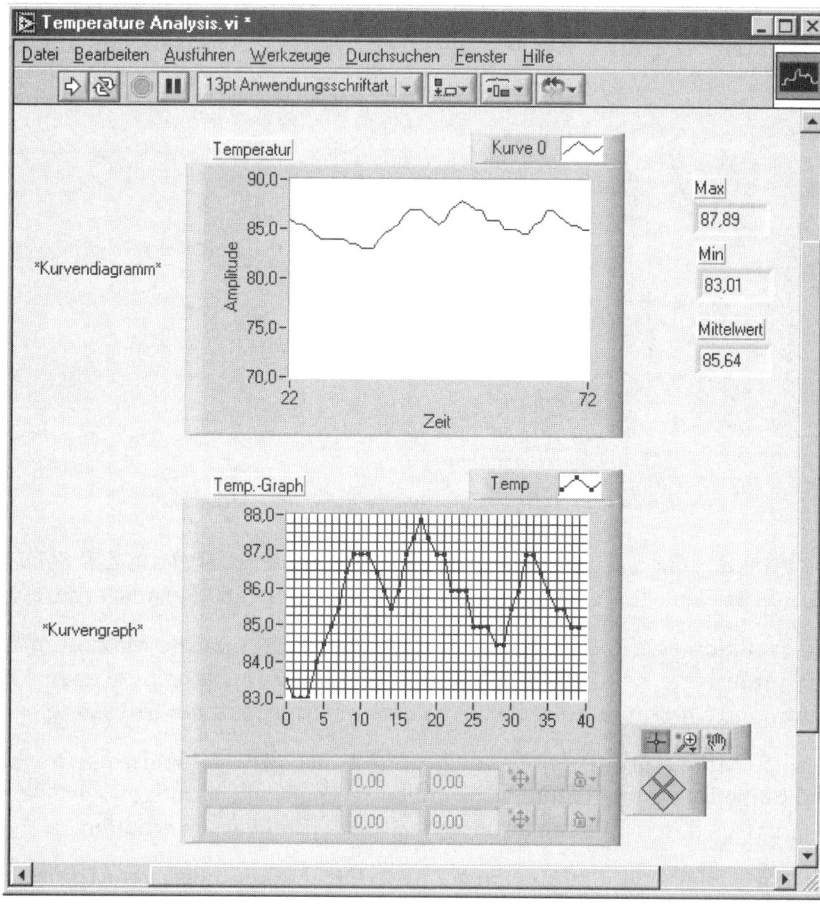

Abbildung 9.31: Darstellung der aktuellen Temperatur sowie statistische Werte

Das Diagramm *Temperatur* zeigt die gemessene Temperatur an. Nachdem die Erfassung beendet ist, zeichnet das VI die Daten im *Temp.-Graph*. Die Digitalanzeigen *Mittelwert*, *Max* und *Min* zeigen entsprechend den Durchschnitt, das Maximum und das Minimum der Temperaturen an.

5. Bauen Sie das abgebildete Blockdiagramm auf. Verwenden Sie das Hilfefenster, um sich die Eingänge und Ausgänge dieser Funktion anzeigen zu lassen.

   Verwenden Sie *Wählen Sie ein VI...*, um auf das von Ihnen aufgebaute *Thermometer.vi.* zuzugreifen. Wahrscheinlich ist es im Verzeichnis *EIGENE PROGRAMME*. Wenn Sie es nicht oder nur die Demoversion von LabVIEW haben, können Sie auch das *Thermometer.vi* aus *KAPITEL5.LLB* oder das *Digital*

Thermometer.vi aus der Unterpalette *Tutorium* der Palette *Funktionen* verwenden. Durch den Aufruf von *Thermometer* wird jeweils eine Messung durchgeführt.

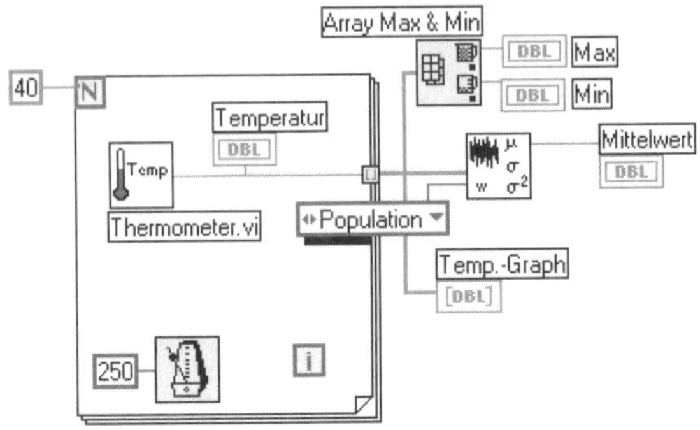

Abbildung 9.32: Das Blockdiagramm der Temperaturanalyse

Die Funktion *Bis zum nächsten Vielfachen von ms warten* (Palette *Zeit & Dialog*) veranlasst, dass die For-Schleife alle 0,25 Sekunden (250ms) ausgeführt wird.

Die Funktion *Max & Min von Array* (Palette *Array*) gibt die Maximum- und Minimumwerte des Arrays zurück, in diesem Fall die gemessenen Maximum- und Minimumwerte der Temperaturen während der Erfassung.

Der VI Mittelwert (Palette Analyse>>Mathematisch>>Wahrscheinlichkeit und Statistik) gibt den Durchschnitt der Temperaturmessungen zurück. Verwenden Sie den richtigen Ausgang, um den Mittelwert zu erhalten.

6. Die For-Schleife wird 40-mal ausgeführt. Die Funktion *Bis zum nächsten Vielfachen von ms warten* sorgt dafür, dass jede Wiederholung nach ca. 250ms ausgeführt wird. Das VI speichert die gemessenen Temperaturen in einem Array, das an der Grenze der For-Schleife erzeugt wird und Autoindizierung anwendet. Nachdem die For-Schleife abgeschlossen ist, durchläuft das Array verschiedene Knoten. Die Funktion *Max & Min von Array* gibt die maximale und minimale Temperatur zurück. Das *VI Mittelwert* gibt den Durchschnitt der gemessenen Temperaturen zurück.
7. Kehren Sie zum Frontpanel zurück und starten Sie das VI.
8. Verwenden Sie die Achsenlegende und ändern Sie die Genauigkeit, so dass der Graph drei Dezimalstellen auf der Y-Skala anzeigt. Klicken Sie jetzt auf die Schaltfläche *Zoom in der Graphenpalette*, wählen Sie den Modus zur Vergrößerung und vergrößern Sie den Graphen.

9. Öffnen Sie den Graphen und wählen Sie *Sichtbare Objekte>>Cursor-Legende.* Diese wird zuerst grau dargestellt. Klicken Sie an der oberen Linie auf die Schaltfläche *Auswahl*, um den ersten Cursor zu aktivieren (Abbildung 9.33).

Abbildung 9.33: Die erscheinende Cursor-Anzeige

Verwenden Sie das *Bedien*-Werkzeug, um den Cursor innerhalb des Graphen zu bewegen. Achten Sie darauf, wie sich die Werte für X und Y in der Cursor-Anzeige ändern. Diese Werte können Ihnen helfen, den Wert eines bestimmten Punkts innerhalb des Graphen zu bestimmen. Benutzen Sie nun die Steuerfläche für die Bewegung des Cursors, um den Cursor zu bewegen. Aktivieren Sie den zweiten Cursor und benutzen Sie die Eingabe für die Bewegung des Cursors, um beide Cursor zur gleichen Zeit zu bewegen. Klicken Sie mit dem *Bedien*-Werkzeug auf die Eingabe der Cursor-Anzeige und ändern Sie die Farbe eines Cursors.

Sie erkennen sicherlich die Nützlichkeit der Cursor. Je nach Anwendung können Sie den *Text-Cursor 0* auswählen und durch einen Namen Ihrer Wahl ersetzen. Zum Schluss klicken Sie mit dem *Bedien*-Werkzeug auf die Schaltfläche *Arretiert* und deaktivieren in dem jetzt erscheinenden Menü *Ziehen.* Wählen Sie dann aus demselben Menü *Fixiert auf Kurve.* Sie können nun den Cursor nicht mehr länger mit der Maus in Ihrem Graphen bewegen. Versuchen Sie es trotzdem mit der Eingabe für die Bewegung des Cursors und Sie werden sehen, der Cursor folgt dem Plot, auf das er festgelegt ist.

10. Schließen und speichern Sie das VI. Speichern Sie es unter *Temperature Analysis.vi* im Verzeichnis *EIGENE PROGRAMME.*

9.5 Intensitätsdiagramme und Graphen

In vielen MSR-Anwendungen werden Daten in Abhängigkeit von mehreren Variablen aufgenommen. Man denke an die Messung von elektromagnetischen oder auch mechanischen Feldern, die in zahlreichen Anwendungen in Bereichen wie der Radartechnik, der zerstörungsfreien Materialprüfung, der Radiologie etc. zum Einsatz kommt. Hierbei ist zu berücksichtigen, dass mehr als drei unabhängige Variablen mit uns zur Verfügung stehenden Werkzeugen nicht anschaulich darstellbar sind.

Durch die Zuordnung von bestimmten Farbwerten zu jedem Amplitudenwert lässt sich ein Bild, zusammengesetzt aus einer Matrix von Pixeln, visualisieren. Durch diese Farbzuordnung werden bestimmte Merkmale im Bild kenntlich gemacht und es wird die leichte Interpretierbarkeit der im Bild enthaltenen Information ermöglicht. Diese Art der Darstellung bezeichnet man häufig auch als Falschfarbendarstellung, denn die wirkliche Farbe des Objekts wird nicht dargestellt. An ihre Stelle tritt die Information, z.B. die durch Berechnungen auf der Grundlage von Potential- oder Wellengleichungen ermittelten räumlichen Materialcharakteristika.

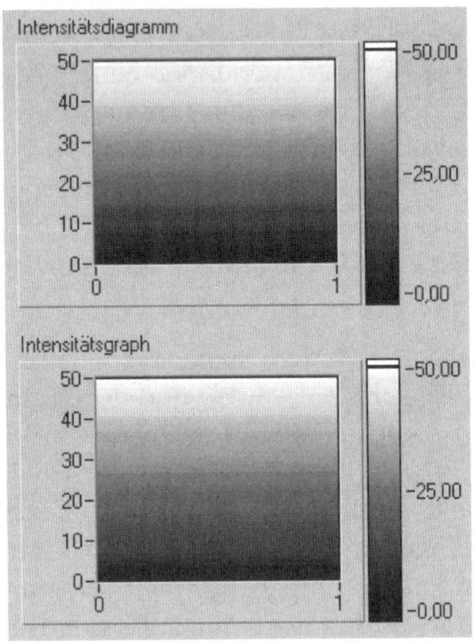

Abbildung 9.34: Intensitätsdiagramm und -graph

In LabVIEW heißt diese Art der Darstellung *Intensitätsdiagramm und -graph*, je nachdem, ob die Intensitätsdarstellung auf der Basis von Diagrammen oder Graphen geschieht. Beide zeigen die drei Dimensionen von Daten in einem 2D-Plot an, wobei Farben für die Anzeige der Werte der dritten Dimension verwendet werden. Wie bei den Kurvendiagrammen ist das Charakteristikum des Intensitätsdiagramms die fortlaufende Darstellung, während der Intensitätsgraph die gesamte X-Achse auf einmal darstellt.

Wie bereits oben erläutert, ist die Funktionsweise der Intensitätsdarstellung vergleichbar mit zweidimensionalen Diagrammen und Graphen, wobei hier noch die farbliche Zuordnung sozusagen die dritte Dimension darstellt. Lab-

VIEW stellt eine Farbskala zur Verfügung, in der Sie die Zuordnung der Farbwerte zu den Amplitudenwerten vornehmen und sich anzeigen lassen können. Die Anzeige des Cursors im Intensitätsgraphen enthält auch den Z-Wert.

Die Intensitätsdiagramme und -graphen akzeptieren 2D-Arrays aus Zahlen, wobei jede Zahl im Array einer Farbe entspricht. Die Indizes eines jeden Array-Elements stellen die Lage des Plots für diese Farbe dar. Sie können nicht nur das Zahlenabbild unter Verwendung der Farbskala den Farben zuweisen, sondern Sie können es auch mit den Eigenschaftenknoten programmgesteuert abändern, worauf wir später noch eingehen werden.

Um einem Wert eine Farbe aus der Farbskala zuzuweisen, klicken Sie die dazugehörige Markierung an und wählen aus dem Popup-Menü *Markerfarbe*. Die Z-Skala der Intensitätsdiagramme und -graphen hat durch Vorgabe willkürliche Markerzwischenräume. Deshalb können Sie die »Graduierung oder Tiefe« der Farbe ändern, indem Sie mit dem *Bedien*-Werkzeug den Marker ziehen. Durch Wahl von *Marker hinzufügen* aus dem Popup-Menü der Farbskala erzeugen Sie neue Marker. Ziehen Sie diese in die gewünschte Lage und vergeben Sie eine neue Farbe.

9.5.1 Übung: Der Intensitätsgraph

Ziel dieser Übung ist das Kennenlernen der Intensitätsdarstellungen in LabVIEW. In dieser Übung sehen Sie ein VI, das Muster von Überlagerungen auf einer Kurve anzeigt. Außerdem zeigt Ihnen dieses VI, wie der Intensitätsgraph das 2D-Array am Eingang der Anzeige zuordnet.

1. Um eine Vorstellung davon zu bekommen, wie Intensitätsgraphen und -diagramme funktionieren, öffnen und starten Sie das VI *Intensity Graph Example*. Es befindet sich im Verzeichnis *LABVIEW-GRUNDLAGEN\KAPITEL9.LLB*. Starten Sie das VI. Sie werden eine komplizierte Überlagerungskurve sehen, die auf dem Graphen gezeichnet wird. Der Farbbereich wird im Blockdiagramm unter Verwendung des Eigenschaftenknotens des Intensitätsgraphen definiert. Modifizieren Sie den Farbbereich, indem Sie mit dem *Bedien*-Werkzeug auf das Farbkästchen im ersten Rahmen der Ablaufkomponente klicken, und wählen Sie aus der jetzt erscheinenden Palette eine neue Farbe. Starten Sie das VI erneut.
2. Schalten Sie den Schalter *Anzeige* auf *Einfaches, benutzerspezif. Array* und geben Sie Werte zwischen 0,0 und 10,0 in die Eingabe des User Array ein (der Farbbereich wurde bereits im Blockdiagramm mit dem Eigenschaftenknoten für Intensitätsgraphen definiert); Blau (0,0) zu Rot (10,0). Nachdem Sie alle

Werte eingegeben haben, starten Sie das VI. Beachten Sie, wie dem Graphen die Größe eines jeden Elements zugeordnet wird. Ändern Sie nun Ihre Werte und starten Sie das VI erneut.

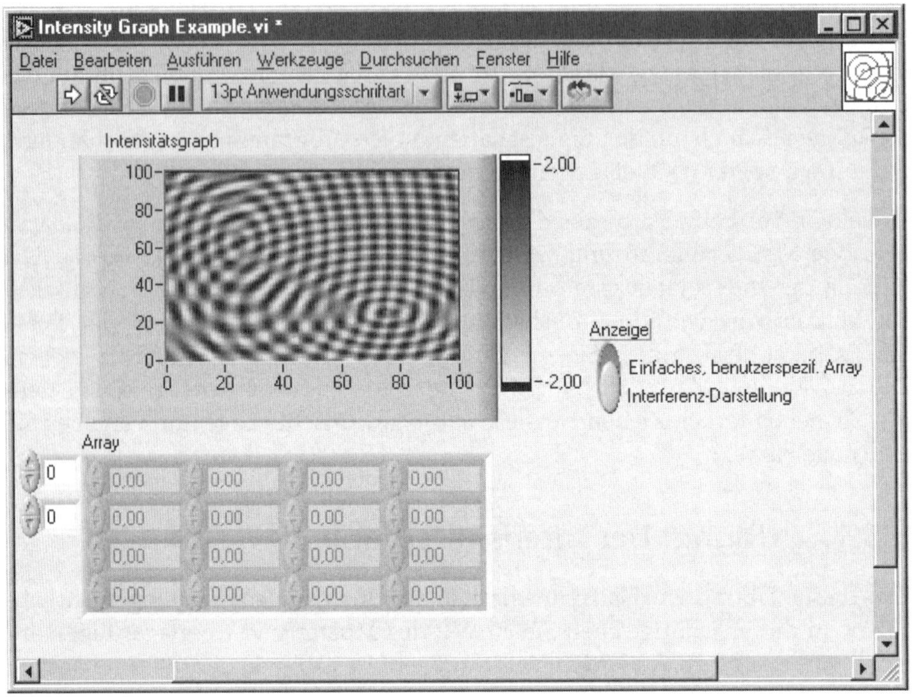

Abbildung 9.35: Das Intensity Graph Example

3. Werfen Sie einen Blick auf das Blockdiagramm, um zu sehen, wie das VI arbeitet.

4. Schließen Sie das VI, aber speichern Sie die Änderungen nicht.

   Öffnen Sie im Verzeichnis *examples\general\graphs\intgraph.llb* einige der mit LabVIEW mitgelieferten VI, um weitere Beispiele mit Intensitätsplots zu erhalten. Überprüfen Sie auch *Simulation of Tomography* und *Heat Equation Example* im Verzeichnis *examples\analysis\mathxmpl.llb*.

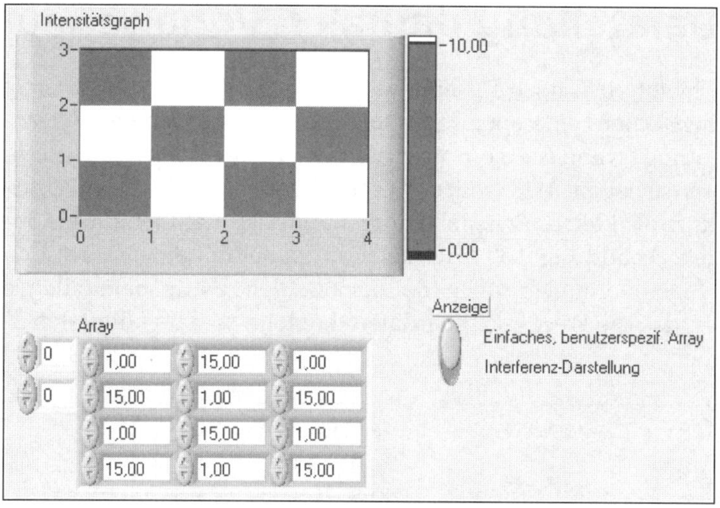

Abbildung 9.36: Der vereinfachte Intensitätsgraph

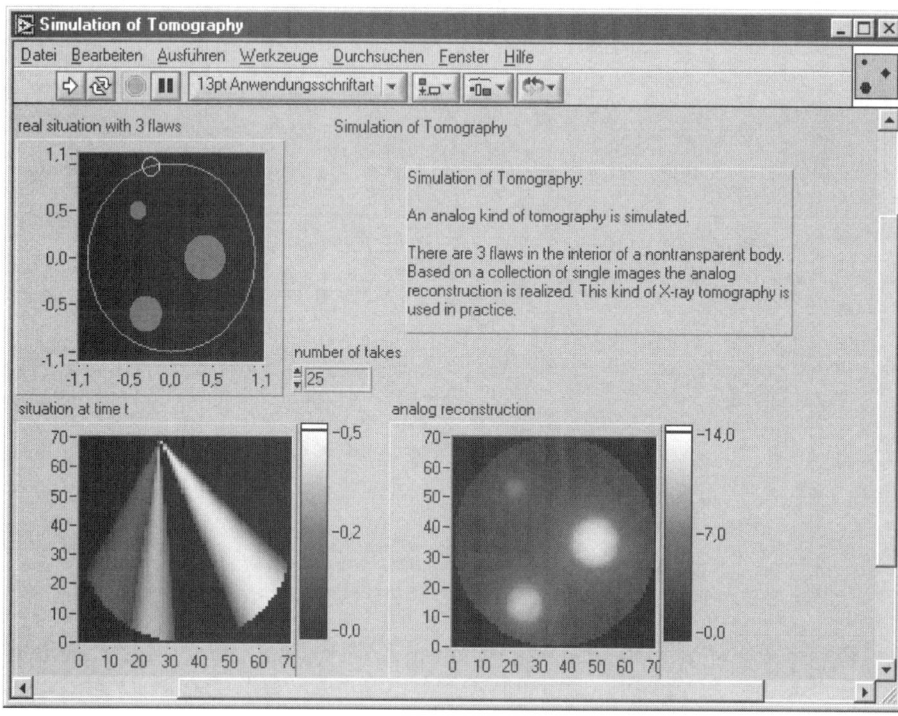

Abbildung 9.37: Das Beispiel Simulation of Tomography

9.6 Darstellung digitaler Signalverläufe

LabVIEW bietet auch noch für eine weitere spezielle Art von Daten, dies sind die digitalen Daten, eine entsprechende grafische Ausgabe an. Diese ist dann von Bedeutung, wenn Sie zum Beispiel mit Timing-Diagrammen oder Logikanalysatoren arbeiten. Wir wollen diesen digitalen Signalverlaufsgraphen hier aber nur kurz als kleines Beispiel einfügen, um den Rahmen dieses Buchs nicht zu sprengen. Abbildung 9.38 zeigt das Frontpanel mit einem Array, das die im digitalen Signalverlaufsgraphen darzustellenden Werte beinhaltet, ein Ausgabe-Array, das die Werte als Binärdaten darstellt, und den digitalen Signalverlaufsgraphen.

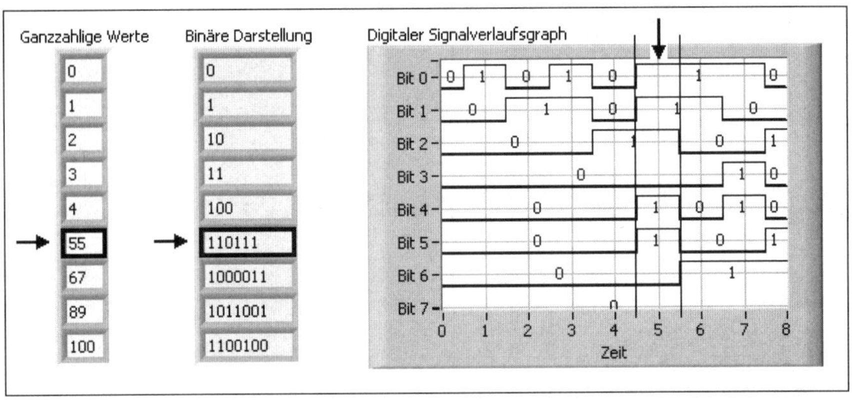

Abbildung 9.38: Darstellung digitaler Daten im Signalverlaufsgraphen

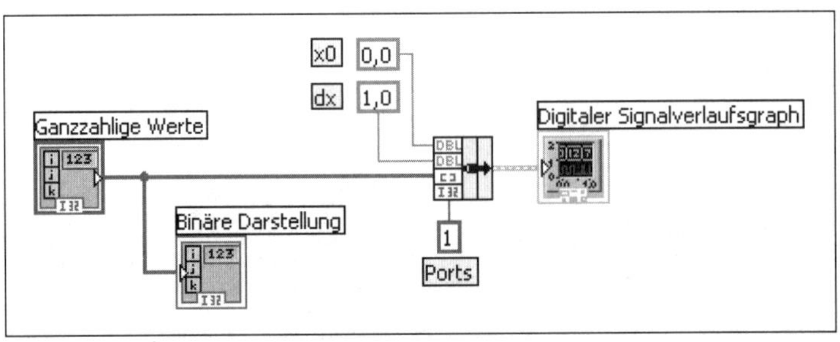

Abbildung 9.39: Blockdiagramm für das Beispiel zum digitalen Signalverlaufsgraphen

Der Parameter »Ports« (siehe Blockdiagramm) legt die Anzahl der Datenelemente fest, die als einzelner Integer-Wert behandelt werden sollen. Wenn also, wie in unserem Beispiel, 8-Bit-Daten als 8-Bit-Integer behandelt werden sollen, ist die Anzahl der Ports gleich 1.

9.7 3D-Graphen

In der realen Welt finden viele Vorgänge nicht nur in zwei, sondern in drei Dimensionen statt und manchmal ist es sinnvoll, auch alle diese Dimensionen grafisch darzustellen. Für diesen Zweck wurde LabVIEW ein Element für 3D-Graphen hinzugefügt. Anders als die anderen Elemente für grafische Darstellungen entspringt der 3D-Graph der ActiveX-Technologie. Wenn Sie einen 3D-Graphen auswählen, legt LabVIEW auf dem Frontpanel einen ActiveX-Container ab, der das 3D-Graph-Control enthält. Über die auf der Palette *Grafik & Sound>>3D-Graph-Eigenschaften* zu findenden VI kann der 3D-Graph dann, auch während der Laufzeit, gesteuert werden.

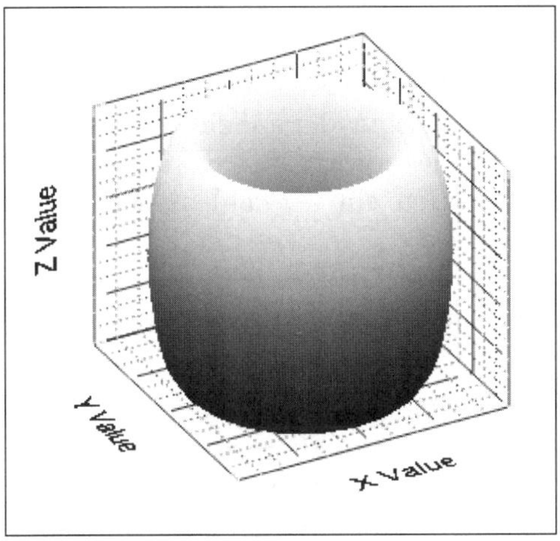

Abbildung 9.40: Blockdiagramm für das Beispiel zum digitalen Signalverlaufsgraphen

9.8 Zusammenfassung

Ein wesentlicher Bestandteil der in der MSR-Technik vorkommenden Anwendungen ist die Visualisierung und Interpretation von Datenmengen, die zunächst als Zahlenwerte vorliegen. Daher ist es sinnvoll, diesem Teil der Anwendung ein wesentliches Augenmerk zu widmen. Um dem Rechnung zu tragen, wurden in diesem Kapitel die vielfältigen Darstellungsmöglichkeiten vorgestellt, die für unsere Wahrnehmung und Anschauung entscheidend sind.

Sie können mit den Diagrammen und Graphen von LabVIEW optisch eindrucksvolle Datendarstellungen erzeugen. *Diagramme* fügen neue Daten an alte an, zeichnen jeweils interaktiv einen Punkt (oder einen Satz von Punkten), so dass Sie aktuelle Werte in Zusammenhang mit vorhergehenden Werten sehen können. *Graphen* andererseits zeigen einen ganzen Datenblock an, nachdem er erzeugt wurde.

LabVIEW stellt vier Arten von Graphen zur Verfügung: *Kurvengraphen, XY-Graphen, Intensitätsgraphen* und *3D-Graphen.*

- Der *Kurvengraph* zeichnet nur Funktionen aus Einzelwerten mit Punkten in Bezug zur X-Achse, die gleichmäßig verteilt sind, wie zeitvariierende Kurven. Mit anderen Worten, ein Kurvengraph zeichnet ein Y-Array gegenüber einer gesetzten Zeitbasis.
- Der *XY-Graph* ist ein kartesischer Graph für alle Zwecke, mit dem Sie mehrwertige Funktionen wie kreisförmige Umrisse zeichnen können. Er zeichnet ein Y-Array gegenüber einem X-Array.
- *Intensitätsplots* sind für die Anzeige von Datenmustern geeignet, da sie drei Variablen von Daten gegeneinander auf einer 2D-Anzeige zeichnen können. Intensitätsdiagramme und -graphen verwenden Farben für die dritte Dimension. Sie verwenden ein 2D-Zahlen-Array, wobei jede Zahl einer Farbe zugeordnet ist und die Indizes der Zahlen im Array die Lage der Farbe auf dem Graphen oder Diagramm bestimmen. In den meisten anderen Fällen funktionieren Intensitätsdarstellungen wie normale Diagramme und Graphen mit zwei Variablen.
- 3D-Graphen dienen der Abbildung von Objekten oder Vorgängen in einem virtuellen Raum. So können z.B. Abbildungen von realen Körpern erzeugt und im virtuellen Raum nach den Regeln der Physik bewegt werden (Virtual Reality). Solche Simulationen werden im großen Maßstab mit superschnellen Computern oder Computer-Verbundsystemen z.B. in der Meteorologie zur Wettervorhersage und in der Astronomie für die Ermittlung von Planetenbewegungen durchgeführt. Es muss sich bei den drei dargestellten Dimensionen aber nicht unbedingt nur um Raumdimensionen handeln. Prinzipiell kann auch jede andere Größe verwendet werden. So könnte man z.B. über die Längen- und Breitendimension eine Fläche definieren und die Temperatur als dritte Dimension einsetzen, um Temperaturverläufe auf Oberflächen darzustellen.

Sie können das Erscheinungsbild von Diagrammen und Graphen konfigurieren, wenn Sie die *Legende* und die *Palette* anwenden. Sie können auch die Skalen ändern, um Ihre Daten anzupassen, und Cursor hervorbringen, um Ihre Plots zu markieren.

In den Kapiteln nach der Einführung in die Zeichenketten und Datei-I/O werden Sie im Bereich der Datenerfassung von diesen Visualisierungstechniken intensiven Gebrauch machen.

10 Zeichenketten und Datei-I/O

Wir lassen nie vom Suchen ab
Und doch, am Ende alles unseres Suchens
Werden wir am Anfangspunkt zurück sein
Und jenen Ort zum ersten Mal erfassen.
T. S. Elliot – Vier Quartette

In der Mehrheit der Praxisanwendungen stellt die Manipulation von Zeichenketten eine nicht zu unterschätzende Hürde dar. Zeichenketten sind sehr nützlich als Kommunikationsbindeglied zwischen dem Bediener und der Anwendung sowie zwischen der Anwendung und vielfältigen Schnittstellen zur Außenwelt, wie GPIB, seriell, VXI etc. Nicht zuletzt verlangt das Abspeichern der Messwerte in Dateien in einer geeigneten Form einige Kenntnisse der Zeichenmanipulation. Auch textbasierte Programmierumgebungen stellen Funktionen zur Bearbeitung von Zeichenketten zur Verfügung, doch das Handling dieser Funktionen setzt ein fundiertes Wissen über die unterschiedlichen, ja überflüssigen syntaktischen Details voraus, die mit der eigentlichen Anwendung nichts gemein haben. So ist dieser Bereich für viele Anwender ein Buch mit sieben Siegeln, nicht zuletzt wegen der bei der Umsetzung in einer textbasierten Sprache aufgetretenen Barrieren.

Dieses Kapitel stellt die anwenderorientierte Umsetzung der Funktionen zur Manipulation von Zeichenketten in LabVIEW vor. LabVIEW hat für Zeichenketten viele integrierte Funktionen, bei denen Sie Zeichenkettendaten für die Bildschirmanzeige, die Kommunikation mit Geräten usw. manipulieren können. Zuletzt werden auch die Datensicherung und das Auslesen von Daten aus einer Datei behandelt.

10.1 Zeichenketten – kurz & bündig

Wir stellten Ihnen Zeichenketten oder Strings, wie diese oft auch mit dem englischen Ausdruck bezeichnet werden, bereits in Kapitel 4 vor. Eine Zeichenkette ist einfach eine Ansammlung von ASCII-Zeichen. Oft verwenden Sie Zeichenketten für ganz einfache Textbotschaften. Sie übertragen beispielsweise numerische Daten als Zeichenkette in einer Eingabe für ein Instrument. Sie konvertieren dann diese Zeichenkette in Zahlen, um die Daten zu verarbeiten. Beim Speichern numerischer Daten auf einem Datenträger können ebenfalls Zeichenketten verwendet werden. In vielen VI mit Datei-I/O konvertiert LabVIEW zuerst numerische Daten in Zeichenkettendaten, bevor sie in einer Datei gespeichert werden.

10.1.1 Verschiedene Darstellungsarten am Bildschirm

Steuerelemente und -anzeigen für Zeichenketten haben mehrere Optionen, die Sie nutzen können. Sie können z.B. Zeichen anzeigen und annehmen, die normalerweise nicht darstellbar sind, wie z.B. der Rückschritt (Backspace), der Wagenrücklauf (CR) oder der Tabulator (Tab). Wählen Sie '\' *Code-Anzeige* (anstelle von *Normale Anzeige*) aus dem Popup-Menü des Strings, erscheinen nicht darstellbare Zeichen als Backslash (\), gefolgt von dem passenden Code. Die folgende Tabelle 10.1 enthält die Bedeutung dieser Steuerzeichen.

LabVIEW '\' Codes

Code	LabVIEW-Interpretation
\00-\FF	Hexadezimalwert eines 8-Bit-Zeichens; Zeichen des Alphabets müssen Großbuchstaben sein
\b	Backspace (ASCII BS, entspricht \08)
\f	Formfeed (ASCII FF, entspricht \0C)
\n	New Line (ASCII LF, entspricht \0A)
\r	Return (ASCII CR, entspricht \0D)
\t	Tab (ASCII HT, entspricht \09)
\s	Space (entspricht \20)
\\	Backslash (ASCII \ entspricht \5C)

Tab. 10.1: Die Sonderzeichen in Zeichenketten

Für hexadezimale Zeichen müssen Großbuchstaben verwendet werden. Kleinbuchstaben verwenden Sie für die speziellen Zeichen wie Formfeed und Backspace. LabVIEW interpretiert die Folge \BFare als hex BF, gefolgt von dem Wort »are«, während LabVIEW \bFare und \bfare als Backspace, gefolgt von den Worten »Fare« oder »fare« interpretiert. In der Folge \Bfare ist \B kein Code für Backspace und \Bf kein gültiger Hex-Code. In Fällen wie diesem, bei denen dem Backslash nur ein Teil eines gültigen Hex-Zeichens folgt, nimmt LabVIEW an, dass dem Backslash eine Null folgt, also interpretiert LabVIEW \B als Hex 0B. Jedes Mal, wenn dem Backslash kein gültiger Zeichencode folgt, ignoriert LabVIEW diesen.

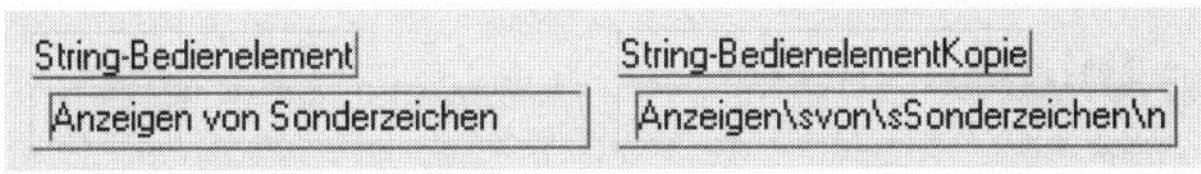

Abbildung 10.1: Die Anzeige von Zeichenketten mit und ohne Sonderzeichen

In diesem Zusammenhang ist zu erwähnen, dass sich mit dem Wechsel des Anzeigemodus die Daten in der Zeichenkette nicht ändern, sondern nur die Anzeige von bestimmten Zeichen wechselt. Der Modus '\' *Code-Anzeige* ist sehr nützlich für das Austesten von Programmen und für festgelegte, nicht darstellbare Zeichen, die in Instrumenten, seriellen Schnittstellen und anderen Geräten gebraucht werden (Abbildung 10.1).

Zeichenketten haben auch die Option *Passwort-Anzeige*, die eine Zeichenkettensteuerung oder -anzeige dazu bringt, für jedes in sie eingegebene Zeichen einen »*« anzuzeigen, so dass niemand sehen kann, was Sie eingeben (Abbildung 10.2). Während das Frontpanel nur eine Folge von »****« zeigt, liest das Blockdiagramm die aktuellen Daten in die Zeichenkette. Selbstverständlich ist diese Anzeige sehr praktisch, wenn Sie einen Passwortschutz für das gesamte VI oder nur für Teile davon benötigen.

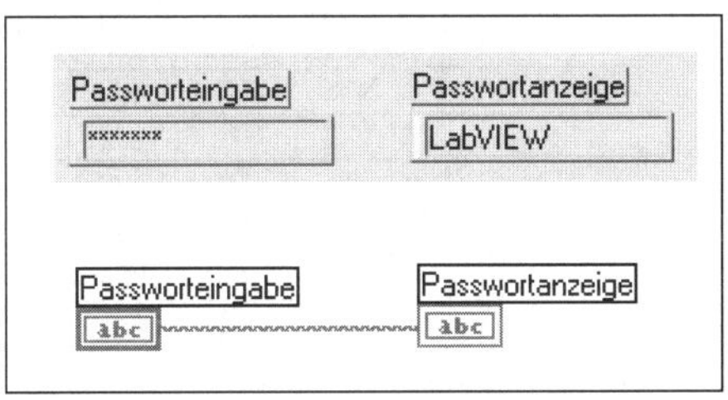

Abbildung 10.2: Die Passwortanzeige in LabVIEW

Möchten Sie Ihre Zeichenkette als hexadezimale Zeichen statt in numerischen Zeichen darstellen, dann wählen Sie die Option *Hex Anzeige*.

10.1.2 Einzeilige Zeichenketten

Wenn Sie *Beschränkung auf eine Zeile* aus dem Popup-Menü eines String-Bedienelements wählen, kann Ihre Zeichenkette eine Zeile nicht überschreiten, weil keine Wagenrückläufe (CR) erlaubt sind. Geben Sie [Enter] oder [↵] ein, wird die Texteingabe automatisch beendet. Sind Zeichenketten nicht auf die Länge einer Zeile begrenzt, bewirkt das Drücken von [↵], dass der Cursor in die nächste Zeile springt und Sie mehr Text eingeben können.

10.1.3 Die Bildlaufleiste

Wählen Sie die Option *Sichtbare Objekte>>Bildlaufleiste* aus dem Popup-Menü der Zeichenkette, erscheint eine vertikale Bildlaufleiste auf dem Steuerelement oder der Anzeige der Zeichenkette. Diese Option können Sie verwenden, um den Platz zu beschränken, den Steuerelemente mit viel Text im Frontpanel einnehmen. Beachten Sie, dass diese Option so lange grau dargestellt wird, bis die Größe Ihrer Zeichenkette so weit angestiegen ist, dass eine Bildlaufleiste erforderlich ist.

10.1.4 Tabellen

In LabVIEW ist eine Tabelle eine besondere Struktur, die ein zweidimensionales (2D) Array aus Zeichenketten anzeigt. Sie finden sie in der Unterpalette *Liste & Tabelle* der Palette *Elemente*. In Abbildung 10.3 wird eine Tabelle dargestellt.

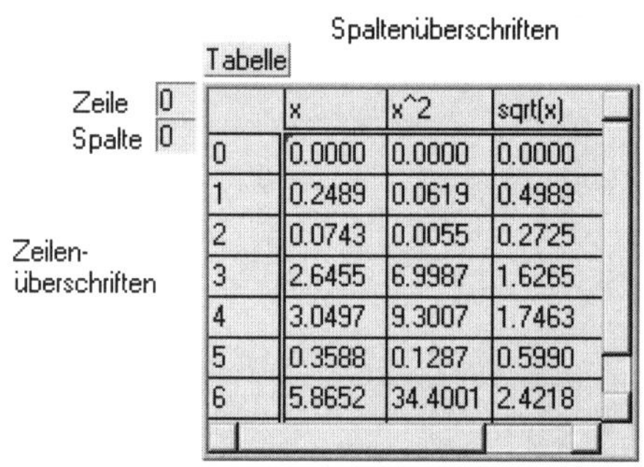

Abbildung 10.3: Eine Tabelle in LabVIEW

Tabellen haben Reihen- und Spaltenüberschriften, die Sie anzeigen oder verstecken können. Die Überschriften werden durch eine dünne, offene Begrenzungslinie von den Daten getrennt. Mit dem *Beschriftungs-* oder dem *Bedien*-Werkzeug (wie noch vieles mehr) können Sie Textüberschriften eingeben. Sie können Überschriften mit dem Eigenschaftenknoten aktualisieren oder lesen.

Wie die Indexanzeige eines Arrays zeigt eine Indexanzeige der Tabelle in der oberen linken Ecke der Tabelle an, welche Zelle sichtbar ist.

Als gutes Beispiel einer Tabelle und ihrer Verwendung öffnen und starten Sie das *Building Tables.vi* im Verzeichnis *LABVIEW-GRUNDLAGEN\KAPITEL10 .LLB*.

10.2 Funktionen zur Bearbeitung von Zeichenketten

Wie bei den Arrays können Zeichenketten noch nützlicher sein, wenn Sie den Vorteil der vielen integrierten Funktionen ausnutzen, die LabVIEW zur Verfügung stellt. Dieser Abschnitt untersucht einige der Funktionen der Unterpalette *String* der Palette *Funktionen*. Sie können auch noch den Rest der Palette durchgehen, um zu sehen, welche anderen Funktionen noch integriert sind.

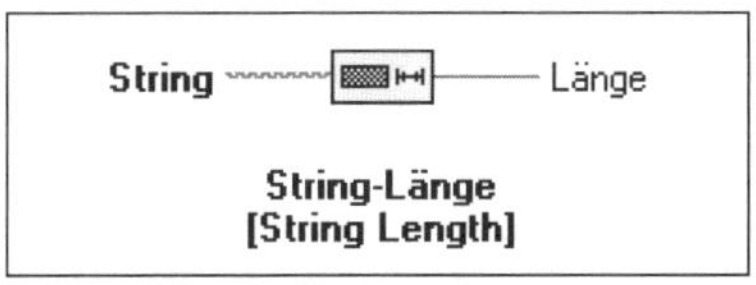

Abbildung 10.4: Die Funktion String-Länge

String-Länge (Abbildung 10.4) gibt die Anzahl der Zeichen in einer gegebenen Zeichenkette zurück.

Strings verknüpfen (Abbildung 10.5) verkettet alle Eingangszeichenketten zu einer einzelnen Ausgangszeichenkette.

Abbildung 10.5: Die Funktion Strings verknüpfen

Die Funktion *Strings verknüpfen* erscheint standardmäßig mit zwei Eingängen. Um die Anzahl der Eingänge zu erhöhen, können Sie die Funktion mit dem *Positionier*-Werkzeug verändern (Abbildung 10.6).

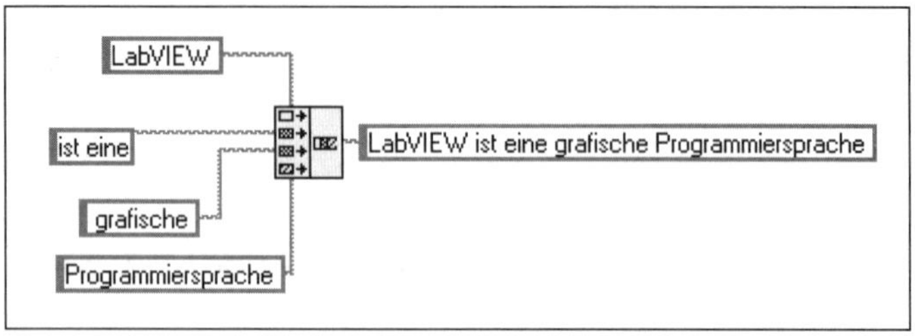

Abbildung 10.6: Die Funktion Strings verknüpfen im Einsatz

Zusätzlich zu den einfachen Zeichenketten können Sie auch ein eindimensionales (1D) Array mit Zeichenketten als Eingang anschließen. Der Ausgang ist dann eine einzelne Zeichenkette, die die verketteten Zeichenketten des Arrays zum Inhalt hat (Abbildung 10.7).

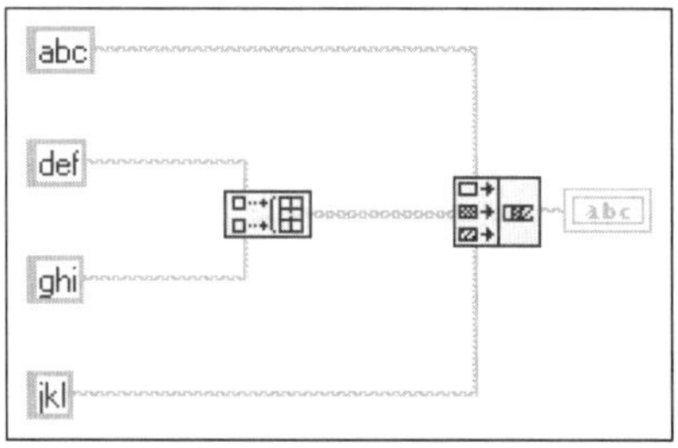

Abbildung 10.7: Eine weitere Variante des Einsatzes der Funktion Strings verknüpfen

In vielen Fällen müssen Sie Zeichenketten in Zahlen oder Zahlen in Zeichenketten umwandeln. Die Funktionen *In String formatieren* und *Aus String suchen* haben diese Fähigkeit (wie verschiedene andere Funktionen auch, aber wir konzentrieren uns auf diese). Wir erläutern *In String formatieren* und *Aus String suchen* etwas später.

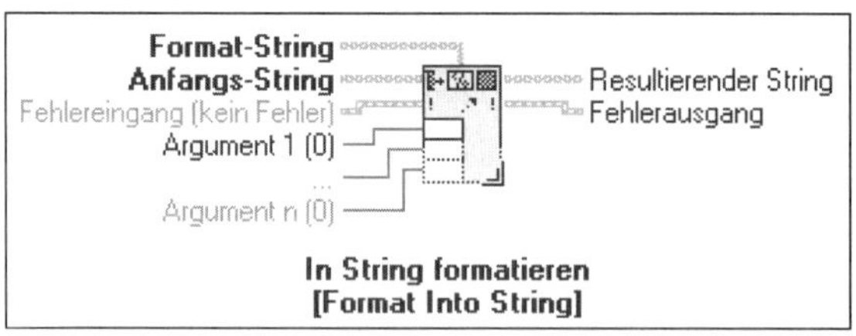

Abbildung 10.8: Die Funktion In String formatieren

In String formatieren wandelt numerische Daten in Zeichenkettendaten um.

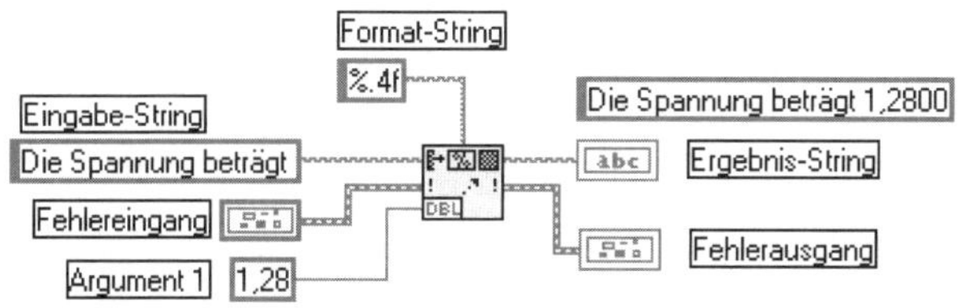

Abbildung 10.9: Die Funktion In String formatieren im Einsatz

In diesem Beispiel konvertiert die Funktion die Fließkommazahl 1,28 in eine 6-Byte-Zeichenkette »1,2800«.

In String formatieren formatiert das Eingangs-*Argument* (das numerisch ist) zu einer Zeichenkette, gemäß dem in *Format-String* festgelegten Format. Diese Spezifizierungen sind im Detail im LabVIEW-Handbuch und in der Online-Hilfe aufgelistet. Das Ergebnis dieser Funktion hängt von dem am Eingang angeschlossenen *Anfangs-String* ab. Ist einer vorhanden, wird er als Erstes in den *Ergebnis-String* abgelegt. Tabelle 10.2 zeigt einige Beispiele des Verhaltens von *In String formatieren*.

Initialer String	Format-String	Zahl	Ergebnis-String
(leer)	Ergebnis=%2d%%	87	Ergebnis=87%
Ergebnis=	%2d%%	87	Ergebnis=87%
(leer)	Stufe=%7.2eV	0.03642	Stufe=3.64E-2V
(leer)	%5.3f	5.67 N	5.670 N

Tab. 10.2: Die Formatierung von Zahlen und Strings zu einem resultierenden String

Mit dem »%«-Zeichen beginnt die Festlegung der Formatierung. Bei der Angabe »%*Zahl1.Zahl2*,« bestimmt *Zahl 1* die Feldbreite und *Zahl 2* die Genauigkeit (d. h. die Anzahl der Ziffern nach dem Komma). Ein »*f*« formatiert die Eingangszahl als Fließkommazahl in Dezimalbruchschreibweise, »*d*« als dezimale Ganzzahl und »*e*« als Fließkommazahl in wissenschaftlicher Notierung.

In String formatieren kann verändert werden, um gleichzeitig mehrere Werte in einzelne Zeichenketten zu konvertieren.

Datum-/Zeit-String holen (finden Sie in der Palette *Zeit & Dialog*) gibt einen *Datum-String* heraus, der das aktuelle Datum enthält, und einen *Zeit-String*, der die aktuelle Zeit zum Inhalt hat. Diese Funktion ist für die Zeitmarken Ihrer Daten nützlich. Beachten Sie, dass Sie keine Eingänge an *Datum-/Zeit-String holen* anschließen müssen. Es können die Vorgabewerte verwendet werden.

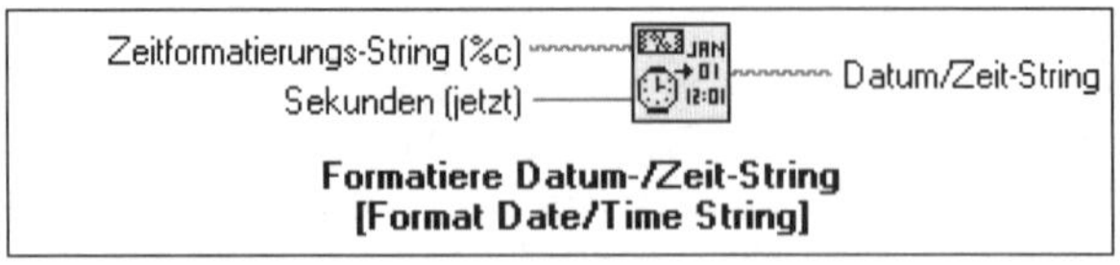

Abbildung 10.10: Die Funktion Datum-/Zeit-String holen

10.2.1 Übung: Aufbau von Zeichenketten

Nach der Einführung in die Manipulation von Zeichenketten sollen in dieser Übung in einem VI Zahlen in eine Zeichenkette konvertiert werden. Diese Zeichenkette soll wiederum mit anderen Zeichenketten verkettet werden, um damit eine einzelne Ausgangszeichenkette zu formen. Außerdem bestimmt das VI die Länge der Ausgangszeichenkette.

1. Erstellen Sie das in Abbildung 10.11 dargestellte Frontpanel.

   Das VI wird die Eingänge der beiden Eingabeelemente der Zeichenkette und das digitale Eingabeelement zu einer einzelnen Ausgangszeichenkette verketten, die dann in der Anzeige der Zeichenkette angezeigt wird. Die digitale Anzeige wird die Länge der Zeichenkette anzeigen.

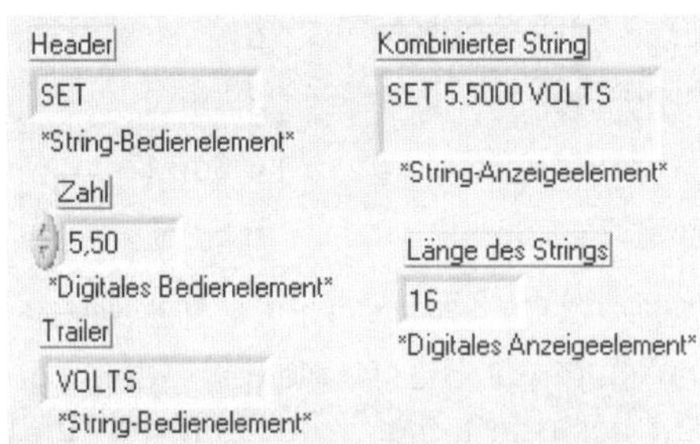

Abbildung 10.11: Frontpanel der ersten Übung zur Manipulation von Zeichenketten

2. Erstellen Sie das in Abbildung 10.12 abgebildete Blockdiagramm.

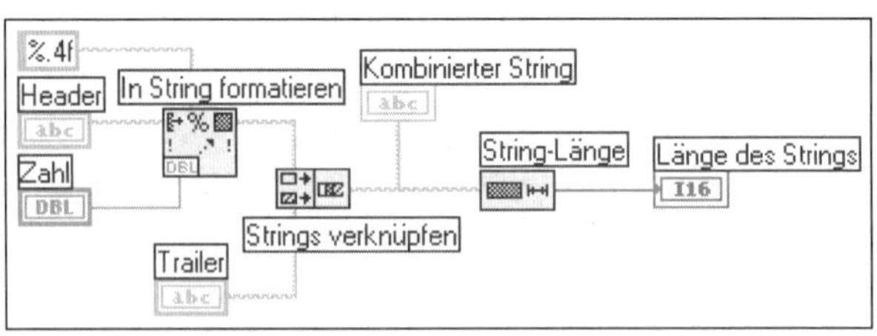

Abbildung 10.12: Das Blockdiagramm zur ersten Übung

In String formatieren (Palette *String*) konvertiert eine Zahl, die Sie in der digitalen Eingabe *Zahl* festgelegt haben, in eine Zeichenkette in Dezimalbruchschreibweise mit vier Stellen Genauigkeit.

Die Funktion *Strings verknüpfen* (Palette *Strings*) vereinigt alle Eingangszeichenketten zu einer einzelnen Ausgangszeichenkette. Um die Anzahl der Eingänge zu erhöhen, erweitern Sie das Symbol mit dem *Positionier*-Werkzeug.

Die Funktion *String-Länge* (Palette *String*) gibt die Anzahl der Zeichen der verketteten Zeichenkette zurück.

3. Kehren Sie zum Frontpanel zurück, geben Sie Text in die zwei Steuerelemente der Zeichenkette und eine Zahl in das digitale Bedienelement ein. Stellen Sie sicher, dass Sie Leerzeichen am Ende der ersten und am Beginn der angehängten Zeichenkette hinzufügen, da sonst die Zeichenketten ohne Leerraum aneinander angehängt werden. Starten Sie das VI.
4. Speichern und schließen Sie das VI. Bezeichnen Sie es mit *Build String.vi* und platzieren Sie es im Verzeichnis *EIGENE PROGRAMME*.

10.2.2 Parsing-Funktionen

In verschiedenen Anwendungsfällen ist es erforderlich, nicht nur Strings und Zahlen in einem String zu verknüpfen, sondern auch die entgegengerichtete Operation durchzuführen, d. h. Zeichenketten abzusondern oder sie in Zahlen umzuwandeln. Die Parsing-Funktion kann Ihnen helfen, diese Aufgaben zu erfüllen.

String-Teilmenge liest aus einem String die Teilzeichenkette aus, die bei *Offset* (Versatz) beginnt und die Anzahl an Zeichen enthält, die in *Länge* angegeben ist. Der Offset ist sozusagen eine Lesemarke im String und steht per Voreinstellung auf null, d. h. am Anfang des Strings (Abbildung 10.13).

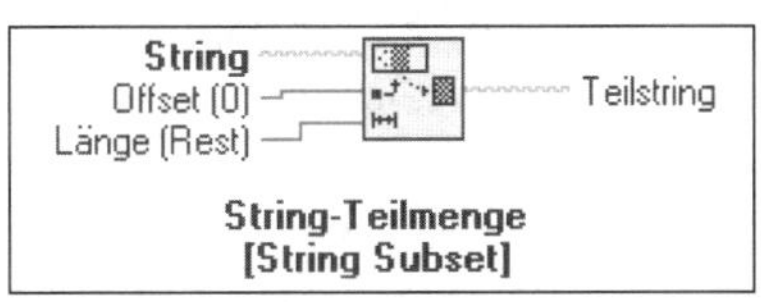

Abbildung 10.13: Die Funktion String-Teilmenge

Muster vergleichen (Abbildung 10.14) wird verwendet, um nach einem vorgegebenen Muster von Zeichen in einer Zeichenkette zu suchen. Diese Funktion sucht nach diesem Muster und gibt einen *Übereinstimmenden Sub-String* (passende Teilzeichenkette) zurück. *Muster vergleichen* sucht ab *Offset* (Versatz) nach dem String, der am Anschluss *gültiger Ausdruck* anliegt. Wird eine Übereinstimmung gefunden, wird die Zeichenkette in drei Teilzeichenketten aufgespaltet. Wird nichts Passendes gefunden, ist die entsprechende Teilzeichenkette leer und *Offset nach Übereinstimmung* wird auf –1 gesetzt.

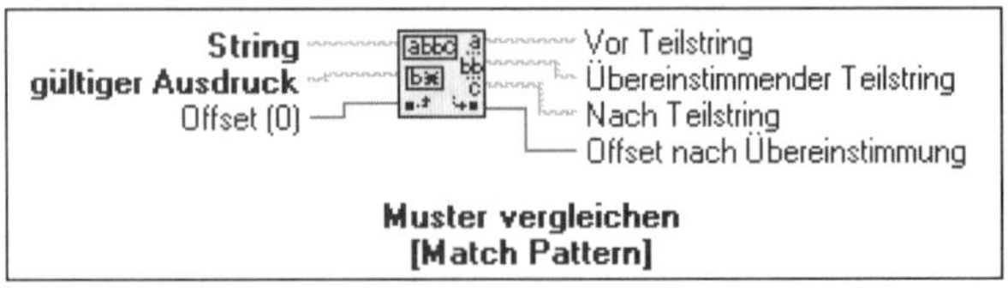

Abbildung 10.14: Die Funktion Muster vergleichen

Aus String suchen (Abbildung 10.15), das »Gegenteil« von *In String formatieren,* konvertiert gültige numerische Zeichen (0–9, +, –, e, E und Periode) in numerische Daten. Diese Funktion beginnt, die Eingangszeichenkette ab der *Anfangssuchposition* abzutasten, und konvertiert die Daten entsprechend der Festlegung im *Format-String* (um mehr über die Festlegungen zu lernen, sehen Sie in das LabVIEW-Handbuch oder in die Online-Hilfe). Um mehrere Werte gleichzeitig zu konvertieren, kann *Aus String suchen* vergrößert werden.

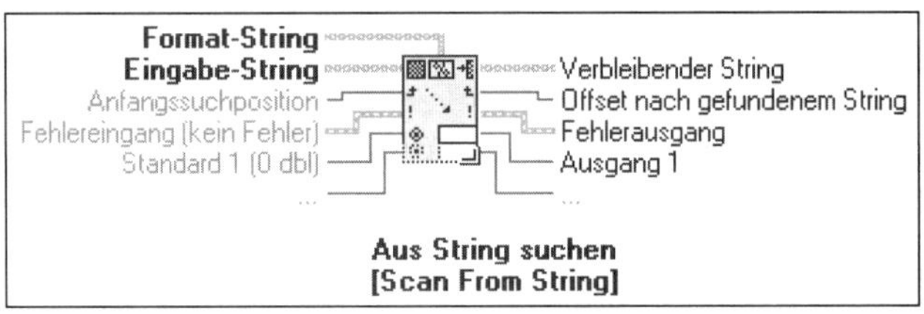

Abbildung 10.15: Die Funktion Aus String suchen

In String formatieren und *Aus String suchen* haben eine Schnittstelle *Bearbeiten des Such-Strings* (Abbildung 10.16), die Sie verwenden können, um den *Format-String* zu erzeugen. In diesem Dialogfeld können Sie das Format, die Genauigkeit, den Datentyp und die Breite des konvertierten Werts festlegen. Doppelklicken Sie auf die Funktion oder öffnen Sie das Popup-Menü und wählen Sie *Bearbeiten des Such-Strings,* um Zugriff auf das Dialogfeld zu erhalten.

Nachdem Sie die Formatzeichenkette erzeugt und auf die Schaltfläche *OK* geklickt haben, erzeugt das Dialogfeld die Zeichenkettenkonstante und schließt sie für Sie an den Eingang *Format-String* an.

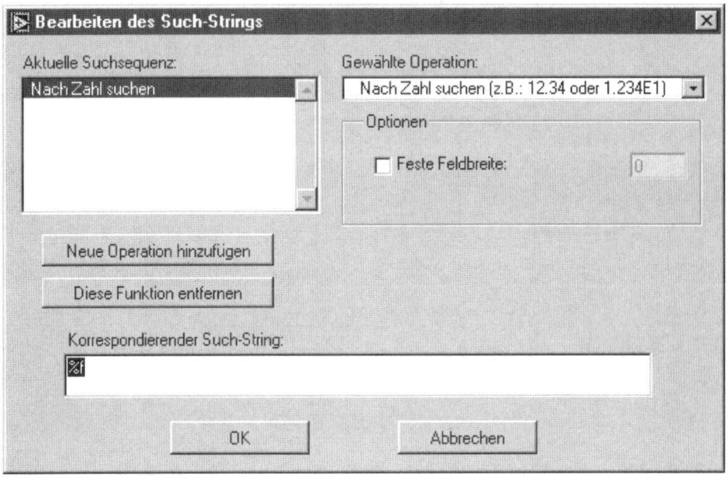

Abbildung 10.16: Das Dialogfenster Bearbeiten des Such-Strings

10.2.3 Übung: Mehr über das Verarbeiten von Zeichenketten

In dieser Übung soll ein VI erzeugt werden, das aus einer längeren Zeichenkette einen Bereich herausschneidet und die numerischen Zeichen aus diesem Teil in numerische Werte konvertiert.

1. Zu Beginn erstellen Sie das in Abbildung 10.17 gezeigte Frontpanel.
2. Stellen Sie die Zeichenkette für das Passwort so ein, dass nur Sternchen angezeigt werden, indem Sie aus dem Popup-Menü die Option *Passwort-Anzeige* auswählen.
3. Erzeugen Sie das in Abbildung 10.18 dargestellte Blockdiagramm.

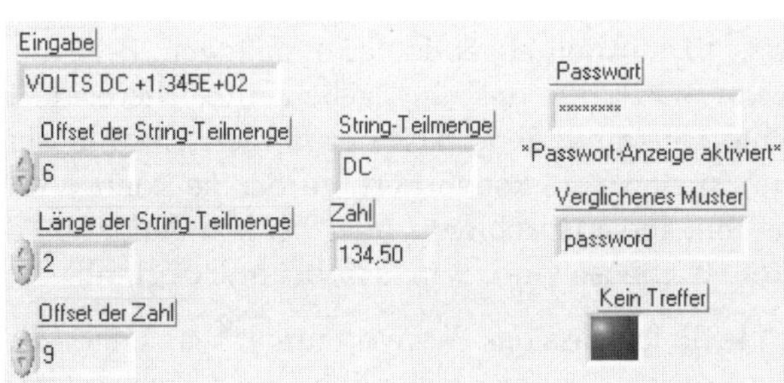

Abbildung 10.17: Das Frontpanel zur zweiten Übung zur Verarbeitung von Zeichenketten

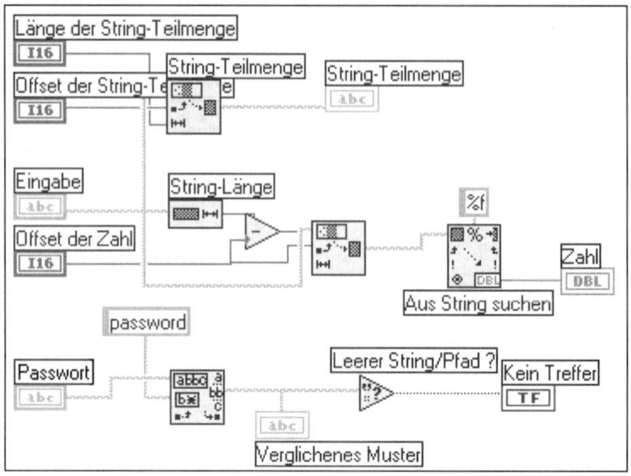

Abbildung 10.18: Das Blockdiagramm zur zweiten Übung zur Verarbeitung von Zeichenketten

Die Funktion *String-Teilmenge* aus der Palette *String* gibt entsprechend dem festgelegten Offset die vorgegebene Länge einer Eingangszeichenkette zurück.

Die Funktion *Aus String suchen* aus der Palette *String* konvertiert eine Zahl aus einer Zeichenkette mit gültigen numerischen Zeichen (0–9, +, –, e, E und Periode).

Muster vergleichen, ebenfalls aus der Palette *String*, vergleicht die Zeichenkette des eingegebenen Passworts des Anwenders mit einer gegebenen Zeichenkette. Stimmt es überein, wird es angezeigt, wenn nicht, zeigt die Anzeige der Zeichenkette eine Leerzeichenkette.

Leerer String/Pfad ? aus der Palette *Vergleich* gibt ein boolesches TRUE zurück, wenn es eine leere Zeichenkette am Ausgang von *Muster vergleichen* entdeckt.

Die Funktion *String-Länge* aus der Palette *String* gibt die Anzahl der Zeichen in einer Zeichenkette zurück.

4. Starten Sie das VI mit den abgebildeten Eingängen. Beachten Sie, dass die Teilzeichenkette »DC« aus der eingegebenen Zeichenkette herausgesucht wurde. Beachten Sie außerdem, dass der numerische Teil der Zeichenkette analysiert und in eine Zahl konvertiert wurde. Sie können unterschiedliche Werte für die Eingabe ausprobieren, aber denken Sie daran, dass der Index bei Zeichenketten, ebenso wie bei Arrays, bei null beginnt.

   Beachten Sie ebenfalls, dass das Passwort nur »**« anzeigt. *Muster vergleichen* prüft das Passwort am Eingang gegenüber einer Passwortzeichenkette (das im vorliegenden Fall die Zeichen »password« zum Inhalt hat). Offset gibt –1 zurück, wenn keine Übereinstimmung gefunden wurde, ansonsten wird die Position der Übereinstimmung zurückgegeben.

5. Schließen Sie das VI durch die Wahl von *Datei>>Schließen*. Speichern Sie das VI im Verzeichnis *EIGENE PROGRAMME* als *Parse String.vi*.

10.2.4 Das VI »Extract Numbers«

An dieser Stelle soll kurz ein VI erwähnt werden, das zu Unrecht ein wenig beachtetes Dasein in der Bibliothek *examples\general\strings.llb* unter LabVIEW fristet. Der Dateiname dieses VI ist *Extract Numbers.vi* und seine Funktion wird durch den Namen genau wiedergegeben. Das VI extrahiert alle Werte aus dem übergebenen String und damit macht es genau das, was all diejenigen so dringend benötigen, die von ihren Messgeräten (zum Beispiel von einem Multimeter, das Daten über eine GPIB-Schnittstelle an den Computer übermittelt) Strings empfangen und die darin enthaltenen Werte im Computer weiterverarbeiten wollen. Stellen wir uns einfach mal vor, wir bekommen von unserem Messgerät den String »Messdaten: I=0.5A, U=10.2V« übermittelt und wollen den Widerstand R berechnen. Das VI *Extract Numbers* liefert uns die Werte »0.5« und »10.2« in einem numerischen Array zurück und wir können die Werte nun einfach aus dem Array auslesen und in unserer Gleichung (R=U/I) zur Berechnung des Widerstands weiterverarbeiten, ohne erst umständlich selbst eine Umwandlung der String-Werte in numerische Werte vornehmen zu müssen.

10.3 Die Dateiein- bzw. -ausgabe

Früher oder später steht jeder Anwender vor der Aufgabe, seine Messdaten in einer Datei abzulegen, um diese für spätere Analysen zur Verfügung zu stellen, oder einfach nur, um die gewonnenen Daten zu archivieren. Die Dateien werden dabei entweder von LabVIEW oder einer anderen x-beliebigen Anwendung wie z.B. einem Tabellenkalkulationsprogramm gelesen, wobei dies auch auf einem entfernten Computer geschehen kann. Bevor Sie Ihre Daten in eine Datei schreiben, müssen Sie sich im Klaren darüber sein, welche Zielanwendung die Dateien später lesen soll. Jede Anwendung erfordert ihr eigenes Datenformat. Das einfachste Dateiformat ist die ASCII-Datei, jedoch gibt es auch hier Unterschiede, wie die verwendeten Sonderzeichen für das Zeilenende, oder es werden spezielle Header-Informationen benötigt. Binärdateien sind in diesem Zusammenhang noch schwieriger, da hier strenge Spezifikationen sowohl beim Schreiben als auch beim Lesen der Dateien eingehalten werden müssen. Der Vorteil von Binärdateien liegt darin, dass diese schneller geschrieben und gelesen werden können als ASCII-Dateien. Dies ist der Grund, warum auch sie trotz der mit ihnen verbundenen Schwierigkeiten ihre Berechtigung haben.

Die Operationen Dateieingabe und Dateiausgabe (E/A oder gebräuchlicher mit der englischen Abkürzung I/O) holen Informationen aus einer Datei zurück und speichern Informationen in eine Datei. In diesem Abschnitt sollen die vielseitigen Funktionen der Datei-I/O in LabVIEW vorgestellt werden. Dabei gilt unser Augenmerk zu Beginn den ganz einfachen Funktionen, die fast alle Aspekte der Datei-I/O abdecken, und dann im Anschluss den fortgeschrittenen Funktionen, mit denen Sie auch kleine Details beim Handling von Dateien direkt beeinflussen können.

10.3.1 Einfache Datei-I/O

Zunächst gilt, wie eingangs erwähnt, unsere Aufmerksamkeit den einfachen Funktionen zur Datei-I/O. Diese ermöglichen es, auf alle grundlegenden Funktionalitäten der Datei-I/O zuzugreifen, ohne zu weit in Details einsteigen zu müssen.

Die Dateifunktionen erwarten einen Eingangspfad für die Datei. Ein Pfad ist ein besonderer Datentyp und beschreibt den Ort, an dem eine Datei angelegt werden soll oder an dem bereits eine Datei abgelegt wurde, aus der nun gelesen werden soll. Wir haben darüber schon kurz in Kapitel 4 gesprochen. Geben Sie keinen Pfad für die Datei an, wird die Dateifunktion ein Dialogfeld per Popup anzeigen und Sie auffordern, einen Dateinamen auszuwählen oder einzugeben. Nach der Eingabe öffnet oder erzeugt die Dateifunktion die Datei, liest oder schreibt die Daten und schließt dann die Datei. Die Dateien, die mit LabVIEW bisher erzeugt wurden, sind ganz normale Textdateien. Haben Sie erst einmal Daten in eine Datei geschrieben, können Sie sich diese mit jedem Textverarbeitungsprogramm ansehen.

Eine sehr gebräuchliche Anwendung für das Speichern von Daten in Dateien ist die Formatierung der Textdatei in einer Tabellenkalkulation. In den meisten Tabellenkalkulationen trennen Tabulatoren (Tabs) die Spalten und das Zeichen EOL (End of Line) trennt die Reihen. *In Spreadsheet-Datei schreiben (Tabelle)* und *Aus Spreadsheet-Datei lesen (Tabelle)* arbeiten mit Dateien im Format der Tabellenkalkulation.

Zeichen in Datei schreiben schreibt eine Zeichenkette in eine neue Datei oder hängt diese an eine bestehende Datei an.

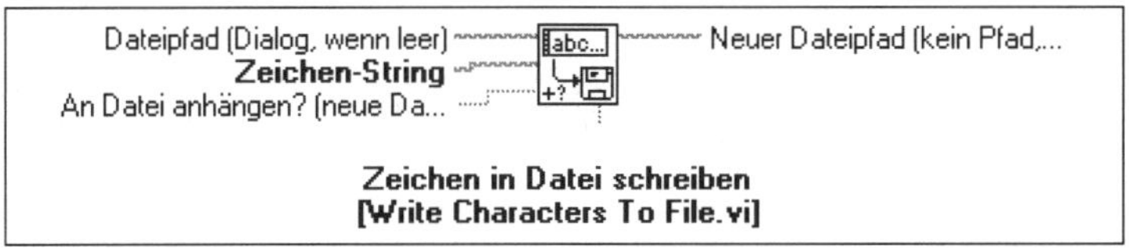

Abbildung 10.19: Die Funktion Zeichen in Datei schreiben

Zeichen aus Datei lesen liest eine festgelegte Anzahl von Zeichen aus einer Datei, beginnend bei dem festgelegten Offset.

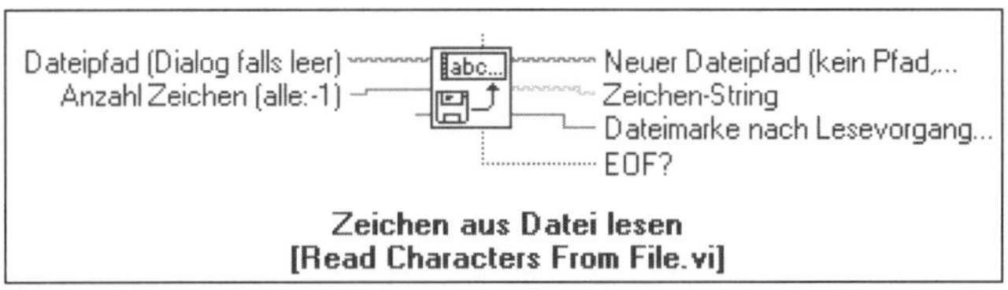

Abbildung 10.20: Die Funktion Zeichen aus Datei lesen

Zeilen aus Datei lesen liest eine festgelegte Anzahl von Zeilen aus einer Datei, beginnend bei dem festgelegten Offset.

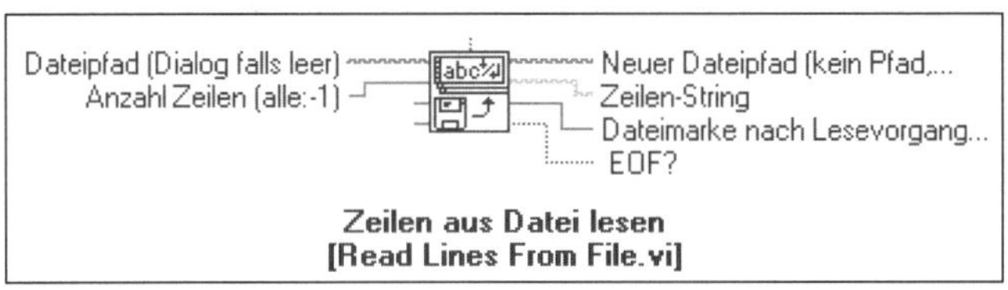

Abbildung 10.21: Die Funktion Zeilen aus Datei lesen

In Spreadsheet-Datei schreiben (Tabelle) (Abbildung 10.22) konvertiert ein 2D- oder 1D-Array mit Zahlen einfacher Genauigkeit in eine Textzeichenkette und schreibt sie in eine neue Datei oder hängt sie an eine bereits bestehende Datei an. Sie können die Daten wahlweise umstellen. Schließen Sie keine Eingänge für beide 1D- und 2D-Daten-Arrays an. Die Textdateien, die durch dieses VI erzeugt werden, können von den meisten Tabellenkalkulationen gelesen werden.

Aus Spreadsheet-Datei lesen (Tabelle) (Abbildung 10.23) liest eine festgelegte Anzahl von Zeilen oder Reihen aus einer numerischen Textdatei, beginnend bei dem festgelegten Offset, und konvertiert die Daten in ein 2D-Array mit Zahlen einfacher Genauigkeit. Dieses VI liest Dateien einer Tabellenkalkulation, die im Textformat gespeichert wurden.

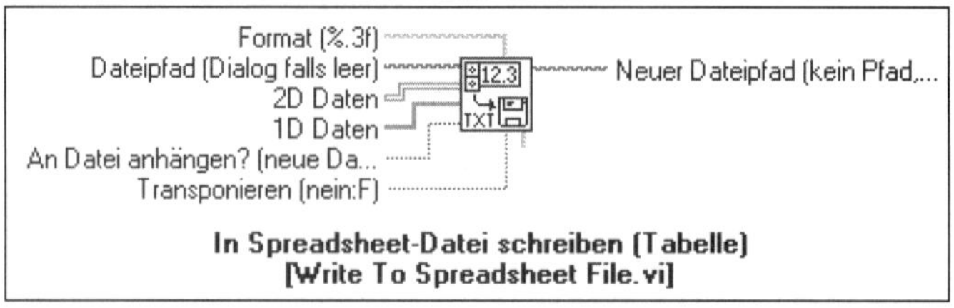

Abbildung 10.22: Die Funktion In Spreadsheet-Datei schreiben (Tabelle)

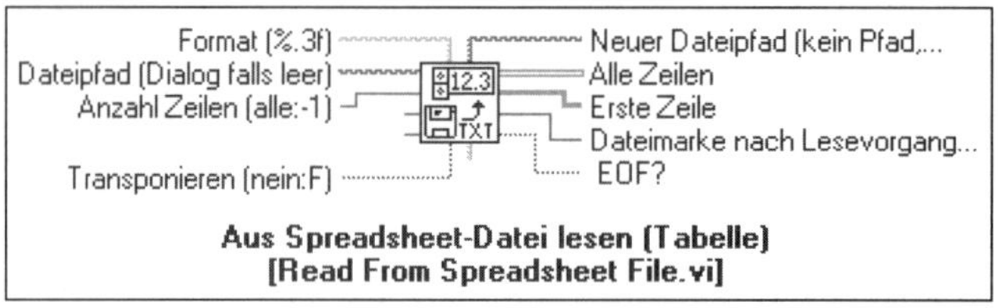

Abbildung 10.23: Die Funktion Aus Spreadsheet-Datei lesen (Tabelle)

Diese Dateifunktionen befinden sich auf einem sehr hohen Level und sind daher einfach anzuwenden. Sie finden sie alle in der Palette *Datei-I/O*. LabVIEW hat aber noch andere Dateifunktionen, die wesentlich vielseitiger, dafür aber komplizierter sind. Das wird Thema des nächsten Abschnitts nach den beiden folgenden Übungen sein.

Die Funktion *Aus Spreadsheet-Datei lesen (Tabelle)* steht nicht in der Demosoftware zur Verfügung.

10.3.2 Übung: Schreiben einer Datei für eine Tabellenkalkulation

In dieser Übung werden Sie ein bestehendes VI modifizieren, um Daten in einer neuen Datei im ASCII-Format zu speichern. Später können Sie auf diese Datei mit einer Tabellenkalkulation zugreifen.

1. Öffnen Sie das *Graph Sine Array.vi*, das Sie in Kapitel 9 erstellt haben. Haben Sie den Aufbau dieses VI nicht beendet, dann finden Sie eine fertige Version im Verzeichnis *LABVIEW-GRUNDLAGEN\KAPITEL09.LLB*. Führen Sie es aus, erzeugt das VI zwei Daten-Arrays und zeichnet sie auf einem Graphen. Sie werden dieses Array so modifizieren, dass die zwei Arrays in eine Datei geschrieben werden, wobei jede Spalte ein Daten-Array enthält.
2. Öffnen Sie das Diagramm des *Graph Sine Array.vi* und modifizieren Sie das VI, indem Sie den durch ein Oval markierten Teil des Blockdiagramms hinzufügen.

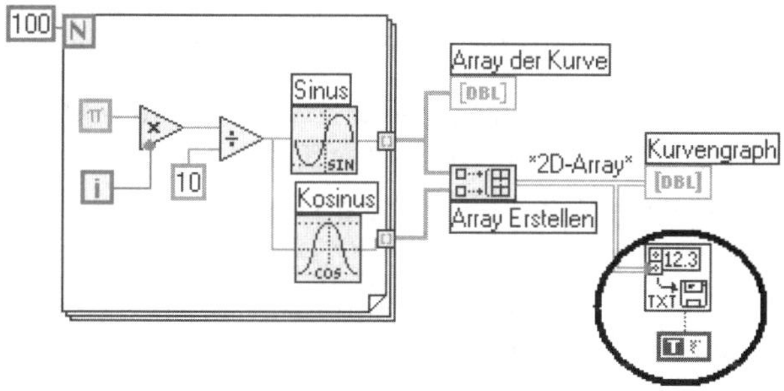

Abbildung 10.24: Schreiben von Messdaten in eine Spreadsheet-Datei

Die Funktion *In Spreadsheet-Datei schreiben (Tabelle)* (Palette *Datei-I/O*) konvertiert das 2D-Array in eine Zeichenkette für eine Tabellenkalkulation und schreibt sie in eine Datei. Wurde kein Pfadname festgelegt (wie in dieser Übung), erscheint ein Dialogfeld, das Sie dazu auffordert, einen Namen für die Datei einzugeben.

Die *Boolesche Konstante* (Palette *Boolesch*) legt fest, ob das 2D-Array, bevor es in die Datei geschrieben wird, umgestellt wird oder nicht. Um es auf TRUE zu ändern, klicken Sie mit dem *Bedien*-Werkzeug auf die Konstante. In diesem Fall möchten Sie, dass die Daten umgestellt werden, da die Daten des Arrays auf Reihen festgelegt sind (jede Reihe des 2D-Arrays ist ein Daten-Array). Sollten Sie wünschen, dass in der Tabellenkalkulation jede Spalte der Datei die Daten für eine Kurve enthalten soll, muss das 2D-Array zuerst einmal umgestellt werden.

3. Kehren Sie zum Frontpanel zurück und starten Sie das VI. Nachdem die Daten-Arrays erzeugt wurden, fordert Sie ein Dialogfeld der Dateifunktion auf, einen Dateinamen für die neue Datei einzugeben, die Sie erzeugt haben. Geben Sie einen Dateinamen ein und klicken Sie auf die *OK*-Schaltfläche. Merken Sie sich den Namen und die Lage der Datei, wenn Sie die Daten in der nächsten Übung wieder lesen wollen.

10.3.3 Übung: Aus einer Tabellenkalkulation lesen

In dieser Übung werden Sie ein VI schreiben, in das Sie Daten aus einer Datei einlesen, die Sie in der letzten Übung geschrieben haben, und sie auf einem Graphen zeichnen. Haben Sie nur die Demosoftware, sind Sie nicht in der Lage, diese Übung auszuführen.

1. Öffnen Sie ein neues VI und platzieren Sie einen Kurvengraphen im Frontpanel. Stellen Sie sicher, dass die automatische Skalierung eingeschaltet ist.
2. Erzeugen Sie ein kleines Blockdiagramm, wie es in Abbildung 10.25 dargestellt ist. Verwenden Sie die Funktion *Aus Spreadsheet-Datei lesen (Tabelle)*, um die Daten einzulesen und auf dem Graphen anzuzeigen.

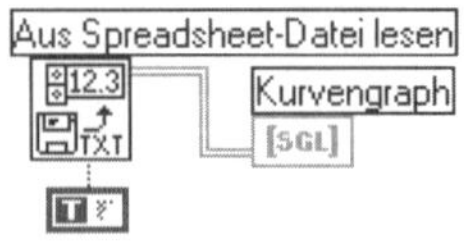

Abbildung 10.25: Die zum Auslesen einer Spreadsheet-Datei erforderlichen Funktionen

3. Verwenden Sie die *Boolesche Konstante*, müssen Sie das Array umstellen, wenn Sie es lesen, weil Graphen die Daten reihenweise lesen. Sie wurden in der Datei spaltenweise gespeichert. Wenn Sie in der letzten Übung die Daten beim Speichern in Spalten nicht umgestellt haben, so müssen Sie sie auch jetzt nicht wieder umstellen.
4. Starten Sie das VI. Haben Sie bis jetzt noch keinen Pfad für die Datei zur Verfügung gestellt, wird ein Dialogfeld Sie auffordern, einen Dateinamen einzugeben. Wählen Sie die Datei aus, die Sie in der letzten Übung erzeugt haben.

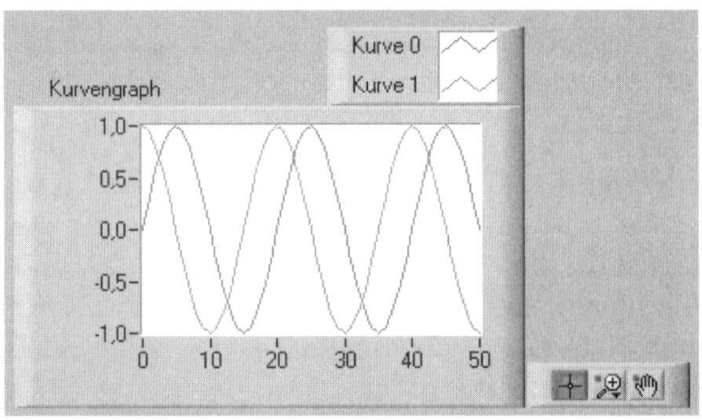

Abbildung 10.26: Die aus der Tabelle eingelesenen Daten in einem Kurvengraphen dargestellt

Das VI wird die Daten der Datei auslesen und beide Kurven auf dem Graphen zeichnen.

5. Speichern Sie das VI im Verzeichnis *EIGENE PROGRAMME* oder in der VI-Bibliothek als *Datei lesen.vi*.

10.4 Die fortgeschrittene Datei-I/O

Im vorangegangenen Abschnitt wurde gezeigt, wie Sie Daten im Text- oder Tabellenkalkulationsformat in einer Textdatei speichern können, indem Sie die VI der Palette *Datei-I/O* verwenden. Die so im ASCII- bzw. Textformat gespeicherten Dateien haben den Vorteil, leicht portierbar zu sein. Praktisch jeder Computer mit jedem beliebigen Betriebssystem kann Textdateien lesen oder schreiben. Es gibt bei der Speicherung in Textdateien jedoch auch Nachteile: Sie sind am speicherintensivsten (die höchste Anzahl Bytes je Informationseinheit) und es erfordert unter Umständen viel Prozessorzeit, die Daten in ein Textformat umzuwandeln, wenn die gespeicherten Daten ursprünglich keinen Text darstellen (z.B. ein Graph). LabVIEW stellt Ihnen die Möglichkeit zur Verfügung, zwei andere Dateitypen zu erstellen und zu lesen: Protokolldateien und Binärdateien.

Protokolldateien sind spezielle Binärdateien, die von LabVIEW verwendet werden, um Informationen über Frontpanel oder jeden anderen LabVIEW-Datentyp zu speichern. Wenn Sie Protokolldateien zur Speicherung aller Informationen eines Frontpanels verwenden, können Sie sich die Datei als eine Art Bildschirmkopie Ihres VI vorstellen. Wenn Sie eine Protokolldatei erstellen, werden die Werte aller Eingaben und Anzeigen zum Zeitpunkt des Speicherns aufgenommen. Sie können diese Datei später mit Ihrem VI laden, um sich die gespeicherten Werte auf dem Frontpanel anzeigen zu lassen. Sie können auch mehrere »Ansichten« bzw. Datensätze desselben Frontpanels in einer Protokolldatei speichern. Protokolldateien können nur von LabVIEW erstellt und gelesen werden. Sie sind recht einfach anzuwenden, denn Sie können sie mit den LabVIEW-Menüs bearbeiten, ohne ein Programm schreiben zu müssen. Sie können auch Protokolldateien erstellen, die bestimmte Datentypen von LabVIEW, wie etwa Cluster oder Zeichenketten, aufzeichnen.

Binärdateien (sie werden auch als Byte-Stream-Dateien bezeichnet) enthalten normalerweise eine Abbildung der Daten, die Byte für Byte mit der Darstellung im Speicher übereinstimmt. Eine Binärdatei kann nicht ohne weiteres mit einem Textbetrachter oder irgendeinem anderen Programm gelesen werden. Ähnlich wie bei der Verwendung von binären Zeichenketten der Datentyp bekannt sein muss, muss auch zum Lesen von Binärdateien das Speicherformat bekannt sein. Die Vorteile von Binärdateien sind der geringe Verarbeitungsaufwand, da keine Umwandlungen notwendig sind, sowie der geringe Speicherbedarf im Vergleich zu ASCII-Dateien. Um ein Array, bestehend aus 100 Ganzzahlen zu je acht Bit, in einer Binärdatei zu speichern, werden etwa 100 Byte benötigt. Wird dasselbe Array in einer Textdatei gespeichert, kann der Speicherbedarf der

Datei auf über 400 Byte anwachsen. Dies liegt daran, dass eine Ganzzahl mit acht Bit im Binärformat genau ein Byte belegt. Für dieselbe Zahl, als Text dargestellt, werden dazu bis zu drei bzw. vier Zeichen benötigt (ein Byte für jedes ASCII-Zeichen und ein Begrenzungszeichen zur Unterscheidung der einzelnen Zahlen).

ASCII	Protokoll	Binär
Das am einfachsten anzuwendende Format. Kompatibel zu anderen Anwendungen, einfach anzusehen und zu bearbeiten. Benötigt am meisten Speicher und die aufwendigsten Umwandlungen. Eignet sich für kleine bis mittelgroße Datenblöcke, die in anderen Anwendungen (z.B. Tabellenkalkulationen) verwendet werden sollen.	Bei interaktiver Bearbeitung einfach anzuwenden, erfordert bei der Verwendung in Anwendungen aufwendigere Programmierung. Kann nur in LabVIEW verwendet werden. Eignet sich am besten, um die Daten vom Frontpanel oder LabVIEW-Datentypen zu speichern.	Erfordert die genaue Einhaltung von Programmprotokollen. Bietet die effektivste Speicherausnutzung und benötigt die geringste Prozessorzeit. Schnell in der Verarbeitung (kontinuierliche Plattenspeicherung bzw. Streaming). Kann bei umsichtiger Anwendung von anderen Programmen gelesen werden. Eignet sich für Anwendungen, in denen große Datenmengen in Echtzeit aufgezeichnet werden sollen.

Tab. 10.3: Zusammenfassung von Eigenschaften der Dateitypen

10.4.1 Der Pfad zu Ihren Dateien

Zum Auffinden von Dateien in einem Dateisystem verwendet LabVIEW einen speziellen Datentyp, *Pfad* genannt. Eine Pfadeingabe oder eine Pfadanzeige, in der Palette *Pfad & RefNum* zu finden, ähnelt in Aussehen und Verhalten einer Zeichenketteneingabe oder Zeichenkettenanzeige. Sie können für eine Datei den absoluten oder den relativen Pfad angeben.

Anders als bei Zeichenketteneingaben können Sie in eine Pfadeingabe nur Pfad- oder Dateinamen entsprechend der Syntax Ihres Betriebssystems eingeben. Wenn Sie mit der Syntax und Terminologie Ihres Dateisystems nicht vertraut sind, werfen Sie einen Blick in die Handbücher zu Ihrem Betriebssystem. Der vollständige Dateiname der Datei *beispiel.txt* könnte unter den unterschiedlichen Betriebssystemen folgende Formen annehmen:

- Windows C:\EIGENE DATEIEN\MESSDATEN\BEISPIEL.TXT
- MacOS PowerHD:Eigene Dateien:Messdaten:Beispiel Text Datei
- Sun und HP usr/name/daten/beispiel_text_datei

Wann immer Sie eine Datei öffnen oder erstellen wollen, müssen Sie den Pfad der Datei angeben. Wenn Sie an den Eingang einer Dateifunktion keinen Pfad anschließen, wird LabVIEW ein Dialogfenster öffnen und Sie auffordern, die Datei anzugeben, die etwa von Funktionen wie *Datei öffnen* oder *Neue Datei* verwendet werden soll. Sie können LabVIEW auch anweisen, den Anwender mit einer von Ihnen erstellten Aufforderung zur Eingabe eines Dateinamens aufzufordern. Verwenden Sie dazu die Funktion *Dateidialog*.

10.4.2 Dateioperationen – ein Vorgang in drei Schritten

Wenn Sie Funktionen zur Datei-I/O in Ihre Programme einbauen und dabei nicht auf die eingangs aufgezeigten einfachen Dateifunktionen zurückgreifen wollen, sollten Sie immer die folgenden drei Schritte ausführen: *Öffnen*, *Lesen* bzw. *Schreiben*, *Schließen*.

Die folgende Abbildung 10.27 zeigt diesen Vorgang. Die Funktionen *Öffnen/Erstellen/Ersetzen einer Datei*, *Datei schreiben* und *Datei schließen* stehen alle in der Palette *Datei-I/O*. Beachten Sie die Datenabhängigkeit zwischen den Funktionen. Nach dem Abschluss der Funktionen *Öffnen/Erstellen/Ersetzen einer Datei* wird von LabVIEW eine Dateireferenznummer (*RefNum*) erzeugt, die an die Funktion *Datei schreiben* weitergegeben wird. Nachdem die Zeichenkette in die Datei geschrieben ist, gibt *Datei schreiben* die RefNum an *Datei schließen* weiter. Am Ende der Kette schließlich steht, und dies ist fast immer ein Muss, ein *Error-Handler*-VI (VI zur Fehlerbehandlung), um Ihnen eventuelle Fehler anzuzeigen.

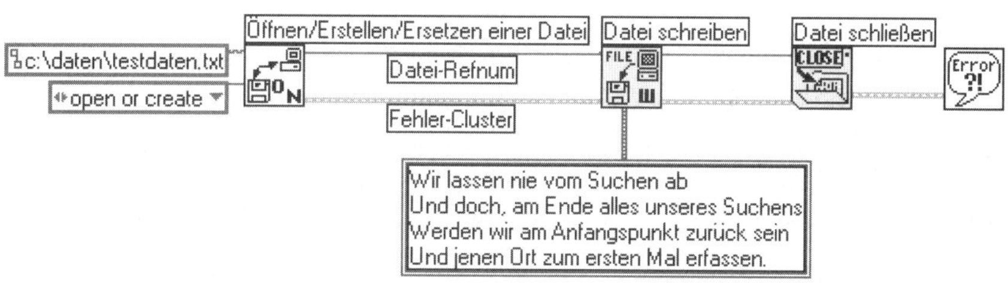

Abbildung 10.27: Der grundsätzliche Aufbau eines Programms mit Datei-I/O

Die RefNum wird von LabVIEW verwendet, um zu erkennen, auf welche Datei sich die jeweilige Aktion bezieht. Normalerweise braucht es Sie nicht zu interessieren, was diese Referenznummern sind und wie sie arbeiten. Achten Sie einfach darauf, die Datei-I/O-Funktionen mit ihnen zu verbinden. Die Verbindung der RefNum-Anschlüsse an die Datei-I/O-VI bringt den zusätzlichen Vorteil der Datenabhängigkeit mit sich. Die Funktionen werden dadurch in der richtigen Reihenfolge ausgeführt.

Einige Dateifunktionen, die Sie vermutlich häufig nutzen werden, sind im Folgenden beschrieben:

Dateidialog
[File Dialog]

Abbildung 10.28: Die Funktion Dateidialog

Die Funktion *Dateidialog* (aus der Palette *Datei-I/O>>Fortgeschrittene Dateifunktionen*) öffnet ein Dialogfenster zur Dateiauswahl. Dieser Dialog wird zur Auswahl bereits bestehender Dateien oder Verzeichnisse verwendet. Sie können über *Abfrage* die Meldung bestimmen, die im Dialogfenster erscheinen wird. Wir werden die Verwendung des Eingangs *Typ des Datenprotokolls* später in diesem Kapitel behandeln (Abbildung 10.28).

Datei öffnen
[Open File]

Abbildung 10.29: Die Funktion Datei öffnen

Die Funktion *Datei öffnen* (aus der Palette *Datei-I/O>>Fortgeschrittene Dateifunktionen*) öffnet eine bestehende Datei. Sie können einen gültigen Pfad an den Eingang *Dateipfad* anschließen. Mit dieser Funktion können keine Dateien erstellt oder ersetzt werden. Sie öffnet ausschließlich bestehende Dateien. Der Eingang *Typ des Datenprotokolls* wird nur zum Öffnen von LabVIEW-Protokolldateien verwendet (Abbildung 10.29).

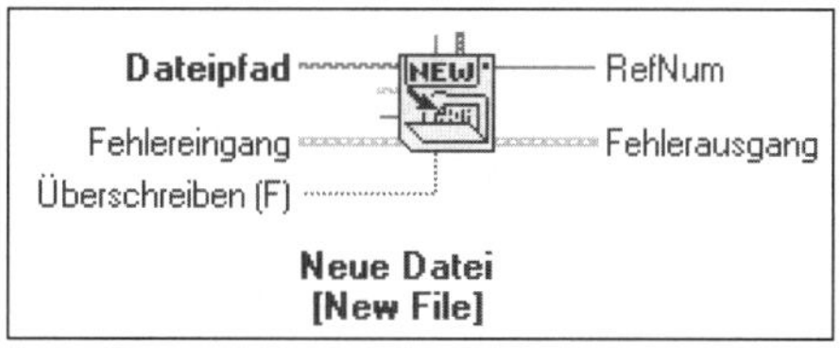

Abbildung 10.30: Die Funktion Neue Datei

Die Funktion *Neue Datei* (aus der Palette *Datei-I/O>>Fortgeschrittene Dateifunktionen*) erstellt und öffnet eine neue Datei zum Lesen oder Schreiben. Sie müssen einen Pfad an den Eingang *Dateipfad* der Funktion anschließen und dieser Pfad muss zu einer Datei führen, die *nicht existiert*. Der Eingang *Typ des Datenprotokolls* wird nur verwendet, wenn neue LabVIEW-Protokolldateien erstellt werden sollen (Abbildung 10.30).

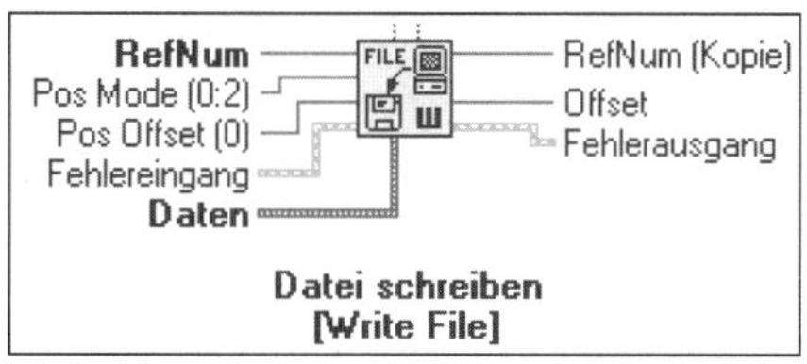

Abbildung 10.31: Die Funktion Datei schreiben

Die Funktion *Datei schreiben* (aus der Palette *Datei-I/O*) schreibt Daten in eine geöffnete Datei. Die Funktionsweise dieser Funktion variiert leicht, abhängig davon, ob Sie Daten in eine Byte-Stream-Datei oder eine LabVIEW-Protokolldatei schreiben. Der Eingang *Header* wird für Binärdateien verwendet und für ASCII-Dateien ignoriert (Abbildung 10.31).

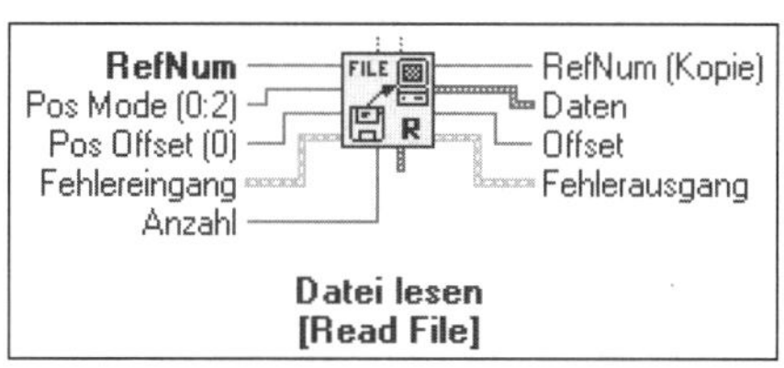

Abbildung 10.32: Die Funktion Datei lesen

Die Funktion *Datei lesen* (aus der Palette *Datei-I/O*) liest Daten aus einer geöffneten Datei. Werden Byte-Stream-Dateien gelesen, können Sie den Eingang *Byte-Stream-Typ* verwenden, um anzugeben, wie LabVIEW die Daten in der Datei interpretieren soll. Byte-Stream-Dateien werden später in diesem Kapitel ausführlicher behandelt (Abbildung 10.32).

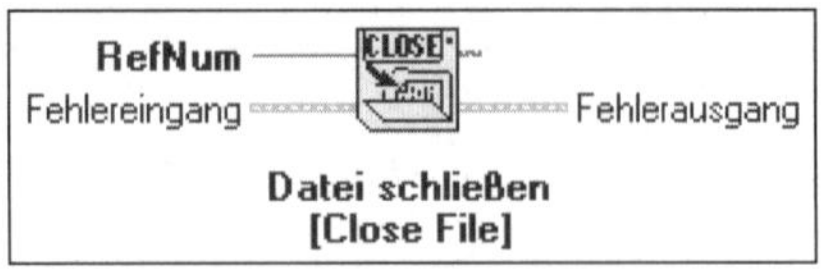

Abbildung 10.33: Die Funktion Datei schließen

Die Funktion *Datei schließen* (aus der Palette *Datei-I/O*) schließt die durch *RefNum* bezeichnete Datei (Abbildung 10.33).

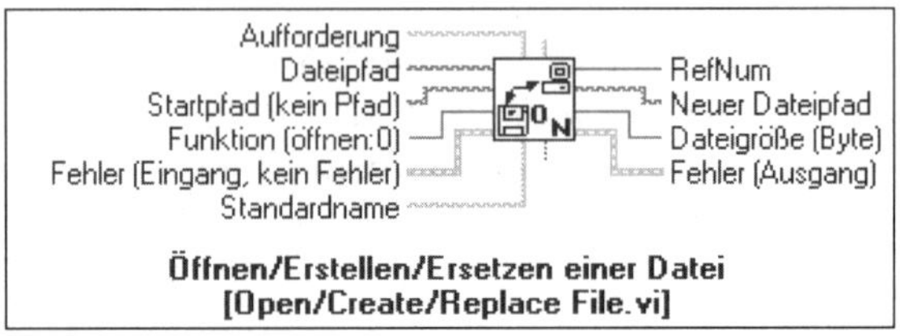

Abbildung 10.34: Die Funktion Öffnen/Erstellen/Ersetzen einer Datei

Öffnen/Erstellen/Ersetzen einer Datei (aus der Palette *Datei-I/O*) ist eine High-Level-Funktion, mit der Sie programmgesteuert eine Datei öffnen, eine neue Datei erstellen oder eine bestehende Datei desselben Namens ersetzen können. Sie können Eigenschaften wie die anzuzeigende Meldung im Dialogfenster, den Anfangspfad usw. festlegen. Dieses VI ruft mehrere der im vorigen Abschnitt beschriebenen Datei-I/O-Funktionen auf (Abbildung 10.34).

10.4.3 Textdateien lesen und schreiben

Wenn Sie vorhaben, Textdateien zu erstellen, um Ihre Daten zu speichern, und kein Streaming bei hohen Geschwindigkeiten benötigt wird, erleichtern Sie sich die Arbeit, indem Sie einige der komplexeren Datei-I/O-Funktionen verwenden, die hier gezeigt werden (sie wurden bereits zu Beginn der Vorstellung der Funktionen für Datei-I/O beschrieben). Diese VI erledigen sämtliche Vorgänge wie Öffnen, Schließen und Fehlerbehandlung (Abbildung 10.35).

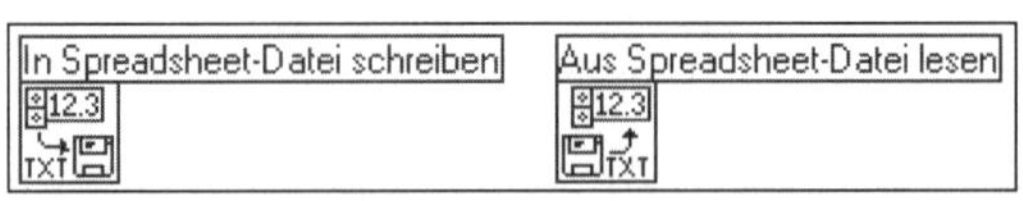

Abbildung 10.35: Die Funktionen In Spreadsheet-Datei schreiben (Tabelle) und Aus Spreadsheet-Datei lesen (Tabelle)

Manchmal werden Sie jedoch spezielle Datei-I/O-Routinen schreiben wollen. Das Herz solcher Routinen ist die Funktion *Datei schreiben* (Abbildung 10.36).

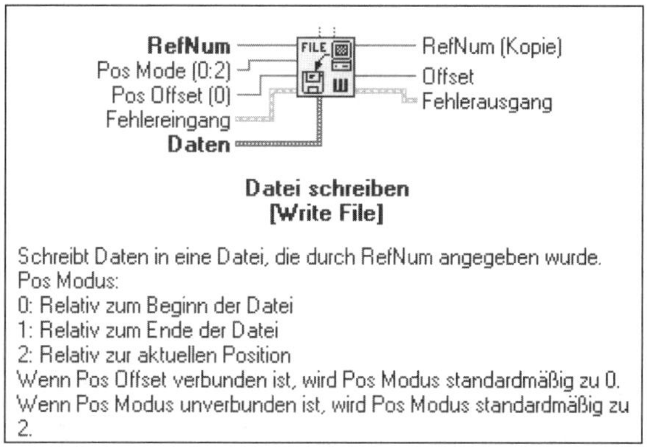

Abbildung 10.36: Die Funktion Datei schreiben

Sie können an den Eingang *Daten* der Funktion *Datei schreiben* viele Datentypen anschließen. Dazu gehören numerische Typen, Zeichenketten oder Cluster. Der Datentyp, der an diesen Eingang angeschlossen ist, bestimmt, welches Dateiformat verwendet wird. Zur Erstellung von Textdateien sollte hier offensichtlich eine Zeichenkette angeschlossen werden.

Die Grundlagen

Die eigentliche Verwaltung von Textdateien ist recht einfach (Öffnen, Schreiben, Schließen). Aber stellen Sie sich zwei Fragen:

- Woher kommen Dateiname und -pfad? Werden sie von LabVIEW automatisch erstellt? Gibt sie der Anwender über die Frontblende oder ein Dialogfenster ein?
- Wie wird Ihr Programm bei einem Dateifehler (Festplatte/Diskette voll, ungültiger Pfadname usw.) reagieren? Soll es fortfahren und dem Anwender eine Meldung anzeigen?

Angenommen, Sie haben ein einfaches VI namens *Messdaten aufnehmen* geschrieben (Abbildung 10.37), das einen Datenwert einliest und ihn als Fließkommazahl zurückgibt. Sie wollen die Daten regelmäßig erfassen und in eine Datei schreiben, bis die Stopptaste gedrückt wird. Der Anwender sollte zur Laufzeit des Programms den Dateinamen wählen können. Das Programm könnte zunächst wie Abbildung 10.37 aussehen:

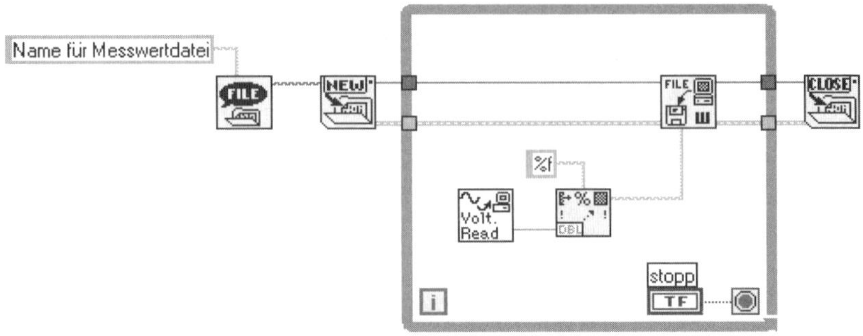

Abbildung 10.37: Ein einfaches Beispiel: Messdaten aufnehmen

Der Anwender wird zur Eingabe eines Dateinamens aufgefordert, die neue Datei wird erstellt und die While-Schleife beginnt. In jedem Schleifendurchlauf wird ein Datenpunkt in eine Zeichenkette umgewandelt und in der Datei gespeichert. Durch Drücken der Stopptaste wird die Schleife beendet und die Datei geschlossen. Auch wenn das VI funktioniert, so kann es doch erheblich verbessert werden. Beachten Sie zunächst, dass nichts getan wird, um die Zeichenketten, die jeweils einen Datenpunkt darstellen, voneinander zu trennen. Die Datei wird eine lange, zusammengewürfelte Zeichenkette enthalten! Außerdem: Was würde passieren, wenn der Anwender im Dateidialogfenster die Schaltfläche *Abbrechen* betätigt?

Die Veränderungen im nächsten Blockdiagramm (Abbildung 10.38) gestalten das Programm bereits etwas »robuster«. Beachten Sie, dass an jede Zahl ein Carriage-Return und ein Linefeed angehängt werden (die Zeichen »*r**n*«). Dadurch wird jede Zahl in eine neue Zeile geschrieben. Wir berücksichtigten die Möglichkeit, dass der Anwender die Schaltfläche *Abbrechen* drücken könnte, indem wir eine Case-Anweisung hinzufügten, in der das Ausgangssignal des Dateidialogfensters ausgewertet wird. Außerdem verwendeten wir Fehler-Cluster zur Erkennung von Datei-I/O-Fehlern. Tritt ein solcher Fehler auf, wird die Schleife automatisch sofort beendet.

Dieses Programm birgt immer noch Probleme, die man leicht übersieht. Sie haben mit der Funktion *Datei schreiben* in der While-Schleife zu tun. Sofern das VI *Messdaten aufnehmen* keine *Warten*-Funktion verwendet, wird das Programm das gelesene Datum so häufig in die Datei schreiben, wie es die Prozessorleistung zulässt – vielleicht mehrere Tausend Mal in der Sekunde. Sie müssen in die Schleife eine *Warten*-Funktion einfügen, um die Zeitabstände zwischen zwei Schreibzyklen festzulegen, beispielsweise einmal in der Sekunde. Noch besser wäre es, alle erfassten Daten in einem automatisch indizierten Array zu speichern und dieses Array erst nach Beendigung der While-Schleife in einem Arbeitsgang in die Datei zu schreiben.

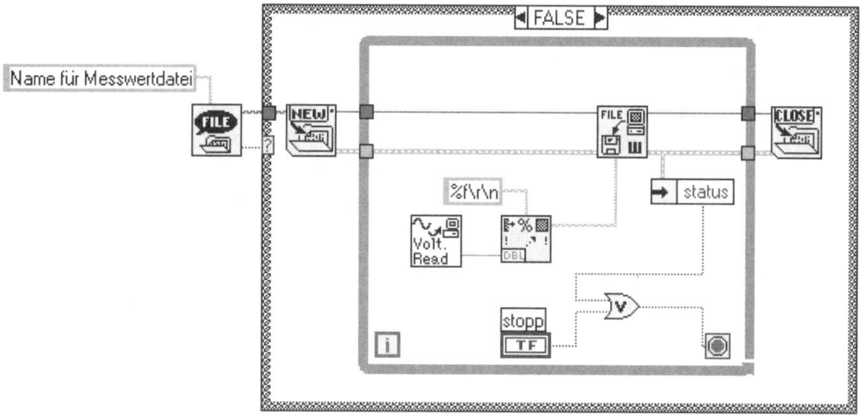

Abbildung 10.38: Das etwas verbesserte Beispielprogramm Messdaten aufnehmen

Das Auslesen einer Textdatei ist dem Schreiben einer solchen Datei sehr ähnlich. Sie verwenden die Funktion *Datei lesen* (Abbildung 10.39) in ähnlicher Weise wie vorher die Funktion *Datei schreiben*.

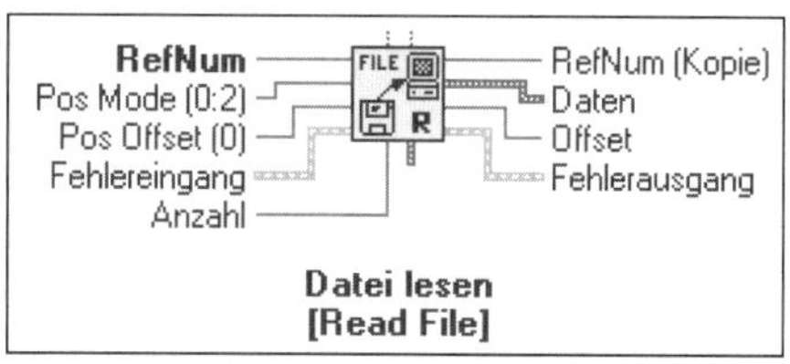

Abbildung 10.39: Die Funktion Datei lesen

Wenn Sie den Anschluss *Anzahl* nicht anschließen, wird *Datei lesen* den gesamten Inhalt der Datei auslesen. Der Anschluss einer Zahl an *Anzahl* bestimmt, wie viele Bytes (Zeichen) gelesen werden sollen. Sie können natürlich auch die eingangs beschriebenen einfacheren Funktionen zum Lesen von Textdateien verwenden.

Weitere Elemente für fortgeschrittene Datei-I/O

Die Eingänge *Pos Mode* und *Pos Offset* hängen direkt mit dem Dateisystem Ihres Betriebssystems zusammen. Um die Aktionen der Datei-I/O mitzukoppeln, verwendet Ihr Betriebssystem eine unsichtbare Variable namens *file mark* (Dateimarke). Diese Dateimarke zeigt normalerweise auf die Position der Datei, an der zuletzt Daten gespeichert wurden. Gemessen wird dieser Wert als Abstand von einem festen Referenzpunkt in Bytes. Wann immer Sie Daten in eine bestehende Datei schreiben, schreibt LabVIEW die Daten an die Position, die über *Pos Offset* und *Pos Mode* angegeben ist. *Pos Mode* gibt dabei den Referenzpunkt an und *Pos Offset* den Abstand von diesem Referenzpunkt in Bytes.

Dieser Referenzpunkt kann der Anfang der Datei sein (*Pos Mode* = 0), das Ende der Datei (*Pos Mode* = 1) oder die aktuelle Position nach der letzten Schreib- oder Leseaktion (*Pos Mode* = 2). Mit *Datei schreiben* können Sie den nächsten Einfügepunkt mittels *Pos Mode* und *Pos Offset* bearbeiten und innerhalb der Datei verschieben. Dieses leistungsfähige Merkmal ermöglicht mit der Funktion *Datei lesen* den freien Zugriff auf alle Daten in der Datei. Wenn Sie die beiden Eingänge unverbunden lassen, wird *Datei schreiben* die folgenden Daten direkt hinter das zuletzt geschriebene Datum schreiben und *Datei lesen* wird mit dem Lesen am Anfang der Datei beginnen. Diese Vorgaben entsprechen den meist benötigten Positionierungen für Schreib- und Lesevorgänge.

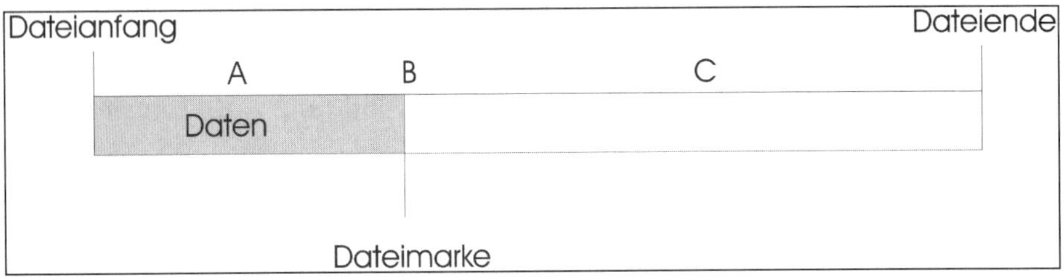

Abbildung 10.40: Die Funktionalität der Dateimarke

Damit Sie das soeben Beschriebene leichter verstehen, betrachten Sie Abbildung 10.40. Die Dateimarke zeigt auf die Position, an der zuletzt Daten geschrieben wurden. Die Markierungen (a), (b) und (c) zeigen drei der möglichen Stellen an, an welche Sie in einer Datei schreiben können. Hier ist eine Methode, um jeden der drei Punkte zu erreichen:

- Setzen Sie *Pos Mode* auf 0 (Referenzpunkt steht am Anfang der Datei) und *Pos Offset* auf einen positiven Wert.
- Lassen Sie sowohl *Pos Mode* als auch *Pos Offset* unverbunden.
- Setzen Sie *Pos Mode* auf 2 (dadurch wird die Schreibposition relativ zur aktuellen Dateimarke bestimmt) und geben Sie für *Pos Offset* einen positiven Wert an.

10.4.4 Übung: Lesen und Schreiben von ASCII-Dateien

Erstellen Sie ein VI, das ASCII-Dateien sowohl lesen als auch schreiben kann. Als Dateneingang sollte ein 2D-Array aus Zahlen vorgesehen sein. Ein boolescher Schalter bestimmt, ob das VI eine Datei lesen oder eine neue Datei schreiben soll. In Abbildung 10.41 sehen Sie die Frontblende des VI.

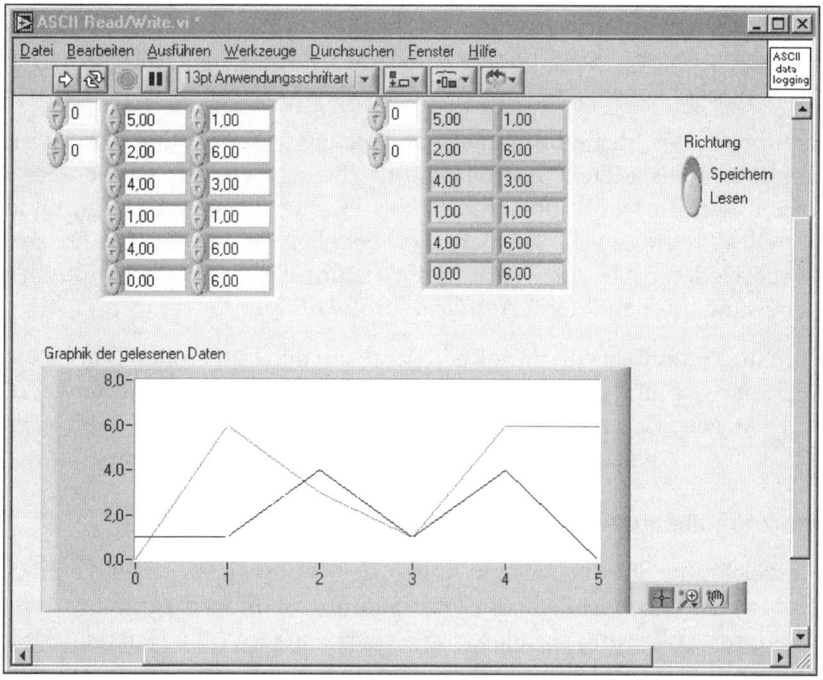

Abbildung 10.41: Das Frontpanel des VI ASCII Read/Write

Speichern Sie das VI als *ASCII Read/Write.vi*. Eine einfache Lösung finden Sie in *KAPITEL10.LLB*.

Zum Lesen der Datei verwenden Sie eine einfache Funktion zur Datei-I/O wie etwa *Zeichen aus Datei lesen*.

10.4.5 Protokolldateien lesen und schreiben

Protokolldateien speichern Daten eines LabVIEW-Objekts (z.B. Cluster, Zeichenkette, boolesches Array usw.) in einem speziellen Binärformat. Jedes Mal, wenn Sie in eine Protokolldatei schreiben, hängt LabVIEW normalerweise einen

Datensatz an die Datei an. Ein Datensatz ist so etwas wie eine Datei in einer Datei. Das Betriebssystem erkennt nur eine Datei, mit LabVIEW können Sie jedoch mehrere einzelne Datensätze in der Datei ansehen. Das Gute an dieser Struktur ist, dass Sie beliebig auf jeden einzelnen Datensatz in der Datei zugreifen können. Ein weiterer Vorteil der Verwendung von Datensätzen ist, dass Sie nicht wissen müssen, wie viele Bytes Sie in der Datei überspringen müssen, um zu einer bestimmten Gruppe von Daten zu gelangen. Sie geben einfach die Datensatznummer an. Protokolldateien sind besonders nützlich, um gemischte Datentypen wie etwa einen booleschen Wert und ein Array zu speichern. Es gibt zwei Möglichkeiten, eine Protokolldatei zu erstellen:

- Datenprotokolle des Frontpanels aufzeichnen: Verwenden Sie dazu die Funktionen des Menüs *Ausführen*. Mit diesen Befehlen können Sie eine Ansicht (ein Protokoll) des Frontpanels in einer Datei speichern, ohne ein spezielles Programm für die Datei-I/O erstellen zu müssen. Die Daten werden entweder nach dem Ende der Ausführung des VI oder durch eine Anweisung aus dem Menü *Ausführen* protokolliert.
- Lesen und Schreiben von Protokolldateien mit den Funktionen *Datei lesen* und *Datei schreiben*: In diesem Fall können Sie beliebige Daten bestimmen, die in der Datei gespeichert werden sollen (statt einer Komplettansicht eines Frontpanels). Sie können die Daten zu einem beliebigen Zeitpunkt speichern.

Datenprotokolle aufzeichnen

Die Aufzeichnung von Datenprotokollen des Frontpanels ist sehr einfach zu handhaben und erfordert keine Programmierung im Blockdiagramm. Wenn Sie die Datenprotokollierung aktivieren, speichert LabVIEW die Daten aller Eingaben und Anzeigen auf dem Frontpanel zusammen mit einer Zeitmarkierung in einer Protokolldatei. Sie können mehrere unterschiedliche Dateien erstellen, in denen die protokollierten Daten unterschiedlicher Testdurchläufe gespeichert werden. Später können Sie diese mit dem VI, von dem aus Sie die Daten gespeichert haben, wieder aufrufen oder sie mit den Funktionen zur Datei-I/O in ein anderes VI laden.

Zum Protokollieren eines VI wählen Sie *Datenprotokollierung>>Protokoll...* aus dem Menü *Ausführen*. Wenn Sie zum ersten Mal Daten protokollieren, werden Sie nach dem Namen der Protokolldatei gefragt.

Sie können Ihr VI auch anweisen, am Ende jeder Ausführung ein Protokoll der Frontblende zu speichern. Wählen Sie dazu *Ausführen>>Protokoll nach Beendigung*. Jedes Mal, wenn Daten in dieselbe Protokolldatei geschrieben werden, wird ein neuer Datensatz in der Datei erstellt.

Zur Anzeige der Daten im interaktiven Modus wählen Sie *Ausführen>>Datenprotokollierung>>Protokolldaten lesen...* Die Symbolleiste wird daraufhin zur in Abbildung 10.42 dargestellten Symbolleiste für die Wiederherstellung von Daten. Alle Eingaben und Anzeigen auf der Frontblende werden ihre Anzeigewerte ändern und die zuvor gespeicherten Daten darstellen.

Abbildung 10.42: Die Symbolleiste zur Wiedergewinnung der Protokolldatei

Die hervorgehobene Zahl zeigt an, welchen Datensatz Sie zurzeit ansehen. Der in den eckigen Klammern rechts davon angezeigte Zahlenbereich gibt an, wie viele Datensätze in der Datei stehen. Durch Anklicken der Schaltflächen mit den Pfeilen können Sie einen anderen Datensatz anzeigen lassen. Während Sie die verschiedenen Datensätze auswählen, zeigen die Objekte auf der Frontblende jeweils die mit dem Datensatz gespeicherten Werte. Die Zeitangabe zur Rechten der Datensatznummer informiert darüber, wann der Datensatz aufgenommen wurde. Sie können die Datensätze einzeln aus der Datei löschen, wenn Sie den Datensatz anzeigen lassen und dann das Papierkorbsymbol anklicken. Durch Anklicken von *OK* beenden Sie die Anzeige der Daten.

Eine einfache Methode, Daten einer Protokolldatei programmgesteuert zu laden, ist, das VI, mit dem die Daten gespeichert wurden, als SubVI zu verwenden. Öffnen Sie ein Popup-Menü auf dem SubVI und wählen Sie die Option *Datenbankzugriff aktivieren.* Danach wird ein gelber Rahmen das VI umgeben (Abbildung 10.43).

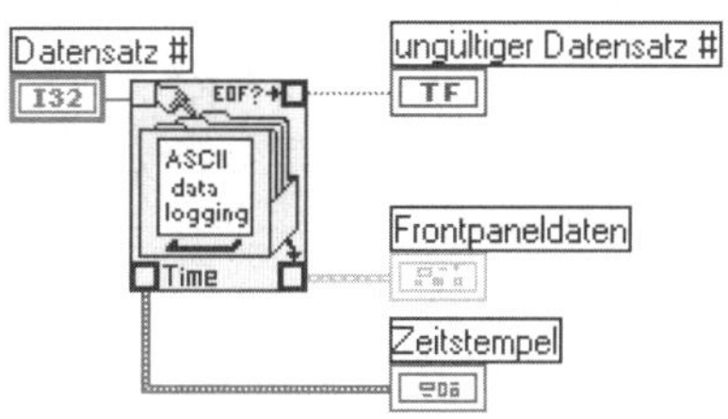

Abbildung 10.43: Ein SubVI mit aktiviertem Datenbankzugriff

Wenn Sie dieses VI für Datenbankzugriff starten, wird es nicht ausgeführt. Stattdessen werden die gespeicherten Daten von dessen Frontpanel, entsprechend der am Eingang angelegten Datensatznummer, als Cluster zurückgegeben. In diesem Cluster sind alle Daten des Frontpanels enthalten. Die Elemente im Cluster erscheinen in derselben Reihenfolge, in der sie auf dem Frontpanel angeordnet sind.

Programmgesteuerte Protokolldatei-I/O

Mit *Datei lesen* und *Datei schreiben* lassen sich mit Protokolldateien komplexere I/O-Funktionen ausführen, als dies mit den integrierten LabVIEW-Eigenschaften zur Datenprotokollierung, dem einfachen Erstellen und Lesen von Protokolldateien, möglich ist.

In *programmgesteuerten* Protokolldateien müssen Sie nicht alle Daten des Frontpanels speichern. Sie können auch nur einen Teil davon speichern. Es ist sogar so, dass die Daten gar nicht auf dem Frontpanel erscheinen müssen, sondern vom Blockdiagramm erzeugt werden. Protokolldateien bieten Ihnen die Möglichkeit, mehrere Datensätze eines bestimmten LabVIEW-Datentyps in einer Datei zu speichern.

Obwohl Sie nur einen Datentyp in einer Protokolldatei speichern können, können Sie mehrere unterschiedliche Variablen in einem Cluster zusammenfassen und diesen gültigen Datentyp in der Datei speichern. Dies kann auch ein Array, eine Zeichenkette, ein numerischer oder ein boolescher Typ sein. Das Entscheidende an Protokolldateien ist die Tatsache, dass sie direkt in oder aus LabVIEW-Variablen lesen oder schreiben können, ohne dass Sie sich um Textumwandlungen, Vorlaufdaten usw. kümmern müssen.

Obwohl *Datei schreiben* und *Datei lesen* zum Speichern in Protokolldateien ähnlich verwendet werden wie für Textdateien, haben die Eingänge *Pos Mode* und *Pos Offset* für Protokolldateien eine andere Bedeutung. Diese Eingänge beziehen sich für Protokolldateien nicht länger auf die Dateimarke, sondern auf die Datensatznummer. So können Sie zum Beispiel eine Datensatznummer an den Eingang *Pos Offset* von *Datei lesen* anschließen, um einen bestimmten Datensatz zu laden. Der Eingang *Anzahl* gibt nicht länger an, wie viele Bytes gelesen werden sollen, sondern die Anzahl zu lesender Datensätze.

Die Eingänge *Daten*, *Byte-Stream-Typ* und *Typ des Datenprotokolls* an vielen VI zur Datei-I/O haben ähnliche Funktionen: Sie bestimmen entweder die Daten oder den Datentyp. Im Hilfefenster wird dieser Eingang immer als dicke braune Linie dargestellt, um einen polymorphen Eingang anzuzeigen. Der Einfachheit halber werden wir diese Eingänge im Folgenden als »Datentypeingänge« bezeichnen.

Sie sollten den *Datentypeingang* der Dateihilfsfunktionen (wie *Neue Datei* oder *Datei öffnen*, nicht jedoch *Datei lesen*) immer anschließen, wenn Sie Protokolldateien lesen wollen. Dies ist entscheidend, da so den Lese- und Schreib-VI mitgeteilt wird, dass Sie mit Protokolldateien arbeiten (im Gegensatz zu Binärdateien) und dass die Eingänge *Pos Mode* und *Pos Offset* anders zu interpretieren sind. Hierzu sollte man sich folgende Regel merken:

- Zum Bearbeiten von Protokolldateien verbinden Sie den *Datentypeingang immer* an allen VI zur Datei-I/O, mit *Ausnahme* von *Datei lesen*. Sie müssen den *Datentypeingang* der Funktion *Datei lesen* unverbunden lassen, um die Bearbeitung einer Protokolldatei kenntlich zu machen.
- Zur Bearbeitung von Binärdateien verbinden Sie den *Datentypeingang nur* bei den Funktionen *Datei lesen* und *Datei schreiben*. Sie müssen den *Datentypeingang* der Funktionen *Neue Datei* und *Dateidialog* usw. unverbunden lassen, wenn Sie eine Binärdatei bearbeiten wollen.

In Abbildung 10.44 sehen Sie ein VI zur einfachen Datenprotokollierung, das mit der Vollversion von LabVIEW geliefert wird (*examples\file\Datenlog.llb\Simple Temp Datalogger.vi*).

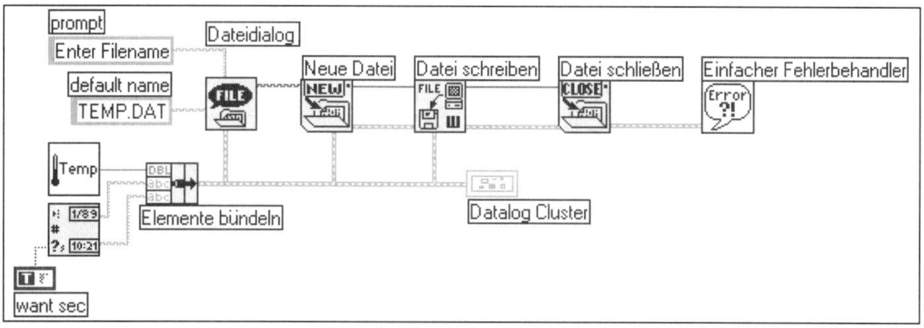

Abbildung 10.44: Das VI Simple Temp Datalogger aus dem LabVIEW-Beispielverzeichnis

Simple Temp Datalogger schreibt Protokolldateien, die eine Zeit- und Datumsmarkierung zusammen mit einem numerischen Wert abspeichern, der eine Temperatur symbolisiert. Das VI verwendet einige Funktionen zur Fehlerbehandlung, was immer günstig ist, wenn man mit Datei-I/O arbeitet. Beachten Sie wiederum, dass der Datalog-Typ an alle I/O-Funktionen angeschlossen ist (außer *Datei schließen*, für die der Dateityp unwichtig ist).

Das VI zum Wiederherstellen der Protokolldateien ist *Simple Temp Datalog Reader* (Abbildung 10.45).

Beachten Sie, wie in diesem Blockdiagramm eine Konstante des passenden Cluster-Typs erstellt wurde, um den Eingangswert für *Datentyp* zu stellen. Hier ist darauf zu achten, dass genau der Datentyp verwendet wird, der ursprünglich gespeichert wurde. Wäre zum Beispiel der numerische Typ ein *I32* statt des ursprünglichen Typs *DBL*, würde ein Leseversuch der zuvor geschriebenen Daten mit diesem VI scheitern. Auch die Reihenfolge der Variablen im Cluster ist wichtig, damit die Daten in den richtigen Variablen wiederhergestellt werden.

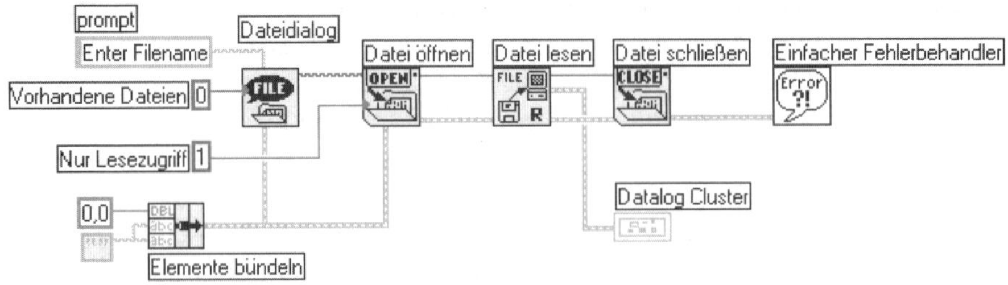

Abbildung 10.45: Das VI Simple Temp Datalog Reader aus dem LabVIEW-Beispielverzeichnis

10.4.6 Binäre Dateien lesen und schreiben

Binärdateien, auch als *Byte-Stream-Dateien* bezeichnet, verhalten sich zu Textdateien ähnlich wie ein Porsche zu einem 30-Tonner: Sie sind wesentlich kleiner und erheblich schneller. Der Nachteil ist, dass Sie zum Lesen von Binärdateien jede Einzelheit über die Datei wissen müssen, oder Sie können gleich aufgeben. Die Rohdaten mögen zwar vorhanden sein, es ist jedoch Ihre Aufgabe als Programmierer, eine Methode zur Auswertung der Daten anzubieten, wenn sie gelesen werden sollen. Es gibt in der Binärdatei keine gesonderten Informationen über die Datentypen oder andere praktische Hilfen wie Vorspanndaten (Header). Sie müssen also vorher wissen, wie die Daten gespeichert sind.

Binärdateien sind im Vergleich zu anderen Dateitypen nicht einfach anzuwenden. LabVIEW stellt Ihnen jedoch einige komplexere VI für Binärdateien zur Verfügung, mit denen Sie numerische Daten lesen und schreiben können. Diese Funktionen finden Sie unter den *Binärdatei-VI* in der Palette *Datei-I/O.*

Mit den ersten beiden dieser VI können Sie numerische Daten vom Typ *I16* lesen und schreiben. Mit den zwei nächsten können Sie numerische *SGL*-Typen lesen und schreiben. Alle VI setzen voraus, dass die Daten als Array angelegt werden (entweder ein- oder zweidimensional). Es folgt eine Beschreibung ihrer Funktionsweise.

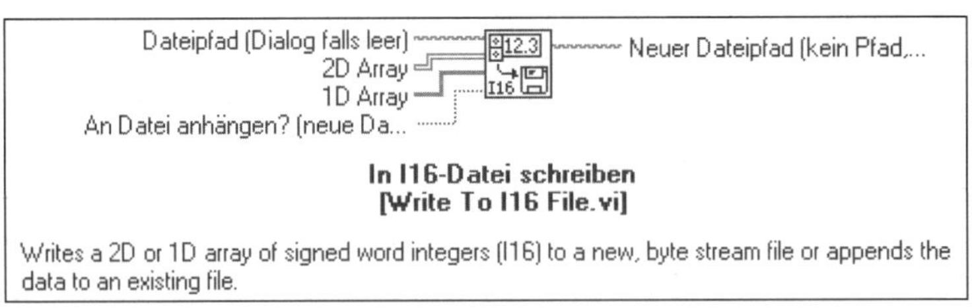

Abbildung 10.46: Die Funktion In I16-Datei schreiben

Die Funktion *In I16-Datei schreiben* (Abbildung 10.47) schreibt ein 1D- oder 2D-Array vorzeichenloser Ganzzahlen (*I16*) in die durch *Dateipfad* angegebene binäre Datei. Mit dem booleschen Eingang *An Datei anhängen?* können Sie bestimmen, ob die Daten an eine bestehende Datei angehängt oder ob eine neue Datei erstellt werden soll.

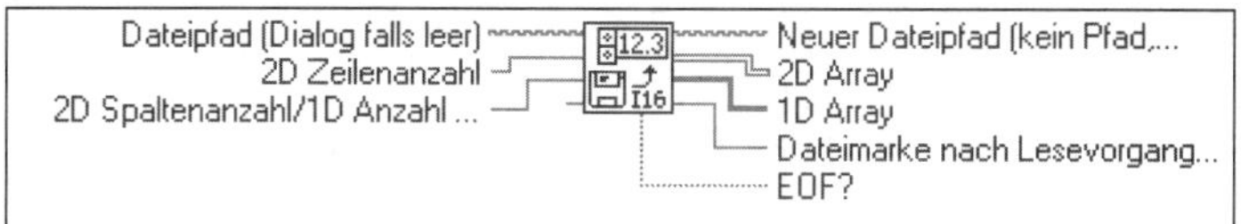

Aus I16-Datei lesen
[Read From I16 File.vi]

Abbildung 10.47: Die Funktion Aus I16-Datei lesen

Die Funktion *Aus I16-Datei lesen* (Abbildung 10.48) liest eine Binärdatei, die aus einem Array von Ganzzahlen des Typs *I16* besteht. Wenn Sie die Anzahl der Zeilen und Spalten eines 2D-Arrays an die entsprechenden Eingänge anschließen, wird die entsprechende Anzahl Daten in dem angegebenen Format ausgegeben. Sind diese Eingänge unverbunden, wird die gesamte Datei in ein eindimensionales Array gelesen, das am Ausgang *1D-Array* angelegt wird. Um einen wählbaren Zugriff auf die Datei zu erhalten, können Sie bei Bedarf mit *Start des Lese-Offset* die Position des ersten zu lesenden Werts bestimmen.

Die zwei anderen VI der Palette, *In SGL-Datei schreiben* und *Aus SGL-Datei lesen,* entsprechen in ihrer Funktionsweise, abgesehen von den unterschiedlichen Datentypen, den soeben beschriebenen Funktionen.

Als einfaches Beispiel sehen Sie sich *Binary Read/Write.vi* (in *KAPITEL10.LLB*) an, welches einen Signalverlauf erfasst und diesen in einer Datei speichert oder Ihnen die Möglichkeit bietet, in einer Datei gespeicherte Daten wiederherzustellen. In beiden Fällen werden die Daten in einem Graphen dargestellt (Abbildung 10.48).

Beachten Sie die Funktion zur Umwandlung in einen *SGL*-Typ, die in der Schreibfunktion verwendet wird. Es ist bei diesen Binärdateien entscheidend, den korrekten Datentyp anzuschließen, um die Daten korrekt wiederherstellen zu können.

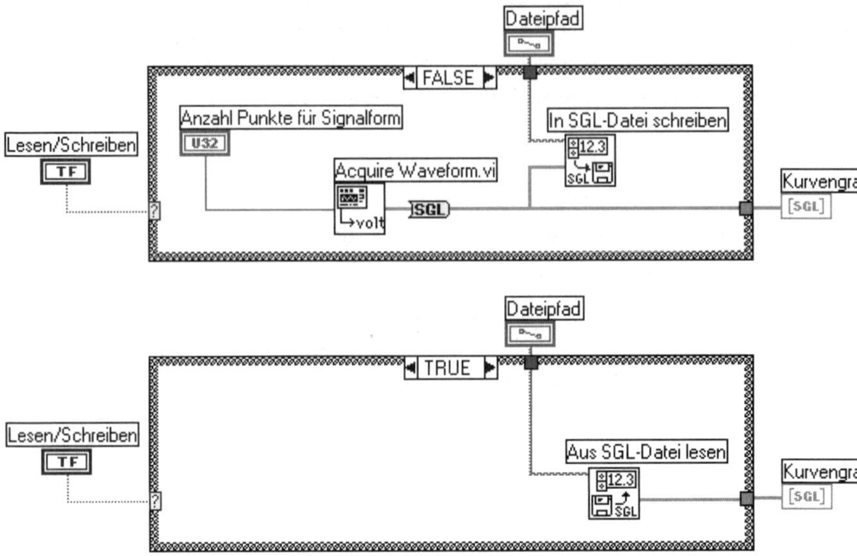

Abbildung 10.48: Das VI Binary Read/Write

10.4.7 Weitere Hinweise zu Low-Level-Funktionen

Wenn Sie einen Blick auf die Verwendung von Low-Level-Funktionen zur Verwaltung von Binärdateien werfen wollen, gibt Ihnen dieser Abschnitt noch detailliertere Informationen.

Die Funktion *Datei schreiben*, wie sie in den Beispielen für Textdateien verwendet wurde, überspringt jegliche Vorspanninformationen, die LabVIEW zum Speichern der Zeichenkette im Arbeitsspeicher verwendet, und schreibt nur die reinen Zeichendaten in die Datei. *Datei schreiben* macht tatsächlich keinen Unterschied zwischen einer ASCII-Zeichenkette und einer binären Zeichenkette, wenn es die Daten in die Datei schreibt – die Daten werden einfach in der Datei abgelegt (Abbildung 10.49). Es gibt mit anderen Worten keinen *funktionellen* Unterschied zwischen ASCII-Dateien und Binärdateien. Ob die Zeichenkette in der Datei einen sinnvollen Text oder sinnvolle Binärdaten enthält, hängt ausschließlich von der Interpretation der Daten ab.

Merken Sie sich jedoch, der *Daten*-Anschluss der Funktion *Datei schreiben* ist *polymorph*, das heißt, er wird sich jedem Datentyp anpassen, den Sie an den Eingang anschließen. Sie können mit dem *Daten*-Eingang zum Beispiel genauso gut ein 2D-Array aus Zahlen anschließen, wie Sie dies bei Protokolldateien können.

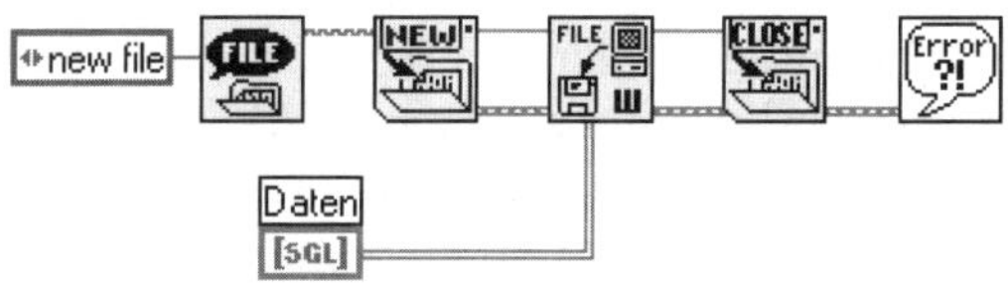

Abbildung 10.49: Schreiben von Daten in eine binäre Datei

Nichtsdestotrotz sind Protokolldateien und Binärdateien in Struktur und Verhaltensweisen sehr unterschiedlich, wenn Sie auch dieselben LabVIEW-Funktionen verwenden, um mit ihnen zu arbeiten. Wir wollen hier die Regeln für die Arbeit mit Binärdateien noch einmal denen für Protokolldateien gegenüberstellen:

- Zum Bearbeiten von Protokolldateien verbinden Sie den *Datentypeingang immer* an allen VI zur Datei-I/O mit *Ausnahme* von *Datei lesen*. Sie müssen den *Datentypeingang* der Funktion *Datei lesen* unverbunden lassen, um die Bearbeitung einer Protokolldatei kenntlich zu machen.
- Zur Bearbeitung von Binärdateien verbinden Sie den *Datentypeingang nur* bei den Funktionen *Datei lesen* und *Datei schreiben*. Sie müssen den *Datentypeingang* der Funktionen *Neue Datei* und *Dateidialog* usw. unverbunden lassen, wenn Sie eine Binärdatei bearbeiten wollen.

In dem oben dargestellten Blockdiagramm (Abbildung 10.49) schreibt die Funktion *Datei schreiben* einfach eine Byte-für-Byte-Kopie der Eingangsdaten in die Datei. Weder werden die Zahlen in das ASCII-Format umgewandelt, noch werden Informationen irgendeiner Art in die Datei geschrieben, aus der die Anzahl der Zeilen und Spalten des Arrays hervorgehen. Angenommen, das Array besteht aus 3 Zeilen ∞ 2 Spalten ∞ 4 Byte = 24 Byte (erinnern Sie sich, dass Fließkommazahlen einfacher Genauigkeit je vier Byte Speicherplatz belegen).

Die Daten, die von der Funktion *Datei schreiben* geschrieben werden, entsprechen, abgesehen von den Vorspanninformationen, genau den Ausgangsdaten der Funktion *In Binär-String wandeln*. Erinnern Sie sich, dass die Funktion *In Binär-String wandeln* alle Daten an ihrem Eingang sammelt und diese in eine binäre Zeichenkette schreibt. Den Daten in der Ausgangszeichenkette wird ein Vorspann vorangestellt, der die Informationen enthält, die zur Wiederherstellung der ursprünglichen Daten aus der Zeichenkette notwendig sind.

Dieses Beispiel führt eine sehr wichtige Eigenschaft binärer Dateien vor Augen. Wenn Sie keinen Vorspann irgendeiner Art in Ihren Dateien vorsehen, wird es praktisch unmöglich, die Datei erfolgreich zu interpretieren. Im vorigen Beispiel speicherte das VI 24 Daten-Bytes in einer Datei. Selbst wenn Sie wissen, dass die Daten ursprünglich Fließkommazahlen einfacher Genauigkeit darstellten, können Sie das 2D-Array nicht eindeutig rekonstruieren. Warum nicht, fragen Sie? Sie wissen, dass das Array sechs Werte enthält (24/4 = 6), aber woher wissen Sie, ob die Daten aus einem 1D-Array aus sechs Elementen bestehen, einem Array aus einer Zeile mit sechs Spalten oder einer Tabelle mit drei Spalten und zwei Zeilen?

Wenn Sie mit binären Dateien arbeiten, werden Sie feststellen, dass das Speichern von Vorspanninformationen unerlässlich ist, wenn Sie Datentypen variabler Länge verwenden, so, wie es bei Arrays, Zeichenketten und Clustern vorkommen kann. Merken Sie sich also als allgemeine Regel:

- Wenn Sie mit Binärdateien arbeiten, verbinden Sie den Eingang *Header* der Funktion *Datei schreiben* immer mit TRUE, sofern Ihr Datentyp von variabler Länge ist (eine Zeichenkette, ein Array oder ein Cluster).

In der Funktion *Datei schreiben* gibt es eine sehr einfache Art, einen Vorspann zu erzeugen, welcher der Datei hinzugefügt werden kann. Wenn Sie den booleschen Wert TRUE mit dem *Header*-Eingang der Funktion *Datei schreiben* verbinden, schreibt die Funktion genau die gleichen Daten in die Datei, die Sie als Zeichenkette am Ausgang der Funktion *In Binär-String wandeln* erhalten würden. Mit anderen Worten: Es wird ein Standardvorspann an den Anfang der Daten gestellt, der die nachfolgenden Daten beschreibt (Abbildung 10.50).

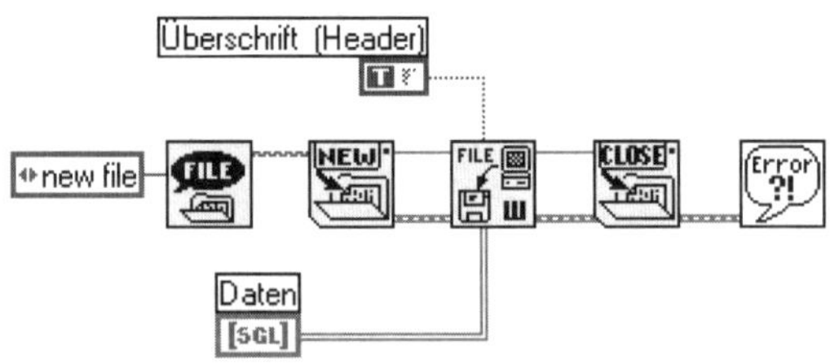

Abbildung 10.50: Das Schreiben binärer Daten mit einem durch die Header-Eigenschaft erzeugten Vorspann

Zum Lesen der Datei können Sie folgendes Programm verwenden (Abbildung 10.51). Beachten Sie, dass an den Eingang *Byte-Stream-Typ* (der *Datentypeingang*) der Funktion *Datei lesen* die Attrappe eines zweidimensionalen Arrays angeschlossen ist. Die Funktion *Datei lesen* verwendet nur den *Datentyp*, der an diesen Eingang angeschlossen ist. Das heißt, dass die Funktion *Datei lesen* in dieser Verwendung die Daten einer Datei genauso verarbeitet, wie die Funktion *Von Binär-String wandeln* eine Zeichenkette umwandelt. Mit anderen Worten, wenn

Datei lesen den Datentyp kennt (durch den *Datentypeingang*), kann es die Vorspanninformationen der Datei verwenden, um die gespeicherten Daten in das korrekte Format zu bringen (in diesem Fall ein 2D-Array).

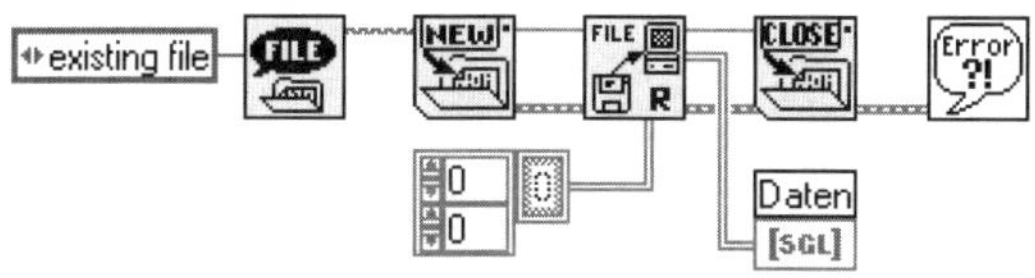

Abbildung 10.51: Lesen der Datei, die in den vorigen Beispielen erstellt wurde

Immer wenn am *Datentypeingang* von *Datei lesen* ein Datentyp angeschlossen ist, dessen Länge wie bei Zeichenketten, Arrays oder Clustern variieren kann, geht die Funktion davon aus, dass den Daten ein Vorspann vorausgeht. Wenn die Datei keine Vorspanninformationen enthält (z.B. weil am Eingang *Header* der Funktion *Datei schreiben* der Wert FALSE angeschlossen war), werden die Daten nicht korrekt gelesen und das Resultat ist unbrauchbar!

Ein großer Vorteil binärer Dateien ist, dass Sie freien Zugriff auf die Datei haben. Wenn Sie zum Beispiel Arrays numerischer Daten in einer Datei speichern, könnte es notwendig werden, Werte von den verschiedensten Orten in der Datei zu lesen. Der freie Zugriff auf Daten in ASCII-Dateien wird durch negative Vorzeichen, variable Zahlenlängen an verschiedenen Datenpunkten und andere Faktoren behindert. Solche Behinderungen treten in Binärdateien nicht auf.

In Binärdateien ist das niedergelegte Format eines numerischen Typs von LabVIEW einfach das binäre Abbild der Zahl. Deshalb belegt jede Zahl eines Arrays dieselbe Anzahl Bytes auf der Platte. Wenn Sie wissen, dass eine Datei Zahlen einfacher Genauigkeit enthält, ist es ausgesprochen einfach, eine beliebige Zahlengruppe eines Arrays zu lesen.

Der Eingang *Anzahl* bestimmt beim Lesen von Binärdateien, wie viele Elemente des angegebenen Datentyps gelesen werden sollen. Abbildung 10.52 zeigt ein einfaches Beispiel für das eben Gesagte. Dieses VI, *Write Binary File*, schreibt ein Array zufälliger numerischer Daten (*DBL*) und schreibt diese in eine Binärdatei. Beachten Sie, dass der Eingang *Datentyp* nur am VI *Datei schreiben* angeschlossen ist. Zum Lesen der binären Daten verwenden Sie *Read Binary File* (Abbildung 10.53).

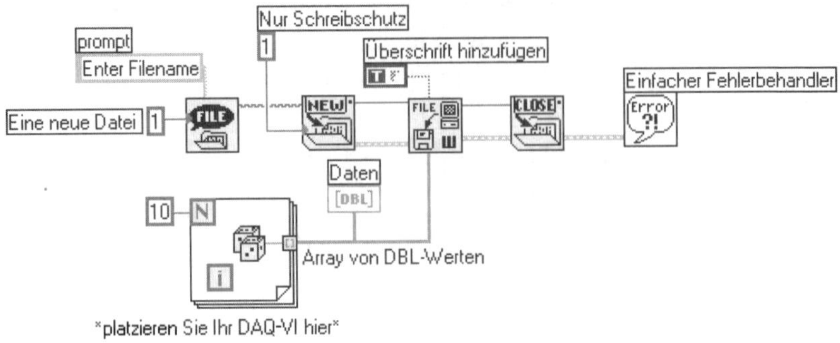

Abbildung 10.52: Das VI Write Binary File

Das Lesen der Datei ist recht unkompliziert. Sie müssen dazu nur den passenden Datentyp an *Datei lesen* anschließen (ein Array aus DBL-Werten). Da beim Schreiben am *Header*-Eingang TRUE angelegt war, kann *Datei lesen* die Array-Länge bestimmen und die Daten korrekt lesen.

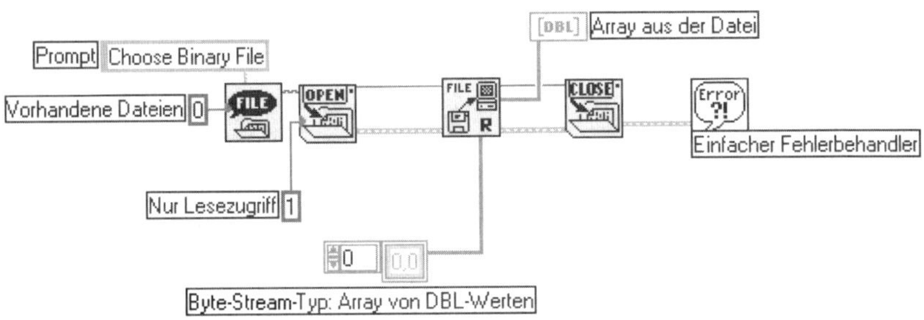

Abbildung 10.53: Das VI Read Binary File

10.4.8 Übung: Datenerfassung und Messwerte in Datei speichern

Verwenden Sie Ihre eigenen Datenerfassungs-VI, um ein VI zu schreiben, das drei Datei-I/O-Funktionen ausführt: eine, die eine Binärdatei liest/schreibt, eine, die eine ASCII-Datei (Textdatei) liest/schreibt, und eine dritte, die Daten protokolliert (eine Protokolldatei schreibt/liest). Verwenden Sie dann die Funktion *Datei/Verzeichnis Information* (aus der Palette *Datei-I/O>>Fortgeschritten*), um die Größe der drei Dateien zu bestimmen. Dabei sollte ein recht interessanter Vergleich herauskommen. Als zusätzliche Fähigkeit könnten Sie eine Methode einbauen, mit der die Zeit gemessen wird, die zum Schreiben oder Lesen benötigt wird.

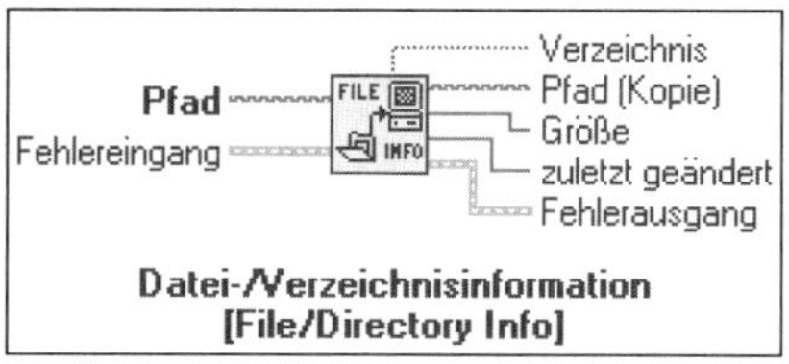

Abbildung 10.54: Die Funktion Datei/Verzeichnis Information

Speichern Sie Ihr VI als *File Type Comparison*.

10.5 Zusammenfassung

Mit den in LabVIEW enthaltenen Funktionen zur Manipulation von Zeichenketten können Sie die Länge der Zeichenketten bestimmen, zwei Zeichenketten kombinieren, eine Teilzeichenkette auflösen, eine Zeichenkette in eine Zahl konvertieren und umgekehrt usw.

Die einfachen Datei-I/O-Funktionen ermöglichen es Ihnen, Daten in eine Datei auf einen Datenträger zu schreiben oder von ihm zu lesen. *Zeichen in Datei schreiben* speichert eine Textzeichenkette in einer Datei. Mittels *Zeichen aus Datei lesen* oder *Zeilen aus Datei lesen* kann dann diese Datei wieder in LabVIEW eingelesen werden. Möchten Sie ein Array aus Zahlen speichern, müssen Sie die Funktion *In Spreadsheet-Datei schreiben (Tabelle)* anwenden. Sie können diese Daten zurücklesen und sie in das numerische Format konvertieren, indem Sie die Funktion *Aus Spreadsheet-Datei lesen (Tabelle)* anwenden.

Zum Schluss dieses Kapitels haben Sie einige fortgeschrittene Themen der Datei-I/O kennen gelernt. Es wurde gezeigt, wie LabVIEW mit drei Dateitypen arbeitet: Text- (oder ASCII-), Protokoll- und Binärdateien. Textdateien sind am einfachsten zu verwenden, benötigen jedoch mehr Speicher und mehr Rechenzeit. Protokolldateien sind nützlich, um *Datensätze* eines der Datentypen von LabVIEW oder des ganzen Frontpanels zu speichern. Binärdateien sind am schwierigsten in der Anwendung, verursachen jedoch sowohl vom Speicherbedarf als auch von der Rechenzeit her den geringsten Aufwand. Alle drei Dateitypen arbeiten mit den Hauptdateifunktionen der Palette *Datei-I/O*: *Datei öffnen* oder *Neue Datei, Datei lesen, Datei schreiben* und *Datei schließen*.

11 Datenerfassung

Alles, was mit meinem Netz nicht gefangen werden kann,
liegt ipso facto jenseits des Rahmens fischkundlichen Wissens
und ist kein Teil des Fischreiches, wie er als
Gegenstand fischkundlichen Wissens definiert wurde. Kurz gesagt,
was mein Netz nicht fangen kann, ist kein Fisch.
Arthur Eddington – Philosophie der Naturwissenschaften

Neben den standardisierten Schnittstellen IEEE 488, VXI, RS232/485, die eine Kommunikation zwischen Rechner und Stand-alone-Geräten ermöglichen, kommen in vielen MSR-Anwendungen Datenerfassungskarten zum Einsatz, die direkt in den Rechner eingebaut werden, beziehungsweise externe Box-Systeme (SCXI, Parallelport, USB etc.), die an die jeweiligen Schnittstellen angekoppelt werden und eine vom Rechner externe Datenerfassung durchführen. Neben dem günstigen Preis dieser Systeme wird hier eine unübertroffene Flexibilität angeboten, die aber erst durch den Einsatz von LabVIEW den Anwender in die Lage versetzt, eine Vielzahl von Applikationen der MSR-Technik auch in wechselnden Anwendungen mit nur einer Ausstattung zu bewältigen. Gleichzeitig ermöglichen sie es, eine Vielzahl von leistungsfähigen virtuellen Instrumenten für die unterschiedlichen Aufgaben durch die beliebige Kombination mit Industriestandard-Hardwareschnittstellen, wie sie oben erwähnt wurden, und LabVIEW zu erstellen.

Dazu brauchen Sie Rüstzeug in Form der theoretischen Grundlagen der Datenerfassung, aber auch die Kenntnisse über die Möglichkeiten der in LabVIEW bereitgestellten Funktionen. Erst dann sind Sie in der Lage, selbständig anwenderspezifische Applikationen im Handumdrehen zu erstellen. Hierbei werden Sie mit Hilfe der DAQ-Wizards über die anfänglichen Hürden hinwegkommen und sofort lauffähige virtuelle Instrumente generieren.

11.1 Analoge und digitale Messsignale

Doch bevor wir tiefer in die Thematik der Datenerfassung einsteigen, soll darauf eingegangen werden, welche Daten erfasst und wie diese klassifiziert werden. Wenn wir von Datenerfassung reden, meinen wir in erster Linie die Erfassung von Signalen. Signale werden im wissenschaftlichen Bereich zur Übermittlung von Information eingesetzt. Aber auch ein einzelner Messwert kann als Signal verstanden werden. In der Praxis jedoch wird mit dem Begriff Signal der Verlauf der Messwerte als Funktion der Zeit oder des Ortes verstanden. Als Beispiele solcher Signale kann man akustische Signale, Oszillogramme, den Verlauf der Spannung als Funktion der Zeit etc. nennen. Der Einfachheit halber beschränken wir uns im Folgenden auf Signale als Funktion der Zeit.

Jede zu erfassende physikalische Größe muss zuerst in ein elektrisches Signal umgewandelt werden, entweder in Spannung oder Strom. Ein *Messumformer* vollbringt diese Umwandlung. Möchten Sie z.B. eine Temperatur messen, dann müssen Sie irgendwie die Temperatur als Spannung darstellen, die von der DAQ-Einsteckkarte gelesen werden kann. Es gibt eine große Anzahl von Messumformern für die Temperatur, die die physikalischen Eigenschaften von Wärme und Material ausnutzen,umeineTemperaturineinelektrischesSignalumzuwandeln.

Ist erst einmal die physikalische Größe ein elektrisches Signal, dann können Sie das Signal messen und interpretieren (Abbildung 11.1).

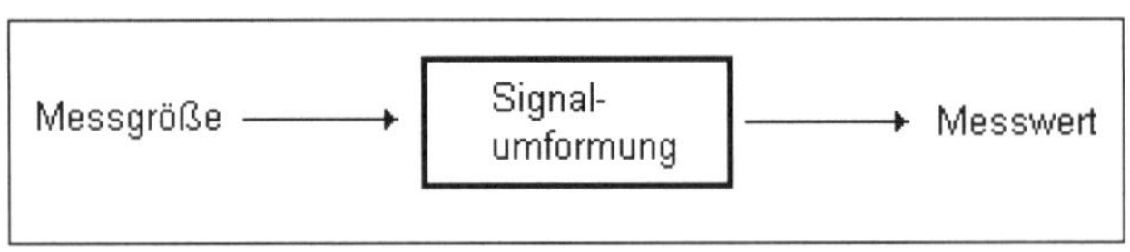

Abbildung 11.1: Prinzip der Signalerfassung

Sie messen ein Signal, wie bereits erwähnt, weil es irgendeine relevante Information enthält. Daher stellen sich zunächst die Fragen, welche Information enthält das Signal und wie soll diese übermittelt werden. Im Allgemeinen wird die Information eines Signals mittels eines der folgenden Parameter übermittelt: Zustand, Form, Geschwindigkeit oder Frequenzgehalt. Diese Parameter entscheiden darüber, welche I/O-Schnittstellen und Analysemethoden Sie benötigen. Als Erstes können Sie ein Signal nach *analog* oder *digital* klassifizieren. Ein digitales oder binäres Signal hat nur zwei mögliche eindeutige Zustände – ein hohes (An) Niveau oder ein niedriges (Aus) Niveau. Ein analoges Signal hingegen enthält Informationen in der fortlaufenden Veränderung des Signals in Bezug auf die Zeit.

Ingenieure klassifizieren digitale Signale oft noch in zwei weitere Typen und analoge Signale sogar noch in drei weitere Typen. Die *An-* und *Aus-*Signale sind der eine Typ und das *Pulse-Train-*Signal ist der andere digitale Typ. Die drei Typen der Analogsignale sind das *Gleichstromsignal,* das *Zeitbereichs-* oder *Wechselstromsignal* und das *Frequenzbereichssignal.* Bei der Weiterleitung von Informationen verhalten sich die beiden digitalen und die drei analogen Signaltypen gleich. Sie werden sehen, dass die fünf Signaltypen genau den fünf Grundtypen der Signalinformation entsprechen: Zustand, Geschwindigkeit, Niveau, Form und Frequenzinhalt (Abbildung 11.2).

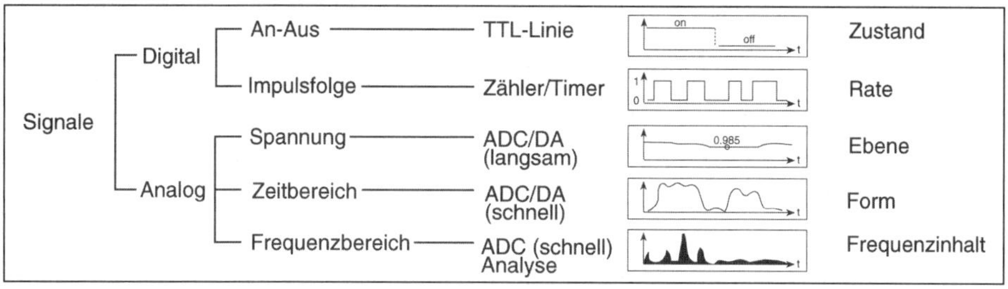

Abbildung 11.2: Signaltypen

11.1.1 Datenerfassung – grundlegende Aspekte

Unter »Datenerfassung« ist in diesem Zusammenhang in erster Linie das Erfassen von Messwerten mit Hilfe von Einsteckkarten im Rechner gemeint. Diese Karten sind in der Regel als so genannte Multifunktionskarten ausgelegt, das heißt, dass sie sowohl die Möglichkeit bieten, analoge, statistische und dynamische Spannungen zu messen oder auszugeben als auch digitale Signale (Schaltzustände, Bitmuster, Tastraten) aufzunehmen oder zu erzeugen. Die Kurzbegriffe für diese Funktionen lauten A/D-Wandlung, D/A-Wandlung, Digital-I/O und Counter/Timer.

11.1.2 Analog/Digital-Wandler

Analog/Digital-Wandler, kurz A/D-Wandler genannt, wandeln eine analoge Spannung in ein digitales, dem Rechner »verständliches« Signal um. Einfachstes Beispiel hierfür ist das Digitalvoltmeter (DVM), das eine Spannung misst und in dezimalen Zahlen anzeigt. Analoge Zeigerinstrumente im Vergleich dazu treten heute mehr und mehr in den Hintergrund und bleiben Spezialanwendungen vorbehalten. Gleiches gilt für analoge Oszilloskope, die nur noch für Höchstfrequenzanwendungen im Mikrowellenbereich zu finden sind, obgleich hier, auf den ersten Blick, an der Anzeigeart ein Digitaloszilloskop von einem analog messenden Gerät zu unterscheiden ist.

Der Marktanteil von A/D-Wandlern, die in der Messtechnik verwendet werden, nimmt von Jahr zu Jahr zu, zum einen als Basiselement in Stand-alone-Geräten, zum anderen in A/D-Wandlerkarten für unterschiedlichste Rechnersysteme. Gerade dieser Bereich hat enorme Zuwachsraten zu verbuchen; Grund dafür ist die Flexibilität, die eine solche Karte in Verbindung mit einem Rechner und der entsprechenden Software zur Verfügung stellt. Sie bildet die Hardwarevoraussetzung, den Rechner einmal als Digitalvoltmeter zu verwenden und wenige Augenblicke später als Temperaturmessgerät, Oszilloskop oder Frequenzanalysator. Dabei ist der A/D-Wandler immer das Basiselement, das analoge Signale in digitale umwandelt; der Rest der Funktionalität, der dann den Unterschied zwischen einer Temperaturmessung und einer Frequenzanalyse ausmacht, wird von der Software beigesteuert.

Um die Auswahlkriterien unterschiedlicher Leistungsklassen beurteilen zu können, wollen wir zunächst näher auf die Funktionsweise von A/D-Wandlern eingehen.

Funktionsweise eines A/D-Wandlers

Es gibt eine Vielzahl von Vorgehensweisen, ein statisches, das heißt zeitlich unveränderliches, analoges Signal in ein digitales Signal, also eine binäre Zahl, zu konvertieren. Jede dieser Methoden hat ihre Vor- und Nachteile und findet, je nach den Anforderungen wie Genauigkeit, Schnelligkeit oder Störanfälligkeit, ihren Einsatzort. Als ein Prinzip der A/D-Wandlung sei hier das Rampenverfahren beschrieben. Unter diesem Namen existieren wiederum drei weitere Methoden, das Ein-, das Zwei- und das Vierrampenverfahren. Dies soll nur die Vielfalt der Möglichkeiten aufzeigen. Anhand des Einrampenverfahrens wollen wir hier eine einfach verständliche Basismethode beschreiben (Abbildung 11.3).

Ein A/D-Wandler, der nach dem Rampenverfahren arbeitet, besteht im Wesentlichen aus einem Fensterkomparator, einem Taktgenerator und einem Zähler. Der Rampengenerator bildet eine linear ansteigende Spannung U_S von beispielsweise 0 bis +10 Volt. Der Fensterkomparator vergleicht laufend die zu messende Spannung U_E mit der definierten Rampenspannung U_S. Beim Nulldurchgang von U_S startet er einen Zähler, der die Impulse des Taktgenerators zählt. Wird U_S größer als U_E, so wird der Zähler gestoppt. Der Zählerstand stellt somit ein digitales Maß für die zu messende Spannung U_E dar. Voraussetzungen, um zu U_E proportionale Zählerstände zu erhalten, sind eine Rampenspannung konstanter Steigung sowie eine konstante Frequenz des Taktgenerators.

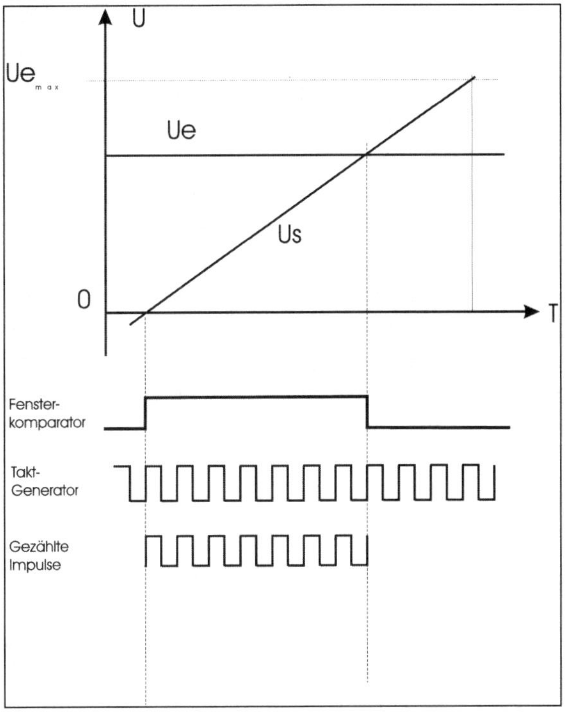

Abbildung 11.3: Signalverläufe – A/D-Wandler nach dem Rampenverfahren

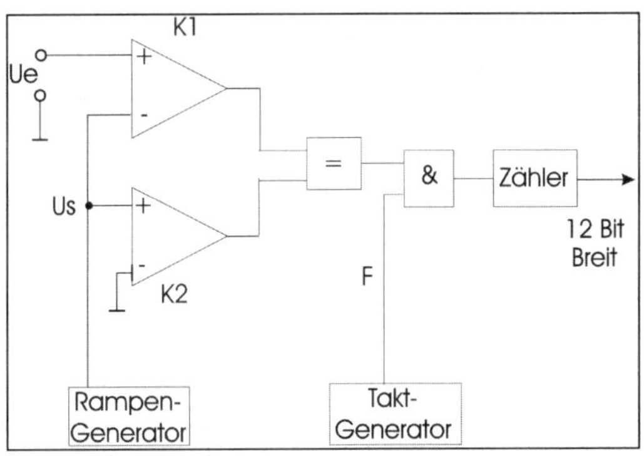

Abbildung 11.4: Blockschaltbild A/D-Wandler nach dem Einrampenverfahren

Im Blockschaltbild (Abbildungen 11.3 und 11.4) sieht das folgendermaßen aus:

Die beiden Komparatoren K1 und K2 bilden zusammen mit dem Exclusiv-NOR G1 einen Fensterkomparator, der so lange eine logische 1 ausgibt, solange $0 < U_S < U_E$ erfüllt ist. Der Ausgang des Fensterkomparators wird mit dem Signal des Taktgenerators UND verknüpft und auf den Zählereingang gelegt. Die Steigung der Rampe und die Frequenz des Taktgenerators sind so aufeinander abgestimmt, dass der Zähler bei maximaler Amplitude der Rampenspannung seinen höchsten Stand erreicht.

Der Wandelbereich resultiert aus der Amplitude der Rampenspannung und beträgt typischerweise 0–10, 10 oder 5 Volt. Die Auflösung des A/D-Wandlers errechnet sich aus dem maximal möglichen Zählerstand, der in der Zeit, in der die Rampenspannung den Wandelbereich durchläuft, erreicht werden kann. Hier kommen standardmäßig Zähler mit 8, 12 und 16 Bit zum Einsatz, wobei heute auch 24 Bit schon als Standard bezeichnet werden können. Damit lässt sich dann bis $2^8 = 256$, $2^{12} = 4.096$ bzw. $2^{16} = 65.536$ zählen. Aus Wandelbereich und Auflösung in »Bit« lässt sich nach folgender Beziehung die kleinste erkennbare Spannungsänderung berechnen:

$$\Delta U = \frac{\text{Wandelbreich}}{2^{\text{Auflösung (Bit)}}}$$

Ein Wandelbereich von 0–10 Volt und eine Auflösung von 16 Bit ergeben somit eine kleinste erkennbare Spannung von 152,6 µVolt.

Beim Erfassen von dynamischen Signalen wird diese Konvertierung dann nur in entsprechend kurzen Zeitabschnitten wiederholt, wobei man für diesen »kurzen« Zeitabschnitt das dynamische Signal wiederum als statisch annehmen kann. Man spricht von der Abtastrate in Hz und meint damit, wie oft der Konvertierungsvorgang je Sekunde wiederholt werden kann. Dies hängt natürlich von der Anstiegsgeschwindigkeit der Rampe ab. Bei einer Abtastrate von 100 Hz und einer Auflösung von 12 Bit muss die Rampe in wenigstens 0,01 Sekunden durchlaufen sein und die Frequenz des Taktgenerators so hoch gewählt werden, dass der Zähler in diesen 0,01 Sekunden bis 4.096 zählen kann. Das ergibt eine Taktfrequenz von $2^{12} = 409{,}6$ kHz.

Bei heute üblichen Auflösungen von bis zu 16 Bit und Abtastraten von 100 kHz sehen Sie schon, dass diese einfach zu realisierende Wandelmethode hier kaum Verwendung finden wird. Umsetzer nach dem Ein-, Zwei- und Vierrampen-Verfahren werden in erster Linie für digitale Multimeter (DMM), bei denen es nicht auf hohe Messraten ankommt, eingesetzt. Für die in der computergestützten Messdatenerfassung verwendeten Multifunktionskarten, die wesentlich schnellere Wandelverfahren erfordern, kommen häufig A/D-Konverter nach dem Verfahren der sukzessiven Approximation (auch Wägeverfahren genannt) zum Einsatz.

Ein Umsetzer, der nach dieser Methode arbeitet, besteht im Wesentlichen aus den Funktionsgruppen Referenzquelle, Digital/Analog-Umsetzer, Näherungsregister und Komparator. Dabei wird im Näherungsregister zunächst das höchste Bit gesetzt. Bei einem 4-Bit-Register entspricht das der Binärzahl »1 0 0 0«, also der Hälfte der größtmöglichen 4-Bit-Zahl »1 1 1 1«. Diese 4-Bit-Zahl wird über den D/A-Wandler in eine analoge Spannung konvertiert, die dann wiederum der Hälfte des gewählten Wandelbereichs (Referenzquelle) entspricht. Diese analoge Spannung aus dem D/A-Wandler wird im Komparator mit der zu messenden Spannung verglichen. Ist die zu messende Spannung größer, so bleibt das erste Bit im Näherungsregister gesetzt. Ist sie kleiner, wird es auf »0« zurückgesetzt. Dann wird das nächsthöhere Bit im Näherungsregister gesetzt, so dass sich die Binärzahl »1 1 0 0« oder »0 1 0 0« ergibt. Das zweithöchste Bit entspricht einem Viertel der größtmöglichen 4-Bit-Zahl »1 1 1 1«.

Nach dem Wandeln der neuen Binärzahl in eine analoge Spannung wird wieder mit der zu messenden Spannung verglichen. Aufgrund des Ergebnisses bleibt das zweithöchste Bit auf »1« oder es wird auf »0« gesetzt. Dieser Vorgang wird bis zum niederwertigsten Bit, dem LSB (least significant bit), wiederholt, das bei 4 Bit einem 1/16 und bei den gebräuchlichen 12 Bit einem 1/4.096 des Wandelbereichs entspricht. Am Ende dieses Vorgangs ergibt sich somit eine Digitalzahl, die nach der D/A-Wandlung zu der zu messenden Spannung mit der Genauigkeit LSB proportional ist. Ein 12-Bit-Wandler, der nach diesem Verfahren arbeitet, erreicht Umsetzzeiten von wenigen µ-Sekunden.

Was nun beim Einsatz einer Datenerfassungskarte bezüglich des A/D-Teils zu beachten ist, kommt ganz auf den Verwendungszweck an. Die meisten Karten verfügen in der Regel über einen A/D-Wandler, können aber bis zu 64 Kanäle messen. Dies geschieht dann im Multiplexbetrieb; das heißt, dass die Kanäle nacheinander auf den Wandlereingang geschaltet werden. Dabei ist verständlich, dass die Kanäle nicht gleichzeitig, also nur mit einem geringen zeitlichen Versatz gemessen werden können, und dass sich bei diesem Verfahren die maximal mögliche Abtastrate des A/D-Wandlers, dividiert durch die Anzahl der zu messenden Kanäle, ergibt. In den Spezifikationen wird meist die so genannte Summenabtastrate angegeben. Das ist die maximal mögliche Abtastfrequenz, die beim Messen eines einzigen Kanals erzielt werden kann.

Die nötige Abtastrate je Kanal hängt von der maximal zu erfassenden Signalfrequenz ab. Nach dem Nyquist-Theorem ist mindestens das Doppelte der maximalen Signalfrequenz als Abtastrate zu wählen ($f_{abtast} > f_{max}$). Wird dies nicht berücksichtigt, d. h., kommen in dem zu untersuchenden Signal Frequenzen $f_{max} > f_{abtast}$ vor, so erzeugt das abgetastete Signal Pseudofrequenzen (Aliasing-Effekt). Mehr zu diesem Thema finden Sie in [1] und [14] bis [18].

Nun kommt es darauf an, ob der zeitliche Verlauf der Signalspannung erfasst und analysiert werden soll oder ob nur die Frequenzanteile zu errechnen sind. Um eine qualitative Aussage über die Signalform im Zeitbereich treffen zu können, ist in der Praxis mindestens der fünf- bis zehnfache Wert der höchsten auftretenden Frequenz zu wählen (Abbildung 11.5).

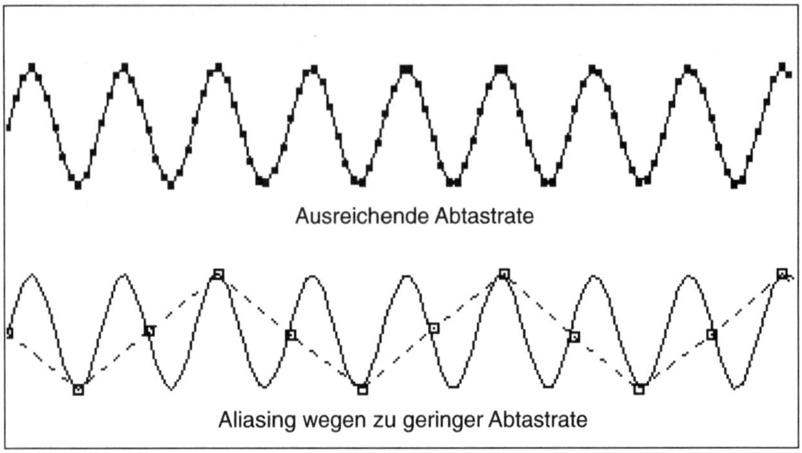

Abbildung 11.5: Over- und Under-Sampling

Zum Errechnen der in einem Signal enthaltenen Frequenzanteile über die Fouriertransformation genügt dagegen das Zweifache der maximal darzustellenden Frequenz als Abtastrate, wenn man voraussetzt, dass es sich um ein periodisches Signal handelt und genügend viele Perioden abgetastet werden. Der Betrag der Fouriertransformation ergibt das so genannte Leistungsspektrum (Power Spectrum), welches die Einzelleistungen als Spektrallinien unterschiedlicher Höhe über der frequenzskalierten X-Achse darstellt. In der Praxis wird die schnelle Fouriertransformation (FFT = *F*ast *F*ourier *T*ransformation) verwendet. Sie ist eine auf geringsten Rechenaufwand optimierte Version der diskreten Fouriertransformation (Abbildung 11.6).

Die Auflösung des A/D-Wandlers wird in Bit angegeben (am gebräuchlichsten sind 12 und 16 Bit) und gibt Aufschluss über die Genauigkeit, mit der eine analoge Spannung digitalisiert werden kann. Bei einem Wandelbereich von 10 Volt und einer Auflösung von 12 Bit errechnet sich die kleinstmögliche Spannungsdifferenz, die der Wandler »erkennen« kann, zu 20 Volt/2^{12} = 4,88 mV. Man spricht hier von LSB (LSB = Least Significant Bit), welches als niederwertigste Stelle in die zur analogen Spannung proportional gebildete Binärzahl eingeht. Bei 16 Bit Auflösung entspricht ein LSB dem 1/65.536fachen des Wandelbereichs, bei 10 Volt also 0,3 mV. Wichtig ist hier der Bezug zum Wandelbereich. Misst man bei einem maximalen Bereich des A/D-Wandlers von 10 Volt und 12 Bit Auflösung ein Signal mit einer maximalen Amplitude von 10 Volt, so nutzt man tatsächlich die maximale Auflösung von 1 LSB = 4,88 mV und kann somit eine Genauigkeit von etwa 4,88 mV/20V = 0,025 % erreichen. Misst man jedoch unter gleichen Voraussetzungen ein Signal der Amplitude 20 mV, so liegt die Genauigkeit nur noch bei 25 %, das entspräche einem A/D-Wandler mit einer Auflösung von 3 Bit bei 10 mV Wandelbereich. An diesem Beispiel sieht man, dass die Spezifikationen des A/D-Wandlers allein noch keine Aussage über die Qualität einer Messung zulassen. Da die zu messenden Signale in der Amplitude oft nicht zum Wandelbereich (meist 0–10 Volt, 5 Volt oder 10 Volt) »passen«, müssen sie verstärkt werden. Zu diesem Zweck befindet sich ein Messverstärker auf der Datenerfassungskarte, der kleine Signalamplituden so weit anhebt, dass der Wandelbereich möglichst voll überstrichen wird. Dabei ist zum einen zu beachten, ob die Verstärkung softwaremäßig gewählt werden kann und ob sie für jeden Kanal getrennt einstellbar ist, zum anderen der absolute Verstärkungsfaktor und dessen Abstufung. Die Verstärkung ist z.B. in Schritten von 1-, 2-, 4-, 8fach oder 1-, 10-, 100-, 500fach abgestuft.

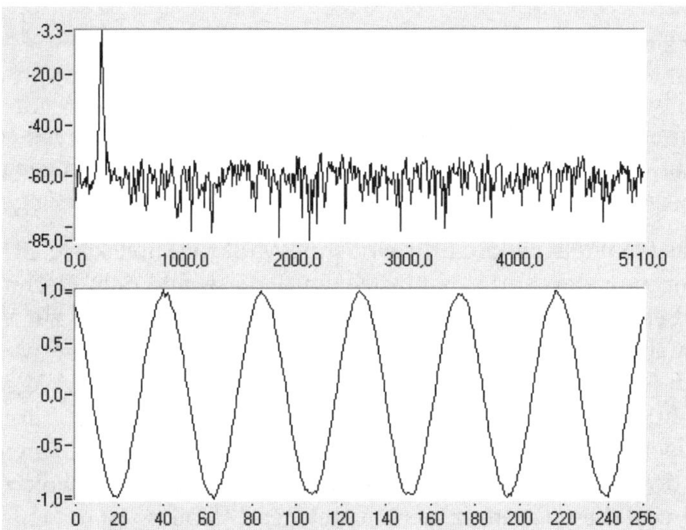

Abbildung 11.6: Signale im Zeit- und im Frequenzbereich

Ein wichtiges Qualitätsmerkmal eines Messverstärkers ist die so genannte *Settling Time*, die Anstiegsgeschwindigkeit. Bei 100facher Verstärkung und einer Eingangsspannung von 0,1 Volt muss der Verstärkerausgang von 0 Volt auf

10 Volt ansteigen. Aufgrund interner, kapazitiver Lasten dauert dies eine gewisse Zeit, die *Settling Time* (Abbildung 11.7). Wird nun mit einer hohen Abtastrate von beispielsweise 100 kHz abgetastet, so muss diese Anstiegszeit kürzer als 1/100 kHz = 10 sec sein. Ist dies nicht der Fall, erhält man falsche Messergebnisse.

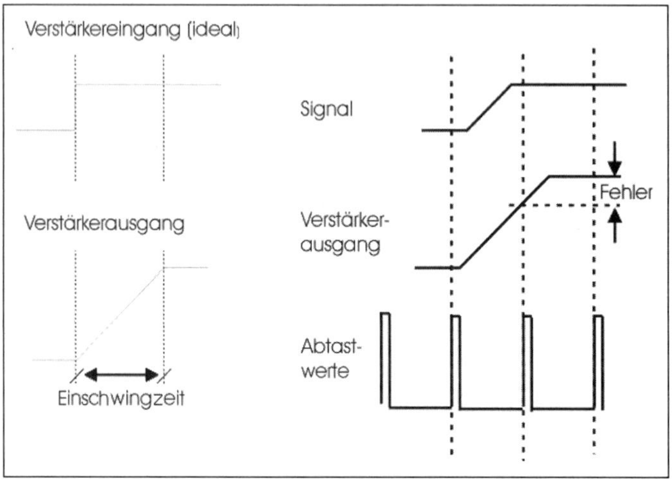

Abbildung 11.7: Messverstärker Settling

Das Schlimme daran ist, dass sich solche Fehler kaum feststellen lassen, so dass man hier auf die Herstellerangaben angewiesen ist. Es sollte also genau spezifiziert werden, welcher Verstärkungsfaktor bis zu welcher Abtastrate zugelassen ist.

Ein weiteres Qualitätsmerkmal für eine gute Multifunktionskarte ist die Spannungsversorgung der Karte. Natürlich wird diese aus dem Rechnernetzteil gespeist. Über den PC-Bus werden 5 V Versorgungsspannungen zur Verfügung gestellt, die aber, je nach Last, relativ großen Schwankungen unterworfen sind. Bei neueren Rechnern mit PCI-Bus werden jedoch nur noch 3,3 V zur Verfügung gestellt. Nun kommt es darauf an, diese 5 Volt möglichst gut, das heißt mittels aufwendiger Hardware, aufzubereiten. Bei einem Wandelbereich von 10 Volt muss dem A/D-Wandler eine Referenzspannung von 10 Volt zur Verfügung stehen. Ist diese Referenz nicht ausreichend stabil, so ist mit einem 16-Bit-Wandler rasch nur noch die Genauigkeit eines 12-Bit-Wandlers oder weniger zu erreichen.

Was die Versorgung der Datenerfassungskarte angeht, spielt natürlich auch die Leistungsfähigkeit des internen Rechnernetzteils eine Rolle. Es muss genügend Reserven bieten, um neben dem eigentlichen Rechner auch noch die zusätzliche

Erweiterungshardware in Form von Datenerfassungskarten zu versorgen. Die Gesamtleistungsaufnahme ist vor allem beim Einsatz mehrerer Einsteckkarten ein wichtiger Gesichtspunkt. Soll gar ein Laptop oder ein batteriegespeistes Notebook mit portablem Erweiterungschassis zum Einsatz kommen, sind die Leistungsreserven schnell ausgeschöpft.

In diesem Zusammenhang ist auch das Thema Verlustleistung und die daraus resultierende Wärmeentwicklung von großer Bedeutung. Eine A/D-Wandlerkarte, die mit 200 kHz Abtastrate arbeitet, schlägt ohne Weiteres mit einer Stromaufnahme von 2 Ampere bei 5 Volt Versorgungsspannung zu Buche. Dies bedeutet eine Verlustleistung von ca. 10 Watt, die vor allem bei kompakt aufgebauten tragbaren Systemen zu erheblichen thermischen Problemen führen kann.

Bei all diesen Überlegungen haben wir noch nicht die »unsaubere« Umgebung, in der die Karten arbeiten müssen, in Betracht gezogen. Durch Videokarte und unterschiedliche Clockfrequenzen ist das Innere eines Rechners hohen HF-Störungen unterworfen. Grund genug für eine postalische Zulassung eines jeden Rechners in Form einer FTZ-Nummer. Diese Störquellen können ungewollte Einstreuungen in den Analogteil der Karte zur Folge haben, die unter Umständen weitaus größer sind als die Auflösung des A/D-Wandlers (0,3 mV für 16-Bit-Wandler!). Im Layout der Karte sollten daher Analog- und Digitalteil strikt voneinander getrennt sein. Skepsis ist geboten, wenn für beide Teile die gleichen Masseanschlüsse vorgesehen sind. Bei 16-Bit-Karten wird in der Regel zudem eine komplette Abschirmung des Analogteils in Form einer metallischen Kapselung vorgenommen.

Die in diesem Kapitel besprochenen Punkte sollen die Auswahl der richtigen Datenerfassungskarte für die jeweilige Messaufgabe erleichtern. Sie wollen dem Anwender, der nicht aus der Elektrotechnik kommt, das nötige Grundwissen vermitteln, damit dieser nicht blind auf Herstellerangaben wie »Hohe Genauigkeit dank 16-Bit-A/D-Wandler« angewiesen ist. Für detailliertere Informationen seitens der Hardware von A/D- und D/A-Wandlern sei auf das Literaturverzeichnis am Ende dieses Buchs verwiesen.

Die Masse

Spannung ist immer die Messung eines Potential*unterschieds* zwischen zwei Körpern. Gewöhnlich wird ein Körper als Bezugspunkt genommen und mit »0 V« bezeichnet. Über ein Signal von 3,47 V zu sprechen, bedeutet so lange gar nichts, wie man nicht hinsichtlich des Bezugspunkts eine klare Aussage hat. Normalerweise wird der Bezug auf 0 V angenommen (Erde).

Erde (Earth Ground) verweist auf das Potential der Erde unter Ihren Füßen. Die meisten elektrischen Steckdosen haben einen Anschluss, der wie das Sicherheitssystem für die elektrischen Anlagen eines Gebäudes an die Erde angeschlossen ist. Viele Geräte sind ebenfalls an dieser Erde »geerdet« und darum spricht man hier auch von der *Systemerde (System Ground)*. Sicherheit ist der Hauptgrund für diese Art der Erdung und nicht die Verwendung als Bezugspotential.

Gewöhnlich ist die *Bezugserde (Reference Ground)* das in der MSR-Technik verwendete Bezugspotential. Manchmal wird es als Rückleitung oder gemeinsames Signal bezeichnet. Die gemeinsame Erde kann, muss aber nicht mit der Erde verbunden sein. Viele Instrumente, Geräte und Signalquellen stellen bereits einen Bezugspunkt zur Verfügung.

Die DAQ-Einsteckkarte in Ihrem Computer erwartet ebenfalls eine Vorgabe, hinsichtlich welchen Bezugspunkts eine Spannung gemessen werden soll. Sie haben die Wahl und Ihre Wahl hängt von der Art der Signalquelle ab, die Sie anschließen. Die Signale können in zwei grundlegende Kategorien eingestuft werden:

- geerdet
- ungeerdet/Potentialfrei (Floating)

Wir werden diese Kategorien etwas später untersuchen.

Geerdete Signalquelle

Ein Spannungssignal, das sich auf die Systemerde bezieht, wird als geerdete Quelle bezeichnet (Abbildung 11.8). Die Systemerde wird gemeinsam mit der Datenerfassungskarte verwendet. Als Beispiele für geerdete Quellen sind alle Geräte anzuführen, die über die Steckdose mit der Gebäudeerde verbunden sind, wie Signalgeneratoren und Stromversorgungen.

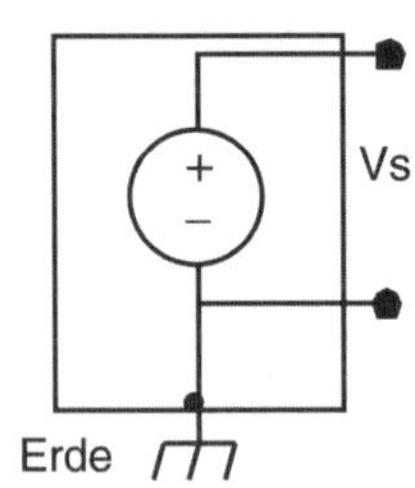

Abbildung 11.8: Geerdete Signalquelle

Ungeerdete Signalquelle

Eine Quelle, bei der das Spannungssignal nicht auf irgendeine gemeinsame Erde bezogen ist, wird als ungeerdete Quelle bezeichnet (Abbildung 11.9). Einige Beispiele für ungeerdete Signalquellen sind Batterien, Transformatoren und Trennverstärker. Beachten Sie, dass in Abbildung 11.9 kein Quellenanschluss mit der elektrischen Erde der Steckdose verbunden ist.

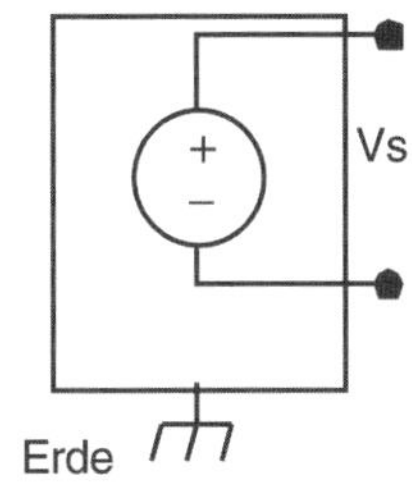

Abbildung 11.9: Ungeerdete Signalquelle

Erfassungsarten

Doch auch mit der besten Datenerfassungskarte erzielt man nur gute Ergebnisse, wenn beim Messen selbst noch einige Punkte berücksichtigt werden.

Wie Sie nun wissen, sind den A/D-Wandlern, neben Multiplexern, Verstärker vorgeschaltet; so genannte Instrumentierungs- oder Operationsverstärker, die über einen invertierenden und einen nicht invertierenden Eingang verfügen. Sie ermöglichen die beiden Eingangsschaltungen »Differential« und »Single Ended«. Im Differential-Modus stehen nur halb so viele Eingangskanäle zur Verfügung wie im Single-Ended-Modus. Dafür werden im Differential-Modus Störungen, die auf die Messleitungen einwirken, eliminiert. Er sollte also besonders bei langen Zuführungen zum Sensor und in störträchtigen Umgebungen eingesetzt werden. Des Weiteren ist genau zu überlegen, ob massebezogene (Grounded) oder massefreie (Floating) Signalquellen zu messen sind.

Je nach den Anforderungen werden die entsprechenden Eingangsschaltungen Board-abhängig per Jumper direkt auf dem Board oder per Software vorgenommen. Diese Überlegungen sind immer anzustellen, egal ob konstante Spannungen gemessen oder Kurvenformen erfasst werden.

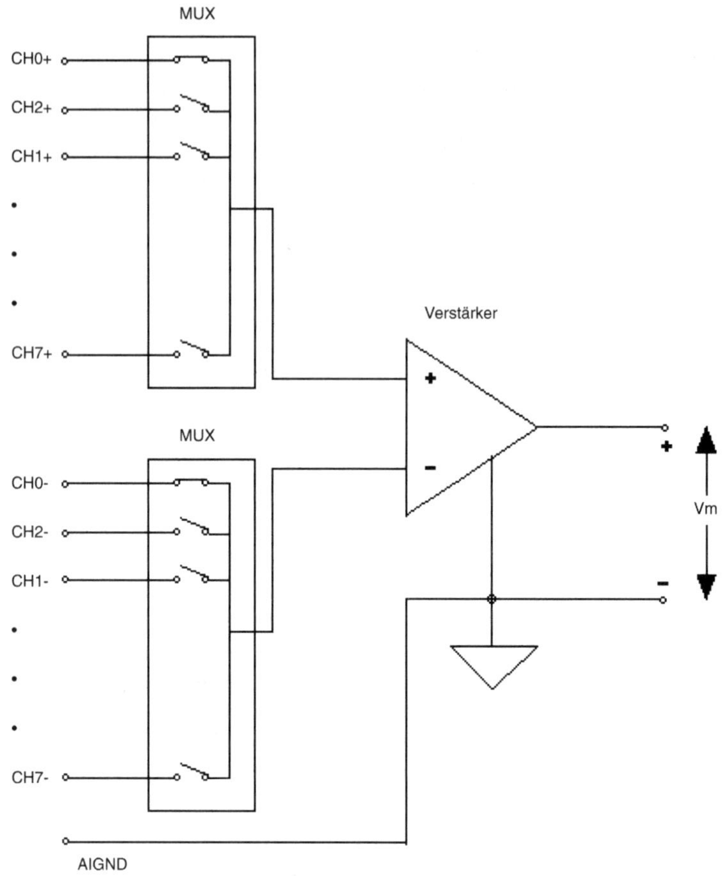

Abbildung 11.10: Differentielle Messung

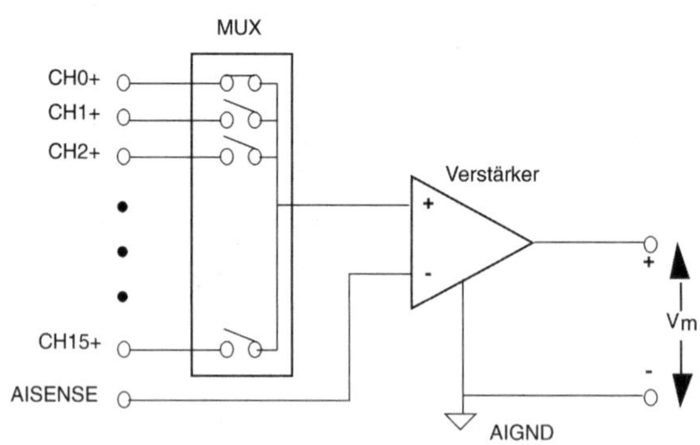

Abbildung 11.11: Referenced Single Ended (RSE)

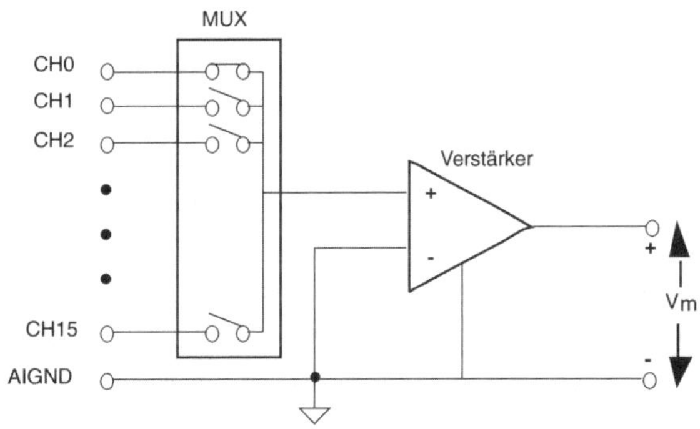

Abbildung 11.12: Non Referenced Single Ended (NRSE)

Beim Erfassen von Kurvenformen muss man zudem eine von drei Möglichkeiten bezüglich der Ablage der Daten im Speicher und der Triggerung wählen: *Single-Buffer*-Erfassung wird durch einen Hardware- oder Software-Trigger ausgelöst und legt die Daten in einem Array vordefinierter Größe ab. Beispielsweise sollen, gestartet durch ein externes Trigger-Signal, 10 000 Punkte mit einer Abtastrate von 50 kHz erfasst werden. Das Programm wartet also auf den externen Trigger-Impuls und gibt erst nach der Messung ans aufrufende Programm zurück; die eigentliche Messung dauert 10 000 Punkte/50 kHz, also 0,2 sec. Vergleichbar ist dieser Vorgang mit einem »Single Shot« auf einem digitalen Speicheroszilloskop.

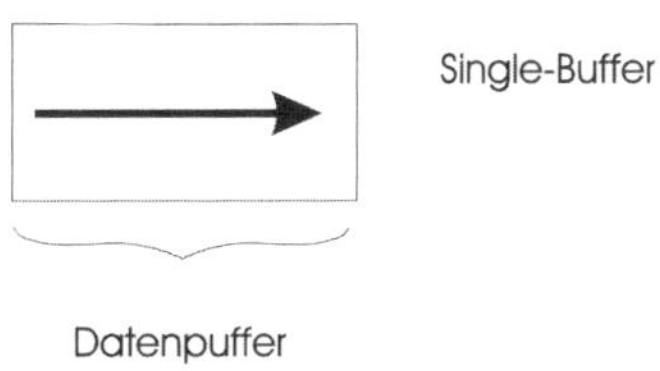

Abbildung 11.13: Single-Buffer-Erfassung

Pre-/Posttrigger-Erfassung legt die Daten ebenfalls in einem Array vordefinierter Größe ab. Auch hier löst ein Trigger-Impuls die Messung aus, doch kann angegeben werden, wie viele Punkte des vorgegebenen Arrays vor bzw. nach dem Trigger erfasst werden. Da auch Punkte vor dem Trigger gemessen werden sollen, muss die Datenerfassung in einer Art Kreislauf erfolgen, aber erst nach dem Trigger-Ereignis die gesammelten Daten ablegen. Beispielsweise sollen bei einer Abtastrate von 20 kHz 1.000 Punkte erfasst werden, wobei 300 Punkte vor Auftreten des Trigger-Ereignisses und 700 danach in einem X/Y-Graphen ausgegeben werden sollen.

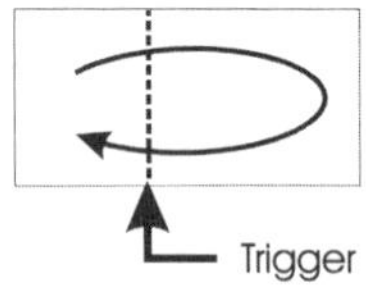

Abbildung 11.14: Pre-/Posttrigger-Erfassung

Multibuffer-Erfassung wird als reine Hintergrunderfassung eingesetzt. Ein Puffer vordefinierter Größe wird zyklisch beschrieben. Das heißt, dass der Puffer, ist er gefüllt, von Neuem beschrieben wird, also die enthaltenen Daten nach einer bestimmten Zeit durch neue Daten ersetzt werden. Man muss also einen Teil des Puffers auslesen und weiterverarbeiten, bevor dieser mit neuen Daten belegt wird.

Eine solche Funktion gibt sofort nach ihrem Start an das aufrufende Programm zurück, während die zyklische Erfassung im Hintergrund fortdauert. Von Zeit zu Zeit werden nun Teile des Puffers ausgelesen und analysiert oder dargestellt. Dabei müssen natürlich Hilfsfunktionen verfügbar sein, die einen Datenverlust durch Überschreiben nicht ausgelesener Pufferteile erkennen und signalisieren können.

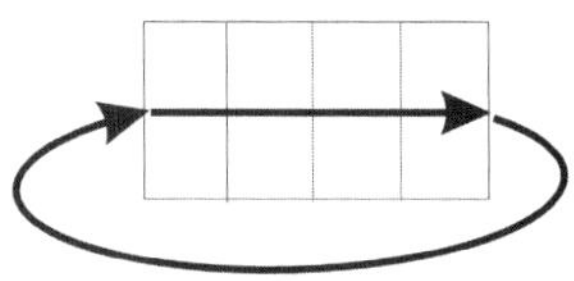

Abbildung 11.15: Multibuffer-Erfassung

11.1.3 Digital/Analog-Wandler

Digital/Analog-Wandler, kurz D/A-Wandler genannt, wandeln eine digitale Größe in Form einer mehrstelligen Binärzahl in eine proportionale analoge Größe wie Spannung oder Strom. Erzeugt man die Binärzahl beispielsweise mit einem Rechner, so lassen sich programmgesteuert nahezu beliebige analoge Spannungen zwischen den Grenzen der Referenzspannung erzeugen. Ändert man nun die Abfolge der Binärzahlen, die den D/A-Wandler speisen, über der Zeit, so erhält man am Ausgang eine treppenförmige Kurve; man spricht von einem wertdiskreten, zeitkontinuierlichen Ausgangssignal des D/A-Wandlers.

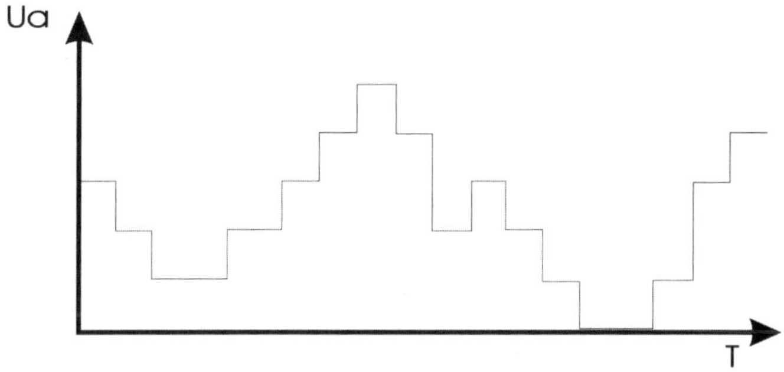

Abbildung 11.16: Diskretisierung eines Analogsignals

Bei entsprechend hoher Änderungsrate und Auflösung des Wandlers lassen sich auch höherfrequente Kurven beliebiger Form erzeugen. Man erhält einen arbiträren Kurvengenerator. »Beliebig« ist hier mit Vorsicht zu genießen, denn in entsprechend kurzen Zeitabschnitten gesehen bleibt die Ausgangsspannung natürlich immer wertdiskret.

Doch wenn der Zeitabschnitt, in dem der Spannungswert konstant ist, sehr viel kleiner ist als die Frequenz des gewünschten Analogsignals und der minimale Spannungssprung sehr viel kleiner ist als die maximale Signalamplitude, so kann die wertdiskrete Ausgangsspannung näherungsweise als wertkontinuierliche Spannung angesehen werden. Aufgrund der endlichen Auflösung und Änderungsrate eines Wandlers werden in der Praxis häufig Tiefpassfilter nachgeschaltet, um ein wirklich wertkontinuierliches Signal zu erhalten.

Funktionsweise eines D/A-Wandlers

Auch für D/A-Wandler gibt es unterschiedliche Realisierungsmöglichkeiten. Ein weit verbreitetes Verfahren ist das so genannte Wägeverfahren, bei dem ein Widerstandsnetzwerk den eigentlichen D/A-Wandler bildet. Je nachdem, wie die Widerstände des Netzwerks geschaltet werden, erhält man unterschiedliche analoge Ausgangssignale in Form einer Spannung oder eines Stroms. Dabei steuert jedes Bit der zu wandelnden Binärzahl einen Schalter. Üblicherweise kommen auf Multifunktionskarten Wandler mit 12 und 16 Bit Auflösung zum Einsatz. In der Regel stehen auf einer Karte zwei analoge Ausgänge zur Verfügung; hier wird nicht, wie bei den analogen Eingängen gebräuchlich, mit Multiplexern gearbeitet, so dass Standardkarten für reine analoge Ausgabe mit bis zu zehn D/A-Wandlern bestückt sind.

Worauf muss man nun bei der Auswahl einer Karte achten, wenn man besonderen Wert auf den D/A-Teil legt? Neben der Auflösung in Bit und der maximalen Ausgaberate (auch Update Rate) ist in erster Linie der so genannte »Glitcheffekt« für die Qualität verantwortlich. Sollen mit dem D/A-Wandler keine Kurvenzüge, sondern lediglich unterschiedliche, aber zeitlich konstante Spannungen generiert werden, so braucht man sich darüber keine Gedanken zu machen. Will man jedoch eine Art Funktionsgenerator realisieren, so sollte sehr wohl auf einen glitcharmen Ausgang Wert gelegt werden.

Glitches sind Spannungsüberhöhungen (Spikes), deren Ursachen hauptsächlich in ungleichem Schalten der Schalter und Umladevorgängen an parasitären Kapazitäten zu suchen sind.

Die Stärke dieser Störungen ist abhängig vom Arbeitsprinzip des D/A-Wandlers und von eventuell verwendeten Ausgangsfiltern zur Unterdrückung dieses Effekts. Leider findet man in den Herstellerspezifikationen selten Angaben über die Qualität des erzeugten Ausgangssignals.

11.1.4 Digital I/O

Digitale Ein-/Ausgabe-Kanäle werden verwendet, um Schaltzustände zu lesen und auszugeben oder um digitale Bitmuster zu übertragen und zu empfangen. Neben den Multifunktionskarten, die meist über acht dieser Leitungen verfügen, gibt es spezielle »Digital I/O Boards« mit bis zu 96 Kanälen. Dabei wird nicht eindeutig nach Ein- und Ausgabe unterschieden; die Kanäle können je nach Karte einzeln oder in Ports zu 4 oder 8 Bit softwaremäßig als Eingang oder Ausgang konfiguriert werden.

Verarbeitet werden können in der Regel TTL-Pegel (TTL = Transistor Transistor Logic); d. h., dass eine »0« oder ein Low-Signal zwischen 0 und 0,8 Volt liegen muss, eine »1« oder ein High-Signal dagegen zwischen 2 und 5,25 Volt. Der Strom, der dabei fließt, beträgt für einen Eingang einige A, kann also meist vernachlässigt werden. Der Strom, den ein Ausgang liefert, ist selten größer als wenige mA, so dass zum Schalten von Verbrauchern eine externe Konditionierung erforderlich wird.

Sollen digitale I/Os zur Datenübertragung genutzt werden, sind hohe Übertragungsraten wünschenswert; diese sind stark abhängig vom verwendeten Rechner und von der Software. Es können jedoch Raten von mehreren 100 Kbyte/sec erreicht werden.

11.1.5 Counter/Timer

Einsatzgebiete für Zähler und Zeitgeber (Counter/Timer) im Bereich der Erfassung sind das Zählen von Ereignissen oder das Messen von Zeiten und Frequenzen. Im Bereich der Generierung von Signalen dienen sie zum Erzeugen von Impulsen mit genau definierter Verzögerung und als Rechteckgeneratoren mit einstellbarem Impuls/Pausen-Verhältnis.

Auf den Multifunktionskarten befinden sich meist zwei bis drei Counter/ Timer mit einer Auflösung von 16 Bit. Doch auch reine Counter/Timer-Karten mit beispielsweise zehn Zählern sind verfügbar. Dabei sollte es möglich sein, diese zu kaskadieren, um 32-Bit-Zähler realisieren zu können.

Die maximale Frequenz, mit der Ereignisse gezählt werden können, liegt bei einigen MHz und die Auflösung bei Zeitmessungen somit im Bereich unter 1 sec. Zur Zeitmessung und zur Ausgabe von Rechtecksignalen sind Clock-Generatoren nötig, die sich auf der Karte befinden, über geeignete Abstufungen verfügen und softwarekonfigurierbar sein sollten.

11.1.6 Signalkonditionierung

Wie bereits in den vorhergehenden Kapiteln erwähnt, ist in den meisten Fällen der Erfassung analoger Signale, aber auch beim Erkennen und Ausgeben von Schaltzuständen, eine externe Konditionierung der gegebenen Signale unumgänglich. Je nach Applikation kann dabei ein sehr hoher Hardwareaufwand erforderlich werden; man denke an Thermoelemente, die nur wenige V Signalspannung liefern und zudem einer Linearisierung bedürfen, an Thermosensoren, die mit einem konstanten Strom gespeist werden müssen, Dehnungsmessstreifen in Brückenschaltung, Relaisausgänge, die mehrere Ampere schalten können, oder Eingangsspannungen, die aufgrund einer Potentialdifferenz von einigen 100 Volt galvanisch vom Rechner zu trennen sind.

Einzellösungen bringen Probleme bei späteren Erweiterungen mit sich und können aufgrund des hohen Zeit- und Entwicklungsaufwands und der damit verbundenen Kosten nur selten in Erwägung gezogen werden.

Modullösungen für Einzelkanäle sind zwar ausbaufähig und bei wenigen Messstellen auch kostengünstig, doch scheitern sie in der Praxis oft am mechanischen Aufbau, der vor allem bei zunehmender Kanalzahl komplex, unübersichtlich und störanfällig wird.

Aus diesen Gründen hat National Instruments das so genannte SCXI(Signal Conditioning eXtension for Instrumentation)-System entwickelt, das schon bei wenigen Messstellen rentabel wird. Es handelt sich dabei um ein robustes Metallchassis, das unterschiedliche Konditionierungsmodule vom Verstärker bis zur Relaiskarte aufnehmen kann, mit einer Datenerfassungskarte im Rechner zusammenarbeitet und über LabVIEW softwaresteuerbar ist.

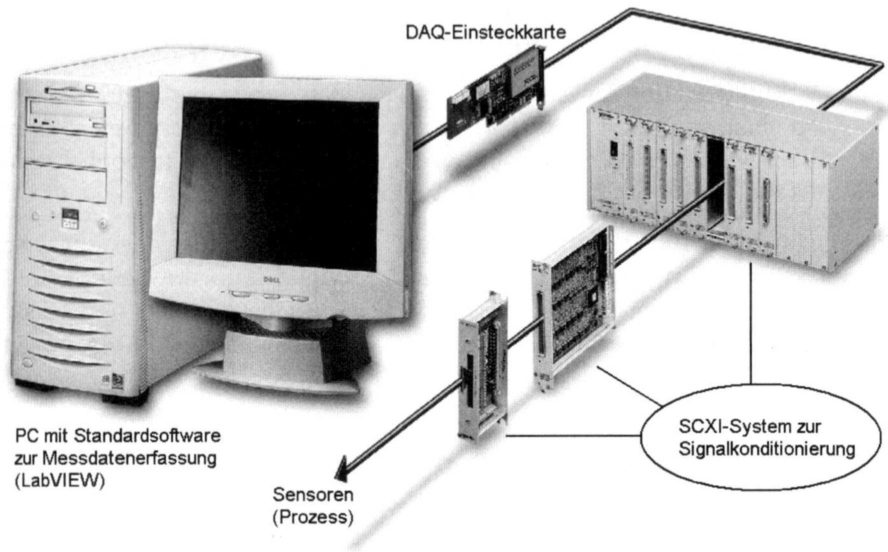

Abbildung 11.17: Datenerfassungssystem

Das SCXI-System beinhaltet eine intelligente Backplane, die über die digitalen I/O-Leitungen der Multifunktionskarten angesteuert wird. Das Grundgerät bietet eine rauscharme Stromversorgung und auch einen eingebauten Lüfter zur Kühlung der Einsteckmodule. Die unkonditionierten Signale werden an die Einschubmodule angeschlossen, dazu stehen sowohl die vielpoligen Steckleisten als auch Schraubklemmentechnik zur Verfügung. Die verstärkten Signale werden dann auf die Backplane und damit auf die Eingangskanäle der Messwerterfassungskarte geschaltet. Damit ist es möglich, Systeme mit bis zu 3.072 Eingangskanälen in hoher Packungsdichte zu realisieren, ohne dass die Verkabelung größere Probleme verursacht. Auch die Summenabtastrate erreicht mit über 100 kHz die Werte, die moderne Karten heute bieten, wofür aber bis dato kaum systemfähige Multiplexer verfügbar waren.

11.1.7 Gebräuchliche Abkürzungen

Zum Abschluss des theoretischen Teils hier einige wichtige Abkürzungen, die immer wieder in diesem Kapitel auftauchen.

AC: Alternating Current (Wechselstrom). Diese Abkürzung bezog sich ursprünglich darauf, wie ein Gerät (elektrisch) versorgt wird. AC war der Stecker in der Wand und DC (Direct Current [Gleichstrom]) waren die Batterien. Nun wird sie mehr allgemein für jede Art von Signal (nicht nur für Strom) angewendet, das zeitvariabel ist.

ADC: Analog-to-Digital-Conversion (Umwandlung von Analog in Digital). Diese Umwandlung nimmt ein Analogsignal aus der realen Welt und wandelt es in eine digitale Form um (als eine Folge von Bits), die der Computer verstehen kann. Es wird sehr oft mit *A/D* abgekürzt. Häufig wird der Chip, der diese Operation ausführt, »ADC« genannt.

DAQ: Data AcQuisition (Datenerfassung). Dieses kleine Wort bezieht sich auf die Sammlung von Daten im Allgemeinen, die gewöhnlich durch eine A/D-Umwandlung ausgeführt wird. Ihre Bedeutung wird manchmal auch auf die Erzeugung von Daten ausgedehnt, wie in diesem Buch. Verwechseln Sie nicht DAQ mit *DAC*, was sich genauso anhört, wenn es im Englischen ausgesprochen wird. (*DAC* oder *D/A*, steht für Digital-to-Analog-Conversion und bezieht sich normalerweise auf den Chip, der sie durchführt.)

DC: Direct Current (Gleichstrom). Das Gegenteil von Wechselstrom und nicht mehr länger ein Hinweis auf Festlegung des Stroms. Manchmal verwenden Leute den Begriff DC und meinen ein konstantes Signal mit der Frequenz Null. In anderen Fällen, wie in der Terminologie der Datenerfassung, weist DC auf ein Signal mit einer sehr niedrigen Frequenz hin, das sich weniger als einmal pro Sekunde ändert. Offensichtlich ist die Grenze zwischen einem AC- und DC-Signal subjektiv.

DMA: Direct Memory Access (Direkter Speicherzugriff). Sie können eine DAQ-Einsteckkarte verwenden, auf der bereits ein DMA eingebaut ist, oder Sie kaufen eine separate DMA-Steckkarte. DMA lässt Sie die erfassten Daten direkt in das RAM Ihres Computers schreiben, was die Übertragungsgeschwindigkeit der Daten erhöht. Ohne DMA müssen Sie die erworbenen Daten immer noch in den Speicher geben, aber Sie benötigen dafür mehr Schritte und mehr Zeit, weil die Software sie dahin führen muss.

SCXI: Signal Conditioning eXtensions for Instrumentation. Ein von National Instruments entwickeltes leistungsfähiges Signalaufbereitungssystem, das ein externes *Chassis* verwendet, das I/O-Module für die Signalaufbereitung und Multiplexing usw. enthält. Dieses Chassis ist an eine Datenerfassungskarte im Computer angeschlossen.

11.2 Auswählen und Konfigurieren einer Datenerfassungskarte

Nachdem wir die theoretischen Grundlagen der Datenerfassung kurz beschrieben haben, geht es hier in erster Linie um die eingesetzte Hardware in Verbindung mit LabVIEW.

11.2.1 Auswahl der richtigen Karte

Um die geeignete Hardware für Ihr System zu ermitteln, müssen Sie unbedingt die Anforderungen Ihrer Applikation kennen. Die folgende Checkliste hilft Ihnen dabei, dass Sie an alle relevanten Parameter denken.

- Welche Rechnerplattform verwenden Sie (MacOS, Windows, Sun, HP.UX)?
- Welcher Bus oder Anschluss steht zur Verfügung (AT oder EISA für x86-Maschinen, PCI oder NuBus für MacOS-Maschinen, PCMCIA für Laptops usw.)?
- Wie viele Analogeingänge benötigen Sie (multiplizieren Sie mit 2, wenn Sie differentiell messen müssen)?
- Wie viele Analogausgänge benötigen Sie?
- Liegt am Analogeingang Spannung, Strom oder beides an? Wie groß ist der Bereich?
- Wie viele digitale Eingangs- und Ausgangsleitungen benötigen Sie?
- Benötigen Sie irgendwelche Zähl- oder Timing-Signale? Wie viele?
- Benötigen irgendwelche I/O-Signale eine besondere Signalaufbereitung (z.B. Temperatur, Druck, Dehnung)?
- Überschreitet irgendein I/O-Signal 10 V oder 20 mA?
- Wie hoch ist die minimale Abtastrate an irgendeinem Kanal?
- Wie hoch ist die minimale Abfragerate für alle Kanäle?
- Welche Genauigkeit oder Auflösung benötigen Sie (12 Bit oder 16 Bit)?

- Sind Portabilität, Robustheit, Isolation oder der Preis ein Thema? Wenn ja, wo liegen die Grenzen?
- Habe ich meine Anforderungen in der Zukunft berücksichtigt (Erweiterung, neue DAQ-Systeme usw.)?

Jetzt können Sie sich Ihre Datenerfassungskarte(n) aussuchen. Die gebräuchlichsten Karten sind die so genannten *Multifunktionskarten (MIO)* von National Instruments, wie die PCI-MIO-16E-10-Karte, die Sie mit 16 analogen Eingängen, 2 analogen Ausgangskanälen, 8 digitalen I/O-Ausgangskanälen und 2 Zählern versorgt. Wie der Name schon sagt, enthält diese Karte verschiedene Kombinationen von AD-Wandlern (ADCs), DA-Wandlern (DACs), digitalen I/O-Leitungen und Zähler- sowie Timer-Schaltungen, so dass sie in einem breiten Verwendungsbereich eingesetzt werden kann. Verbindungen zwischen den Karten, wie einen Real-Time-System-Integration-Bus (RTSI), Übertragungs-Timing und Trigger-Signale zwischen den Karten, ermöglichen die Synchronisation von Operationen auf mehreren Karten. Für Anwendungen, die gewöhnlich einige analoge Eingänge oder gelegentlich einen Ausgang oder ein digitales Signal benötigen, ist diese Karte gut geeignet. Benötigen Sie noch mehr analoge Ausgänge, dann bietet sich die AT-AO-10-Karte an, die zehn analoge Ausgänge hat. Sie erhalten auch Timing-Karten, digitale High-Count-I/O-Karten, PCMCIA-Karten für Laptops, DAQ-Adapter für Parallel-Ports und jede mögliche Kombination von Spezialfällen, die Sie sich vorstellen können.

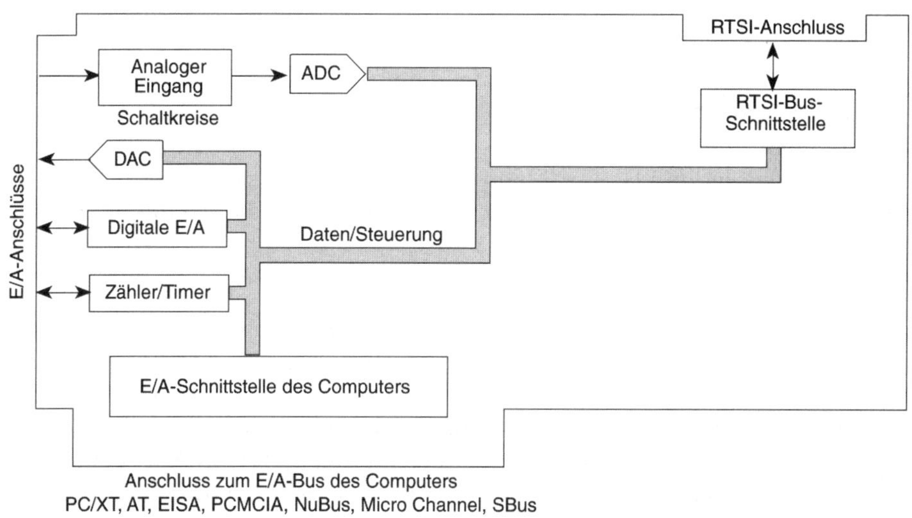

Abbildung 11.18: Blockdiagramm einer Multifunktions-DAQ-Karte

Der analoge Eingangsbereich einer MIO-Karte besteht aus dem ADC und der *analog input circuitry (analogen Eingangsschaltung)*. Die analoge Eingangsschaltung besteht aus dem analogen Multiplexer, dem messtechnischen Verstärker und der Sample&Hold-Schaltung. Detaillierte Informationen über den ADC entnehmen Sie dem mitgelieferten Handbuch Ihrer Datenerfassungskarte.

Zusätzlich zur gezeigten Schaltung in Abbildung 11.18 können ältere Datenerfassungskarten noch Jumper und Dip-Schalter für die Konfigurierung der DAQ-Hardware haben. Die Komponenten für die Konfigurierung der Parameter, Basisadresse, Kanäle für den direkten Speicherzugriff (DMA) und Interrupt-Level werden im nächsten Abschnitt besprochen. Durch den *Plug&Play*-Standard ist das aber veraltet und daher nicht mehr erforderlich.

Beachten Sie, dass alle Karten, die nicht von National Instruments hergestellt wurden, nur mit LabVIEW zusammenarbeiten, wenn der Hersteller einen Treiber für LabVIEW bereitgestellt hat.

11.2.2 Installation der Karte

Alle Einsteckkarten setzen einen Softwaretreiber voraus. DAQ-Einsteckkarten von National Instruments verwenden das Programm NI-DAQ als Treiber und Konfigurations-Utility. Bei jeder gekauften Karte sollte die aktuelle Version des NI-DAQ enthalten sein. Ältere Karten, die Sie auf Windows-Rechnern einsetzen und die noch nicht dem *Plug&Play*-Standard entsprechen, müssen noch auf der Karte durch Umstecken von Jumpern auf die richtige Basisadresse gesetzt werden (IRQ usw.). Alle Karten der E-Serie, die unter 32-Bit-Windows laufen, und alle Karten für das MacOS-System können sich automatisch selbst konfigurieren. Sie sollten auf jeden Fall den Anweisungen des mit der Karte ausgelieferten Handbuchs folgen und NI-DAQ laufen lassen. Dadurch stellen Sie sicher, dass die Karte erkannt wird und richtig arbeitet. Mit NI-DAQ geben Sie jeder Karte eine *Gerätenummer*, die später von LabVIEW für die eindeutige Identifizierung jeder Karte in den DAQ-VI verwendet wird.

So, wie sich die Architektur der Computer und deren Betriebssysteme fortlaufend weiterentwickeln, ändert sich auch die Software für die Konfiguration und Handhabung der von National Instruments entwickelten Karten. Viele der Informationen, die wir Ihnen in diesem Kapitel vorstellen, waren bei Drucklegung auf dem neuesten Stand. Wir empfehlen Ihnen, das NI-DAQ-Handbuch und die darin enthaltenen Anweisungen mit den obigen Informationen zu vergleichen, denn es kann leicht sein, dass sich gerade für das Windows-System einige Merkmale geändert haben.

In diesem Abschnitt werden die verschiedenen Parameter der Karte besprochen, die Sie auf der Hardware konfigurieren müssen, wenn es sich nicht um eine *Plug&Play*-Karte handelt.

Einstellung des Computers

Um zu bestimmen, wie die Datenerfassungskarte mit dem Computer kommunizieren kann, müssen drei Parameter auf der Datenerfassungskarte gesetzt werden: die I/O-Basisadresse, der Interrupt-Level und die DMA-Kanäle.

I/O-Basisadresse

Die Datenerfassungskarte kommuniziert mit dem Computer hauptsächlich über ihre Register. Die Software des Treibers schreibt Daten für die Konfigurierung der Karte in die Konfigurationsregister der Karte und die Software liest die Datenregister der Karte, um den Kartenstatus oder eine Signalmessung zu erhalten. Die Festlegung der I/O-Basisadresse bestimmt, in welchem I/O-Steckplatz des Computers sich die Register der Karte befinden.

Interrupt-Level

Ein anderer Weg der Kommunikation der Datenerfassungskarte mit dem Computer erfolgt über den Interrupt des Prozessors. Für den Betrieb eines jeden Computers sind die Interrupts sehr wichtig. Sie geben dem Computer die Fähigkeit, schnell auf seine Peripheriegeräte zu antworten. Sie können einen Interrupt mit einer Türklingel vergleichen. Hätten Sie keine Türklingel, müssten Sie immer wieder in Abständen an die Tür gehen, um zu sehen, ob jemand für Sie da ist. Das ist natürlich nicht sehr rationell. Haben Sie eine Türklingel, müssen Sie nur dann zur Tür gehen, wenn es klingelt, und Sie sind sich dann auch sicher, dass jemand auf Sie wartet. Bezogen auf eine Datenerfassungskarte ist es für den Prozessor auch nicht sehr rationell, fortwährend zu überprüfen, ob die Daten auf der Karte zum Auslesen bereitstehen. Die Datenerfassungskarte kann den Interrupt als »Türklingel« verwenden, um dem Prozessor anzuzeigen, dass die Daten zum Auslesen bereitstehen. Jedem Gerät, das einen Prozessor-Interrupt verwendet, muss ein individueller »Interrupt-Level« zugewiesen werden, sonst geraten die Geräte untereinander in Konflikt.

Direkter Speicherzugriff (Direct Memory Access, DMA)

Die Kommunikation der Datenerfassungskarte mit dem Computer über den direkten Speicherzugriff (DMA) ist der dritte Weg. DMA ist eine Datenübertragungsmethode, bei der die Daten direkt von der Peripherie in den Speicher des

Computers übertragen werden, ohne über den Prozessor zu gehen. DMA wird normalerweise verwendet, wenn eine maximale Geschwindigkeit für die Datenübertragung erforderlich ist, wie bei einem Gerät für die Datenerfassung mit hoher Geschwindigkeit. Jedem Gerät, das DMA anwendet, muss ein eigener DMA-Kanal zugewiesen werden, sonst geraten die Geräte untereinander in Konflikt. Um einen höheren Datendurchsatz zu gewährleisten, kann einigen Geräten, einschließlich den Datenerfassungskarten der MIO-Serie, mehr als ein DMA-Kanal zugewiesen werden.

Konfiguration der Datenerfassungskarte

PC/XT/AT-Bus

Auf einer Datenerfassungskarte ohne Plug&Play müssen die I/O-Basisadresse, Interrupt-Level und der DMA-Kanal (die Kanäle) über Jumper und Dip-Schalter bestimmt werden. Stellen Sie sicher, dass Ihr System keine weitere Hardware mit den gleichen Einstellungen hat. Ändern Sie die Einstellung Ihrer Jumper, müssen Sie auch die entsprechenden Änderungen in der Konfiguration Ihrer Software durchführen. Haben Sie Plug&Play-Geräte, wie die MIO-Karte aus der E-Serie, können die Einstellungen nur über die Software durchgeführt werden.

PCI

Die Karte konfiguriert automatisch die I/O-Basisadresse, den bzw. DMA-Kanäle und den bzw. die Interrupt-Level. Sie müssen nur die Nummer des Steckplatzes kennen, in den Sie die Karte gesteckt haben. Sie können das NI-DAQ-Kontrollfeld verwenden, um den Steckplatz zu bestimmen.

Analoge I/O-Einstellungen

Eine Datenerfassungskarte hat mehrere analoge Eingangs-/Ausgangs(I/O)-Parameter, die den Betrieb der A/D-Wandler (ADC) und der D/A-Wandler (DAC) steuern. Um die Parameter für die I/O-Einstellungen zu setzen, verwenden einige Karten nur Utilities für die Softwarekonfiguration, während andere Jumper verwenden. Auf einer über die Software konfigurierbaren Karte konfigurieren Sie die Einstellungen der Karte über den *Measurement & Automation Explorer*, auf den wir in Kapitel 11.2.3 ausführlich eingehen werden. Auf einer Karte, die über Jumper konfiguriert wird, müssen Sie auf der Karte die Jumper physisch in die Positionen stecken, die für die Einstellungen vorgesehen sind, und zusätzlich diese Einstellungen mit dem Software-Konfigurations-Utility abstimmen.

Signalverbindung

Um Ihre Datenerfassungskarte physikalisch mit den Signalen zu verbinden, können Sie die Anschlüsse CB-50 oder SC-207x verwenden. Bei der Verwendung von SCXI können Sie den dazu passenden SCXI-Anschlussblock verwenden.

Softwarekonfiguration

Der Konfigurationsmanager von Windows 95 achtet auf die gesamte Hardware, die in Ihrem System installiert wurde, einschließlich der Datenerfassungskarten von National Instruments. Haben Sie eine Plug&Play-Karte wie eine MIO-Karte aus der E-Serie, wird der Konfigurationsmanager von Windows 95 diese Karte automatisch entdecken und die Karte konfigurieren. Haben Sie keine Plug&Play-Karte, müssen Sie die Karte manuell mit der Option *Neue Hardware hinzufügen* in der Systemsteuerung von Windows 95 konfigurieren.

Die Parameter für Ihre Datenerfassungskarte werden mit dem *Measurement & Automation Explorer* konfiguriert. Nachdem Sie eine Datenerfassungskarte in Ihrem Computer installiert und sie mit dem Gerätemanager wie oben beschrieben konfiguriert haben, müssen Sie das Konfigurations-Utility ausführen. Die Informationen, die in der Registrierdatenbank von Windows 9x/NT/2000 durch den Gerätemanager aufgezeichnet wurden, werden von dem Utility ausgelesen und es vergibt eine logische Gerätenummer für jede Datenerfassungskarte. Sie verwenden diese Gerätenummer, um in LabVIEW auf diese Karte zu verweisen.

Welche Kartenparameter Sie mit dem Konfigurations-Utility setzen können, ist abhängig von der Karte. Einige Karten sind vollständig über die Software zu konfigurieren, während andere über Jumper gesetzt werden müssen. Das Utility speichert die logische Gerätenummer und die Konfigurationsparameter in der Registrierdatenbank von Windows 9x/NT/2000.

Sie starten das Programm durch Auswahl von *Measurement & Automation Explorer* aus dem Menü *Werkzeuge*. Dieses Utility konfiguriert auch Ihr SCXI-System. Nachdem Sie Ihr System konfiguriert haben, müssen Sie das Konfigurations-Utility nicht noch einmal starten, es sei denn, Sie haben die Systemparameter verändert.

Zusammenfassung: Installation einer Datenerfassungskarte

1. Bei Verwendung einer Karte, auf der Jumper umgesteckt werden müssen, schauen Sie in die mitgelieferten Unterlagen, um die korrekten Einstellungen für I/O-Basisadresse, DMA, IRQ und den Signaltyp durchzuführen.
2. Trennen Sie den Computer von der Stromversorgung und stecken Sie die Karte in den dafür vorgesehenen Steckplatz. Sie sollten beim Einsetzen der Karte keine *Gewalt* anwenden!

   Denken Sie immer daran, die Stromversorgung vom Computer zu trennen, wenn Sie eine Karte einstecken. Tun Sie das nicht, können die Karte und Ihr Computer Schaden nehmen und Sie verlieren Ihre Garantieansprüche.
3. Schließen Sie den Computer wieder an die Stromversorgung an. Bei einer Plug&Play-Karte unter 32-Bit-Windows sollte der Computer Sie darauf hinweisen, dass neue Hardware entdeckt wurde.
4. Überprüfen Sie, ob der richtige Kartentyp installiert wurde.
5. Notieren Sie sich, welche Gerätenummer für Ihre Karte festgelegt wurde. Sie werden diese Gerätenummer für den Zugriff auf die Karten Ihrer DAQ-VI von LabVIEW verwenden. Unter dem MacOS ist die Gerätenummer die gleiche wie die Steckplatznummer.
6. Konfigurieren Sie die Art der Messung und die Verstärkung (wenn Sie eine Karte mit Jumpern verwenden, stellen Sie sicher, dass diese Konfigurierung auch mit der Einstellung Ihrer Jumper übereinstimmt).

11.2.3 Intelligentes Testen, Konfigurieren und Messen

Wird ein Mess- und Automatisierungssystem entwickelt, so umfasst der erste Schritt das Testen und die Konfiguration der angeschlossenen Messkomponenten. Dieser Prozess wurde seit der Version LabVIEW 6*i* erheblich vereinfacht. Das neuartige Messkonzept in LabVIEW 6*i* ist eine Integration von Messhardware, Sensorik und der Software zur Vereinfachung der Konfiguration und Verbesserung der messtechnischen Funktionalität. Das Konzept der Messintelligenz integriert eine automatische Erkennung der verfügbaren Messkomponenten, was den Anwender auf einen neuen Level der Produktivität bringt. Das Messkonzept beinhaltet verbesserte Hardwarekompatibilität, einfachste Mess- und Gerätekonfiguration, viele neue Mess- und Anzeigefunktionen und einen umfassenden Signalform-Datentyp, welcher alle benötigten Messinformationen zusammenführt.

Measurement & Automation Explorer

Die Konfiguration der verschiedensten Hardwarekomponenten, darunter GPIB-Instrumente, Datenerfassungs-, Bilderfassungs- und Motorensteuerungshardware wird unter einer einheitlichen Oberfläche zusammengefasst: dem *Measurement & Automation Explorer*. Mit diesem Werkzeug, welcher standardmäßig bei allen Hardwareprodukten von National Instruments mit der Treibersoftware mitgeliefert wird, werden Hardware-Support und Datenaufbereitung so erleichtert, dass in der späteren Programmierung keine Konfiguration mehr nötig ist. Der *Measurement & Automation Explorer* tritt mit dem gewohnten Look and Feel des Windows-Explorers für die Mess- und Automatisierungshardware in Erscheinung. Der Unterschied ist nur, dass man im Windows-Explorer verschiedene Rechnerkomponenten und Dateisysteme verwaltet, während der *Measurement & Automation Explorer* Mess- und Automatisierungshardware verwaltet und zudem die Möglichkeit des Funktionstests und der Definition von virtuellen Kanälen bietet. Alle die vom Anwender eingestellten bzw. automatisch erstellten Konfigurationsinformationen stehen in LabVIEW dem Anwender unmittelbar per Mausklick zur Verfügung

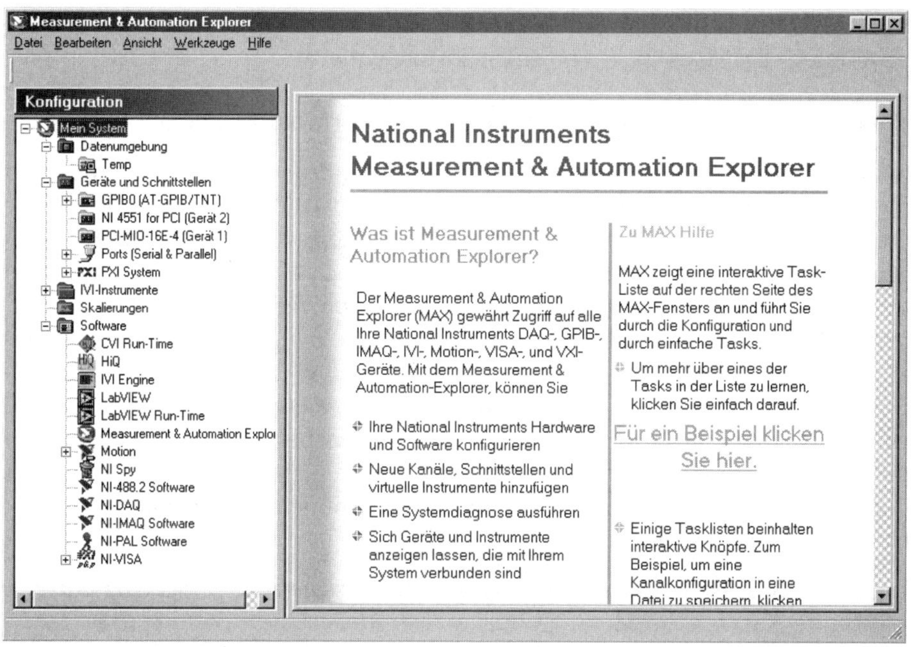

Abbildung 11.19: Measurement & Automation Explorer

Der konfigurierte Datenkanal, auch als »virtueller« Kanal bezeichnet, kann sofort mit Hilfe eines neuen Datenerfassungs-Datentyps in LabVIEW übernommen werden. Der *Measurement & Automation Explorer* übernimmt aber nicht nur diese grundlegenden Funktionen. Er ist gleichzeitig eine reichhaltige Informationsquelle für den Anwender von National-Instruments-Produkten. Eine Liste der auf dem PC installierten Software ist ebenso enthalten wie ein kompletter Überblick über serielle und parallele Schnittstellen sowie verfügbare Instrumententreiber. Eine Reihe von eingebauten Werkzeugen erlaubt die Diagnose der integrierten Hardware, stellt eine ausführliche Hilfe zur Verfügung und ermöglicht den direkten Supportzugang zu den Webseiten von National Instruments. Auch allgemeine Informationen, z.B. zu Verfahren der Messwertaufnahme, stehen dem Nutzer als Texte zur Verfügung. Sofern ein Webbrowser aktiviert ist, können die gewünschten Informationen direkt von der Website von National Instruments bezogen werden.

Ist einmal ein »virtueller« Kanal erstellt, entweder im *Measurement & Automation Explorer* oder direkt aus LabVIEW heraus, sind in ihm alle wichtigen Informationen über das Signal enthalten. Passend dazu gibt es verschiedene neue Funktionen der Erfassung und Analyse, welche diesen Datentyp verarbeiten können. So spart man sich sehr viele Programmierschritte und ist nur die berühmten drei Mausklicks von einer Lösung entfernt.

Übung: Testen und Konfigurieren einer Datenerfassungskarte

In dieser Übung werden Sie den *Measurement & Automation Explorer* öffnen und die aktuellen DAQ-Einstellungen genauer anschauen. Weiterhin werden Sie die Datenerfassungskarte interaktiv testen und mehrere virtuelle Kanäle hinzufügen. Bevor wir mit der Übung beginnen, soll noch eine Bemerkung gestattet sein: Mit LabVIEW 7 Express wurde auch eine neue Version des NI-DAQ veröffentlicht (NI-DAQ 7.0). Dieser neue NI-DAQ besteht eigentlich aus zwei unterschiedlichen Treibern, dem »traditionellen NI-DAQ«, den wir auch für die folgende Übung verwenden, und dem neuen »NI-DAQmx«, der die Entwicklung von Anwendungen für die Messtechnik noch einfacher gestaltet und gleichzeitig die Performance dieser Anwendungen enorm steigert. Wir werden später noch einmal auf den neuen NI-DAQmx zurückkommen. Lassen Sie uns jetzt die Übung in Angriff nehmen:

1. Starten Sie den *Measurement & Automation Explorer*. Sie finden die entsprechende Auswahl im Menü *Werkzeuge*. Der *Measurement & Automation Explorer* wird kurz Ihr System nach vorhandenen Hard- und Softwareprodukten von National Instruments absuchen.

2. Öffnen Sie den Abschnitt *Geräte und Schnittstellen*. Abbildung 11.20 zeigt die aktuellen Einstellungen der ausgewählten National-Instruments-Hardware. In unserem Beispiel befinden sich folgende Karten im PC: eine PCI-MIO-16E4, eine NI 4551 und eine GPIB-Karte des Typs AT-GPIB/TNT. Hinweis: Die vom *Measurement & Automation Explorer* automatisch zugewiesene Gerätenummer der Datenerfassungskarte wird später bei der Programmierung in LabVIEW von den DAQ-VI referenziert.

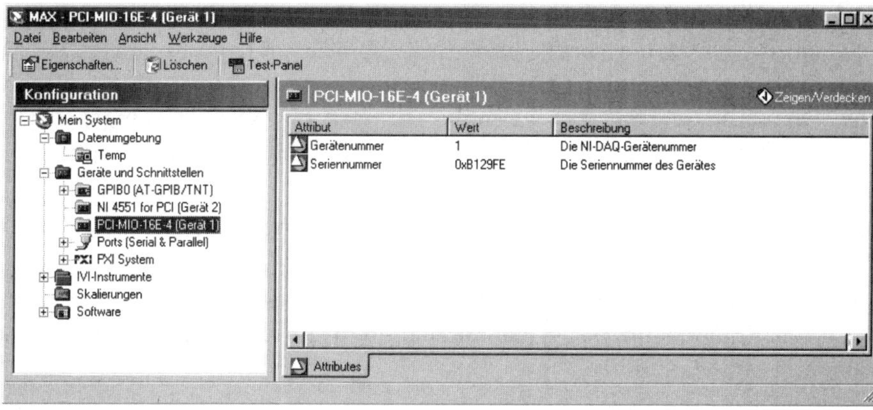

Abbildung 11.20: Aktuelle Einstellungen im Measurement & Automation Explorer

3. Weit mehr Informationen über die Kartenkonfiguration erhalten Sie, indem Sie auf der Gerätebezeichnung ein Popup-Menü öffnen und die Option *Eigenschaften...* auswählen. Abbildung 11.21 zeigt eine Registerkarte mit den unterschiedlichen kartenspezifischen Eigenschaften.

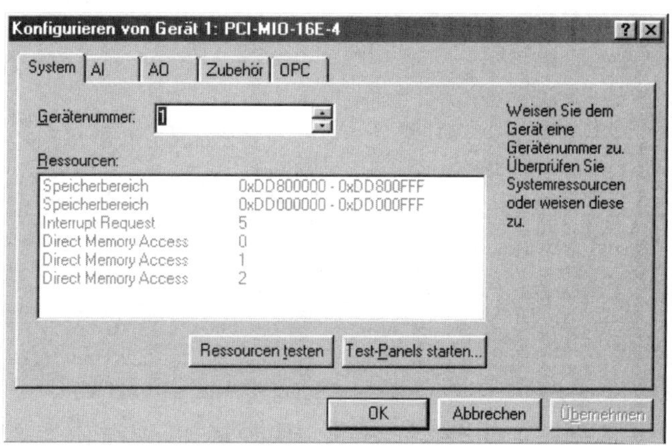

Abbildung 11.21: Registerkarte mit den kartenspezifischen Eigenschaften

Diese Registerkarte enthält mehrere Reiter. Der erste Reiter, *System*, beschreibt die von Windows automatisch zugeteilten Ressourcen für die Datenerfassungskarte. Die übrigen Reiter enthalten die Konfiguration der Ein- und Ausgangskanäle Ihrer Datenerfassungskarte sowie das an die Karte angeschlossene *Zubehör.*

Klicken Sie im Reiter *System* auf die Schaltfläche *Ressourcen testen*, wenn Sie nicht sicher sind, ob die Karte oder der NI-DAQ-Treiber ordnungsgemäß installiert wurde.

4. Gehen Sie zurück in den *Measurement & Automation Explorer*, indem Sie die *OK*-Schaltfläche betätigen. Nun können Sie die für die Messtechnik relevanten Parameter, wie beispielsweise die analogen Ein- und Ausgänge, elegant testen. Hierzu müssen Sie lediglich die Schaltfläche *Test-Panel* betätigen.

5. Das nun offene Test-Panel ermöglicht es Ihnen, die kartenspezifischen Funktionen zu überprüfen. Der Reiter *Analogeingang* gibt Ihnen die Möglichkeit, die analogen Eingänge der Karte zu testen. Sie könnten jetzt beispielsweise einen Signalgenerator am Kanal 1 Ihrer Datenerfassungskarte anschließen und das Ergebnis im Test-Panel anschauen. In unserem Beispiel haben wir ein Sinussignal gewählt.

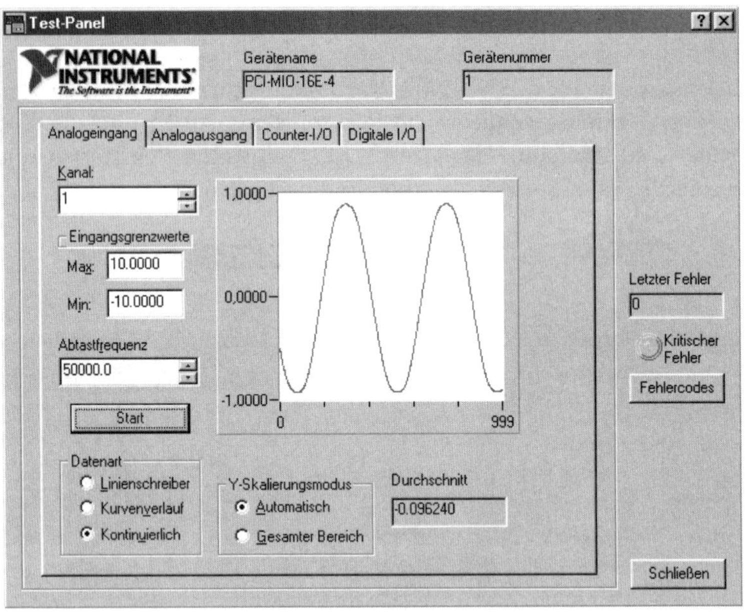

Abbildung 11.22: Test-Panel

6. Betätigen Sie den Reiter *Analogausgang*, wie in Abbildung 11.23 dargestellt. In diesem Fenster können Sie entweder eine definierte Ausgangsspannung oder ein komplettes Sinussignal auf einem wählbaren Kanal ausgeben. In unserem Beispiel haben wir ein Sinussignal gewählt, das auf Kanal 0 ausgegeben wird. Dazu müssen die Parameter wie in Abbildung 11.23 eingestellt werden.

7. Natürlich müssen Sie zunächst hardwaremäßig den Analogausgang (Kanal 0) Ihrer Datenerfassungskarte mit dem Analogeingang (Kanal 1) Ihrer Datenerfassungskarte verbinden, ehe Sie das Signal im Test-Panel beobachten können.

8. Betätigen Sie die Schaltfläche *Counter-I/O*. Hier haben Sie die Möglichkeit, die Funktionsfähigkeit der sich auf Ihrer Datenerfassungskarte befindlichen Counter-Bausteine zu testen. Am einfachsten überprüfen Sie den Counter, indem Sie den *Counter-Modus* auf *Einfaches Ereignis zählen* einstellen und die Schaltfläche *Start* betätigen. Der Counter-Wert sollte schnell ansteigen. Mit *Zurücksetzen* stoppen Sie den Counter wieder.

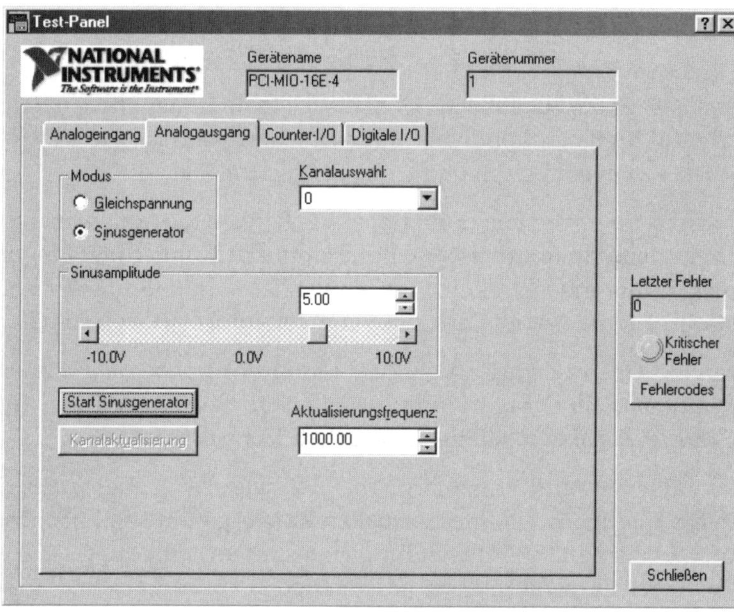

Abbildung 11.23: Reiter Analogausgang

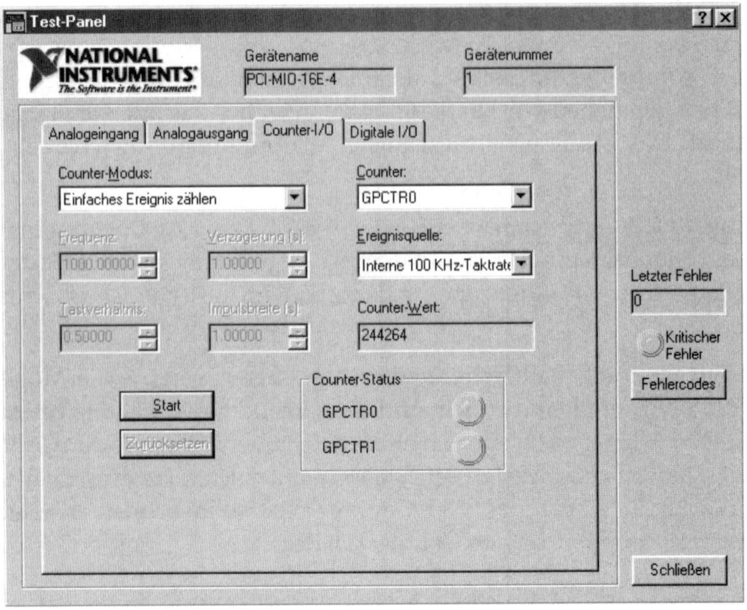

Abbildung 11.24: Testen des Counters

9. Klicken Sie auf die Schaltfläche *Digitale I/O*. In dem nun offenen Reiter können Sie die digitalen Leitungen Ihrer Datenerfassungskarte testen. Abbildung 11.25 zeigt ein Beispiel für einen möglichen Test.

10. Nach den vorhergehenden Funktionstests können Sie nun virtuelle Kanäle für die Datenerfassungskarte konfigurieren. Zur Erinnerung: Ein virtueller Kanal ist nichts anderes als ein vom Anwender vorkonfigurierter Kanal, der bereits alle für die Anwendung notwendigen Informationen enthält.

11. Führen Sie einen Rechtsklick auf die Option *Datenumgebung* im *Measurement & Automation Explorer* aus und wählen Sie *Neu...* Anschließend wählen Sie *Virtueller Kanal* und betätigen die Schaltfläche *Beenden*.

12. Nun werden Sie Schritt für Schritt vom *Measurement & Automation Explorer* durch die Konfiguration Ihres virtuellen Kanals geführt und können diesen dadurch präzise an Ihre Anwendung anpassen. In Abbildung 11.26 wurden die für einen Temperatursensor notwendigen Parameter exemplarisch konfiguriert.

13. Schließen Sie den *Measurement & Automation Explorer*, indem Sie *Datei>>Beenden* wählen.

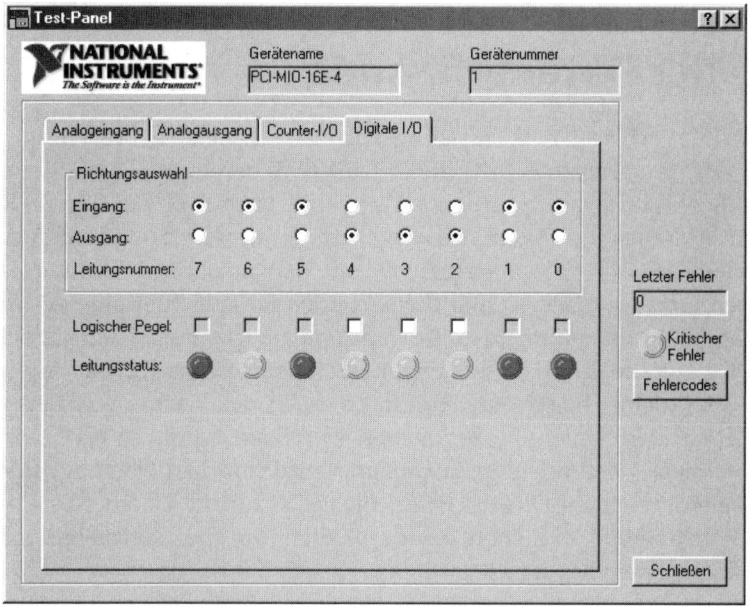

Abbildung 11.25: Testen der digitalen Leitungen

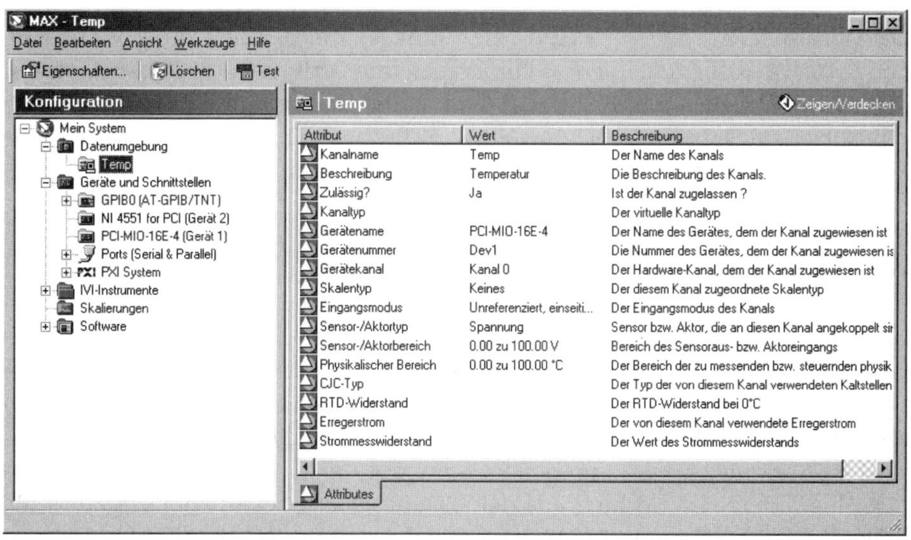

Abbildung 11.26: Konfiguration eines virtuellen Kanals

11.3 Der praktische Einstieg in die Welt der Datenerfassung

Nachdem Sie sich mit der Erfassungshardware ausgiebig beschäftigt haben, könnten wir im nächsten Schritt die in LabVIEW bereitgestellten VI einführen, die auf diese Hardware zugreifen. Wenn Sie LabVIEW auf Ihrem Rechner installiert und auch die Datenerfassungskarte erfolgreich zum Laufen gebracht haben, dann müssen Sie sich zunächst mit den mächtigen Datenerfassungsfunktionen vertraut machen. Erst dann können Sie mit Ihrer eigenen Applikation anfangen. Aus zahlreichem Anwenderfeedback wissen wir jedoch, dass dieser Weg gerade für den Einsteiger ein wenig mühselig ist. Aus diesem Grunde wurde eine didaktisch sehr effektive Art des Vertrautwerdens mit der jeweiligen auf den Anwender bezogenen Applikation in LabVIEW eingeführt. Diese patentierte Methode der Einweisung wird mit dem Oberbegriff Wizard-Technologie bezeichnet. Diese existiert nicht nur für die Datenerfassung, worauf wir nachfolgend eingehen, sondern auch für die Gerätesteuerung, die Thema des nächsten Kapitels ist.

11.3.1 Wizard-Technologie für Datenerfassung

Die Wizard-Technologie erleichtert den Einstieg bei der Erstellung von Mess- und Prüfanwendungen. In Form von Fragen und Antworten führt der Assistent den Anwender bei der Erstellung von individuell auf ihn zugeschnittenen Datenerfassungsapplikationen. In einer Reihe von Dialogfeldern werden die Eckdaten für die benötigten analogen und digitalen Ein- und Ausgänge vorgegeben. Mit diesen spezifischen Angaben erstellt der DAQ-Lösungsassistent des traditionellen NI-DAQ (der neue NI-DAQmx stellt seinen eigenen Assistenten, den »DAQ-Assistent«, für die gleiche Aufgabe zur Verfügung) auf der Basis der im *Measurement & Automation Explorer* eingestellten Kanal- und Skalierungsvorgaben in nur wenigen Minuten ein sofort einsetzbares Messprogramm, welches den Bedürfnissen des Anwenders entspricht. Zudem stehen in der Lösungsgalerie neben den anwenderspezifisch erstellten Lösungen häufig benötigte Anwendungen für den sofortigen Einsatz bereit, wie z.B. Oszilloskope, Spektrumanalysatoren, Multimeter, Funktionsgeneratoren, um nur einige zu nennen. Ob man nun eine fertige Anwendung aus der Lösungsgalerie wählt oder ein auf seine individuellen Bedürfnisse zugeschnittenes Programm mit dem DAQ-Lösungsassistenten erstellen lässt, die Lösungen stehen sofort als fertig programmierte Applikation bereit. Dadurch können alle Programme nach Belieben abgeändert und den wachsenden Ansprüchen jederzeit gerecht werden.

11.3.2 Der DAQ-Lösungsassistent

Nicht nur die Konfiguration der Kanäle einer Datenerfassungskarte wird in LabVIEW mit Hilfe des *Measurement & Automation Explorers* erheblich vereinfacht, auch die Erstellung der kompletten Applikation kann innerhalb weniger Minuten abgeschlossen werden. Aus diesem Grund wurde der DAQ-Lösungsassistent in LabVIEW integriert, der in ähnlicher Art und Weise wie der *Measurement & Automation Explorer* verwendet wird. Der Assistent stellt Ihnen in Dialogboxen eine Reihe von Fragen hinsichtlich der zu erstellenden Anwendung. Hier müssen Sie Angaben zur Anzahl der benötigten analogen Ein- und Ausgänge, digitale I/O und gegebenenfalls benötigte Dateiein-/-ausgabemöglichkeiten tätigen. Hinzu kommen Angaben zum Timing der analogen Erfassung, zur Triggerung, ob die Messung kontinuierlich ablaufen oder eine endliche Anzahl von Messpunkten erfasst werden soll.

11.3.3 Übung: Kennenlernen des Lösungsassistenten

1. Vom Begrüßungsbildschirm (Abbildung 11.27) aus klicken Sie die Option *DAQ-Lösungen* an oder wählen *Werkzeuge>>Datenerfassung>>DAQ-Lösungsassistent...*

Abbildung 11.27: Der LabVIEW-Begrüßungsbildschirm

2. Für dieses Beispiel wählen Sie bitte die erste Option (Vorgabe) und klicken auf *Weiter* (Abbildung 11.28).

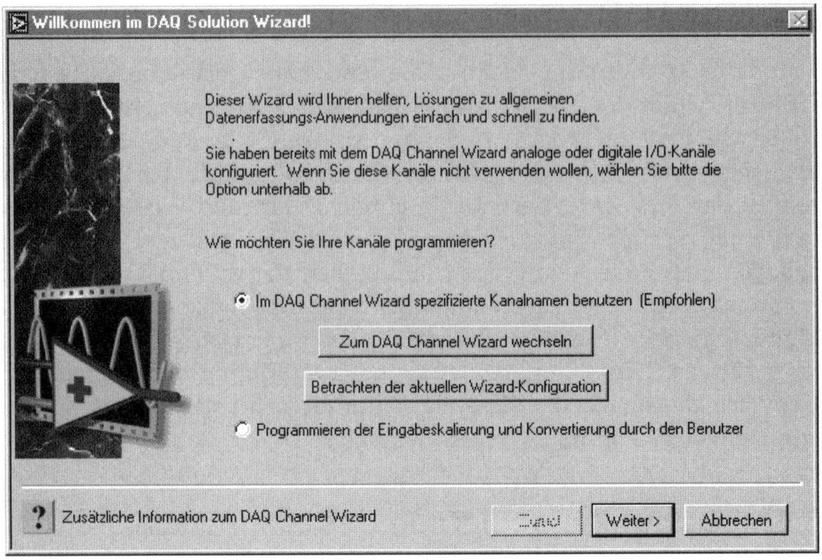

Abbildung 11.28: Der erste Bildschirm des DAQ-Lösungsassistenten

3. Als Nächstes wählen Sie *Angepaßte DAQ-Anwendungen.*

4. Im darauf folgenden Panel (Abbildung 11.29) können Sie nun auswählen, ob Sie analog erfassen bzw. ausgeben oder digitale I/O-Operationen bzw. eine Timer-Anwendung realisieren wollen. Für unser Beispiel wählen Sie bitte *Analogeingabe.*

5. Im nächsten Fenster (Abbildung 11.30) definieren Sie die Anforderungen an Ihre benutzerspezifische DAQ-Anwendung. Sie wählen eine der in Ihrem Rechner installierten Karten aus und dann einen im *Measurement & Automation Explorer* konfigurierten Kanal, wie z.B. Messkanal 1. Danach müssen noch die Anzahl der zu erfassenden Abtastwerte, das Timing sowie Triggern bestimmt werden. Legen Sie fest, dass Sie kontinuierlich erfassen und auf ein analoges Trigger-Ereignis warten wollen (siehe Abbildung 11.30).

6. Auf Basis dieser Angaben bietet Ihnen nun der Assistent sofort ablauffähige Programme zur Auswahl an.

7. Sie können nun eine der vorgeschlagenen Applikationen auswählen und sofort mit der Messung beginnen. Selbstverständlich kann das VI im Nachhinein bei Bedarf noch abgeändert werden, da es Ihnen komplett mit Blockdiagramm vorliegt.

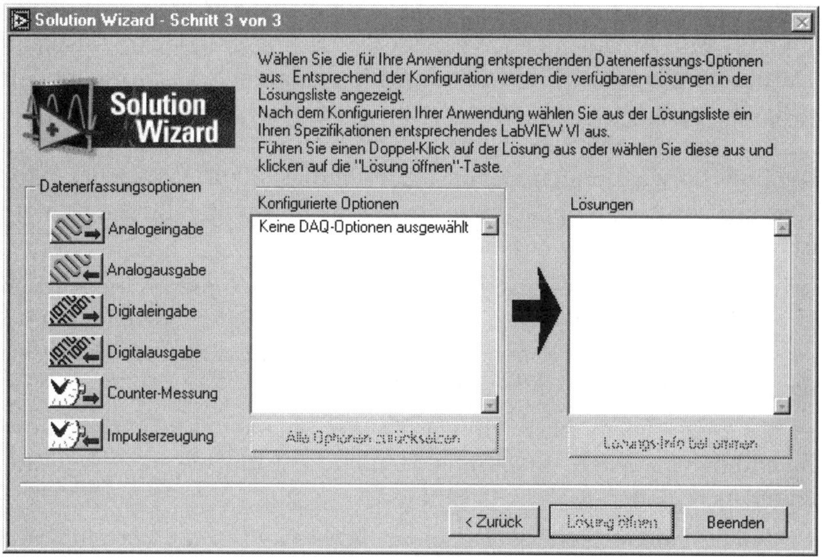

Abbildung 11.29: Die Auswahl zwischen analogem oder digitalem I/O

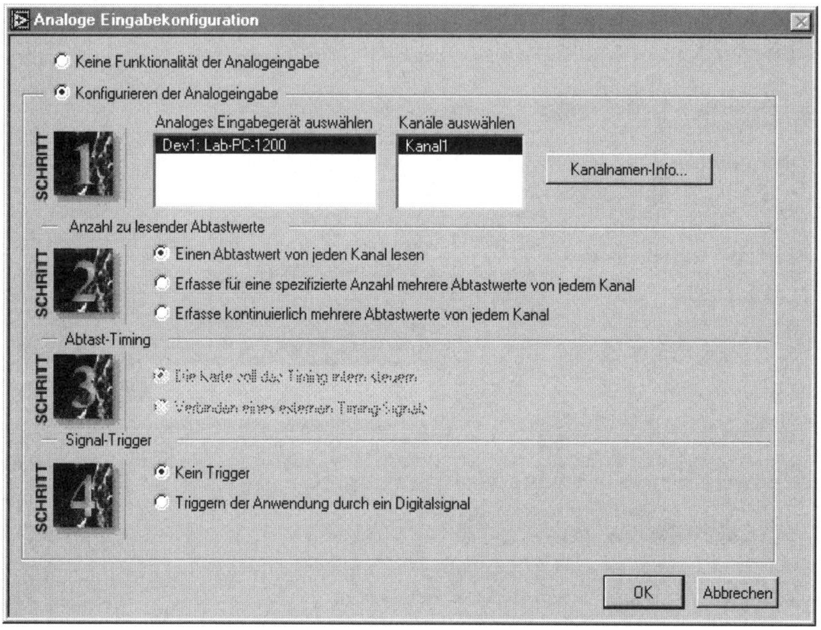

Abbildung 11.30: Die Spezifikation Ihrer benutzerspezifischen DAQ-Anwendung

Für häufig vorkommende Messaufgaben beinhaltet LabVIEW eine Anzahl vorgefertigter Lösungen, die in der so genannten Lösungsgalerie zur Auswahl stehen. Darunter befinden sich »klassische« Messgeräte wie Oszilloskope, Multimeter, Spektrumanalysatoren, Funktionsgeneratoren oder Datenlogger. Aber auch Anwendungen zur Messung mit üblichen Sensoren oder verschiedene PID-Regelungsanwendungen stehen sofort lauffähig zur Verfügung. Mit der nächsten kurzen Anleitung können Sie aus der Lösungsgalerie eine vordefinierte Standardanwendung aussuchen:

1. Nachdem Sie wiederum ausgehend vom LabVIEW-Begrüßungsbildschirm die Auswahl *DAQ-Lösungen* oder *Werkzeuge>>Datenerfassung>>DAQ-Lösungsassistent...* gewählt haben, klicken Sie nun bitte zweimal auf *Weiter* und akzeptieren damit die Standardeinstellungen.
2. Der Lösungsassistent schlägt Ihnen fünf verschiedene Kategorien, darunter Anwendungen zur Sensormessung, Standardinstrumente, Regelungsanwendungen usw., vor.
3. Sie können nun beispielsweise unter *Bench-Top-Instrumente* ein 2-Kanal-Oszilloskop oder ein Multimeter auswählen, um nur einige der typischen Applikationen zu nennen.

Abbildung 11.31 fasst noch einmal die wichtigsten Schritte bei der Auswahl vordefinierter Messtechnikanwendungen zusammen.

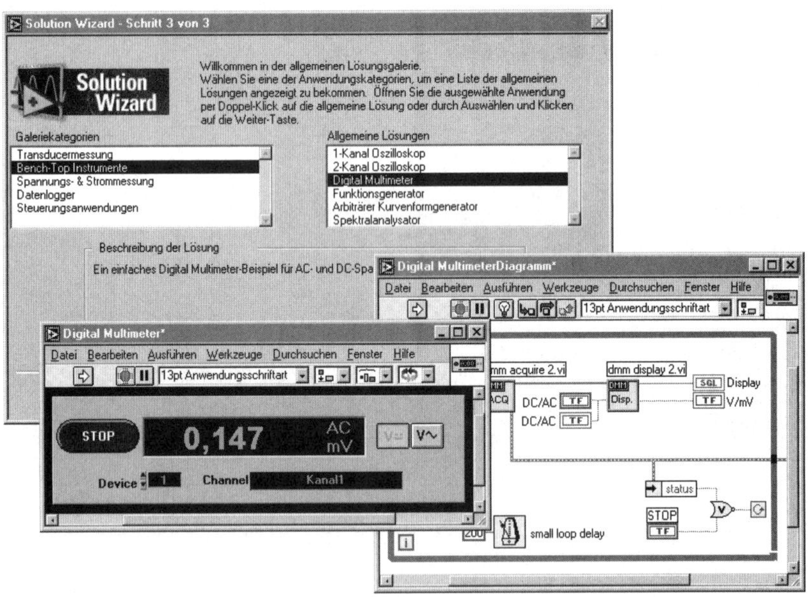

Abbildung 11.31: Vorgefertigte Standardanwendungen in LabVIEW

11.4 Die Datenerfassungsbibliotheken

Die LabVIEW-Bibliothek (des traditionellen NI-DAQ) für die Datenerfassung ist in sechs Hauptgruppen unterteilt, die sich wiederum in eine oder mehrere Untergruppen aufteilen (Abbildung 11.32). Im Folgenden werden wir die einzelnen Gruppen und deren Aufgabe kurz beschreiben und gegebenenfalls in Übungen anwenden.

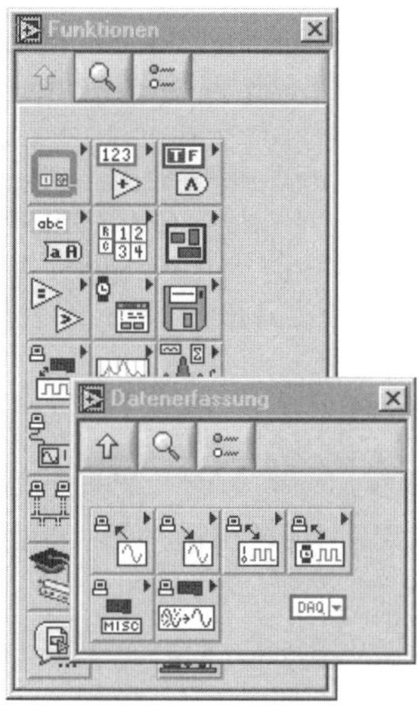

Abbildung 11.32: Die Palette zur Datenerfassung

In den Beispielen dieses Abschnitts sowie in einigen Beispielen der folgenden Abschnitte wird angenommen, dass Sie eine Datenerfassungskarte installiert und konfiguriert haben. Außerdem wird in den Beispielen und Übungen angenommen, dass Sie eine externe Signalquelle angeschlossen haben und die Vollversion von LabVIEW verwenden.

Bevor wir auf die einzelnen DAQ-Funktionen näher eingehen, soll an dieser Stelle der Waveform-Datentyp eingeführt werden, der für das Verständnis der nachfolgenden Abschnitte essentiell ist.

Waveform-Datentyp

Der Waveform-Datentyp, der als Cluster ausgelegt wurde, erweitert die eigentlichen Messdaten um zusätzliche Informationen in Bezug auf Zeitachsenskalierung, den Namen des (virtuellen) Messkanals und Einheiten der physikalischen

Messgrößen. Dieses Cluster aus Informationen kann z.B. direkt von einem Kurvengraphen aufgenommen und entsprechend interpretiert werden. Für den Waveform-Datentyp stehen in der Funktionspalette spezielle virtuelle Instrumente zur Verfügung, mit deren Hilfe er generiert, weiterverarbeitet, visualisiert und gespeichert werden kann.

Sehr deutlich werden die Stärken des neuen Datentyps aufgezeigt, wenn eine Kombination von Waveform-Datentyp und virtuellen Kanälen zum Einsatz kommt. Virtuelle Kanäle können, wie bereits erwähnt, vom Anwender menügeführt konfiguriert werden und vereinen Skalierungen, physikalische Einheiten und explizite Hardwarezuweisungen zu einem dem Benutzer verständlichen virtuellen Kanalnamen. Die Konfiguration und Verwaltung der einzelnen virtuellen Kanäle findet in einem zentralen Tool statt, dem *Measurement & Automation Explorer*. Der *Measurement & Automation Explorer* stellt sich – wie bereits erwähnt – als das zentrale Tool zur Verwaltung, Analyse und Konfiguration von National-Instruments-Hard- und Softwareprodukten dar.

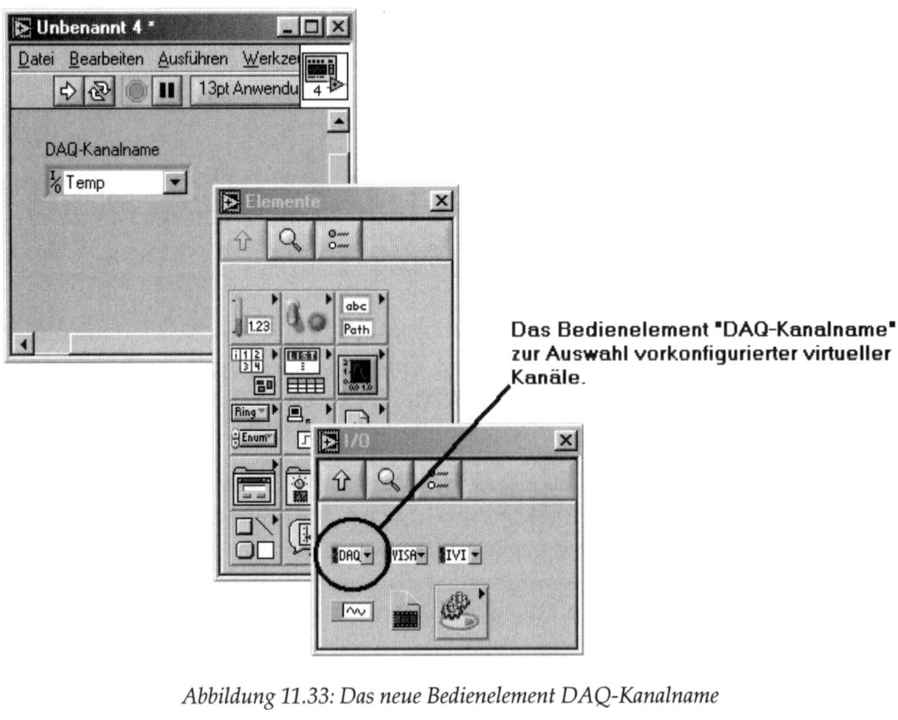

Abbildung 11.33: Das neue Bedienelement DAQ-Kanalname

Das konsequente Nutzen von virtuellen Kanälen wird durch das Bedienelement *DAQ-Kanalname* noch wesentlich vereinfacht. Musste bisher der Name eines (virtuellen) Kanals in einem String-Element eingegeben werden, bietet das neue Bedienelement automatisch alle registrierten virtuellen Kanäle in einer Auswahlliste an. Mit dem Bedienelement *DAQ-Kanalname* wurde nicht nur der Zugriff auf Datenerfassungskarten wesentlich vereinfacht, sondern auch eine typische Fehlerquelle in Datenerfassungsanwendungen eliminiert. Die automatische Anpassung aller Waveform-Funktionen an eine Änderung im Daten-Cluster und die bequeme und sichere Auswahl von virtuellen Kanälen zur Laufzeit ermöglichen die Realisierung von verschiedensten Messaufgaben mit relativ geringem Programmieraufwand. Nachträgliche Skalierungen, Anpassungen in der grafischen Datenflussprogrammierung und kontinuierliches Nachbessern von Visualisierungselementen gehören seit LabVIEW 6*i* der Vergangenheit an.

11.4.1 Analoge I/O

Die beiden Paletten für analoge Ein- und Ausgabe sind in Abbildung 11.34 dargestellt.

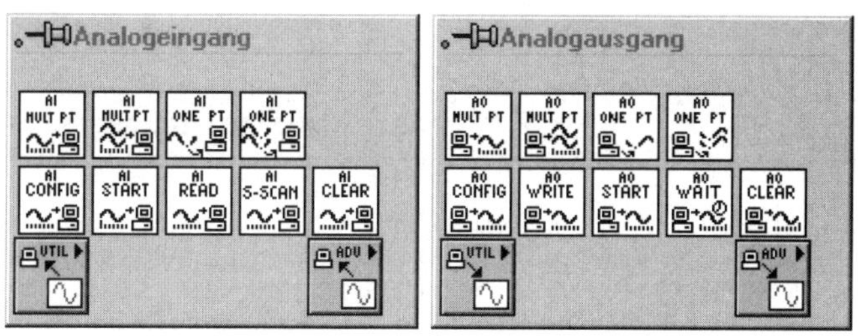

Abbildung 11.34: Die beiden Paletten für analoge Ein- und Ausgabe

Bevor wir uns mit DAQ-VI beschäftigen, müssen einige Begriffe erklärt werden. Die im Folgenden beschriebenen Ausdrücke werden durchgängig für die Ein- und Ausgänge der VI verwendet. Es ist daher entscheidend, dass Sie diese verstehen, wenn Sie mit der DAQ-Programmierung unter LabVIEW arbeiten. Zur Anschauung ist in Abbildung 11.35 ein DAQ-VI mit seinen Ein- und Ausgängen dargestellt.

Gerät steht für die »Gerätenummer«, die der Karte während der Installation mit dem *Measurement & Automation Explorer* zugewiesen wurde. Dieser Parameter teilt LabVIEW mit, welche Datenerfassungskarte Sie verwenden.

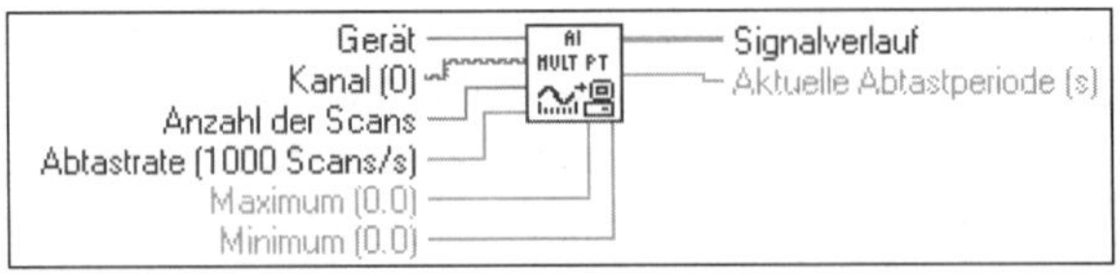

Abbildung 11.35: Das VI AI Signalverlauf erfassen

Anzahl der Abtastungen stellt einen numerischen Wert dar und gibt die Anzahl der zu erfassenden Messpunkte an. Dieser Wert wird vom Anwender eingestellt.

Über den Kanal lässt sich, wie der Name schon andeutet, der gewünschte Kanal bzw. die Kanäle spezifizieren, von dem/denen Sie Ihre Daten erfassen. Dieser Wert wird vom Anwender eingestellt. Zum Beispiel kann eine Karte mit 16 analogen Eingangskanälen gleichzeitig 16 Messwerte erfassen. In den DAQ-VI von LabVIEW wird ein Kanal oder eine Gruppe von Kanälen als Zeichenkette angegeben. Der Grund für die Verwendung von Zeichenketten statt numerischer Werte besteht darin, dass zur Angabe einer Gruppe von Kanälen die nicht numerischen Zeichen »:« und »,« benötigt werden. Ein Beispiel wird in Tabelle 11.1 gezeigt. Eine andere Möglichkeit ist auch, den Kanal nicht über eine Nummer zu bestimmen, sondern den im DAQ-Channel-Wizard festgelegten Namen für den Kanal zu verwenden. Hierdurch wird das Blockdiagramm selbstsprechender.

Kanäle	Zeichenkette zur Kanalauswahl
Kanal 5	5
Kanäle 0 bis 4	0:4
Kanäle 1, 8 und 10 bis 13	1,8,10:13

Tab. 11.1: Verschiedene Varianten der Kanalspezifikation

Hinweis: Natürlich ist es noch wesentlich eleganter, einfach einen virtuellen Kanal zu verwenden, statt einen Kanal als numerischen Wert eingeben zu müssen.

Die Bezeichnung *Scan* (eine *Abtastung)* steht für Abtastwerte pro Kanal und wird verwendet, wenn Sie mehrere Kanäle abtasten.

Die Ausgabe *Signalverlauf,* vom Datentyp Waveform, enthält die abgetasteten Messwerte, die in einem bestimmten Zeitintervall aufgenommen wurden und chronologisch sortiert vorliegen. In der Regel sind die einzelnen Messwerte äquidistant, dies muss jedoch nicht immer zwingend der Fall sein.

Obere und *Untere Grenze* stellen Grenzwerte für das zu erfassende Signal dar. Durch die Veränderung der vorgegebenen Werte 10 V und –10 V können Sie gleichzeitig die Verstärkung Ihres DAQ-Systems einstellen. Wenn Sie diese Werte z.B. auf 5 V und -5 V setzen, wird die Verstärkung der meisten Datenerfassungskarten auf 2 eingestellt. Wenn Sie die Werte auf 1 V und –1 V setzen, ist die Verstärkung 10. Deshalb werden Sie diese Anschlüsse verwenden, wenn der vermutete Spannungsbereich Ihres Eingangssignals vom vorgegebenen abweicht. Verwenden Sie die folgende Gleichung, um die jeweilige Verstärkung zu bestimmen:

$$\text{Verstärkung} = \frac{\text{Eingangsspannungsbereich der Karte}}{(|\text{Obergrenze Untergrenze}|)}$$

Achten Sie darauf, dass viele Datenerfassungskarten nur bestimmte voreingestellte Verstärkungen unterstützen. Wenn Sie eine Verstärkung einzustellen versuchen, welche die Karte nicht unterstützt, wird LabVIEW automatisch die nächste verfügbare Verstärkung einstellen. Typische Verstärkungen für Datenerfassungskarten liegen bei 0,5, 1, 2, 5, 10, 20, 50, 100.

Task-ID ist ein 32-Bit-Integer, den einige DAQ-VI verwenden, um einen bestimmten I/O-Vorgang zu kennzeichnen. Viele der DAQ-VI benötigen ein *Task-ID* als Eingang und geben am Ausgang ein *Ausgang Task-ID* zurück, das an das nächste VI weitergegeben wird. Wenn Sie diese Anschlüsse verwenden, müssen Sie nicht für jedes VI die gesamten Informationen über Ihre Karte, Abtastrate, Grenzwerte usw. angeben. Sie übergeben diese Werte dem ersten VI, das dann eine Aktionskennung ausgibt, die allen folgenden VI die gültigen Einstellungen übermittelt.

11.4.2 Die einfachen Funktionen für analoge I/O

Nachdem Sie die einzelnen allgemeinen Ein- und Ausgabeparameter kennen gelernt haben, sollen als Nächstes die einzelnen Funktionen zur Erfassung und Ausgabe analoger Signale durchgegangen werden.

Analoge Eingabe

Die Funktion *AI-Kanal abtasten* liest einen Abtastwert des angegebenen Kanals.

Die Funktion *AI-Kanäle abtasten* liest einen Abtastwert aus jedem in der Zeichenkette *Kanäle* angegebenen Kanal. Die Abtastwerte werden, nach Kanalnummern sortiert, im Array *Abtastungen* zurückgegeben.

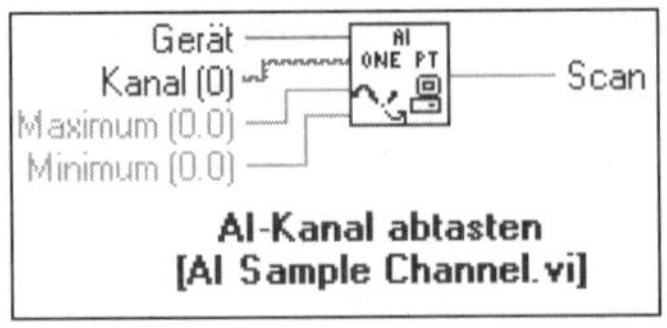

Abbildung 11.36: Die Funktion AI-Kanal abtasten

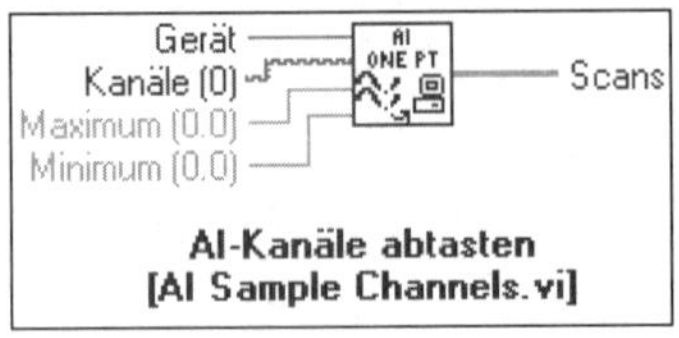

Abbildung 11.37: Die Funktion AI-Kanäle abtasten

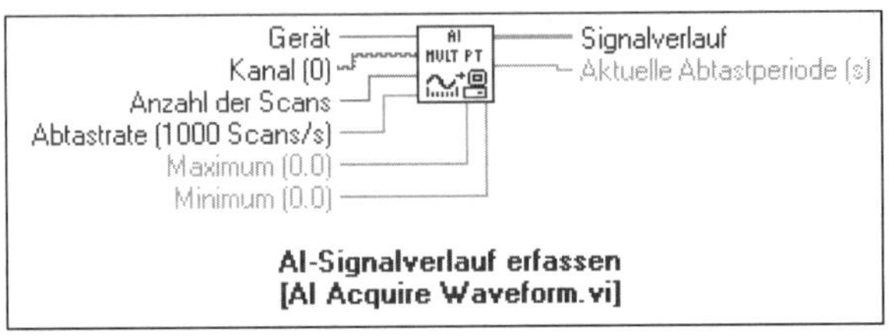

Abbildung 11.38: Die Funktion AI-Signalverlauf erfassen

Die Funktion *AI-Signalverlauf erfassen* liest vom spezifizierten Kanal einen Signalverlauf (einen Satz Abtastwerte, der in einem bestimmten Zeitraum erfasst wurde) mit der angegebenen Abtastrate. Die Abtastwerte werden im Array *Signalverlauf* zurückgegeben, in dem jedes Element einen Abtastwert enthält, der zum nächsten jeweils um eine Abtastperiode verschoben ist.

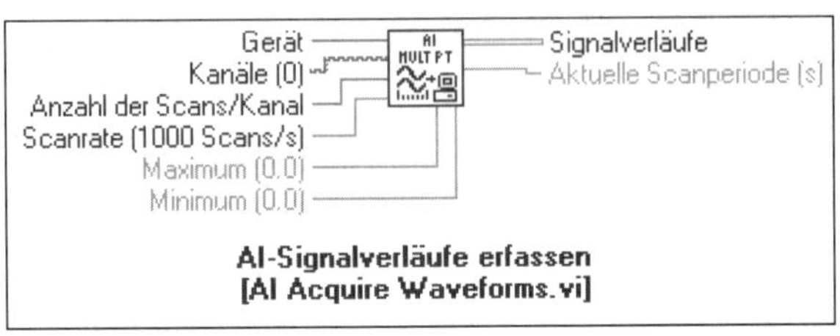

Abbildung 11.39: Die Funktion AI-Signalverläufe erfassen

Die Funktion *AI-Signalverläufe erfassen* liest aus jedem der Kanäle, die in der Zeichenkette *Kanäle* angegeben sind, einen Signalverlauf. Die Abtastwerte werden im 2D-Array *Signalverläufe*, nach Kanalnummer und Abtastzeitpunkt geordnet, zurückgegeben. Dabei entspricht die Spaltennummer im Array dem Kanal, während die Zeile jeweils dem Abtastzeitpunkt entspricht.

Analoge Ausgabe

AO-Kanal aktualisieren [AO Update Channel.vi]

Abbildung 11.40: Die Funktion AO-Kanal aktualisieren

Die Funktion *AO-Kanal aktualisieren* legt am angegebenen Ausgabekanal *Kanal* die Ausgangsspannung *Wert* an. Die Spannung bleibt am Ausgang bestehen, bis ihr Wert verändert oder das Gerät zurückgesetzt wird.

AO-Kanäle aktualisieren [AO Update Channels.vi]

Abbildung 11.41: Die Funktion AO-Kanäle aktualisieren

Die Funktion *AO-Kanäle aktualisieren* legt an den angegebenen Ausgabekanälen *Kanäle* die Ausgangsspannungen *Spannung* an. Die Spannungen bleiben an den Ausgängen bestehen, bis ihr Wert verändert oder das Gerät zurückgesetzt wird.

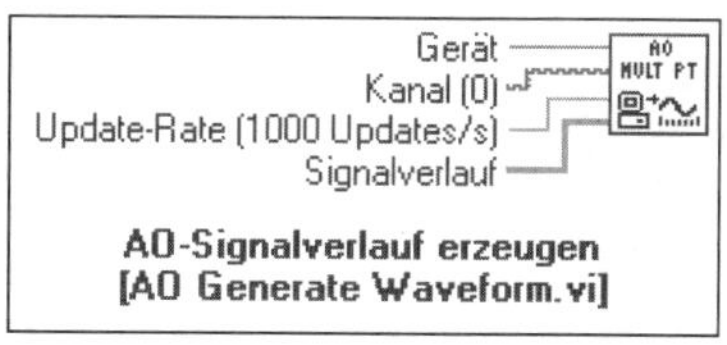

AO-Signalverlauf erzeugen [AO Generate Waveform.vi]

Abbildung 11.42: Die Funktion AO-Signalverlauf erzeugen

Die Funktion *AO-Signalverlauf erzeugen* erzeugt einen Signalverlauf für den angegebenen Ausgangskanal *Kanal*. Die Abtastpunkte des Signalverlaufs werden durch das Array *waveform* angegeben. Der Wert *update rate* bestimmt die Periode zwischen zwei Abtastpunkten.

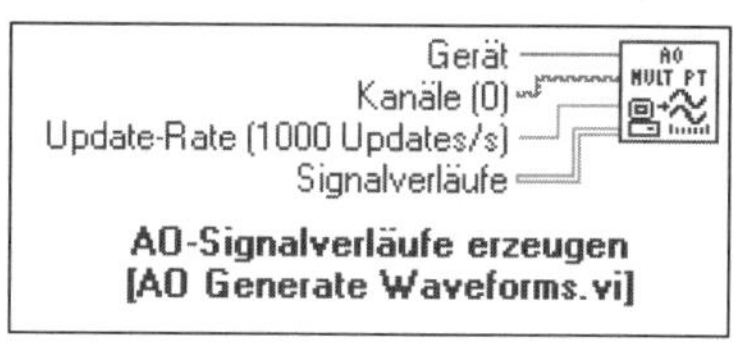

AO-Signalverläufe erzeugen [AO Generate Waveforms.vi]

Abbildung 11.43: Die Funktion AO-Signalverläufe erzeugen

Die Funktionsweise von *AO-Signalverläufe erzeugen* ist der von *AO-Signalverlauf erzeugen* ähnlich, mit dem Unterschied, dass gleichzeitig mehrere Signalverläufe angegeben werden können. Die Punkte jedes Signalverlaufs werden jeweils in einer Spalte eines 2D-Arrays übergeben.

Um das eben Beschriebene zu veranschaulichen, betrachten Sie das nachfolgende Beispiel.

Übung: Datenerfassung mit LabVIEW

1. Schließen Sie eine Spannungsquelle, wie etwa einen Funktionsgenerator, an Kanal 0 Ihrer Datenerfassungskarte an. Für diese Übung gehen wir von einer Konfiguration der Datenerfassungskarte zur Erfassung von differentiellen oder positiven geerdeten Messwerten aus.
2. Erstellen Sie das Frontpanel und das Blockdiagramm, wie in Abbildung 11.44 dargestellt. *AI-Kanal abtasten* finden Sie in der Palette *Analogeingabe*. Wenn Sie Ihre Datenerfassungskarte mit dem *Measurement & Automation Explorer* nicht als Gerät Nr. 1 eingestellt haben, ändern Sie die Konstante für die Gerätenummer entsprechend der von Ihnen vergebenen Gerätenummer Ihrer Einsteckkarte.

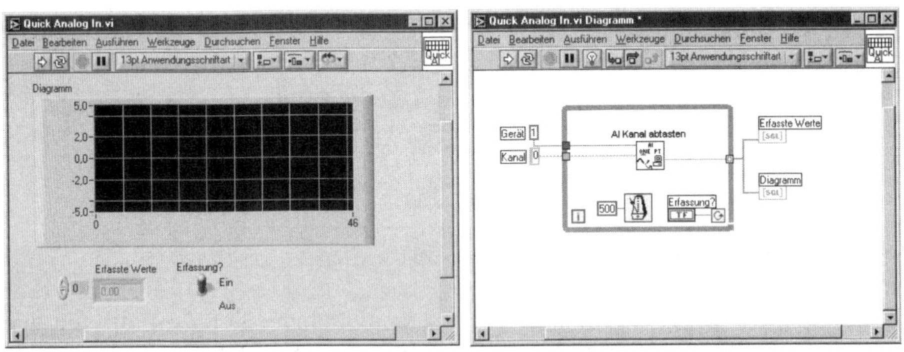

Abbildung 11.44: Frontpanel und Blockdiagramm für eine Datenerfassung

3. Speichern Sie das VI als *Quick Analog In.vi.*
4. Starten Sie das VI, nachdem Sie den Schalter *Acquire?* eingeschaltet haben, und schalten Sie ihn nach wenigen Sekunden aus.
5. Untersuchen Sie die Daten im Array *Acquired Samples.*

Es ist zwar prinzipiell richtig, für eine kontinuierliche Erfassung eine While-Schleife einzusetzen, doch wird auf der anderen Seite durch das einfache VI *AI Kanal abtasten* bei jedem Aufruf die Karte neu konfiguriert. Die hier gezeigte Methode der Datenerfassung funktioniert, solange die folgenden Bedingungen gelten:

- Die Abtastrate ist niedrig (1 Abtastwert pro Sekunde oder langsamer).
- Während der Ausführung des VI werden vom Betriebssystem keine anderen zeitaufwendigen Operationen durchgeführt.
- Kleine Veränderungen der Abtastzeitpunkte können akzeptiert werden.

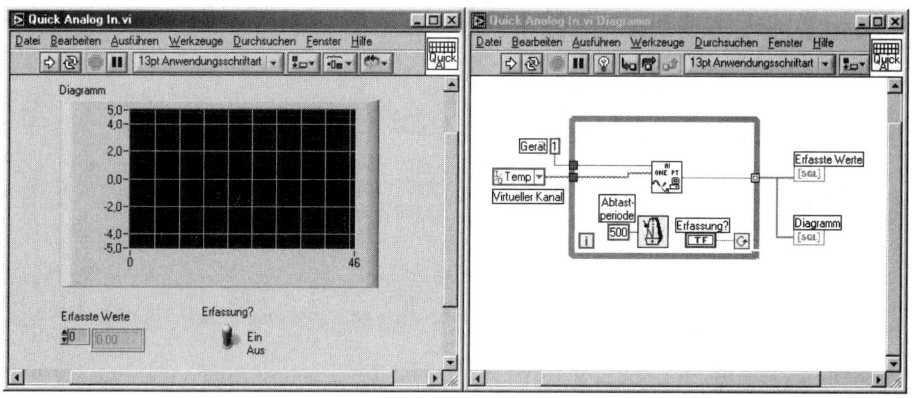

Abbildung 11.45: Das gleiche Beispiel mit einem virtuellen Kanal

Sehen wir uns ein weiteres Beispiel für einfache I/O an. Das folgende Beispiel erfasst mehrere Abtastungen und zeigt diese in einem Graphen an.

Der Vollständigkeit halber zeigen wir Ihnen in Abbildung 11.46 das Beispiel noch einmal mit der Anwendung eines virtuellen Kanals.

Übung: Mehrere Kanäle gleichzeitig erfassen

1. Schließen Sie vier Gleichspannungs- oder niederfrequente Spannungsquellen an die Kanäle 0–3 an. Wenn Sie nicht so viele Spannungsquellen besitzen, können Sie eine Quelle an alle Anschlüsse anschließen oder ein Widerstandsnetzwerk aufbauen, um unterschiedliche Spannungen an den Kanälen anzulegen.
2. Erstellen Sie Frontpanel und Blockdiagramm wie in Abbildung 11.46 gezeigt. Wählen Sie *Array transponieren* aus dem Popup-Menü des Graphen. Die Funktion *AI-Kanäle abtasten* gibt ein 2D-Array zurück, dessen Spalten jeweils

die Spannungen eines Kanals enthält. Da der Graph normalerweise die Zeilen eines Arrays über den Spalten zeichnet, muss das Array transponiert werden, damit die Spannungen als Y-Werte dargestellt werden.

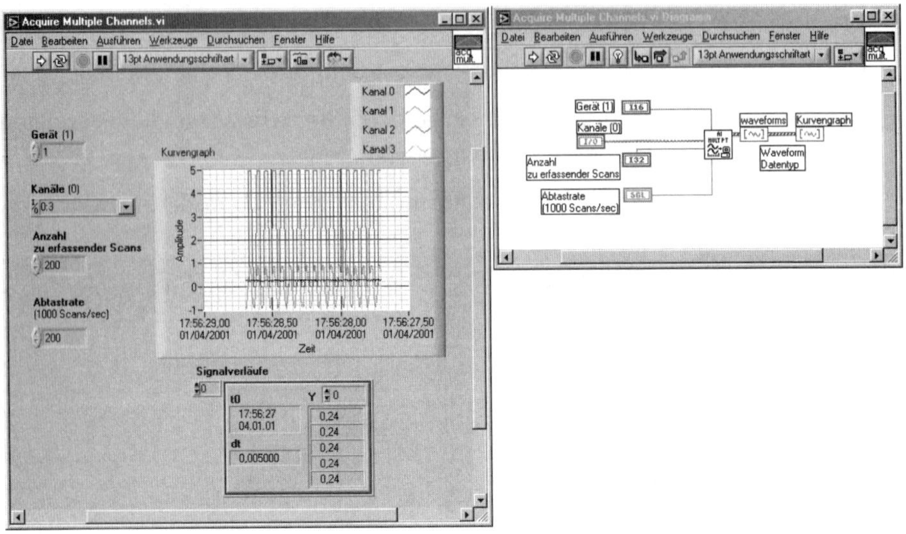

Abbildung 11.46: Frontpanel und Blockdiagramm zur Erfassung mehrerer Kanäle

3. Stellen Sie *Abtastrate, Kanäle* und *Anzahl zu erfassender Scans* wie gezeigt ein.
4. Speichern Sie das VI als *Acquire Multiple Channels.vi.*

   Das Blockdiagramm ist sehr einfach, denn *AI-Signalverläufe erfassen* nimmt Ihnen die ganze Arbeit ab. Beachten Sie die *Elemente bündeln*-Funktion, die für den Graphen verwendet wurde. Der Ausgang *Aktuelle Abtastrate* der AI-Funktion wird verwendet, um die Messpunkte mit einer präzisen Zeitzuordnung darstellen zu können. Beachten Sie auch, dass dieses VI ungepufferte, Software-getriggerte A/D-Wandlung verwendet.

Eine entscheidende Einschränkung der Mehrkanal-I/O muss hier noch erwähnt werden. Wenn Sie für mehrere Kanäle eine hohe Abtastrate einstellen und die Daten jedes Kanals im Verlauf der Zeit beobachten (nicht über die Array-Indizes), werden Sie von Kanal zu Kanal eine zunehmende *Phasenverschiebung* bemerken. Wie kommt das? Die meisten Datenerfassungskarten können nur eine A/D-Wandlung zur gleichen Zeit ausführen. Darum wird auch von Abtastung gesprochen: Die Daten der Eingangskanäle werden einzeln nacheinander digitalisiert. Es entsteht jeweils eine Verzögerung, die Mehrkanalverzögerung, zwischen den Abtastwerten zweier Kanäle (Abbildung 11.47). Üblicherweise ist diese Mehrkanalverzögerung so klein wie möglich, sie ist jedoch in hohem Maße von der Datenerfassungskarte abhängig.

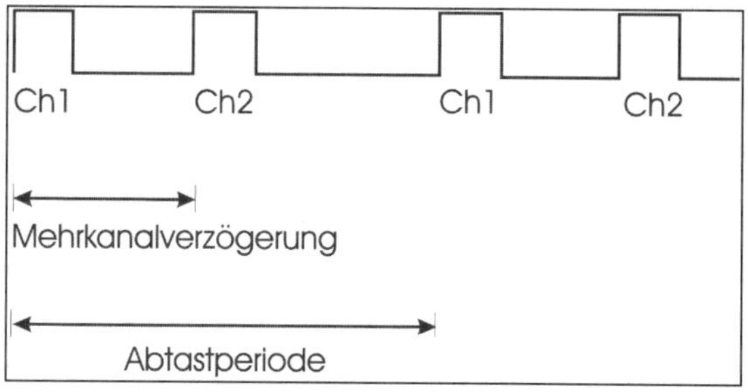

Abbildung 11.47: Phasenverschiebung bei der Abtastung mehrerer Kanäle

Bei der Messung von Gleichspannungs- oder niederfrequenten Signalen stellt diese Phasenverschiebung im Allgemeinen kein Problem dar. Die Mehrkanalverzögerung ist dann meist so viel geringer als die Periode des abgetasteten Signals, dass die Abtastzeitpunkte aller Kanäle gleich *scheinen*. Die Mehrkanalverzögerung wird beispielsweise im Mikrosekundenbereich liegen, während die Abtastrate 1 s^{-1} beträgt (wie in Abbildung 11.48 gezeigt). Bei höheren Frequenzen kann die Verzögerung jedoch sehr deutlich werden, so dass in der Messung Schwierigkeiten auftreten können, wenn Sie auf synchronisierte Signale angewiesen sind.

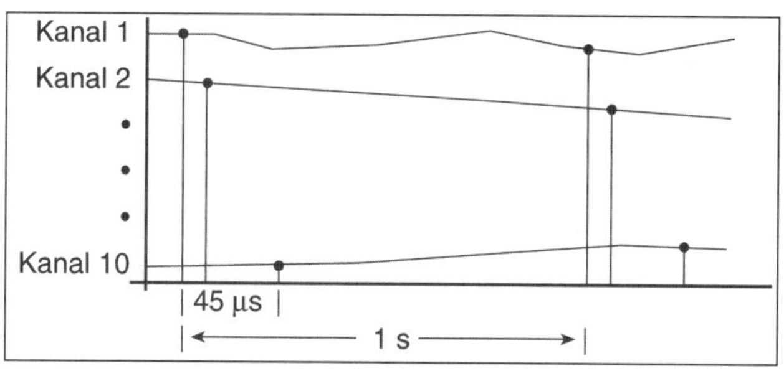

Abbildung 11.48: Scan über mehrere Kanäle

11.4.3 Analoge I/O etwas ausführlicher

Die Vereinfachung der Datenerfassung mit den einfachen I/O-Funktionen hat ihren Preis. So wird bei jedem Aufruf die Karte konfiguriert. Dies bringt zwar eine Vereinfachung für den Anwender mit sich, doch kann es bei zeitkritischen

Anwendungen Probleme bereiten. Wenn Sie vorhaben, eine große Anzahl Abtastwerte über einen längeren Zeitraum aufzunehmen, sollten Sie diese wiederholte »Grundeinstellung« der Messung vermeiden. Alle VI der »obersten Zeile« in der DAQ-Palette sind für einfache, schnelle Programmierung gedacht. Für Anwendungen, die große Datenmengen bewältigen müssen, bieten sie jedoch zu wenig Flexibilität und erfordern zu viel Software-Overhead.

Die VI der zweiten Zeile bieten größere Funktionsvielfalt, Flexibilität und Effektivität für die Entwicklung Ihrer Anwendungen. Diese VI stellen Möglichkeiten zur Verfügung wie die Steuerung der Mehrkanalverzögerung, Verwendung von externem Triggern und Durchführung kontinuierlicher I/O-Vorgänge. Die Beschreibung der VI ist dem Handbuch oder der Online-Hilfe zu entnehmen. Sie werden feststellen, dass einige davon eine Vielzahl von Ein- und Ausgängen besitzen. Effektive Nutzung der VI für Analog-I/O besteht darin, nur die Anschlüsse zu verbinden, die Sie wirklich benötigen. In den meisten Fällen müssen Sie sich um die optionalen (»grau dargestellten«) Anschlüsse, die in der ausführlichen Hilfe angezeigt werden, keine Gedanken machen.

Alle fortgeschrittenen VI bauen auf dem Datenflussprinzip auf. Die analogen Funktionen werden durch die Aktionskennung *Task-ID* sowie durch die Fehlerbehandlung verknüpft. Tabelle 11.2 und die entsprechende Abbildung 11.49 zeigen die beabsichtigte Ausführungsfolge der VI zur analogen Signalverlaufserfassung und -generierung.

Abbildung 11.49: Datenerfassung (links) und Signalerzeugung (rechts) mit den fortgeschrittenen VI

1. *AI Konfiguration*: setzt Kanal- und Puffereinstellungen	1. *AO Konfiguration*: setzt Kanal- und Puffereinstellungen
2. *AI Start*: beginnt die Datenerfassung	2. *AO Start*: beginnt die Signalerzeugung

Tab. 11.2: Datenerfassung und Signalerzeugung mit den fortgeschrittenen VI

3. *AI lesen*: liest Daten aus dem Puffer	3. *AO schreiben*: schreibt neue Daten in den Puffer 4. *AO warten* [bei Bedarf]: wartet, bis der Puffer geleert ist
4. *AI zurücksetzen*: löscht den Puffer und gibt belegte Ressourcen frei	5. *AO zurücksetzen*: löscht den Puffer und gibt belegte Ressourcen frei

Tab. 11.2: Datenerfassung und Signalerzeugung mit den fortgeschrittenen VI (Forts.)

11.4.4 Übung: Beispiel zur gepufferten Datenerfassung

Dies ist ein Beispiel für gepufferte Datenerfassung. Erstellen Sie zunächst das folgende Frontpanel (Abbildung 11.50) mit einem einfachen Graphen für die Darstellung des Signalverlaufs.

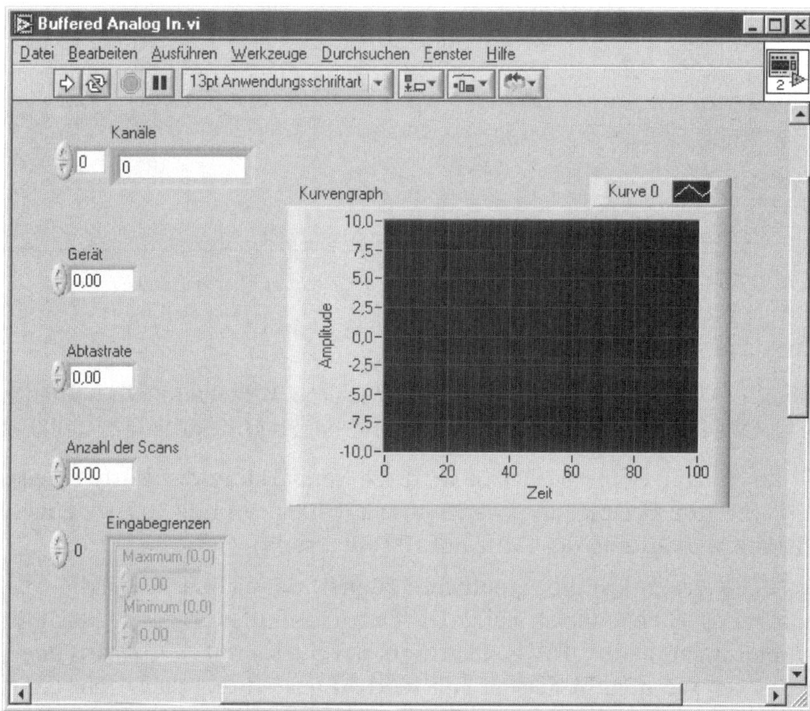

Abbildung 11.50: Frontpanel für eine gepufferte Datenerfassung

Beachten Sie, dass der Eingang *Eingabegrenzen* ein Array aus Clustern ist, in dem jeder Cluster zwei numerische Eingaben enthält. Sie können dieses Array erzeugen, indem Sie auf dem Eingang *Eingabegrenzen* des Symbols von *AI konfigurieren* ein Popup-Menü öffnen und *Konstante erstellen* wählen.

Schließen Sie als Nächstes an Kanal 0 eine Spannungsquelle an. Dann verbinden Sie das Blockdiagramm mit den VI für analoge Eingabe, wie wir es im letzten Abschnitt beschrieben haben (Abbildung 11.51).

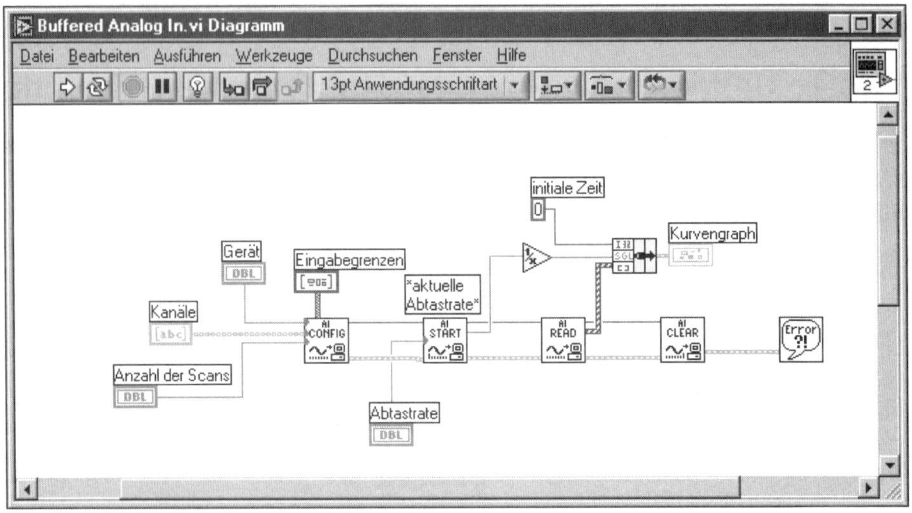

Abbildung 11.51: Blockdiagramm für eine gepufferte Datenerfassung

Speichern Sie das VI als *Buffered Analog In.vi.*

Sie haben gerade ein (sehr einfaches) Oszilloskop aufgebaut! Wir sollten noch einige Details über das Blockdiagramm anmerken, das Sie gerade erstellt haben:

- Mit der Eingabe *Eingabegrenzen* wird die Verstärkung der Karte eingestellt. Wenn Sie zum Beispiel alle Grenzwerte auf 100 mV und –100 mV einstellen, wird die Verstärkung der Karte auf 100 eingestellt.
- Das VI *AI starten* löst die eigentliche Datenerfassung aus. Sowie die Ausführung dieses VI beendet ist, stehen die Daten im Puffer. Sie sind jedoch für die Bearbeitung mit LabVIEW erst verfügbar, wenn sie mit *AI lesen* aus dem Puffer gelesen werden. In diesem Fall wird *AI lesen* direkt nach dem Ende der Datenerfassung ausgeführt. Die Daten könnten aber auch zu jedem späteren Zeitpunkt aus dem Puffer gelesen werden, vorausgesetzt, der Pufferinhalt wird nicht gelöscht oder überschrieben.

- Die tatsächliche Abtastrate – der Kehrwert der tatsächlichen Abtastperiode – wie sie von *AI starten* ausgegeben wird, erweist sich als ausgesprochen hilfreich für das Darstellen der Daten, da sich so das *ΔX* des Graphen bestimmen lässt. Wenn die tatsächliche Abtastrate nicht der programmierten entspricht, so wird dies aus dem Graphen ersichtlich.
- Die Verwendung von *AI zurücksetzen* ist wichtig, da es den Pufferinhalt löscht. Anderenfalls könnten bei einem späteren Aufruf von *AI lesen* veraltete Daten gelesen werden.

11.4.5 Fortgeschrittene analoge I/O

Dieser Abschnitt befasst sich mit leistungsfähigen Konzepten wie Ringpufferung (Datenerfassung in Echtzeit), Hardware-Trigger und kontinuierliche Plattenspeicherung (»Streaming«). Diese Funktionen sind in der Praxis ausgesprochen nützlich. Zur Veranschaulichung wird jedes dieser Konzepte durch ein Beispiel beschrieben.

Datenerfassung in Echtzeit

Kontinuierliche Datenerfassung oder auch Datenerfassung in Echtzeit stellt die erfassten Daten zur Verfügung, ohne dabei die laufende Datenerfassung zu unterbrechen. Im Allgemeinen wird dazu eine Art der Ringspeicherung verwendet. Sie bestimmen die Größe des Ringspeichers. Die Datenerfassungskarte erfasst die Daten und speichert sie in diesem Puffer. Ist der Puffer voll, werden die jeweils ältesten Daten im Puffer von den neuesten Messwerten überschrieben (wobei es unerheblich ist, ob die alten Daten bereits von LabVIEW verarbeitet wurden). Dieser Ablauf wird fortgesetzt, bis die vorgegebene Anzahl von Messwerten erfasst ist, LabVIEW die Operation abbricht oder ein Fehler auftritt. Kontinuierliche Datenerfassung ist zum Beispiel dann sinnvoll, wenn Messwerte in Echtzeit dargestellt oder kontinuierlich auf Platte gespeichert werden sollen.

Sehen Sie sich das VI in der folgenden Übung an, mit dem kontinuierlich Daten erfasst und angezeigt werden.

Übung: Kontinuierliche, gepufferte Datenerfassung

1. Erstellen Sie das in Abbildung 11.52 gezeigte Frontpanel.

   Erstellen Sie den Cluster *Lese/Such-Position*, indem Sie auf dem entsprechend bezeichneten Eingang von *AI lesen* ein Popup-Menü öffnen, aus dem Sie *Anzeige erstellen* wählen.

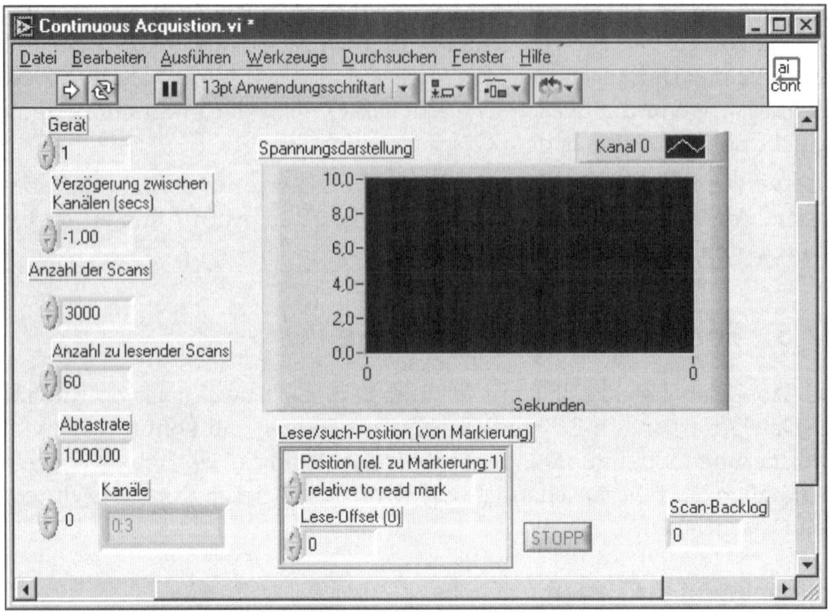

Abbildung 11.52: Frontpanel für eine kontinuierliche, gepufferte Datenerfassung

2. Speichern Sie das VI als *Single Channel AI.vi*. Dann verbinden Sie die analogen Eingabe-VI, wie in der nächsten Abbildung 11.53 gezeigt wird.

3. Ermöglichen Sie LabVIEW die kontinuierliche Datenerfassung, indem Sie *AI Start* durch den Wert 0 am Eingang *Anzahl zu erfassender Scans* anweisen, ununterbrochen Daten zu erfassen. Diese Datenerfassung erfolgt asynchron, das heißt, dass LabVIEW gleichzeitig andere Funktionen ausführen kann. Abbildung 11.53 zeigt das Blockdiagramm der davor dargestellten Frontblende. Die Daten werden innerhalb einer Schleife von *AI lesen* gelesen. Von dort aus werden die Daten an den Graphen übergeben. *AI zurücksetzen* hält die Datenerfassung an und gibt die Puffer und alle belegten Ressourcen der Karte frei. Beachten Sie den Unterschied zwischen diesem VI (das die Daten *kontinuierlich* erfasst) und dem VI zur Signalformerfassung (das »normal« gepufferte DAQ-VI im vorigen Abschnitt): die While-Schleife und die 0, die an den Eingang *Anzahl zu erfassender Scans* von *AI Start* angeschlossen sind, sowie den Parameter *Anzahl zu lesender Scans*.

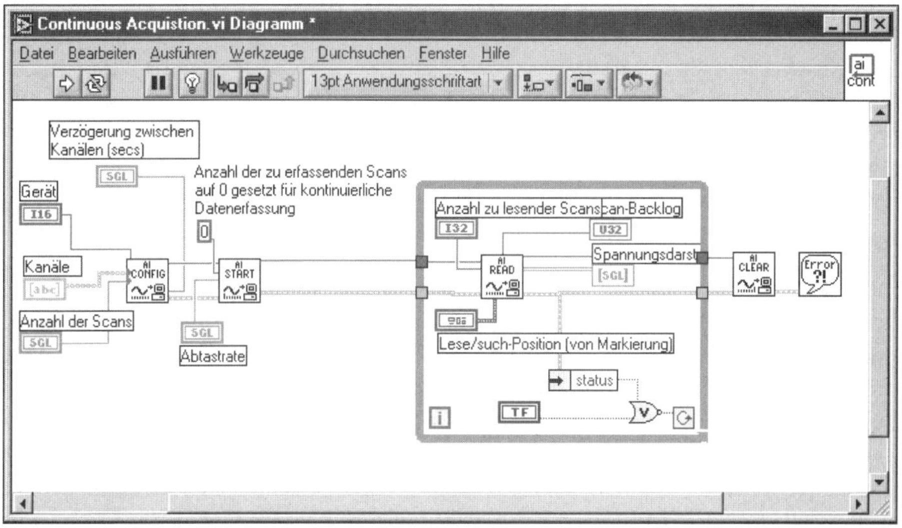

Abbildung 11.53: Blockdiagramm für eine kontinuierliche, gepufferte Datenerfassung

Das im vorangegangenen Beispiel erstellte VI ist so aufgebaut, dass es kontinuierlich läuft. Um dies mit begrenztem Speicher zu erreichen, wird ein Puffer mit fester Länge angelegt, der dann vom Anfang bis zum Ende voll geschrieben wird. Wenn er voll ist, wird erneut begonnen, den Speicher von Anfang an voll zu schreiben, wobei die jeweils ältesten Daten überschrieben werden. Nehmen wir beispielsweise an, das VI würde mit einer Puffergröße von zehn Werten und einer Abtastrate von einem Wert je Sekunde ausgeführt. Die folgenden Abbildungen zeigen, wie in diesem Fall der Pufferspeicher beschrieben würde.

Vor dem Start des VI ist der Puffer leer (Abbildung 11.54):

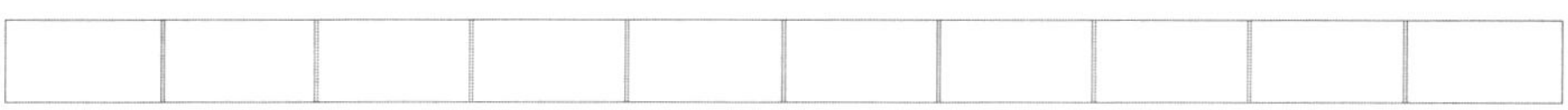

Abbildung 11.54: Ein leerer Puffer

Nach einer Sekunde wird der erste Messwert in den Puffer geschrieben (Abbildung 11.55):

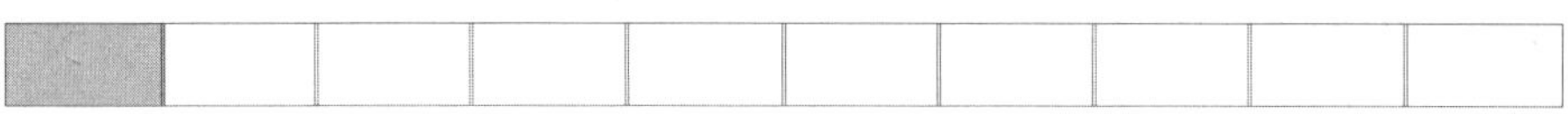

Abbildung 11.55: Ein erster Wert ist im Puffer.

Nach neun Sekunden ist der Puffer fast voll (Abbildung 11.56):

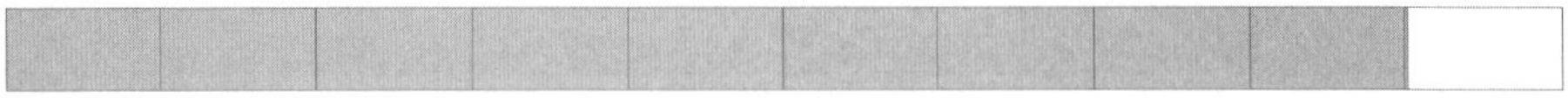

Abbildung 11.56: Der Puffer ist fast voll.

Nach zwölf Sekunden ist der Puffer voll und die Daten am Anfang des Puffers werden überschrieben (Abbildung 11.57).

In diesem VI werden die mittleren VI zur Datenerfassung eingesetzt, um die Vorteile des Hardware-Timings und der Speicherverwaltung von LabVIEW zu nutzen. Sollte der Prozessor während der Ausführung von *Single Channel AI.vi* durch ein Betriebssystemereignis ausgelastet werden, werden die DAQ-VI den Puffer auf der Datenerfassungskarte und die DMA-Fähigkeiten (sofern vorhanden) des Computers nutzen, um Daten ohne Belastung des Mikroprozessors zu speichern. Nur wenn das Betriebssystemereignis den Mikroprozessor länger aufhält, als der FIFO-Puffer auf der Karte und der DMA-Puffer die Daten aufnehmen können, werden Daten verloren gehen. Am einfachsten ist dies zu verstehen, wenn man sich die vier »Schnappschüsse« (Abbildungen 11.54 bis 11.57) des Pufferzustands ansieht. Nehmen Sie dazu zunächst an, die Datenerfassungskarte verfüge zwar über DMA-Fähigkeiten, aber nicht über einen eigenen FIFO-Puffer. Im Idealfall wird die DAQ-Hardware die auflaufenden Daten kontinuierlich in den Puffer schreiben, während LabVIEW die Daten kurz darauf ebenso kontinuierlich aus diesem Puffer ausliest. Angenommen, der Mikroprozessor wird nach einer Sekunde, wenn LabVIEW gerade den ersten Abtastwert gelesen hat, von einer anderen Aufgabe blockiert. Während der Mikroprozessor (und damit die Funktionen von LabVIEW zum Auslesen des Puffers) blockiert ist, schreibt die DAQ-Hardware weiterhin jede Sekunde einen Messwert in den Puffer. Ist der Prozessor nach 12 Sekunden noch immer blockiert, geht LabVIEW der Messwert in der zweiten Spalte von links verloren, da er von einem neuen Messwert überschrieben wird (in Abbildung 11.57 dunkelgrau dargestellt), bevor LabVIEW die Möglichkeit hatte, den vorigen Messwert (der »hellgraue« Wert) aus diesem Speicherplatz auszulesen. Die vier mittleren VI, die im vorigen Beispiel verwendet wurden, werden einen solchen Fehler anzeigen.

Abbildung 11.57: Die ersten beiden Werte im Puffer wurden überschrieben.

Wozu ist die Anzeige *Scan Backlog* (= Abtastrückstand), die an *AI lesen* angeschlossen ist, gut? Es ist recht sinnvoll, zu wissen, ob LabVIEW beim Auslesen der Daten mit dem Auflaufen neuer Daten mithalten kann. Wenn der Puffer schneller aufgefüllt wird, als Ihr VI die Daten auslesen kann, werden Sie bald durch den oben beschriebenen Vorgang Daten verlieren. *Scan Backlog* wird dies widerspiegeln.

Hardware-Triggern

Es gibt zwei Arten, eine DAQ-Operation auszulösen: durch einen Software- oder einen Hardware-Trigger.

Beim Software-Triggern beginnt die DAQ-Operation mit der Ausführung der Funktion, welche die Datenerfassung einleitet. Software-Triggern wird beispielsweise von den einfachen DAQ-VI verwendet. Sowie LabVIEW das VI ausführt, wird auch die Messwerterfassung oder -erzeugung gestartet. Alle Datenerfassungskarten unterstützen Software-Trigger.

Die andere weit verbreitete Methode, eine DAQ-Operation zu beginnen, ist, auf ein bestimmtes externes Ereignis zu warten. Üblicherweise wird die Datenerfassung abhängig von bestimmten Eigenschaften eines analogen oder digitalen Signals ausgelöst, etwa von einem Signalzustand, einem Spannungspegel oder einer Amplitude. Die Schaltung auf der Datenerfassungskarte verwendet dieses analoge oder digitale Ereignis, um die Taktgeber, welche die Datenerfassung steuern, zu starten. Die meisten Datenerfassungskarten unterstützen *digitales* Triggern als Beginn der Datenerfassung. Einige unterstützen zusätzlich noch das *analoge* Triggern als Auslöser für den Beginn der Datenerfassung. Der Pin, an dem das Trigger-Signal an Ihrer Datenerfassungskarte angelegt wird, heißt entweder EXTTRIG oder START TRIG. Alle MIO- und Lab-Series-Karten von National Instruments unterstützen digitales Triggern.

Anstatt nur den Beginn der Datenerfassung vom externen Trigger vorgeben zu lassen, können Sie auch das Auslesen der Daten aus dem Puffer vom externen analogen Trigger steuern lassen. Diese Art des Triggerns wird als *bedingte Auswertung* bezeichnet. Wenn Sie Daten bedingt auswerten, erfasst und puffert Ihre Datenerfassungskarte die Daten anhand von Software-Triggern. LabVIEW liest die Daten jedoch erst dann aus dem Puffer, wenn der Abtastwert bestimmte Pegel- und Flankenbedingungen erfüllt. Vorsicht! – Man verwechselt die bedingte Auswertung leicht mit analogem Hardware-Triggern. Systeme, die mit Hardware-Triggern arbeiten, speichern die Daten erst dann im Datenerfassungspuffer, wenn die Trigger-Bedingung auftritt. Systeme, die mit bedingter Auswertung arbeiten, speichern die Daten kontinuierlich im Puffer, lesen die Pufferdaten jedoch erst, wenn die Trigger-Bedingung eintritt.

Abbildung 11.58 zeigt den Cluster *Bedingtes Retrieval*, mit dem die Kriterien eingestellt werden, nach denen entschieden wird, ob Daten aus dem Datenerfassungspuffer ausgelesen werden. Dieser Cluster wird an einen Eingang von *AI lesen* angeschlossen. Nach dem Start der Erfassung wird das Signal kontinuierlich von der Datenerfassungskarte abgetastet und auf eine Übereinstimmung mit den Auswertungsbedingungen überprüft. Ist eine Übereinstimmung gefunden, liefert *AI lesen* so viele Messwerte, wie an seinem Eingang *Anzahl zu lesender Scans* angegeben sind.

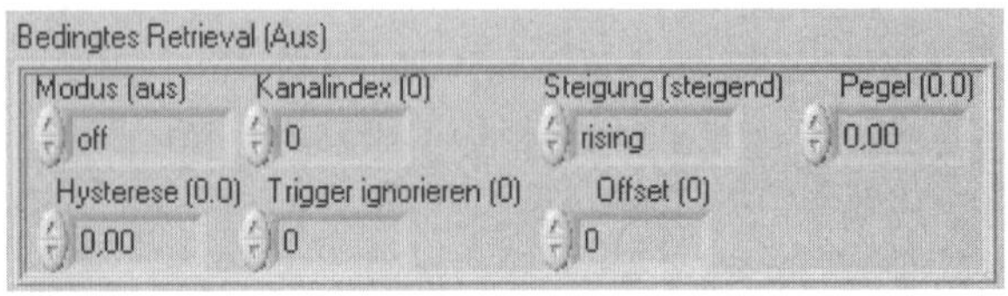

Abbildung 11.58: Der Cluster Bedingtes Retrieval

Übung: Datenerfassung mit Hardware-Trigger

In dieser Übung erstellen Sie ein VI mit analogem Eingang, das zum Starten und Beenden der Datenerfassung einen Hardware-Trigger verwendet.

1. Verbinden Sie einen Schalter mit TTL-Signal mit EXT TRIG (oder einem entsprechenden Pin) Ihrer Datenerfassungskarte und schließen Sie zusätzlich zwei analoge Signalquellen an.
2. Erstellen Sie das in Abbildung 11.59 gezeigte Frontpanel. Die Eingabe *Trigger Type* ist eine Ringauswahl zur Angabe des Trigger-Typs:

   0 kein Triggern (Vorgabewert)

   1 analoges Triggern

   2 digitales Triggern A

   3 digitales Triggern A und B

   4 Freigabe des Abtasttakts

   Sie können für diese Eingabe den Typ verwenden, der im Frontpanel des Beispiels in *KAPITEL11.LLB\Triggered Analog* verwendet wird, oder eine einfache numerische Eingabe einsetzen.
3. Erstellen Sie ein Blockdiagramm, das folgender Abbildung 11.60 entspricht. Beachten Sie, dass der einzige Unterschied zwischen diesem und einfacher gepufferter Analogeingabe der Anschluss des Eingangs *Trigger Type* an *VI Start* ist.

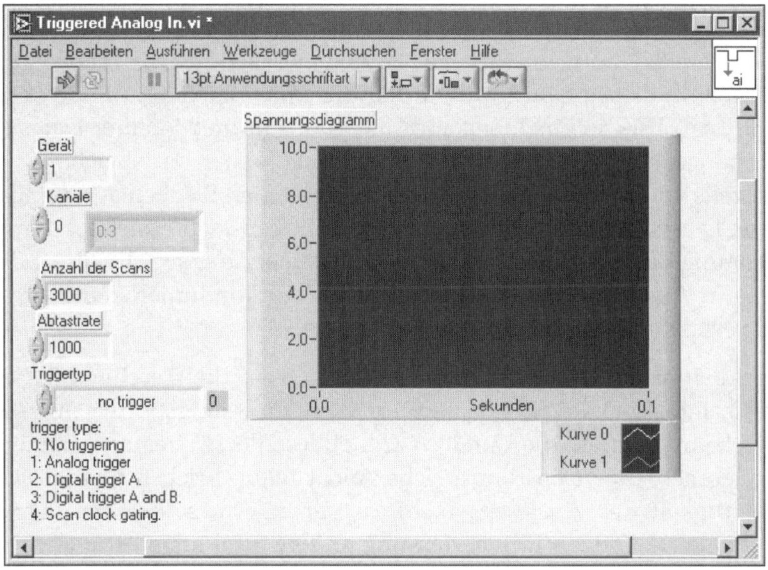

Abbildung 11.59: Frontpanel für eine Datenerfassung mit Hardware-Trigger

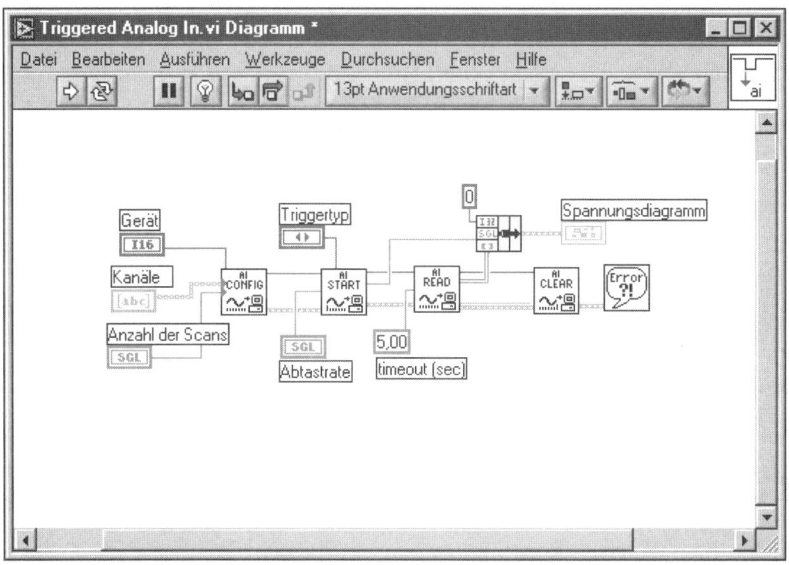

Abbildung 11.60: Blockdiagramm für eine Datenerfassung mit Hardware-Trigger

4. Speichern Sie dieses VI unter dem Namen *Triggered Analog In.vi.*

Kontinuierliche Plattenspeicherung (Streaming)

Sie haben bereits Übungen erarbeitet, in denen Daten in eine Tabelle geschrieben wurden. In diesen Übungen wurden die Daten nach dem Ende der Erfassung von LabVIEW in ein Tabellenformat gebracht und in einer Datei gespeichert. Eine andere, häufig effektivere Methode, Daten zu speichern, ist, die Daten bereits während der Datenerfassung in kleinen Blöcken auf die Platte zu schreiben. Diese Form der Datei-I/O wird als Streaming bezeichnet. Ein Vorteil des Streaming ist, dass diese Art der Datenspeicherung so schnell ist, dass Sie auch bei der Ausführung von Anwendungen mit kontinuierlicher Datenerfassung alle erfassten Daten speichern können.

Bei der Ausführung von Echtzeitanwendungen ist die Geschwindigkeit entscheidend, mit der LabVIEW Daten aus dem Erfassungspuffer einlesen und streamen kann. Es muss die Daten so schnell lesen und streamen können, dass die ungelesenen Daten im Ringspeicher nicht überschrieben werden. Um die Geschwindigkeit des Auslesens nicht zu verringern, sollten Sie vermeiden, während einer laufenden Datenerfassung andere Funktionen wie etwa Analysefunktionen aufzurufen. Sie können die Effektivität sowohl des Auslesens wie auch des Streaming weiter erhöhen, wenn Sie statt des Spannungsdatenausgangs den binären Datenausgang von *AI lesen* verwenden. Wenn Sie *AI lesen* so konfigurieren, dass es nur Binärdaten erzeugt (dies wird durch den Eingang *Ausgabeeinheit* erreicht), können die Daten schneller auf die Platte geschrieben werden, als dies möglich wäre, wenn die Daten nach der Ausgabe als Array mit den VI zur Datei-I/O geschrieben würden. Ein Nachteil des binären Auslesens und Streaming ist, dass Anwender oder andere Anwendungen die Datei nicht ohne Weiteres lesen können.

Sie können ein VI zur Echtzeitdatenerfassung leicht so verändern, dass es streaming-fähig wird.

Übung: Datenerfassung mit kontinuierlicher Plattenspeicherung (Streaming)

Aus der Vollversion von LabVIEW öffnen Sie das Beispiel *Cont Acq to File (binary)*, das Sie unter *LabVIEW\examples\daq\anlogin\strmdsk.llb* finden. Bei diesem VI werden Sie das Streaming beobachten können (Abbildung 11.61).

Führen Sie das VI, nachdem Sie ein Eingangssignal an Ihre Datenerfassungskarte angelegt haben, für einige Sekunden aus. Vorher können Sie in das Feld *User Supplied Header* einen Dateikopf mit Informationen über die Daten eingeben.

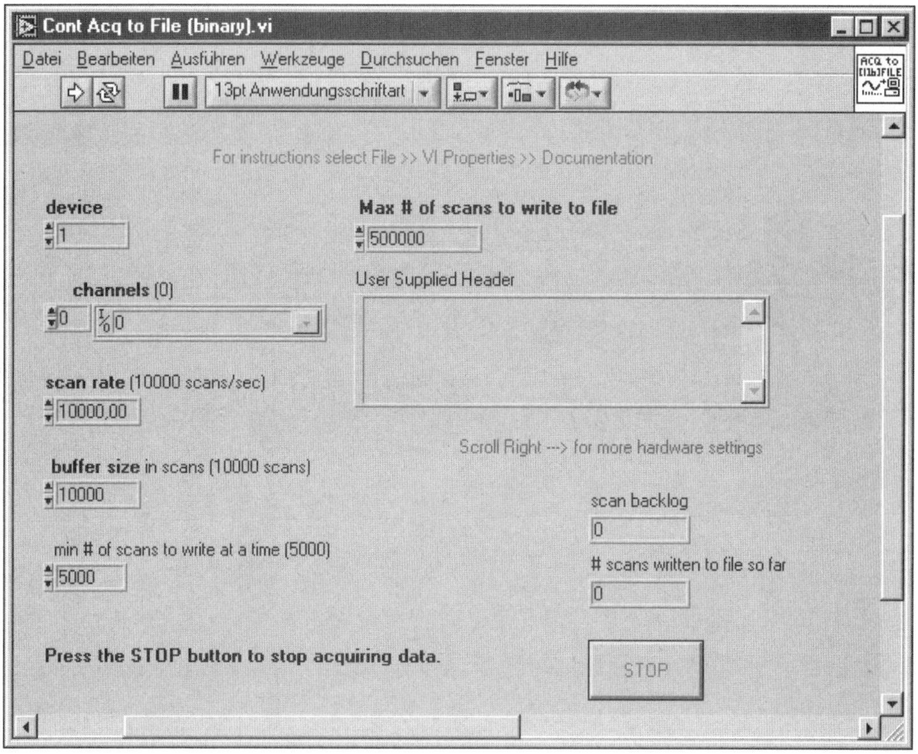

Abbildung 11.61: Das Beispiel Cont Acq to File (binary)

Um die Daten, die nach der Ausführung des VI auf der Platte gespeichert sind, ansehen zu können, verwenden Sie das dazugehörige VI *Display Acq'd File (binary)*, das im selben Verzeichnis steht wie das vorige (Abbildung 11.62).

Starten Sie dieses VI, nachdem Sie den Dateinamen eingegeben haben, den Sie im vorigen VI verwendet haben. Beachten Sie, dass das erste VI, das die Daten streamt, nicht versucht, diese gleichzeitig darzustellen. Der Grundgedanke des Streaming ist, die Daten *schnell* zu erfassen und zu speichern, um sie später anzusehen. Sehen Sie sich die Blockdiagramme beider VI an, damit Sie sehen, wie sie funktionieren.

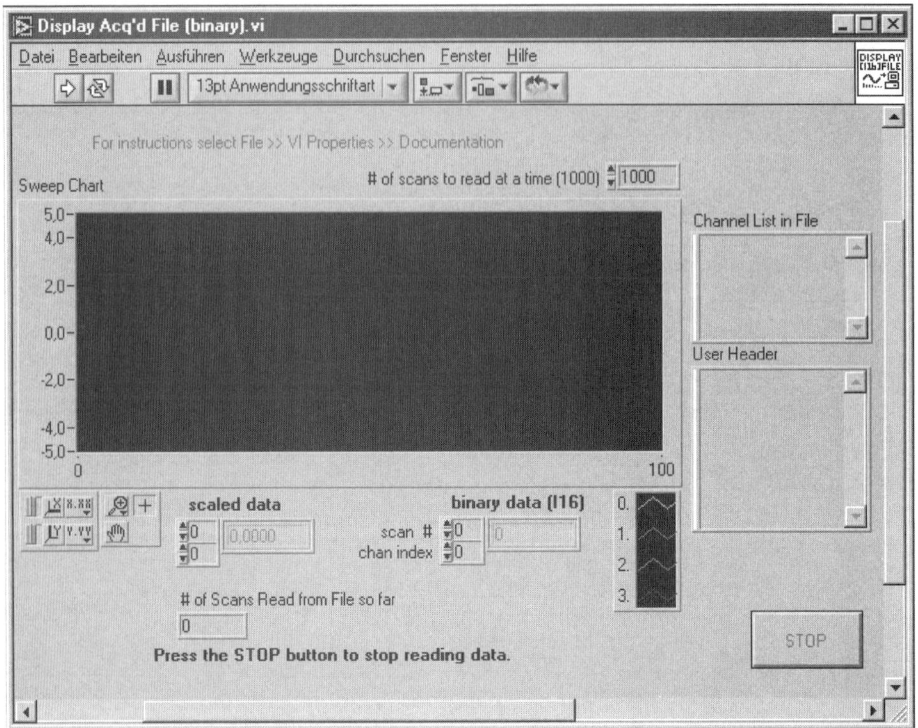

Abbildung 11.62: Das Beispiel Display Acq'd File (binary)

11.5 Digitale I/O

Der deutsche Mathematiker und Philosoph Leibnitz (1646–1716) hatte erstmalig das duale Zahlensystem zum Rechnen vorgelegt. Erst mit der Verfügbarkeit integrierter Schaltungen für die Analog-Digital-Umsetzung und deren Umkehroperation, die Digital-Analog-Umsetzung, begann sich die digitale Messtechnik durchzusetzen. Selbstverständlich bietet LabVIEW eine eigene Bibliothek für das digitale I/O, mit deren Hilfe Sie einen leichten Zugang zu diesen Verfahren haben. Doch zunächst einige wichtige Definitionen.

Die grundlegenden Funktionen der digitalen Leitungen sind, abgesehen von einigen kartenspezifischen Eigenschaften, für alle Einsteckkarten gleich.

- Eine digitale *Leitung* ist die Entsprechung eines analogen Kanals, ein Weg, auf dem ein einzelnes digitales Signal gesetzt oder gelesen wird. Digitale Leitungen sind meist *Eingangsleitungen* oder *Ausgangsleitungen*, sie können jedoch auch manchmal *bidirektional* sein. Auf manchen Datenerfassungskarten können digitale Leitungen nur entweder als Eingang oder als Ausgang konfiguriert werden; sie können nicht gleichzeitig beide Aufgaben erfüllen.

- Ein *Anschluss (Port)* ist eine Gruppe digitaler Leitungen, für welche dieselbe Datenübertragungsrichtung eingestellt ist und die gleichzeitig genutzt werden können. Die Anzahl der Leitungen in einer Gruppe ist von der Art der Datenerfassungskarte abhängig, in den meisten Fällen besteht ein Port jedoch aus vier oder acht Leitungen. Die Karte AT-MIO-16E-10 enthält zum Beispiel acht digitale Leitungen, die als ein Port mit acht Leitungen, zwei Ports zu je vier Leitungen oder sogar als acht Ports mit je einer Leitung konfiguriert werden können. Port-Adressen werden, in ähnlichem Format wie analoge Kanäle, mit Zeichenketten angegeben.
- Die *Port-Breite* gibt die Anzahl der Leitungen eines Ports an.
- Der *Zustand* bezeichnet einen der zwei möglichen Signalzustände, die eine digitale Leitung übertragen kann: das boolesche TRUE (entspricht der logischen 1, dem Spannungspegel »High« oder »an«) oder das boolesche FALSE (entspricht der logischen 0, dem Spannungspegel »Low« oder »aus«).
- Ein *Pattern* oder *Muster* ist eine Folge digitaler Zustände, häufig in Form einer Binärzahl angegeben, mit der die Zustände jeder der Leitungen eines Ports beschrieben werden. Ein Vier-Bit-Port könnte zum Beispiel mit dem Muster »1101« gesetzt werden. Dies bedeutet, dass die erste, dritte und vierte Leitung TRUE sind und die zweite Leitung FALSE. Das erste oder niederwertigste Bit (least significant bit = LSB) steht in dem Muster am weitesten rechts. Das letzte (in diesem Fall das vierte) oder höchstwertige Bit (most significant bit = MSB) ist das am weitesten links stehende Bit des Musters. Das Muster kann auch in das dezimale Äquivalent der Zahl umgewandelt werden – in diesem Fall 13.

Die Datenerfassungskarten von National Instruments verwenden übrigens positive TTL-Logikpegel, bei denen »Low« – eine logische 0 – im Bereich von 0,0 V bis 0,8 V erkannt wird, »High« – eine logische 1 – zwischen 2,2 V und 5,5 V.

11.5.1 Der schnelle Einstieg in digitale I/O

Für einfache digitale I/O sind die VI in der ersten Zeile der *Digital I/O*-Palette hervorragend – sie sind einfach zu verwenden und selbsterklärend.

Abbildung 11.63: Die Funktion Von digitaler Leitung lesen

Von digitaler Leitung lesen liest den logischen Status einer digitalen Leitung. Dabei bestimmt *Gerät* die Gerätenummer der Datenerfassungskarte und *Digitaler Kanal* gibt an, zu welchem Port die Leitung gehört. *Leitung* gibt an, welche digitale Leitung gelesen werden soll. *Leitungsstatus* liefert den Status der Leitung: High (TRUE) oder Low (FALSE).

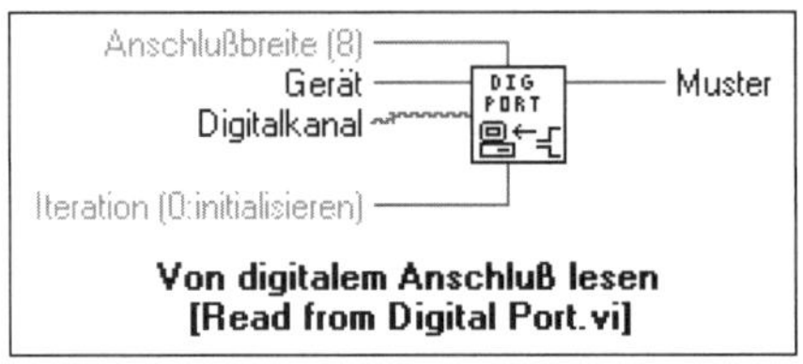

Abbildung 11.64: Die Funktion Von digitalem Anschluss lesen

Von digitalem Anschluss lesen liest den Status aller Leitungen eines Ports. *Anschlussnummer* bestimmt dabei, von welchem Port gelesen werden soll. *Muster* gibt den Status aller digitalen Leitungen des Ports in Form einer Dezimalzahl zurück, in der Sie durch Umwandlung in eine Binärzahl das Muster erkennen können.

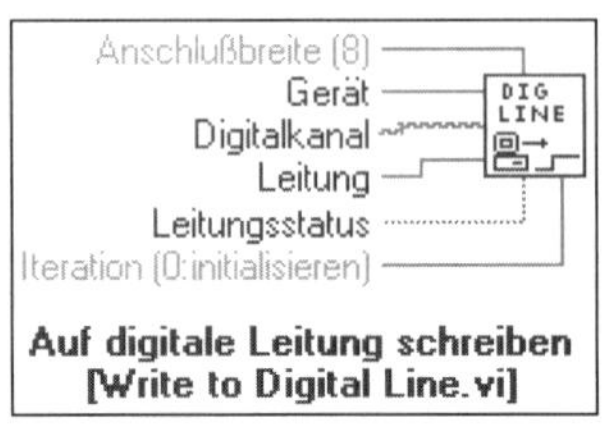

Abbildung 11.65: Die Funktion Auf digitale Leitung schreiben

Auf digitale Leitung schreiben setzt die angegebene Leitung des Ports auf einen der Zustände High oder Low. Dabei bestimmt *Gerät* die Gerätenummer der angesprochenen Datenerfassungskarte, *Anschlussnummer* den Port, zu dem die Leitung gehört, *Leitung* die digitale Leitung, die angesprochen werden soll, und *Leitungsstatus* den Status, auf den die Leitung gesetzt werden soll: High (TRUE) oder Low (FALSE).

Abbildung 11.66: Die Funktion Auf digitalen Anschluss schreiben

Auf digitalen Anschluss schreiben gibt ein binäres Muster an den angegebenen Port aus. *Anschlussnummer* definiert dabei, an welchem Port die neuen Werte angelegt werden sollen. *Muster* ist eine Dezimalzahl, die das digitale Muster enthält, das an den Leitungen des Ports angelegt werden soll.

Alle oben beschriebenen VI führen sofortige oder ungetastete digitale I/O aus. Das bedeutet, dass beispielsweise die Ausführung der Funktion *Auf digitale Leitung schreiben* dazu führt, dass die angegebene Leitung sofort auf den gewünschten Zustand gesetzt wird, der dann bestehen bleibt, bis er durch einen Aufruf eines anderen VI geändert wird.

Der Eingang *Iteration*, über den alle der beschriebenen VI verfügen, bedarf einer Erklärung. Da diese VI digitale I/O-Funktionen der obersten Ebene sind, sind sie durch Vorgabe so eingestellt, dass sie bei jedem Aufruf die Übertragungsrichtung und den Typ des digitalen Ports einstellen. Diese Konfigurierung muss im Allgemeinen jedoch nur einmal für jede Folge von Lese- oder Schreibvorgängen durchgeführt werden. Wenn Sie eine dieser Funktionen wiederholt verwenden, etwa in einer Schleife, können Sie die überflüssigen Konfigurationsbefehle abschalten, indem Sie an den *Iteration*-Eingang einen von Null verschiedenen Wert anlegen. Eine Null an diesem Eingang (der Vorgabewert) fordert das VI auf, bei seiner Ausführung eine Initialisierung des Ports durchzuführen. Das folgende Beispiel dient dazu, die Verwendung der beschriebenen VI zu verdeutlichen.

Angenommen, Sie verwenden einen Hochspannungsschalter mit einem digitalen Relais, das Ihnen mitteilt, wann es geschlossen ist. Die digitale Leitung dieses Relais ist im Normalfall »High« (Schalter offen). Wenn der Schalter geschlossen wird, wird die Leitung auf Low-Pegel gezogen. Ein logisches »Low« für den Zustand »geschlossen« und ein »High« für »offen« mag merkwürdig erscheinen, da mit einem geschlossenen Schalter üblicherweise etwas eingeschaltet wird, was meist mit einer logischen 1 (High) assoziiert wird. Trotzdem wird in Verbindung mit den üblichen Relais diese umgekehrte oder negative Logik verwendet. Um ein einfaches VI zu erstellen, das den Status der Leitung 0 in Port 0 Ihrer Datenerfassungskarte überprüft (und so den Zustand des Schalters bestimmt), könnten Sie ein Blockdiagramm wie das folgende erstellen (Abbildung 11.67):

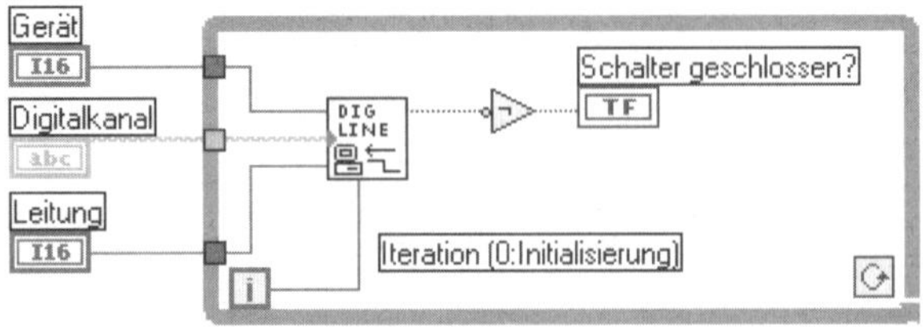

Abbildung 11.67: Beispiel für die Zustandsüberwachung eines Schalters

Beachten Sie, dass der Zählanschluss der Schleife mit dem Anschluss *Iteration* des VI für digitale I/O verbunden ist. Im ersten Schleifendurchlauf ist i = 0, so dass *Von digitaler Leitung lesen* den digitalen Port konfiguriert und initialisiert. In den folgenden Schleifenzyklen wird i > 0 sein, so dass das VI nur den Zustand der Leitung bestimmt und die Schleife weniger Rechenzeit beansprucht. Wird die digitale Leitung auf den Wert FALSE gesetzt, weil der Schalter geschlossen wurde, wird die Schleife beendet und die boolesche Anzeige *Schalter geschlossen?* eingeschaltet.

11.5.2 Übung: Einfache Digital-I/O

Erstellen Sie ein VI, auf dessen Frontpanels vier boolesche LEDs in einer Reihe angeordnet sind (erstellen Sie diese als LED-Array). Machen Sie diese zur Eingabe (indem Sie deren Popup-Menü öffnen und daraus *In Bedienelement ändern* wählen). Die Aufgabe dieses Frontpanels wird sein, echte LEDs einzuschalten, die an die digitalen Leitungen Ihrer Datenerfassungskarte angeschlossen sind (achten Sie darauf, zu den LEDs einen Widerstand in Reihe zu schalten). Der Anwender soll mit den »virtuellen« LEDs die echten ein- und ausschalten können. Bauen Sie das Programm so auf, dass der komplette digitale Port auf einmal beschrieben wird, nicht einzelne Leitungen, um so den Programmieraufwand zu verringern. Speichern Sie das VI unter dem Namen *Digital Port.vi.*

Die Lösung ist nicht sehr schwer, es wird jedoch einfacher, wenn Sie die Funktion *Boolesches Array in Zahl* in der Palette *Boolesch* finden (Abbildung 11.69). So können Sie das gesamte Array an den Eingang dieser Funktion anlegen und den Ausgang – die entsprechende Dezimalzahl – ohne Aufwand mit dem *pattern*-Eingang der digitalen I/O-Funktion verbinden.

Sie werden feststellen, dass die Palette *Digital I/O* viele weitere Funktionen enthält. Wie mit diesen Funktionen Anwendungen erstellt werden, lesen Sie in der Dokumentation zu LabVIEW.

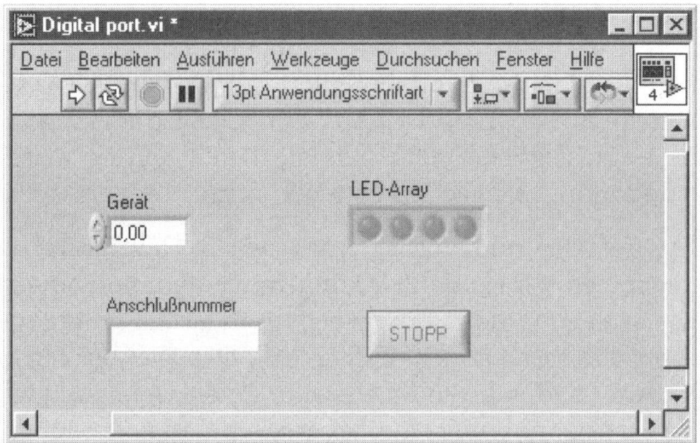

Abbildung 11.68: Das Frontpanel unseres Beispiels zum Beschreiben des Digitalanschlusses

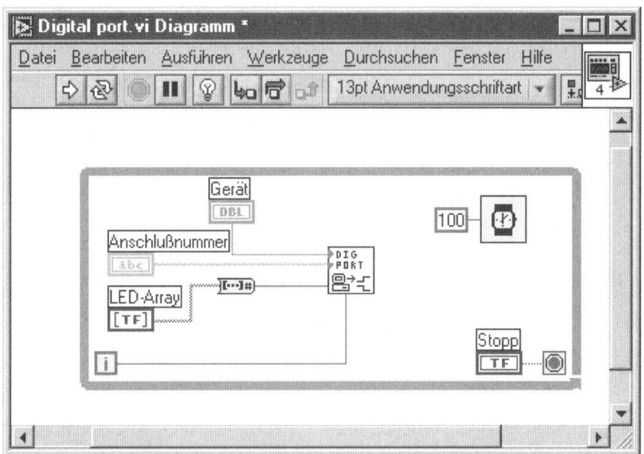

Abbildung 11.69: Das Blockdiagramm unseres Beispiels zum Beschreiben des Digitalanschlusses

11.6 NI-DAQmx

Wie in vorhergehenden Kapiteln schon erwähnt, wurde mit LabVIEW 7 *Express* auch ein von Grund auf neu entwickelter DAQ-Treiber sowie die dazugehörigen VI und Assistenten eingeführt – dieser neue Treiber wird *NI-DAQmx* genannt. Die neue Architektur von DAQmx erlaubt schnellere Hardwarezugriffe, also eine höhere Performance, und eine noch einfachere Erstellung von Anwendungen für die Datenerfassung.

Bei der Entwicklung einer Anwendung zur Datenerfassung lassen sich sehr viel Zeit und Kosten sparen, wenn die Softwareschnittstelle des Hardwaretreibers, die sog. API (Application Programming Interface) wie beim NI-DAQmx präzise und durchdacht definiert ist. NI-DAQmx ermöglicht die zügige Entwicklung einer Datenerfassungsanwendung durch die Bereitstellung eines überschaubaren Satzes von intuitiv verwendbaren Funktionen.

Um in NI-DAQmx, der nun vorliegenden neuen Generation des NI-DAQ, moderne Technologien verwenden zu können, planten die Softwareentwickler von NI bei der Festlegung des Designziels vor mehr als drei Jahren eine radikale Abkehr von der bestehenden Treiber-API. Das Ziel bei der Entwicklung der neuen API war es, durch die Bereitstellung von wenigen, klar definierten Funktionen die Programmierung einer komplexen Datenerfassungsanwendung zu erleichtern, z.B. durch die Bereitstellung je einer allgemeinen Funktion für das Lesen und für das Schreiben von Daten. Man erhält mit NI-DAQmx eine einfache Möglichkeit, selbst komplexe Anwendungen zu realisieren, was bisher nur mit Hilfe von vielen Zeilen Programmcode möglich war. Selbstverständlich ist es nach wie vor möglich, bereits vorhandene Programme über die parallel verfügbare alte Treiber-API (»traditioneller NI-DAQ«) zu nutzen.

In NI-DAQ 7 sind acht neue Konzepte verwirklicht worden, die sowohl die Bedienfreundlichkeit als auch die Leistungsfähigkeit damit erstellter Datenerfassungs- und Regelungsanwendungen erhöhen:

Der DAQ-Assistent

Mit Hilfe des DAQ-Assistenten verfügt der Anwender über die Möglichkeit, eine spezielle Messaufgabe schrittweise zu konfigurieren und die getroffenen Einstellungen zu überprüfen. Hierbei ist es gestattet, eine Messaufgabe mit ihren Parametern, wie etwa Abtastrate, Anzahl von Abtastungen und Trigger-Informationen über die Dialogfelder des Assistenten zu konfigurieren. In der Anwendung lässt sich diese abgelegte Konfiguration für die Datenerfassung direkt nutzen, der Anwender kann den Assistenten aber auch für eine bestimmte Konfiguration wieder aufrufen, um bereits definierte Parameter zu ändern. Zur programmgesteuerten Modifikation bestimmter Parameter bietet sich schließlich noch die Möglichkeit, aus einer solchen festgelegten Konfiguration direkt den entsprechenden Code – auf Wunsch auch mit Beispielcode für die Datenerfassung – in der NI-DAQmx-API zu erstellen. Die primäre Aufgabe des DAQ-Assistenten ist wie bei den anderen in LabVIEW 7 *Express*, LabWindows/CVI 7.0 und Measurement Studio 7.0 implementierten interaktiven Assistenten, den Anwender durch die einfache Konfiguration und Durchführung einer Aufgabe schnell ans Ziel zu bringen.

Virtuelle Kanäle und Tasks mit Measurement-Ready-Technologie

Ein physikalischer Kanal ist der in der Hardware vorhandene Anschluss, an dem ein analoges oder digitales Signal gemessen oder erzeugt wird; hierbei kann auch mehr als eine Anschlussklemme verwendet werden. Als virtuellen Kanal bezeichnet man die in NI-DAQ vorhandene Möglichkeit, einen physikalischen Kanal mit einer vom Benutzer definierten Bezeichnung und weiteren kanalspezifischen Informationen, wie z.B. Messbereich, Konfiguration der Anschlussklemme oder der vom Anwender definierten Skalierung, zu verbinden. Mit der Nutzung virtueller Kanäle kann der Anwender Applikationen realisieren, die auf verschiedenen Systemen lauffähig sind, so dass keine weitere Anpassung an lokale Gegebenheiten, wie Typ der verwendeten Hardware oder verwendete physikalische Kanäle, notwendig ist. Der Anwender kann diese virtuellen Kanäle so weit definieren, dass aufgenommene Messwerte direkt in realen physikalischen Messwerten ausgegeben werden und die vorhandene Hardware zur Signalkonditionierung und Datenerfassung dafür konfiguriert wird.

Die mit Hilfe des DAQ-Assistenten erstellten virtuellen Kanäle können auch in sog. Tasks eingesetzt werden. Ein Task kann einen oder mehrere physikalische oder virtuelle Kanäle umfassen und enthält zusätzliche Informationen zum Timing und zur Triggerung der Datenerfassung. Diese Abstraktion von Messoperationen mittels virtueller Kanäle und Tasks verringert die Komplexität von Mess-, Steuer- und Regelanwendungen, was zu einer deutlichen Reduzierung der Entwicklungszeit führt.

1.000fach gesteigerte Leistung bei multithreaded I/O-Operationen

NI-DAQmx ist so konzipiert, dass mehrere Operationen parallel ausgeführt werden können, falls es die Hardware erlaubt. Sobald die Ausführung verschiedener Operationen in unabhängigen Threads erfolgt, können diese gleichzeitig und ohne gegenseitige Beeinträchtigung ausgeführt werden. Dies setzt natürlich voraus, dass auch die verwendete Entwicklungsumgebung eine Programmierung von mehreren Threads unterstützt.

In Programmen, in denen alle Operationen in einem einzigen Thread (»singlethreaded«) ausgeführt werden, müssen diese vom Prinzip bedingt sequentiell ausgeführt werden, was dann bedeutet, dass immer das Ende der jeweils vorausgehenden Operation abgewartet werden muss.

Bei der Verwendung des multithreading-fähigen Treibers NI-DAQmx wartet eine I/O-Aufgabe, z.B. eine Analogeingangsoperation, so lange im Ruhezustand, bis sie die erfassten Daten in einem gefüllten Puffer erhält. Während des

Ruhezustands wird die ungenutzte Prozessorzeit an andere Threads abgetreten, die dann z.B. zur Erfassung digitaler Werte zur Verfügung steht.

Der Vorteil für den mit LabVIEW, LabWindows/CVI oder Measurement Studio arbeitenden Programmierer besteht darin, dass NI-DAQ parallel verschiedene I/O-Operationen in jeweils einem Thread ausführen kann, wodurch die Geschwindigkeit einiger Operationen stark erhöht werden kann.

Eine leistungsfähige Datenerfassungskarte der E-Serie zum Beispiel ist in der Regel in der Lage, bis zu sechs verschiedene I/O-Operationen parallel auszuführen: Analogein- und -ausgangs-, Digitalein- und -ausgangsoperationen sowie Ein- und Ausgangsoperationen des Zähler/Zeitgeber-Bausteins. Dank der Multithreaded-I/O-Fähigkeiten von NI-DAQmx können diese I/O-Operationen in parallel laufenden Threads gesteuert werden. Da eine Entwicklungsumgebung wie z.B. LabVIEW die Low-Level-Thread-Programmierung automatisch durchführt, muss der Anwender nicht über entsprechende Kenntnisse verfügen.

Bisher trat bei Datenerfassungsapplikationen häufig das Problem auf, dass sich verschiedene Operationen, vor allem wenn sie auf dieselbe Datenerfassungskarte zugreifen, gegenseitig blockieren. Somit wird aus dem Treiber heraus ein sequentieller Ablauf der Programmschritte erzwungen. Mit NI-DAQmx wird dieser Effekt vermieden, da die Ausführung einer Anwendung mit mehreren I/O-Operationen auf Basis der Multithreaded-Technologie erfolgt. Um den enormen Vorteil zu verdeutlichen, kann man eine typische Anwendung heranziehen, mit der gleichzeitig von einem Analog- und einem Digitaleingang gelesen werden soll. Mit Hilfe der Multithreading-Fähigkeit des Treibers NI-DAQmx arbeiten beide Operationen parallel, ohne sich gegenseitig zu blockieren. Im Vergleich zur Vorgängerversion der Treibersoftware NI-DAQ erhält man hierbei eine um das bis zu 1.000fache erhöhte Geschwindigkeit für das Lesen des Digitaleingangs, bei gleichzeitiger Erfassung eines Analogeingangs mit 10.000 Abtastungen pro Sekunde.

20fach gesteigerte Leistung bei Einzelpunktoperationen

Die Treibersoftware NI-DAQmx erlaubt eine sehr schnelle Erfassung von Einzelpunkt- und Signalverlaufs-I/O-Daten. Wenn man wie z.B. in einer Steuer-/Regelschleife Einzelpunkte als Sollwerte erfassen möchte, wird dafür eine Vielzahl von Registerzugriffen auf die Datenerfassungshardware benötigt. NI-DAQmx optimiert diese Registerzugriffe, so dass solche Einzelpunkt-Eingangsoperationen mit einer Wiederholrate von bis zu 50 kHz in der Regelschleife ablaufen können. Dies bedeutet eine bis zu 20fache Steigerung im Vergleich zur Vorgängerversion des Treibers und ermöglicht so auch die Realisierung von schnellen Regelvorgängen.

Automatisches Timing und Triggern von Signalpfaden

Möchte man mehrere Messoperationen gleichzeitig durchführen, so ist es wichtig, dass die Zeit- bzw. Phasenbeziehungen zwischen den Ein- und Ausgängen bekannt sind. Mit Hilfe von NI-DAQmx können Takt- und Trigger-Signale schnell und einfach gemeinsam genutzt werden, so dass sich auch Messhardware untereinander synchronisieren lässt. NI-DAQmx enthält eine Routing- und Synchronisations-Engine, die Timing-Signalpfade innerhalb eines Geräts bzw. geräteübergreifend über den RTSI- oder PXI-Trigger-Bus bestimmt und festlegt. Die Verwendung dieser Routing-Engine erfolgt transparent über die Zuweisung von Trigger-Operationen innerhalb des DAQ-Assistenten.

Adaptive Funktionen

NI-DAQmx bietet eine Reihe von Funktionen zur Erfassung von analogen und digitalen Signalen, zur Erzeugung von analogen/digitalen Kurvenformen und zur Steuerung von Zählerbausteinen. Für jeden Typ der Operation werden dieselben High-Level-Funktionen verwendet, die darüber hinaus in textbasierten Programmiersprachen wie auch in der grafischen Entwicklungsumgebung LabVIEW in derselben Art und Weise verwendbar sind. Hat der Anwender also einmal gelernt, wie ein analoges Signal erfasst wird, weiß er auch, wie ein Zählerbaustein ausgelesen wird. Auf Grund der präzise definierten API fällt der Transfer von bereits vorhandenen Anwendungen auf neue Aufgabenstellungen sehr leicht, was dazu führt, dass die Entwicklung von neuen Messanwendungen weitaus unkomplizierter und effizienter abläuft.

Exakte Fehlerlokalisierung

Bei der Programmierung einer Datenerfassungsanwendung kann eine genaue Lokalisierung und Beschreibung auftretender Programmfehler zu einer drastischen Reduzierung der zur Entwicklung erforderlichen Zeit führen. NI-DAQ verfügt zu diesem Zweck über eine integrierte Architektur zur Ausgabe von aussagekräftigen Fehler- und Warnmeldungen. Jede dieser Meldungen enthält Informationen zum Ursprung des Fehlers, zur speziellen Fehlerursache und über vorhandene Lösungsmöglichkeiten, was eine rasche Fehlerlokalisierung und -beseitigung garantiert.

Nahtlose Analyseintegration

Die ab NI-DAQ 7 verwendeten Datentypen können nahtlos mit den in LabVIEW enthaltenen Analysefunktionen integriert werden. So lassen sich zum Beispiel mit NI-DAQ 7 erfasste Daten unmittelbar an eine der weit über 400 verfügbaren Analyseroutinen in LabVIEW weiterleiten. Eine Vielzahl dieser

Analysen liegt in LabVIEW 7 *Express* auch als einfach zu bedienendes, über einen Dialog konfigurierbares Express-VI vor, wie etwa die Spektrum- oder Frequenzbereichsanalyse.

Wir wollen nun im Folgenden ein kurzes Beispiel für die Erzeugung einer Anwendung zur Messung von Spannungen vorstellen. Dabei bedienen wir uns des *DAQ-Assistenten*, der in DAQmx die Stelle des Lösungsassistenten des traditionellen NI-DAQ einnimmt.

11.6.1 Übung: Eine Applikation mit DAQmx erstellen

Als Erstes wechseln wir von der (*Express-)Funktionenpalette* in die Palette *Ausgabe*. In dieser Palette finden wir den DAQ-Assistenten. Wir legen nun den Assistenten auf dem Blockdiagramm ab.

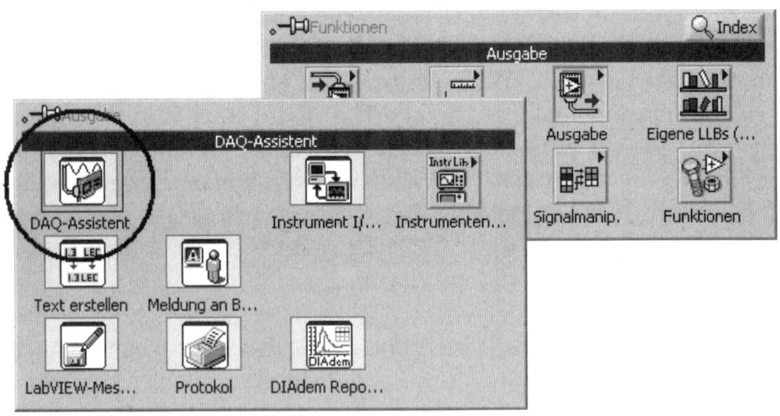

Abbildung 11.70: Der DAQ-Assistent in der Palette Ausgabe

Für kurze Zeit sehen wir, wie der Assistent initialisiert wird, dann wird er gestartet. Im ersten Schritt des Dialogs wählen wir die grundsätzliche Art unserer Anwendung aus – wir wählen die *Analoge Erfassung*. Als Nächstes müssen wir angeben, was genau wir eigentlich messen wollen. Hier haben wir die Auswahl zwischen Spannung, Strom, Temperatur, Dehnung, Widerstand, Frequenz, Position, Beschleunigung etc. Unsere Auswahl fällt auf *Spannung*.

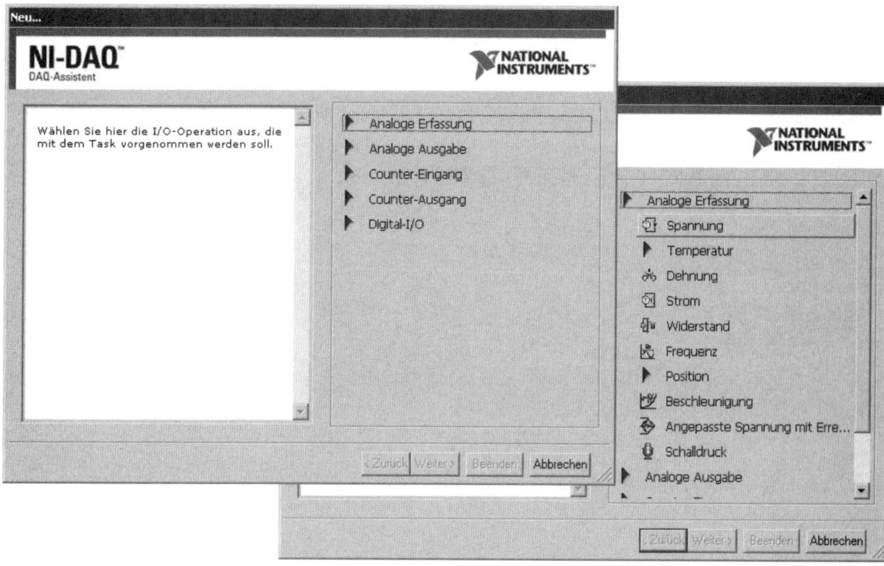

Abbildung 11.71: Die Auswahl des Typs der Messung im DAQ-Assistenten

Der nächste Schritt im Dialog erfordert die Auswahl der physikalischen Kanäle unserer DAQ-Karte. Das Fenster zeigt uns dabei alle verfügbaren Kanäle der Karte an, so dass wir nicht Kanäle auswählen können, die nicht existieren. Wir wählen hier den Kanal *ai1* (ai = analog input = analoge Datenerfassung), da wir dort unser Spannungssignal angeschlossen haben. Wenn wir jetzt auf die Schaltfläche *Beenden* klicken, öffnet sich ein weiterer Dialog, in dem wir weitere Daten zur Konfiguration unserer Applikation angeben können, z.B. Eingangs-Spannungsbereich, Skalierung, Timing, Triggerung etc. Von diesem Dialog aus können wir auch das unserer Messaufgabe entsprechende Test-Panel über die Schaltfläche *Test* der Symbolleiste aufrufen.

Haben wir alle unsere Einstellungen vorgenommen und das Test-Panel geschlossen, können wir jetzt im Konfigurationsfenster auf die Schaltfläche *OK* klicken. In unserem Blockdiagramm erscheint dann nach ein paar Sekunden das Symbol des DAQ-Assistenten mit allen notwendigen Anschlüssen, die wir dann noch, wie in Abbildung 11.74 gezeigt, mit Ein- und Ausgabeelementen verbinden können, um zum Beispiel unsere Messdaten in einem Graphen darzustellen.

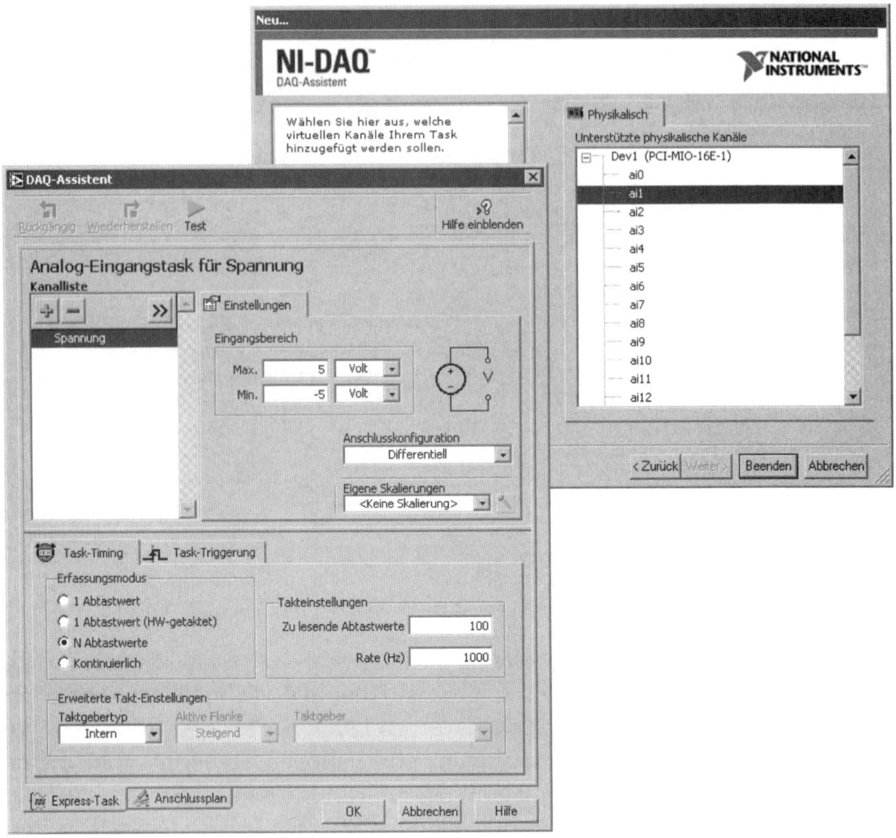

Abbildung 11.72: Konfiguration der Messung im DAQ-Assistenten

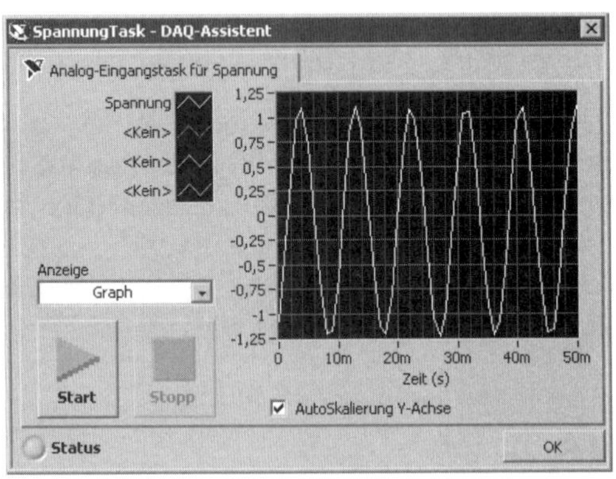

Abbildung 11.73: Test-Panel

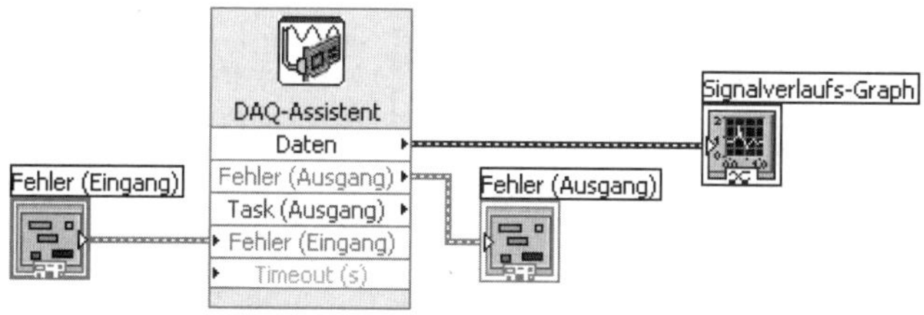

Abbildung 11.74: Blockdiagramm für unsere Spannungsmessapplikation

11.6.2 Codegenerierung mit DAQmx

In der vorigen Übung wurde gezeigt, wie eine Applikation schnell über den DAQ-Assistenten erzeugt werden kann. Diese Applikation enthält ein Assistentensymbol, über das (mit einem Doppelklick auf das Symbol) die Konfiguration der Messaufgabe geändert werden kann, jedoch kann der zugehörige Code nicht angezeigt werden, d. h. über das Symbol kann nicht wie bei einem normalen SubVI ein Blockdiagramm mit dem Code geöffnet werden. Um den eigentlichen Code zu generieren, können Sie wie folgt vorgehen:

Öffnen Sie den *Measurement & Automation Explorer* und führen Sie einen Rechtsklick auf das Symbol *Datenumgebung* aus. Klicken Sie in dem erscheinenden Kontextmenü auf die Option *Neu...* Es erscheint nun ein Dialogfenster, in dem Sie bitte die Option *NI-DAQmx-Task* auswählen und dann auf die Schaltfläche *Weiter* klicken. Von hier ab gehen Sie für die Konfiguration Ihrer Messaufgabe mit Hilfe des DAQ-Assistenten wieder so vor, wie unter 11.6.1 beschrieben. Im Gegensatz zu Kapitel 11.6.1 wird hier jedoch am Ende ein NI-DAQmx-Task unter *Datenumgebung* angezeigt und keine Applikation erzeugt. Sie können jetzt den *Measurement & Automation Explorer* wieder schließen – alle weiteren Schritte werden über LabVIEW ausgeführt.

Wählen Sie in LabVIEW aus der DAQmx-Palette die Konstante für DAQmx-Tasks aus und legen Sie diese auf dem Blockdiagramm ab.

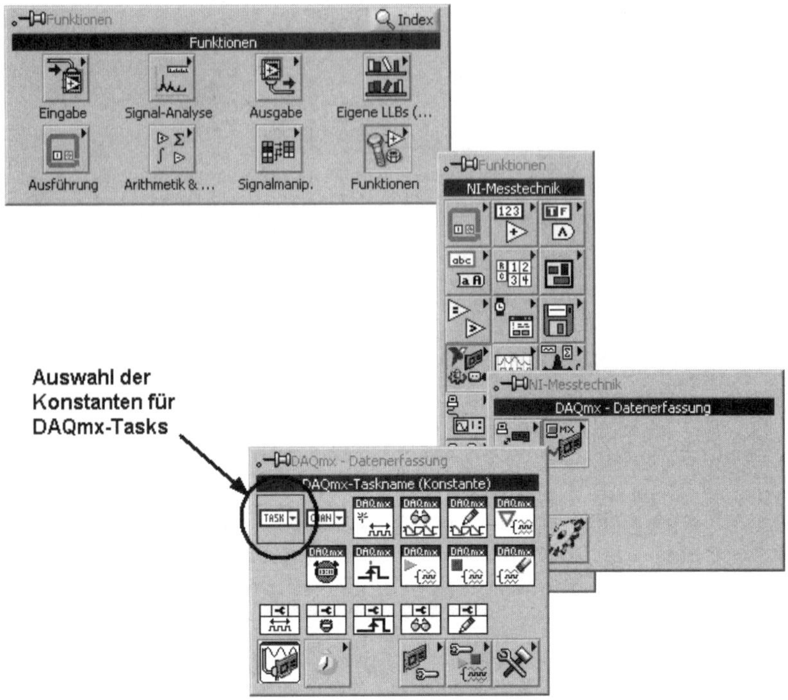

Abbildung 11.75: Konstante für DAQmx-Tasks

Abbildung 11.76 zeigt Ihnen in vier Schritten die Vorgehensweise zur Erzeugung des LabVIEW-Codes für die Datenerfassung mit NI-DAQmx.

Unter Schritt 3 hätten wir natürlich auch zum Beispiel die Option *Erzeugen von Programmcode>>Konfiguration und Beispiel* auswählen können. In dem Falle hätte DAQmx noch ein weiteres DAQmx-SubVI für eine noch detailliertere Konfiguration der Applikation erzeugt.

Um einen Eindruck des Unterschieds zwischen der Programmierung mit dem neuen NI-DAQmx und der Programmierung mit dem alten »traditionellen NI-DAQ« zu erhalten, wollen wir in Abbildung 11.77 unseren erzeugten DAQmx-Code dem Code gegenüberstellen, der für die gleiche Applikation bei der Programmierung mit dem traditionellen NI-DAQ erforderlich wäre.

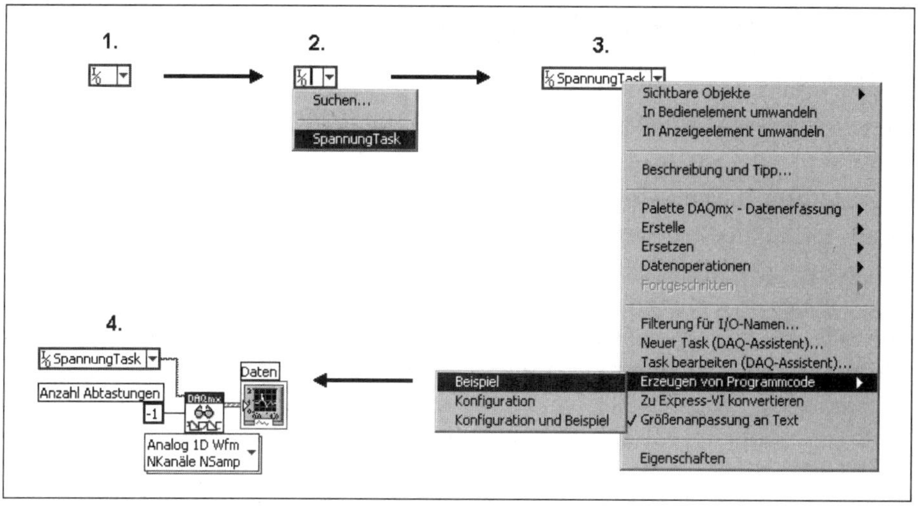

1. Die abgelegte, aber noch leere Konstante für DAQmx-Tasks.
2. Ein Klick auf den Pfeil im Symbol der Konstanten lässt Sie den vorkonfigurierten DAQmx-Task auswählen.
3. Ein Rechtsklick auf die Konstante öffnet das Kontextmenü, aus dem Sie nun die Option *Erzeugen von Programmcode>>Beispiel* auswählen.
4. Der auf dem Blockdiagramm erscheinende von DAQmx generierte Programmcode.

Abbildung 11.76: Codegenerierung für die Messapplikation

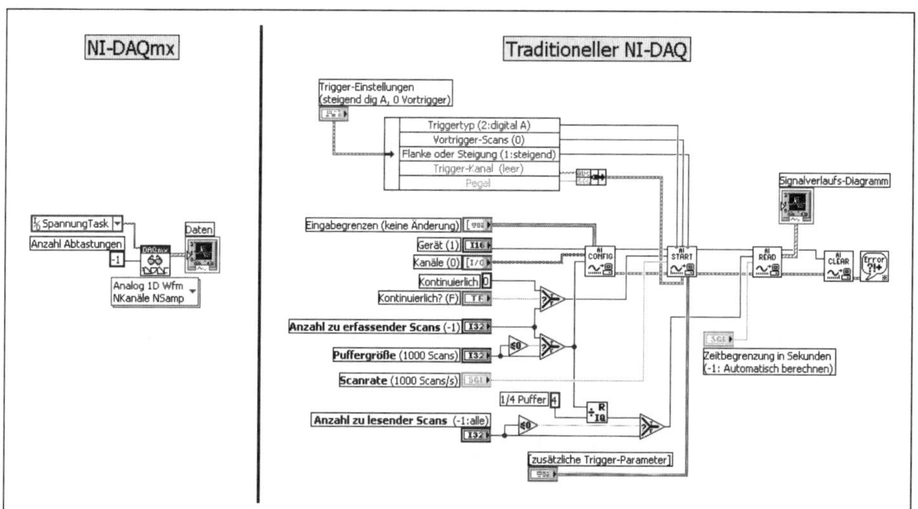

Abbildung 11.77: Die gleiche Applikation – links mit DAQmx, rechts mit traditionellem NI-DAQ

11.7 Zusammenfassung

Dieses Kapitel beschrieb einen Einstieg in den Einsatz von LabVIEW zur Datenerfassung. Es behandelte die Grundsignale und die Theorie der Datenerfassung.

Unterschiedliche Signaltypen können für Messzwecke in analogen Wechselstrom, analogen Gleichstrom, digital An/Aus, digitale Zähler/Pulse und Frequenzen eingestuft werden. Signalquellen können *geerdet* oder *ungeerdet* sein. *Geerdete Signale* kommen von Geräten, die eingesteckt oder irgendwie mit der Gebäudeerde verbunden sind. Bei vielen Typen von Sensoren, wie Thermoelementen oder Beschleunigungsaufnehmern, handelt es sich um *ungeerdete Quellen.* Abhängig vom Typ der Signalquelle, Signalcharakteristik und Anzahl der Signale können drei Messsysteme angewendet werden: *Differenz, einpolige geerdete Referenz (RSE)* oder *einpolig geerdete Referenz ohne Basisspannung (NRSE).* Benutzen Sie unter keinen Umständen eine geerdete Quelle, die ein System der einpolig geerdeten Referenz verwendet. In einem Datenerfassungssystem (für Wechselstromsignale) ist die Abtastrate sehr wichtig. In Anlehnung an das *Nyquist-Theorem* muss die Abtastrate mindestens zweimal höher sein als die maximale Frequenz des zu messenden Signals.

Der nächste Schritt ist die Auswahl der Datenerfassungskarte oder des Systems für die richtige Durchführung der Arbeit. Es existieren viele verschiedene Arten von Datenerfassungskarten für die unterschiedlichsten Plattformen, Anwendungen und Geldbeutel. Die SCXI-Systeme von National Instruments zeigen Ihnen Wege auf, wie Sie mit einer großen Anzahl von Kanälen arbeiten können, ebenso wie die Durchführung komplizierter *Signalaufbereitungen.* Die Installation von Datenerfassungskarten war noch nie so einfach wie heute, aber es wird noch immer etwas Erfahrung im Setzen der Parameter während der Konfigurierung mit dem Utility NI-DAQ verlangt.

Wir beschrieben die Konzepte des Pufferns und Triggerns. Das *Puffern* wird verwendet, um Abtastwerte kurzfristig in einem Speicherbereich (dem Puffer) abzulegen und um schnelle und präzise eingehaltene Abtastraten zu erreichen. Das *Triggern* dient dazu, die Datenerfassung abhängig von einem Trigger-Signal einzuleiten oder zu beenden. Der Trigger kann durch die Software oder durch ein externes Signal gegeben werden.

Die Paletten *Analogeingang* und *Analogausgang* enthalten VI verschiedener Komplexität für die analoge I/O. Die VI der obersten Zeile oder einfache analoge VI eignen sich für die einfache I/O. Diese einfachen VI ermöglichen es Ihnen, einen Messwert (ungepufferte Analogerfassung) oder einen gesamten Signalverlauf (gepufferte Analogerfassung) eines oder mehrerer Kanäle zu erfassen. Die VI der mittleren Zeile bieten eine größere Kontrolle der Datenerfassung. Diese VI werden in einer bestimmten Reihenfolge, zur Voreinstellung, zum Start, Lesen und zum Abschließen der Operation, eingesetzt. Mit den mittleren VI können Sie die Vorteile der gepufferten I/O, des Hardware-Triggern und des Streaming ausnutzen. Die untere Zeile mit Hilfs-VI und VI der fortgeschrittenen Klasse ist im Allgemeinen nicht für die Verwendung durch Anfänger geeignet.

Die Palette *Digital-I/O* enthält einige einfache VI zum Lesen und Schreiben der digitalen Leitungen einer Datenerfassungskarte. Sie können entweder eine einzelne Leitung oder einen kompletten Port lesen oder schreiben (vier oder acht Leitungen, je nach Datenerfassungskarte).

Der mit LabVIEW 7 *Express* eingeführte NI-DAQmx erhöht noch einmal die Performance für Messapplikationen durch schnellere Hardwarezugriffe und erlaubt eine noch einfachere Erzeugung von Applikationen für die Messdatenerfassung bzw. -generierung.

12 GPIB und die serielle Schnittstelle

Und genau genommen ist die Grammatik
selber eine Maschine,
die unter unzähligen Sequenzen
das Gebrabbel der Kommunikation auswirft:
die »Fortpflanzungswerkzeuge«, die »Zeugungsglieder«,
die »Schreie«, das »erstickte Geflüster«.
Wenn die Wörter verschwunden sind, bleibt die Grammatik zurück,
und das heißt: eine Maschine. Doch was sie bedeutet,
weiß niemand. Eine fremde Sprache.
Lars Gustafsson – Die Maschinen

Historisch gesehen entstand das Konzept der virtuellen Instrumente mit der Verfügbarkeit des herstellerunabhängigen IEEE-488-Standards, der heute als Standard im Bereich der MSR-Technik zur Anbindung von Mess- und Ausgabegeräten am Rechner gilt. Solch ein virtuelles Instrument steuert die am Bus angeschlossenen Geräte, erfasst, analysiert und speichert die Daten und präsentiert die Ergebnisse der Messungen. Dieses Kapitel befasst sich hauptsächlich mit der klassischen GPIB-Schnittstelle und dem Arbeiten mit den GPIB-VI in LabVIEW. Anschließend werden wir auch auf die weit verbreitete serielle Schnittstelle kurz eingehen.

12.1 Die GPIB-Schnittstelle

Für die Anbindung von Messgeräten untereinander und mit einem PC hat sich die GPIB-Schnittstelle mittlerweile zum Industriestandard etabliert. Dieses Bussystem wurde bereits in den 60er Jahren von der Firma Hewlett-Packard entwickelt und in den 70er Jahren IEEE- und IEC-Norm. Hieraus entstanden die am häufigsten verwendeten Bezeichnungen: IEEE 488 und IEC 625. Aber auch die Bezeichnungen GPIB oder der IEC-Bus sind sehr gebräuchlich. Unterschiede gibt es allenfalls bei den eingesetzten Anschlusssteckern (Abbildung 12.1).

Diese Spezifikation beschränkte sich im Wesentlichen auf die elektrischen und mechanischen Eigenschaften und berücksichtigte in keiner Weise Aspekte wie

Datenformate, Statusmeldungen, Fehlerbehandlung etc. So wurde im Jahre 1987 hierfür der Standard IEEE 488.2 verabschiedet, als Erweiterung des ursprünglichen GPIB, der auch seitdem als IEEE 488.1 bezeichnet wird. Der IEEE 488.2 bezieht sich auf die Vereinheitlichung der allgemeinen Kommunikation und definiert eine ganze Reihe von Vorkehrungen wie beispielsweise einheitliche Datenformate, Kommandos, Konfiguration, Fehlerbehandlung, Statusbehandlung etc., welche die Zuverlässigkeit und Kompatibilität des Gesamtsystems erheblich verbessert.

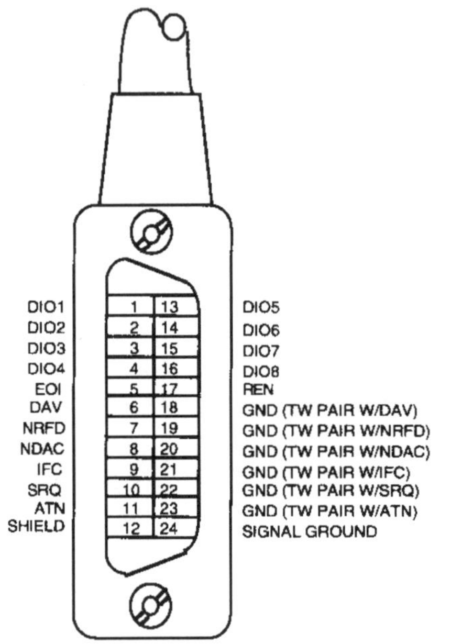

Abbildung 12.1: Der GPIB-Anschlussstecker nach IEEE 488

12.2 GPIB-Grundlagen

An dem GPIB lassen sich nach der Normempfehlung bis zu 15 Geräte gleichzeitig anschließen, die eine der folgenden Grundfunktionen ausführen können:

- Steuerfunktionen (Controller)
- Sender- bzw. Sprecherfunktion (Talker)
- Empfänger- bzw. Hörerfunktion (Listener)

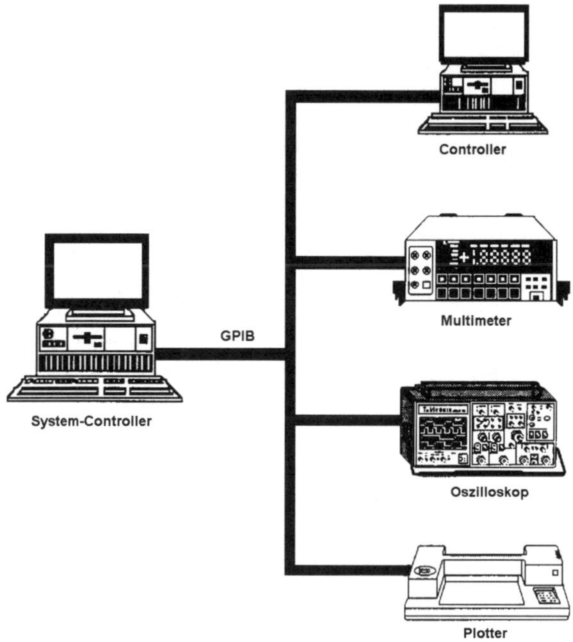

Abbildung 12.2: GPIB-System

Der Controller hat die Aufgabe, alle Vorgänge auf dem Bus zu steuern und zu überwachen. Somit legt er auch fest, welches Gerät jeweils als Talker oder Listener fungiert. Wichtig in diesem Zusammenhang ist die Tatsache, dass in einem Messsystem stets nur ein Gerät zu einem Zeitpunkt als Controller aktiv sein kann. Der an dem Bus angeschlossene PC übt üblicherweise die Controller-Funktion aus. Der Talker kann nach der Adressierung durch den Controller Daten auf den Bus geben und die Listener können ebenfalls nach der Adressierung auf dem Bus befindliche Daten aufnehmen. In einem GPIB-System kann immer nur ein Gerät zurzeit die Funktion des Controllers innehaben und es darf stets nur ein Talker aktiv sein, während mehrere Listener gleichzeitig Daten empfangen können.

12.2.1 GPIB-Signale

Die Übertragung der Information auf den Bus geschieht über acht parallele Datenleitungen, die mit DIO (DIO = Data Input/Output) bezeichnet werden. Daneben gibt es fünf weitere Leitungen, die den Informationsfluss auf dem gesamten Bus kontrollieren, und weitere drei Leitungen, welche für die Steuerung des Datenaustauschs zwischen Talker und Listener zuständig sind. Hier die Unterteilung der Leitungen im Überblick:

- acht Datenleitungen (Data Lines)
- fünf Steuerleitungen (Management Lines)
- drei Übergabeleitungen (Handshake Lines)

Die Funktionen der Steuerleitungen werden nachfolgend genauer aufgeführt:

- *IFC* (*I*nter*f*ace *C*lear, Schnittstellensystem zurücksetzen):

  Diese Leitung wird vom Controller verwendet, um alle angekoppelten Schnittstellen in eine normgemäße Grundeinstellung zu bringen. Dies geschieht z.B. bei der Initialisierung eines GPIB-Systems.

- *ATN* (*At*tentio*n*, Achtung):

  Durch diese Leitung wird die Übertragung von Schnittstellennachrichten markiert. Ist ATN high, werden Gerätenachrichten übertragen. Wenn ATN low ist, so ist die Information auf dem Datenbus als Schnittstellennachricht (z.B. Befehle, Adressen etc.) zu deuten.

- *REN* (*R*emote *En*able, Fernsteuerungsfreigabe):

  Diese Leitung versetzt alle angeschlossenen Busteilnehmer in den Fernsteuerungsmodus, sofern diese Funktion im Gerät implementiert ist. Dabei werden die lokalen Bedienungsfunktionen der beteiligten Geräte gesperrt.

- *EOI* (*E*nd *O*r *I*dentify, Ende oder Kennung):

  Die EOI-Leitung hat je nach Zustand der ATN-Leitung zwei Funktionen. Sie kann zum einen von einem Talker eingesetzt werden, um das Ende einer Datenübertragung zu markieren; in diesem Fall ist ATN low. Zum anderen wird durch Aktivierung der EOI-Leitung bei gleichzeitig aktivierter ATN-Leitung (ATN high) eine Parallelabfrage (Parallel Poll) vom System-Controller eingeleitet.

- *SRQ* (*S*ervice *R*e*q*uest, Bedienungsanforderung):

  Diese Leitung lässt sich mit dem Interrupt in einem Mikroprozessorsystem vergleichen: Ein Gerät kann durch das Setzen dieser Leitung eine Bedienung vom Controller anfordern.

Bei einem GPIB-System wird die Datenübertragung, Byte für Byte, mit Hilfe eines Handshake-Verfahrens über drei Steuerleitungen geregelt. Diese Leitungen sind:

- *DAV* (*Da*ta *V*alid, Daten gültig):

  Über dieses Signal deutet der Talker an, dass er ein Datenbyte auf den Datenbus geschaltet hat.

- *NRFD* (*N*ot *R*eady *f*or *D*ata, nicht für Daten bereit):

  Dieses Signal wird von den Listenern gesetzt, um zu signalisieren, dass sie für den Empfang eines Datenbytes noch nicht bereit sind.

- *NDAC* (*N*ot *D*ata *Ac*cepted, Daten noch nicht akzeptiert):

  Dieses Signal wird vom Listener gesendet, um zu erklären, dass das auf dem Datenbus anstehende, gültige Datenbyte noch nicht akzeptiert wurde.

Zum Verständnis der Datenübertragung in GPIB-Systemen betrachten wir das folgende Zeitdiagramm (Abbildung 12.3), welches das Dreidraht-Handshake näher erläutert.

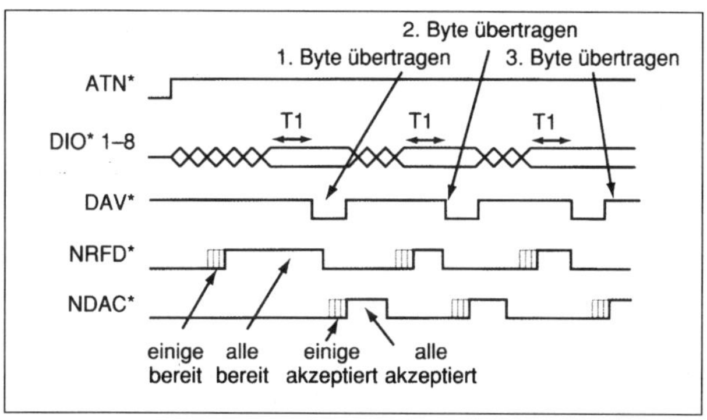

Abbildung 12.3: Das Handshake-Verfahren des GPIB

Sind alle Geräte zum Empfang bereit, kann die Datenquelle (Talker, Controller) Daten bereitstellen. Diese Bereitschaft wird durch die Überprüfung der NRFD-Leitung von der Datenquelle sichergestellt. Daraufhin legt die Datenquelle das erste Datenbyte auf den Datenbus und sendet DAV. Ab jetzt sind die auf dem Bus anliegenden Daten gültig und können vom Empfänger übernommen werden. Die Datenempfänger (Listener) aktivieren NRFD, also Low-Pegel, um anzuzeigen, dass sie momentan beschäftigt und nicht für weitere Daten bereit sind.

Der Datensender muss nun so lange warten, bis alle Geräte die Daten übernommen haben; erst dann wird die NDAC-Leitung high bzw. aktiv. Das langsamste Gerät am Bus diktiert also die Geschwindigkeit der Datenübertragung.

Der Datensender setzt DAV auf high; somit werden die Daten ungültig. Der Datensender legt das zweite Datenbyte auf den Datenbus und wartet so lange, bis die NRFD-Leitung sich im High-Zustand befindet. Erst wenn alle Geräte für die Übernahme eines neuen Datenbytes bereit sind, kann er das zweite Datenbyte als gültig erklären und DAV auf low setzen.

Demnach werden die Daten asynchron mit der Geschwindigkeit des langsamsten Geräts übertragen. Weiterhin sehen Sie, dass es mit diesem Verfahren auch möglich ist, mehrere Teilnehmer mit unterschiedlichen Übertragungsgeschwindigkeiten durch eine Übertragung gleichzeitig anzusprechen. So können schnelle Geräte sowohl mit langsamen als auch mit schnellen Geräten kommunizieren.

12.3 Die Zukunft von GPIB

Die Standardisierung des IEEE-488-(GPIB)-Protokolls war eine der entscheidenden Voraussetzungen zur Verbreitung computergestützter Messsysteme. Anwender wie auch Gerätehersteller hegen schon seit Jahren den Wunsch, den GPIB-Standard zu verbessern, vor allem hinsichtlich der Übertragungsrate, die gemäß des IEEE 488.2 maximal bei 1 Mbyte/s liegt. Es gibt natürlich auch Bemühungen, USB und FireWire (1394) in PC-gestützte Testsysteme zu integrieren. Jedoch arbeitet USB zwar gut als allgemeines Interface, es bietet aber nicht die Leistungsfähigkeit, die in GPIB steckt. FireWire (1394) wird sicher eine ernst zu nehmende Alternative darstellen. Bereits seit Anfang der 90er Jahre gibt es das HS488-Protokoll von National Instruments, das den IEEE-488.1-Bus auf theoretische 8 Mbyte/s erhöht.

12.3.1 High-Speed-GPIB (HS488)

HS488 erweitert den IEEE-488-Standard mit einem optionalen High-Speed-Datenübertragungsprotokoll, um Daten von Instrumenten zu übertragen, die große Datenvolumen erfassen. Dieses Protokoll vereint eine signifikante Steigerung der Geschwindigkeit mit den Vorteilen des bisherigen GPIB-Standards bei Gewährleistung der Kompatibilität zu traditionellen Geräten. HS488 durchläuft zur Zeit die formale Standardisierung durch die IEEE, damit auch in Zukunft jeder in der Industrie die Vorteile von HS488 nutzen kann. Die 1994 initiierte

IEEE-Arbeitsgruppe für High-Speed-GPIB (Working Group for Higher Performance Standard 488.1) besteht aus über 30 Mitgliedern, mit Vertretern namhafter Hersteller.

HS488 ist, wie gerade erwähnt, ein »Superset« des IEEE-488.1-Standards; als Folge davon können Geräte nach der traditionellen GPIB-Norm auch mit HS488-fähigen Geräten gemischt in einem GPIB-System ohne aufwendige Softwareanpassungen benutzt werden. Die mit dem HS488-Protokoll erreichbare Datentransferrate ist selbstverständlich von der Host-Rechner-Architektur und der Systemkonfiguration abhängig. Bereits heute setzt eine Reihe von Geräteherstellern das High-Speed-HS488-Transferprotokoll für GPIB in ihren neuesten Geräten ein.

12.3.2 Alternativen

Neben der Verbesserung der GPIB-Technologie werden in Zukunft weitere Bussysteme in der Messtechnik einen größeren Anteil haben: USB und FireWire. USB bietet Vorteile wie Plug&Play, direkt im Kabel integrierte Spannungsversorgung und die Möglichkeit, bis zu 127 Geräte anzuschließen. Auf neuen Motherboards ist standardmäßig eine USB-Schnittstelle integriert. Der Datendurchsatz liegt bei bis zu 12 Mbit/s unter USB 1.1 und bei bis zu 500 Mbit/s unter USB 2.0. Als zweite ernst zu nehmende Alternative zu GPIB ist ein in der Norm IEEE 1394 spezifizierter und als FireWire bekannter serieller Bus, der von Apple mit initiiert wurde, zu sehen. FireWire eignet sich im Besonderen für digitale Videokameras o. Ä., d. h. einzelne Geräte, die ein hohes Datenaufkommen haben.

12.4 Die GPIB-VI

LabVIEW beinhaltet sowohl die traditionellen GPIB-Befehle nach dem alten IEEE-488.1-Standard als auch die neuen IEEE-488.2-Protokolle und Kontrollsequenzen gemäß der erweiterten Norm. So werden Sie feststellen, dass es in LabVIEW für die GPIB-Kommunikation zwei Paletten gibt: Die erste hat die Bezeichnung *GPIB* und die zweite heißt *GPIB 488.2*. Die meisten GPIB-Geräte werden auch funktionieren, wenn Sie die einfache *GPIB*-Palette verwenden. Wenn Sie jedoch gezwungen sind, sich nach der Norm IEEE 488.2 zu richten, sollten Sie die *GPIB-488.2*-Palette verwenden. Die GPIB-VI werden im Laufe der Zeit durch die Funktionen der *VISA*-Palette ersetzt werden. *VISA*-VI sind allgemeinere Funktionen, die auch mit anderen Gerätetypen wie VXI kommunizieren können. Weitere Informationen über *VISA*-VI finden Sie in den Handbüchern zu LabVIEW.

Alle GPIB-Geräte haben ihre eigene *Adresse*, eine Zahl zwischen 0 und 30, mit der das Gerät eindeutig identifizierbar ist. In manchen Fällen werden die Geräte auch eine *Sekundäradresse* besitzen. Sie müssen allen GPIB-VI diese Adresse (in Form einer Zeichenkette) übergeben, um festzulegen, mit welchem Gerät Sie kommunizieren wollen. Auf diese Art können dieselben VI verwendet werden, um unterschiedliche Geräte am selben GPIB anzusprechen. Sie können zum Beispiel die Adresse über eine Case-Struktur übergeben.

Der größte Teil der GPIB-Kommunikation betrifft Initialisierung, das Senden von Datenbefehlen, eventuell den Empfang einer Antwort, das Triggern eines Geräts und den Abschluss der Kommunikation. Mit dem folgenden Ausschnitt einfacher VI der *GPIB*-Palette können Sie schon eine ganze Menge erreichen.

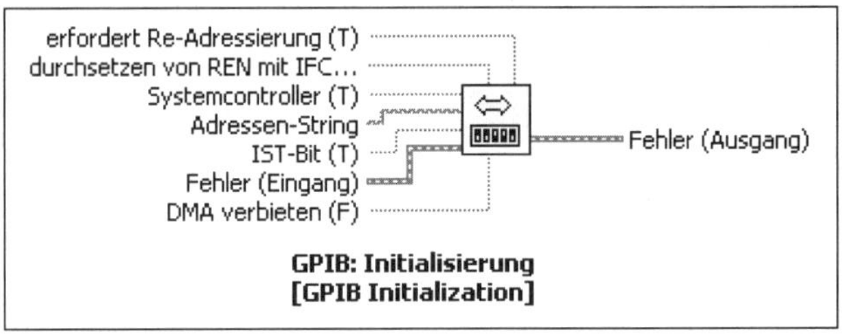

Abbildung 12.4: Die Funktion GPIB – Initialisierung

Die Funktion *GPIB – Initialisierung* initialisiert das GPIB-Gerät, dessen Adresse in *Adress-String* übergeben wird. Wie schon bei der Übergabe von DAQ-Kanälen wird auch hier die Adresse als Zeichenkette übergeben, da sie unter Umständen nichtnumerische Zeichen enthalten kann.

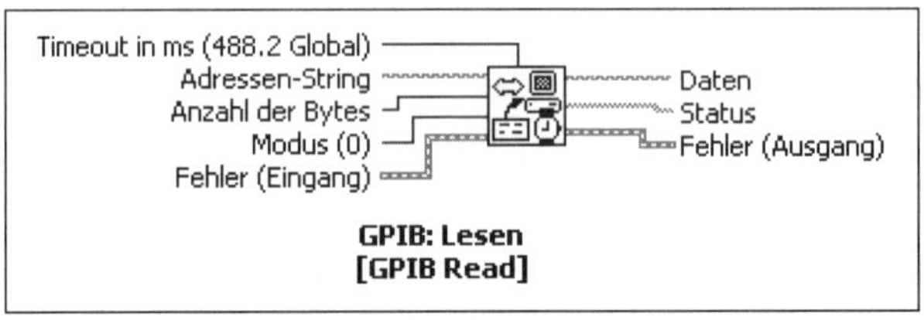

Abbildung 12.5: Die Funktion GPIB – Lesen

Die Funktion *GPIB – Lesen* liest Daten aus dem Gerät, dessen Adresse in *Adress-String* angegeben ist. Die Anzahl zu lesender Zeichen wird durch *Anzahl der Bytes* festgelegt. Die empfangenen Daten werden im String *Daten* zurückgegeben.

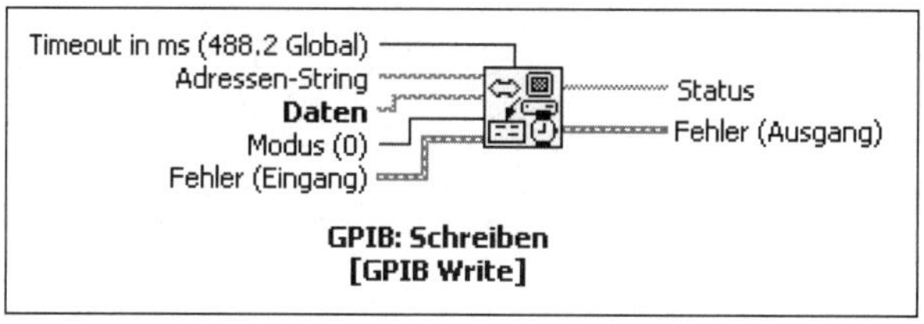

Abbildung 12.6: Die Funktion GPIB – Schreiben

Die Funktion *GPIB – Schreiben* sendet *Daten* an das angegebene Gerät.

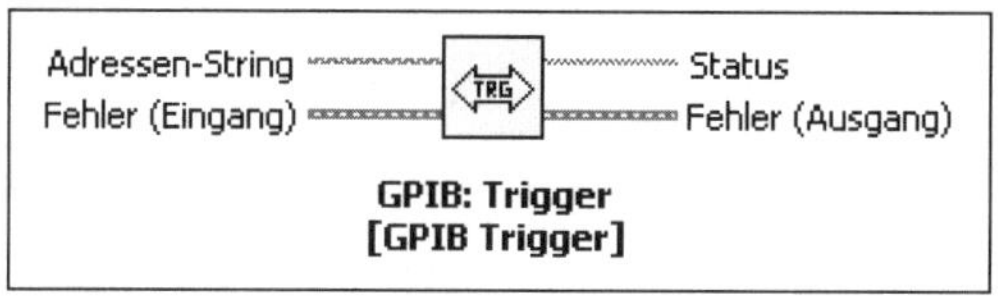

Abbildung 12.7: Die Funktion GPIB – Trigger

Die Funktion *GPIB – Trigger* sendet dem angegebenen Gerät einen Trigger-Befehl.

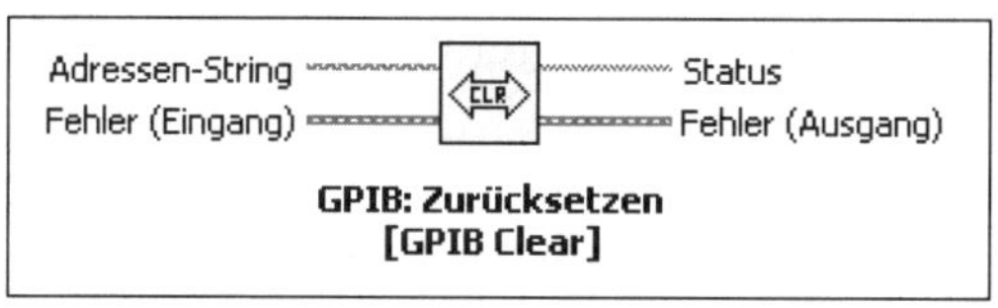

Abbildung 12.8: Die Funktion GPIB – Zurücksetzen

Die Funktion *GPIB – Zurücksetzen* setzt das Gerät zurück.

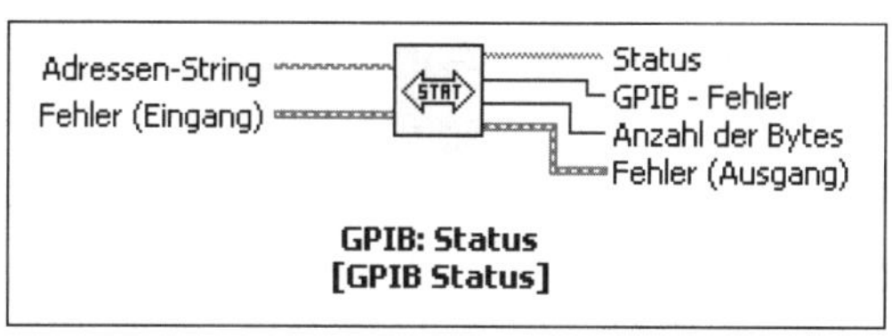

Abbildung 12.9: Die Funktion GPIB – Status

Die Funktion *GPIB – Status* gibt den Status des GPIB-Controllers, der von *Adress-String* angesprochen wird, sowie die Anzahl der zu übertragenden Zeichen in der letzten GPIB-Übertragung zurück.

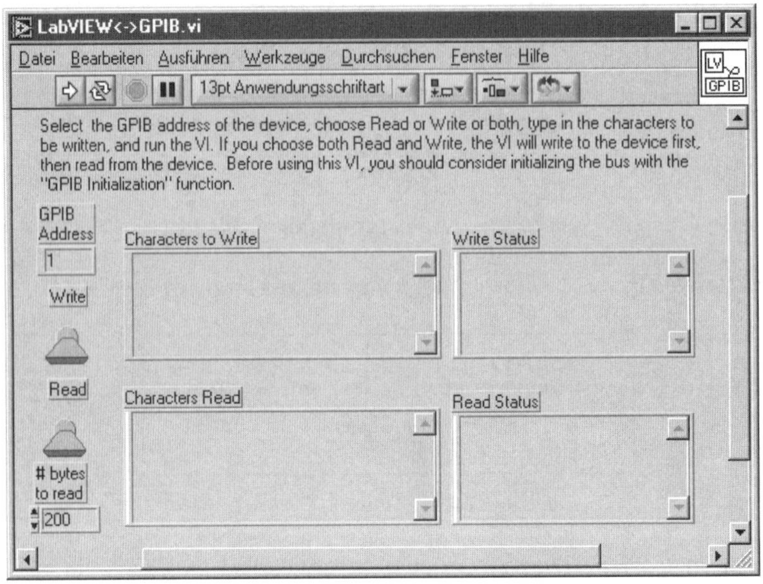

Abbildung 12.10: Das Frontpanel des Beispiel-VI LabVIEW<->GPIB

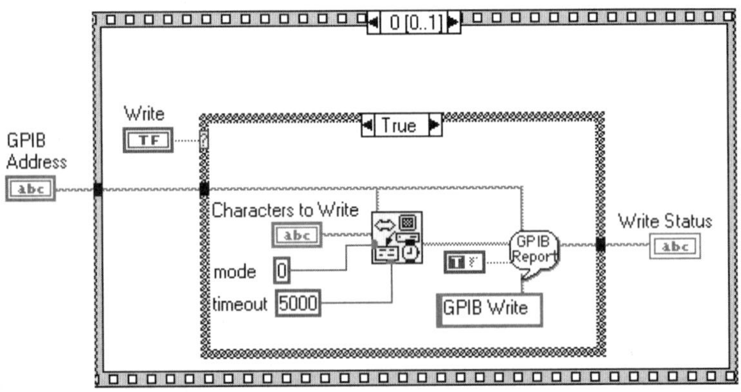

Abbildung 12.11: Das Blockdiagramm des Beispiel-VI LabVIEW<->GPIB

Wenn Sie herausfinden wollen, ob Sie mit Ihrem Gerät über GPIB kommunizieren können, so ist dies mit dem bei der Vollversion von LabVIEW mitgelieferten Beispiel-VI *LabVIEW*<->GPIB (im Verzeichnis *examples\instr\smplgpib.llb*) möglich.

Das VI *GPIB Report*, das im oben stehenden Blockdiagramm (Abbildung 12.11) gezeigt wird, ist ein nützliches Hilfs-VI, das den Status und die Fehler (sofern aufgetreten) der vorigen GPIB-Übertragung anzeigt. Der boolesche Eingang legt fest, ob dem Anwender im Falle eines Fehlers ein Dialogfeld angezeigt werden soll.

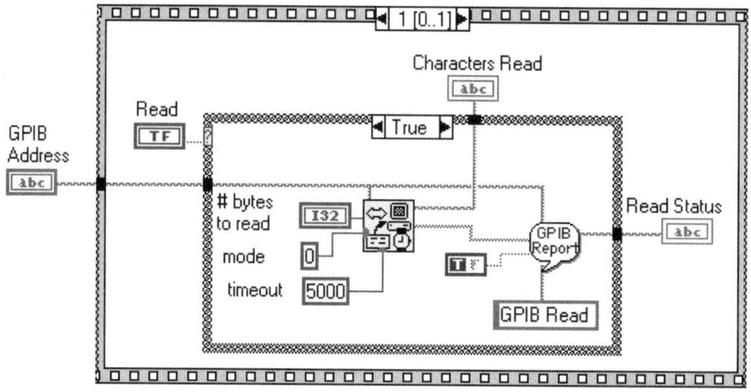

Abbildung 12.12: Die zweite Sequenz des Beispiel-VI LabVIEW<->GPIB

12.5 Die serielle Schnittstelle

Bei der seriellen Datenübertragung werden die einzelnen Bits einer Nachricht zeitlich nacheinander über eine Übertragungsstrecke gesendet. Bedingt durch diese Übertragungsart wächst die Übertragungszeit mit der Bitzahl einer Nachricht stark an. Der Nachteil relativ geringer Übertragungsraten wird aber durch andere positive Faktoren kompensiert. Ein wesentlicher Vorteil der seriellen Übertragung ist z.B. die Möglichkeit, mit einfach aufgebauten Systemen Entfernungen von weit über 100 m zu überbrücken.

Die am weitesten verbreitete serielle Schnittstelle ist die RS232 oder auch V.24. Sie ist heute an nahezu allen üblichen Rechnern vorhanden. Es gibt eine Vielzahl von Geräten, die an der seriellen Schnittstelle betrieben werden, wie z.B. Drucker, Mess- und Analysegeräte, Modems, Tastaturen, die Maus und andere. Sie eignet sich auch zur direkten Koppelung unterschiedlicher Rechner. Der Datenaustausch erfolgt in der Regel bidirektional, wobei die Daten wie eingangs erwähnt bitseriell übertragen werden. Im Gegensatz zum GPIB-Bus ist hier ein Vollduplexbetrieb möglich.

12.5.1 Elektrische Spezifikation

Prinzipiell sind Geräte mit seriellen Schnittstellen in Datenübertragungseinrichtungen (z.B. Modem) und Datenendeinrichtungen (z.B. Computer) unterteilt. Bei den unter LabVIEW angesprochenen Geräten handelt es sich meistens um Endgeräte. Dabei stehen Spannungspegel zwischen 5 V und 15 V für die logische »0« und Spannungspegel zwischen –5 V und –15 V für die logische »1«.

Der Bereich von 5 V bis –5 V ist nicht definiert. Diese Differenz zwischen den Grenzen dient als Sicherheit und erhöht somit den Störspannungsabstand. Dem Standard zufolge ist die Reichweite auf 30 m begrenzt, doch je nach Baudrate sind ohne weiteres 100 m und mehr überbrückbar.

12.5.2 Schnittstellenleitungen

Die folgende Übersicht zeigt alle Leitungen mit den Pinbelegungen bei 9-poligen Steckern für PC und Mac (Abbildung 12.13).

Pinbelegung Seriell
beim Macintosh

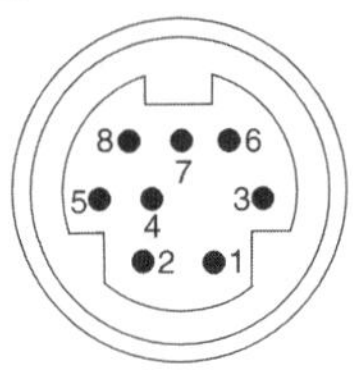

Pin	Funktion
1	DTR
2	CTS
3	TxD^-
4	GND
5	RxD^-
6	TxD^+
7	N/C
8	RxD^+

Pinbelegung Seriell
beim PC (DB-9-Stecker)

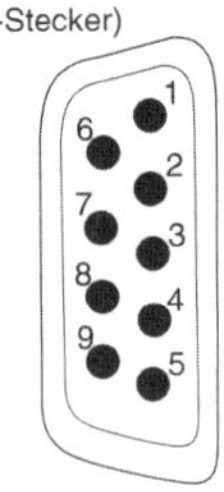

Pin	Funktion
1	RLSD
2	RxD
3	TxD
4	TDR
5	GND
6	DSR
7	RTS
8	CTS
9	RI

Legende

RxD:	Receive Data	DSR:	Data Set Ready
TxD:	Transmit Data	RTS:	Ready To Send
DTR:	Data Terminal Ready	RLSD:	Received Line Signal Detect
CTS:	Clear To Send	RI:	Ring Indicator
GND:	Ground or Common	N/C:	No Connection

Abbildung 12.13: Pinbelegung bei PC und bei Macintosh-Computern

12.5.3 Datenübertragung

Damit die Daten vom Empfänger richtig interpretiert werden können, müssen Sender und Empfänger auf die gleiche Baudrate (Bit/s) eingestellt sein. Üblich sind Baudraten von 75, 110, 300, 600, 1.200, 2.400, 4.800, 9.600, 19.200 Baud.

Auf der seriellen Schnittstelle werden die Daten asynchron übertragen, d. h., der Empfänger erhält keine externen Signale zur Synchronisation bei der Dekodierung. Dies setzt ein exakt definiertes Übertragungsformat voraus.

Nach einem Startbit werden die eigentlichen Daten in Form von 7 oder 8 Datenbits übertragen. Danach kann ein Paritätsbit folgen (gerade, ungerade oder keine Parität). Das Ende eines übertragenen Zeichens wird durch ein oder zwei Stoppbits signalisiert. Nun wird beginnend mit einem erneuten Startbit das nächste Zeichen übertragen. Die Paritätsprüfung ist nichts anderes als eine Quersummenbildung über die Datenbits und das Paritätsbit selbst.

12.5.4 Handshake-Mechanismus der RS232-Schnittstelle

Über den Handshake-Mechanismus signalisieren sich Sender und Empfänger gegenseitig, ob sie zum Austausch von Daten bereit sind. Dafür gibt es zwei Möglichkeiten, das Software- und das Hardware-Handshaking. Beim Hardware-Handshaking geschieht dies über Handshake-Leitungen. Dabei setzt beispielsweise der Datenempfänger (z.B. ein Drucker) die DTR-Leitung auf »1«, um dem Sender die Empfangsbereitschaft mitzuteilen.

Beim Software-Handshaking wird die Bereitschaft zur Datenaufnahme durch ein Steuerzeichen signalisiert. Eine typische Anwendung hierfür ist das XON/XOFF-Protokoll. Dabei gibt der Empfänger das XOFF-Steuerzeichen aus, solange er nicht zum Datenempfang bereit ist; erst wenn der Sender vom Empfänger das XON-Steuerzeichen erhält, beginnt er mit der Datenübertragung. Mit diesem Software-Handshake lässt sich die einfachste Form der Verbindung zur Datenübertragung realisieren; es sind nur die beiden Datenleitungen sowie die Masseleitung erforderlich.

Hier einige nützliche Tipps, worauf Sie achten sollten, wenn Probleme bei der seriellen Kommunikation auftreten:

- Überprüfen Sie auf Ihrem PC die Baudrate, Parity, Stoppbits, Handshaking und jeden anderen seriellen Parameter. Überprüfen Sie dann diese Parameter auf Ihrem Gerät. Stimmt nur einer nicht überein, werden die beiden Komponenten nicht miteinander kommunizieren.
- Vertauschen Sie die Sende- und Empfangsleitung. Sie können dazu ein spezielles Kabel verwenden, ein so genanntes »Null-Modem«.
- Das serielle Gerät benötigt immer eine Stromversorgung. Stellen Sie sicher, dass sie eingeschaltet ist.
- Stellen Sie sicher, dass die CTS- und RTS-Leitungen richtig angeschlossen sind. Manche Geräte verwenden sie, andere nicht.

- Vergewissern Sie sich, dass die serielle Schnittstelle nicht von einer anderen Anwendung benutzt wird.
- Überprüfen Sie, ob Sie auch die serielle Schnittstelle benutzen, die Sie benutzen wollen.
- Vergewissern Sie sich, dass Sie das richtige Abschlusszeichen senden (EOL).

Es gibt einen bequemen Weg, die Einstellung der seriellen Schnittstelle Ihres PCs zu überprüfen. Nehmen Sie einen zweiten PC, und verbinden Sie beide serielle Schnittstellen miteinander. Verwenden Sie dann auf jedem Computer ein Dump-Programm für die Tastatur. Sie können dann auf dem Bildschirm des zweiten Computers sehen, was Sie auf der Tastatur des ersten Computers eintippen und umgekehrt.

12.6 Serielle VI

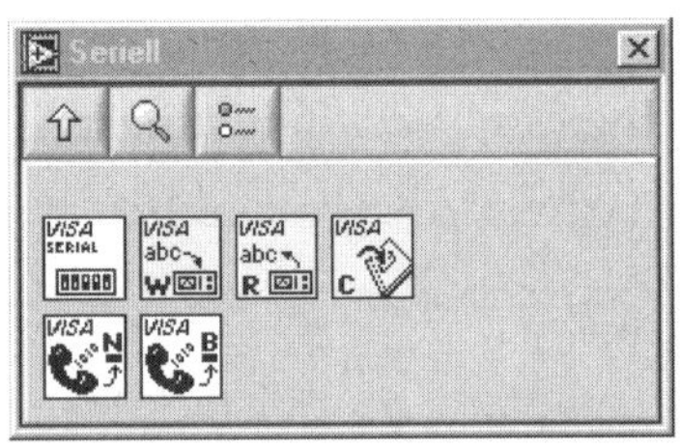

Abbildung 12.14: Die Palette mit den seriellen VI

Einerseits ist die serielle Schnittstelle am einfachsten zu programmieren: In der *Seriell*-Palette stehen nur sechs VI. Andererseits leidet die serielle Kommunikation unter Übertretung oder Ignorieren der Hardwarenormen, obskuren und komplizierten Programmierprotokollen und relativ langsamen Datenübertragungsgeschwindigkeiten. Die Probleme, die bei der Erstellung von Anwendungen mit serieller Kommunikation entstehen, erwachsen selten aus Problemen mit LabVIEW! Wir werden einen kurzen Überblick darüber geben, wie die seriellen VI zur Kommunikation mit einem seriellen Gerät verwendet werden können. Seit der Version 6*i* von LabVIEW basieren die seriellen VI auf dem allgemeineren VISA-Standard, der in Kapitel 12.8 ausführlicher beschrieben wird.

Sie sollten sich mit den Grundprinzipien der seriellen Kommunikation vertraut machen, wenn Sie noch nie damit gearbeitet haben. Wenn Sie schon mal ein Modem verwendet und eine Vorstellung davon haben, was Ausdrücke wie

Baudrate, Stoppbits und Parität bedeuten, wissen Sie für den Anfang vermutlich genug. Ansonsten sollten Sie unter Umständen etwas Dokumentation über die serielle Schnittstelle studieren.

Aus LabVIEWs Sicht kann die serielle Kommunikation an jeder beliebigen Schnittstelle des Computers stattfinden. Abhängig von Ihrer Arbeitsplattform hat die *Anschlussnummer* unterschiedliche Bedeutungen:

LabVIEW	Windows	MacOS	Unix-Solaris 1	Solaris 2
1	COM1	0: Modem-schnittstelle	0:/dev/ttya	0:/dev/cua/a
2	COM2	1: Drucker-schnittstelle	1:/dev/ttyb usw.	1:/dev/cua/b usw.
3	COM3			
	...			
9	COM9			
10	LPT1			
11	LPT2 usw.			

Tab. 12.1: Die verschiedenen Anschlussnummern auf verschiedenen Plattformen

Im Folgenden lesen Sie nun einen kurzen Überblick über die Funktionen der einzelnen VI zur seriellen Kommunikation.

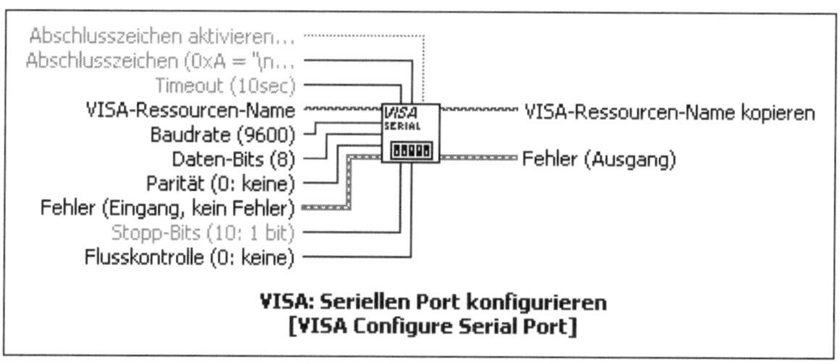

Abbildung 12.15: Die Funktion VISA: Seriellen Anschluss konfigurieren

Die Funktion *VISA: Seriellen Anschluss konfigurieren* initialisiert die gewählte Schnittstelle mit den angegebenen Einstellungen. Häufig können Sie die Eingänge unverbunden lassen, sofern Sie die Vorgabewerte verwenden wollen.

Diese sind:

Port-Nummer: 0

Baudrate: 9.600

Datenbits: 8

Stoppbits: 1

Parität: keine

Der Eingang *Flusskontrolle* ist ein Cluster unterschiedlicher Handshake-Modi. Als Vorgabe setzt dieses VI keinen Handshake.

Abbildung 12.16: Der Eigenschaftenknoten VISA: Bytes am seriellen Anschluss

Der Eigenschaftenknoten *Visa: Bytes am seriellen Anschluss* gibt die Anzahl Bytes an, die aktuell im Eingangspuffer der angesprochenen seriellen Schnittstelle stehen.

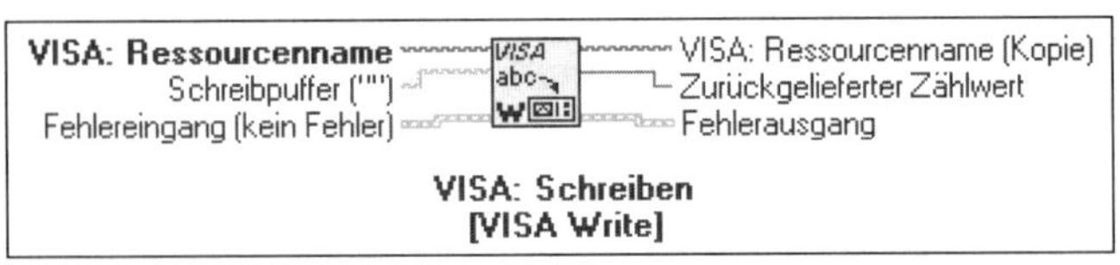

Abbildung 12.17: Die Funktion VISA: Schreiben

Die Funktion *VISA: Schreiben* schreibt die in der Eingangszeichenkette erhaltenen Daten an die angegebene serielle Schnittstelle.

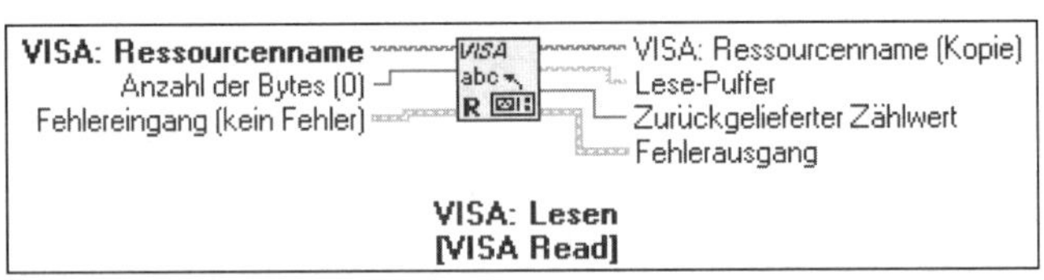

Abbildung 12.18: Die Funktion VISA: Lesen

Die Funktion *VISA: Lesen* liest von der angegebenen seriellen Schnittstelle die in *Anzahl der Bytes* angegebene Anzahl Bytes.

Abbildung 12.19: Die Funktion VISA: Serielle Übertragung unterbrechen

Die Funktion *VISA: Serielle Übertragung unterbrechen* sendet ein Pause-Signal an die angegebene serielle Schnittstelle – die Unterbrechung bleibt für mindestens 250ms (Millisekunden), aber höchstens 500ms bestehen.

Ein seriell übertragenes Byte entspricht einem ASCII-Zeichen, wie dies bei der seriellen Kommunikation meist der Fall ist. Sie sollten sich außerdem merken, dass Ihr Computer (und eventuell auch Ihr seriell angeschlossenes Gerät) einen *Puffer für die serielle Kommunikation* bereitstellt. Dieser FIFO-Puffer (First In First Out = zuerst hinein, zuerst heraus) nimmt die Zeichen so auf, wie sie über die serielle Leitung ankommen. Es ist wichtig, dies zu wissen, denn wenn Sie ein Byte aus dem seriellen Puffer lesen, bekommen Sie immer das Zeichen geliefert, das am längsten im Puffer steht. Wird ein Datenwert aus dem Puffer gelesen, wird er gleichzeitig aus diesem entfernt.

Sieht man sich die oben beschriebenen VI für die serielle Kommunikation an, erscheint die Reihenfolge, in der sie eingesetzt werden, recht offensichtlich: initialisieren, einen Befehl schreiben, die Antwort lesen, wiederholen. Das Beispiel, das mit der Vollversion von LabVIEW geliefert wird, *LabVIEW(-)Serial Port.VI* (im Verzeichnis *examples\instr\smplserl.llb*), ist ein guter Anfang, um ein VI mit serieller Kommunikation zu schreiben (Abbildung 12.20).

Beachten Sie, dass dieses VI zwar sowohl serielle Daten senden als auch empfangen kann, jedoch nicht beides gleichzeitig. Wird das VI zum Lesen eingestellt, so wartet es, bis die eingestellte Anzahl Zeichen im Puffer der seriellen Schnittstelle steht. Um sicherzustellen, dass auch alle Daten des seriellen Geräts empfangen wurden, und so Fehler zu vermeiden, empfiehlt es sich, den Empfang nicht vorzeitig abzubrechen. Wenn Sie jedoch eine größere Zeichenzahl einstellen, als tatsächlich erwartet wird, wird das VI endlos lange warten (Abbildung 12.21).

An die serielle Schnittstelle zu schreiben ist noch einfacher: Übergeben Sie einfach die Zeichenkette an die serielle Schnittstelle (Abbildung 12.22).

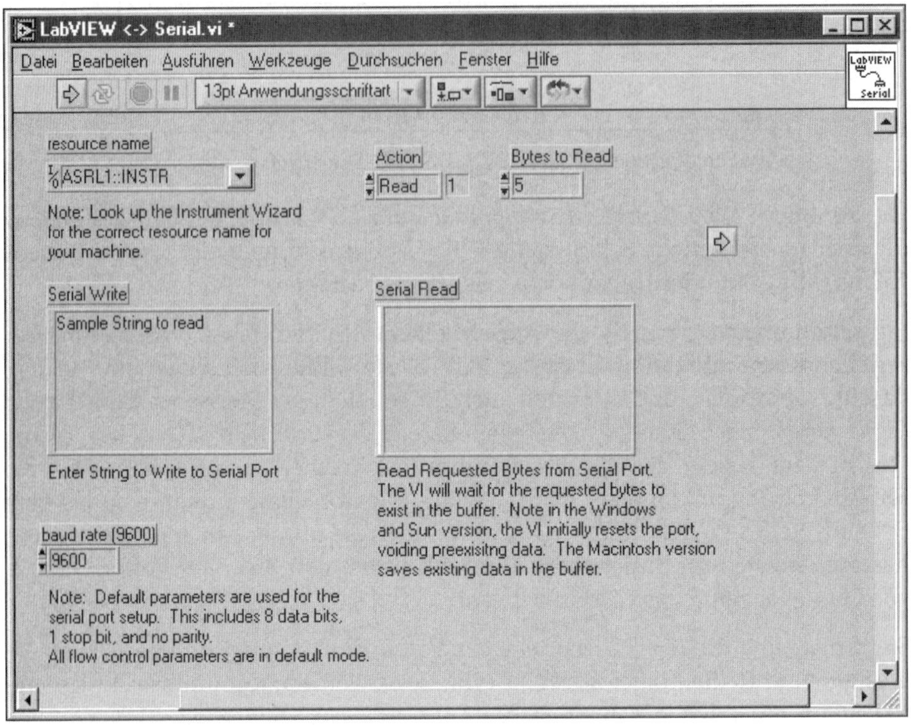

Abbildung 12.20: Das Beispiel-VI LabVIEW <-> Serial Port

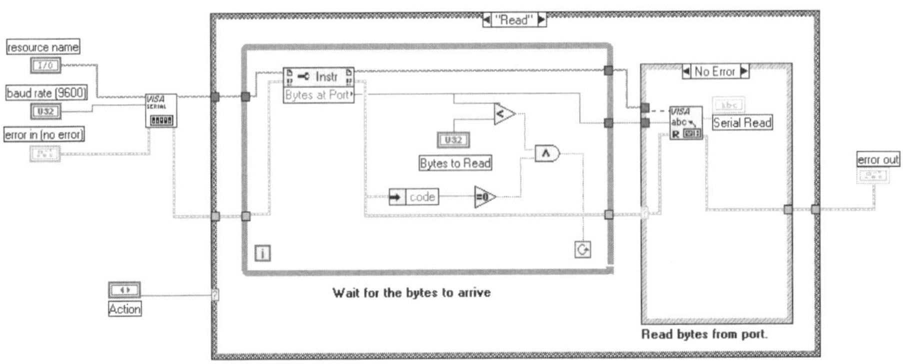

Abbildung 12.21: Der Case-Rahmen für Lesen des Beispiel-VI LabVIEW <-> Serial Port

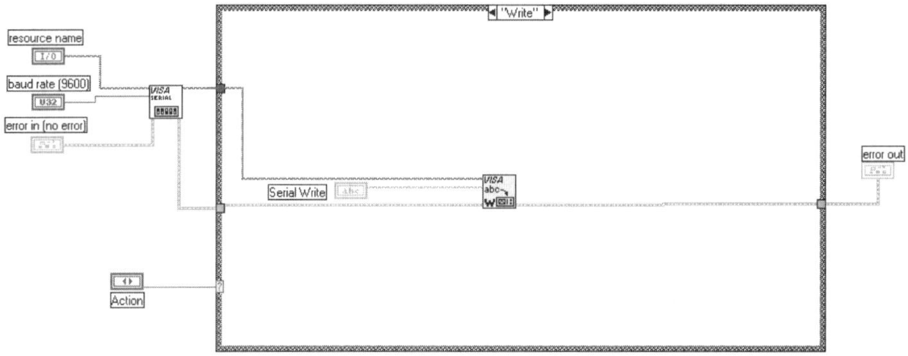

Abbildung 12.22: Der Case-Rahmen für Schreiben des Beispiel-VI LabVIEW <-> Serial Port

Die folgenden Richtlinien sollen Ihnen beim Erstellen von Anwendungen helfen, die mit seriellen Geräten kommunizieren:

- Stellen Sie sicher, dass die Einstellungen der seriellen Schnittstelle Ihres Geräts *genau* denen entsprechen, die Sie mit der Funktion *VISA: Seriellen Anschluss konfigurieren* einstellen (Baudrate, Handshaking usw.). Wenn auch nur einer dieser Parameter nicht übereinstimmt, wird die Kommunikation nicht funktionieren.

- Viele serielle Geräte erwarten ein Carriage-Return- oder Linefeed-Zeichen nach jeder Befehlszeichenkette. LabVIEW baut diese Zeichen nicht automatisch ein, wie viele Terminalemulatoren. Um eines dieser Zeichen oder beide in die Zeichenkette einzubauen, öffnen Sie ein Popup-Menü auf dem Anschluss der Zeichenkette und wählen*'\'-Codes aktivieren*. Geben Sie dann das Carriage-Return-Zeichen (\r) oder das Linefeed-Zeichen (\n) ein.

- Verwenden Sie *VISA: Bytes am seriellen Anschluss*! Dieses VI ist sehr nützlich. Wenn Sie zum Beispiel nicht genau wissen, wie viele Zeichen Sie vom seriellen Gerät zu erwarten haben, können Sie dieses VI verwenden, um festzustellen, wie viele Zeichen im Puffer stehen, und dann die korrekte Anzahl einzulesen. Sie können den Ausgang dieses VI direkt mit dem Eingang *Anzahl der Bytes* des VI *VISA: Lesen* verbinden.

  Wenn Sie sich über den Zustand des Empfangspuffers nicht im Klaren sind, leeren Sie diesen, bevor Sie einen Befehl ausgeben, auf den Sie eine Antwort erwarten. Es gibt keine eingebauten Möglichkeiten, um festzustellen, ob die Daten, die Sie mit *VISA: Lesen* aus dem Puffer lesen, gerade erst angekommen sind oder schon seit längerer Zeit im Puffer warten. Um den Puffer zu leeren, führen Sie einen Lesebefehl aus, bei dem alle Daten aus dem Puffer gelesen werden, ohne die erhaltenen Daten auszuwerten.

Es gibt ein sehr hilfreiches Beispiel-VI mit dem Namen *Serial Read with Timeout* (Abbildung 12.23).

Dieses VI steht im Verzeichnis *LabVIEW\examples\instr\smplserl.llb* der Vollversion von LabVIEW. Die Funktion arbeitet genau wie *VISA: Lesen*, jedoch mit dem Unterschied, dass Sie einen Timeout für den Fall bestimmen können, dass das serielle Gerät nicht antwortet. Die Funktion ist sehr hilfreich, wenn Ihr Programm sich »aufhängt«, weil es auf eine Antwort an der seriellen Schnittstelle wartet.

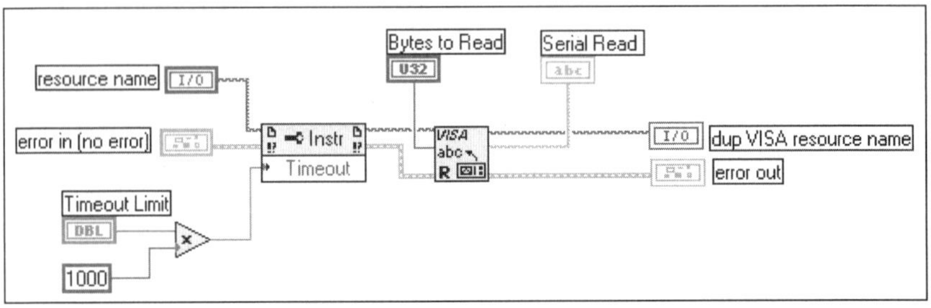

Abbildung 12.23: Das Beispiel Serial Read with Timeout

- Wenn eines der seriellen VI aufgerufen wurde, gibt LabVIEW die serielle Schnittstelle normalerweise erst dann frei, wenn Sie LabVIEW verlassen. Das heißt, dass keine andere Anwendung (zum Beispiel ein Modem) auf die serielle Schnittstelle zugreifen kann, solange Sie die serielle Schnittstelle nicht schließen (dies geschieht nicht mit der Funktion *VISA: Serielle Übertragung unterbrechen*). Um die serielle Schnittstelle wieder freizugeben, sollten Sie daher zum Abschluss Ihrer Kommunikation immer die Funktion *VISA: Schließen* verwenden.

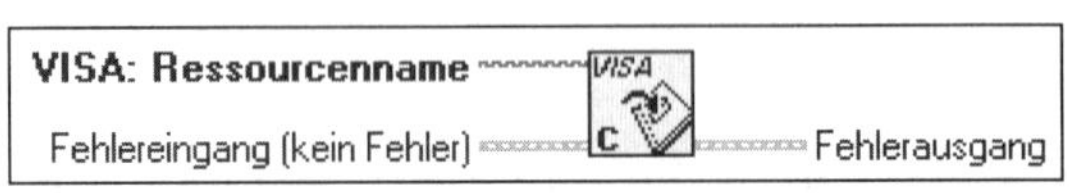

Abbildung 12.24: Das VI VISA: Schließen

12.7 Instrumententreiber

LabVIEW-Instrumententreiber sind wichtige Werkzeuge, welche die Gerätesteuerung erleichtern. Ein Instrumententreiber ist eine Bibliothek von Softwaremodulen für die Ansteuerung programmierbarer (Mess-)Geräte. Jedes Modul korrespondiert dabei mit einer Programmierfunktion des Geräts, wie z.B. Konfiguration, Auslesen von Daten, Schreiben von Befehlen oder Triggerung des Geräts. Instrumententreiber vereinfachen die Gerätesteuerung und verkürzen die Entwicklungszeit, da man sich nicht mehr mit dem Befehlssatz jedes eingesetzten Geräts und der programmtechnischen Umsetzung dieser Befehle auseinander setzen muss. Die LabVIEW-Instrumententreiber-Bibliothek enthält Gerätetreiber für GPIB, VXI, RS232/422 und CAMAC-Geräte. Die Entwicklungsumgebung LabVIEW ist aufgrund ihrer intuitiven Handhabung ein ideales Werkzeug, um einen Instrumententreiber zu entwickeln.

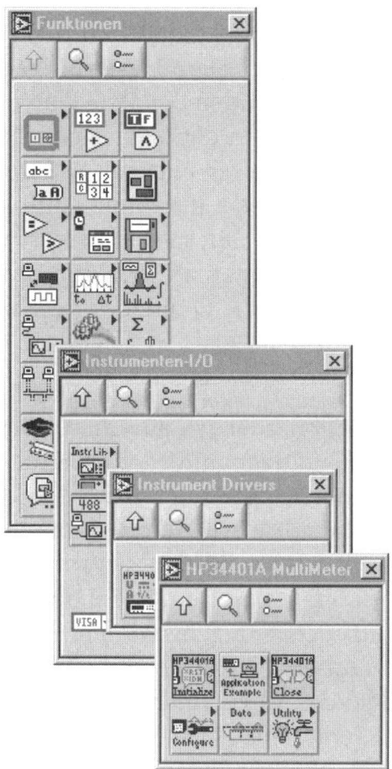

Abbildung 12.25: Instrumententreiber

Da Instrumententreiber High-Level-Funktionen mit intuitiven Benutzeroberflächen enthalten, kann man auf einfachem Weg die programmierbaren Funktionen eines Geräts ausprobieren und kennen lernen, ohne dessen Programmiersyntax kennen zu müssen. Sie können in einem Blockdiagramm, sehr viel einfacher als bei einer textbasierten Programmiersprache, die wesentlichen Grundzüge wie Programmstruktur, Funktionalität und Datenfluss erkennen.

Besonders wichtig ist, dass Sie sehr leicht ein Testsystem programmieren können, indem Sie einfach die vorhandenen Instrumententreiber-VI im Blockdiagramm zusammenstellen.

12.7.1 Tipps zur Anwendung von Instrumententreibern

Ein LabVIEW-Instrumententreiber ist kein Ersatz für die Frontplatte eines Geräts. Zwar können die VI eines Instrumententreibers interaktiv ausprobiert werden, jedoch enthalten sie keine kontinuierlich arbeitenden Schleifen, die auf Benutzereingaben dynamisch reagieren und dem Gerät dauernd Befehle senden oder Daten von ihm empfangen. Die VI lesen hingegen die Objekte auf dem Frontpanel aus, formatieren und senden den Befehl an das Gerät, lesen die Antwort des Geräts und stellen diese in den Anzeigeelementen (Indikatoren) des Frontpanels dar. Dies geschieht nur ein einziges Mal pro Aufruf des VI. Das ist ein sehr wichtiges Konzept: Damit ein Instrumententreiber-VI programmatisch funktionieren kann, darf es nicht auf solche Weise programmiert sein, dass interaktive Benutzereingaben erforderlich sind, um das VI ausführen zu können. Dies schließt von vornherein die Benutzung von Datei- oder Textdialogen und Optionen aus den VI-Einstellungen aus, bei denen der Benutzer mit einem Popup-Fenster zu einer Eingabe gezwungen wird.

Viele Anwendungen benötigen aber genau ein solches interaktives Eingabefenster, z.B. wenn man den Benutzer auffordern möchte, aus einem Menü einen Punkt auszuwählen, um die Einstellungen eines Geräts zu beeinflussen. Wie bewältigt man diese Aufgabe mit VI, die so programmiert sind, dass genau dies nicht vorgesehen ist? Bei einem LabVIEW-Instrumententreiber gibt es viele Optionen, um ein VI für interaktiven Zugang zu optimieren. Für einen schnellen Test kann ein VI dazu gezwungen werden, kontinuierlich zu arbeiten, indem man seine Benutzeroberfläche öffnet, den Taster für die kontinuierliche Ausführung drückt und so das VI zu einer in Software realisierten Frontplatte macht, mit der sich das Gerät genauso steuern lässt, als wenn man die Hardwarefrontplatte benutzt. In Anwendungen besteht die Möglichkeit, die Instrumententreiber-VI zu verändern, indem Sie die Popup-Kontextmenümöglichkeit eines VI oder Schleifenstrukturen und bedingte Ausführungen (Case) im Blockdiagramm benutzen. Sie können aber auch auf einer höheren Ebene die von Ihnen gewünschte interaktive Oberfläche generieren, um dann die Instrumententreiber-VI als Unterprogramme an den richtigen Stellen im Blockdiagramm aufzurufen.

Alleiniger interaktiver Gebrauch dieser VI macht sie nicht besonders interessant für eine Anwendung, denn nach wie vor kann der Benutzer in vielen Fällen immer noch den Knopf am Gerät selbst betätigen, anstatt sich des VI zu bedienen. Denken Sie beim Entwurf Ihres Instrumententreibers daran, dass es möglich sein muss, ihn sowohl *programmatisch* als auch *interaktiv* zu verwenden. Benutzen Sie keine Eingabeaufforderungen oder Dialogfenster für den Benutzer. Verbinden Sie immer alle Steuerelemente und Anzeigen der Benutzeroberfläche mit dem Anschlussblock, so dass alle Daten in und aus dem VI über diese Verbindungen laufen.

Ein LabVIEW-Instrumententreiber ist nicht auf die Steuerung eines einzelnen Geräts beschränkt. Viele Benutzer möchten mehrere Geräte des gleichen Typs zur gleichen Zeit mit demselben Instrumententreiber steuern. Auch das ist möglich, wenn der Instrumententreiber entsprechend programmiert ist. Instrumententreiber-VI sind, wie alle VI in LabVIEW, seriell wiederbenutzbar: LabVIEW lässt normalerweise nicht mehrere gleichzeitige Aufrufe eines VI zu, kann aber das VI mehrmals nacheinander benutzen. So können Sie zum Beispiel eine Eingabe für die Geräteadresse auf der Benutzeroberfläche platzieren und, indem Sie das VI mit verschiedenen Adressen aufrufen, auf diese Weise mehrere Geräte gleichen Typs steuern.

Damit ein Instrumententreiber-VI wiederbenutzbar wird, dürfen keine Daten in dem VI zwischengespeichert werden, die bei verschiedenen Aufrufen dieses VI verfügbar sind. Normalerweise stellt diese Forderung kein Problem in LabVIEW dar, weil das VI seriell abgearbeitet wird. Das heißt, dass Daten, die an das VI übergeben werden, im VI verbraucht werden, und Daten, die aus dem VI herauskommen, von diesem bei jeder Ausführung generiert werden. Nur wenn globale Variablen in solchen VI verwendet werden, kann die Wiederbenutzung problematisch werden. So sind globale VI per definitionem VI, die Daten mit anderen VI teilen oder gemeinsam haben. Genauso können uninitialisierte Schieberegister Daten bei mehreren Aufrufen eines VI zwischenspeichern. Instrumententreiber, die solche Speichermechanismen benutzen, können nicht wiederbenutzbar sein, weil die im VI gespeicherten Daten eines Geräts von einem anderen gelesen oder überschrieben werden können, obwohl die Daten nicht für dieses andere Gerät bestimmt waren.

Die Instrumententreiber der National-Instruments-Treiberbibliothek entsprechen alle dem Grundsatz der seriellen Wiederbenutzbarkeit. Wenn Sie Ihre Treiber dieser Bibliothek hinzufügen wollen, müssen auch Sie diesem Grundsatz entsprechen. Stellen Sie sicher, dass die von Ihnen programmierten VI die *instrument-handle*-Controls enthalten und dass diese auch in allen SubVI zu finden sind, in denen I/O-Aufrufe gemacht werden. Dann entfernen Sie alle globalen Variablen und nicht vorbelegte Schieberegister. Dies wird jedes Zwischenspeichern von Daten verhindern und Ihre VI für mehrere Geräte gleichen Typs wiederbenutzbar machen.

12.7.2 Der Aufbau der eigenen Instrumententreiber-VI

Idealerweise sollten Sie die Gesamtstruktur des Treibers festlegen, bevor Sie darangehen, einzelne VI zu entwickeln. In der Praxis stellt sich jedoch meist heraus, dass sich die Struktur mit dem Design, dem Testen und der Entwicklung der einzelnen VI ergibt. Versuchen Sie trotzdem, eine Grundhierarchie festzulegen, und entwickeln Sie dann jedes VI in Hinblick auf seinen Platz in dieser Hierarchie. Finden Sie durch Testläufe heraus, ob das VI die gewünschte Funktionalität erfüllt und in welcher Beziehung es mit anderen VI steht. Halten Sie nicht an Ihrem Hierarchieentwurf fest, wenn sich dieser als unzureichend erweist. Probieren Sie Ihre VI mit dem Gerät aus, um herauszufinden, ob die Hierarchie umstrukturiert oder die VI verändert werden müssen. Während dieses Entwicklungsprozesses sollte sich eine schlüssige, hinreichende Treiberstruktur herausbilden. Weitere nützliche Hinweise zur Erstellung von Instrumententreibern finden Sie in den Application Notes von National Instruments, die auf der Website *http//www.ni.com* zu finden sind.

12.7.3 Übung: Verwenden eines Gerätetreiber-VI

Diese Übung verwendet ein Gerätetreiber-SubVI, um eine Spannung von der National-Instruments-GPIB-Demobox auszulesen. Sie können die gleiche Vorgehensweise analog auch für jedes andere Gerät anwenden.

1. Öffnen Sie, falls noch nicht geschehen, das *DevSim Getting Started.VI* aus dem Verzeichnis *LabVIEW\instr.lib\instsim\devsim.llb*. (Verwenden Sie den Instrument-Wizard, um *instsim* in *instr.lib* zu installieren.)
2. Starten Sie das VI. Der Simulator (Demobox) liefert Gleichspannung sowie verschiedene Wechselspannungssignale. Der Simulator generiert die angeforderte Spannung, welche unmittelbar in einem Graphen dargestellt wird.
3. Sie können verschiedene Wechselspannungen erzeugen, indem Sie den *Schieberegler* bewegen.

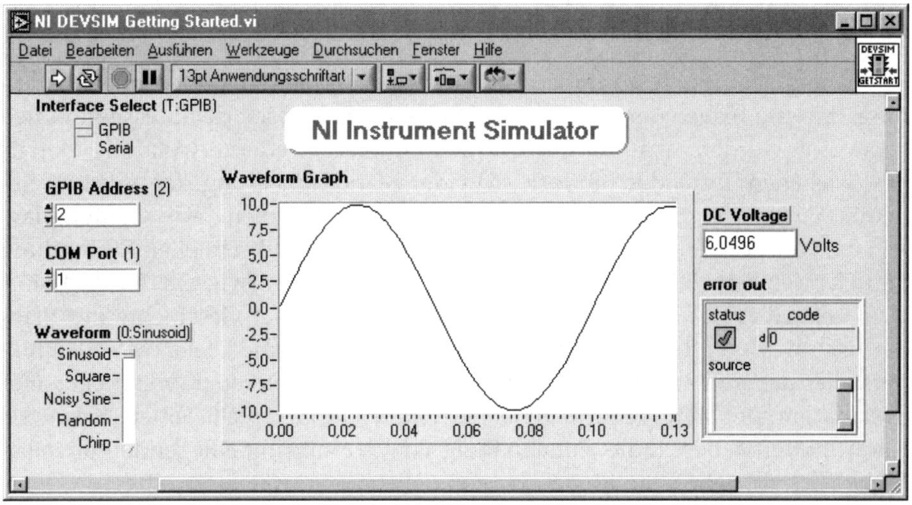

Abbildung 12.26: Das Frontpanel des Gerätetreiber-Beispiels

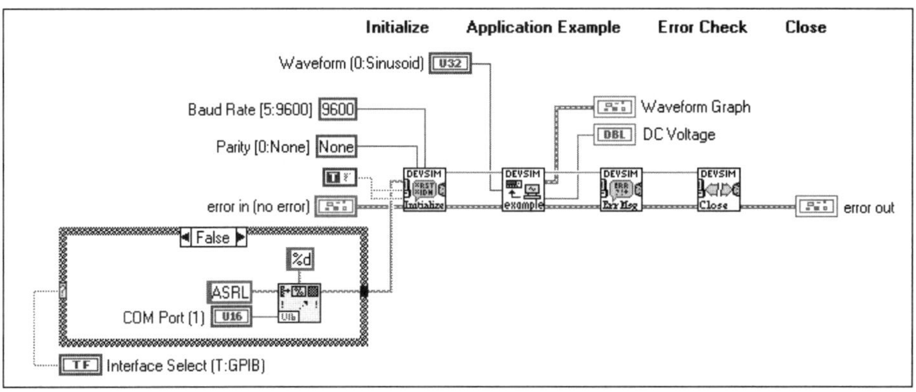

Abbildung 12.27: Das Blockdiagramm

4. Betrachten Sie das Blockdiagramm (Abbildung 12.27). Zu Anfang wird das Instrument mit dem Initialisierungs-VI initialisiert. Mit dem *Application Example VI* senden wir Kontrollkommandos zu unserem Instrument, um dieses zu steuern, und dann schließen wir die Kommunikation ab mit dem so genannten *Close VI*. Alle Programme, welche Instrumententreiber-Architekturen beinhalten, haben diese Struktur von Initialisierung, Kommunikation und Schließen implementiert.

5. Schließen Sie das VI. Speichern Sie jedoch die Änderungen nicht ab.

12.8 VISA und IVI

Seit Jahren werden Testprogramme entwickelt, erweitert und portiert. Allerdings musste bisher der Programmcode beim Austausch der Messgeräte neu angepasst werden, was den Anwender an der Wiederverwendung bereits geschriebenen Testcodes hinderte. Mit der Standardisierung der VISA-Architektur (Virtual Instrument System Architecture) im Rahmen der VXIplug&play-Allianz wurden bereits die Weichen zur einfacheren und schnellen Einbindung von Geräten mit den unterschiedlichsten Schnittstellen (wie z.B. GPIB, R-232, VXI) gestellt. VISA stellt dabei einen Meilenstein in der Geschichte der Standardisierung von I/O-Treibersoftware unter Mitsprache vieler Messtechnikhersteller dar und ermöglicht erstmalig die einfache Interoperabilität einzelner Systemkomponenten verschiedener Hersteller. VISA stellt einen Satz von Kernfunktionen bereit, die – unabhängig von der zugrunde liegenden physikalischen Schnittstelle – zur Steuerung von beliebigen Gerätearten eingesetzt werden können. Daneben gibt es eine kleine Sammlung von schnittstellenspezifischen Funktionen, die die Möglichkeit bieten, alle Vorteile einer bestimmten Schnittstelle zu nutzen.

IVI (Interchangeable Virtual Instrument) stellt den nächsten Schritt in der Entwicklung der Gerätetreiberprogrammierung dar. Durch die Definition eines Standardprogrammierinterface für alle Instrumente einer bestimmten Klasse erweitert IVI das VISA-Konzept auf die Instrumentenebene. Die Definition von Standardspezifikationen ermöglicht die problemlose Austauschbarkeit von unterschiedlichen Instrumenttypen, d. h., dass z.B. der IVI-Oszilloskoptreiber mit jedem IVI-kompatiblen Oszilloskop arbeiten wird – unabhängig vom Hersteller oder der Schnittstelle. Für den Anwender bringt die Austauschbarkeit von Instrumenten mit Hilfe von IVI enorme Vorteile: reduzierte Wartungs- und Unterhaltskosten, echte Wiederverwendbarkeit von Testcode sowie kürzere Zeiten für das Erlernen der Instrumentensteuerung. Mehr zum Thema IVI finden Sie in Kapitel 17.3.

VISA-Terminologie

Bevor wir im Folgenden auf die VISA-Anwendung in der Praxis eingehen, möchten wir noch kurz die wichtigsten Begriffe aus der VISA-Terminologie vorstellen.

- *Ressourcen*: Dies sind alle in Ihrem System vorhandenen Schnittstellen bzw. Instrumente.

- *Session*: Zur Kommunikation mit einer Ressource müssen Sie eine so genannte Session (Sitzung) zu dieser Ressource öffnen – diese Sitzung ist sozusagen Ihr Kommunikationskanal. Wenn Sie eine Sitzung zu einer Ressource geöffnet haben, gibt VISA eine Sitzungsnummer zurück, in LabVIEW wird sie RefNum (Referenznummer) genannt, die Sie zu allen nachfolgenden VISA-Funktionen weiterverdrahten müssen.
- *Instrument Descriptor*: Dies ist der genaue Name Ihrer Ressource. Der Descriptor beschreibt den Interfacetyp (GPIB, VXI, ASRL), die Adresse des Geräts (logische oder primäre Adresse) und den VISA-Sitzungstyp (INSTR oder Ereignis).

Sie können sich den Instrument Descriptor wie eine Telefonnummer und die Ressource wie die Person vorstellen, mit der Sie kommunizieren möchten. Die Sitzung entspricht dann der Telefonleitung. Jeder Anruf benutzt seine eigene Leitung und der Versuch, eine Leitung mehrfach zu benutzen, führt zu einer Fehlermeldung. Tabelle 12.2 zeigt Ihnen die korrekte Syntax für den Instrument Descriptor.

Interface	Syntax
SERIAL	ASRL [board] [::INSTR]
GPIB	GPIB [board] ::Primäradresse [::Sekundäradresse] [::INSTR]
VXI	VXI [board] ::logische VXI-Adresse [::INSTR]
GPIB-VXI	GPIB-VXI [board] [::primäre GPIB-VXI-Adresse] ::logische VXI-Adresse [::INSTR]

Tab. 12.2: Syntax des Instrument Descriptors für die unterschiedlichen Schnittstellen

12.8.1 VISA in der Praxis – GPIB

Nachdem wir nun über die Herkunft von VISA gesprochen und einen Überblick über seine Verwendung gewonnen haben, wollen wir noch kurz die beiden wichtigsten VISA-Funktionen und ein Beispiel für die Anwendung vorstellen.

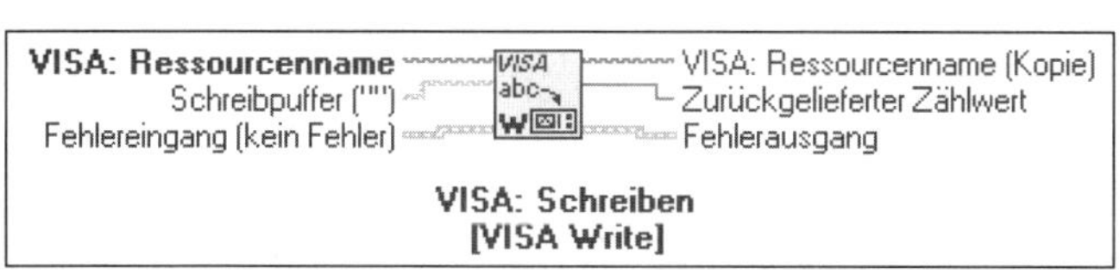

Abbildung 12.28: Die Funktion VISA: Schreiben

Die Funktion *VISA: Schreiben* gibt die Daten aus dem *Schreibpuffer* an das durch *VISA: Ressourcenname* spezifizierte Gerät aus. *VISA: Ressourcenname (Kopie)* gibt die Referenznummer an die folgenden VISA-Funktionen weiter. *Zurückgelieferter Zählwert* gibt die Anzahl der über den GPIB-Bus übertragenen Bytes zurück.

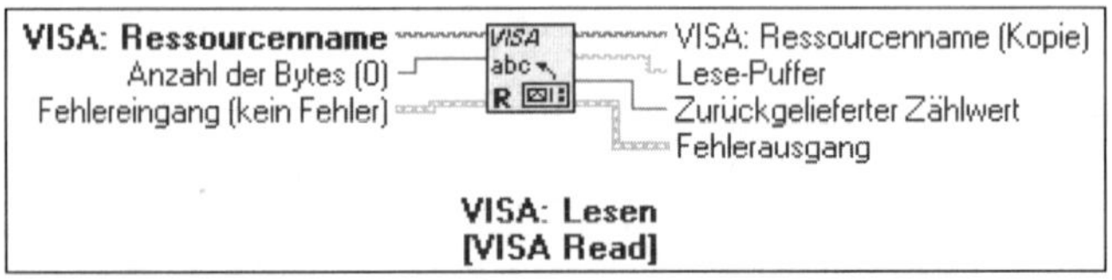

Abbildung 12.29: Die Funktion VISA: Lesen

Die Funktion *VISA: Lesen* liest eine Anzahl von Bytes, festgelegt durch den Eingang *Anzahl der Bytes*, von dem Gerät, das durch *VISA: Ressourcenname* spezifiziert wurde. Die gelesenen Daten stehen im *Lese-Puffer* zur Verfügung. Auch hier wird die Referenznummer durch *VISA: Ressourcenname (Kopie)* an die nachfolgenden VISA-Funktionen weitergegeben. Auf UNIX-Plattformen werden die Daten synchron gelesen, während auf allen anderen Plattformen die Daten asynchron aufgenommen werden.

Das folgende Beispiel eines Blockdiagramms zeigt, wie Sie über VISA-Funktionen eine Identifikationsaufforderung an ein GPIB-Gerät senden können. Beachten Sie, dass in diesem Beispiel der vollständige *Instrument Descriptor* in der Konstanten *VISA: Ressourcenname* untergebracht ist. Sie könnten ebenso einen Alias-Namen verwenden, falls Sie im *Measurement & Automation Explorer* einen solchen für Ihre GPIB-Schnittstelle angegeben haben.

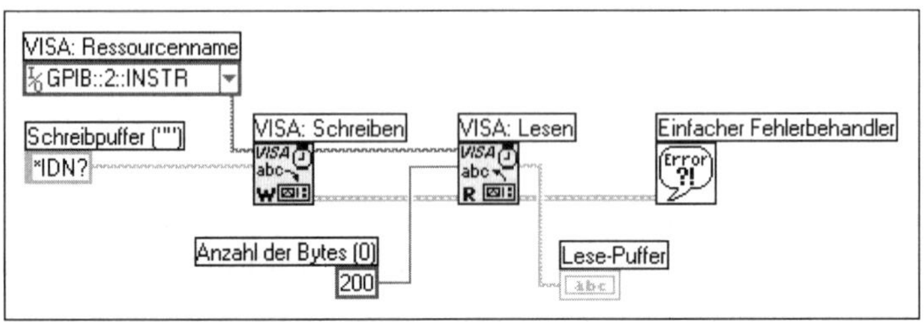

Abbildung 12.30: Beispiel für eine Identifikationsaufforderung an ein GPIB-Gerät

12.8.2 VISA in der Praxis – seriell

Da die VISA-Funktionen für die serielle Kommunikation bereits in Kapitel 12.6 beschrieben wurden, wollen wir an dieser Stelle lediglich ein weiteres Beispiel zur seriellen Kommunikation vorstellen, welches Ihnen veranschaulichen soll, wie ähnlich sich die Strukturen einer seriellen und einer Kommunikation über eine andere Schnittstelle doch sind, wenn man die Applikation über die VISA-Funktionen realisiert. Für die serielle Kommunikation fügen Sie dem Beispiel aus Abbildung 12.30 lediglich noch die Funktion zur Konfiguration Ihrer seriellen Schnittstelle hinzu und ändern in der Konstanten *VISA: Ressourcenname* den *Instrument Descriptor* für die Kommunikation mit einer seriellen Schnittstelle. Die VISA-Funktionen *VISA: Schreiben* und *VISA: Lesen* sind exakt dieselben wie in Abbildung 12.30 und ändern sich auch bei der Verwendung anderer von VISA unterstützter Kommunikationsprotokolle nicht.

Auch in dem folgenden Beispiel wird eine Identifikationsaufforderung an ein Gerät gesendet. Diesmal jedoch muss das Gerät an den seriellen Port COM2 (=ASRL2) angeschlossen sein.

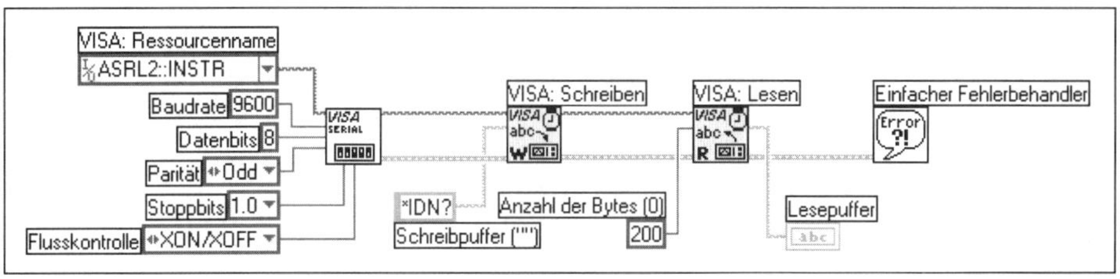

Abbildung 12.31: Beispiel für eine Identifikationsaufforderung an ein serielles Gerät

Hinweis: Sie können ebenso ein Gerät an einen parallelen Port anschließen und über die VISA-Funktionen steuern. Die Syntax für den *Instrument Descriptor* ist hierbei die gleiche wie die für die seriellen Schnittstellen. Allerdings fängt die Nummerierung für die Parallel-Ports bei 10 an – für LPT1 müssen Sie demnach den *Instrument Descriptor* auf ASRL10::INSTR setzen. Sie können den *Instrument Descriptor* auch über den *Measurement & Automation Explorer* in Erfahrung bringen. Öffnen Sie hierfür den *Measurement & Automation Explorer* und wählen Sie die entsprechende Schnittstelle, z.B. *Geräte und Schnittstellen>>Ports (Serial & Parallel)>>LPT1*. Im rechten Fenster können Sie dann direkt den *Instrument Descriptor* ablesen.

12.9 Der Assistent für die Instrumenten-I/O

Mit LabVIEW 7 *Express* wurde auch zum Thema Instrumenten-I/O ein neuer Assistent eingeführt. Dieser Assistent für die Instrumenten-I/O erlaubt, wie auch der in Kapitel 11 schon vorgestellte DAQ-Assistent, die interaktive Konfiguration einer Messdatenerfassung. Da die Vorgehensweise bei der Erzeugung einer Messapplikation hier ähnlich einfach ist wie die bei der Erzeugung einer Applikation über den DAQ-Assistenten, wollen wir hier auf eine detaillierte Beschreibung verzichten und einfach in zwei Abbildungen den Konfigurationsdialog und das Ergebnis präsentieren.

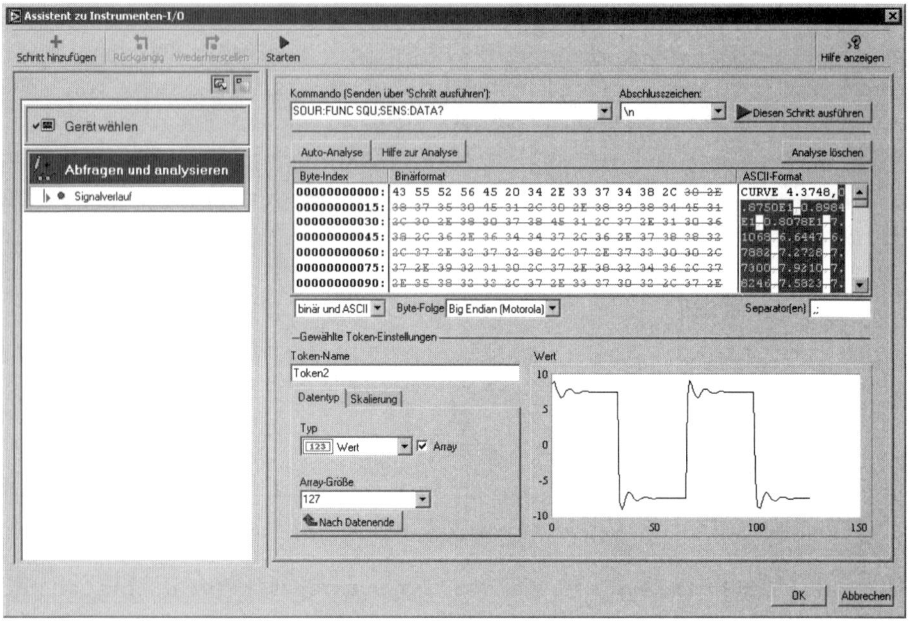

Abbildung 12.32: Der Assistent für die Instrumenten-I/O

Abbildung 12.32 zeigt den Assistenten nach der Konfiguration und dem Senden zweier Kommandos zur Erzeugung eines Rechtecksignals (»SOUR:FUNC SQU«) und anschließender Erfassung desselben Rechtecksignals (»SENS:DATA?«). Abbildung 12.33 zeigt das zugehörige Frontpanel sowie das Blockdiagramm nach dem Schließen des Assistenten und dem Verbinden des Ausgangs *Signalverlauf* des erzeugten Express-VI mit einem Signalverlaufsgraphen.

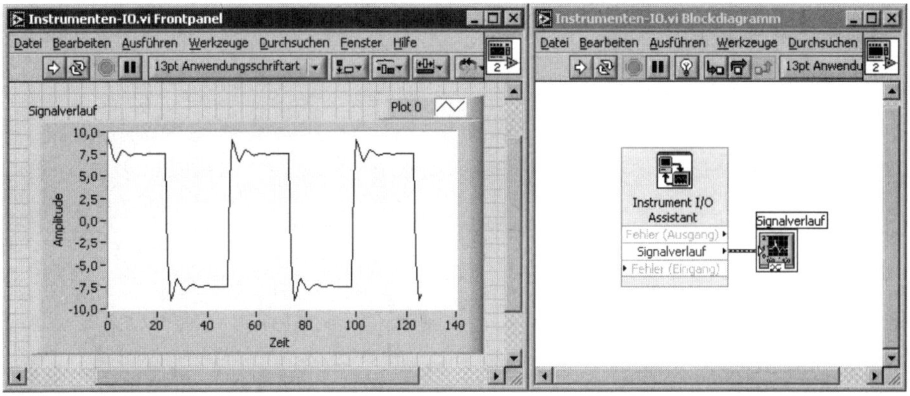

Abbildung 12.33: Frontpanel und Blockdiagramm der erzeugten Applikation

12.10 Zusammenfassung

Dieses Kapitel enthielt einen Einstieg in den Einsatz von LabVIEW zur Gerätesteuerung. Uns kam es vor allem darauf an, Ihnen einige wichtige hardwareseitige Grundlagen über den weit verbreiteten GPIB und die kommerziell wichtige serielle Schnittstelle zu vermitteln. Weiterführende Literatur [1] behandelt diesen Themenkomplex wie die IEEE-488.2-Grundlagen, insbesondere die Schnittstellenkommandos, deren Verständnis für größere Gerätesteuerungsanwendungen unabdingbar ist, aber nicht für die Grundlagen der Programmierung in LabVIEW.

13 Konventionelle Techniken in LabVIEW

Der Sitz der Seele ist da, wo sich Innenwelt
und Außenwelt berühren. Wo sie sich durchdringen,
ist er in jedem Punkte der Durchdringung.
Novalis – Vermischte Bemerkungen

Die grafische Programmierphilosophie von LabVIEW stellt einen Meilenstein hinsichtlich der Kommunikation zwischen Mensch und Maschine dar. Doch existieren eine Reihe konventioneller Techniken, deren Integration die Vielseitigkeit von LabVIEW noch erweitern kann. Man denke zum Beispiel an lokale oder globale Variablen, aber auch an das Einbinden von C-Code oder externen Bibliotheken in Form von DLLs, aber auch an das Anpassen von Objekten und VI durch einfache Konfigurationstools. Mit diesen eben erwähnten Techniken befasst sich das vorliegende Kapitel. Es sei prinzipiell an dieser Stelle vorweggenommen, dass die nachfolgend eingeführten Themenbereiche von der grafischen Methodik der Datenflusssteuerung abweichen und sich somit nicht immer so elegant wie die übrigen in diesem Buch eingeführten Konzepte in die LabVIEW-Welt integrieren. Die Bemerkungen in diesem Kapitel sind besonders von dem verwendeten Betriebssystem abhängig.

13.1 Lokale und globale Variablen

Lokale und globale Variablen dürften von konventionellen Programmiersprachen wie C oder Visual Basic bekannt sein. In den ersten beiden Versionen von LabVIEW war diese Art der Variablen noch nicht vorgesehen, sondern sie wurde erst auf Anregung einiger Anwender, die mit diesem Konzept aus dem Bereich der textbasierten Programmierung vertraut waren und eine vergleichbare Vorgehensweise vermissten, mit der Version 3 in LabVIEW eingeführt.

Wie bereits an vielen Stellen zu sehen war, gibt es in der strukturierten Datenflussprogrammierung eine Quelle und eine Senke für ein gegebenes Datenelement. Des Weiteren wird die Senke erst dann und nur dann ausgeführt, wenn die Quelle die Ausführung beendet hat. Diese von den Daten gesteuerte Ausführung macht es unnötig, die Zeit zu berücksichtigen. Dadurch wird Lab-

VIEW-Programmierern ein Mechanismus hinsichtlich der massiven Parallelisierung von Anwendungen bereitgestellt. Jedoch wird dieses Verhalten durch die Einführung von globalen Variablen ein wenig verändert, denn nun wird eine Form der Zeit durch den Anwender ins Spiel gebracht. Zwar bringt die Verfügbarkeit globaler Variablen Flexibilität mit sich, doch wird gleichzeitig weitere Komplexität eingeführt, um die sich nun der Anwender bewusst kümmern muss. Nach dieser prinzipiellen Bemerkung möchten wir nun auf eine genauere Definition lokaler und globaler Variablen eingehen und sie in Anwendungsbeispielen einführen.

Lokale Variablen bieten Ihnen die Möglichkeit, ein Frontpanelobjekt von mehreren Stellen des Blockdiagramms eines VI aus anzusprechen, ohne dass Sie eine Verbindung mit dem Anschluss des Objekts herstellen müssen.

Mit globalen Variablen können Sie auf Daten jeden Typs von mehreren VI aus zugreifen, wenn Sie die Anschlüsse des SubVI nicht verbinden können oder wenn mehrere VI gleichzeitig ausgeführt werden.

13.1.1 Lokale Variablen

Lokale Variablen sind Objekte in LabVIEW, die über die Unterpalette *Strukturen* der Palette *Funktionen* erreicht werden können. Wenn Sie ein lokales Variablenobjekt auswählen, wird zunächst ein Knoten mit einem »?« erscheinen, um anzuzeigen, dass die lokale Variable nicht definiert ist. Durch Anklicken des Knotens mit dem *Bedien*-Werkzeug erscheint eine Liste aller bezeichneten Eingaben und Anzeigen. Die Auswahl eines dieser Objekte wird die lokale Variable definieren. Sie können auch ein Popup-Menü über der lokalen Variablen öffnen und *Objekt wählen aus dem Menü* wählen, um diese Liste anzeigen zu lassen. Außerdem können Sie eine lokale Variable erstellen, indem Sie ein Popup-Menü über dem Anschluss eines Objekts öffnen und *Erstelle>>Lokale Variable* wählen. Der Einsatz lokaler Variablen ist sinnvoll, z.B. zur Steuerung zweier Schleifen mit einer einzelnen Variablen, und mit Hilfe von lokalen Variablen kann jede Eingabe auch als Anzeige verwendet werden bzw. auch umgekehrt kann jede Anzeige zur Eingabe werden.

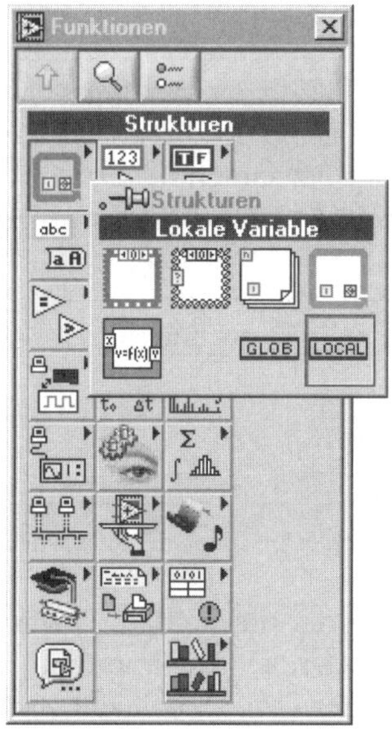

Abbildung 13.1: Erstellen einer lokalen Variablen im Blockdiagramm

Schreiben und Lesen mit lokalen Variablen

Nachdem Sie eine lokale Variable auf Ihrem Diagramm platziert haben, müssen Sie entscheiden, wie Sie diese einsetzen möchten. Prinzipiell kann man Daten von einer lokalen Variablen lesen oder Daten an sie weiterleiten. Standardmäßig wird angenommen, dass eine lokale Variable als Datenempfänger fungiert. Anders ausgedrückt verhält sich diese lokale Variable als ein Anzeigeelement wie in Abbildung 13.2 dargestellt.

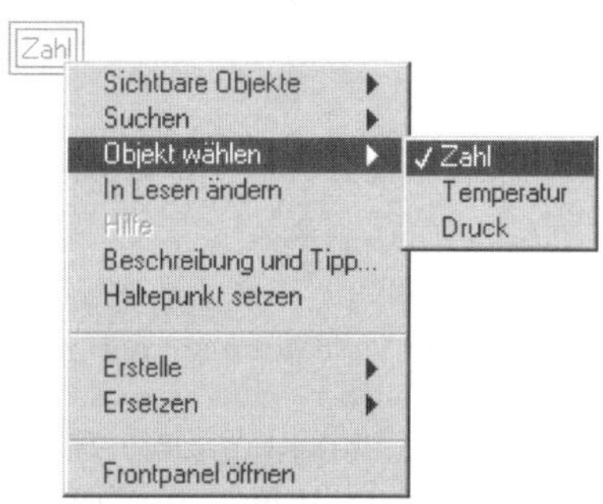

Abbildung 13.2: Eine lokale Variable mit dem zugehörigen Popup-Menü

Sobald Sie neue Daten in die lokale Variable schreiben, wird das dazugehörige Anzeigeelement auf dem Frontpanel aktualisiert. Sie können auf der anderen Seite natürlich die standardmäßige Einstellung der lokalen Variablen entsprechend Abbildung 13.3 so ändern, dass diese sich dann als Datensenke verhält. Um das Verhalten der lokalen Variablen als Datenquelle oder Datensenke einzustellen, rufen Sie das Popup-Menü auf und wählen die entsprechende Funktion.

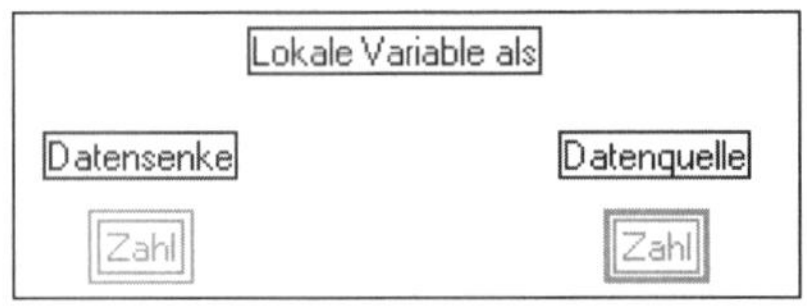

Abbildung 13.3: Eine lokale Variable als Datenquelle und als Datensenke

Auf dem Diagramm können Sie die beiden Zustände von lokalen Variablen leicht voneinander unterscheiden, in Anlehnung an den Unterschied zwischen Anzeige- und Bedienelementen, wie Sie leicht anhand von Abbildung 13.3 nachvollziehen können.

Steuern paralleler Schleifen

Im Folgenden wird ein klassisches Beispiel gezeigt: Die Ausführung zweier unabhängiger While-Schleifen soll mit einer einzelnen booleschen Eingabe *Stopp* beendet werden.

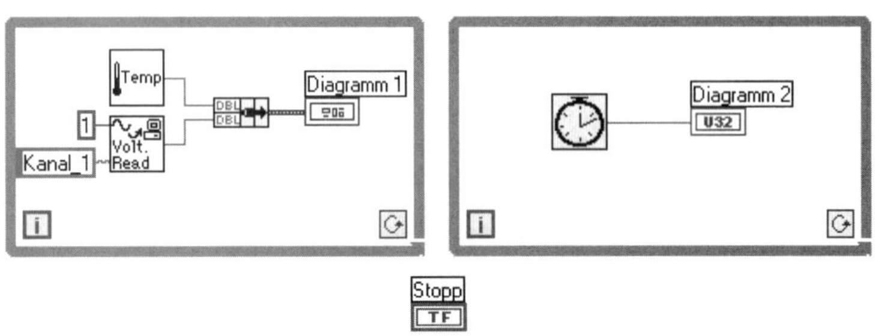

Abbildung 13.4: Die Vorgabe zur Steuerung zweier paralleler Schleifen

Wie ist dieses Problem zu lösen? Vielleicht glauben Sie, einfach den *Stopp*-Taster mit beiden Schleifenanschlüssen verbinden zu können. Überlegen Sie jedoch, wann die Schleifen in diesem Fall den Wert des *Stopp*-Tasters überprüfen würden.

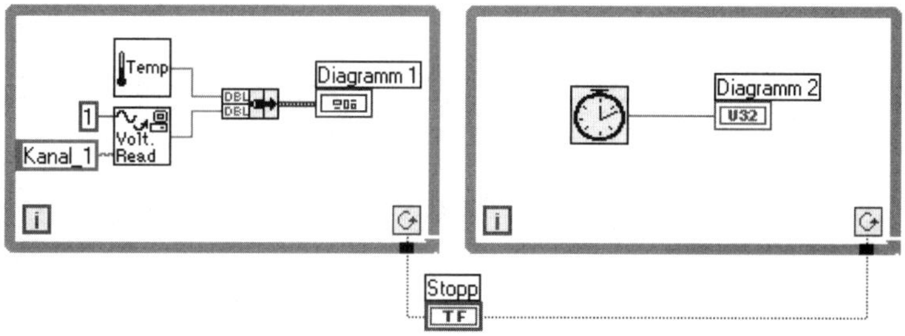

Abbildung 13.5: Eine falsche Umsetzung zur Steuerung zweier paralleler Schleifen

Der Anschluss des *Stopp*-Tasters von außen an beide Bedingungsanschlüsse würde nicht funktionieren, da Eingaben außerhalb der Schleife nach dem Anfang der Schleifenausführung nicht wieder überprüft werden. In diesem Fall würden die Schleifen nur einmal ausgeführt, wenn der *Stopp*-Taster den Wert FALSE übergibt, bzw. endlos, wenn der *Stopp*-Taster den Wert TRUE übergibt.

Dann könnte man den *Stopp*-Taster doch in eine der Schleifen einbauen, wie in Abbildung 13.6 gezeigt wird? Das müsste doch funktionieren?

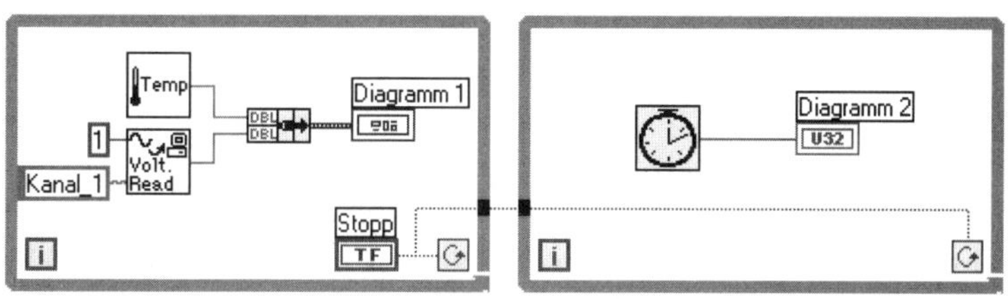

Abbildung 13.6: Eine weitere falsche Umsetzung zur Steuerung zweier paralleler Schleifen

Den *Stopp*-Taster in eine der Schleifen einzubauen und eine Leitung in die andere Schleife zu legen, wird das Problem aus ähnlichen Gründen auch nicht lösen. Die zweite Schleife wird in diesem Fall nicht einmal gestartet, bevor die erste beendet wird.

Die Lösung liegt in einer lokalen Variablen. Lokale Variablen bilden sozusagen eine »Kopie« der Daten an einem anderen Anschluss im Blockdiagramm. Die lokale Variable enthält immer den aktuellen Wert des zugehörigen Frontpanelobjekts. Auf diese Art können Sie eine Eingabe oder eine Anzeige mit mehr als einem Punkt des Diagramms verbinden, ohne den Anschluss direkt dort anschließen zu müssen.

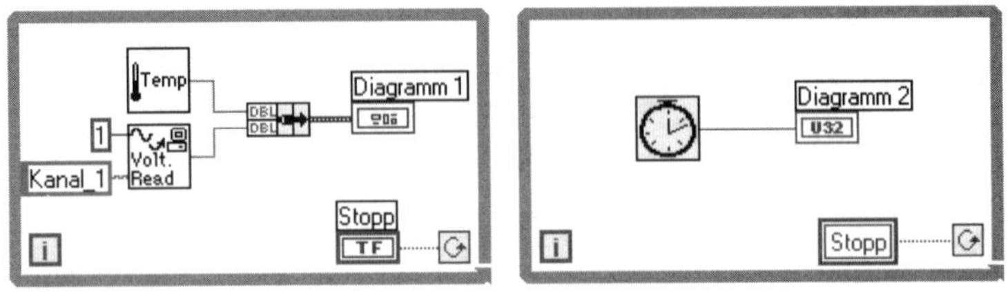

Abbildung 13.7: Die Lösung zur Steuerung zweier paralleler Schleifen

Auf das beschriebene Beispiel bezogen heißt dies, dass man nun mit einem *Stopp*-Taster beide Schleifen steuern kann, indem man den booleschen Anschluss mit dem einen Bedingungsanschluss verbindet und die mit der Eingabe verbundene lokale Variable an den anderen Bedingungsanschluss anschließt.

Es gibt eine Bedingung für die Erstellung einer lokalen booleschen Variablen: Das Frontpanelobjekt darf nicht in den *Latch*-Modus geschaltet sein (mit der Option *Mechanische Aktion* eingestellt). Obwohl dies nicht sofort ersichtlich wird, kann eine boolesche Eingabe im *Latch*-Modus in Verbindung mit einer lokalen Variablen im Lesemodus eine nicht eindeutige Situation hervorrufen. Aus diesem Grund wird LabVIEW den »zerbrochenen Pfeil« anzeigen, wenn Sie für eine boolesche Eingabe im *Latch*-Modus eine lokale Variable erzeugen.

13.1.2 Übung: Schaltuhr mit lokaler Variablen

Um ein einfaches Beispiel zu wählen, sagen wir, Sie wollten einen Drehknopf erstellen, der eine Kurzzeitschaltuhr nachbildet. Der Anwender kann die Zeit einstellen und beobachten, wie der Drehknopf sich dreht, während die Zeit zurückgezählt wird. Offensichtlich muss das Frontpanelobjekt eine Eingabe sein, da der Anwender eine Zeit einstellen wird. Es muss jedoch auch Werte des Blockdiagramms annehmen können, damit sich der Drehknopf entsprechend der verstrichenen Zeit drehen kann.

1. Erstellen Sie ein Frontpanel mit einem Drehknopf mit der Bezeichnung *Timer (Sekunden)* und aktivieren Sie dessen Option *Sichtbare Objekte>>Zahlenwertanzeige*. Ändern Sie die Größe des Drehknopfs, wie in Abbildung 13.6 gezeigt.
2. Erstellen Sie eine lokale Variable, indem Sie sie aus der Palette *Strukturen* wählen. Sie werden das Symbol einer lokalen Variablen erhalten. Klicken Sie dieses Symbol mit dem *Bedien*-Werkzeug an und wählen Sie *Timer (Sekunden)*. Der vorgegebene Modus der lokalen Variablen wird vermutlich der Schreibmodus sein.

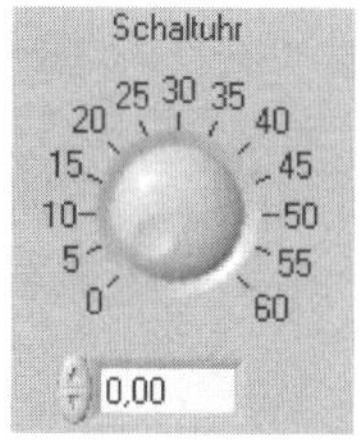

Abbildung 13.8: Frontpanel für Schaltuhr mit lokaler Variablen

3. Erstellen Sie das folgende einfache Blockdiagramm (Abbildung 13.7).

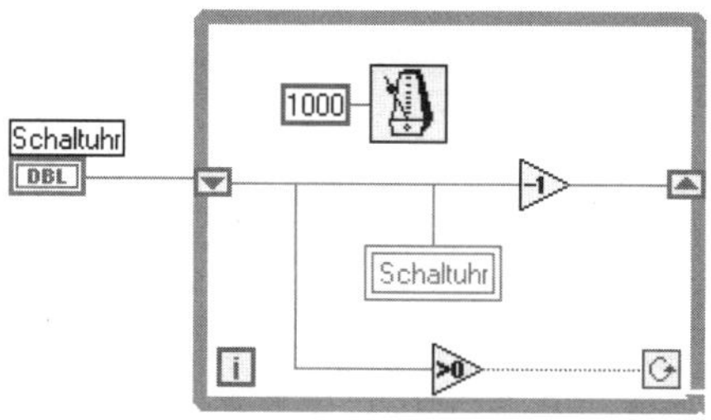

Abbildung 13.9: Das Blockdiagramm für die Schaltuhr mit lokaler Variablen

In dieser Übung wird das Shift-Register mit dem Wert initialisiert, der mit *Timer* auf der Frontblende eingestellt wurde. Wenn die Ausführung gestartet wird, wird der Wert jede Sekunde einmal verringert und der neue Wert wird an die in den Schreibmodus geschaltete lokale Variable *Timer* übergeben. Der Drehknopf auf der Frontblende dreht sich entsprechend dem geänderten Wert.

4. Stellen Sie den Drehknopf auf eine beliebige Zeit und starten Sie das VI. Beobachten Sie, wie der Drehknopf gegen null zählt.
5. Speichern Sie das VI als *Küchenuhr.vi*.

13.1.3 Die Gefahr mehrdeutiger Zuweisungen

Es gibt bei der Verwendung von lokalen und globalen Variablen eine Gefahr: das versehentliche Hervorrufen von mehrdeutigen Zuweisungen. Mehrdeutige Zuweisungen treten auf, wenn zwei oder mehr Kopien einer lokalen Variablen im Schreibmodus gleichzeitig und in unvorhersehbarer Reihenfolge geschrieben werden. Zur Veranschaulichung dieses Begriffs erstellen Sie das folgende einfache Beispiel (Abbildung 13.10):

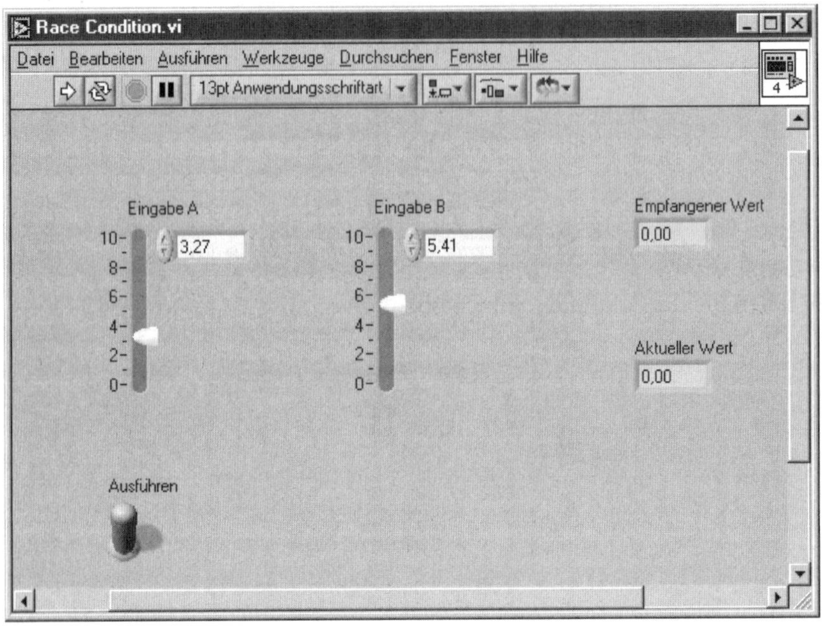

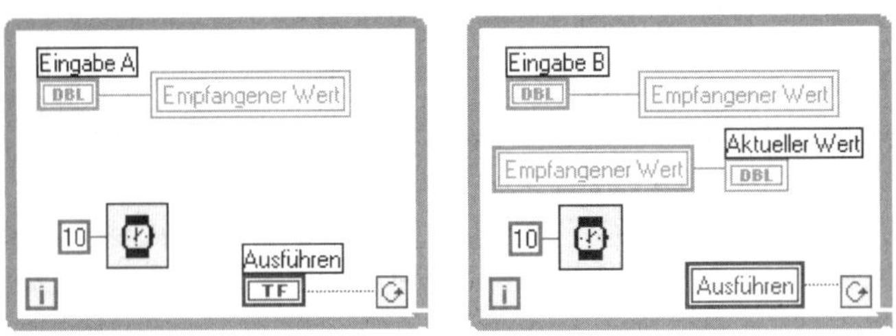

Abbildung 13.10: Problematische Verwendung von lokalen Variablen

Beachten Sie die zwei While-Schleifen, die von der booleschen Eingabe *Run* und der damit verbundenen lokalen Variablen *Run* gesteuert werden. Der lokalen Variablen *Eingabe empfangen* wird jedoch sowohl in der linken als auch in der rechten Schleife ein Wert zugewiesen. Starten Sie dieses VI mit unterschiedlichen Einstellungen an den beiden Schiebereglern, während *Ausführen* in der Position FALSE steht. Die Schleifen werden nur einmal ausgeführt. Welcher Wert erscheint im Feld *Aktueller Wert*? Diese Frage kann nicht eindeutig beantwortet werden, da sowohl der Wert, der an *Eingabe X* anliegt, gezeigt werden könnte als auch der Wert an *Eingabe Y*!

Wenn Sie das vorige VI mit eingeschalteter Eingabe *Ausführen* starten, wird die Anzeige *Aktueller Wert* vermutlich zwischen den beiden eingestellten Werten hin- und zurückspringen. Um mehrdeutige Zuweisungen zu vermeiden, muss die Ausführungsreihenfolge durch den Datenfluss, durch Sequenz-Strukturen oder kompliziertere Strukturen festgelegt werden.

Außerdem sollten Sie sich merken, dass jede Schreib- oder Lesekopie einer lokalen Variablen eine Kopie der Daten im Arbeitsspeicher erstellt. Wenn Sie lokale Variablen verwenden, überprüfen Sie die Ausführungsreihenfolge Ihres Blockdiagramms, um mehrdeutige Zuweisungen zu vermeiden, und verwenden Sie lokale Variablen sparsam, wenn Sie den Speicherbedarf Ihrer Anwendung minimieren wollen.

13.1.4 Globale Variablen

Globale Variablen gehören wahrscheinlich zu den meist missbrauchten und missverstandenen Mechanismen der Programmierung nicht nur in LabVIEW. Sie sind eine Hauptursache für unerklärliche Programmfehler, unerwartetes Programmverhalten und inkonsistente Programmstrukturen. Aber es gibt durchaus Fälle, in denen der Einsatz globaler Variablen sinnvoll ist.

Lokale Variablen können verwendet werden, um an verschiedenen Stellen Ihres Blockdiagramms auf Frontpanelobjekte zugreifen zu können. Auf diese lokalen Variablen können Sie nur in diesem einen VI zugreifen. Angenommen, Sie müssen Daten zwischen mehreren VI übertragen, die gleichzeitig ausgeführt werden und deren SubVI-Symbole Sie nicht in Ihrem Diagramm anschließen können. In diesem Fall verwenden Sie globale Variablen, um die Daten zu übergeben. Globale Variablen sind in vielerlei Hinsicht den lokalen Variablen ähnlich. Während der Zugriffsbereich lokaler Variablen jedoch auf ein VI beschränkt ist, können mittels globaler Variablen Daten zwischen mehreren VI ausgetauscht werden.

Zur Veranschaulichung diene das folgende Beispiel. Angenommen, Sie haben zwei VI, die simultan ausgeführt werden. Jedes VI schreibt einen Abtastwert eines Signals in einen Signalverlaufsgraphen. Das erste VI enthält außerdem den booleschen Taster *An/Aus*, mit dem beide VI beendet werden sollen. Wären beide VI Teile eines einzelnen Blockdiagramms, könnten Sie eine lokale Variable verwenden, um die Schleifen zu beenden. Da die Schleifen jedoch in unterschiedlichen VI stehen, muss zum Beenden beider Schleifen eine globale Variable verwendet werden. Beachten Sie, dass der globale Anschluss dem lokalen ähnlich ist. Der globale Anschluss enthält jedoch als Symbol einen kleinen Globus.

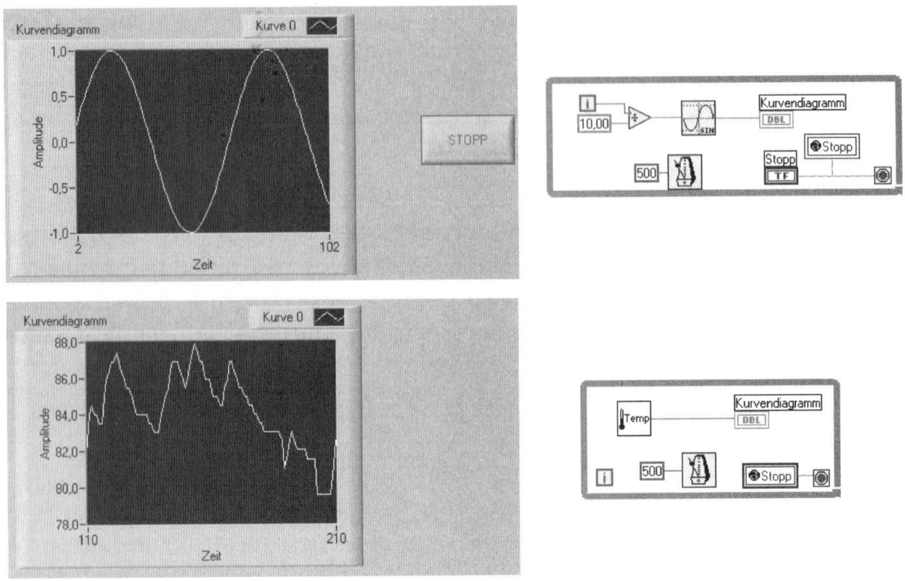

Abbildung 13.11: Der Einsatz von globalen Variablen zum Datenaustausch zwischen zwei getrennten VI

Erstellen globaler Variablen

Ebenso wie lokale Variablen befinden sich die globalen Variablen auf der *Strukturenpalette*. Genauso wie bei lokalen Variablen kann ein einzelner Anschluss einer globalen Variablen im Schreib- oder im Lesemodus stehen. Sie können jedoch von mehreren VI unabhängig voneinander aufgerufen werden und stellen einen effektiven Weg dar, Daten für mehrere VI zugänglich zu machen, ohne die Daten über Leitungen von einem VI an das nächste zu übertragen. Globale Variablen speichern Daten unabhängig von einzelnen VI. Wenn ein VI einen Wert in eine globale Variable schreibt, kann jedes VI oder SubVI, das die Variable liest, auf den neuen Wert zugreifen.

Nach der Auswahl einer globalen Variablen aus der Palette erscheint im Diagramm ein Anschluss mit einem kleinen Globus. Das Symbol stellt eine nicht definierte globale Variable dar. Durch Doppelklicken auf das Symbol wird ein Fenster geöffnet, das im Wesentlichen einer Frontblende gleicht. Sie können sich eine globale Variable als besondere Form eines VI vorstellen – sie kann Datenstrukturen beliebigen Typs und beliebiger Anzahl enthalten, hat jedoch kein zugehöriges Blockdiagramm. Globale Variablen können Variablen speichern, jedoch ohne diese irgendwie zu bearbeiten. Eingaben und Anzeigen werden in die Frontblende einer globalen Variablen ähnlich eingesetzt wie in die Frontblende eines VI. Eine interessante Eigenart der globalen Variablen: Es ist egal, ob Sie eine Eingabe oder eine Anzeige für einen bestimmten Datentyp verwenden, da der Inhalt von globalen Variablen sowohl gelesen als auch geschrieben werden kann. *Achten Sie jedoch darauf, jedem Objekt Ihrer globalen Variablen eine Beschriftung zuzuordnen. Sie können ansonsten nicht darauf zugreifen.*

Eine globale Variable kann, wie im folgenden Beispiel gezeigt (Abbildung 13.12), eine numerische Variable, eine Schaltfläche *Stopp* und eine Eingabe für Zeichenketten enthalten.

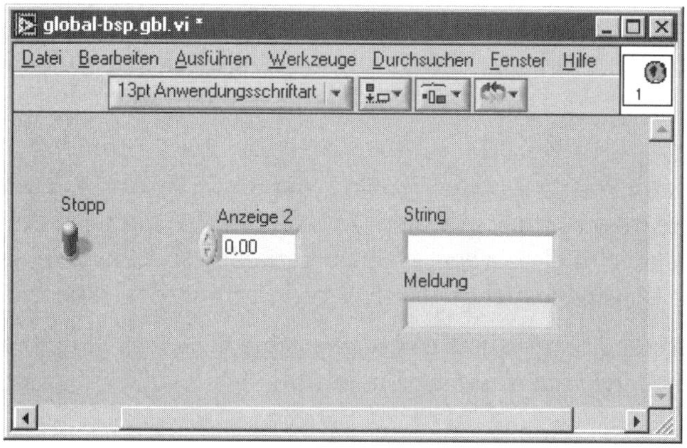

Abbildung 13.12: Beispiel für eine globale Variable

Speichern Sie eine globale Variable genauso, wie Sie ein VI speichern (häufig wird die Namenserweiterung *.gbl* verwendet, um den Überblick über bestehende globale Variablen zu behalten). Um eine gespeicherte globale Variable in einem Blockdiagramm zu verwenden, wählen Sie *Wählen Sie ein VI...* aus der *Funktionenpalette*. In Ihrem Blockdiagramm wird ein Anschluss erscheinen, der eine der Variablen der globalen Variablen zeigt. Um die Variable zu wählen, die Sie benötigen, öffnen Sie ein Popup-Menü über dem Anschluss und wählen *Objekt wählen*. Sie können den Anschluss stattdessen auch mit dem *Bedien*-Werkzeug anklicken. Ein Anschluss einer globalen Variablen kann jeweils nur eine Variable der globalen Variablen darstellen. Um eine weitere Ausführung der Variablen oder ein anderes Element der globalen Variablen einzusetzen, erstellen Sie für die globale Variable einen weiteren Anschluss. (Klonen durch Ziehen bei gedrückter [Strg]- oder [±]-Taste ist dafür die einfachste Methode. Sie können aber auch einfach *Wählen Sie ein VI...* verwenden.)

Abbildung 13.13: Die Auswahl der globalen Variablen

Ebenso wie lokale Variablen kann ein Anschluss einer globalen Variablen im Lese- oder Schreibmodus stehen. Um den Modus zu wählen, öffnen Sie ein Popup-Menü über dem Anschluss und wählen Sie *In ... ändern*. Globale Variablen im Lesemodus werden mit einem dickeren Rahmen dargestellt als solche im Schreibmodus. Wie auch lokale verhalten sich globale Variablen im Lesemodus wie Eingaben und im Schreibmodus wie Anzeigen. Eine globale Variable im Lesemodus ist eine »Datenquelle«, eine globale Variable im Schreibmodus ist eine »Datensenke«.

Einige wichtige Hinweise für die Verwendung globaler Variablen:

- Initialisieren Sie jede globale Variable, die Sie in Ihrem Diagramm verwenden. Der Startwert einer globalen Variablen sollte immer aus Ihrem Blockdiagramm ersichtlich werden. Globale Variablen speichern keinen Ihrer Vorgabewerte, sofern Sie nicht LabVIEW verlassen und neu starten.
- Lesen und schreiben Sie eine globale Variable nie gleichzeitig (vermeiden Sie die beschriebene »mehrdeutige Zuweisung«).
- Da eine globale Variable mehrere unterschiedliche Datentypen speichern kann, legen Sie Ihre gesamten globalen Daten in einer globalen Variablen zusammen, anstatt mehrere globale Variablen anzulegen.

Es ist wichtig, dass Sie sich die Namen der Variablen in Ihren globalen Variablen merken. Alle VI, die eine globale Variable aufrufen, werden die Variable mit demselben Namen aufrufen. Achten Sie deshalb besonders darauf, Ihren Eingaben oder Anzeigen nicht die gleichen Namen zu geben wie den globalen Variablen.

Sehen wir uns einen Fall an, der den zwei unabhängigen While-Schleifen ähnlich ist. Angenommen, statt zweier unabhängiger While-Schleifen in unserem Diagramm hätten Sie zwei unabhängige SubVI, die simultan ablaufen müssen. Abbildung 13.14 zeigt zwei SubVI mit ihren zugehörigen Frontpanels. Diese beiden VI, *Zeit erzeugen* und *Anzeige*, sind so aufgebaut, dass sie gleichzeitig ausgeführt werden können. *Zeit erzeugen* zählt die Pulse der internen Uhr und bestimmt so die Anzahl der Millisekunden, die seit dem Start des VI verstrichen sind. *Anzeige* generiert jede Sekunde einen zufälligen Wert, bis die Schaltfläche *Stopp* gedrückt wird. Danach übernimmt es die von *Zeit erzeugen* ermittelten Werte des Pulszählers und zeichnet die Zufallszahlen über der Zeit, in der sie bestimmt wurden.

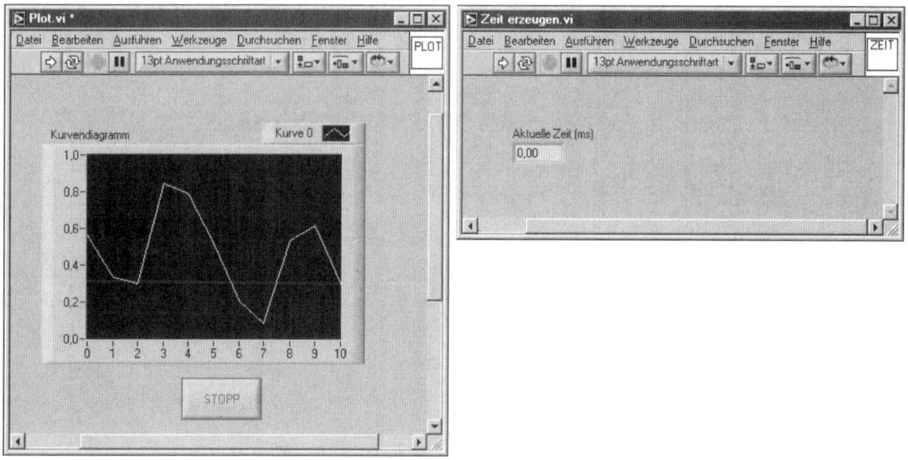

Abbildung 13.14: Zwei unabhängige VI, die über globale Variablen miteinander kommunizieren

Der Austausch der Daten zwischen diesen beiden VI wird über eine globale Variable realisiert. Ziel ist es, das Array der von *Zeit erzeugen* ermittelten Werte an *Anzeige* zu übergeben. Außerdem sollen beide VI gleichzeitig durch eine boolesche Eingabe angehalten werden. Zuerst erstellen Sie eine globale Variable, welche die zwei benötigten Variablen enthält. Um eine neue globale Variable zu erzeugen, müssen Sie *Global Variable* aus der Palette *Strukturen* auswählen und auf das Globussymbol doppelklicken, um die Elemente der globalen Variablen zu definieren. In diesem Fall definieren Sie das numerische Element *Zeit (ms)* und das boolesche Element *Stopp*. Der Name der globalen Variablen ist *Die Globale Variable.gbl* (Abbildung 13.15).

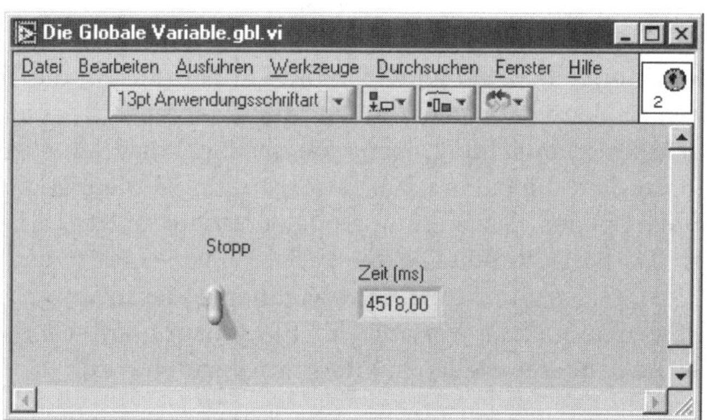

Abbildung 13.15: Definition der globalen Variable Die Globale Variable.gbl

Anschließend setzen Sie die Variablen der globalen Variablen an den entsprechenden Stellen im Blockdiagramm der beiden VI ein.

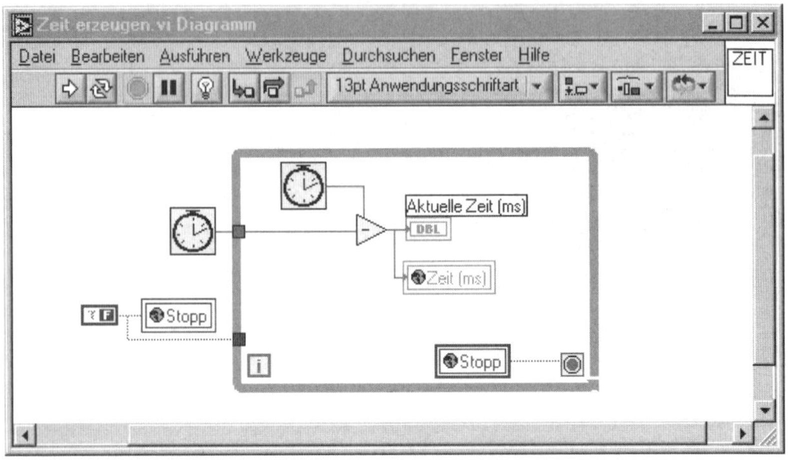

Abbildung 13.16: Das Blockdiagramm zum VI Zeit erzeugen

Achten Sie darauf, wie die boolesche Variable *Stopp* verwendet wird: Die Schaltfläche *Stopp* des VI *Anzeige* schreibt einen Wert in die globale Variable *Stopp*, welche anschließend zum Verlassen der While-Schleife des VI *Zeit erzeugen* verwendet wird. Die Frontblende von *Anzeige* ist so eingestellt, dass sie bei Aufruf des VI eingeblendet wird. So können Sie den Graphen sehen und auf die Schaltfläche *Stopp* zugreifen. Wenn diese Schaltfläche angeklickt wird, wird gleichzeitig die Schleife in *Zeit erzeugen* beendet. Entsprechend werden die Zeiten aus *Zeit erzeugen* über die globale Variable *Zeit (ms)* an das VI *Anzeige* übergeben, das ein Array mit den Werten füllt.

Um unser Ziel zu erreichen, hätten wir in diesem Beispiel auf die Verwendung von globalen Variablen verzichten können, dieses einfache Beispiel eignet sich jedoch gut als Veranschaulichung. Wenn Sie das Blockdiagramm in Abbildung 13.18 ansehen, in dem die beiden SubVI aufgerufen werden, erkennen Sie ein weiteres Problem bei der Verwendung globaler Variablen: Es gibt keine Verbindungen in dem Blockdiagramm! Globale Variablen verschleiern den Datenfluss, da nicht zu erkennen ist, wie die zwei SubVI miteinander in Verbindung stehen. Selbst wenn Sie eine globale Variable im Blockdiagramm sehen, wissen Sie nicht, von welchen anderen Stellen auf diese zugegriffen wird.

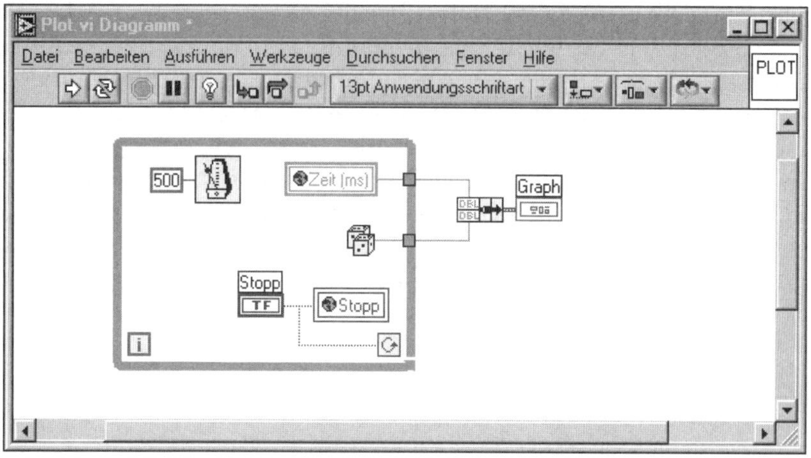

Abbildung 13.17: Das Blockdiagramm zum VI Anzeige

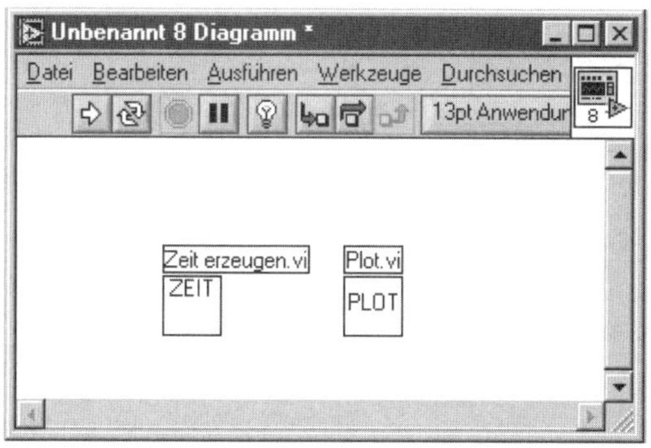

Abbildung 13.18: Im Hauptprogramm werden zwei VI aufgerufen, die nur über globale Variablen kommunizieren

13.2 Eigenschaftenknoten

Eigenschaftenknoten ermöglichen es, die Eigenschaften von Frontpanelobjekten, wie etwa die Farbe, Zahlenformat und Sichtbarkeit, programmatisch zu ändern. Entscheidend daran ist, dass die Veränderungen in Abhängigkeit der Algorithmen in Ihrem Blockdiagramm durchgeführt werden. Sie könnten zum Beispiel die Farbe einer Skala von blau über grün nach rot verändern, wenn der Zahlenwert des Objekts größer wird. Oder Sie haben die Möglichkeit, durch Anklicken verschiedener Schaltflächen unterschiedliche Eingaben oder Anzeigen erscheinen oder verschwinden zu lassen.

Um einen Eigenschaftenknoten zu erstellen, öffnen Sie entweder auf dem Frontpanelobjekt oder dem dazugehörigen Anschluss ein Popup-Menü und wählen aus diesem die Option *Erstelle>>Eigenschaftenknoten*. Ein Anschluss mit demselben Namen wie die Variable wird im Diagramm erscheinen. Die einstellbaren Optionen eines Eigenschaftenknotens werden Ihnen angezeigt, wenn Sie den Knoten mit dem *Bedien*-Werkzeug anklicken oder aus dem Popup-Menü die Option *Eigenschaften* auswählen. Sie können nun eine oder mehrere Eigenschaften auswählen. Zu jedem Objekt gehört ein Satz *Grundattribute* sowie, in einigen Fällen, ein Satz zusätzlicher Attribute speziell für diesen Objekttyp.

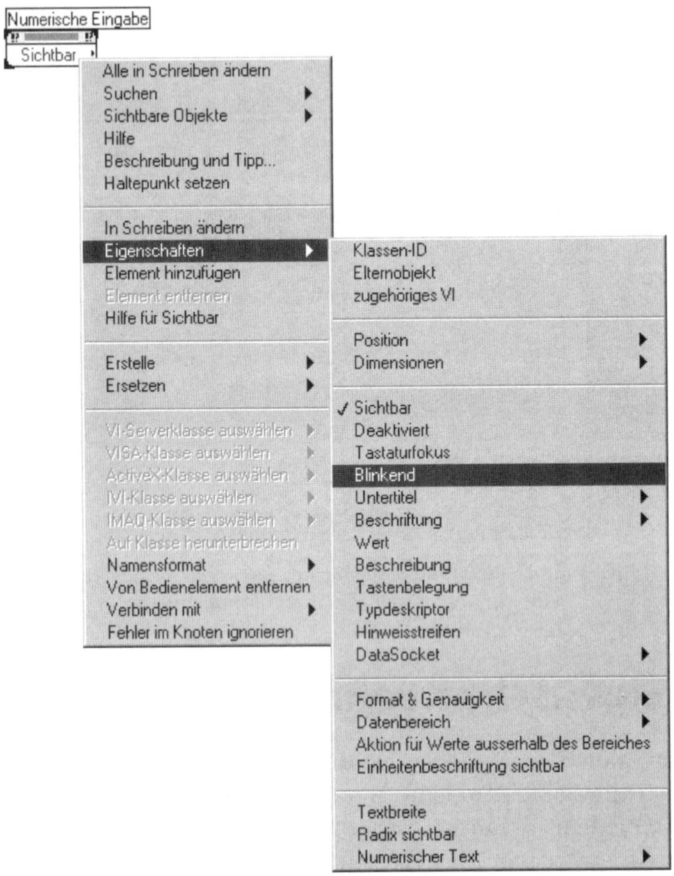

Abbildung 13.19: Attribute für eine numerische Eingabe

Sie können die Attribute eines Objekts ähnlich wie lokale Variablen lesen oder schreiben. Um den Modus eines Objekts zu ändern, öffnen Sie ein Popup-Menü auf dem Attribut und wählen *In Lesen ändern/In Schreiben ändern.* Der kleine Pfeil im Anschluss des Attributknotens zeigt Ihnen, in welchem Modus sich der Eigenschaftenknoten befindet. Ist für den Eigenschaftenknoten der Schreibmodus eingestellt, steht der Pfeil auf der linken Seite, um anzuzeigen, dass Daten in den Knoten hineinfließen und so eine Eigenschaft ändern. Ist ein Eigenschaftenknoten im Lesemodus, so steht der Pfeil rechts, um die Daten des Knotens zu lesen.

Eine interessante Eigenschaft der Eigenschaftenknoten ist die Möglichkeit, einen Anschluss im Blockdiagramm zur Einstellung mehrerer Eigenschaften zu verwenden (die sich jedoch alle auf dieselbe Eingabe oder Anzeige beziehen).

Um dem Knoten eine weitere Eigenschaft zuzuordnen, verändern Sie mit dem *Positionier*-Werkzeug die Größe des Anschlusses so, dass er die gewünschte Anzahl Eigenschaften enthält. Abbildung 13.20 zeigt zwei Eigenschaften der numerischen Eingabe *Verstärkung* an einem Anschluss.

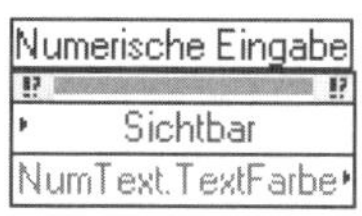

Abbildung 13.20: Eine numerische Eingabe und der dazugehörige Eigenschaftenknoten; die Eigenschaft Sichtbar ist im Schreibmodus, die Eigenschaft der Textfarbe im Lesemodus

Sehen wir uns ein einfaches Beispiel an. Angenommen, Sie wollen ein Frontpanel erstellen, das spezielle Eingaben nur dann anzeigt, wenn sie benötigt werden. Auf dem folgenden Frontpanel in Abbildung 13.21 sehen Sie eine Anzeige für den Füllstand und einen booleschen Alarmschalter. Außerdem ist eine Schaltfläche mit dem Text *Erweitert...* vorhanden, der andeutet, dass durch Drücken dieser Schaltfläche einige äußerst komplizierte Optionen aktiviert werden.

In diesem Beispiel sind zwei weitere Eingaben eingebaut, *Temperatur* und *Druck*, die nicht angezeigt werden, solange die Option *Sichtbar* in deren Eigenschaftenknoten auf FALSE gesetzt ist. Wird die Schaltfläche *Erweitert...* angeklickt, wird die Eigenschaft *Sichtbar* der beiden Objekte auf TRUE gesetzt und die beiden Drehknöpfe erscheinen in der Frontblende.

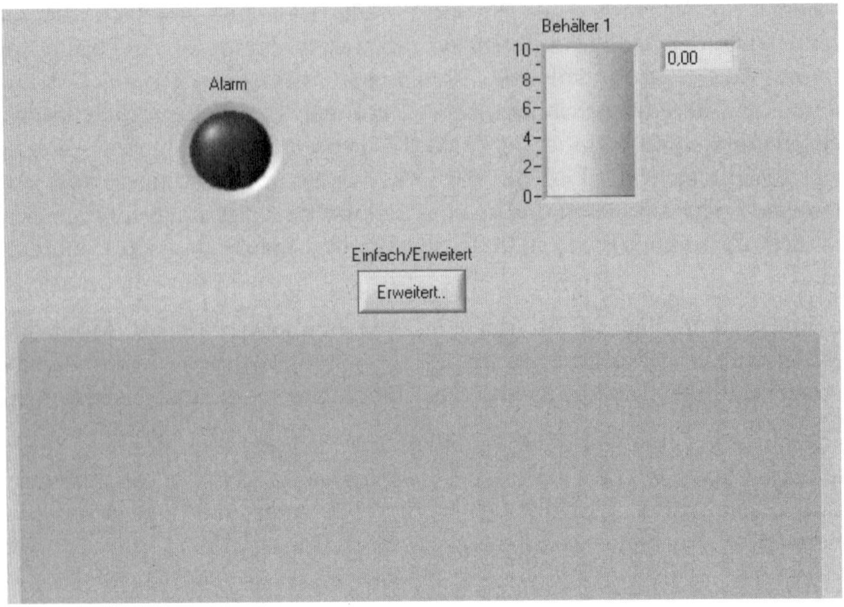

Abbildung 13.21: Einfache Bedienoberfläche

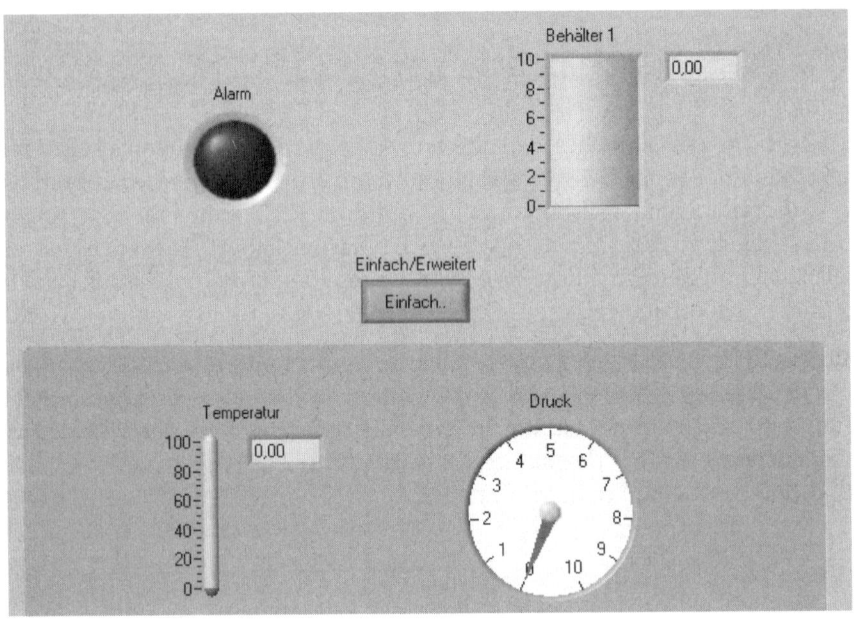

Abbildung 13.22: Erweiterte Bedienoberfläche

Das gesamte Blockdiagramm ist, wie in Abbildung 13.23 gezeigt, in eine While-Schleife eingebaut, so dass die Schaltfläche die Sichtbarkeit der zwei Drehknöpfe steuert und damit den »Popup«-Effekt ermöglicht. Zur Vereinfachung der Darstellung ist der größte Teil des folgenden Blockdiagramms (Abbildung 13.23) verdeckt.

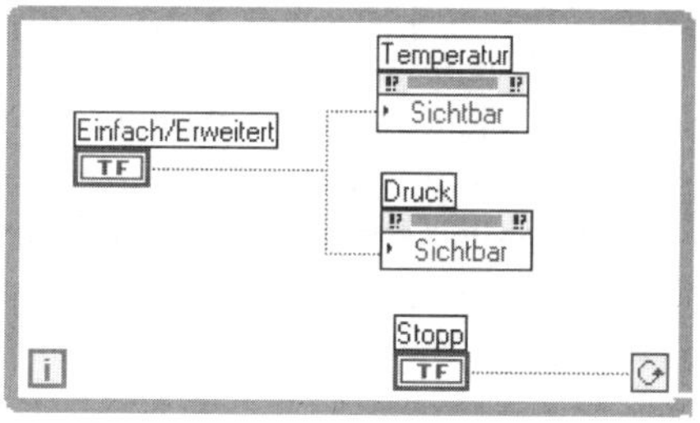

Abbildung 13.23: Das Blockdiagramm mit den Eigenschaftenknoten

Sie werden mit einem Eigenschaftenknoten häufig mehr als eine Eigenschaft eines Objekts verändern. Denken Sie daran, dass Sie gleichzeitig mehrere Eigenschaften eines Objekts mit einem einzigen Eigenschaftenknoten verändern können, indem Sie den Anschluss mit Hilfe des *Positionier*-Werkzeugs vergrößern (ähnlich, wie Sie Cluster- und Array-Anschlüsse vergrößern). Sie werden sehen, wie nacheinander weitere Optionen erscheinen. Später können Sie auswählen, welche Eigenschaften Sie tatsächlich mit dem Eigenschaftenknoten beeinflussen wollen, indem Sie die Elemente mit dem *Bedien*-Werkzeug anklicken oder aus dem Popup-Menü des Elements *Objekt wählen* auswählen.

Worauf beziehen sich die Grundattribute eines Eigenschaftenknotens?

- *Sichtbar* (Visible): Das Objekt ist sichtbar, wenn diese Option TRUE ist, es wird verborgen, wenn die Option FALSE ist. Es ist häufig besser, ein Objekt mit dieser Option unsichtbar zu machen, als es transparent einzufärben, da transparente Objekte versehentlich angewählt werden können.
- *Deaktiviert* (Disabled): Setzt oder liest den Status des Anwenderzugriffs auf ein Objekt. Ist der Status auf 0 gesetzt, wird die Eingabe aktiviert, so dass der Anwender darauf zugreifen kann. Ist der Status 1, wird die Eingabe ohne sichtbare Anzeige deaktiviert; wird der Status auf 2 gesetzt, wird die Anzeige deaktiviert.
- *Eingabefokus* (Key Focus): Ist der Wert TRUE, hat das Objekt den aktuellen Eingabefokus, das heißt, dass der aktive Cursor in diesem Feld steht. Meist wird der Eingabefokus durch Drücken der Tabulatortaste an die nächste Eingabe übergeben. Diese Eigenschaft ist sinnvoll bei der Erstellung einer Anwendung ohne Maussteuerung.

- *Position*: Ein Cluster, bestehend aus zwei Zahlen, welche die Position der linken oberen Ecke des Frontpanelobjekts in Pixel angeben.
- *Dimensionen*: Ein Cluster, bestehend aus zwei Zahlen, welche die Höhe und Breite des Frontpanelobjekts in Pixel angeben.
- *Blinkend*: Ist der Wert dieses Attributs TRUE, blinkt das Objekt.
- *Format und Genauigkeit* (Format and Precision): Verändert Darstellung und Genauigkeit numerischer Eingaben und Anzeigen oder liest diese. Der Eingangs-Cluster enthält zwei Ganzzahlen: eine zur Angabe der Darstellung, die zweite zur Angabe der Genauigkeit. Die Attribute sind dieselben, die Sie auch über das Popup-Menü des Objekts einstellen können.
- *Farbe* (Color): Abhängig davon, für welches Objekt dieses Attribut gilt, gibt es verschiedene Farboptionen.

Das Hilfefenster ist bei der Bearbeitung von Eigenschaftenknoten äußerst hilfreich. Wenn Sie mit dem Cursor auf den Anschluss eines Attributknotens zeigen, werden Sie im Hilfefenster eine Beschreibung über die Bedeutung und die Eingabedaten des Attributs erfahren. Sie können auf dem Anschluss eines Attributknotens auch ein Popup-Menü öffnen und *Konstante erstellen* wählen, um sofort den passenden Datentyp anzuschließen. Diese Möglichkeit ist besonders nützlich, wenn ein Cluster anzuschließen ist.

Fast alle Eingaben oder Anzeigen verwenden die Grundattribute. Die meisten Objekte verfügen über weit mehr Attribute – Tabellen und Graphen verfügen sogar über 73 Attributoptionen! Sie lernen etwas über Eigenschaftenknoten am besten, indem Sie in Ihren Anwendungen einige davon verwenden und mit ihnen spielen. Sie werden feststellen, dass die Eigenschaftenknoten ausgesprochen praktisch sind, um Ihre Programme vielseitiger, flexibler und bedienerfreundlicher zu gestalten.

13.3 Aufrufen von Programmteilen anderer Sprachen

Was geschieht mit Programmteilen, die Sie bereits in anderen Sprachen geschrieben haben (in C, Pascal, FORTRAN oder Basic beispielsweise) und gerne verwenden würden? LabVIEW bietet Ihnen einige Möglichkeiten, textbasierten Code einzubinden.

Ihnen bieten sich zwei Möglichkeiten, externe Programmteile unter Windows aufzurufen: Sie rufen Funktionen einer Dynamic Link Library (DLL) auf, indem Sie die Funktion *Aufruf ext. Bibliotheken* verwenden, oder Sie rufen die extern generierten Programmteile durch die Verwendung von Code-Interface-Knoten (CIN = *Code Interface Node*) direkt auf. Beide Funktionen finden Sie in der *Fortgeschritten*-Palette. LabVIEW bietet Ihnen auch die Möglichkeit, Programmteile von LabWindows/CVI in LabVIEW zu integrieren – besonders beim Einsatz von Instrumententreibern wird diese Funktionalität verwendet.

Unter MacOS können Sie ebenfalls Code-Interface-Knoten (CIN) verwenden, um ausführbaren Quelltext aufzurufen. Auf Power-Macintosh-Systemen können Sie die Funktion *Aufruf ext. Bibliotheken* verwenden, um mit Code-Fragment-Bibliotheken zu kommunizieren. Auf älteren 680x0-Mac-Systemen ist leider keine Kommunikation mit der Apple Shared Library (ASL) möglich, wie sie mit DLL unter Windows funktioniert.

Die Verwendung eines CIN umfasst im Wesentlichen die folgenden Schritte:

1. Setzen Sie ein CIN-Symbol in das Blockdiagramm (aus der *Fortgeschritten*-Palette).

2. Der CIN besitzt Anschlüsse, um die Ein- und Ausgaben der externen Funktion zu übergeben. Durch Vorgabe besitzt ein CIN zunächst nur ein Anschlusspaar. Sie können den Knoten vergrößern, bis er die benötigte Anschlussanzahl besitzt.

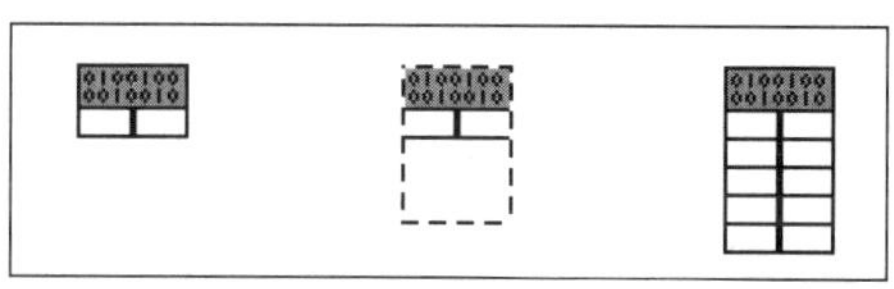

Abbildung 13.24: Platzieren eines CIN auf dem Blockdiagramm

   Die Vorgabe für jedes Anschlusspaar ist je ein Ein- und Ausgang: Der linke Anschluss ist ein Eingang, der rechte ein Ausgang. Wenn eine Funktion aber mehr Aus- als Eingänge besitzt (oder womöglich überhaupt keine Eingangsparameter benötigt), können Sie den Anschluss durch die Auswahl von *Nur Ausgang* aus dem Popup-Menü des Anschlusses in einen reinen Ausgang umwandeln.

3. Verbinden Sie die Ein- und Ausgänge des CIN. Sie können jeden beliebigen Datentyp von LabVIEW dazu verwenden (er *muss* natürlich dem Datentyp des Parameters entsprechen, der in der aufgerufenen Funktion verwendet wird). Die Reihenfolge der Anschlusspaare des CIN entspricht der Reihen-

folge der Parameter im Quelltext. Im folgenden Beispiel wird ein CIN aufgerufen, der das Eingangs-Array filtert und die Ausgangsdaten an ein Array Data weitergibt. Beachten Sie auch, dass die Darstellung der Anschlüsse, nachdem sie verbunden sind, dem übergebenen Datentyp angepasst wird.

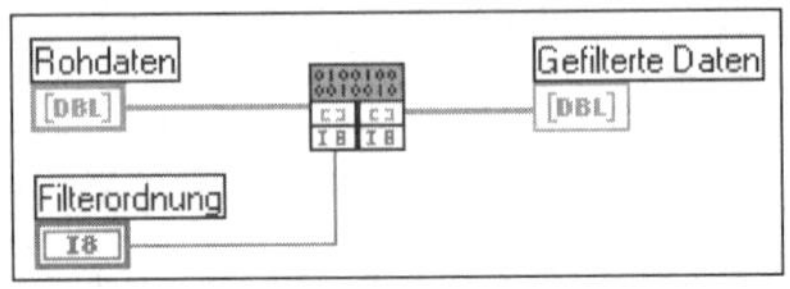

Abbildung 13.25: Ein verbundener CIN

4. Erstellen Sie eine *.c-Datei*, indem Sie die entsprechende Option aus dem Popup-Menü wählen. Die von LabVIEW erstellte *.c-Datei* ist, im Stile der C-Programmierung, eine Musterdatei, in die Sie Ihren C-Quelltext schreiben. Mit wenig Mühe können Sie Ihren bestehenden Quelltext in diese Datei kopieren.

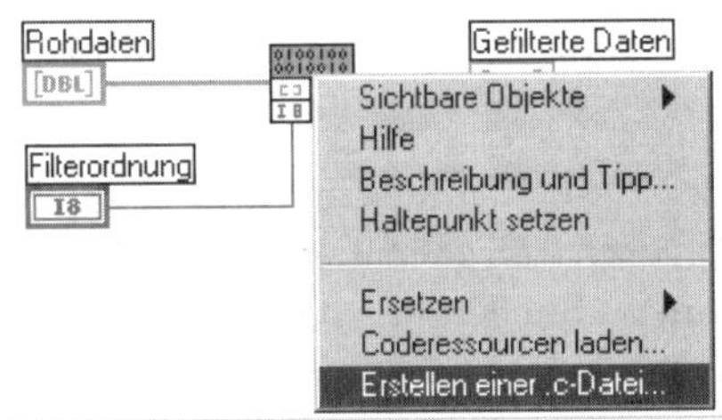

Abbildung 13.26: Erstellen der .c-Datei

5. Kompilieren Sie nun den CIN-Quelltext. Dieser Schritt kann, abhängig davon, welche Plattform, welchen Compiler und welche Hilfsmittel Sie verwenden, unterschiedlich aussehen. Sie müssen den Quelltext zunächst mit einem Compiler verarbeiten, den LabVIEW unterstützt, und den so entstandenen Objektcode mit einem LabVIEW-Hilfsmittel so verändern, dass LabVIEW ihn verwenden kann.

6. Laden Sie den Programmteil in den Speicher, indem Sie *Coderessourcen laden...* aus dem Popup-Menü wählen. Wählen Sie die *.lsb-Datei*, die Sie beim Kompilieren des Quelltextes erstellt haben.

Sind all diese Schritte erfolgreich ausgeführt, wird nun der C-Programmteil im CIN aufgerufen, als wäre er ein Sub-VI. Vor der Version 5.0 wurde ein CIN synchron ausgeführt. Das heißt, dass, anders als die meisten anderen Prozesse in LabVIEW, der CIN die Rechenzeit nicht mit anderen LabVIEW-Prozessen teilte. Ab der Version 5.0 kann der Anwender entscheiden, ob ein CIN im Multithreading-Mode oder synchron ausgeführt werden soll bzw. kann. Auf den Begriff Multithreading und dessen Vorteile gehen wir in Kapitel 15 ein. Zur Veranschaulichung diene das folgende Beispiel: Verwenden Sie zum Beispiel einen CIN im synchronen Modus und eine For-Schleife auf derselben Ebene im Blockdiagramm, wird die Ausführung der For-Schleife angehalten, bis die Ausführung des CIN abgeschlossen ist. Dieser Umstand kann entscheidend sein, wenn Ihr Timing knapp kalkuliert ist. Dieser Umstand tritt bei Multithreading nicht ein und LabVIEW sorgt dafür, dass beide Programmteile unabhängig voneinander ausgeführt werden können.

Eine weitere wichtige Eigenschaft der CIN: Sie sind mit größter Wahrscheinlichkeit *nicht* von Plattform zu Plattform portierbar. Wenn Sie Ihr LabVIEW-Programm mit einem CIN auf einem Power Mac kompilieren und dann versuchen, es unter Windows auszuführen, wird es nicht funktionieren. Ein Ausweg ist die erneute Kompilierung des CIN mit einem C-Compiler für die Plattform, auf der LabVIEW läuft. Für die Unterstützung der jeweiligen Sprachdialekte und Compiler informieren Sie sich bitte direkt im Handbuch von LabVIEW.

Die Kommunikation von LabVIEW mit externen Programmteilen ist ein eigenes Buch wert. Die hierbei auftretenden Probleme sind vielschichtig und hängen von Prozessor, Betriebssystem, dem verwendeten Compiler etc. ab; daher werden wir nicht versuchen, die Beschreibung der CIN oder den Aufruf externer Bibliotheken zu vertiefen, und verweisen auf die entsprechenden Application Notes, die Sie über National Instruments beziehen können.

13.4 Zusammenfassung

Dieses Kapitel befasste sich mit lokalen Variablen, globalen Variablen, Eigenschaftenknoten und dem Einbinden von externem Code. Abgesehen von den Eigenschaftenknoten handelt es sich bei den Themenbereichen um komplexe Techniken, die zwar eine größere Flexibilität bei der Erstellung von Programmen mit sich bringen, aber auch eine gründliche Einarbeitung und Erfahrung nicht nur in LabVIEW, sondern auch mit anderen Programmierschnittstellen erfordern.

14 Dokumentation, Online-Hilfe und Drucken

Die Wirklichkeit offenbart sich uns in einer merkwürdigen Schichtung, die durch Vergangenheit und Zukunft, mit der Gegenwart als Grenzfläche, gekennzeichnet ist. Hierbei ist nur die jeweilige Gegenwart unserer unmittelbaren Erfahrung zugänglich, die Vergangenheit lebt nur indirekt als »vergangene« Gegenwarten in unserer Erinnerung oder in der Form von Dokumenten weiter, während die Zukunft als etwas erscheint, das uns zunächst verborgen ist, sich uns aber im Laufe der Zeit erschließt in einer Form, die wir – wie wir als selbstbewußte Menschen glauben – absichtsvoll gestalten können.

Hans-Peter Dürr – Wie offen ist die Zeit?

Zahlreiche Untersuchungen belegen, dass der größte Kostenfaktor einer Anwendung, die über einen größeren Zeitraum hinweg eingesetzt wird, nicht die Kosten der ursprünglichen Programmentwicklung und das Testen des Programms sind, sondern die gesamten Pflegekosten, die im Laufe der Zeit entstehen. Zur Pflege zählen die Beseitigung von Fehlern, die erst im praktischen Einsatz der Anwendung zum Vorschein kommen, die Erweiterung des Programms im Zuge wechselnder Anforderungen und Änderungen des Programms aufgrund der Aufrüstung der zugrunde liegenden Hardware oder des Betriebssystems. Ohne eine ausreichende, qualitativ gute Dokumentation ist die Bewältigung des Pflegeprozesses nahezu unmöglich. Daher ist die Dokumentation einer Anwendung als ein Schlüsselelement zu sehen, das entscheidend auf die gesamten Lebenszykluskosten einwirkt. Ebenso unterstützt eine ausreichende Dokumentation die Planung zukünftiger Projekte. Dokumentation dient aber auch der Kommunikation aller an einem Projekt beteiligten Gruppen und der Projektfortschrittskontrolle – Aspekte, die häufig außer Acht gelassen werden. Last but not least bekommt die Dokumentation im Zeitalter der Validierung, Zertifizierung, Verifikation und ISO 9001 bis ISO 9003 eine entscheidende Rolle. Durch diese Aktivitäten wird versucht, Fehler frühzeitig zu erkennen und zu beseitigen, Projektrisiken und -kosten zu minimieren, die Produktqualität zu steigern etc.

Wie sieht aber die gegenwärtige Praxis hinsichtlich der Dokumentation aus? Oft ist der überwiegende Teil der Dokumentation unvollständig, nicht aktuell und schwer nachvollziehbar. Häufig fehlen übergeordnete Übersichten und Konzepte, die den Einstieg für den Leser vereinfachen würden und nur in den Köpfen der Produktentwickler existieren. Viele Programmierer sind sogar der Meinung, dass die ausreichende Dokumentation ein Projekt nur verzögert. Daher wird die Dokumentation häufig als lästige Beschäftigung betrachtet. Auf der anderen Seite fehlen dem Programmierer auch die geeigneten Softwarewerkzeuge innerhalb der eingesetzten Programmierumgebung für die Erstellung einer qualitativ guten Dokumentation.

Die Verfügbarkeit von geeigneten Dokumentationstools innerhalb einer Programmierumgebung, wie z.B. Grafik- und Textbearbeitungswerkzeuge, Browser etc., hat eine Reihe von Vorteilen. Die Dokumentation ist

- einfacher zu verändern, zu aktualisieren und zu formatieren,
- leichter papierlos zu übermitteln,
- einfacher zu verwalten und zu archivieren.

In diesem Kapitel wird gezeigt, wie der Anwender seine Arbeit in LabVIEW ausreichend dokumentieren kann. Alle dazugehörigen Dokumentationswerkzeuge sind in der LabVIEW-Umgebung enthalten, so dass der Anwender nicht noch weitere zusätzliche Tools benötigt. Auf der anderen Seite lässt sich die mit Hilfe von LabVIEW erstellte Dokumentation von anderen Werkzeugen weiterverarbeiten, sofern dies notwendig erscheint.

14.1 Die vielfältigen Dokumentationsmöglichkeiten

Dieser Abschnitt beschreibt Wege, wie Sie Ihre Arbeit bzw. Ihre VI in LabVIEW dokumentieren können. Zunächst ein Überblick über die in LabVIEW integrierten Dokumentationsmöglichkeiten und deren Vorteile:

- *Dokumentation.* Die VI-*Dokumentation* ist eine allgemeine Beschreibung für das VI. Sie wird angezeigt, wenn Sie das Hilfefenster offen haben und die Maus über das Symbol des VI oder SubVI bewegen. Schreiben Sie zumindest eine kurze Beschreibung zu jedem VI, das Sie erstellen. Diese Kurzbeschreibung ist ausgesprochen wertvoll für jeden, der die SubVI-Symbole im Blockdiagramm untersucht und versucht, sich eine Vorstellung davon zu verschaffen, was diese bewirken. Die Eingabemaske für die VI-Dokumentation erreichen Sie über *Datei>>VI-Einstellungen>>Dokumentation.*

- *Beschreibungen.* Im Idealfall schreiben Sie mit dem Befehl *Beschreibung und Tipp...* aus dem Popup-Menü eine Bemerkung zu jeder Eingabe und Anzeige. Diese unschätzbaren Kommentare werden im Fenster der Kontexthilfe angezeigt, wenn ein Anwender den Mauszeiger über die fragliche Eingabe oder Anzeige bewegt.
- *VI-Revisions-Historie.* Diese Option, die im Menü *Werkzeuge* zu finden ist, dient als Werkzeug für umfangreichere Projekte. Es ermöglicht Ihnen die Eingabe von Kommentaren zu den Änderungen, die Sie im Laufe der Zeit an VI durchgeführt haben. Das *Historiefenster* kann sehr hilfreich sein, wenn mehrere Personen an einem Projekt arbeiten, da es Anwender, Datum und Uhrzeit aufzeichnet.
- *Frontpaneltext.* Innerhalb des Frontpanels besteht die Möglichkeit, jederzeit Hinweistexte als zusätzliche Information zu den Labels und Untertiteln aufzunehmen. Der Vorteil liegt darin, dass der Anwender nicht erst das Hilfefenster öffnen muss, um diesen Text angezeigt zu bekommen.

14.1.1 Erstellen von Beschreibungen für einzelne Objekte

Wenn Sie eine Beschreibung eines LabVIEW-Objekts, wie etwa ein Bedien- oder Anzeigeelement oder eine Funktion, eingeben wollen, wählen Sie *Beschreibung und Tipp...* aus dem Popup-Menü dieses Objekts. Geben Sie die Beschreibung in das Dialogfenster ein, das daraufhin erscheint (siehe Abbildung 14.1), und klicken Sie auf *OK*, um den Text zu speichern. LabVIEW zeigt diese Beschreibung immer dann an, wenn Sie in Zukunft *Beschreibung und Tipp...* aus dem Popup-Menü des Objekts wählen. Dieser Text erscheint auch im Hilfefenster, wann immer Sie den Cursor über ein Bedien- oder Anzeigeelement im Frontpanel bringen. Die *Beschreibung und Tipp...*-Option ist besonders für Funktionen und SubVI sinnvoll, um zu dokumentieren, wie sie in Ihrem Blockdiagramm verwendet werden. Die Dokumentation, die Sie im Beschreibungsfenster von Funktionen und SubVI eingeben, wird jedoch nicht im Hilfefenster angezeigt – Sie müssen das Beschreibungsfenster öffnen, um den Text zu sehen.

Der beste Weg, Online-Hilfe für Ihre VI zu realisieren, ist, Beschreibungen für jedes Bedien- oder Anzeigeelement und jede Funktion einzugeben.

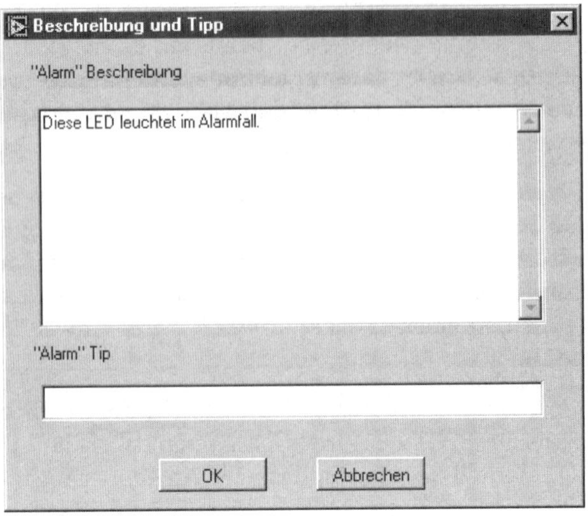

Abbildung 14.1: Die Eingabe einer Beschreibung zu Ihren Objekten und Funktionen

14.1.2 Dokumentieren von VI

LabVIEW bietet Ihnen einen einfachen Weg, um Ihr gesamtes VI zu dokumentieren. Wählen Sie *Datei>>VI-Einstellungen>>Dokumentation*, um das Dialogfeld für das aktuelle VI anzuzeigen (Abbildung 14.2).

Mit dem Dialogfeld können Sie folgende Arbeiten ausführen:

- eine Beschreibung des VI eingeben. Der Bereich, der für die Beschreibung zur Verfügung steht, enthält einen Rollbalken, so dass Sie auch längere Beschreibungen ansehen oder bearbeiten können. Wenn Sie das VI als SubVI verwenden, wird die Beschreibung im Hilfefenster angezeigt, sobald Sie den Mauszeiger über das SubVI bewegen;
- den Speicherort, d. h. den Pfad eines Help-Files, angeben;
- einen Hilfe-Tag (Suchbegriff) für das Help-File einrichten.

Die Auswahl von *Beschreibung und Tipp...* aus dem Menü *Datenoperationen* eines Objekts dokumentiert das einzelne Objekt, während die Eingabe von Text in das Dialogfeld *VI-Einstellungen>>Dokumentation* eines VI das gesamte VI beschreibt.

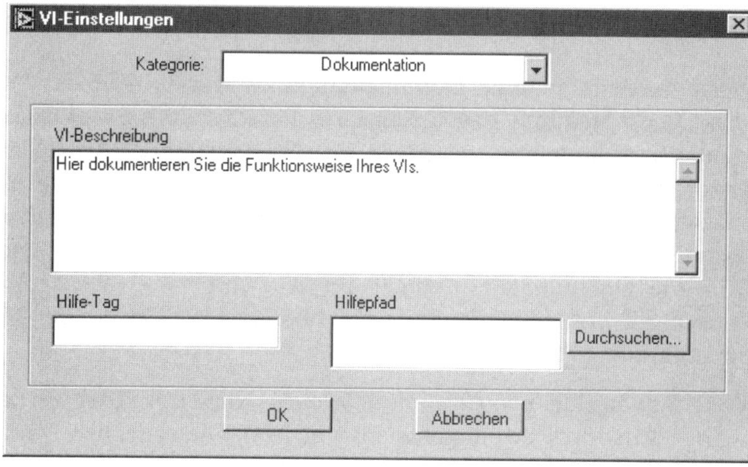

Abbildung 14.2: Das Fenster zur Eingabe der VI-Dokumentation

14.1.3 Die VI-Revisions-Historie

Die *VI-Revisions-Historie* gibt Aufschluss über die verschiedenen Revisionen eines VI. Sie können die Historie einfach automatisch von LabVIEW erstellen lassen oder aber nach jedem Speichern selbst einen Kommentar hinzufügen, in dem Sie die gemachten Änderungen dokumentieren. Die Historie rufen Sie über *Werkzeuge>>VI-Revisions-Historie* auf. Das Verhalten der VI-Historie stellen Sie über *Werkzeuge>>Optionen>> Revisions-Historie* ein (Abbildung 14.3).

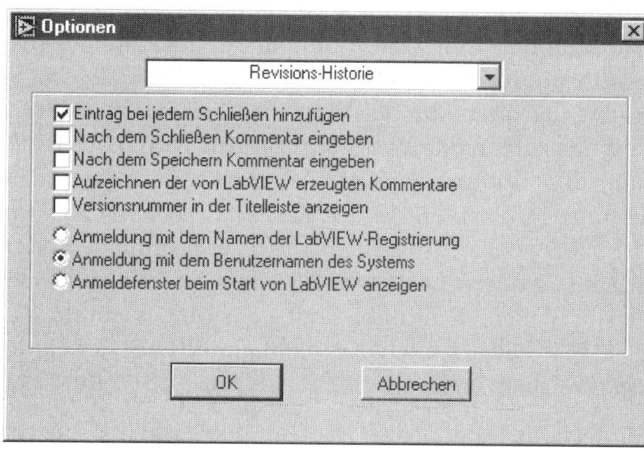

Abbildung 14.3: Die Optionen zur VI-Revisions-Historie

14.2 Drucken

Klassischerweise denkt man bei Dokumentation zwangsläufig an das Drucken. Wir sind so geprägt durch das textbasierte Paradigma, dass wir gleich an papierorientierte Dokumentation denken. Verlassen wir jedoch diese Methodik, eröffnen sich uns neue Möglichkeiten der Dokumentation. Gerade bei LabVIEW mit seinem selbstdokumentierenden Charakter, begünstigt durch die Datenflussphilosophie mit ihrer interaktiven hierarchischen, geschichteten Darstellung, ist die Dokumentation direkt am Bildschirm viel aussagekräftiger geworden und gilt wohl heutzutage als gleichberechtigter Partner der gedruckten Dokumentation.

LabVIEW kennt verschiedene Arten des Druckens, die verwendet werden können, um einen Ausdruck des Projekts anzufertigen. Die einfachste Variante ist *Datei>>Fenster drucken...*, welche sinnvoll eingesetzt wird, um einen schnellen Ausdruck vom Inhalt des aktuellen Fensters zu machen. Die weiteren Optionen bieten programmgesteuertes Drucken und das Erstellen der Dokumentation, wobei Sie sich hier noch zwischen dem sofortigen Ausdruck und dem Erstellen von verschiedenen Dateien zum Veröffentlichen im Internet oder zum Erstellen Ihrer Online-Hilfe entscheiden können.

14.2.1 Programmatisches Drucken

Sie können LabVIEWs Druckfunktionen nutzen, um ein VI-Frontpanel unter der Kontrolle Ihrer Anwendung drucken zu lassen. Wählen Sie *Ausführen>>Nach Ausführung drucken*, um programmatisches Drucken zu ermöglichen. LabVIEW wird dann den Inhalt des Frontpanels jedes Mal ausdrucken, wenn ein VI die Ausführung beendet. Wenn das VI ein SubVI ist, startet LabVIEW den Druckvorgang, nachdem das SubVI die Bearbeitung beendet hat und bevor die Kontrolle an das aufrufende VI zurückgegeben wird. LabVIEW bietet Ihnen die Möglichkeit, das Frontpanel jedes Mal automatisch auszudrucken, wenn das VI die Ausführung beendet. Wählen Sie dazu *Ausführen>>Nach Ausführung drucken*. Was ist aber, wenn Sie nur einen Teil Ihres Frontpanels oder etwas ganz anderes ausdrucken wollen? Oder was ist, wenn Sie nur zu bestimmten Gelegenheiten drucken wollen, nicht unbedingt jedes Mal, wenn Ihr VI die Ausführung beendet hat? Sie können auch dies recht einfach mit der Option *Nach Ausführung drucken* erreichen, wenn dies auch zunächst nicht offensichtlich ist.

Erstellen Sie einfach ein VI, das die Graphen, booleschen Werte oder was auch immer enthält, das Sie drucken wollen! Aktivieren Sie dann für dieses SubVI die Option *Nach Ausführung drucken*. Sie können das Blockdiagramm dieses VI völlig leer lassen. Schließlich fügen Sie dieses SubVI in Ihr Haupt-VI ein und schließen die Daten an, die Sie drucken wollen. Jedes Mal, wenn dieses VI aufgerufen wird, beendet es seine Ausführung nahezu augenblicklich, da sein Blockdiagramm leer ist. Dann sendet es sein Frontpanel an den Drucker, während Ihr Haupt-VI weiter ausgeführt wird. Ein Beispiel dafür ist in Abbildung 14.4 dargestellt, in welcher der Anwender jederzeit einen Graphen ausdrucken kann, indem er eine Schaltfläche *Drucken* anklickt.

In diesem Fall besteht das Frontpanel von *Print Graph.vi* ausschließlich aus einem Graphen und das VI ist mit *Nach Ausführung drucken* so konfiguriert, dass es nach einem Aufruf diesen Graphen ausdruckt. Denken Sie daran, dass der Graph in eine *Eingabe* umgewandelt werden muss, damit Sie Daten an diese übermitteln können.

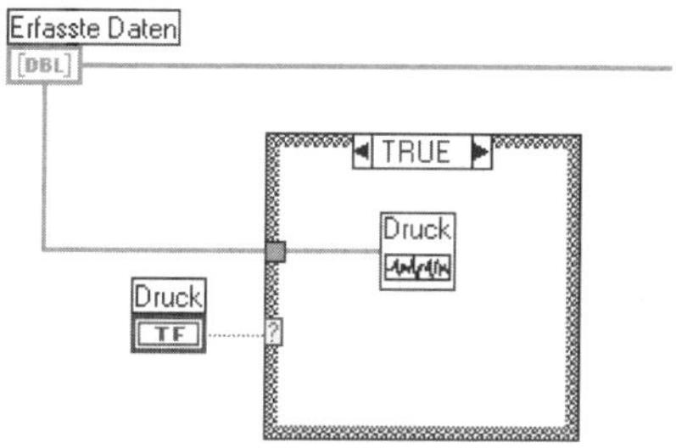

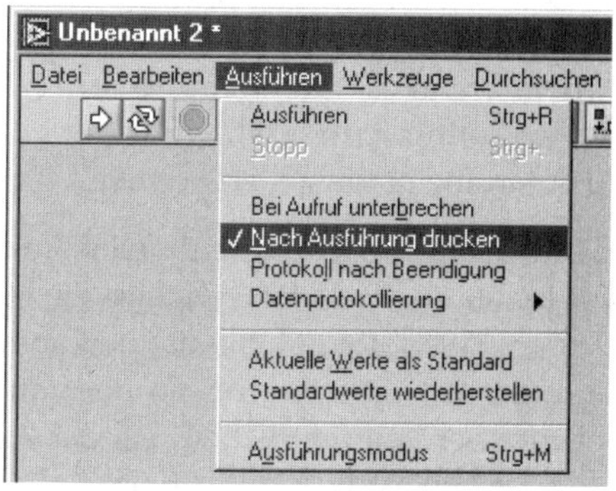

Abbildung 14.4: Ein einfaches Beispiel, in dem nur ein Teil der Daten programmatisch gedruckt wird

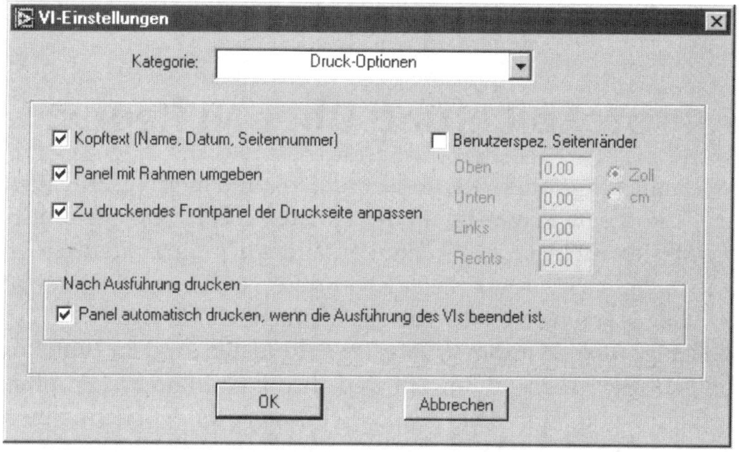

Abbildung 14.5: Die Einstellung des Druckens nach Beendigung

Wenn Sie einen PostScript-Drucker besitzen, aktivieren Sie den PostScript-Druckmodus im Menü *Drucken* des Dialogs *Optionen...* (aus dem Menü *Werkzeuge*). Die Grafiken und Schriftarten müssten danach ihr Aussehen verbessern. LabVIEW unterstützt auch den Druckmodus QuickDraw GX des MacOS.

Daneben haben Sie die Möglichkeit, die ActiveX-Technologie für das programmatische Drucken zu verwenden und Ihre Daten aus einem anderen Programm heraus zu drucken und diesen Vorgang über ActiveX-Automatisierung fernzusteuern. Eine Variante hiervon ist der Einsatz von HiQ, dem Analyse- und Visualisierungsprogramm von National Instruments.

14.2.2 Dokumentation drucken

Sie können einen umfassenden Ausdruck eines VI inklusive Informationen über das Frontpanel, das Blockdiagramm, SubVI, Eingaben, VI-Historie etc. machen, wenn Sie aus dem Menü *Datei* die Option *Drucken...* wählen. Diese Auswahl öffnet eine Reihe von Dialogfeldern, in denen Sie die gewünschten Druckparameter einstellen können.

Als Ausgabe können Sie entweder Ihren Drucker wählen oder aber den gleichen Inhalt auch als RTF-Datei oder HTML-Datei abspeichern. In den beiden letzteren Fällen können Sie die gewonnenen Dateien dann einfach mit anderen Werkzeugen weiterverarbeiten oder auch Ihre Dokumentation über das Intra- oder Internet veröffentlichen. Bei der Auswahl des Druckens in eine RTF-Datei haben Sie die Wahl, ob die Bilder direkt in die Datei integriert oder aber als Bitmap extra gespeichert werden, damit Sie daraus eine Online-Hilfe erstellen können. Bei HTML werden die Bilder immer extern gespeichert, wobei Sie zwischen den drei Bildformaten PNG, JPEG und GIF wählen können.

14.3 Protokollierung über NI Report

Für eine Vielzahl von Protokollierungs- und Dokumentierungsaufgaben existieren in LabVIEW die *NI Report*-VI auf der Palette *Berichterzeugung*. Mit Hilfe dieser VI lassen sich nicht nur VI-Dokumentationen programmatisch erzeugen, sondern auch Versuchsprotokolle oder andere Arten von Dokumentationen anfertigen, die Sie Ihren eigenen Wünschen entsprechend anpassen können. Sie können beliebige Texte, Graphen, Tabellen und Listen zu dem Protokoll hinzufügen, die Schriftart sowie ihren Stil und ihre Farbe ändern, Frontpanel und Blockdiagramme von VI in das Protokoll einfügen, die VI-Hierarchie und eine Liste der Frontpanelelemente hinzufügen und vieles mehr. Die fertige Doku-

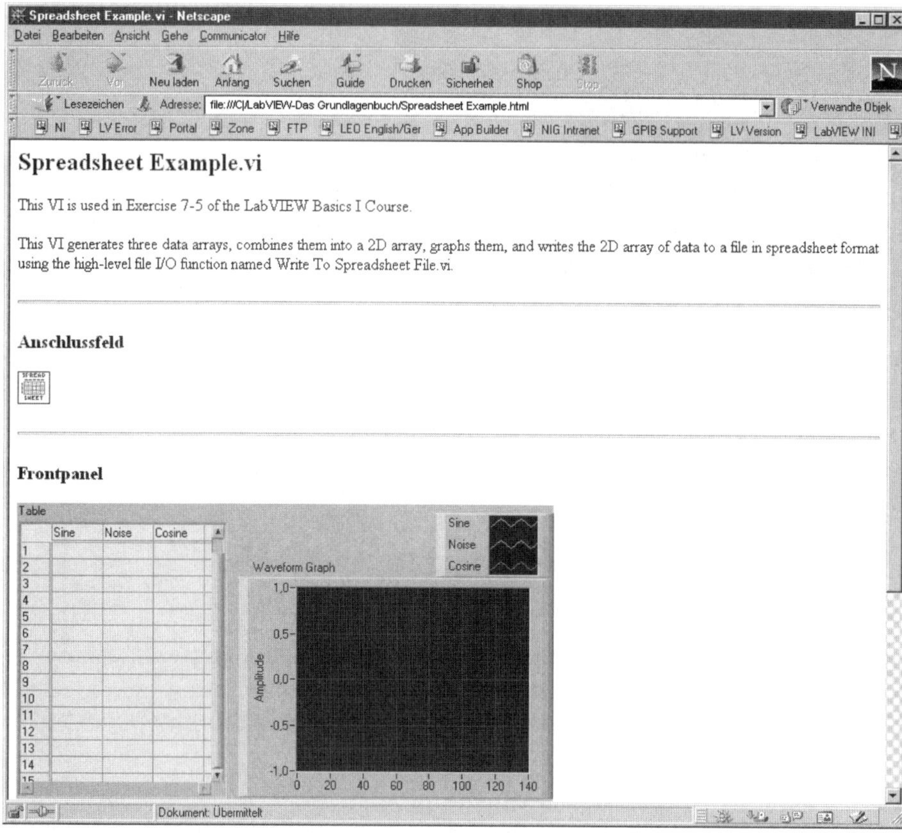

Abbildung 14.6: VI-Dokumentation als HTML im Intranet veröffentlicht

mentation lässt sich dann entweder direkt ausdrucken oder als HTML-Datei speichern, die dann wiederum im Internet veröffentlicht werden könnte.

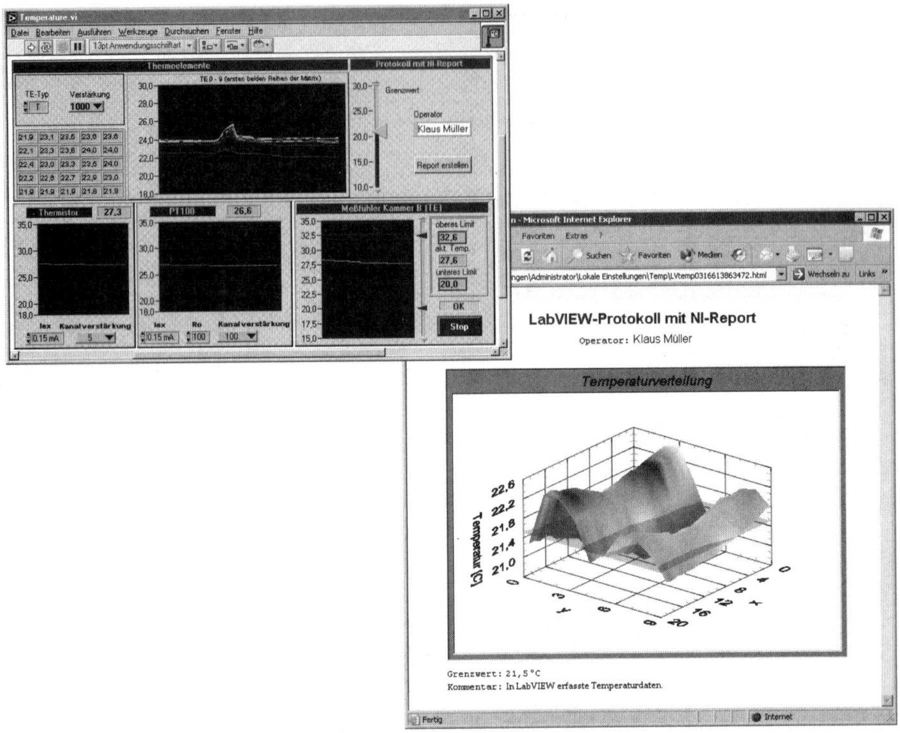

Abbildung 14.7: Protokoll erzeugt über NI Report

Abbildung 14.8 zeigt die Hauptpalette *Berichterzeugung*, eine Kurzbeschreibung der Unterpaletten sowie eine Auflistung der VI der Hauptpalette. Hier erhalten Sie schon einen ersten Eindruck von der Mächtigkeit dieser oft unterschätzten VI. Die Funktionalität können Sie anhand der mit LabVIEW im LabVIEW-Stammverzeichnis installierten Beispiele unter *...\examples\reports* nachvollziehen.

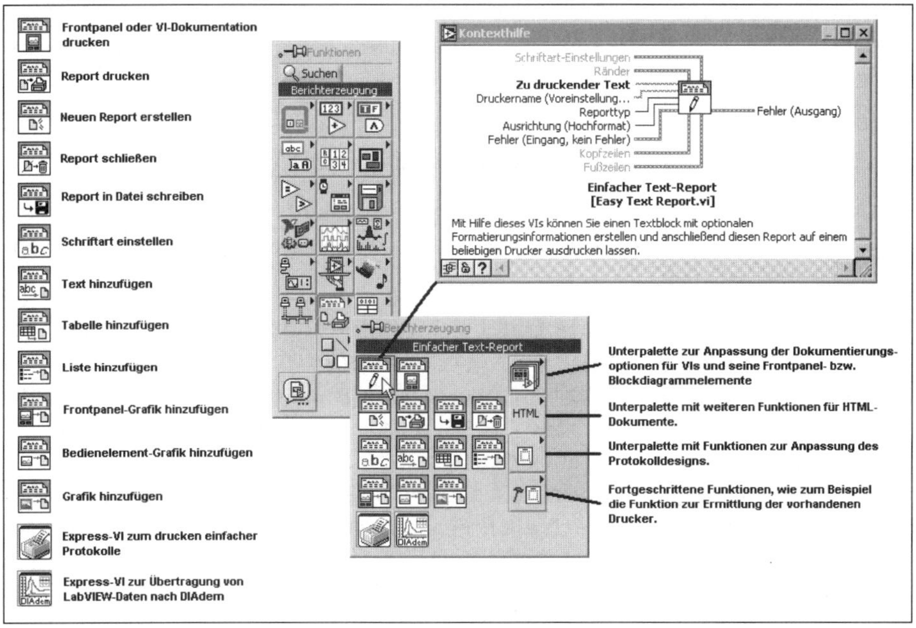

Abbildung 14.8: Palette und VI zur Protokollierung über NI Report

14.4 Online-Hilfe

Neben dem LabVIEW-typischen Hilfefenster sind besonders auf der Windows-Plattform Online-Hilfen eine beliebte und für den Anwender komfortable Methode, Hilfe zu seinen Fragestellungen zu bekommen. Die Online-Hilfe bietet wie Internetseiten die Möglichkeit zu Hyperlinks, das heißt, Sie können auf markierte Wörter mit der Maus klicken und bekommen dann die über diesen Hyperlink referenzierte Hilfeseite angezeigt. Auch ermöglicht eine Online-Hilfe das gezielte Suchen nach Stichwörtern etc. Der folgende Abschnitt beschreibt, wie Sie zu Ihrer LabVIEW-Anwendung eine Online-Hilfe hinzufügen können.

14.4.1 Hinzufügen von Online-Hilfe

Wenn Sie über ein Thema schnell verfügbare Informationen benötigen, erscheint das Hilfefenster von LabVIEW manchmal wie ein Geschenk des Himmels. Viele LabVIEW-Anwender verlassen sich auf diese Hilfe bei der Erstellung ihrer Blockdiagramme – eine hilfreiche Angewohnheit. Sie können Ihre eigenen Anwendungen genauso leicht verständlich gestalten, indem Sie Ihre eigenen Einträge für das Hilfefenster und die dazugehörenden Verbindungen mit einem Hypertext-Hilfedokument schreiben. Zwei Ebenen individueller Hilfe stehen zur Verfügung:

- Fensterhilfe: Die Kommentare, die im Hilfefenster angezeigt werden und die Eingaben und Anzeigen beschreiben, über die der Cursor bewegt wird.
- Online-Zugriff auf ein Hypertext-Hilfedokument: Sie können eine programmgesteuerte Verknüpfung zur Anzeige einer externen Hilfedatei erstellen.

Individuelle Hilfetexte für das Hilfefenster zur Verfügung zu stellen ist recht einfach. Wählen Sie dazu *Datenoperationen>>Beschreibung und Tipp...* aus dem Popup-Menü einer Eingabe oder Anzeige. Geben Sie die Beschreibung in das Dialogfenster ein und klicken Sie *OK* an, um den Text zu speichern. LabVIEW wird diese Beschreibung fortan immer dann anzeigen, wenn das Hilfefenster geöffnet ist und Sie den Mauszeiger auf das Frontpanelobjekt bewegen. Wenn Sie alle Frontpanelobjekte durch die Eingabe solcher Beschreibungen dokumentieren, kann der Endanwender das Hilfefenster öffnen und sich einen schnellen Überblick über die Bedeutung Ihrer Frontpanelobjekte verschaffen.

Eine Beschreibung für ein ganzes VI können Sie in das Textfenster eingeben, das erscheint, wenn Sie *VI-Einstellungen>>Dokumentation* aus dem Menü *Datei* wählen. Diese Bemerkungen werden im Hilfefenster zusammen mit dem Anschlussblock angezeigt, wenn sich der Mauszeiger über dem Symbol des VI im Blockdiagramm eines anderen VI befindet.

Sie können ein Hilfefenster auch programmgesteuert öffnen, positionieren und schließen. Verwenden Sie die Funktionen *Hilfefenster steuern* und *Status des Hilfefensters holen* aus der Unterpalette *Hilfe* der *Anwendungssteuerungspalette*.

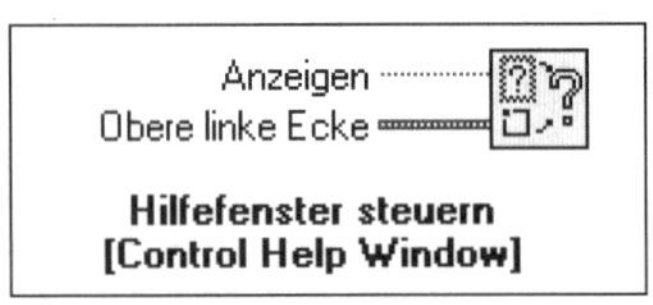

Abbildung 14.9: Die Funktion Hilfefenster steuern

Der boolesche Eingang *Anzeigen* der Funktion *Hilfefenster steuern* öffnet oder schließt das Hilfefenster. Der Cluster-Eingang besteht aus zwei numerischen Eingaben, welche die Pixelposition der linken oberen Ecke bestimmen.

Abbildung 14.10: Die Funktion Status des Hilfefensters holen

Die Funktion *Status des Hilfefensters holen* liefert den Status und die Position des Hilfefensters.

14.4.2 Erstellen der eigenen Online-Hilfe

Die fortgeschrittenere Hilfemethode, eine Verknüpfung mit einer externen Hilfedatei aufzurufen, ist aufwendiger. Im Abschnitt über das Drucken der Dokumentation wurde bereits erwähnt, dass Sie Ihre Dokumentation als RTF-Datei abspeichern können und dabei auch die Option haben, die Bilder extern zu speichern. Dies können Sie als Grundlage für Ihre eigene Online-Hilfe verwenden. Mit Online-Hilfe haben Sie die Dokumentation immer dort, wo Sie diese brauchen: am Rechner. Um durch die Funktionalität von LabVIEW RTF-Dateien zu erstellen, brauchen Sie jetzt nur noch einen Hilfe-Compiler oder, wenn Sie doch noch Ihre Hilfedateien erweitern und auf keinen Komfort verzichten wollen, ein Hilfe-Autorensystem wie zum Beispiel *RoboHelp* von Blue Sky Software und *Doc-to-Help* von WexTech Systems. Auf dem Macintosh können Sie *Quick-Help* von Altura Software verwenden. Unter Unix steht Ihnen *HyperHelp* von Bristol Technologies zur Verfügung. Alle Hilfe-Compiler enthalten Werkzeuge zum Erstellen von Hilfedokumenten.

Um diese Hilfedateien programmgesteuert aufzurufen, können Sie die Funktion *Bedienelement Online-Hilfe* der Unterpalette *Hilfe* verwenden.

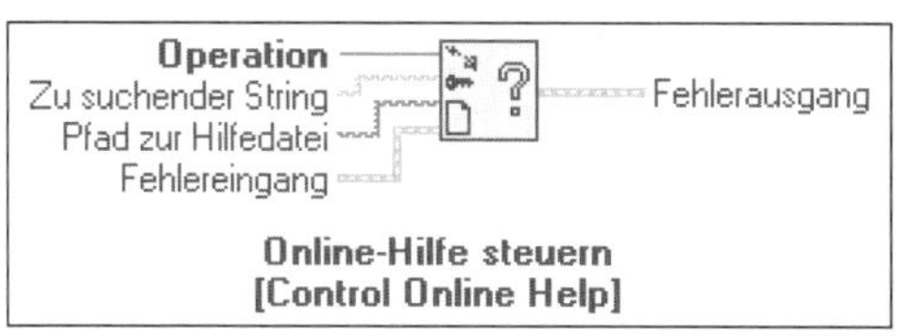

Abbildung 14.11: Die Funktion Online-Hilfe steuern

Die Funktion *Online-Hilfe steuern* dient zum Steuern und Bearbeiten externer Hilfedateien. Sie können den Inhalt oder den Index anzeigen oder zu einer bestimmten Stelle der Hilfedatei springen.

14.5 Zusammenfassung

Dokumentation gehört zweifellos zu den ungeliebten Themen von Ingenieuren und Programmierern. So findet man kaum Hinweise zu diesem Thema in den einschlägigen Büchern über Programmiersprachen. Dies hängt zum größten Teil mit der eingesetzten textbasierten Programmiermethodik zusammen, die durch ihre kryptische Syntax von vornherein dokumentationsfeindlich ist, so dass eine aussagekräftige Dokumentation nur in den Köpfen der Entwickler existiert. Dies aber führt gerade im Zeitalter der Validierung und Zertifizierung zu erheblichen Komplikationen. LabVIEW hingegen unterstützt die Dokumentation zum einen durch seinen selbstdokumentierenden Charakter, resultierend aus der grafischen Programmierphilosophie, und zum anderen durch die integrierten Funktionalitäten, die eine gute Ergänzung zur selbstdokumentierenden Datenflusssteuerung darstellen.

15 Zukunftsweisende Technologien in LabVIEW

Es kommt vielleicht für die menschliche Entwicklung auch gar nicht darauf an, was der wirkliche Inhalt eines Kunstwerkes ist, sondern nur auf das, was dafür gehalten wird; jeder Einzelne, jede Epoche tritt mit anderen Schlüsseln heran und erschließt sich was anderes, das Kunstwerk ist in dieser Hinsicht ein Aesthetikum an sich, das es so wenig gibt, wie das Ding an sich in der Welt der Wirklichkeit.

Robert Musil – Tagebücher

Dieses Kapitel befasst sich mit fortgeschrittenen Technologien von LabVIEW, welche es jedermann ermöglichen, State-of-the-Art-Technologien der Computerwelt, wie z.B. Multithreading oder ActiveX, in eigenen MSR-Anwendungen zu nutzen, ohne sich dafür ein spezielles Expertenwissen aneignen zu müssen. LabVIEW bietet seinen Anwendern einen gewohnt einfachen Weg, die Multithreading-Technologie zum integralen Bestandteil eigener Applikationen werden zu lassen. Die Vorteile von Multithreading-Anwendungen kommen aber nicht nur Multiprozessorsystemen zugute. Auch Singleprozessorsysteme können durch die Verbesserung von Laufzeiteigenschaften von Anwendungen davon profitieren, da nun z.B. zeitkritische Teile einer Applikation mit entsprechenden Prioritäten als eigene Threads vom Prozessor bearbeitet werden können. Auch die vollständige Unterstützung der ActiveX-Technologie von Microsoft wird mit LabVIEW gewährleistet. Diese Technologie schafft eine einheitliche Schnittstelle zwischen verschiedenen Softwareprogrammen. Hiermit kann man z.B. Webbrowser in die LabVIEW-Umgebung einbinden, Excel von LabVIEW aus steuern und Daten zwischen beiden Anwendungen austauschen. Wie in LabVIEW üblich, braucht man für die Verwendung der ActiveX-Technologie weder Code zu tippen noch dicke Handbücher zu wälzen. Die Methoden und Eigenschaften sind über Programmknoten und einfaches Verbinden mit diesen zugänglich.

Im ersten Teil dieses Kapitels befassen wir uns mit den gerade geschilderten Technologien, die vom jeweils zugrunde liegenden Betriebssystem abhängig sind. Im zweiten Teil dieses Kapitels gilt unser Augenmerk dann den vom Betriebssystem unabhängigen Funktionalitäten, d. h. Features wie TCP/IP-Unterstützung und den LabVIEW-Server, die plattformunabhängig sind. Für alle Abschnitte in diesem Kapitel gilt, dass wir eine Einführung in die Möglichkeiten dieser Technologien geben, aber um den Rahmen dieses Grundlagenbuchs nicht zu sprengen, für eine detaillierte Beschreibung auf die entsprechenden Application Notes bzw. Literatur (siehe Anhang) verweisen.

15.1 Von Multitasking zu Multithreading

Was hat man sich unter Multithreading vorzustellen? Bevor wir nun näher auf diese Methodik eingehen, soll zunächst der Grundbegriff des Multitasking, das eher im Zusammenhang mit Betriebssystemen geläufig ist, erläutert werden. Das Multitasking bezieht sich auf die Fähigkeit eines Betriebssystems, mehrere Prozesse quasi gleichzeitig ablaufen zu lassen (Abbildung 15.1). Dabei wird unter dem Begriff Prozess ein Programm mit eigenem Adressraum, eigenständigen Ressourcen und Threads verstanden. Jeder einzelne Task behindert dabei die Ausführung der anderen Tasks. Durch das schnelle Umschalten zwischen den einzelnen Tasks entsteht der Eindruck, dass diese quasi parallel ablaufen. Als Thread hingegen wird eine ausführbare Einheit innerhalb eines Prozesses bezeichnet. Während bei Windows 3.1 ein kooperatives Multitasking vorlag, bei dem die Abarbeitung mehrerer Prozesse von der »Kooperationsbereitschaft« des jeweils aktiven Prozesses abhing, wurde mit dem weitaus überlegenen preemptiven Multitasking der Betriebssysteme Windows 9x/NT die Verantwortung der quasi parallelen Abarbeitung mehrerer Prozesse vom Betriebssystem übernommen. Damit gewährleistet das preemptive Multitasking erstmalig unter Windows ein nahezu deterministisches Zeitverhalten. Multitasking steht auch auf verschiedenen Unix-Plattformen zur Verfügung.

Ausgehend von dem Konzept des Multitasking soll nun das Multithreading näher beleuchtet werden. Multithreading stellt eine tiefer strukturierte Art des Multitasking dar. Beim Multithreading wird eine Anwendung in mehrere kleine Anwendungen aufgespaltet, wobei nun zwischen den aufgeteilten Einheiten, den Threads, ein Multitasking stattfinden kann. Während auf einem Singleprozessorsystem diese Threads nahezu parallel abgearbeitet werden können, wird auf einem Multiprozessorsystem eine echte parallele Abarbeitung gewährleistet (Abbildung 15.2). Hierbei wird deutlich, dass Multithreading eine Grundvoraussetzung für die volle Ausnutzung von Multiprozessorsystemen darstellt. Jedoch hilft Multithreading auch klassischen Einprozessorrechnern, z.B. wenn einige Tasks mehr Zeit benötigen als andere oder die Darstellung auf dem Bildschirm gleichzeitig mit der Datenerfassung abläuft.

Abbildung 15.1: Mehrere Singlethreaded Anwendungen werden gleichzeitig auf einem Zweiprozessorsystem ausgeführt; dabei behindert jeder Task die anderen Tasks bei ihrer Ausführung.

Die eben erläuterten Prinzipien sind zwar anschaulich und leicht nachvollziehbar, jedoch wirft in der Praxis die Implementierung dieser Technologie mit herkömmlichen Werkzeugen für den Endanwender häufig größere Probleme auf. In textbasierten Programmiersprachen wie z.B. C/C++ war es bisher nur versierten Programmentwicklern möglich, absturzsichere Multithreading-Anwendungen zu entwickeln.

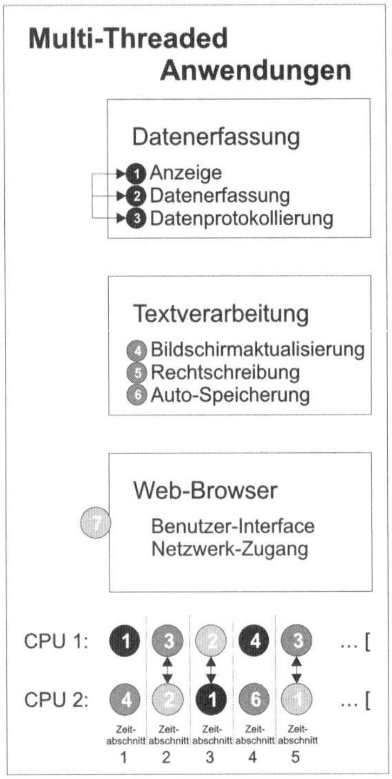

Abbildung 15.2: Anwendungen mit Multithreading können Multiprozessorsysteme voll ausnutzen.

Es gibt zwar entsprechende Bibliotheken, die die Entwicklung von Multithreading-Anwendungen unterstützen, jedoch ist die Programmiersprache sequentiell ausgerichtet und steht somit der leichten visuellen Überprüfung des Programms hinderlich im Weg. Grafische Programmiersprachen wie LabVIEW machen es leichter, die parallel ablaufenden Prozesse über die Datenflusssteuerung zu visualisieren.

Wo liegen nun aber die Anwendungsbereiche in der MSR-Technik? Als Beispiel betrachten wir eine einfache Datenerfassungsanwendung (Abbildung 15.3), bei der die erfassten Daten zur Laufzeit, sprich online, visualisiert werden sollen. Ohne Multithreading wird die kontinuierliche Datenerfassung von der laufzeitintensiven Online-Darstellung auf der Benutzeroberfläche negativ beeinflusst.

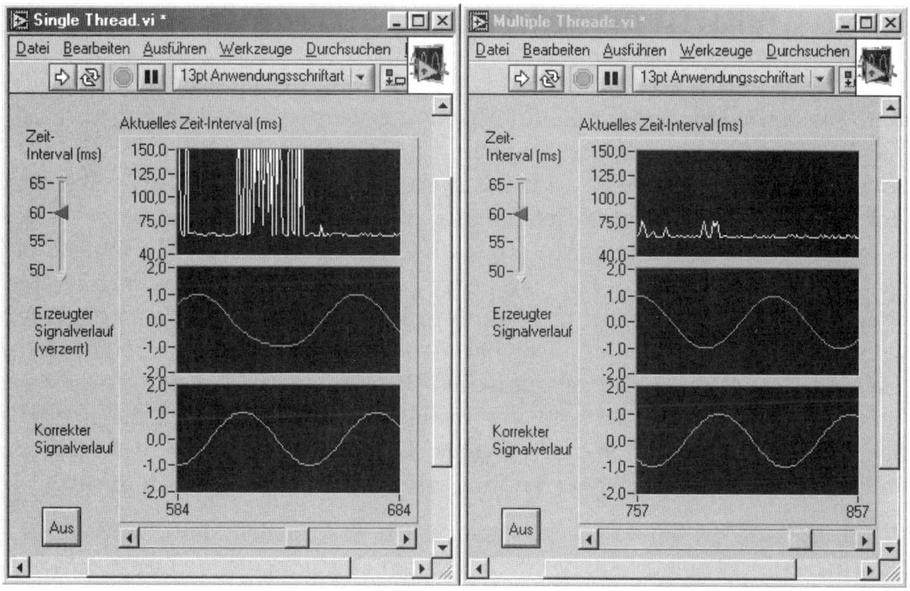

Abbildung 15.3: Dasselbe Programm einmal als Single Thread und einmal als Multithreaded Anwendung

Natürlich kann dieser Einfluss durch Anwendung von speziellen Techniken wie z.B. dem »Double-Buffering« oder durch die Verwendung intelligenter Datenerfassungseinheiten minimiert und für diese Anwendung auf einem gegebenen System eliminiert werden. Durch die Aufspaltung der Anwendung in mehrere Threads – einer für die Datenerfassung und ein zweiter für die Benutzeroberfläche – kann die Anwendung noch leistungsfähiger werden. Die Graphen auf dem Frontpanel stellen jetzt vielleicht nicht mehr jeden Wert aus dem Puffer dar, jedoch werden sie versuchen, so viel wie möglich darzustellen, ohne die Datenerfassung zu behindern. Der Entwickler muss hierbei nur die Priorität für die beiden Threads richtig einstellen, und die weitere Verarbeitung wird von LabVIEW und dem Betriebssystem übernommen. Wird nun hier das Multithreading mit einer herkömmlichen, textbasierten Programmiersprache wie beispielsweise C/C++ implementiert, so muss darauf geachtet werden, dass Threads zwar unabhängig voneinander ablaufen, von diesen jedoch derselbe Adressraum verwendet wird. Bereits hier wird ersichtlich, mit welcher Systemkomplexität der Anwender konfrontiert wird, wenn er beabsichtigt, eine Multithreading-Anwendung zu erstellen. Der Anwender ist hierbei also sowohl für die Konsistenz der Daten als auch eine absturzsichere Programmausführung verantwortlich.

15.2 Multithreading in LabVIEW

Wie sieht es nun mit dem Einsatz der Multithreading-Technologie in LabVIEW aus? Als betriebssystemseitige Voraussetzung werden – unabhängig von LabVIEW – Multitasking-Betriebssysteme wie Windows 9x, Windows NT/2000, Solaris 2 oder Concurrent PowerMAX zugrunde gelegt. In LabVIEW selbst lässt sich ohne tiefer greifendes Detailwissen bezüglich der zugrunde liegenden Betriebssysteme sowie der Multithreading-Technologie eine Multithreading-Anwendung realisieren. Für das eben erwähnte Datenerfassungsbeispiel bedeutet dies Folgendes: Durch Multithreading wird nun ein Thread dazu verwendet, Daten, die von der Datenerfassungseinheit in den Arbeitsspeicher transferiert wurden, auf einer grafischen Benutzeroberfläche zu aktualisieren. Simultan dazu kontrolliert und verarbeitet ein anderer Thread die über die Benutzeroberfläche eintreffenden Events. Die Aufteilung der Anwendung in mehrere Threads sowie deren Handling wird von LabVIEW übernommen.

Wann und wie oft ein VI die Prozessorzeit beanspruchen kann, wird mit der Priorität eines VI eingestellt. Bereits in früheren Versionen von LabVIEW war es sehr leicht möglich, konkurrierende, einzeln ablaufende und leicht synchronisierbare Programmteile mit Hilfe von Timer-Funktionalitäten zu erzeugen. Dazu betrachten wir das Beispiel in Abbildung 15.4.

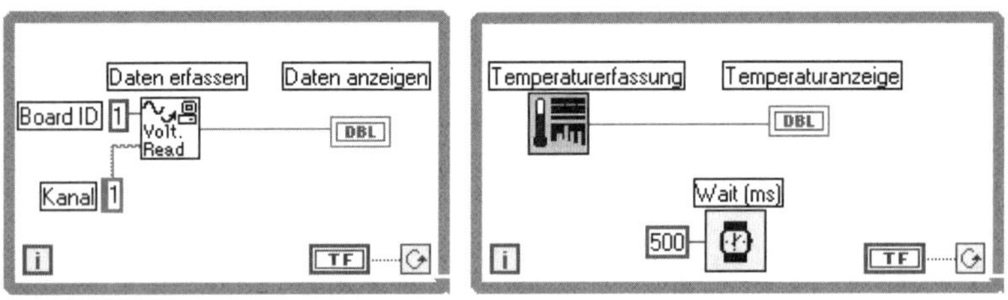

Abbildung 15.4: Prioritätsscheduling mit der Warten-Funktion in früheren LabVIEW-Versionen

Hier ist in der rechten Schleifenstruktur die Timer-Funktion *Warten (ms)* eingefügt, welche dafür sorgt, dass die rechte Schleife nur alle 500 ms abgearbeitet wird, während die Datenaufnahme in der linken Schleife so schnell wie möglich erfolgt. Damit wird sichergestellt, dass der Datenaufnahme eine höhere Priorität zugeordnet wird. Neben diesen Timer-Funktionen können seit der LabVIEW-Version 5.0 auch Prioritäten für die einzelnen Threads vergeben werden. Die jeweiligen Prioritäten und Ausführungssysteme der einzelnen Threads werden einfach in einem Dialogfenster eingestellt (Abbildung 15.5).

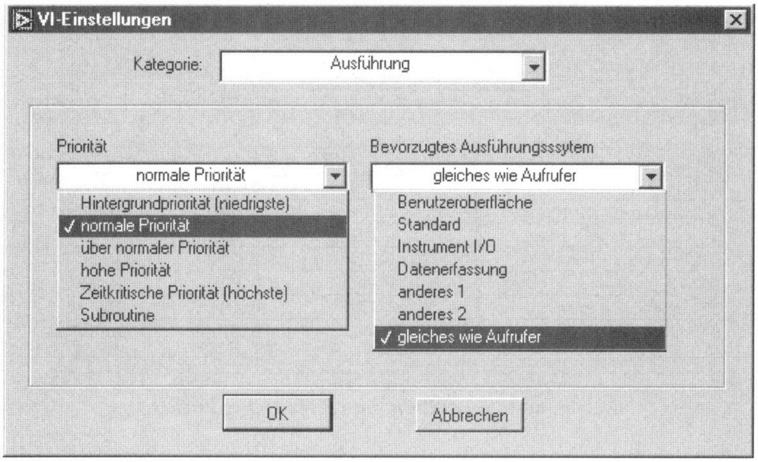

Abbildung 15.5: Dialogfenster zur Einstellung der Ausführungssysteme sowie der Priorität eines LabVIEW-VI

Laufen mehrere VI gleichzeitig, so werden diese in einem Einprozessorsystem in eine *Execution Queue* abgelegt. Dies hat zur Folge, dass VI mit einer hohen Priorität vor VI mit einer niederen Priorität abgearbeitet werden. Normalerweise läuft ein VI im Standard Execution System, wobei sowohl die Benutzeroberfläche als auch das Diagramm in jeweils einem eigenen Thread ausgeführt werden. Das Instrument I/O Execution System beispielsweise schützt VISA (Virtual Instrument System Architecture), GPIB und serielle I/O vor der Blockierung durch andere VI.

Auch Mehrfachaufrufe einer Funktion in einer DLL (Dynamic Link Library) sind mit der Call-Library-Funktion von LabVIEW möglich. Um einen Call-Library-Aufruf *reentrant* (wiedereintrittsfähig) zu machen, muss dies lediglich im Call-Library-Dialogfenster eingestellt werden. Funktionen, die in DLLs abgelegt wurden und die Wiedereintrittsfähigkeit unterstützen, können somit zur gleichen Zeit von mehreren Modulen aufgerufen werden. Bibliotheken in LabVIEW, die externe, textbasierte Sourcecode-Module verwenden, können so konfiguriert werden, dass sie ebenfalls von dieser Technologie profitieren.

Zur Analyse von Multithreading-Anwendungen steht ein *Multithreaded Performance Profiler* zur Verfügung. Damit können die einzelnen Zeiten der VI gemessen werden (Abbildung 15.6).

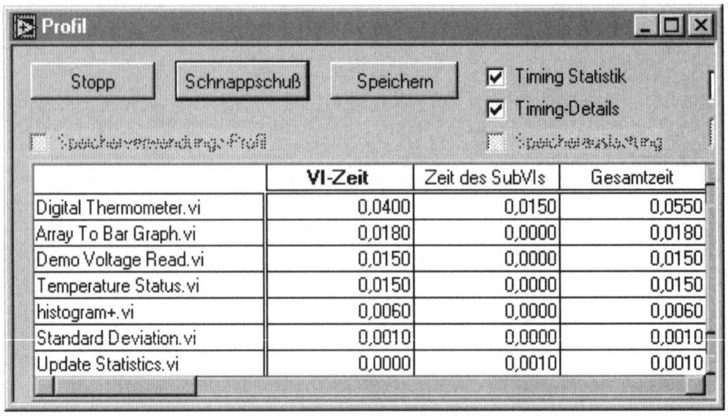

Abbildung 15.6: Multithreaded Performance Profiler

15.3 Vereinfachte Kommunikation durch ActiveX

Eine der State-of-the-Art-Technologien in LabVIEW ist die vollständige Unterstützung der ActiveX-Technologie von Microsoft. Ein Teil dieser Technologie ist schon seit längerem unter dem Begriff OLE (Object Linking and Embedding) bekannt, wurde aber mit Vorstellung der 32-Bit-Windows-Betriebssysteme erweitert. ActiveX basiert auf dem Component Object Model (COM), ein Standard, der Entwicklern die Möglichkeit gibt, unabhängig von der Programmiersprache eine Schnittstelle zu schaffen, auf die leicht von anderen Anwendungen zugegriffen werden kann. ActiveX ist der Sammelbegriff für eine Reihe verschiedener Möglichkeiten, wie Anwendungen untereinander kommunizieren können: ActiveX-Automation, ActiveX-Container, ActiveX-Steuerelemente und ActiveX-Dokumente. Im Folgenden sollen diese verschiedenen Untermengen näher vorgestellt werden.

15.3.1 ActiveX-Steuerelemente

ActiveX wird oft nur mit ActiveX-Steuerelementen (Controls) gleichgesetzt. Die ActiveX-Steuerelemente sind unabhängige kleine Softwaremodule mit Methoden und Eigenschaften, die in einer Containerumgebung, wie z.B. Visual Basic, Delphi oder LabVIEW, eingesetzt werden können. Ein Beispiel für ein solches ActiveX-Steuerelement ist der Webbrowser, der mit der Installation des Microsoft Internet Explorer verfügbar ist. LabVIEW kann als ActiveX-Container den

Webbrowser in die Benutzeroberfläche integrieren und mittels der Methoden und Eigenschaften, die dem Browsersteuerelement zu eigen sind, lässt sich dann programmatisch bestimmen, welche HTML-Seiten zur Anzeige kommen. In unserem Beispiel werden verschiedene Testergebnisse in Form von HTML-Seiten abgelegt und innerhalb der Oberfläche von LabVIEW dargestellt (Abbildung 15.7).

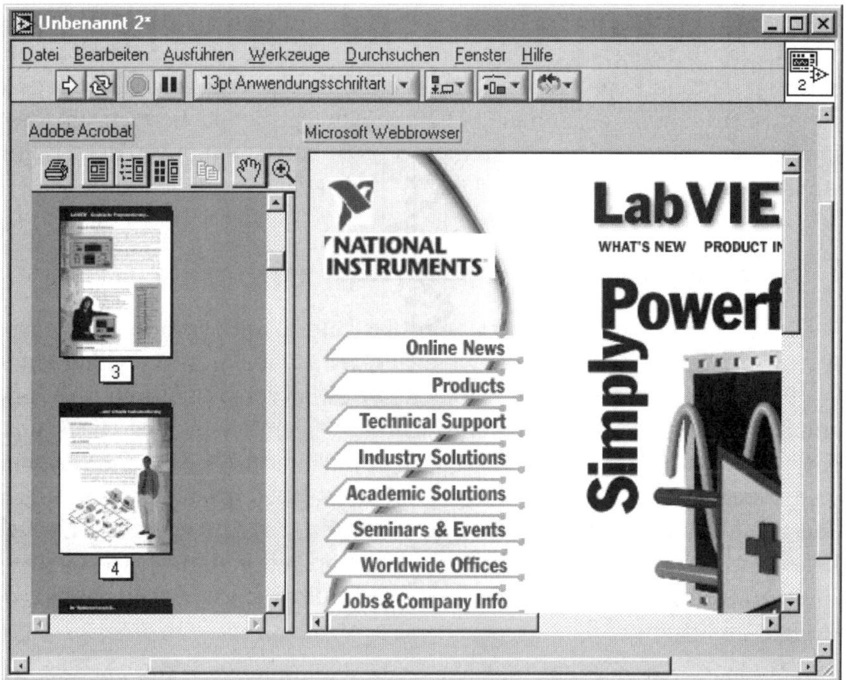

Abbildung 15.7: In die Oberfläche von LabVIEW integrierte ActiveX-Steuerelemente

15.3.2 Verwendung von ActiveX-Containern

In einen ActiveX-Container können jedoch nicht nur Controls eingefügt werden. Vielmehr lassen sich auch so genannte ActiveX-Dokumente integrieren. Solche Dokumente haben nicht die Möglichkeit der aktiven Steuerung; in der Regel zeigen sie nur passiv Daten an. Der Vorteil dieser Dokumente ist jedoch, dass diese auf eine existierende Datei verweisen können und automatisch aktualisiert werden, sobald die Originaldatei verändert wird. Beispiele für solche Dokumente sind Microsoft-Word-Dateien, Excel-Tabellen oder ein mit HiQ erstelltes Dokument zur Lösung numerischer Problemstellungen. Wie diese

Dokumente bearbeitet werden können, hängt sowohl von der Containeranwendung als auch von der eingebetteten Anwendung ab. Einige Container stellen die Symbolleiste und die Menüs der Originalanwendung dar, wenn das Dokument bearbeitet werden soll – andere starten zur Bearbeitung die Originalanwendung mit dem Dokument. Darüber hinaus gibt es in LabVIEW, Visual BASIC und anderen Containeranwendungen die Möglichkeit, die Dokumente auch programmatisch zu bearbeiten. Durch den Einsatz von ActiveX-Containern können alle benötigten Module in eine Umgebung integriert werden, womit für den Benutzer das Wechseln der Anwendungen und damit die Einarbeitung in andere Benutzeroberflächen entfällt. Für den Entwickler bedeutet dies gleichzeitig, dass er immer das für einen speziellen Bereich am besten geeignete Werkzeug verwenden kann und nicht versuchen muss, dessen Funktionalität mühsam nachzubilden.

15.3.3 ActiveX-Automatisierung

ActiveX-Automatisierung definiert ein Kommunikationsprotokoll zwischen zwei Anwendungen. Die Serveranwendung wird dabei von der Clientanwendung gesteuert. Der Client kann Methoden des Servers ausführen und Eigenschaften von diesem lesen oder einstellen. Anschaulicher wird dies anhand eines Beispiels, bei dem in LabVIEW erfasste Daten in Excel weiterverarbeitet werden sollen. LabVIEW kann nun als Client in Excel, dem ActiveX-Automationsserver, eine bestehende Arbeitsmappe öffnen, eine Tabelle darin einfügen, die erfassten Daten in der Tabelle darstellen und mit einem Makro weiterverarbeiten, z.B. um verschiedene Diagramme in einer Excel-Arbeitsmappe darzustellen (Abbildung 15.8).

Um die Vorteile von ActiveX in textbasierten Entwicklungsumgebungen wie C++ zu nutzen, bedarf es in der Regel umfangreicher Online-Hilfen, um die Funktionen für ActiveX-Automation korrekt zu verwenden. Eine Anwendung, die als Automationsserver fungiert, hat einen Satz Methoden, welche vom Client ausgelöst werden können, und einen Satz beeinflussbarer Eigenschaften. Dazu muss der Entwickler in der Regel die Objektbibliothek der zu steuernden Software durchsuchen, um alle Methoden und Eigenschaften herauszufinden. Mit LabVIEW wird die Verwendung von ActiveX erheblich vereinfacht, denn es ist kein mühsames Abtippen der Methoden und Eigenschaften mehr nötig. Es muss lediglich nach der Anwendung, auf die zugegriffen werden soll, auf dem Computer gesucht und dann die Applikationsreferenz mit einem Methoden- oder Eigenschaftenknoten verbunden werden.

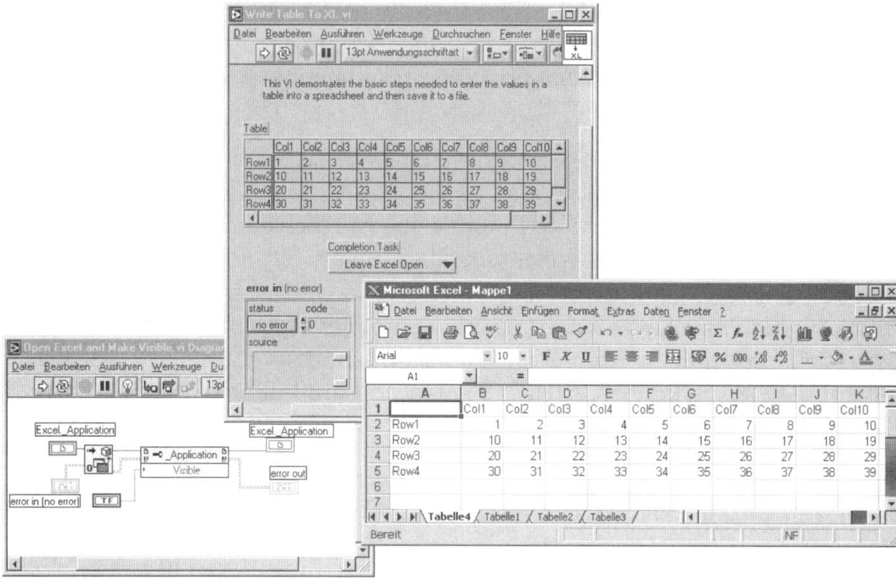

Abbildung 15.8: ActiveX-Automatisierungsanwendung zwischen LabVIEW und Microsoft Excel

Der Knoten zeigt dann automatisch alle für die gewählte Anwendung gültigen Methoden und Eigenschaften an. Daraus wählt der Anwender nur noch die zutreffenden aus. Werden noch erläuternde Informationen über die jeweiligen Eigenschaften benötigt, so ist über das Popup-Menü die Online-Hilfe für jeden Knoten verfügbar.

Auch wenn die ActiveX-Technologie eine für 32-Bit-Windows-Plattformen proprietäre Technologie darstellt, so haben auch andere Plattformen Code oder Pläne für eine Kompatibilität mit dem geschaffenen Standard. Zusätzlich können mit dem DCOM-Modell (Distributed COM) die ActiveX-Client-Server-Fähigkeiten transparent über das Netzwerk genutzt werden. Hierdurch wird die Entwicklung verteilter Systeme noch weiter vereinfacht.

15.4 Verteilte Kommunikation

Der Begriff der verteilten Kommunikation ist in der Mess- und Automatisierungstechnik zum Schlagwort geworden. Entsprechend groß ist auch die Verwirrung bei den Anwendern, die diese Technologie einsetzen möchten, der Zugang aber gestaltet sich mühselig. Weitere Schlagwörter wie Internet, WWW, Firewall, TCP/IP, verteilte Serveranwendungen etc. sind auch in diesem

Zusammenhang zu hören. Alle diese Begriffe und Möglichkeiten werden von LabVIEW entsprechend unterstützt und so erscheint es uns zweckmäßig, diese Begriffe ein wenig zu beleuchten und den Zusammenhang mit LabVIEW aufzuzeigen.

Mit der Kommerzialisierung des Internets sowie seiner breiten Akzeptanz in der Industrie erwachsen neben den »klassischen Anwendungsbereichen« wie World Wide Web, E-Mail und FTP auch neue Möglichkeiten in der MSR-Technik, die wir hier aufzeigen wollen. Darüber hinaus gilt unsere Betrachtung in diesem Zusammenhang dem schon länger in LabVIEW integrierten TCP/IP-Protokoll, der Basis des Internets. Das Wissen über TCP/IP ist nicht zwingend notwendig, um mit dem am Ende dieses Abschnitts vorgestellten LabVIEW-Server umgehen zu können, so dass Sie den Abschnitt über TCP/IP gerne überblättern können.

15.4.1 LabVIEW und das Internet

Das Internet erfährt eine rasante weltweite Ausbreitung, die nicht zuletzt durch die Verfügbarkeit von einfach zu bedienenden Browsertechnologien sowohl im privaten als auch zunehmend im industriellen Bereich Einzug hält. Im Wesentlichen ist das Internet ein weltumspannendes Computernetz, das aus der Verbindung vieler Teilnetze und Einzelcomputer besteht. Werden diese kleineren Teilnetze nur innerhalb einer Firma oder Organisation von berechtigten Personen benutzt, so spricht man in diesem Zusammenhang von einem Intranet. Sie werden über ein so genanntes Gateway an das Internet angekoppelt. Der Verbund dieser Intranets mit Hochgeschwindigkeitsleitungen (Backbones) bildet das Internet. Somit lässt sich das Internet als Obermenge der Intranets auffassen.

Firewalls sichern das Netzwerk gegen unerlaubten Zugriff

In beiden Netzwerken bedient man sich der gleichen Werkzeuge und Übertragungsprotokolle. Soll das Intranet nicht oder nur teilweise im Internet verfügbar sein, setzt man so genannte Firewalls ein, die das Eindringen von außen in das Intranet verhindern. Eine Firewall ist eine spezielle Software, die beispielsweise auf dem Gateway-Server läuft und alle sicherheitsrelevanten Überprüfungen der aus dem Internet kommenden Datenströme übernimmt. So lassen sich einzelne Rechner, auf dem elementare Daten enthalten sind, für den Zugriff aus dem Internet sperren, d. h., sie sind nicht aus dem Internet adressierbar oder es werden die Daten aus dem Internet auf Viren geprüft. Der Gateway-Rechner übernimmt häufig neben dem Schutz des eigenen Intranets durch die Firewall auch andere Dienste, wie etwa das Versenden von E-Mails an Internetrechner. Betrachtet man die Anbindung des Intranets an das Internet aus sicherheitsrelevanter Sicht, so bilden gerade die Firewalls häufig die Schwachstelle. Denn von der Qualität dieser Einrichtung hängt es ab, ob die im Intranet vorhandenen Rechner gegen den ungewollten Zugriff aus dem Internet hinreichend geschützt werden können.

Anwendungsbereiche

Heute ist die Nutzung der unterschiedlichen Webtechnologien ein integraler Bestandteil jeder modernen, international ausgerichteten Firma. Firmen, die diese Technologie immer noch außer Acht lassen, müssen sich auf schwere Zeiten einrichten. National Instruments stellte bereits 1996 das erste Internetwerkzeug für LabVIEW vor, welches auch umgehend im Jet Propulsion Laboratory (JPL) der NASA in den mannigfaltigsten Applikationen und Problemstellungen im Bereich der Raumfahrt zum Einsatz kam. Der Einsatz von LabVIEW in der Mars Pathfinder Mission gehört sicherlich zu den populärsten Anwendungen und wurde weltweit mit großer Spannung verfolgt. Ingenieure aus dem JPL der NASA verwenden LabVIEW, um damit die Daten vom Roboterfahrzeug »Sojourner« zu analysieren, zu übertragen und anschließend über das Internet zu visualisieren.

Betrachtet man die vielfältigen auf dem Markt verfügbaren Softwarepakete, so ist doch auffällig, wie viele dieser Pakete in Verbindung mit dem Schlagwort »webfähig« bzw. »internetfähig« angepriesen werden. Webfähig ist aber nicht gleich webfähig und sollte daher, um überhaupt vergleichbar zu sein, näher spezifiziert werden. Hier einige Facetten »webfähiger« Softwareumgebungen:

- Publizierung eines Reports im Web
- Direkter Datenaustausch von der Entwicklung an über die verschiedenen Abteilungen hinaus
- Verteilte Ausführung

Webpublizierung Unter Webpublizierungen versteht man Reports (z.B. Prozessabbildungen, Protokollierungen), die über das Web dargestellt und nur von Zeit zu Zeit aktualisiert werden. Die auf diese Weise präsentierten Daten sind in erster Linie nicht dazu gedacht, anderweitige Verwendung zu finden. Man spricht in diesem Fall auch von einer statischen Repräsentation. Ausgefeilte Anwendungen dieser Art unterstützen sogar die Steuerung des über das Web publizierten Prozesses. Dabei werden über das in einem Webbrowser dargestellte Prozessschaubild so genannte Events an die eigentliche Applikationssoftware des Prozessrechners gesendet, der daraufhin bestimmte Aktionen ausführt. Man spricht hierbei auch von einem »Remote Controlling« via Web.

Direkter Datenaustausch Eine Steigerung der Funktionalität bietet die nächste Stufe – der direkte Datenaustausch. Zum Einsatz kommt diese Eigenschaft z.B. in einem Szenario, bei welchem die Sammlung der Rohdaten auf einem Rechner erfolgt, während ein anderer diese »Blue Data« in so genannte »White Data« weiterverarbeitet und ein dritter diese aufbereiteten Daten zu Präsentations- oder Archivierungszwecken weitergereicht bekommt. Durch den unmittelbaren Zugang zu den Daten haben verschiedene Abteilungen die Möglichkeit, diese effizient in die von ihnen zur weiteren Bearbeitung benötigte Form umzuwandeln. Rohdaten der Entwicklung können so über die Arbeitsvorbereitung direkt in den Fertigungsprozess einfließen oder aber vom Fertigungsprozess an die Qualitätssicherung weitergereicht werden. Es ist dabei von einem technischen Standpunkt aus betrachtet völlig unerheblich, ob der Datentransport über das firmeninterne Intranet oder das weltweite Internet abgewickelt wird.

Verteilte Ausführung Diese Form zeichnet sich durch weitere Freiheitsgrade gegenüber den oben genannten Webfähigkeiten aus. Hiermit lassen sich z.B. nicht nur Daten, sondern auch verschiedene Teile einer Applikation (Datenerfassung, Aufbereitung und Visualisierung) über das Netz auf mehrere Rechner verteilen, um dadurch verteilte Rechenleistung zu nutzen. Die Steuerung der verteilten Einzelapplikationen kann von zentraler Stelle aus erfolgen. Ein aktuelles Beispiel zu diesem Thema stellt das Seti-Projekt dar

(*http://setiathome. ssl.berkeley.edu*).

Werkzeuge und Entwicklung

Die unterschiedlichen vorher näher erläuterten Formen der Webfähigkeit können auf verschiedenste Art und Weise dem Anwender zugänglich gemacht werden. In der Praxis erfordern sie jedoch oft eine recht aufwendige Kodierung, sollten alle diese Fähigkeiten in einer eigenen Applikation zur Anwendung kommen. Bei LabVIEW 6*i* verfolgt National Instruments den Ansatz des geringsten Programmieraufwands für den Anwender. So beschränkt sich beispielsweise die Publizierung einer Anwendung über das Web auf wenige vom Benutzer auszuführende Mausklicks. »Konfigurieren statt Programmieren« lautet hier die Devise. Bei der direkten Datenverteilung kommt mit Hilfe der von National Instruments entwickelten DataSocket-Technologie der gleiche Ansatz zum Tragen. Die verteilte Ausführung von Programmen hingegen wird unter LabVIEW 6*i* wie folgt realisiert: Die unterschiedlichen Teile einer Applikation (Erfassung, Analyse, Steuerung, Darstellung etc.) werden auf gewohnte Weise in LabVIEW modular erstellt. Diese Modularität hilft bei der transparenten Verteilung der unterschiedlichen LabVIEW-Programmbestandteile, sprich VI (virtuelle Instrumente). Nachdem für LabVIEW-VI Ausführungssysteme für verschiedene Rechnerplattformen und Betriebssysteme existieren, lassen sich auf diese Art und Weise über das Netz VI auf diverse Plattformen (Windows-Dialekte, Macintosh, Linux etc.) anwendertransparent verteilen und mittels eines Remote-VI-Aufrufs ausführen.

Ob nun die Daten im Intranet oder sogar im Internet verfügbar sein sollen, in beiden Fällen bedient man sich der gleichen Tools und Technologien. Um LabVIEWs virtuelle Instrumente im Netz verfügbar zu machen, kann man sich der oben eingeführten ActiveX-Technologie bedienen. Die ActiveX-Steuerungen ermöglichen es, die Serverapplikation in einem Standardbrowser wie etwa dem Internet Explorer oder dem Netscape Navigator anzuzeigen. Dazu wird die entsprechende HTML-Seite (HyperText Markup Language) auf den Rechner geladen und die eingebetteten ActiveX-Steuerelemente werden innerhalb des Browsers gestartet. So kann man ActiveX-Elemente verwenden, um Daten auf dem Server zu erfassen, diese innerhalb eines Graphen anzuzeigen und schließlich über das Netz zu versenden. Sollen nun diese erfassten Daten an einem beliebigen Ort eingesehen werden, so startet man einen Browser, wählt die richtige Verbindung (URL-Adresse) und kann dann Daten erfassen, visualisieren und selbst in den Prozess eingreifen.

DataSocket

Mit DataSocket erhält der Anwender in LabVIEW ein Programmierwerkzeug, welches den Datenaustausch zwischen vernetzten Rechnern wesentlich vereinfacht. Speziell bei formatierten Daten entfällt die Komplexität der TCP/IP-Programmierung. Eine schnellere Darstellung der Daten wird durch Reduzierung des Datenverkehrs erreicht. Der DataSocket-Servermanager übernimmt die Zugriffs- und Sicherheitseinstellungen. Netzwerkprotokolle und Datenformatierungen müssen den Anwender nicht weiter kümmern.

Das DataSocket-API (Application Programming Interface) ist ein ActiveX-Steuerelement. So müssen Clientanwendungen nicht unbedingt LabVIEW-Programme sein. Auch LabWindows/CVI, Visual Basic, Standardinternetbrowser oder sonstige ActiveX-fähige Anwendungen lassen sich als Clientanwendung einbinden.

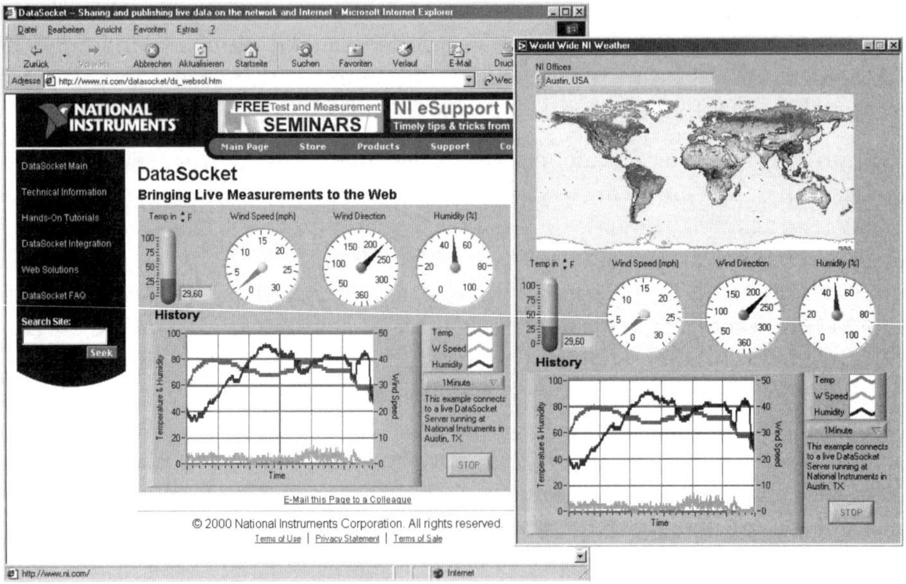

Abbildung 15.9: DataSocket-Internetanwendung in LabVIEW 6i

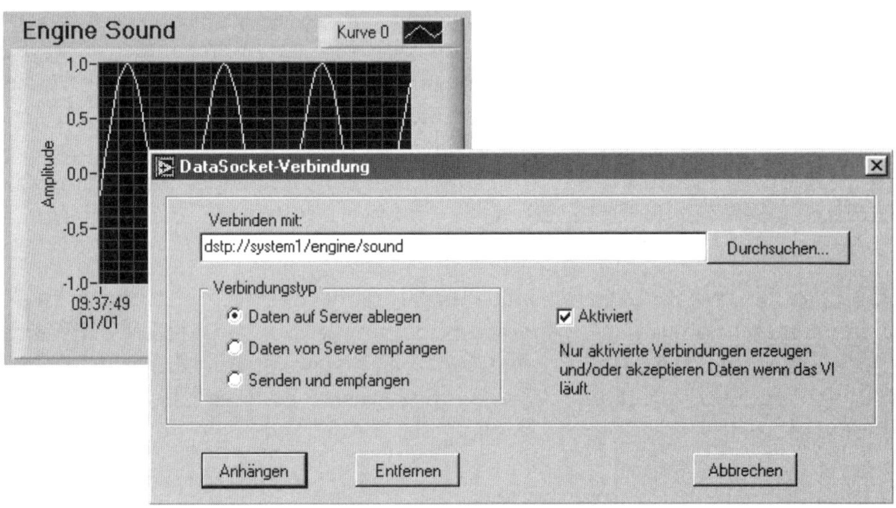

Abbildung 15.10: Einfache Dateneinbindung mit DataSocket

National Instruments hat erstmals mit LabVIEW 5.1 dieses neue Internetprogrammierwerkzeug vorgestellt. In LabVIEW 6*i* erfuhr dieses Tool noch einmal Verbesserungen. Mit wenigen Mausklicks können aus jeder Anwendung bzw.

Benutzeroberfläche sofort Daten ausgewertet und visualisiert werden. Die Darstellung von Prüfergebnissen und Messdaten ist mit Hilfe von LabVIEW seit der Version 6*i* innerhalb eines Unternehmens weltweit möglich. Völlig ohne Programmieren können Daten publiziert und aktualisiert werden. Aus der LabVIEW-Benutzeroberfläche überträgt man durch einen einzigen Mausklick die Daten in andere Anwendungen. Nur ein Rechtsklick auf das entsprechende Diagramm und über das Popup-Menü kann der DataSocket-Server integriert werden.

Nach dem Öffnen der Verbindung zum Server ist nur noch ein Name zur Identifizierung der Daten zu vergeben. Die TCP/IP-Programmierung übernimmt LabVIEW für den Anwender. Über Clientanwendungen können verschiedene Benutzer auf die Daten zugreifen und entsprechend ihren Zielen wieder verwenden.

Das Internet Toolkit für LabVIEW

Sie können mit Hilfe der Internet Developer Toolkits für LabVIEW dynamische HTML-Seiten im Internet bereitstellen. Dabei können die erstellten VI nicht nur die Visualisierung übernehmen, sondern bei bestimmten Ereignissen (z.B. Alarmzuständen) automatisch E-Mails an ausgewählte Adressaten versenden. Ferner stellen sie Werkzeuge zur Konvertierung der Frontpanels aktiv laufender virtueller Instrumente in eine JPEG-Bilddatei zur Verfügung. Diese Bilddatei wird danach zu dem Rechner gesendet, der eine entsprechende Anforderung erteilt hat. Darüber hinaus bieten die Toolkits Mechanismen, die es ermöglichen, mit dem virtuellen Instrument in Interaktion zu treten. Weiterhin können anwenderspezifische CGI (Common Gateway Interface) zur Auswertung von Anwendereingaben realisiert werden. Dabei empfängt der LabVIEW-Webserver die Anforderung eines Users, leitet diese an ein CGI-VI zur Bearbeitung weiter und antwortet entsprechend. Zur Bearbeitung gängiger Requests enthält das LabVIEW-Toolkit standardmäßig eine Sammlung von unterschiedlichen CGI-VI sowie ein »Muster-VI« zur Implementierung eigener CGI in LabVIEW. Die Programmierung von CGI auf der Basis von LabVIEW hat den entscheidenden Vorteil der Portabilität, da LabVIEW neben den Plattformen Windows NT/9x auch für den Macintosh und die Betriebssysteme Sun Solaris, HP-UX und für Concurrent-Echtzeitsysteme verfügbar ist.

Der LabVIEW Player

Mit der Version 6*i* von LabVIEW hat sich National Instruments auch Gedanken gemacht, wie die Distribution von durch Anwender erstellten Applikationen über das Intra-/Internet vereinfacht werden kann. NI setzt hier auf Bewährtes:

Es wird die gleiche Methodik verwendet, welche die meisten Computeranwender ohnehin schon kennen und verwenden – eine Technik, die z.B. beim Real Player von der Firma RealNetworks, aber auch bei Adobes Acrobat Reader zum Einsatz kommt. Hierbei muss sich der Anwender lediglich ein Tool von der Website des Herstellers herunterladen, welches nach der Installation auf dem Zielrechner eine Verbindung zum Browser aufbaut. Dadurch wird es möglich, durch Anklicken einer *.mp3*- oder *.pdf*-Datei dieses Tool zu starten und die Datei zu laden. Der LabVIEW Player funktioniert nun nach dem gleichen Prinzip und ermöglicht es so auch Anwendern, die keine LabVIEW-Entwicklungsumgebung installiert haben, LabVIEW-Applikationen, die über das Web verteilt werden, zu verwenden. Der LabVIEW Player steht allen Anwendern kostenfrei auf der Homepage von National Instruments zum Download zur Verfügung.

15.4.2 TCP/IP

TCP/IP ist ein Protokoll, welches von allen gängigen Rechnerplattformen unterstützt wird. TCP bedeutet *Transmission Control Protocol* (Protokoll zur Übertragungssteuerung), IP steht für *Internet Protocol*. IP teilt Ihre Daten in handhabbare Pakete, *Datagramme* genannt, auf und ermittelt einen Weg, diese von A nach B zu übertragen. Das Problem dabei ist, dass IP in keiner Weise eine sichere Datenübermittlung garantiert, da es kein Handshaking durchführt. Aus diesem Grund wurde TCP eingeführt, welches, als Zusatz zu IP, die Handshaking-Aufgaben erledigt und die Übermittlung der Datagramme in der richtigen Reihenfolge garantiert.

TCP ist ein verbindungsgesteuertes Protokoll, das heißt, Sie müssen die Verbindung nach einem strengen Protokoll eröffnen, bevor Sie Daten übertragen können. Wenn Sie die Verbindung mit einer anderen Stelle herstellen, müssen Sie deren IP-Adresse und einen Port der Adresse angeben. Die IP-Adresse ist eine 32-Bit-Zahl, die häufig als Zeichenkette aus vier Zahlen dargestellt wird, die durch Punkte getrennt sind, zum Beispiel 128.39.0.119. Die Port-Adresse ist eine Zahl zwischen 0 und 65.535. Sie können gleichzeitig mehr als eine Verbindung eröffnen.

LabVIEW bietet einige Kommunikations-VI, mit denen Sie Ihre Programme auch in Netzwerkanwendungen einsetzen können, die TCP/IP verwenden. Die Wahl von TCP/IP bietet gegenüber anderen Protokollen etliche Vorteile:

- Sie können Computer verschiedener Plattformen miteinander verbinden (Windows, Mac, Sun und HP).
- Sie können mit mehreren Computern gleichzeitig kommunizieren.
- Die Netzwerke können auch weit ausgedehnt (geographisch) sein.

Alles, was Sie benötigen, ist die Hard- und Software, um Ihren Computer an ein Netzwerk (z.B. Ethernet) anzuschließen, welches das TCP/IP-Protokoll verwenden kann. TCP/IP ist in die Betriebssysteme Sun, HP-UX, Windows NT, Windows 95 und MacOS ab System 7.5 integriert. Für einige frühere Systeme lässt sich zusätzliche Systemsoftware für TCP/IP beschaffen. Eine Beschreibung, *wie* Sie eine Verbindung mit TCP/IP bekommen können, würde den Rahmen dieses Buchs sprengen. Im Folgenden wird davon ausgegangen, dass Sie einigermaßen vertraut mit TCP/IP-Verbindungen sind und Ihr Computer entsprechend eingerichtet ist.

LabVIEW bietet in der Unterpalette *TCP* der Palette *Kommunikation* eine Gruppe von VI, mit denen Sie TCP-bezogene Befehle, wie das Öffnen einer bestimmten IP-Adresse, das Warten auf eine TCP-Verbindung und das Lesen und Schreiben von Daten usw., ausführen können. Wenn Ihr Netzwerk ordentlich eingerichtet ist, sind diese Funktionen relativ einfach anzuwenden. Ein gutes Beispiel zum Einstieg in das Erstellen von Netzwerk-VI bieten die Beispiele, die mit der Vollversion von LabVIEW geliefert werden (*examples\comm\tcpex.llb*): *Simple Data Client.vi* und *Simple Data Server.vi*. In den Abbildungen 15.11 und 15.12 sind die Frontpanels beider VI dargestellt.

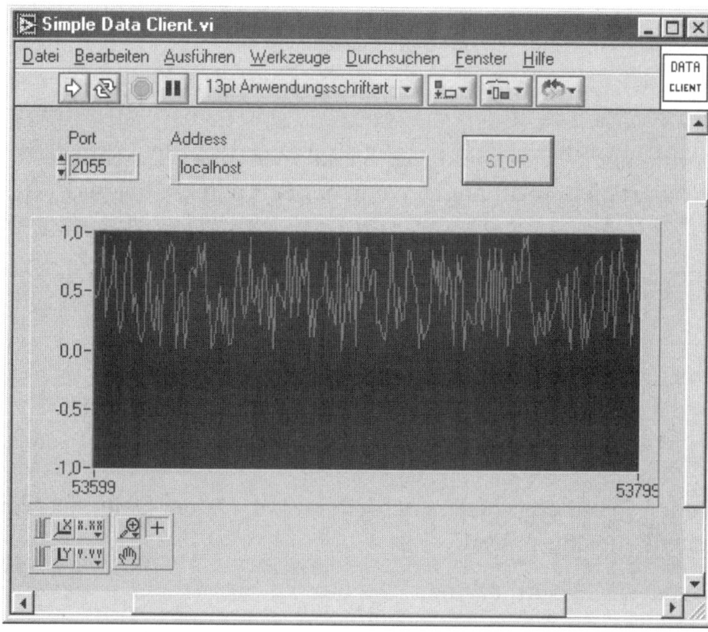

Abbildung 15.11: Das Frontpanel zu Simple Data Client

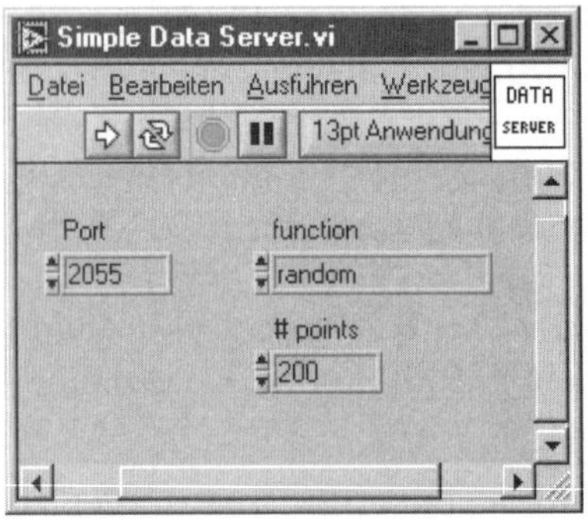

Abbildung 15.12: Das Frontpanel zu Simple Data Server

Wenn Sie diese Frontpanels genau untersuchen, können Sie bereits eine Menge über die Programmierung von Client-Server-VI lernen. Der grundlegende Ablauf für einen Client sieht folgendermaßen aus:

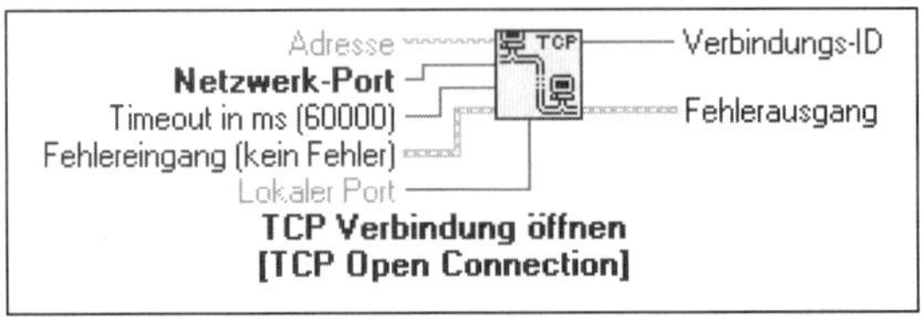

Abbildung 15.13: Die Funktion TCP-Verbindung öffnen

1. Anfordern einer TCP-Verbindung. Sie können einen Timeout festlegen, damit sich Ihr VI nicht »aufhängt«, wenn der Server nicht reagiert.

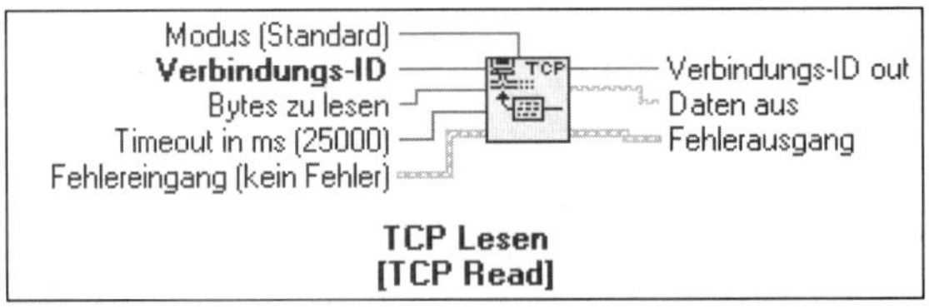

Abbildung 15.14: Die Funktion TCP Lesen

2. Lesen (oder, in anderen Fällen, Schreiben) von Daten. Daten werden immer als Zeichenkette übermittelt.

3. Schließen der TCP-Verbindung.

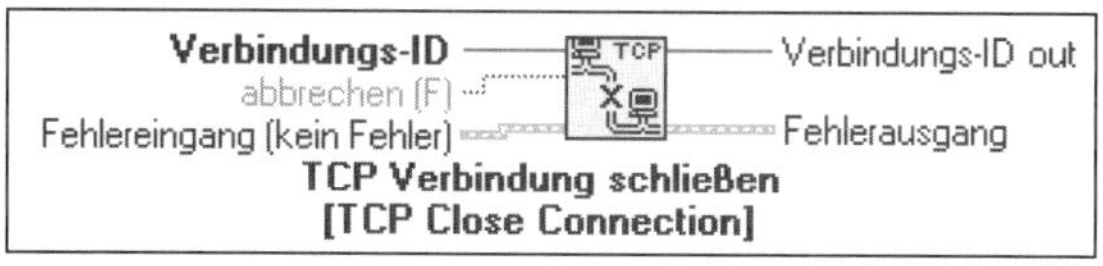

Abbildung 15.15: Die Funktion TCP Verbindung schließen

Den grundlegenden Ablauf für einen Server zeigt Abbildung 15.16:

Abbildung 15.16: Die Funktion TCP Listener erstellen

1. Auf eine Verbindung warten.

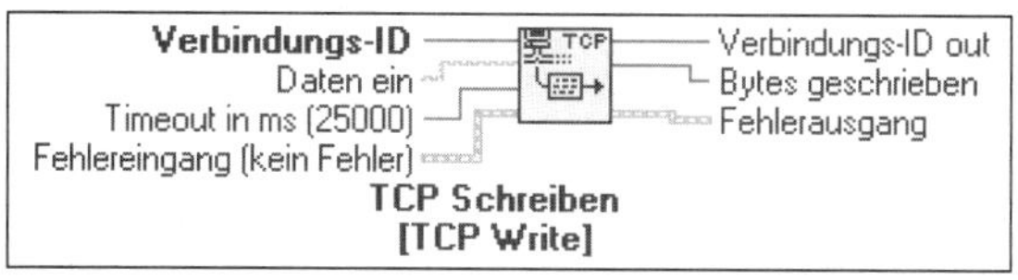

Abbildung 15.17: Die Funktion TCP Schreiben

2. Schreiben (oder, in anderen Fällen, Lesen) von Daten. Daten werden immer als Zeichenkette übermittelt.
3. Schließen der Verbindung.

Da in einem TCP/IP-Netzwerk alle Daten als Zeichenketten übermittelt werden müssen, müssen Sie Ihre Daten in LabVIEW-Zeichenketten umwandeln. Am einfachsten geht dies mit der Typumwandlung durch die Funktion *Typenformung*. Sie müssen dabei aber sicherstellen, dass sowohl Server als auch Client genau wissen, welchen Datentyp sie übertragen. Wenn der Server beispielsweise eine Zahl mit erweiterter Genauigkeit in eine Zeichenkette umformt, der Client aber versucht, diese Zeichenkette in eine Zahl doppelter Genauigkeit umzuformen, wird kein sinnvolles Ergebnis entstehen.

Mit diesem Wissen sind Sie in der Lage, auf sehr einfache Art und Weise unterschiedliche Rechnersysteme miteinander zu verbinden und Daten auszutauschen. Dies stellt sozusagen die klassische Art und Weise der Rechnerkommunikation dar.

15.4.3 Der LabVIEW-Server

Zum Abschluss wollen wir eine sehr komfortable Methode zur Kommunikation vorstellen, ohne dass Sie detailliertes Wissen über TCP/IP benötigen. Die mit dem Überbegriff LabVIEW-Server bezeichnete Technologie stellt einen einfachen, aber leistungsfähigen Mechanismus zum Auslesen und Einstellen von Eigenschaften in LabVIEW-VI und zum Aufrufen von Methoden in diesen bereit. Dies erweitert die Möglichkeiten von LabVIEW um einen weiteren Meilenstein. Das neue LabVIEW-Serverinterface ist extrem flexibel und gestattet es Ihnen, viele Methoden und Eigenschaften von VI individuell zu gestalten, in Analogie zu den ActiveX-Steuerelementen. So werden Sie hier einige Parallelen zwischen den ActiveX-Mechanismen und der LabVIEW-Servertechnologie entdecken. Da diese Funktionalität auf allen LabVIEW-Plattformen zur Verfügung steht, ist es sicherlich sinnvoll, dies anhand eines Beispiels näher zu betrachten.

15.4.4 Übung: Einsatz des LabVIEW-Servers

1. Öffnen Sie ein neues VI und wechseln Sie in das Blockdiagramm.
2. Sie werden verschiedene Funktionen aus der *Funktionen>>Anwendungssteuerung* verwenden. Aus diesem Grund ist es sinnvoll, diese fest zu öffnen, während Sie das folgende VI erstellen.
3. Wählen Sie die Funktion *VI-Referenz öffnen* und platzieren Sie diese auf Ihrem Blockdiagramm.
4. Als Nächstes platzieren Sie eine Pfadkonstante über den Aufruf von *Konstante erstellen* aus dem Eingang *VI-Pfadparameter* und geben *LABVIEW-GRUNDLAGEN\KAPITEL15.LLB\plot.vi* ein.
5. Fügen Sie einen *Eigenschaftenknoten* in Ihr Diagramm ein.
6. Verbinden Sie die VI-Referenz von der Funktion *VI-Referenz öffnen* mit dem Eigenschaftenknoten.
7. Sehen Sie sich die verschiedenen Eigenschaften an, die Sie jetzt einstellen bzw. auslesen können. Hierzu klicken Sie mit dem *Bedien*-Werkzeug auf das weiße Feld des Eigenschaftenknotens oder wählen *Eigenschaften* aus dem Popup-Menü.
8. Wählen Sie die Eigenschaft *Front Panel>>Open* als einzustellende Eigenschaft und erstellen Sie eine boolesche Konstante, die Sie auf TRUE setzen. Hierdurch öffnen Sie das Frontpanel des *plot.vi*.

9. Vergrößern Sie den Eigenschaftenknoten um einen weiteren Eingang, wählen Sie *Front Panel>>Title,* erstellen Sie eine String-Konstante für diese Eigenschaft und geben Sie *Sinuskurve* als Titel an.
10. Jetzt fügen Sie noch den *Methodenknoten* in das Blockdiagramm ein.
11. Verbinden Sie die VI-Referenz des Eigenschaftenknotens mit dem Methodenknoten und sehen Sie sich die Methoden an, die Sie jetzt alle aufrufen können.
12. Wählen Sie die Methode *Run VI.*
13. Als Letztes fügen Sie noch ein *Schließt die Anwendung oder VI-Referenz* an und verbinden die VI-Referenz des Methodenknotens mit der Funktion zum Schließen der Referenz auf das VI.

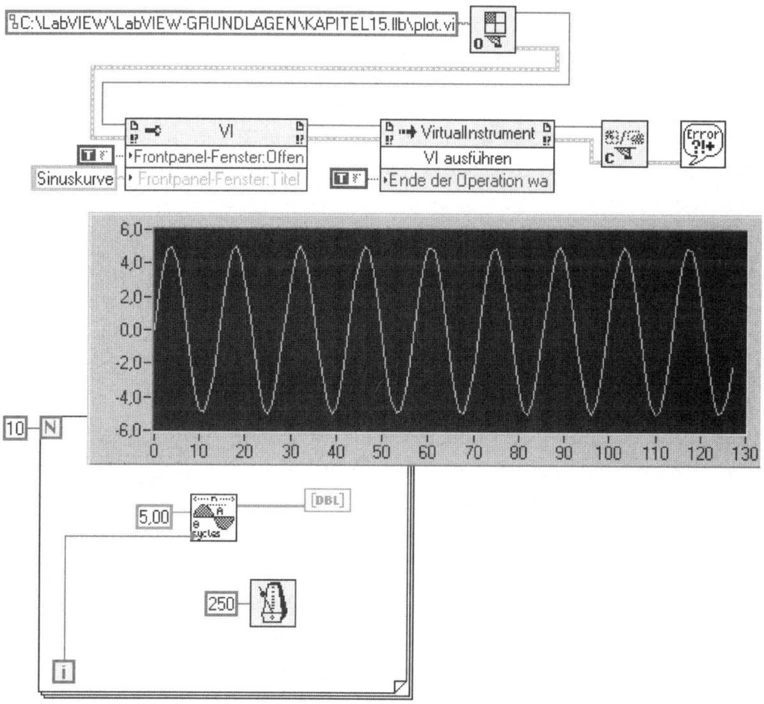

Abbildung 15.18: Das soeben erstellte VI mit dem Einsatz des LabVIEW-Servers zum Öffnen und Starten des plot.vi

14. Starten Sie Ihr VI. Das VI *plot.vi* wird am Bildschirm mit einem neuen Titel angezeigt und sofort danach automatisch gespeichert.
15. Bei Bedarf können Sie Ihr VI noch speichern.

In diesem einfachen Beispiel haben Sie die wesentlichen Schritte beim Umgang mit dem LabVIEW-Server kennen gelernt. So wurde zunächst ein VI geöffnet und dessen Titel programmatisch geändert. Dann wurde das VI ferngesteuert gestartet. Das mag Ihnen wie Zauberei vorkommen oder aber als eine unnütze Funktion, da wir es lokal auf unserem Computer genutzt haben. Die Vorteile liegen jedoch einerseits im dynamischen Laden von VI und andererseits darin, dass Sie diese Technologie im Netzwerk einsetzen können und dies, ohne irgendetwas über TCP/IP gehört zu haben. Und doch wird auf der untersten Ebene von LabVIEW das TCP/IP-Protokoll zur Kommunikation mit anderen verteilten Anwendungen eingesetzt.

15.5 DLLs von LabVIEW aus erzeugen

Betrachtet man die Entstehung eines Produkts von der Entwicklung über die Fertigung bis hin zur Qualitätssicherung, so stellt man fest, dass es hier von Vorteil ist, Werkzeuge zu benutzen, die in der Lage sind, nicht nur Daten, sondern auch bestimmte Funktionalitäten mit anderen Werkzeugen auszutauschen. Werden beispielsweise schon in der Entwicklungsabteilung Testroutinen erstellt, um die Funktion eines Produkts sicherzustellen, so könnten diese unter Umständen auch in der Qualitätssicherung von Nutzen sein. Die Vorteile hierbei liegen klar auf der Hand. Was aber, wenn die unterschiedlichen Abteilungen auch unterschiedliche Werkzeuge verwenden? Nicht immer findet ein Tool, welches sich für die Belange einer Entwicklungsabteilung als optimal erwiesen hat, auch Anklang bei Mitarbeitern der Qualitätssicherung. Um bei einem derartigen Konflikt dennoch vom Nutzen der Wiederverwendbarkeit vom Testroutinen profitieren zu können, ist es wichtig, dass die verwendeten Werkzeuge Standardschnittstellen für diesen Zweck unterstützen. Zu diesen Standardschnittstellen zählen unter den Windows-Dialekten nicht nur ActiveX und COM/DCOM, welche sich LabVIEW bereits zu Eigen gemacht hat, sondern auch die Dynamic Link Libraries. Wie der Name schon verrät, handelt es sich hierbei um Funktionssammlungen (Bibliotheken), die zur Laufzeit eines Programms (dynamisch) geladen werden und die Funktionen dem aufrufenden Programm zur Verfügung stellen. Diesen sehr weit verbreiteten Weg, Funktionalität zu teilen, kann man in LabVIEW von beiden Seiten beschreiten. War es früher nur möglich, die Funktionen einer DLL in LabVIEW zu verwenden, so kann man seit LabVIEW 6i mit wenigen Mausklicks aus seinen eigenen VI auch eine DLL (oder eine Shared Library) erstellen lassen und damit LabVIEW-Funktionalität exportieren. Andere Werkzeuge, die ebenfalls diese Schnittstelle unterstützen, können damit ihren Funktionsumfang erweitern und fehlende Funktionalität ergänzen. Jede Abteilung hat also die Freiheit, mit den favorisierten Tools zu arbeiten und dabei nicht nur die Daten, sondern auch die Funktionalität auszutauschen. Damit lässt sich über den gesamten Produktionszyklus hinweg viel Zeit und Geld sparen. Entscheidend für den Anwender ist einzig und allein die Wahl der geeigneten Werkzeuge.

15.6 Zusammenfassung

Mit LabVIEW steht nicht nur ein sehr mächtiges, leicht zu bedienendes Werkzeug zur Erstellung von Applikationen zur Verfügung, sondern vielmehr ein Werkzeug, welches es jedermann ermöglicht, State-of-the-Art-Technologien der Computerwelt, wie z.B. ActiveX, Multithreading, Internet, TCP/IP und Servertechnologien, in MSR-Anwendungen zu nutzen, ohne sich dafür ein absolutes Expertenwissen aneignen zu müssen. Kontinuierliche Weiterentwicklung sowie die Nutzung aktueller Technologien und Standards haben LabVIEW letztendlich zu dem gemacht, was es heute ist – ein unentbehrliches Werkzeug, wenn es darum geht, einfach, schnell und effektiv nicht nur kleine, sondern auch anspruchsvolle Applikationen zu realisieren.

16 Die neuen Technologien in LabVIEW und weitere häufig gestellte Fragen

Jedes Fragen ist ein Suchen. Jedes Suchen hat seine vorgängige Direktion aus dem Gesuchten her. Fragen ist erkennendes Suchen des Seienden in seinem Dass- und Sosein. Das erkennende Suchen kann zum »Untersuchen« werden als dem freilegenden Bestimmen dessen, wonach die Frage steht.
Martin Heidegger – Sein und Zeit

Dieses Kapitel soll Fragen zu den neuen Technologien in LabVIEW beantworten und darüber hinaus einige häufig gestellte Fragen zu LabVIEW klären. Sicherlich kann nicht auf alle Fragen eingegangen werden, doch stellen diese eine Auswahl dar, die im Umgang mit LabVIEW im Allgemeinen immer wieder auftauchen. Um dieses Kapitel so übersichtlich wie möglich zu gestalten, ist es in themenbezogene Abschnitte unterteilt, die Fragen zu bestimmten Themen gruppieren: Diagramme und Graphen, Datenerfassung, GPIB, Serielle I/O, Datei-I/O, Drucken, Verschiedenes sowie neue Technologien.

16.1 Diagramme und Graphen

Worin besteht der Unterschied zwischen Diagrammen und Graphen?

Graphen und Diagramme unterscheiden sich voneinander durch die Art, wie sie Daten anzeigen und aktualisieren. Bei der Darstellung der Daten in einem Graphen werden die Daten zunächst in einem Array gespeichert und anschließend im Graphen gezeichnet. Im Gegensatz dazu werden in einem Diagramm jeweils die neuen Datenpunkte den bereits angezeigten hinzugefügt. Durch Verwendung eines Diagramms lässt sich der aktuelle Messwert im Zusammenhang mit früheren Messwerten anzeigen.

Wie aktualisiere ich einen Graphen, ohne ihn zu löschen?

Graphen werden immer gelöscht, bevor sie neue Daten anzeigen. Es ist jedoch einfach, die vorigen Daten mitzukoppeln und bei jedem Schreibbefehl die neuen Daten anzuhängen. Das Beispiel *Separate Array Values.VI,* das im Verzeichnis *EXAMPLES\GENERAL\ARRAYS.LLB* zu finden ist, zeigt, wie die Funktion *Array erstellen* zu verwenden ist, um neue Werte in ein Array einzufügen.

Wie kann ich Polarkoordinatendarstellungen und Smith-Diagramme erstellen?

Das *Picture Control Toolkit* zu LabVIEW enthält Beispiele mit Routinen zur Erstellung von Polardarstellungen und Smith-Diagrammen. Das Toolkit ist ein vielseitiges Grafikpaket zur Erstellung beliebiger Frontpanelanzeigen.

Wie kann ich programmgesteuert ein Diagramm löschen?

Schließen Sie an das Attribut *History Data* des Diagramms ein leeres Array an. Der Datentyp des leeren Arrays sollte mit dem Datentyp übereinstimmen, der am Diagramm angeschlossen ist. Sie finden ein hervorragendes Beispiel zur Veranschaulichung dieser Methode in *Examples\General\Graphs\Charts.llb\How to Clear Charts and Graphs.VI.*

Sie können auch auf dem Frontpanel ein Popup-Menü über dem Diagramm öffnen und *Diagramm löschen* wählen.

Gibt es einen Weg, mehr als eine y-Achse in einem Graphen für zwei oder mehr Kurven darzustellen?

Ja, diese Möglichkeit existiert seit LabVIEW 6i. Weitere y-Achsen werden mit einem Rechtsklick auf die vorhandene y-Achse und anschließender Auswahl der Option *Achse kopieren* aus dem Kontextmenü hinzugefügt. Des Weiteren kann über das Kontextmenü auch ausgewählt werden, ob eine bestimmte y-Achse auf der linken oder rechten Seite des Graphen dargestellt werden soll. Bei älteren LabVIEW-Versionen kann man sich mit einem Trick behelfen, der allerdings ein wenig umständlich anmutet. Der Trick ist, die Graphen übereinander zu legen, wobei der erste transparent eingefärbt wird. Beide Kurvenverläufe werden scheinbar in einem Graphen dargestellt, aber die Skalierung kann unabhängig für beide Funktionen eingestellt werden.

Meine Graphen flackern jedes Mal, wenn sie aktualisiert werden. Das ist wirklich unangenehm. Gibt es eine Möglichkeit, dies zu beheben?

Ja. Öffnen Sie *Bearbeiten>>Voreinstellungen...* und wählen Sie das Element *Frontpanel*. Aktivieren Sie das Feld *Graphik beim Zeichnen glätten*. Dadurch wird das Flackern auf Kosten eines höheren Speicherbedarfs unterdrückt.

16.2 DAQ

Wo liegen die Vor- und Nachteile beim Lesen des Backlog mit der Funktion AI lesen gegenüber dem Lesen einer konstanten Datenmenge?

Durch das Lesen der Bytes, die durch Backlog (Abtastrückstand) angegeben werden, wird garantiert, dass nicht synchron (ohne Möglichkeit der Unterbrechung) auf eingehende Daten gewartet wird. Allerdings verlangsamt das die Verarbeitung der Daten (da diese Daten eigentlich schon beim letzten Aufruf vorhanden waren) und im Datenerfassungspuffer von LabVIEW können häufige Größenanpassungen notwendig werden.

Woran kann ich erkennen, dass für eine kontinuierliche Datenerfassung keine ausreichenden Reserven zur Verfügung stehen?

Der Backlog steigt im Laufe der Zeit kontinuierlich oder sprungweise an oder er benötigt sehr lange, um nach einer Unterbrechung, etwa einer Mausbewegung, auf den ursprünglichen Wert zurückzufallen. Wenn Sie während der Datenerfassung ein VI öffnen können, ohne dass ein Überlauffehler auftritt, stehen vermutlich ausreichende Reserven zur Verfügung.

Wie kann ich auf verschiedenen Kanälen mit unterschiedlichen Abtastraten Daten erfassen?

Alles funktioniert wunderbar, solange Sie alle Datenkanäle mit derselben Rate abtasten. Schwieriger wird es schon, wenn Sie einen Kanal mit 10 kHz abtasten wollen, einen anderen jedoch mit nur 50 Hz. Es gibt für dieses Problem mit unterschiedlichen Abtastraten keine magische Lösung, aber Sie haben zwei Möglichkeiten:

- Wenn Sie mehr als eine Datenerfassungskarte besitzen, versuchen Sie, die Kanäle so aufzuteilen, dass jede Karte die Kanäle mit einer Abtastrate bearbeiten kann.

- Tasten Sie alle Signale mit der höchsten Abtastrate ab und ignorieren Sie die zusätzlichen Messwerte der Kanäle mit niedrigeren Abtastraten. Dies lässt sich auf effektive Art mit der Funktion *Array dezimieren* (aus der *Array*-Palette) erreichen.

16.3 GPIB

Warum kann ich bei eingeschalteter Visualisierung des Programmablaufs über LabVIEW mit meinem GPIB-Gerät kommunizieren, nicht aber, wenn das VI mit voller Geschwindigkeit ausgeführt wird?

Höchstwahrscheinlich stehen Sie vor einem Timing-Problem. Bei aktivierter Visualisierung des Programmablaufs werden VI wesentlich langsamer ausgeführt, als dies sonst der Fall ist. Unter Umständen braucht Ihr Gerät mehr Zeit, um die geforderten Daten zum Senden vorzubereiten. Bauen Sie eine Verzögerungsfunktion wie etwa *Warte (ms)* ein oder geben Sie Systemanfragen den Vorrang vor *GPIB Lesen*, um dem Gerät ausreichend Zeit zur Erzeugung der geforderten Daten zu geben.

Warum kann ich erfolgreich Daten an mein Gerät übertragen, jedoch keine von dort lesen?

Bei der Ausführung von *GPIB Write* wird vom Computer eine Meldung über GPIB an das Gerät gesendet. Bei dem Aufruf von *GPIB Lesen* reagiert das Gerät wahrscheinlich aus einem der folgenden Gründe nicht: Das Gerät hat den Befehl, der über GPIB gesendet wurde, nicht verstanden oder der Befehl wurde nicht ordentlich abgeschlossen. Verwenden Sie das Handbuch zu Ihrem Gerät, um die Befehlssyntax und den erforderlichen Abschluss zu überprüfen. Der »Modus«-Anschluss an *GPIB Write* wird dazu verwendet, den Befehlsabschluss festzulegen. Üblicherweise beendet ein Gerät den Lesevorgang durch ein <CR><LF> oder durch eine Aktivierung der EOI(End Or Identify)-Leitung des GPIB.

Verwenden Sie das GPIB-Konfigurationsprogramm für Ihre Plattform, um das Abschlusszeichen festzulegen.

16.4 Serielle I/O

Warum reagiert mein Gerät nicht auf Befehle, die ich mit Auf seriellen Anschluss schreiben ausgebe?

Viele Geräte erwarten ein Wagenrücklauf(Carriage-Return)- oder Zeilenvorschubzeichen (Line Feed) als Abschluss eines Befehls. Die Funktion *Auf seriellen Anschluss schreiben* von LabVIEW sendet nur die in der Zeichenkette übergebenen Zeichen. Es wird kein Abschlusszeichen angehängt. Viele Terminalemulationsprogramme (z.B. Windows Terminal) beenden automatisch jede Übertragung mit einem Wagenrücklauf. Bei LabVIEW müssen Sie das benötigte Abschlusszeichen in die Befehlszeichenkette einbauen, die Sie an *Auf seriellen Anschluss schreiben* übergeben.

Manche Geräte benötigen einen Wagenrücklauf (\r), andere erfordern einen Zeilenvorschub (\n). Wenn Sie ¢ auf der Tastatur eingeben (auf PC-Tastaturen ist dies die `Enter`-Taste an der alphanumerischen Tastatur), fügt LabVIEW automatisch einen Zeilenvorschub, \n, ein. Um einen Wagenrücklauf einzufügen, verwenden Sie die Funktion *Strings verknüpfen*, um damit eine Carriage-Return-Konstante in die Zeichenkette einzufügen, oder geben Sie von Hand \r ein, nachdem Sie im Popup-Menü die Zeichenkette '\' Codes Display aktiviert haben.

Wie kann ich eine serielle Schnittstelle zurücksetzen oder löschen?

Verwenden Sie das VI *Seriellanschluss initialisieren*, um die Schnittstelle zurückzusetzen. Dadurch werden die seriellen Puffer, die zu der Schnittstelle gehören, automatisch gelöscht.

Wie kann ich auf die parallele Schnittstelle zugreifen?

Unter LabVIEW für Windows steht Port 10 für LPT1, Port 11 für LPT2 und so weiter. Wenn Sie Daten an einen Drucker senden wollen, der an die parallele Schnittstelle angeschlossen ist, verwenden Sie *Auf seriellen Anschluss schreiben*. Genaueres dazu steht im Bereich »Drucken« in Abschnitt 16.6. Für Windows 95/NT müssen Sie noch die Datei *labview.ini* editieren. Um die von LabVIEW verwendeten Anschlüsse zu definieren, fügen Sie folgende Zeile in die Datei *labview.ini* ein:

```
labview.serialDevices=»COM1; COM2; COM3; COM4; COM5; COM6; COM7; COM8;
COM9;\\.\COM.10;\\.\COM11;\\.\COM12;\\.\COM13;\\.\COM14;LPT1;LPT2«
```

16.5 Datei-I/O

Wann sollte ich den Count-Eingang von Datei lesen verbinden und was sollte ich dort anschließen?

Verbinden Sie den Count-Eingang von *Datei lesen*, wenn Sie eine Zeichenkette oder mehrere Datensätze desselben Typs aus einer Byte-Stream-Datei oder mehrere Datensätze aus einer Protokolldatei lesen wollen. Um eine Zeichenkette aus einer Byte-Stream-Datei zu lesen, verbinden Sie den Typeingang nicht. Verbinden Sie den Count-Eingang mit einem numerischen Wert, der die zu lesende Anzahl Zeichen übergibt. Um mehrere Datensätze desselben Datentyps zu lesen, verbinden Sie den Typeingang mit einem Wert vom Typ des Datensatzes, der gelesen werden soll, und den Count-Eingang mit einem Zahlenwert oder einem Cluster aus Zahlenwerten. Wenn Sie einen einfachen Zahlenwert mit dem Wert n an den Count-Eingang anschließen, werden n Datensätze des angegebenen Typs gelesen. Als Ausgang wird ein 1D-Array mit n Elementen dieses Typs angelegt. Wenn Sie einen Cluster aus Zahlenwerten an den Count-Eingang anschließen, dessen m Elemente die Werte (in der Reihenfolge der Cluster-Ordnung) n1, n2, ..., nm enthalten, werden n1 ∞ n2 ∞ ... ∞ nm Datensätze des angegebenen Typs gelesen. Die Daten werden dann am Ausgang in Form eines m-dimensionalen Arrays dieses Typs mit den Dimensionen n1 x n2 x ... x nm angelegt.

Um mehrere Datensätze einer Protokolldatei zu lesen, verbinden Sie den Typeingang nicht. (Der Typ des Datensatzes wurde bereits beim Öffnen der Datei angegeben. Dieser Typ wird nun über den Eingang *RefNum* übergeben.) Verbinden Sie den Count-Eingang mit einem Zahlenwert oder einem Cluster aus Zahlenwerten. Ansonsten gelten für das Lesen der Daten in diesem Fall dieselben Regeln wie im zuvor beschriebenen Fall mehrerer Datensätze aus einer Byte-Stream-Datei.

Wie kann ich die Länge einer Datei ermitteln?

Verwenden Sie die Funktion EOF. Diese Funktion wird sowohl zum Setzen als auch zum Lesen eines Dateiendes (EOF – End Of File) verwendet. Wenn Sie mindestens einen der Anschlüsse *Pos.-Mode* und *Pos.-Offset* verbinden, legt EOF zunächst die neue Dateigröße fest und gibt diese anschließend zurück. Ist keiner der Anschlüsse *Pos.-Mode* und *Pos.-Offset* verbunden, gibt EOF nur die aktuelle Dateigröße zurück. Außerdem gibt das VI *Öffnen/Erstellen/Ersetzen* die Dateigröße zurück, wenn mit ihnen eine Datei geöffnet wird.

Was ist eine Datei-RefNum und wie übergebe ich eine solche an ein SubVI?

Eine Datei-RefNum (Referenznummer) ist eine Identifikationsnummer, die alle VI, die mit einer Datei arbeiten, miteinander verknüpft (wie etwa *Datei öffnen*, *Datei schreiben*, *Datei schließen* und so weiter). Es ist ein spezieller Datentyp von LabVIEW. Wenn Sie eine Datei-RefNum mit einer Sonde ansehen, werden Sie erkennen, dass sie wie eine einfache Hexadezimalzahl erscheint. Verwenden Sie diesen speziellen Datentyp zum Erstellen der Datei-I/O für plattformunabhängige Anwendungen. Wenn Sie eine Datei öffnen oder erstellen, wird eine eindeutige RefNum generiert, die an alle folgenden VI, die mit der Datei arbeiten, weitergegeben werden sollte. Da eine RefNum ein spezieller Datentyp ist, können Sie diese nicht in einer digitalen Anzeige mit hexadezimaler Basiszahl darstellen. Um die RefNum an ein anderes VI zu übergeben, verwenden Sie die Datei-RefNum-Eingabe bzw. deren äquivalente Anzeige, die Sie in der Unterpalette *Pfad & RefNum* der Elementepalette finden.

Immer wenn ich versuche, eine neue Datei zu erstellen, erhalte ich einen Fehler mit der Fehlernummer 1.

Dieser Fehler tritt unter verschiedenen Umständen auf. Der häufigste Grund ist jedoch der, dass die Pfadangabe in einem Format steht, welches das Betriebssystem nicht erkennt. Achten Sie darauf, folgende Sonderzeichen im Dateinamen zu vermeiden: * : \ / ~ ?. Diese werden auf unterschiedlichen Plattformen verschieden interpretiert und LabVIEW akzeptiert deshalb keine Dateinamen, welche diese Zeichen enthalten.

Ich verwende In Spreadsheet-Datei schreiben (Tabelle), um ein Array auf die Platte zu schreiben. Dieses VI befindet sich in einer Schleife und braucht anscheinend extrem lange, um die Daten zu speichern. Wie kann ich die Leistung verbessern?

Bei jedem Aufruf von *In Spreadsheet-Datei schreiben (Tabelle)* wird die Tabellendatei geöffnet, die neuen Daten werden an die Datei angehängt und die Datei wird wieder geschlossen. Wenn Sie innerhalb einer Schleife Daten in eine Tabellenkalkulation schreiben wollen und auf Leistung Wert legen, speichern Sie die Daten, die in der Schleife erzeugt werden, an anderer Stelle und schreiben Sie die Datei erst nach dem Ende der Schleifenausführung. Sie können stattdessen auch mehrere einfachere VI verwenden, um die Datei zunächst zu öffnen, die Daten innerhalb der Schleife in die geöffnete Datei zu schreiben und diese nach dem Ende der Schleifenausführung zu schließen. *In Spreadsheet-Datei schreiben (Tabelle)* eignet sich am besten für einen einmaligen Schreibvorgang, mit dem die gesamte Datei gespeichert wird.

Ein VI mit Datei-I/O funktioniert auf einer Plattform, zeigt auf anderen Plattformen aber nicht druckbare Zeichen an, wenn ich die Textdatei ansehe, die von dem VI erzeugt wird.

Prüfen Sie, ob Sie die Konstante <CR> in Ihrem VI verwenden. Das Zeilenende wird auf einem Macintosh von einem <CR> markiert, während dazu auf dem PC die Zeichenkombination <CR><LF> verwendet wird. Sie müssen also sämtliche <CR>-Konstanten durch <CR><LF> ersetzen. Diese Portierung lässt sich leichter erreichen, wenn Sie die konstante EOL (End Of Line) verwenden, die plattformunabhängig ist. Diese Konstante wird auf dem Macintosh durch ein <CR> repräsentiert, auf dem PC durch <CR><LF>.

16.6 Drucken

Wie kann ich eine einzelne Anzeige einer Frontblende ausdrucken (z.B. einen Graphen)?

Um nur einen Graphen aus der Frontblende zu drucken, erstellen Sie ein SubVI, dessen Frontblende diesen Graphen enthält. Wandeln Sie diesen Graphen in eine Eingabe um. Aktivieren Sie in den VI-Einstellungen den Druck des SubVI nach Beendigung. Weisen Sie dem SubVI einen Anschluss zu und übergeben Sie die Daten des Graphen im Haupt-VI an den Graphen des SubVI. Bei jedem Aufruf des SubVI durch Ihr Haupt-VI wird der Graph einmal ausgedruckt.

Wie kann ich mit LabVIEW eine Zeichenkette ausdrucken?

Verwenden Sie die VI für serielle I/O: *Seriellanschluss initialisieren*, um die Schnittstelle zu initialisieren, an die der Drucker angeschlossen ist (LPT1, LPT2 usw. auf dem PC oder der Drucker-Port am Macintosh), und anschließend *Auf seriellen Anschluss schreiben*, um die Zeichenkette an die eingestellte Schnittstelle auszugeben. Der Drucker wird die Daten an seiner Schnittstelle erkennen und ausdrucken.

Wie kann ich die Größe eines VI einstellen, bevor ich es drucke?

Wählen Sie *Datei>>Dokumentation drucken* und aktivieren Sie die Option *Frontpanel anpassen* (Größe des Frontpanels anpassen) oder *Blockdiagramm anpassen* (Größe des Blockdiagramms anpassen).

Warum ist der Text von Beschriftungen und Frontpanelanzeigen beim Drucken gekappt?

Dieses Abschneiden von Textteilen tritt immer dann auf, wenn die Größe der Druckschriftart nicht mit der Größe der Bildschirmschriftart übereinstimmt. Es gibt drei Möglichkeiten, um dieses Problem zu beheben:

- Vergrößern Sie die Beschriftungen und Frontpanelanzeigen, so dass der gesamte Text trotz der Unterschiede in den Schriftgrößen in den vorgegebenen Rahmen passt.
- Wählen Sie eine Schriftart, welche auf Monitor und Drucker dieselben Größenverhältnisse hat.
- Wenn Sie unter Windows arbeiten, versuchen Sie, im PostScript- oder Bitmap-Modus zu drucken.

16.7 Verschiedenes

Warum habe ich Schwierigkeiten, zwei unterschiedliche SubVI zu laden, die denselben Namen tragen?

Angenommen, Sie haben *Main1.VI* und *Main2.VI*, zwei VI, die unterschiedliche SubVI aufrufen, welche beide den Name *SubVI.VI* verwenden. Zunächst wird *Main1.VI* in den Speicher geladen und somit auch das zugehörige *SubVI.VI*, das von Ersterem aufgerufen wird. Beim Laden des zweiten VI *Main2.VI* wird LabVIEW versuchen, auch *SubVI.VI* zu laden, und da sich dieses schon im Speicher befindet, verwendet LabVIEW das zuerst geladene. Aus diesem Grund verwenden Sie bitte immer unterschiedliche Namen für Ihre SubVI.

Wie kann ich bei verschachtelten While-Schleifen beide Schleifen beenden, ohne nach Beendigung der inneren Schleife noch irgendetwas in der äußeren Schleife auszuführen?

Platzieren Sie die Programmteile, die Sie im letzten Schleifendurchlauf nicht mehr ausführen wollen, in einer Case-Struktur. Den Bedingungsanschluss der inneren Schleife sollten Sie dann mit dem Auswahlanschluss der Case-Struktur verbinden.

Wie verberge ich die Menüleiste eines LabVIEW-VI?

Alle Attribute eines VI einschließlich der Anzeige von Menüleiste und Ausführungspaletten werden über den Menüpunkt *VI-Einstellungen...* eingestellt.

Was wird benötigt, um VI von einer Plattform auf eine andere zu übertragen?

Ist die Datei erst einmal auf eine andere Plattform übertragen, ist keine weitere Umwandlung nötig, damit LabVIEW das VI lesen kann (sofern die LabVIEW-Versionsnummern übereinstimmen). Wenn LabVIEW das VI öffnet, erkennt es, dass das VI auf einer anderen Plattform kompiliert wurde, und wird es daraufhin für die aktuelle Plattform kompilieren. Sie müssen beim Portieren eines VI auf eine andere Plattform jedoch darauf achten, das Blockdiagramm des VI mit zu übertragen.

Die Übertragung von VI von einer Plattform auf eine andere kann über Netzwerke geschehen, über Modem oder durch Disketten. LabVIEW speichert seine VI auf allen Plattformen im selben Format. Wenn Sie VI mittels FTP oder Modem über ein Netzwerk übertragen, achten Sie darauf, dass Sie die Daten binär übertragen.

Sie müssen die Quelldateien der VI neu einbinden, die CINs verwenden. Außerdem sollten Sie alle plattformspezifischen Funktionen (z.B. AppleEvents auf dem Macintosh, DDE für Windows usw.) entfernen, bevor Sie ein VI auf eine andere Plattform übertragen.

Wo ist in LabVIEW die Rückgängig-Funktion?

Unter *Bearbeiten>>Rückgängig* finden Sie diese. Standardmäßig lassen sich acht Schritte rückgängig machen. In den Voreinstellungen können Sie diesen Wert auf den Bereich von 0 bis 99 Schritte einstellen, wobei der Speicherbedarf entsprechend der eingestellten Anzahl steigt.

Wie kann ich eine Gruppe boolescher Eingaben so konfigurieren, dass nie mehr als eine davon WAHR ist?

Dies ist das häufig auftretende Problem der »Radiotasten« oder »Menüauswahl«. Der Ursprung dieses Problems ist etwa der: Der Anwender soll über ein Tastenfeld eine Option aus einer Liste auswählen. Er soll aber nicht gleichzeitig mehr als eine der Optionen auswählen können. Wie lässt sich diese Funktion auf effektive Weise erreichen? Nun, sollten Sie LabVIEW 7.1 oder eine aktuellere Version besitzen, stellt sich diese Frage nicht mehr; die »Radiotasten« sind dort unter der Bezeichnung *Optionsfeld* auf der Palette der booleschen Elemente zu finden. Für Besitzer einer älteren LabVIEW-Version ist die Lösung nicht ganz so trivial. Eine Lösung wird aber glücklicherweise mit den Beispielen zu LabVIEW geliefert. Sie befindet sich in der Bibliothek *examples\general\controls\booleans.llb* unter dem Namen *Simulating Radio Buttons.VI.*

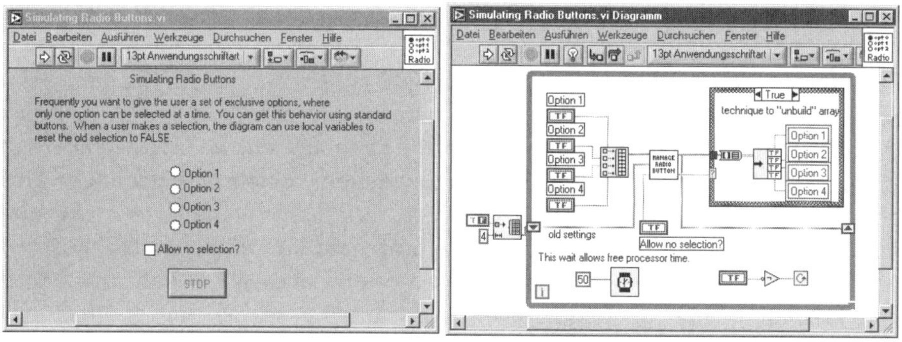

Abbildung 16.1: Das VI Simulating Radio Buttons

Der Kern des oben dargestellten VI (Abbildung 16.1) ist das SubVI *Manage Radio Buttons*, das in derselben Bibliothek der Vollversion von LabVIEW zu finden ist. Sie sehen in Abbildung 16.2 das Blockdiagramm, damit Sie eine Vorstellung davon bekommen, wie das VI funktioniert. Wir empfehlen Ihnen aber, das VI direkt zu verwenden, anstatt das Rad neu zu erfinden.

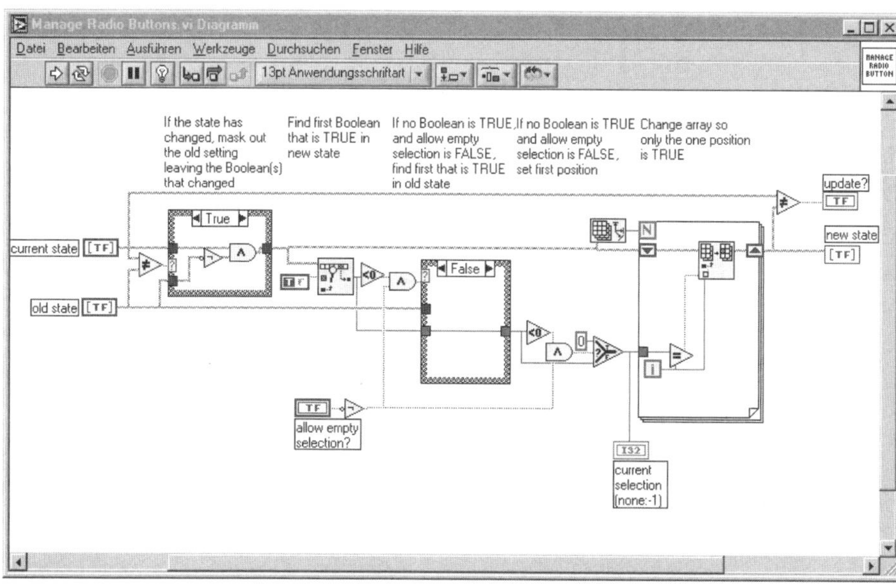

Abbildung 16.2: Das SubVI Manage Radio Buttons

Gibt es eine Methode, zu einem beliebigen Rahmen einer Sequenz zu springen (wie in einer Zustandsmaschine)?

Dies ist ein sehr interessantes Problem, dessen Lösung eine Herausforderung für einen Anfänger darstellt, uns dafür aber eine sehr leistungsfähige Programmstruktur bietet: eine Zustandsmaschine.

Die Problemstellung sieht in etwa wie folgt aus: Angenommen, Sie haben eine Sequence-Struktur, die Sie so einrichten, dass sie wie üblich einige Operationen in einer festgelegten Reihenfolge ausführt. Angenommen, Sie müssten aber von Zeit zu Zeit einen Rahmen überspringen, wenn eine bestimmte boolesche Variable wahr ist. Kein Problem, sagen Sie, fügen wir einfach eine Case-Anweisung ein. Aber nehmen wir an, die Problemstellung wird komplizierter: Sie müssen – wieder unter bestimmten Voraussetzungen – von Rahmen 4 in Rahmen 2 springen. Deshalb ist hier die Rede von einer Zustandsmaschine. Sie benötigen eine Struktur mit einer endlichen Anzahl von *Zuständen*, die sie annehmen kann und die von Ihrem Algorithmus bestimmt werden. Wann immer Sie eine Folge von Ereignissen auswerten, bei denen eine Operation vom Ergebnis der vorigen abhängig ist, ist eine Zustandsmaschine geeignet, die Aufgabe zu erledigen.

Obwohl in LabVIEW keine Zustandsmaschine eingebaut ist, können Sie leicht eine erstellen, indem Sie eine Case-Struktur in einer While-Schleife platzieren und ein Shift-Register hinzufügen.

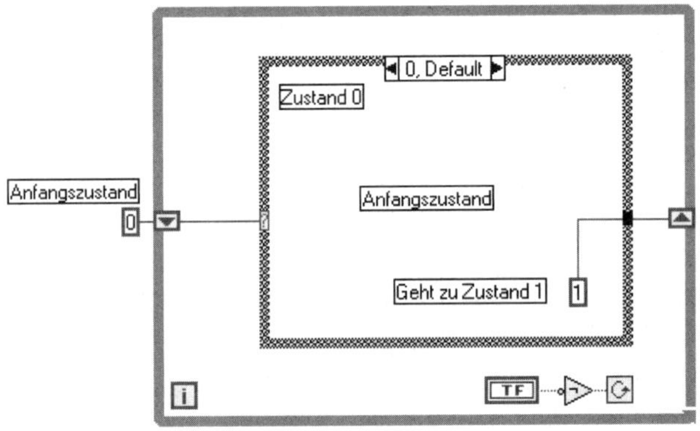

Abbildung 16.3: Beispiel einer Zustandsmaschine – Case 0

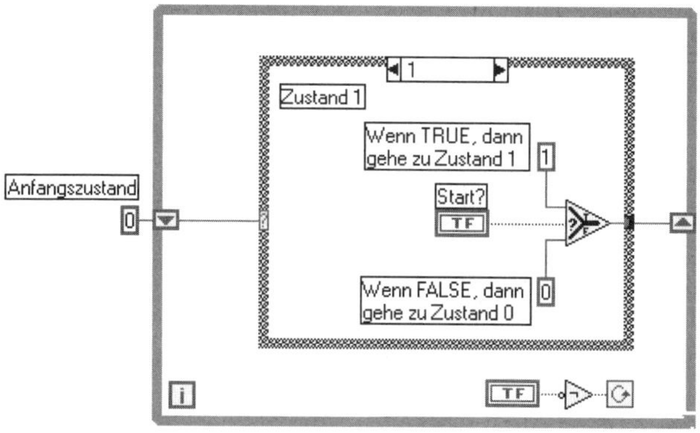

Abbildung 16.4: Beispiel einer Zustandsmaschine – Case 1

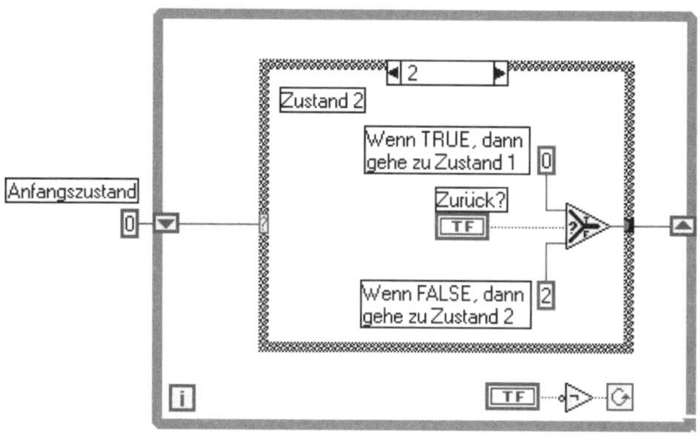

Abbildung 16.5: Beispiel einer Zustandsmaschine – Case 2

Von jedem Rahmen in der Case-Struktur der Zustandsmaschine kann die Steuerung im folgenden Zyklus gemäß dem vorgegebenen Algorithmus übergeben werden oder die Ausführung der Schleife (und damit der Zustandsmaschine) lässt sich beenden. Durch die Programmierung je einer Case-Auswahl für jeden Fall können die Zustände in jeder beliebigen Reihenfolge erreicht werden.

Wie kann man eine Funktion im Stile der Symbolleiste realisieren, die verschiedene Gruppen von Eingaben und Anzeigen im selben Fenster anzeigt?

Dies ist ein recht eindrucksvoller Trick. Das Ziel ist, verschiedene Gruppen von Eingaben und Anzeigen jeweils einer Schaltfläche einer Werkzeugleiste zuzuordnen. Die Gruppen haben dieselbe Größe und Sie stapeln sie sozusagen aufeinander. Mit Eigenschaftenknoten können Sie alle Gruppen bis auf die eine ausgewählte unsichtbar machen. Die Schaltflächen der Werkzeugleiste sollten im Stile von Radiotasten organisiert sein (so dass nur jeweils eine Schaltfläche gedrückt werden kann).

Diese Möglichkeit eignet sich hervorragend, um eine Frontblende zu organisieren, die eine große Anzahl Eingaben und Anzeigen enthalten soll, von denen jedoch nicht alle gleichzeitig angezeigt werden sollen, um die Frontblende übersichtlich zu gestalten. Die Schaltflächen der Werkzeugleiste fungieren dabei als »Menüs«, mit denen Sie jeweils eine Gruppe von Objekten auswählen können.

Kann ich in LabVIEW die parallele Schnittstelle ansprechen?

Ja. Verwenden Sie die VI für die serielle Schnittstelle (beachten Sie einfach nicht, dass seriell genau das Gegenteil von parallel ist). Genauso, wie Sie die serielle Schnittstelle COM1 als Port 0 ansprechen, COM2 als Port 1 usw., wird die parallele Schnittstelle LPT1 unter LabVIEW für Windows als Port 10 bezeichnet, Port 11 ist LPT2 und so fort. Sie können mit *Auf seriellen Anschluss schreiben* sogar Daten an einen Drucker senden, der an die parallele Schnittstelle angeschlossen ist. Sie sollten dazu allerdings die Steuerzeichen des Druckers kennen. Eine weitere Verwendung der parallelen Schnittstelle ist die digitale I/O ohne eine Einsteckkarte: Ihnen stehen acht digitale Leitungen zur Verfügung! (Zum Schutz Ihres Computers empfehlen wir jedoch einen vorgeschalteten Hardwarepuffer.)

16.8 Fragen zu den neuen Technologien in LabVIEW

Haben Multithreading-Anwendungen einen Geschwindigkeitsvorteil gegenüber Anwendungen, die sich nicht dieser Technologie bedienen?

Nicht unbedingt. Auf Singleprozessorsystemen liegt der Vorteil des Multithreading nicht in der Ausführungsgeschwindigkeit, sondern vielmehr in der Tatsache, dass es damit möglich ist, Programme in verschiedene Teilaufgaben zu gliedern, die voneinander unabhängig abgearbeitet werden können. Damit kann sichergestellt werden, dass die Abarbeitung verschiedener Teilaufgaben (Threads) eines Programms auch dann stattfinden kann, wenn eine andere Teilaufgabe nicht abgearbeitet werden kann. Ein signifikanter Geschwindigkeitsvorteil durch Multithreading kann nur auf Multiprozessorsystemen beobachtet werden.

Ist ein Multiprozessorsystem notwendig, um LabVIEW im Multithreading-Mode betreiben zu können?

Nein. Auch Singleprozessorsysteme können von dieser Möglichkeit Gebrauch machen.

Welche Betriebssysteme unterstützen das Multithreading?

Windows 9x/ME/NT/2000/XP, Solaris 2, Concurrent PowerMAX.

Welche Betriebssysteme unterstützen Multiprozessorsysteme?

Windows NT/2000/XP, Solaris 2, Concurrent PowerMAX.

Worin liegt der Unterschied zwischen Multithreading und Multiprocessing?

Beim Multithreading werden auf einem Rechnersystem mehrere Threads abgearbeitet. Beim Multiprocessing ist das Rechnersystem mit mehreren Prozessoren ausgestattet.

Ist LabVIEW im Multithreading-Mode echtzeitfähig?

Nein. Die Echtzeitfähigkeit muss als Voraussetzung vom Betriebssystem vorhanden sein, nicht von einer auf dem Betriebssystem aufsetzenden Anwendungssoftware (LabVIEW). Da weder Windows 9x/ME/NT/2000/XP noch Solaris 2 diese Eigenschaft besitzen, kann ein unter diesen Betriebssystemen laufendes LabVIEW nicht echtzeitfähig sein. Beim Betriebssystem Concurrent PowerMAX muss dies differenzierter betrachtet werden. Hier handelt es sich prinzipiell um ein echtzeitfähiges Betriebssystem. Nur die auf X-Windows basierende grafische Benutzeroberfläche ist nicht echtzeitfähig. Für LabVIEW bedeutet dies, dass Userinterface-Threads nicht echtzeitfähig sind, aber andere VI, die nicht in diesem Ausführungssystem laufen, deterministisch abgearbeitet werden können.

Kann bei einem Multiprozessorsystem von LabVIEW aus bestimmt werden, welche Threads auf welchem Prozessor abgearbeitet werden?

Nein. Diese Möglichkeit wird von den Betriebssystemen Windows NT und Solaris 2 nicht unterstützt. Unter Concurrent PowerMAX wäre dies zwar technisch realisierbar, ist aber derzeit noch nicht in dieser LabVIEW-Version implementiert.

Sind Auswirkungen auf andere Programme feststellbar, wenn LabVIEW im Multithreading-Modus betrieben wird?

Ja. Da jeder Thread eigenständig abgearbeitet wird, bedeutet dies, dass das Betriebssystem zwischen jedem Thread umschalten muss. Dieses Umschalten nimmt zusätzlich CPU-Zeit in Anspruch, d. h., andere Anwendungen können durchaus langsamer laufen, da ihnen nicht mehr so viel CPU-Zeit zur Verfügung steht.

Warum besteht die Möglichkeit, LabVIEWs Multithreading-Möglichkeiten zu deaktivieren?

Dafür gibt es verschiedene Gründe. Das erste Motiv ist die Fehlersuche. Hier muss man herausfinden, ob ein bestimmtes Fehlverhalten eines Programms nur durch die Verwendung des Multithreading auftritt oder nicht. Außerdem lassen sich die benötigten Systemressourcen minimieren, wenn die Anwendung auf einem minimal ausgestatteten System laufen soll.

Welche Möglichkeiten bietet der Multithreading-Modus von LabVIEW im Gegensatz zu den Multithreading-Möglichkeiten von LabWindows/CVI?

LabVIEW stellt eine einfach zu benutzende Schnittstelle zur Erstellung von Multithreading-Anwendungen zur Verfügung, d. h., Sie müssen kein C-Experte sein, um sich dieser Technologie bedienen zu können. Diese Schnittstelle sieht nicht vor, dem Benutzer explizit die Kontrolle darüber zu geben, wann und wie ein neuer Thread eingerichtet wird. Bei LabWindows/CVI müssen explizit vom Benutzer Threads eingerichtet werden. Hier stehen Ihnen alle Möglichkeiten zur Steuerung dieser Threads zur Verfügung, allerdings müssen Sie auch den Code hierfür, im Gegensatz zu LabVIEW, selbst programmieren.

Können die ActiveX-Controls von ComponentWorks in LabVIEW eingebunden werden?

Prinzipiell ja. Hierbei ist aber zu beachten, dass diese Controls (Drehknöpfe, Graphen, Schieberegler ...) nicht so effizient eingelesen oder vom Programm aktualisiert werden können wie die LabVIEW-Bedienelemente. Der Grund hierfür ist die Tatsache, dass die Daten von und zu den ActiveX-Controls in entsprechende Datentypen gewandelt werden müssen.

Gibt es eine Möglichkeit, an ein passwortgeschütztes Blockdiagramm heranzukommen, wenn das Passwort vergessen wurde?

Nein. Aus diesem Grund ist es ratsam, vorher eine Sicherungskopie aller VI ohne Passwort anzufertigen.

Kann ich den LabVIEW-Bedienelementen in meiner Anwendung eigene Popup-Menüs hinterlegen?

Nein. Auch in einer Anwendung haben die Bedienelemente nur ihre eigenen, vordefinierten Popup-Menüs.

Muss LabVIEW für einen Remote-VI-Zugriff auf dem Remote-Computer laufen? Müssen die auszuführenden VI auf dem Remote-Computer vorhanden sein?

Beide Fragen sind mit Ja zu beantworten. LabVIEW auf dem Remote-Computer kann via DCOM (Windows 9x/NT) oder via Apple Events (Macintosh) bzw. via Remote Shell (Unix) gestartet werden. Der VI-Server kann keine VI zum Remote-Computer herunterladen, daher müssen diese dort bereits vor Aufruf vorhanden sein.

16.9 Weitere Informationen

Wo erhalte ich immer die neuesten Informationen über LabVIEW?

National Instruments hat eine Reihe von elektronischen Kundendiensten eingerichtet, über die sich Anwender über den neuesten Stand der Entwicklung von LabVIEW informieren und die neuesten Informationen abrufen können. Entsprechende Details finden Sie auf der Homepage von LabVIEW. Daneben existieren eine Reihe von Informationsquellen, die unabhängig von National Instruments sind. Nähere Angaben hierzu enthält der Anhang dieses Buchs unter »Literaturverzeichnis und weitere Informationsquellen«.

17 Trends und Technologien rund um LabVIEW

Nichts entzieht sich der Darstellung durch Worte so sehr und nichts ist doch notwendiger, den Menschen vor Augen zu stellen, als gewisse Dinge, deren Existenz weder beweisbar noch wahrscheinlich ist, welche aber eben dadurch, dass fromme und gewissenhafte Menschen sie gewissermaßen als seiende Dinge behandeln, dem Sein und der Möglichkeit des Geborenwerdens um einen Schritt näher geführt werden.

Hermann Hesse – Das Glasperlenspiel

17.1 Express-VI in LabVIEW 7 – nur etwas für Anfänger?

Gerade frisch in LabVIEW 7 erschienen, ranken sich vor allem im LabVIEW-Profilager schon viele Vorurteile und Missverständnisse um Express-VI hinsichtlich ihrer Funktionalität und Flexibilität. Richtig – bei oberflächlicher Betrachtungsweise scheinen sich die über Dialogboxen konfigurierbaren Express-VI vornehmlich an LabVIEW-Neueinsteiger zu wenden, die über nur wenig Programmiererfahrung verfügen. Bevor man jedoch achselzuckend die Express-VI links liegen lässt, sollte man zumindest einmal einen Blick über die folgenden Zeilen schweifen lassen, denn auch eingefleischte LabVIEW-Programmierer können von der Effizienz der Express-VI profitieren.

Das Prinzip der Express-VI

Express-VI ergänzen die gängige grafische Programmiermethodik in LabVIEW um einen konfigurationsbasierten Ansatz. Prinzipiell bestehen Express-VI aus zwei Teilen: einem Konfigurations-VI und einem Quell-VI. Das Konfigurations-VI stellt dem Anwender ein interaktives Dialogfenster zur Verfügung, mit dem die Laufzeitparamter für das Quell-VI eingestellt werden und in dem er in den meisten Fällen sofort die Auswirkungen seiner Aktionen in einer Vorschauansicht überprüfen kann. Das Quell-VI wiederum enthält die eigentliche Funktionalität und ist mit dem Konfigurations-VI verbunden. Das Konfigurationsfenster öffnet sich, wenn das Express-VI im Blockdiagramm abgelegt wird oder wenn man es später durch einen Doppelklick oder über das Kontextmenü wieder aufruft.

An dieser Stelle sollen gleich zwei häufig genannte Vorurteile den Express-VI gegenüber ausgeräumt werden:

- »*Express-VI sind unflexibel, da die im Konfigurationsdialog eingestellten Eingangsparameter zur Laufzeit nicht verändert werden können.*« – Die Eingangsparameter für Express-VI lassen sich natürlich wie von herkömmlichen SubVI gewohnt im Blockdiagramm verdrahten. Über Drähte an das Express-VI herangeführte Parameter besitzen eine höhere Priorität als die konfigurierten Einstellungen, die somit zur Laufzeit außer Kraft gesetzt werden.
- »*Express-VI machen Blockdiagramme unübersichtlich, da die eingestellten Parameter nur im Konfigurationsdialog eingesehen werden können.*« – In sauber erstellten Express-VI werden die aktuellen Konfigurationseinstellungen in der Kontexthilfe angezeigt und sind somit für den Anwender sogar deutlich transparenter einzusehen, als dies bei herkömmlichen VI möglich wäre.

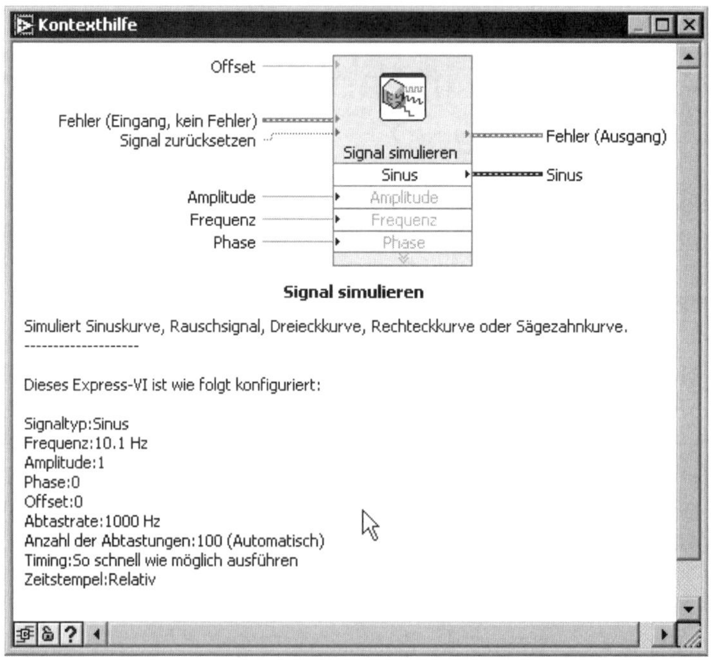

Abbildung 17.1: Kontexthilfe eines Express-VI

Wird ein Express-VI auf dem Blockdiagramm abgelegt, sieht man deutlich, dass diese mehr Platz im Blockdiagramm benötigen als ihre Kollegen, die herkömmlichen VI. Auch diese Tatsache spricht bei oberflächlicher Betrachtung gegen die

Verwendung von Express-VI. Diesem Argument lässt sich aber entgegnen, dass Express-VI häufig eine größere Anzahl herkömmlicher VI substituieren und somit grundsätzlich Platz sparen. Außerdem wird die Lesbarkeit eines Blockdiagramms durch die Klartextdarstellung der Ein- und Ausgangsparameter erheblich gesteigert. Für den Fall, dass das Raumangebot in einem Blockdiagramm aber doch einmal stark beschränkt sein sollte, kann das äußere Erscheinungsbild von Express-VI aber auch mit Hilfe eines rechten Mausklicks dem von herkömmlichen VI angeglichen werden.

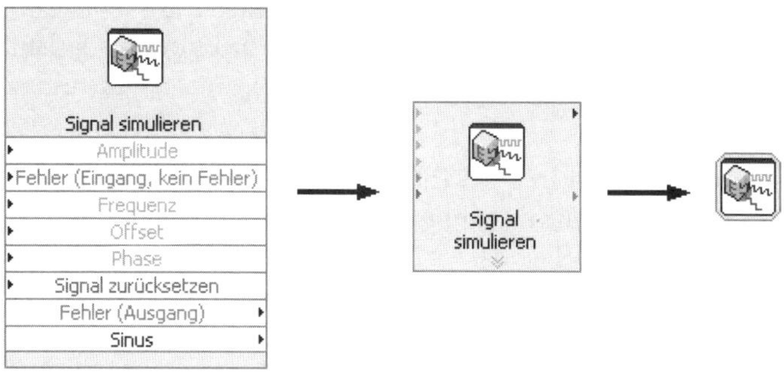

Abbildung 17.2: Ein Express-VI in unterschiedlichen Darstellungsformen

Das Grundprinzip virtueller Instrumente ist ihre anwenderdefinierte Funktionalität, die sie von herkömmlichen Geräten, deren Funktion vom Hersteller vorgegeben ist, abgrenzt. Diesem Prinzip, das National Instruments seit vielen Jahren zu seinem Credo erhoben hat, scheinen die Express-VI nun aber in gewisser Weise zu widersprechen. Ein herkömmliches VI offenbart durch einen Doppelklick auf sein Icon dem Anwender seinen inneren, häufig noch weiter hierarchisch gegliederten Aufbau, der gegebenenfalls an den spezifischen Anwendungsfall angepasst werden kann. Bei einem Express-VI hingegen öffnet sich bei der gleichen Aktion lediglich sein Konfigurationsfenster, über das die herstellerspezifischen Parameter eingestellt werden können. Sind Express-VI also an Anwendungsfälle, an die bei ihrer Implementierung nicht gedacht wurde, nicht anpassbar? Die Antwort liegt auch hier wie so oft nur einen rechten Mausklick weit entfernt. Wählt der Anwender im Kontextmenü eines Express-VI die Option *Frontpanel öffnen*, wird nach der Bestätigung eines Rückfragedialogs ein Express-VI in ein herkömmliches VI konvertiert, dessen Blockdiagramm wie gewohnt editiert werden kann. Damit lässt sich ein Express-VI auch als Grundlage für eigene Entwicklungen nutzen.

Unter gewissen Umständen sollte der Einsatz von Express-VI aber dennoch sorgfältig abgewogen werden. Damit Express-VI ihre Anwenderfreundlichkeit entfalten können, muss unter der Oberfläche natürlich ein gewisser Aufwand betrieben werden. Der möglichst allgemein gehaltene Aufbau und die zusätzlichen Komponenten wie z.B. die Konfigurationsdialoge haben umfangreicheren und damit ressourcenhungrigeren Code zur Folge. Speziell auf aktueller PC-Hardware dürfte sich das aber für viele Anwendungen nicht sonderlich negativ bemerkbar machen. Wenn es aber darauf ankommt, das letzte Quäntchen an Leistung aus einer Anwendung herauszuholen, sollte auf den Einsatz von Express-VI verzichtet werden. Konvertiert man ein Express-VI aber in ein herkömmliches VI und speckt es um nicht benötigte Funktionen ab, sollte auch dieser Nachteil eliminiert werden können.

Express-VI selbst erstellen

Das Erstellen von SubVI ist in LabVIEW ein einfaches und bewährtes Standardverfahren, um Blockdiagramme sauber zu strukturieren. Warum sollte man also dazu übergehen, Express-VI selbst zu erstellen und dafür einen gewissen Mehraufwand in Kauf zu nehmen? Ein Grund, der dafür spricht, ist natürlich der Komfort, der bei späterer Verwendung vom Entwickler des Express-VI oder von seinen Kollegen oder Kunden in Anspruch genommen werden kann. Auf der anderen Seite eröffnet die Erstellung von Express-VI aber auch den Weg zu völlig neuen Geschäftsideen. Ein Systemintegrator könnte beispielsweise anbieten, keine komplette LabVIEW-Applikation zu erstellen, sondern nur eine Gerüstapplikation und einen auf die Anwendung zugeschnittenen Satz an Express-VI. Mit diesem Rüstzeug kann dann der Endkunde auch ohne tiefere Programmierkenntnisse in LabVIEW eine Applikation nach seinen Anforderungen variabel zusammensetzen. Aus diesem Grund sollen hier nun kurz die Grundzüge der Erstellung eines Express-VI mit dem *Express-VI Development Toolkit* aufgezeigt werden.

Wie bereits mehrfach erwähnt, bestehen Express-VI aus mehreren Komponenten. Zum Erstellen, Editieren und Verwalten dieser Komponenten wird das *Express-VI Development Toolkit* benötigt. Als Grundlage für die Erstellung eigener Express-VI können entweder bereits vorhandene Express-VI oder auch herkömmliche VI dienen. Sehr lehrreich ist es für den Einstieg in diese Thematik, sich den Aufbau eines mit LabVIEW mitgelieferten Express-VI anzusehen.

Um ein Express-VI komplett selbst zu erstellen, geht man zunächst genauso vor wie beim Erstellen eines SubVI. D. h. im ersten Schritt erstellt man ein VI mit der gewünschten Funktionalität oder man wählt ein bereits vorhandenes SubVI aus. Dieses VI gibt man dann im *Express-VI Creator* als das Quell-VI an, woraufhin dieses VI in das eigentliche Express-VI konvertiert wird. Zusätzlich werden automatisch ein passendes Konfigurations-VI und einige Hilfskomponenten erstellt. Standardmäßig bietet das Konfigurations-VI interaktive Einstellmöglichkeiten für sämtliche Ein- und Ausgabeelemente des Quell-VI, die in dem ursprünglichen SubVI als Ein- und Ausgabeparameter definiert waren.

Bis zu diesem Zeitpunkt verläuft die Erstellung eines Express-VI weitestgehend automatisiert. Nun lässt sich das Konfigurations-VI nach den eigenen Vorstellungen editieren. Dies beginnt bei der Gestaltung des Frontpanels und endet bei der Anpassung der Hilfefunktionen, so dass die jeweils eingestellten Konfigurationsparameter auch in der Kontexthilfe angezeigt werden. Außerdem können in den gut dokumentierten Quellcode des Konfigurations-VI auch weitere Programmteile integriert werden, z.B. um eine sofortige Ergebnisvorschau zu realisieren.

17.2 LabVIEW und DIAdem

Die computergestützte Messtechnik spielt in der gesamten Produktentstehungskette eine immer größere Rolle und ist inzwischen schon zum treibenden Faktor avanciert. Datenerfassungseinheiten erreichen immer höhere Abtastraten und Auflösungen, PCs und Industrierechner sind in der Lage, diese Daten zu verarbeiten, und die Speicherkapazität heutiger Festplatten ist fast unerschöpflich. All dies hat dazu geführt, dass in nahezu jedem Bereich der industriellen Produktion und in jedem Abschnitt des Produktentstehungsprozesses immer größere Datenmengen anfallen.

Daraus ergeben sich neue Anforderungen an Werkzeuge zur Datenverwaltung und -auswertung. Häufig werden dazu in der Industrie für die einzelnen Aufgaben separate Tools eingesetzt – mit der Folge, dass zusätzliche Arbeitsschritte notwendig sind, um Datenformate anzupassen, Daten aus unterschiedlichen Quellen zusammenzuführen usw. Dies ist arbeits- und kostenintensiv, vor allem wenn solche Auswertungen wiederholt für gleichartige Daten durchgeführt werden müssen. Oft wird mehr Zeit für die Datensuche und -auswertung aufgewandt als für den eigentlichen Testprozess. Ein Tool, welches all diese Aufgaben kombiniert und in einer Umgebung vereint, vereinfacht die Arbeit der Testingenieure und schafft mehr Zeit dafür, Erkenntnisse aus der Datenauswertung zu gewinnen und umzusetzen.

Mit DIAdem bietet National Instruments ein solches Werkzeug, welches in verschiedenen Modulen all diese Aufgaben zusammenführt und sie in einer einheitlichen Oberfläche zur Verfügung stellt. Darüber hinaus versetzt es den Anwender in die Lage, auch Mess- und Regelaufgaben zu erledigen und Auswertungen zu automatisieren. In die mittlerweile neunte Revision sind dabei wieder viele Erfahrungen der letzten Jahre eingeflossen, und auch die veränderten und gestiegenen Anforderungen an ein solches Tool wurden berücksichtigt.

Im Mittelpunkt stehen die Daten

Zwei miteinander interagierende Module stellen dem Benutzer die Daten zur Weiterverarbeitung bereit und dienen als Schnittstelle zu den unterschiedlichsten Datenquellen. Neben dem bisherigen DIAdem-Datenformat DAT und einem völlig neuen optimierten Datenformat TDM bietet das komplett neu entwickelte Modul DIAdem-NAVIGATOR die Möglichkeit zum Importieren beliebiger ASCII-Formate sowie Excel-Dateien und vielen weiteren in der Industrie gebräuchlichen Formaten. Die Anbindung an Datenbanken über SQL/ODBC, ASAM oder ADO ist ebenfalls direkt über den DIAdem-NAVIGATOR möglich und erlaubt es dem Anwender, ein professionelles und zentrales Datenmanagement zu realisieren.

Die geladenen Daten sind nach dem Import/Ladevorgang im DIAdem-Datenportal zugänglich. Dieses neue Bedienelement ist die zentrale Schnittstelle, die den Zugriff, die Bearbeitung und Darstellung der Daten in den einzelnen DIAdem-Modulen erleichtert und zusammenführt. Per Drag&Drop können die Daten in den einzelnen Modulen zugänglich gemacht werden.

Informationsgewinn durch »Sichtbarmachen« der Daten

Zur Sichtung der Daten bietet DIAdem das Modul VIEW. Dieses erlaubt die interaktive grafische Analyse der Daten in Form von Tabellen oder als Kurvenverläufe in anpassbaren Diagrammen. Die Oberfläche ist dabei individuell modifizierbar, der Benutzer hat eine Vielzahl von wissenschaftlichen Formatierungsmöglichkeiten für die Diagramme zur Hand und kann mittels Cursor- und Zoom-Werkzeugen die Daten untersuchen.

Das Modul VIEW gestattet darüber hinaus den direkten Zugriff auf die Daten, so dass Kurvenbereiche zur Weiterverarbeitung grafisch ausgewählt, gelöscht, kopiert oder einzelne Werte direkt verändert werden können. Zudem bietet VIEW auch Schnittstellen zum Präsentationsmodul, und es ist möglich, bestimmte Bereiche grafisch zu selektieren und in anderen Modulen zu manipulieren.

Analysieren, Auswerten und Weiterverarbeiten

Um aus den gemessenen Daten Ergebnisse ableiten zu können, die dann in die Entwicklung oder Produktion einfließen können, ist es notwendig, die Daten durch Anwendung unterschiedlichster mathematischer Analysefunktionen gemäß den jeweiligen Bedürfnissen auszuwerten. Hierzu bietet DIAdem das Modul ANALYSIS zur interaktiven Analyse. Dieses beinhaltet mathematische

Analysefunktionen aus unterschiedlichen Bereichen, welche der Anwender dialoggeführt auf die geladenen Daten oder ausgewählte Datenbereiche anwenden kann. Neben mathematischen Basisfunktionen, Kurvenberechnungen, statistischen Funktionen und Funktionen zur Signalanalyse gibt es auch spezielle Funktionen für die Analyse von Messdaten aus Fahrzeugsicherheitsuntersuchungen oder die Möglichkeit der Verarbeitung von 3D-Daten. In der aktuellen Version wurde der Funktionsumfang vor allem im Bereich der Crashanalyse erweitert.

Dokumentieren und Präsentieren von Ergebnissen

In der Regel müssen im nächsten Schritt dann auch die Daten und die daraus gewonnenen Erkenntnisse in übersichtlicher Form dargestellt und grafisch aufbereitet werden, so dass die Ergebnisse in einer aussagekräftigen Präsentationsform vorliegen. Hierzu dient in DIAdem das Modul REPORT. Mit ihm lassen sich professionelle Vorlagen erstellen, die dann zur Präsentation unterschiedlicher Datensätze verwendet werden können. Das Erstellen dieser Vorlagen geschieht in einem Editor und mit Hilfe von Objekten, die auf dem Layout abgelegt werden. Die Vielzahl an vorgefertigten Objekten und die Möglichkeit, Grafiken der gängigsten Formate einzubinden, gestatten es, auf äußerst einfache Weise Ergebnisberichte zu erstellen, die auch den Layoutvorgaben der jeweiligen Firmen entsprechen. Durch Einbinden von Objekten mit Variablenbezug können diese Layouts zu interaktiven Tools werden, die durch ihre Wiederverwendbarkeit für verschiedene gleichartige Datensätze eine effektive Datenpräsentation erlauben. So ist es beispielsweise möglich, direkt aus dem Datensatz Informationen zu extrahieren und im Layout darzustellen, oder Ergebnisse mathematischer Analysen einzublenden, ohne diese Ergebnisse manuell für jeden Datensatz übertragen zu müssen.

Dem Anwender präsentieren sich außerdem zwei hilfreiche Werkzeuge, die das Erstellen eines Reports erleichtern. So kann die Darstellung aus dem Modul VIEW als Vorlage für den Report genutzt werden. Zusätzlich steht ein Reportassistent zur Verfügung, der den Anwender über Dialoge führt und auf diese Weise das Grundgerüst des Reports erzeugt.

Das Reportmodul gestattet es darüber hinaus, die Präsentationen auszudrucken, in einer HTML-Datei abzuspeichern oder in die gängigsten Datenformate zu exportieren und so anderen Tools den Zugriff darauf zu erlauben. Ferner können mit der neuen Version auch mehrseitige Reports realisiert werden.

Automatisieren wiederkehrender Aufgaben

Oftmals ist es notwendig, Analysen, Auswertungen und Präsentationen für mehrere Datensätze durchzuführen und die Ergebnisse miteinander zu vergleichen. Dazu gibt es in DIAdem das Modul SCRIPT. In dieses Modul ist eine komplette VB-Script-Entwicklungsumgebung integriert, und der Anwender kann mittels der gebräuchlichen Skriptsprache und des durch etliche DIAdem-Befehle erweiterten Funktionsumfangs komplexe Auswerteroutinen erstellen. Dafür steht ein Aufzeichnungsmodus bereit, der die Aktionen des Anwenders in den einzelnen Modulen mitprotokolliert und den VBS-Code erzeugt, welcher dann sofort ablauffähig ist. Der Editor bietet eine komfortable Umgebung, die den Anwender durch bekannte Werkzeuge und Hilfsmittel bei der Erweiterung der Skripte unterstützt. So werden VBS- und DIAdem-Befehle in unterschiedlichen Farben markiert, Variablen sowie Kommentare farblich gekennzeichnet, und es ist ein integrierter Debugger verfügbar, der das fehlerfreie Erstellen komplexer Skripte ermöglicht.

Durch den ebenfalls integrierten Dialogeditor wird das Modul um ein sehr wichtiges Tool ergänzt. Er gestattet das Erstellen komplexer Oberflächen, die in das Skript eingebunden werden können und die Schnittstelle zum Benutzer darstellen. Durch integrierte Funktionalität lassen sich dabei bereits in der Oberfläche falsche Benutzereingaben abfangen oder die Dialoge um Hilfefunktionen erweitern. Somit können Applikationen erzeugt werden, die die Einflussnahme des Benutzers auf bequeme Weise ermöglichen, wodurch sich eine sehr flexible Automatisierung realisieren lässt. Dies erlaubt das Erstellen von Auswerteroutinen ohne erforderliches Expertenwissen, so dass sich auch komplexe Auswertungen direkt am Prüfstand vom dortigen Bedienpersonal durchführen lassen. Dadurch werden die Prüfergebnisse schneller zugänglich, und die Qualität der Messwerte ist sofort ablesbar.

Das gewisse Etwas

DIAdem ist kein reines Datenverwaltungstool. Mit dem optionalen Modul DAC und dem dazugehörigen Visualisierungsmodul VISUAL lassen sich auch Mess-, Steuer- und Regelungsaufgaben realisieren. Zu diesem Zweck bietet DIAdem einen Editor zur Erstellung von Blockschaltplänen, in denen der Benutzer mittels konfigurierbarer Funktionsblöcke eine komplette Messaufgabe definieren kann. Hier hat der Anwender die Möglichkeit, zur Laufzeit Berechnungen durchzuführen, Daten zu skalieren oder komplexe mathematische Funktionen online zu realisieren. Die dabei anfallenden Daten lassen sich direkt in Datendateien speichern oder im Datenbereich von DIAdem ablegen und können so den anderen Modulen zur Verfügung gestellt werden. Das Gerät VISUAL ermöglicht dabei eine Online-Visualisierung und stellt die Schnittstelle zum Benutzer dar, der mittels Bedienelementen Parameter der Messaufgabe zur Laufzeit verändern kann.

Die Datenerfassung kann dabei auf zwei unterschiedliche Modi zurückgreifen: die Einzelwertverarbeitung, bei der mittels eines PC-Echtzeitkernels Datenraten bis zu mehreren Kilohertz erreicht werden, oder die Paketverarbeitung, bei der die Daten blockweise verarbeitet und weitergegeben werden, sobald Daten am Eingang eines Funktionsblocks vorliegen. Letzteres ermöglicht höhere Datenraten und Online-Berechnungen mathematischer Verfahren, die Datenblöcke benötigen, wie Klassierverfahren, FFT oder mathematische Filterfunktionen.

Sollen Hardware oder externe Geräte angesprochen werden, so ist es erforderlich, einen speziellen DIAdem-Treiber einzubinden. Der Zugriff auf Hardware von National Instruments ist dabei sehr komfortabel realisiert, aber auch das Einbinden von Hardware von Drittherstellern ist über Konfigurationsblöcke möglich, wenn die entsprechenden Treiber vorhanden sind. Informationen über verfügbare Treiber stehen im Internet bereit.

DIAdem und LabVIEW im Duett

Direkt von der DIAdem-Oberfläche aus lässt sich LabVIEW 7 Express starten. Dort steht dem Benutzer eine komplette Programmierumgebung mit Express-Funktionalität zur Verfügung, die die Realisierung äußerst vielseitiger und leistungsfähiger Mess- und Automatisierungsapplikationen gestattet. Dabei können mittels vorgefertigter VI (virtueller Instrumente) Daten über ActiveX direkt an das DIAdem-Datenportal gesendet werden. Des Weiteren lässt sich DIAdem über eine Vielzahl von integrierten Funktionen von LabVIEW aus fernsteuern. Auch können Reports sowie DIAdem-Datendateien mit kompletter Header-Information erzeugt werden. Eine Vielzahl von Beispielen erleichtert den Einstieg, und die Express-Funktionen minimieren den Programmieraufwand.

Ein weiteres Tool, welches zur Erfassung von Daten herangezogen werden kann, ist der VI Logger. Dieses Werkzeug bietet eine konfigurierbare Umgebung zur Erfassung von Daten, die anschließend problemlos in DIAdem weiterverarbeitet werden können.

Was ist neu?

DIAdem 9.0 wurde in der neuen Version in sehr vielen Teilen komplett überarbeitet. Die Oberfläche und die Hilfe wurden neu gestaltet und erscheinen nun in einem moderneren Design. Die Hilfe wurde dabei im HTML-Format implementiert.

Zudem wurden für die einzelnen Module neue leistungsfähigere Dateiformate entwickelt. Vor allem das TDM-Datenformat bietet eine ganze Reihe von Vorteilen und macht die Datenarchivierung noch komfortabler. Die alten Formate sind natürlich weiterhin zugänglich. Ferner unterstützt DIAdem 9.0 zum ersten Mal auch Datenkanäle mit Textformat.

Durch das neue Modul NAVIGATOR und das neue zentrale Datenportal rücken die Daten weiter in den Mittelpunkt und können von den anderen Modulen aus noch bequemer und leichter angesprochen werden.

Dem Modul VIEW kommt in der Version 9.0 eine neue Bedeutung zu. Der Anwender kann hiermit die Daten nicht mehr nur über Kurvendarstellung sichten, sondern auch in Tabellenform visualisieren und bearbeiten. Somit übernimmt dieses Modul Teile der Aufgaben, die in früheren Versionen dem Gerät DATA zugeordnet waren.

Das Modul ANALYSIS wurde um weitere mathematische Funktionen vor allem aus dem Bereich der Crashdatenauswertung erweitert.

Die Module VIEW und REPORT unterstützen darüber hinaus jetzt die flexible Gestaltung mehrseitiger Layouts für die Analyse und Präsentation. Außerdem ist es nun möglich, sie im HTML-Format zu generieren, wodurch sich ihre Veröffentlichung und Verteilung wesentlich einfacher gestaltet.

Ferner wurde in DIAdem 9.0 ein direkter Aufruf von NI LabVIEW ermöglicht, was die Vernetzung von komfortabler Datenerfassung und -analyse sowie -darstellung weiter erleichtert.

Das Automatisierungsmodul SCRIPT wiederum wurde um einen Template Wizard erweitert, der das Erstellen bedienungsfreundlicher Benutzeroberflächen vereinfacht. Zusätzlich kann auch hier direkt auf Datenkanäle in Form von Adressverweisen über das Datenportal zugegriffen werden.

Professionelle Datenverwaltung und -analyse

DIAdem vereint alle Aufgaben der Auswertung und Verwaltung von Daten und ist damit ein Tool, das in allen Bereichen der Industrie zur Steigerung der Effizienz und Kostenersparnis in Produktion und Entwicklung beitragen kann. Weitere Informationen sind im Internet unter *www.ni.com/diadem* erhältlich.

17.3 LabVIEW und Simulink

Auch wenn in einer idealen Welt ein Produkt im Laufe seines Entstehungszyklus gar nicht erst getestet werden müsste, fordert die Realität, dass Mess- und Prüfsysteme immer mehr zum integralen Bestandteil des Produktentwicklungsprozesses werden. Die messtechnische Verschmelzung der Bereiche »Design – Entwicklung – Produktion« bekommt insbesondere durch die PC-orientierte Mess- und Prüftechnik mit ihren umfangreichen Anbindungsmöglichkeiten an die reale Welt neue Impulse.

Einführung

Sollen Ideen schnell in Produkte verwandelt werden, so ist es mit der Simulation allein nicht getan. Immer mehr Hersteller elektronischer Produkte und Komponenten gehen dazu über, die Funktionsfähigkeit ihrer Erzeugnisse per Software zu simulieren. Oft kommt dabei das reale Prüfen zu kurz. Die Folgen sind teilweise schwerwiegend. Das spektakulärste Beispiel ist zweifellos der Absturz der US-Raumfähre Columbia im Februar 2003. Die NASA habe sich zu sehr auf fehlerhafte Computersimulationen und mathematische Modellierungen verlassen, so der offizielle Bericht des Columbia Accident Investigation Board. Warum also wird das Testen unterlassen? Die Gründe sind vielfältig: Testen kostet Geld, Testen macht nur auf Fehler aufmerksam, Testen bringt oft unerwartete Überraschungen mit sich. Besonders teuer wird es, wenn das Prüfen den gesamten Entstehungszyklus eines Produkts begleiten soll – von der Simulation und Modellierung über das Prototyping bis hin zur Fertigung.

Wie also lassen sich Testkosten reduzieren und trotzdem Katastrophen vermeiden – bei immer kürzer werdenden Realisierungszeiten und immer geringer werdendem Aufwand, aber höchstmöglichem Qualitätsanspruch? Die stetig steigende Komplexität der Produkte, die damit einhergehenden wachsenden Kundenanforderungen sowie der Kostendruck führten in den letzten 20 Jahren zu einer grundlegenden Veränderung der Art und Weise, wie Mess- und Testsysteme konzipiert werden. Der PC rückte immer mehr als Integrationsplattform in den Vordergrund. Gerade die messtechnische Verschmelzung der Disziplinen »Design – Entwicklung – Produktion« bekommt insbesondere durch die PC-orientierte Mess- und Prüftechnik mit ihren umfangreichen Anbindungsmöglichkeiten Rückenwind, denn die Mess- und Prüftechnik kommt nicht, wie oft angenommen, erst am Ende der Produktentstehungskette zum Einsatz, wenn es darum geht, die Qualität des Produkts zu verifizieren, sondern begleitet quasi das Produkt vom Entwicklungs-PC bis zum Fertigungsband und darüber hinaus.

Wenn die Messtechnik bzw. das Testen also das Produkt durch seinen gesamten Entstehungsprozess begleitet, dann wäre es sinnvoll, Werkzeuge einzusetzen, die die unterschiedlichsten Bedürfnisse der Mess- und Prüftechnik im gesamten Prozess abdecken und gleichzeitig für einen nahtlosen Übergang zu speziellen in der Entwurfs- bzw. Designphase eingesetzten Werkzeugen sorgen. LabVIEW und das darin verankerte Konzept der virtuellen Instrumente haben seit ihrer Vorstellung in den 90er Jahren diesen Wandel nicht nur forciert, sondern auch die klassischen herstellerdiktierten, starren Strukturen schrittweise durch eine Vorgehensweise ersetzt, die der Denkweise des Anwenders nachempfunden ist. Als eine natürliche Integrationsplattform begleiten sie den Anwender durch die gesamte Produktentstehungskette. Zudem schaffen sie auch den Brückenschlag zu bereits etablierten Designtools. Gerade für diesen Bereich gibt es mittlerweile zahlreiche Anbindungsmöglichkeiten.

Designbegleitendes Messen

So ermöglicht das LabVIEW-Frontend für das DSP-Programmiertool »Code Composer« von Texas Instruments Entwicklern von DSP-Systemen, diese noch während des Designs zu testen, also bereits vor der Entstehung des ersten Prototyps. Zusätzlich können Designingenieure aufgrund einer von National Instruments und Tektronix ins Leben gerufenen Initiative nun ebenfalls während der Designphase anspruchsvolle Analysen durchführen und mit Hilfe von LabVIEW auf den auf einer offenen Windows-Plattform basierenden Tektronix-Oszilloskopen ihren Bedürfnissen entsprechende Applikationen entwickeln. Die Möglichkeit, LabVIEW an die Schaltungssimulationsumgebung »SPICE« von Electronics Workbench anzubinden, gestattet es wiederum dem Anwender von »SPICE-Modellen«, Schaltungen schon während der Simulation zu prüfen. Eine Reihe von Anbindungsmöglichkeiten für etablierte Mathematikprogramme wie etwa Mathematica, MATLAB/Simulink oder Mathcad erlaubt die Integration mathematischer Modelle in LabVIEW – und dies ebenfalls bereits in der Designphase. Die Anbindung von LabVIEW an das Designtool MATRIXx schließlich gestattet den nahtlosen Übergang vom Reglermodell zum Prototypen bzw. zur Entwicklung von Hardware-in-the-Loop-Testsystemen.

Anwendungsbeispiel: Integration von Simulink-Modellen in LabVIEW

Häufig sind die Simulationsmodelle bereits in MATLAB/Simulink beim Anwender vorhanden. Die Integration dieser vorhandenen Modelle in ein Testsystem soll mit möglichst wenig Aufwand erfolgen. Das LabVIEW Simulation Interface Toolkit ermöglicht die Anbindung der grafischen Programmierumgebung LabVIEW an das Designtool Simulink. Mit Hilfe dieses Toolkits lassen sich anwenderdefinierte Benutzeroberflächen erstellen, mittels derer Simulink-Modelle interaktiv überprüft und anschließend auf echtzeitfähige Hardware heruntergeladen werden können. Dies sorgt für erheblich reduzierte Entwicklungszeiten von embedded Steuer- und Regelanwendungen und somit für verkürzte Produktentwicklungszyklen, da das Toolkit einen schnellen Übergang von der Simulation und Modellbildung zur Validierung und zum Testen realer Prototypen erlaubt.

Das LabVIEW Simulation Interface Toolkit enthält einen so genannten Connection Manager, mittels dessen Hilfe LabVIEW-basierte grafische Benutzeroberflächen auf Parameter und Signale von Simulink-Modellen zugreifen können. In LabVIEW lassen sich dann für die Applikation erforderliche GUI-Elemente wie

Drehknöpfe, Analogwertanzeigen, Messwertanzeigen und Graphen in eine einzige, funktionsreiche Oberfläche implementieren, mit Hilfe derer sich dann Simulationsmodelle testen lassen. Ferner kann der Anwender Batch-Simulationen integrieren, um die Simulink-Modelle der Prüfung mit einer Vielzahl verschiedener Prüfparameter zu unterziehen.

Dieselbe anwenderdefinierte Benutzeroberfläche wird auch zur Anbindung der Applikation an ein echtzeitfähiges PXI-System eingesetzt, so dass sich der Übergang von der Verifikation zur Prototyperstellung von Hardware äußerst einfach gestaltet. Mit nur wenigen Mausklicks kann der Anwender die in LabVIEW entwickelte Prüfapplikation und das Simulink-Modell auf echtzeitfähige PXI-Hardware herunterladen und so schnell feststellen, wie sich das Prototypmodell verhält, wenn es an ein reales System angeschlossen ist. Durch die nahtlose Implementierung benutzerspezifischer Steuer- und Regelmodelle auf Echtzeithardware können Fehler schon in einem früheren Stadium im Produktentstehungsprozess identifiziert werden, wodurch sich die Gesamtentwicklungszeit deutlich reduziert.

Durch den Einsatz von LabVIEW mit Simulink von The MathWorks, Inc. ist es dem Anwender möglich, eine beispiellose Bandbreite an Hardwareprodukten (inkl. I/O-Baugruppen) zu nutzen. Diese beschränken sich nicht nur auf die erwähnten Echtzeit-PXI-Systeme, sondern erweitern das Spektrum auch auf echtzeitfähige PCI-Steckkarten und NI Compact FieldPoint, welche embedded oder verteilte Prototypenerstellung und Hardware-in-the-Loop-Tests erlauben.

Anwendungsbeispiel: Integration von LabVIEW-Funktionen in MATLAB

Mit dem neuen LabVIEW Math Interface Toolkit von National Instruments lassen sich die Funktionalität von VI (virtuelle Instrumente) und die Möglichkeit der Hardwareanbindung in der grafischen Entwicklungsumgebung LabVIEW 7 *Express* sowie damit erstellte anspruchsvolle Benutzeroberflächen in die Analyseumgebung MATLAB integrieren.

Mit Hilfe von LabVIEW 7 *Express* und diesem neuen Toolkit kann beliebiger LabVIEW-Code rasch in eine MEX-Funktion (MEX = *M*ATLAB *EX*tension) kompiliert werden, wodurch die MATLAB-Umgebung um die vielfältigen I/O-Möglichkeiten und erweiterten Messwertanalysefunktionen von LabVIEW ergänzt werden kann.

Das LabVIEW Math Interface Toolkit bietet den Zugriff auf die interaktive grafische Benutzeroberfläche von LabVIEW, auf diverse Messplattformen wie PXI und VXI sowie auf erweiterte Kommunikationsprotokolle wie CAN, TCP/IP und GPIB für die Kommunikation mit Stand-alone-Geräten. Mit der Konvertierung der LabVIEW-VI, die in MATLAB lauffähig sind, hat der Anwender automatisch Zugang zu den mehr als 2.200 kostenlosen LabVIEW-Gerätetreibern von über 150 verschiedenen Herstellern, die auf dem NI Instrument Driver Network unter *www.ni.com/idnet* zum Download bereitstehen.

Dieses Toolkit ist speziell für LabVIEW-Anwender äußerst nützlich, die ihren Programmcode in der MATLAB-Umgebung in unterschiedlichsten Anwendungsbereichen wiederverwenden müssen, beispielsweise in der Luft- und Raumfahrt, im Automotive- oder im Bildungsbereich.

Zusammenfassung

Die obigen Beispiele verdeutlichen, welch tragende Rolle das Testen bzw. die Messtechnik im gesamten Lebenszyklus eines Produkts spielt. Auch wenn in einer idealen Welt ein Produkt im Laufe seines Entstehungszyklus gar nicht erst getestet werden müsste, fordert die Realität, dass Mess- und Prüfsysteme immer mehr zum integralen Bestandteil des Produktentwicklungsprozesses werden. Viele Unternehmen wünschen sich, ja fordern sogar Testsysteme, die ihnen letztlich einen strategischen Vorsprung in Bezug auf Qualität, »Time to Market«, optimierte Engineering- und Fertigungsprozesse und natürlich Gesamtkosten gewähren. Nicht zuletzt deshalb ist es unerlässlich, Testkosten zu senken, um dem Prüfingenieur das Testen – und damit die Sicherheit seines Produkts – schmackhaft zu machen, statt es ihm zu verleiden. Dies ist die große Herausforderung, der wir uns zu stellen haben.

17.4 LabVIEW und PDAs

Nach dem unaufhaltsamen Siegeszug und der Verbreitung von PCs in den 80er und 90er Jahren stellten sich damalige Entwickler der Aufgabe, die Hardware kleiner, leichter und leistungsfähiger zu machen. Mit der Vorstellung von PDAs (Personal Digital Assistants) Mitte der 90er Jahre brach eine völlig neue Ära an, die in puncto Gewicht und Größe auch Laptops und Notebooks eher wie Computer der ersten Stunde wirken ließ.

Die neue Herausforderung richtet sich nun an den Softwareentwickler, der einen PDA durch umfangreiche Anwendungsprogramme von einem persönlichen Organizer für Termine und Adressen zu einem leistungsfähigen, tragbaren Computer machen kann.

Mit der Vorstellung des LabVIEW 7 PDA Module bietet National Instruments (NI) Softwareentwicklern nun erstmals eine grafische Entwicklungsumgebung, die sowohl das Betriebssystem Pocket PC von Microsoft als auch Palm OS unterstützt.

Aller Anfang ist leicht

Der große Vorteil des LabVIEW 7 PDA Module liegt darin, dass eine Anwendung nicht von Grund auf für ein bestimmtes PDA-Modell entwickelt werden muss. Vielmehr erlaubt LabVIEW dem Anwender, die erstellten VI sowohl auf einem Desktop-Rechner als auch auf den verschiedenen PDAs einzusetzen. LabVIEW kompiliert das VI automatisch für das ausgewählte Ausführungssystem (Pocket PC bzw. Palm OS) und überträgt dann die optimierte Anwendung (**.exe* bzw. **.prc*) direkt auf den PDA.

Um während der Entwicklung von PDA-Anwendungen Zeit einzusparen, bietet der neue Vorlagenkatalog von LabVIEW 7 Express bereits VI-Vorlagen, deren Frontpanelabmessungen auf die jeweiligen PDAs zugeschnitten sind. Auch die Fülle von vorinstallierten Anwendungsbeispielen und speziellen PDA-Paletten für Frontpanel und Blockdiagramm unterstützt den Anwender bei der effizienten Erstellung von PDA-basierten Mess- und Automatisierungslösungen.

Direktes Feedback während der Entwicklung von Applikationen ist besonders bei umfangreichen Projekten äußerst wichtig. Das LabVIEW 7 PDA Module unterstützt daher neben einem Debugging-Modus auch jeweils einen Emulator für die Betriebssysteme Pocket PC und Palm OS. Das heißt, ohne das Vorhandensein der eigentlichen Hardware können erstellte PDA-Anwendungen unter realen Bedingungen direkt getestet werden. Der Emulator spiegelt das Erscheinungsbild und die Leistungsfähigkeit des realen PDAs eins zu eins wider.

Zusätzlich können während der Entwicklungsphase Debugging-Informationen mit in das VI kompiliert werden. Die PDA-Applikation synchronisiert sich nach dem Starten automatisch mit dem parallel laufenden Host-VI auf dem Entwicklungsrechner. Das Blockdiagramm des Host-VI stellt nun sowohl die von LabVIEW gewohnten Debugging-Werkzeuge wie Einzelschrittausführung und Haltepunkte als auch die in LabVIEW 7 Express neu vorgestellten bedingten Haltepunkte zur Verfügung. Um die Flexibilität und Transparenz für den Entwickler zu gewährleisten, kann der Debugging-Modus nicht nur in Verbindung mit dem Emulator genutzt werden, sondern auch dann, wenn der PDA selbst aktiv (via Standardprogramme wie ActiveSync oder HotSync) mit dem Hostsystem verbunden ist.

Erfassen, analysieren und darstellen

LabVIEW als der De-facto-Standard in der computergestützten Mess- und Automatisierungstechnik bietet natürlich auch für PDA-Anwendungen in gewohnter Weise den intuitiven Zugang zu und die einfache Handhabung von komplexesten Funktionen, Strukturen und Oberflächenelementen.

Auch wenn ein PDA ursprünglich als persönlicher Organizer konzipiert war, stehen heutzutage verschiedene Möglichkeiten der Kommunikation mit anderen PDAs bzw. anderen Geräten zur Verfügung. IrDa (Datenaustausch via Infrarotschnittstelle) wird mittlerweile von nahezu jedem PDA unterstützt und lässt sich auch mit geringstem Kostenaufwand in zu steuernde Anlagen integrieren. LabVIEW bietet einen eigenen Satz von VI, mit dem sowohl IrDA-Server als auch -Clients aufgebaut werden können.

Abhängig vom Modell bieten PDAs bereits auch integriertes WLAN (Wireless Local Area Network). Die dadurch denkbaren Anwendungsbeispiele sind nahezu grenzenlos, z.B. können nun direkt vor Ort an einer Maschine entsprechende Kalibrierungsdaten über Funknetzwerke abgerufen und direkt über eine IrDA-Schnittstelle eingespeist werden. Ermöglicht wird das durch die eben erwähnten IrDa-VI und die in LabVIEW 7 PDA implementierten Standardnetzwerktechnologien wie TCP/IP.

Einen ganz neuen Bereich der mobilen Datenerfassung (DAQ) eröffnen PDAs mit dem Betriebssystem Pocket PC, die mit einem PC-Card-Adapter (PCMCIA) kombiniert werden können. NI bietet bereits verschiedene PCMCIA-Steckkarten und LabVIEW-VI zur Datenerfassung für den Pocket PC an. Neben der Möglichkeit, analoge Einzelwerte und Kurvenformen zu erfassen und auszugeben, sind auch Zähler und Digitalein- und -ausgänge verfügbar. Eine kleine Installationsroutine, welche die Erkennung und Unterstützung der NI-Datenerfassungshardware auf dem PDA sicherstellt, befindet sich im Stammverzeichnis des LabVIEW 7 PDA Module.

Die Ereignisstruktur und Standardstrukturen wie For- und While-Schleife bzw. Sequenzen sind sehr hilfreiche Werkzeuge, die dem PDA-Anwender eine interaktive Steuerung der Applikation ermöglichen. Neben den Hunderten von Analysefunktionen stehen natürlich auch Paletten zum Bearbeiten von Zeichenketten (Strings) und Datenreihen (Arrays) oder zum Umwandeln von Zeichenketten in reale Zahlenwerte zur Auswahl, durch die in Kombination mit unzähligen weiteren VI auch die aufwendigsten Projekte realisiert werden können.

Schalter und Drehknöpfe, Zahlen- und Textanzeigen, aber auch aufwendigere Frontpanelobjekte, wie Auswahllisten und Graphen, ermöglichen das direkte Anzeigen von Daten und Ergebnissen auf dem PDA-Display und die Interaktion mit dem Benutzer. Durch Verwendung der Datei-I/O-VI lässt sich ein PDA aber auch in einen Datenlogger verwandeln, der entweder Einzelergebnisse oder aber auch komplette Messreihen und Prozessdaten zur späteren Verwendung aufzeichnet.

Auf dem Prüfstand
Viele Geräte und Anlagen können nirgendwo anders getestet werden als in ihrer realen Umgebung selbst. Ein Beispiel für Prüffeldanwendungen sind Mobilfunksender im Telekommunikationsbereich. Sendeanlagen können nicht einfach zerlegt werden, um abschnittsweise im Labor getestet zu werden, daher werden typischerweise Testingenieure mit Computersystemen ausgestattet, um die verschiedenen Tests direkt vor Ort durchzuführen. Es liegt auf der Hand, dass es wesentlich einfacher und kostengünstiger ist, diese Testingenieure mit einem geeigneten PDA auszustatten und die Testprogramme für die Sendeanlage direkt vom PDA aus zu steuern. Daten und Protokolldateien können dann auf dem PDA gespeichert werden, um später offline ausgewertet oder in entsprechende Berichte integriert zu werden. Neben der Kostenersparnis würde sich auch eine deutliche Reduzierung des logistischen Aufwands bemerkbar machen, da keine kompletten Messsysteme mehr auf- und abgebaut werden müssen.

Konzerne mit zentralisierten Produktions-Leitwarten stehen nicht selten der Problematik gegenüber, wichtige Prozessdaten auch mobil zur Verfügung zu stellen. Die Automobilindustrie mit ihren zum Teil kilometerlangen Produktionslinien dient als gutes Beispiel für den Einsatz von mobilen Überwachungssystemen. Test- und Prüfsysteme sind generell über den gesamten Produktionszyklus entlang der Linie verteilt und eine zentrale Leitwarte überwacht und steuert den gesamten Ablauf. Wird nun ein Techniker zur Überprüfung eines bestimmten Abschnitts gerufen, ist es eigentlich für ihn unerlässlich, ein handliches und mobiles Überwachungssystem mitzuführen, das die Verbindung zur Leitwarte aufrechterhält. Durch die schon vorher erwähnten Möglichkeiten von LabVIEW in Verbindung mit Funknetzwerken (WLAN) kann der Techniker nun vor Ort die jeweiligen Maschinendaten mit den Daten, die in der Leitwarte auflaufen, vergleichen und gegebenenfalls nötige Anpassungen direkt vornehmen – entweder auf Seiten der Leitwarte über das Funknetzwerk oder aber an der Maschine selbst mittels serieller oder IrDa-Schnittstelle.

Durch den Einsatz der unterstützten Datenerfassungskarten der E-Serie von National Instruments und des LabVIEW 7 PDA Module können Kunden nun auf einfache Art und Weise tragbare und kompakte Datenerfassungssysteme erstellen. Verschiedene PDAs unterstützen bereits PCMCIA-Karten, wodurch kostengünstigere und kleinere Systeme geschaffen werden können als im Vergleich zu einer Desktop- bzw. Laptop-basierten Lösung. PDA-basierte Datenerfassungssysteme können vor allem auch für Laboratorien und Universitäten von besonderem Interesse sein, da hierdurch mobile Systeme häufig in verschiedenen Labors und Vorlesungen zum Einsatz kommen könnten. Gerade der

Anschaffungspreis eines PDAs im direkten Vergleich mit einem Laptop stellt für Forschungseinrichtungen eine kostengünstige Alternative dar. Auch die umfangreichen für LabVIEW 7 PDA portierten Analysebibliotheken, die im LabVIEW FDS (Full Development System) und PDS (Professional Development System) enthalten sind, werden zukünftig den PDA zu einer ernst zu nehmenden Konkurrenz für jeden Laptop machen.

Mehr als nur ein einfacher Organizer

Da die einfache und intuitive Bedienung der grafischen Entwicklungsumgebung LabVIEW nun auch auf die Welt der kleinen und leichten PDAs zu applizieren ist, bietet sich das LabVIEW 7 PDA Module als ideale Plattform zur Entwicklung von mobilen Prüf- und Fernüberwachungssystemen an. PDAs stellen heute keine gekapselten Geräte mehr dar, sondern sind vielmehr durch implementierte Standards wie IrDa, serielle Schnittstellen, WLAN und Bluetooth zu wahren Kommunikationszentralen gewachsen. Auch LabVIEW-basierte Echtzeitsysteme (entwickelt mit dem LabVIEW Real-Time Module) lassen sich z.B. über WLAN und VI-Servertechnologien von einem PDA aus fernsteuern.

Mit dem LabVIEW 7 PDA Module wird die Messtechnik im Entstehungszyklus eines Produkts, der sich vom ersten Design über das Stadium des Prototyps und der Verifizierung bis in die Serienproduktion erstreckt, konsequent in die Bereiche Service und Wartung übertragen. Das Konzept von LabVIEW und den virtuellen Instrumenten bietet dem Entwickler eine einzigartige und skalierbare Plattform, um alle Aufgaben und Anforderungen der computerbasierten Mess- und Automatisierungstechnik effizienter und kostengünstiger zu realisieren. Jetzt und in Zukunft.

17.5 LabVIEW und FPGA

Kurzfassung

In Bezug auf Zuverlässigkeit und Leistungsfähigkeit sind auch heute noch rein in Hardware realisierte Datenverarbeitungskomponenten solchen, die aus einer Kombination aus Hard- und Software bestehen, überlegen. Zeit- und kostenintensive Speziallösungen, die bei Änderungen auch noch hohe Folgekosten nach sich ziehen, sind ein Luxus, den man sich heute aber in immer selteneren Fällen leisten kann. In vielen Designs industrieller Produkte finden sich deshalb vermehrt FPGAs (**F**ield **P**rogrammable **G**ate **A**rrays), die viele Vorteile von Hardwarelösungen in sich vereinen, ohne dass man gleichzeitig deren Nachteile in Kauf nehmen muss. Allerdings kann man die traditionelle VHDL-basierte Konfiguration von FPGAs nicht unbedingt als intuitiv bezeichnen. National Instruments macht mit dem neuen LabVIEW-Modul LabVIEW FPGA diese Technologie auch für Anwender ohne FPGA-Spezialwissen zu einer attraktiven Alternative.

Einführung

Ein Grundsatz der Systemtheorie besagt, dass der normale Zustand eines Systems der des Nichtfunktionierens ist – funktionierende Systeme sind hingegen ein Sonderfall. Je komplexer ein System ist, desto eher ist man dazu geneigt, dieser Aussage zuzustimmen. Komplexität ist der Preis, der heute auch bei kommerziellen Rechnersystemen für deren universelle Einsetzbarkeit gezahlt wird. Die Vielfalt an Hard- und Softwarekomponenten und deren Zusammenspiel in aktuellen PCs bieten reichlich Angriffsfläche für Fehler. Kaum jemandem, der schon einmal auch nur ein wenig von den ausgetretenen Pfaden der Office- und Multimediaanwendungen abgewichen ist, dürften Treiber- oder Installationsprobleme gänzlich unbekannt sein.

Nichtsdestotrotz erweist sich der PC in industriellen Anwendungen eben wegen seiner Flexibilität, enormen Rechenleistung und Kosteneffizienz in vielen Bereichen des Messens, Steuerns und Automatisierens als sinnvolle Lösung. Im Laufe der Rechnergenerationen und vor allem bei der Weiterentwicklung der Betriebssysteme blieben aber auch Fähigkeiten auf der Strecke. Bei einfachen Rechnerarchitekturen, die evtl. noch sehr hardwarenah mit Hilfe von Assemblern programmiert werden, hat der Anwender die Kontrolle über sämtliche Abläufe und das Timing der Applikation. Auch die frühen Programmiersprachen der dritten Generation, die auf Single-Task-Betriebssystemen wie z.B. DOS oder CP/M aufsetzen, weisen im Allgemeinen ein relativ stabiles Echtzeitverhalten auf. Das heißt, Reaktionen auf Ereignisse erfolgen innerhalb eines deterministischen Zeitraums, wie es z.B. bei vielen Regel- und Steueranwendungen gefordert ist. Bei den heute eingesetzten Multitasking-fähigen Betriebssystemen wie Windows oder Linux hingegen laufen bereits auf Betriebssystemebene so viele Prozesse unkoordiniert parallel ab, dass von deterministischem Echtzeitverhalten keine Rede mehr sein kann. Für Applikationen, bei denen definierte Antwortzeiten und ein hohes Maß an Zuverlässigkeit gefordert sind, greift man deshalb häufig auf schlanke Echtzeitbetriebssysteme zurück, die nicht mit Features überfrachtet sind. Allerdings setzen auch solche Systeme auf klassischen Rechnerarchitekturen mit CPU, RAM und verschiedenen Bussystemen auf.

Ganz andere Wege lassen sich mit programmierbaren Logikbausteinen (PLDs) beschreiten. PLDs sind integrierte Logikschaltungen, deren innere Verknüpfungen durch Programmierung festgelegt werden. Die Gatterstruktur wird dafür in Form eines so genannten Bitstreams auf das PLD heruntergeladen. PLDs kommen einer direkten materiellen Umsetzung von Software in Hardware daher sehr nahe. Komplette Anwendungen aus dem Mess-, Regel-, Steuer- und Datenkommunikationsbereich lassen sich mit dieser Technik auf einem einzelnen Chip integrieren, ohne dass dafür gleich ein teures ASIC-Design realisiert werden muss. FPGAs sind die derzeit wohl leistungsfähigsten und flexibelsten PLDs und werden außer in Rapid-Prototyping-Systemen auch in Produkten eingesetzt, die im Extremfall auch nach ihrer Auslieferung in der Lage sein müssen, an neue Anforderungen angepasst zu werden. FPGAs finden sich deshalb in Netzwerk-Routern und -Switches, in GPS-Navigationssystemen, Mobiltelefonen und PDAs, aber auch z.B. in Waschmaschinen und Geschirrspülern. Mit FPGA-basierter Hardware lassen sich aber auch direkt im Designprozess eines Produkts hohe Kosten einsparen, die ansonsten durch Last-Minute-Änderungen verursacht werden, bzw. schafft man sich überhaupt erst die Freiheit, bis kurz vor Entwicklungsschluss noch auf geänderte Anforderungen reagieren zu können.

FPGAs im MSR-Einsatz

Auch im MSR-Bereich ist die Motivation sehr hoch, rekonfigurierbare Hardware einzusetzen. Anwendungsgebiete sind hier z.B. hochperformante Regelungssysteme, die Kommunikation mittels beliebiger Digitalprotokolle, die Simulation von Sensorsignalen und viele andere Bereiche, in denen deterministisches Antwortverhalten und jitterarmes Timing gefragt sind.

Die bisher vorherrschenden Entwicklungswerkzeuge für die FPGA-Programmierung, die vornehmlich auf VHDL basieren, sind allerdings nicht gerade dazu geneigt, den Einstieg in die Welt der rekonfigurierbaren Hardware besonders zugänglich zu gestalten.

Betrachtet man den Aufbau von FPGAs und vergleicht ihn mit den grundsätzlichen Prinzipien einer datenflussorientierten grafischen Programmiersprache wie LabVIEW von National Instruments, werden viele Gemeinsamkeiten augenfällig. Beide Werkzeuge basieren auf funktionalen Blöcken mit Ein- und Ausgängen, die miteinander verschaltet werden können. Genauso wie in LabVIEW-Programmen können verschiedene Datenströme auch FPGAs nicht nur sequentiell, sondern ebenfalls in mehreren parallelen Strängen durchlaufen. Es liegt also sehr nahe, dass NI nach der Eroberung der Desktop-Computer für Mess- und Steuerungsaufgaben und der konsequenten Erweiterung in Echtzeitanwendungen im Bereich Regelung und Simulation mit LabVIEW RT nun erstmals mit LabVIEW FPGA dazu übergeht, eine echte Abbildung eines LabVIEW-Diagramms in Silizium zu realisieren.

Die Basis für die LabVIEW-FPGA-Technologie sind die PXI-Karten der neuen RIO-Serie (RIO = Reconfigurable I/O) – PXI-Karten mit unterschiedlicher Anzahl von Analog- und Digitalein- und -ausgangskanälen und einem Xilinx-FPGA mit ca. einer Millionen Gattern. Zurzeit verfügbar ist die PXI-7831R – eine PXI-Karte mit acht A/D-Wandlern und acht D/A-Wandlern, die über eine Auflösung von je 16 Bit und eine Abtast- bzw. Ausgaberate von 100 kHz verfügen. Die PXI-Versionen der RIO-Boards (FieldPoint FPGA oder PCI-Karten mit der FPGA-Technologie sind in Zukunft durchaus vorstellbar) bieten Zugriff auf alle Steuer- und Trigger-Leitungen des PXI-Busses und können auch den internen Digitalbus des PXI verwenden. Damit ergibt sich die Möglichkeit, eine Applikation, die nicht auf die Fläche eines FPGA passt, auf mehrere RIO-Karten zu verteilen.

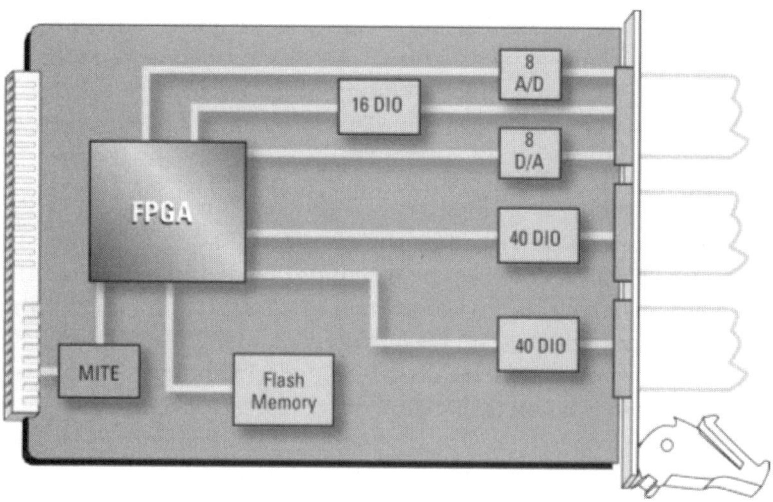

Abbildung 17.3: Aufbau der FPGA-PXI-Karte

Gerade in puncto Parallelismus macht LabVIEW mit der Vorstellung des LabVIEW FPGA wieder einen großen Schritt nach vorne: Während unabhängige, parallele LabVIEW-Diagramme, sprich virtuelle Instrumente (VI), auf einem PC mit einem Prozessor nur scheinbar gleichzeitig ablaufen, können sie im LabVIEW FPGA komplett voneinander getrennt und tatsächlich zeitgleich abgearbeitet werden. So kann der Anwender auf seine gewohnte Art und Weise LabVIEW-Diagramme in Schaltungen auf Gatterebene abbilden und seine Applikation selbst »brennen«, ohne sich mit den syntaktischen und semantischen Details streng hardwareorientierter Sprachen wie VHDL auseinander setzen zu müssen. Der hohe erreichbare Parallelisierungsgrad ergibt typische Beschleunigungen um den Faktor 10 bis 1.000 gegenüber einer reinen Softwareausführung. Am Beispiel eines Hardware-in-the-Loop-Testers konnte gezeigt werden, wie in einem geschlossenen Regelkreis mit herkömmlichen I/Os LabVIEW-Blockdiagramme im FPGA bis zu 80-mal schneller als bisher ausgeführt werden konnten.

Ausblick

Bei konsequenter Weiterentwicklung der FPGA-Technologie könnten viele herkömmliche Datenerfassungskarten allmählich durch auf FPGA-basierte Module ersetzt werden, die durch die Rekonfigurierbarkeit ein hohes Maß an Flexibilität erhalten und sich für vielfältige Anwendungsfelder als sehr leistungsfähig erweisen (z.B. Steuergeräte im Automotive-Umfeld). Damit wird einerseits das Angebot der Hardware überschaubarer und andererseits auch die Auswahl für den Anwender leichter – die angebotenen Hardwareprodukte unterscheiden sich dann lediglich durch die elektrischen Spezifikationen der Ein- und Ausgänge. Die eigentliche Funktion der Karte wird aber durch die Software bestimmt – getreu dem Motto »The Software is the Instrument«.

Grundsätzliches zum Thema »programmierbare Logik«

FPGAs (Field Programmable Gate Arrays) gehören zur Familie der Programmable Logic Devices (PLDs). PLDs sind mehr oder minder frei konfigurierbare integrierte Logikschaltungen, deren Verknüpfungen durch Programmierung festgelegt werden. Bereits 1978 wurden erste Prototypen mit dieser Technologie vorgestellt, die aber beim Stand der damaligen Halbleitertechnik für viele Jahre höchstens als Ersatz für einfache diskrete Logikschaltungen genutzt werden konnten. Die hohen Packungsdichten und Schaltgeschwindigkeiten, die mit aktueller Halbleitertechnologie erreicht werden, machen heute PLDs zu flexiblen und leistungsfähigen Komponenten, die in einer Vielzahl von Anwendungen zum Einsatz kommen.

PAL

Bei dem am weitesten verbreiteten einfachen Vertreter dieser Gattung, dem PAL (Programmable Array Logic) bzw. dem SPLD (Simple Programmable Logic Device), handelt es sich in erster Linie um jeweils ein AND-Array und ein OR-Array. Während das AND-Array programmierbar ist, ist das OR-Array in seiner Struktur starr vorgegeben. Über eine Schaltmatrix wird festgelegt, welche Eingänge des PALs mit welchen Eingängen des AND-Arrays verbunden werden, dessen Ausgänge wiederum mit dem starren OR-Array verknüpft sind. Die Ausgänge des OR-Arrays können ihrerseits dann wieder mehrmals mit den Eingängen des PALs verbunden werden.

CPLD

Beim zweiten typischen Mitglied der PLD-Familie, dem CPLD (Complex Programmable Logic Device) werden mehrere PAL-ähnliche Blöcke (LAB = Logic Array Block) auf einem Chip mittels einer Schaltmatrix miteinander verbunden. Die LABs bestehen meistens aus den folgenden drei Teilen: UND-Matrix, Produktterm-Allocator und Ausgangs-Makrozellen.

FPGA

Bei FPGAs handelt es sich um eine relativ neue Entwicklung. Die Bauelemente eines FPGAs sind Arrays gleich aufgebauter Funktionsblöcke bzw. CLBs (Configurable Logic Block), die durch Programmierung miteinander verschaltet werden können. CLBs enthalten häufig FlipFlops, Look-up-Tables (LUTs) sowie Schalter oder Multiplexer, über die die Funktionsweise jedes einzelnen CLBs eingestellt werden kann. FPGAs bieten bezüglich ihrer Flexibilität die größten Freiheitsgrade.

Die verschiedenen FPGA-Typen unterscheiden sich unter anderem durch die interne Verbindungstechnik:

PROM-, EPROM-, EEPROM- oder FLASH-Typen werden üblicherweise außerhalb der Zielschaltung programmiert. Bis auf PROM-basierte FPGAs lassen sich diese FPGA-Typen mehrfach programmieren.

Anti-Fuse-/Fuse-Typen können wie PROMs nur einmal programmiert werden. Der Hauptnachteil dieser Technik liegt offensichtlich in der Wiederverwendbarkeit, die Vorteile sind hohe Gatter-Packungsdichten und geringe Kosten.

Die weitaus beliebtesten FPGA-Typen basieren auf SRAM-Technologie. FPGAs dieses Typs bieten die besten Voraussetzungen, um in Schaltungen oder Geräten eingesetzt zu werden, die variierenden Anforderungen gerecht werden müssen.

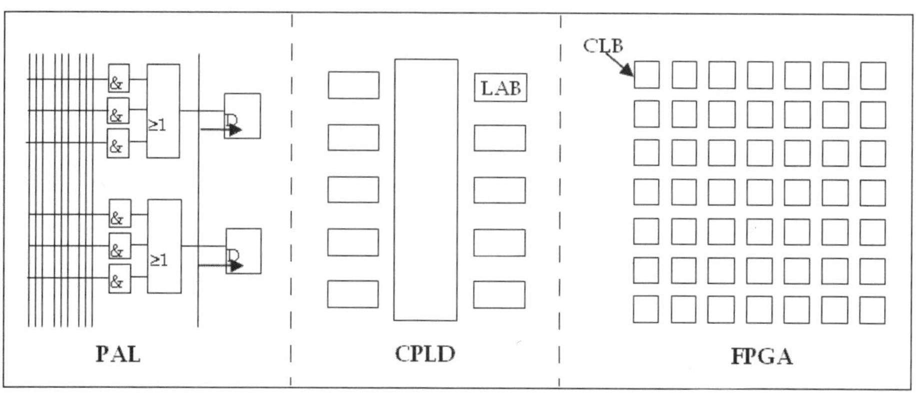

Abbildung 17.4: Unterschiedliche PLD-Architekturen im Vergleich

Ein weiteres wichtiges Unterscheidungsmerkmal bei PLDs ist das zeitliche Verhalten. Bei PALs und CPLDs werden die Verbindungsstrukturen über eine programmierbare Matrix festgelegt, deren Signallaufzeiten unabhängig von der implementierten Schaltung konstant sind.

Bei FPGAs ist das zeitliche Verhalten abhängig von der Aufteilung einer Logikfunktion auf mehrere Logikblöcke und auch von der Platzierung und Verdrahtung (Place&Route). Das Zeitverhalten kann zunächst nur grob abgeschätzt und erst nach vollständigem Place&Route bzw. durch vorherige Simulation genau bestimmt werden.

PLDs sind heute von vielen Herstellern erhältlich, z.B. von Altera, Actel, Xilinx, Lucent Technologies, Lattice Semiconductor, Quicklogic und Cypress Semiconductor Corporation, um nur einige zu nennen.

18 LabVIEW-Erweiterungen

Für LabVIEW existieren noch eine ganze Reihe weiterführender Werkzeuge, Add-Ons und Module, die speziell dafür entwickelt wurden, die Anwendungserstellung für spezielle Aufgaben zu erleichtern. Nahezu alle diese Erweiterungen wurden in LabVIEW entwickelt und lassen sich daher problemlos in LabVIEW integrieren. Sollten Sie hier die für Ihre Anwendung benötigten Werkzeuge nicht finden, erhalten Sie von National Instruments Informationen über weitere Add-On-Software von Drittherstellern. Diese wurden von Alliance-Partnern als Ergänzung zu den hier aufgeführten Werkzeugen entwickelt. Im Folgenden finden Sie eine Auswahl der Erweiterungen im Überblick.

Erzeugung von Applikationen und »Shared Libraries« (DLLs)

Add-On »Application Builder«

- Erzeugung von stand-alone ausführbaren Programmen (EXE-Versionen)
- Erzeugung von Funktionsbibliotheken (so genannten »Shared Libraries« oder DLLs)
- Verfügbar nur für LabVIEW

Datenprotokollierung und Überwachung verteilter Systeme

Modul »LabVIEW Datalogging and Supervisory Control Module«

- Datenmanagement-Werkzeuge
  - Einfache I/O-Konfiguration
  - Alarmmanagement und Ereignisprotokollierung
  - Automatische Datenprotokollierung
  - Real-Time- und historische Trends
- Netzwerkbasierende Managementwerkzeuge
  - Einfache Netzwerkzugriffe für gemeinsame Datennutzung
  - Netzwerkdatenbank für verteilte Protokollierung
  - Eingebaute Sicherheit
- Ereignisgesteuerte Architektur, OPC-Konnektivität

- Visualisierungswerkzeuge
  - Assistenten für HMI- und Multiwindow-Frontpanels
  - Mehr als 3.300 Grafiken

Unternehmensweite Anbindung

Toolkit »LabVIEW Enterprise Connectivity Toolkit«

Einfach zu handhabende High-level-VI für allgemeine SQL-Datenbankoperationen (nur für Windows)

- Online-SPC während der Datenerfassung oder der Analyse aufgenommener Daten
- Erstellen von Pareto-Diagrammen und Histogrammen
- Möglichkeit, virtuellen Instrumenten Internetfähigkeit zu verleihen
- Senden von Dateien oder Rohdaten an einen FTP-Server
- Verfügbar für LabVIEW und Measurement Studio

Simulation und Entwicklung von Steuerungssystemen

Toolkit »NI LabVIEW Simulation Interface Toolkit«

Stellt die nahtlose Verbindung von LabVIEW zur Simulink®-Software der Firma MathWorks her

- Schnelle Erzeugung von LabVIEW-Benutzerschnittstellen zur interaktiven Verifikation von Simulink®-Modellen
- Nahtloser Import von Simulink®-Modellen in LabVIEW mit Hilfe automatisierter Skriptdateien
- Integrierte Simulink®-Modelle für eine große Auswahl von Real-Time-Hardware-I/O
- Schnelle Entwicklung von Prototyp- und Hardware-in-the-loop-Testsystemen basierend auf Simulink®-Modellen

Software zur erweiterten Signalverarbeitung

Toolkit »LabVIEW Signal Processing Toolkit«

Werkzeuge zum interaktiven Entwerfen von FIR- und IIR-Filtern

- Third-Octave-Analyse
- Werkzeuge für Signal- und Filterbankanalyse
- VirtualBench-DSA für dynamische Signalerfassung und -analyse ohne Programmieren

- **NUR** für LabVIEW verfügbare Werkzeuge:
  - Joint-Time-Frequency-Analysewerkzeuge mit Gabor-Spektogramm
  - Hochauflösende Spektralanalyse
- Verfügbar für LabVIEW und Measurement Studio

Analyse von akustischen Signalen und Vibrationen

Toolset »NI LabVIEW Sound and Vibration Toolset«

- Mit ANSI- und IEC-Standard kompatible Oktavanalyse
- Gemittelte Frequenzanalyse für verbessertes Signal-Rausch-Verhältnis
- Analyse von Transientensignalen
- Messung von Schallpegeln
- Kalibrierung und Messung von echten Signalen
- Waterfallplot, Oktavanalyse, Farbskalen
- Verfügbar nur für LabVIEW

Regelungstechnik

Toolkit »LabVIEW PID Control Toolkit«

- Regelalgorithmen im Quellcode verfügbar
- P, PI, PD und PID
- Autotuning
- **NUR** für LabVIEW verfügbare Werkzeuge:
  - VI für Fuzzy-Logik-Regelung
- Verfügbar für LabVIEW und Measurement Studio

Bilderfassung und -verarbeitung

Module »NI Vision Development Module, NI IMAQ Vision«

- IMAQ Vision
  - High-level-Funktionen für Graustufen-, Farb- und binäre Bilder
  - Werkzeuge zur Bilddarstellung
  - Werkzeuge für die Mustererkennung
  - Vermessungswerkzeuge
  - Werkzeuge zur Blob-Analyse

- IMAQ Vision Builder
  - Interaktive Entwicklungsumgebung für Bildverarbeitungsanwendungen
- Verfügbar für LabVIEW und Measurement Studio

Motorensteuerung

Software »LabVIEW Motion Control Tools«

Voll funktionsfähige Beispiele für Einzel- und Mehrfachachsensteuerung

- Integrierte Servo- und Schrittmotorsteuerung
- Deckt alle Möglichkeiten der Motorsteuerung ab
- Initialisierung des Motorsteuerungssystems durch Speicherung der Setup-Datei
- High-Level-Steuerungsfunktionen für interaktive grafische Steuerung und einfache Blockdiagrammverbindungen für die sofortige Einbindung in Steuerungsprogramme
- Verfügbar für LabVIEW

Die zuvor vorgestellte Auswahl ist nur ein kleiner Teil der verfügbaren LabVIEW-Erweiterungen und wurde mit einigen Details aufgelistet. Die folgende strukturierte Liste enthält alle zurzeit verfügbaren Erweiterungen, aber ohne Details. Sie soll Ihnen ein Gefühl dafür geben, welche enormen Möglichkeiten Sie mit LabVIEW bereits haben. Eine vollständige Auflistung der LabVIEW-Erweiterungen finden Sie auch unter *ni.com/labview*.

Liste verfügbarer LabVIEW-Erweiterungen

Fortgeschrittene Analysewerkzeuge:

- LabVIEW Order Analysis Toolkit
- LabVIEW Signal Processing Toolkit for Windows
- NI LabVIEW Sound and Vibration Toolset
- NI Modulation Toolkit
- NI Spectral Measurements Toolkit
- NI Vision Development Module
- NI IMAQ Vision

Werkzeuge zur Steuerungs- und Regelungstechnik

- LabVIEW Motion Control Tools
- LabVIEW PID Control Toolkit for Windows
- NI LabVIEW Simulation Interface Toolkit

Allgemeine LabVIEW-Erweiterungen

- LabVIEW Application Builder
- LabVIEW Datalogging and Supervisory Control Module
- NI LabVIEW Internet Toolkit
- NI LabVIEW Remote Panels

Professionelle Entwicklungswerkzeuge

- NI LabVIEW Express VI Development Toolkit
- NI LabVIEW State Diagram Toolkit
- VI Analyzer Toolkit

Werkzeuge zur Verwendung der Software von Drittanbietern

- LabVIEW Database Connectivity Toolkit
- LabVIEW Enterprise Connectivity Toolkit
- LabVIEW IVI Driver Toolkit for Windows
- LabVIEW Report Generation Toolkit for Microsoft Office
- NI Industrial Automation OPC Servers
- NI LabVIEW DSP Test Integration Toolkit
- NI LabVIEW Math Interface Toolkit

19 Inhalt der CD

Auf der dem Buch beigefügten CD-ROM finden Sie eine Evaluierungsversion von LabVIEW 7 *Express* sowie die Lösungen und Beispiele zu den im Buch behandelten Übungen. Die Übungen können Sie natürlich ebenfalls in höheren Versionen von LabVIEW verwenden. Sollten Sie Interesse an einer Evaluierungsversion der jeweils aktuellen LabVIEW-Version haben, können Sie diese natürlich bei National Instruments anfordern.

19.1 Systemvoraussetzungen

Für die Installation der Evaluierungsversion von LabVIEW 7 *Express* sollte Ihr Rechner über mindestens 400 Mbyte freien Festplattenspeicher und über 128 Mbyte Arbeitsspeicher (empfohlen werden 256 Mbyte) und eine Prozessorleistung von mindestens 600 MHz verfügen. Außerdem muss auf dem Computer ein Windows-Betriebssystem installiert sein (Windows 2000/NT/XP).

19.2 Installation

Legen Sie die CD in das CD-ROM-Laufwerk Ihres Computers. Das Installationsprogramm sollte automatisch starten – falls dies nicht der Fall sein sollte, navigieren Sie bitte in das Stammverzeichnis Ihres CD-ROM-Laufwerks und starten das Installationsprogramm über einen Doppelklick auf *setup.exe*. Folgen Sie danach dem Dialog, der Sie durch die Installation führt. Sie können *setup.exe* entweder, wie oben erwählt, durch einen Doppelklick mit der Maus im Windows-Explorer starten oder *Start>>Ausführen* wählen und in die Befehlszeile `D:\setup.exe` eingeben, wenn D Ihrem CD-ROM-Laufwerk entspricht.

19.3 Einschränkungen der Evaluierungsversion

Die auf der CD enthaltene Evaluierungsversion entspricht dem Full Development System von LabVIEW 7 *Express* in Deutsch. Dabei sind zwei Einschränkungen zu beachten. Ab dem Datum der Installation ist die Version 30 Tage lang lauffähig. Des Weiteren sind Ihre eigenen Programme auf fünf Minuten Ausführungszeit beschränkt – dies betrifft nur die Ausführung und nicht die Entwicklung der VI.

20 Glossar

A

A/D – Analog-Digital-Wandlung.

Anschluss – Objekt oder Bereich eines Knotens, über den Daten ein- und ausgegeben werden.

Anschlussblock – Teil eines VI- oder Funktionsknotens, der die Ein- und Ausgangsanschlüsse enthält, durch welche Daten an und von dem Knoten übergeben werden.

Asynchrone Ausführung – Modus, in dem die Prozessorzeit auf verschiedene Prozesse aufgeteilt wird. Dadurch kommt ein Prozess nicht zum Stillstand.

Anzeige – Frontpanelobjekt, das Ausgabedaten anzeigt.

Array – Ein geordnetes indiziertes Feld, bestehend aus Datenelementen des gleichen Typs.

Auswahlanschluss – Der Anschluss einer Case-Struktur, dessen Eingangswert bestimmt, welcher Fall der Case-Struktur ausgeführt wird.

Automatische Indizierung – Fähigkeit von Schleifenstrukturen, ein- oder ausgegebene Arrays an ihrem Rahmen aufzuteilen oder zusammenzusetzen.

Automatische Skalierung – Die Fähigkeit von Skalen, sich an den Bereich dargestellter Werte anzupassen. Auf den Skalen von Graphen werden auch die maximalen und minimalen Skalenwerte dadurch festgelegt.

B

Bedingungsanschluss – Der Anschluss einer While-Schleife, der den booleschen Wert enthält, anhand dessen entschieden wird, ob die Schleife einen weiteren Zyklus ausführen wird.

Bedien-Werkzeug – Werkzeug, das verwendet wird, um Daten in Eingaben einzugeben oder Eingaben zu bedienen. Ist als zeigender Finger dargestellt.

Beschriftung – Textobjekt, mit dem andere Objekte oder Bereiche von einem Frontpanel oder Blockdiagramm bezeichnet oder beschrieben werden.

Beschriftungs-Werkzeug – Werkzeug, mit dem Beschriftungen erstellt werden und Text in Fenster eingegeben wird.

Blockdiagramm – Steuerprogramm eines virtuellen Instruments in LabVIEW.

Boolesche Anzeigen und Eingaben – Frontpanelobjekte, welche verwendet werden, um boolesche Daten (TRUE oder FALSE) anzuzeigen und zu verändern.

C

Case-Struktur – Programmstruktur zur bedingten Verzweigung, in der, abhängig vom Eingang, einer der zugeordneten Rahmen ausgeführt wird.

CIN – Siehe Code-Interface-Knoten.

Cluster – Eine Gruppe sortierter, nicht indizierter Datenelemente beliebigen Typs, wie boolesche und numerische Typen, Zeichenketten, Arrays und Cluster.

Code-Interface-Knoten (CIN) – Spezieller Knoten im Blockdiagramm, mit dem textbasierter Code in ein VI eingebunden werden kann.

CPU – Central Processing Unit – Prozessor des Computers.

D

D/A – Digital-Analog-Wandlung. Der Umkehrvorgang zu A/D.

Datei-RefNum – Ein Bezeichner, den LabVIEW beim Öffnen einer Datei mit dieser verknüpft. Die RefNum wird dazu verwendet, einer Funktion oder einem VI die Datei anzugeben, mit der I/O-Operationen ausgeführt werden sollen.

Datenabhängigkeit – Zustand in der Datenflussprogrammierung, in dem ein Knoten nicht ausgeführt werden kann, solange keine Daten von einem anderen Knoten übergeben werden.

Datenerfassung (DAQ) – Der Vorgang der Erfassung von Daten, die im Allgemeinen durch eine A/D-Wandlung zustande kommen.

Datenfluss – Programmiermethodik, bei der die Programme aus Knoten bestehen, welche nur dann ausgeführt werden, wenn an deren Eingängen die erforderlichen Daten anliegen. Ein Knoten legt seine Ausgabedaten nach der Ausführung an seinen Ausgängen an. LabVIEW arbeitet nach dem Datenflusssystem.

Datenquelle – Anschluss, der Daten abgibt.

Datensenke – Anschluss, der Daten aufnimmt.

Dauerausführung – Ausführungsmodus, in dem ein VI wiederholt ausgeführt wird, bis die Ausführung vom Bediener angehalten wird. Sie wird durch Anklicken der Schaltfläche *Dauerausführung* aktiviert.

DC – Gleichspannung (direct current).

Defektes VI – VI, das sich nicht kompilieren oder ausführen lässt. Es wird in der Schaltfläche *Ausführen* durch einen zerbrochenen Pfeil angezeigt.

Designbegleitendes Messen – Die Anbindung von LabVIEW an Designwerkzeuge, wie zum Beispiel SPICE (Electronic Workbench), MATLAB/Simulink, MATRIXx, das DSP-Programmiertool Code Composer Studio (Texas Instruments) etc., ermöglicht das Messen und Testen bereits in der Designphase.

Dialogfenster – Ein interaktiver Bildschirmbereich, in dem Sie Informationen zur Ausführung einer Anweisung angeben können.

Dimension – Attribut zur Angabe von Größe und Aufbau eines Arrays.

DMA – Direkter Speicherzugriff (Direct Memory Access). Eine Methode, um Daten aus einem an den Bus angeschlossenen Gerät oder Speicher in den Speicher eines Computers zu übertragen (oder umgekehrt), ohne dabei Prozessorzeit zu beanspruchen. DMA ist die schnellste Methode zur Übertragung von Daten in den oder aus dem Computerspeicher.

E

Echtzeit – Ein System wird als Echtzeitsystem bezeichnet, wenn es in der Lage ist, auf ein äußeres Ereignis unter allen Bedingungen mit einem definierten Antwortverhalten zu reagieren. Wesentlich hierbei ist die Tatsache, dass die Antwort immer innerhalb einer vorgegebenen Zeitbegrenzung gegeben wird. Wird das vorgegebene Zeitintervall jedoch überschritten, so ist das Gesamtsystemverhalten nicht deterministisch und somit nicht echtzeitfähig.

Eingabe – Frontpanelobjekt, mit dem interaktiv Daten in ein VI oder programmgesteuert in ein SubVI eingegeben werden.

Einzelschrittmodus – Debugging-Modus, mit dem sich Ihr Programm in einzelnen Schritten ausführen lässt.

Elementepalette – Palette, die Eingaben und Anzeigen enthält.

EOF – Dateiende (End Of File). Der Abstand vom Anfang der Datei in Bytes (das heißt, EOF entspricht der Dateigröße).

F

Farb-Werkzeug – Werkzeug, mit dem die Vorder- und Hintergrundfarben verändert werden können.

FFT – Schnelle Fourier-Transformation (Fast Fourier Transform).

Formatumwandlungspunkt – Symbol an einem Knoten, das eine erzwungene Typumwandlung an dieser Stelle anzeigt.

Formelknoten – Ein Knoten, der Formeln ausführt, die Sie als Text eingeben. Besonders nützlich, um lange Formeln einzugeben, die als Blockdiagramm äußerst aufwendig wären.

For-Schleife – Schleifenstruktur zur wiederholten Ausführung eines Programmteils.

Freie Beschriftung – Beschriftung auf einem Frontpanel oder in einem Blockdiagramm, die keinem Objekt zugeordnet ist.

Frontpanel – Die interaktive Benutzeroberfläche eines VI. Als Modell der Frontblenden realer Geräte ist sie aufgebaut aus Schaltern, Schiebereglern, Skalen, Graphen, Diagrammen, Messwertanzeigen, LEDs und anderen Eingaben und Anzeigen.

Funktionenpalette – Palette, die Strukturen, Konstanten, Funktionen und SubVI enthält.

Funktion – Integriertes Ausführungselement, vergleichbar einem Operator, einer Funktion oder einer Anweisung in einer konventionellen Programmiersprache.

G

G – In LabVIEW eingebettete grafische Programmiersprache.

Genauigkeit – Die Anzahl der Stellen, die bei der Zahlendarstellung rechts vom Dezimalpunkt angezeigt werden.

Gerätetreiber – VI, das ein an den Rechner angeschlossenes Messgerät über GPIB, RS232 etc. steuert und von diesem Daten empfängt.

Globale Variable – Eine Variable, die es ermöglicht, VI-übergreifend Daten auszutauschen.

GPIB – General Purpose Interface Bus. Auch bekannt als HP-IB, IEEE-488.2-Bus oder IEC 625. Er ist weltweit das Standardbussystem der Messtechnik zur Ankopplung von Messgeräten an den Rechner.

H

Haltepunkt – Eine Unterbrechung der Programmausführung. Sie setzen einen Haltepunkt, indem Sie einen Knoten oder eine Verbindung eines VI mit dem Haltepunkt-Werkzeug aus der Werkzeugpalette anklicken.

Haltepunkt-Werkzeug – Werkzeug, das verwendet wird, um auf einem Knoten oder einer Leitung in einem VI einen Haltepunkt zu setzen.

Hierarchiefenster – Ein Fenster, in dem die Hierarchie von VI und SubVI grafisch dargestellt wird.

Hilfefenster – Ein spezielles Fenster, in dem die Namen und Positionen der Anschlüsse an einem SubVI oder einer Funktion dargestellt sind.

I

Icon-Editor – Oberfläche, ähnlich der eines Malprogramms, mit der VI-Icons erstellt werden können.

Instrumententreiber – Siehe Gerätetreiber.

Intensitätsdiagramme und -graphen – Grafikanzeigen, die dreidimensionale Werte in einer zweidimensionalen Grafik darstellen, wobei die dritte Dimension durch Farbveränderungen dargestellt wird.

I/O – Eingabe/Ausgabe (Input/Output).

K

Kompilieren – Ein Vorgang, der Programmquellen aus Hochsprachen in ausführbaren Maschinencode umwandelt. LabVIEW stellt diese Compiler-Fähigkeit bereit.

L

LabVIEW – Laboratory Virtual Instrument Engineering Workbench.

LED – Leuchtdiode (Light-emitting Diode).

Leeres Array – Ein Array, das null Elemente enthält, für das jedoch ein Datentyp definiert ist. Ein Array mit einer numerischen Eingabe in seinem Datenfenster, in dem jedoch kein Element einen definierten Wert enthält, ist ein leeres numerisches Array.

Legende – Objekt, das einem Graphen oder Diagramm zugeordnet ist und die Namen sowie die Strahlendarstellung der einzelnen Strahlen im Diagramm oder Graphen anzeigt.

M

Mechanische Aktion – Bestimmt das Verhalten eines booleschen Objekts beim Anklicken. Dies kann entweder ein Umschalten oder ein Einrasten sein, und die mechanische Aktion kann ausgeführt werden, wenn die Maustaste gedrückt oder losgelassen wird.

N

NaN – Anzeigewert einer Digitalanzeige für den Fließkommawert von »not a number« (= keine gültige Zahl). Dies ist üblicherweise das Ergebnis einer nicht definierten Operation wie etwa log(-1).

Netzwerkverbindung – Die Kommunikation mit anderen Computern über ein Netzwerksystem (wie etwa Ethernet).

Nicht darstellbare Zeichen – ASCII-Zeichen, die nicht angezeigt werden können, wie etwa Zeilensprung, Tabulator und so weiter.

Not-a-path – Ein vordefinierter Wert für eine Pfadeingabe, die einen ungültigen Pfad bezeichnet.

Not-a-refnum – Ein vordefinierter Wert, der eine ungültige RefNum bezeichnet.

Numerische Eingaben und Anzeigen – Frontpanelobjekte, die verwendet werden, um numerische Werte zu verändern oder anzuzeigen.

O

OLE – Objektverknüpfung und -einbindung (Object Linking and Embedding). Ein Standard für komplexe Kommunikation zwischen Windows-Anwendungen.

P

Palette – Menü, das Paletten und Subpaletten enthält.

Pfad – Ein Pfad gibt an, wo auf einem Computer eine bestimmte Datei zu finden ist.

Plattform – Die Kombination aus Computer und Betriebssystem.

Polymorphie – Die Fähigkeit eines Knotens, Daten beliebigen Typs zu verarbeiten.

Popup-Menü – Ein Menü, das speziell für das Objekt ausgelegt ist, über dem es geöffnet wurde.

Positionier-Werkzeug – Ein Werkzeug zum Verschieben oder Markieren von Objekten und zum Verändern von deren Größe.

Probe-Werkzeug – Werkzeug, mit dem Sonden erstellt und an Verbindungen angeschlossen werden.

Pulldown-Menü – Menüs, die über eine Menüzeile geöffnet werden.

R

Reißzwecke – Die Reißzwecke erscheint in der linken oberen Ecke von LabVIEW-Subpaletten. Sie können die Subpalette »vom Block abreißen«, indem Sie die Reißzwecke anklicken.

Ringeingabe – Spezielle numerische Eingabe, die 32-Bit-Ganzzahlen mit einer Folge von Beschriftungstexten oder Grafiken verknüpft, wobei die erste Zahl 0 ist und die Größe der Zahlen sequentiell ansteigt.

Rollbalken – Balken am Rand eines Fensters oder Objekts, mit dem weitere Teile des Objekts sichtbar gemacht werden können.

RS232 – Ein Standard, der von der Instrument Society of America für die serielle Kommunikation empfohlen wird. Er wird gleichwertig dem Begriff »serielle Kommunikation« verwendet. Einige andere Standards, die häufig Verwendung finden, sind RS485, RS422 und RS423.

S

Schieber – Bewegliches Teil von Schiebereglern und -anzeigern.

Schieberegister – Methode, die in Schleifenstrukturen verwendet werden kann, um den Wert einer Variablen von einem Schleifendurchlauf an einen folgenden Durchlauf zu übertragen.

SCXI – Signal Conditioning eXtensions for Instrumentation.

Sensor Plug&Play – Mit dem Standard IEEE 1451.4 (Smart-Sensor-Standard) ist die Idee eines Plug&Play-fähigen Messsystems vom Sensor bis zum PC nun Wirklichkeit.

Sequenz-Struktur – Programmsteuerungsstruktur, deren Subdiagramme in numerischer Reihenfolge ausgeführt werden. Wird häufig verwendet, um Knoten, die nicht durch Datenabhängigkeit miteinander verbunden sind, in eine vorgegebene Ausführungsreihenfolge zu zwingen.

Serielle Kommunikation – Eine Methode, um Daten bitweise zwischen einem Computer und einem Gerät oder einem anderen Computer zu übertragen. Dazu wird eine serielle Schnittstelle verwendet (wie RS232 oder RS485).

Simulink – Simulationsmodelle, die mit MATLAB/Simulink erstellt wurden, lassen sich mit Hilfe des »Simulation Interface Toolkits« (SIT) in LabVIEW integrieren.

Sonde – Debugging-Funktion, mit der sich Zwischenwerte in einem VI überprüfen lassen.

Struktur – Programmsteuerelement wie Sequenz, Case, For-Schleife oder While-Schleife.

Subpalette – Ein Menü, bestehend aus Bildern, das erscheint, wenn Sie eine der Schaltflächen in der Elemente- oder Funktionenpalette anklicken.

SubVI – Ein VI, das im Blockdiagramm eines anderen VI eingesetzt wird, vergleichbar einem Unterprogramm.

T

Tabelle – LabVIEW-Struktur, die 2D-Arrays aus Zeichenketten als Matrix darstellt.

TEDS – Der IEEE 1451.4 (Smart-Sensor-Standard) spezifiziert das Format und den Inhalt selbstidentifizierender Parameter, die in der Form eines elektronischen Datenblatts (Transducer Electronik Datasheet) in einem im Sensor befindlichen EEPROM abgespeichert werden.

Toolkit – Erweiterungspaket zu LabVIEW, das den Funktionsumfang von LabVIEW erweitert (siehe Anhang A).

Tunnel – Datenein- oder -ausgang an einer Struktur.

V

Verbindung – Datenverbindung zwischen zwei Knoten.

Verbindungs-Werkzeug – Werkzeug, mit dem Datenverbindungen zwischen Datenquellen und -senken definiert werden.

VI – Siehe Virtuelles Instrument.

VI-Bibliothek – Spezielle Datei, welche eine Sammlung von VI enthält.

Virtuelles Instrument – LabVIEW-Programm.

Visualisierung des Programmablaufs – Eigenschaft, die dazu dient, die Ausführungsfolge eines Datenflusses optisch darzustellen.

Voreinstellungen – LabVIEW-Optionen, die Sie entsprechend Ihren Vorlieben einstellen können.

W

Werkzeug – Spezieller LabVIEW-Cursor, mit dem Sie besondere Aktionen ausführen können.

While-Schleife – Schleifenstruktur, die den enthaltenen Programmteil so häufig ausführt, bis eine Bedingung erfüllt ist.

21 Literaturverzeichnis und weitere Informationsquellen

Deutschsprachige Literatur über grafische Programmierung

[1] R. Jamal, H. Pichlik: LabVIEW – das Anwenderbuch, Prentice Hall 99 (2. Auflage).

[2] R. Jamal: Konfigurieren und Programmieren – ein Widerspruch, etz 17/2003.

[3] R. Jamal: LabVIEW goes FPGA, Technische Rundschau Special 2003.

[4] R. Jamal: Durchgängige Lösungen verringern die Testkosten, in: Markt & Technik 11/2004.

[5] R. Jamal: Software für Alle, MessTec 11/2003.

[6] A. Würl: Daten bis zu 1000 mal schneller erfassen, Elektronik Informationen 2/2004.

[7] H. Illig: Plug & Play-Sensoren, MegaLink 9/2003.

[8] C. Fritz: Professionelle Verwaltung, Verarbeitung und Präsentation von Daten mit DIAdem 9, Elektronik Information 1/2004.

[9] T. Schönitz: Datenzugriff erleichtert. DIAdem 9 – Effektiver von Daten zu Ergebnissen, in: MessTec & Automation 1/2, 2004.

[10] I. Schumacher: LabVIEW 7 Express – Mit Hochgeschwindigkeit zum Ziel, Elektronik Information 9/2003.

[11] R. Heinze: Design, Entwicklung und Produktion verschmelzen, open automation 5/2003.

[12] R. Jamal, N. Dahmen: Virtuelle Instrumente auf Echtzeit-Kurs – Teil 1, Elektronik, Heft 8, 2000.

[13] R. Jamal, N. Dahmen: Virtuelle Instrumente auf Echtzeit-Kurs – Teil 2, Elektronik, Heft 9, 2000.

[14] T. Blaesche und S. Ahrends: Programmable Automation Controller (PAC): PC- oder SPS-basiert?, MegaLink 4/2004.

[15] S. Schiffer: Visuelle Programmierung, Grundlagen und Einsatzmöglichkeiten, Addison-Wesley, 1998.

[16] J. Poswig: Visuelle Programmierung, Computerprogramme auf graphischem Weg erstellen, Carl Hanser Verlag, 1996.

Anwenderlösungen: Virtuelle Instrumente in der Praxis

[17] R. Jamal, R. Heinze: Virtuelle Instrumente in der Praxis (VIP 98) – Automation, VDE-Verlag 1998.

[18] R. Jamal, R. Heinze: Virtuelle Instrumente in der Praxis (VIP 2000) – Automation, VDE-Verlag 2000.

[19] R. Jamal, R. Heinze: Virtuelle Instrumente in der Praxis (VIP 2001) – Automation, VDE-Verlag 2001.

[20] R. Jamal, H. Jaschinski: Virtuelle Instrumente in der Praxis (VIP 2002) – Meßtechnik, Praxiswissen Elektronik Industrie, Hüthig Verlag Heidelberg/München 2002.

[21] R. Jamal, H. Jaschinski: Virtuelle Instrumente in der Praxis (VIP 2003) – Messtechnik und Automatisierung, Praxiswissen Elektronik Industrie, Hüthig Verlag Heidelberg/München 2003.

[22] R. Jamal, H. Jaschinski: Virtuelle Instrumente in der Praxis (VIP 2004) – Messtechnik und Automatisierung, Praxiswissen Elektronik Industrie, Hüthig Verlag Heidelberg/München 2004.

Deutschsprachige Literatur über Messtechnik

[23] H. Schwetlick, PC-Meßtechnik, Grundlagen und Anwendungen der rechnergestützten Meßtechnik, Vieweg Verlag, 1997.

[24] P. Profos, T. Pfeifer: Handbuch der industriellen Meßtechnik, 6. Auflage, Oldenbourg-Verlag, München/Wien, 1994.

[25] R. Lerch: Elektrische Meßtechnik, Analoge, digitale und computergestützte Verfahren, Springer-Verlag, 1996.

[26] E. Schrüfer: Elektrische Meßtechnik, Messung elektrischer und nichtelektrischer Größen, Hanser-Verlag, 6. Aufl. 1995.

[27] K. W. Bonfig: Meßtechnik und Meßsignalverarbeitung, Expert-Verlag, 1996.

[28] K. Dembowski: Computerschnittstellen und Bussysteme, Hüthig Verlag, 1997.

[29] H. Patzelt, H. Fürst: Elektrische Meßtechnik, Springer-Verlag, 1992.

[30] S. Zacher: Automatisierungstechnik Kompakt, Vieweg Verlag, 2000.

Englischsprachige Bücher

[31] R. Jamal, H. Pichlik: LabVIEW Applications, Prentice Hall 1998.

[32] G. Johnson: LabVIEW Graphical Programming, McGraw-Hill 1997.

[33] G. Johnson: LabVIEW Power Programming, McGraw-Hill 1998.

[34] L. Wells: LabVIEW – Student Edition User's Guide, Prentice Hall 1994.

[35] L. Wells, J. Travis: LabVIEW for Everyone, Prentice Hall 1996.

[36] M. M. Burnett, A. Goldberg, T. Lewis: Visual Object Oriented Programming, Manning Publications 1995.

[37] J. G. Webster: The Measurement, Instrumentation and Sensors Handbook, crc-Press 1998.

Allgemeine Informationen von National Instruments Germany

[38] Die Macht der Plattform, Seminar von National Instruments Germany, September 2002.

[39] Einfach messen! Kostengünstiges Erstellen skalierbarer Messsysteme, Seminar von National Instruments Germany, Januar 2003.

[40] Erfassen, Analysieren, Darstellen mit LabVIEW 7 Express, National Instruments Germany, Mai 2003.

[41] DIAdem Schnupperkurs, National Instruments Germany, April 2004.

[42] Industrielle Mess- und Steuerungstechnik, Vom Sensor zur Information, Messgeräte und Systemkomponenten für die Prüfstandautomatisierung, Seminar von National Instruments Germany, Januar 2004.

Allgemeine Informationen weltweit

[43] LTR: LabVIEW Technical Resources, erscheint vierteljährlich in Dallas, USA; *http://www.ltrpub.com*

[44] Unabhängiges Anwenderforum im Internet:
Abonnement: info-labview-request@pica.army.mil
Information: info-labview@pica.army.mil

[45] Unabhängige User-FTP-Site:
ftp.army.mil/pub/labview

[46] Developerzone, Informationen rund um alle National-Instruments-Produkte: *http://zone.ni.com*

Index